V&R unipress

Beiträge zur Geschichte der Universität Mainz
Neue Folge

Band 17

Herausgegeben vom

Forschungsverbund Universitätsgeschichte der

Johannes Gutenberg-Universität Mainz

Martin Göllnitz / Kim Krämer (Hg.)

Hochschulen im öffentlichen Raum

Historiographische und systematische Perspektiven auf ein Beziehungsgeflecht

Mit 2 Abbildungen

V&R unipress

Mainz University Press

JOHANNES GUTENBERG UNIVERSITÄT MAINZ

JG|U

MIX
Papier aus verantwortungsvollen Quellen
FSC www.fsc.org FSC® C083411

Bibliografische Information der Deutschen Nationalbibliothek
Die Deutsche Nationalbibliothek verzeichnet diese Publikation in der Deutschen Nationalbibliografie; detaillierte bibliografische Daten sind im Internet über https://dnb.de abrufbar.

Veröffentlichungen der Mainz University Press erscheinen bei V&R unipress.

Umschlagabbildung: Vom akademischen Elfenbeinturm zum Studium Generale: Funktion, Aufgabe und Status von Hochschulen und Hochschullehrenden im öffentlichen Raum. Abbildung erstellt von Dr. Oliver Eberlen (Universität Mainz).
Druck und Bindung: CPI books GmbH, Birkstraße 10, D-25917 Leck
Printed in the EU.

Vandenhoeck & Ruprecht Verlage | www.vandenhoeck-ruprecht-verlage.com

ISSN 2626-1367
ISBN 978-3-8471-1194-8

Inhalt

Martin Göllnitz / Kim Krämer

Hochschule im öffentlichen Raum. Bemerkungen zu Historiographie und Systematik

Die Frage, welche Aufgaben und Funktionen Hochschulen und das an ihnen beschäftigte Personal zu erfüllen haben, wird nicht allein an den Orten wissenschaftlicher Praxis oder auf den ministeriellen Ebenen entschieden, sondern auch im öffentlichen Raum. Das gilt freilich nicht erst seit dem 19. Jahrhundert und dem später vielfach beschworenen Ideal der »Humboldtschen Universität«.[1] Schon deswegen bedarf es einer Erklärung, wenn man den populären Mythos vom universitären Elfenbeinturm zum Thema eines Workshops macht, dessen Ergebnisse nun im vorliegenden Tagungsband gebündelt wurden.[2] Denn obgleich die Metapher des Elfenbeinturms eine esoterisch anmutende Gesellschaftsferne und weltliche Unberührtheit suggeriert, wonach Wissenschaft losgelöst oder unabhängig von allgemeinen gesellschaftlichen Entwicklungen betrieben würde – gewissermaßen als purer Selbstzweck und ausschließlich »gelenkt vom idealistischen Erkenntnisinteresse der Forschenden«[3] –, standen

1 Vgl. zur neuhumanistischen Universitätsidee exemplarisch die Beiträge in Mitchell G. Ash (Hg.), Mythos Humboldt. Vergangenheit und Zukunft der deutschen Universitäten, Wien 1999; Sylvia Paletschek, Die Erfindung der Humboldtschen Universität. Die Konstruktion der deutschen Universitätsidee in der ersten Hälfte des 20. Jahrhunderts, in: Historische Anthropologie 10 (2002), S. 183–205; Olaf Bartz, Bundesrepublikanische Universitätsleitbilder. Blüte und Zerfall des Humboldtianismus, in: Die Hochschule 14 (2005), S. 99–113; Peter Uwe Hohendahl, Humboldt Revisited. Liberal Education, University Reform, and the Opposition to the Neoliberal University, in: New German Critique 38 (2011), S. 159–196; Martin Eichler, Die Wahrheit des Mythos Humboldt, in: Historische Zeitschrift 294 (2012), S. 59–78; Axel C. Hüntelmann und Michael C. Schneider, Einleitung. Wissenschaft im Staat jenseits von Humboldt 1850–1990, in: Jenseits von Humboldt. Wissenschaft im Staat 1850–1990, hg. von dens., Frankfurt a.M. 2010, S. 9–23.

2 Der internationale Workshop »Vom akademischen Elfenbeinturm zum Studium Generale: Funktion, Aufgabe und Status von Hochschulen und Hochschullehrenden im öffentlichen Raum« fand vom 8. bis 9. November 2018 an der Mainzer Universität statt und wurde dankenswerterweise vom Forschungsverbund Universitätsgeschichte der Johannes Gutenberg-Universität und der Universitätsbibliothek Mainz finanziell gefördert.

3 Christa-Irene Klein, Olaf Schütze, Sylvia Paletschek, Livia Prüll und Sebastian Brandt, Universität, Wissenschaft und Öffentlichkeit in Westdeutschland 1945 bis ca. 1970: Einleitung, in:

die Hochschulen nie außerhalb der Gesellschaft.[4] Vielmehr waren sowohl Funktionen und Aufgaben als auch der Status der Hochschulen seit jeher in unterschiedlichem Maße von ihrem Verhältnis zur Öffentlichkeit geprägt.

Da die Gesellschaft, zumindest ein Teil von ihr, an der Definition und Abgrenzung dessen, was Hochschulen zu leisten haben, immer schon partizipierte und diesen dadurch eine öffentliche Anerkennung verschaffte oder vorenthielt, haben sich beide Bereiche in Interdependenz voneinander entwickelt.[5] Und obwohl sich die Öffentlichkeit, oder das, was in demokratischen Gesellschaften darunter verstanden wird, erst im bürgerlichen Zeitalter herausgebildet hat, waren die Hochschulen von Beginn an in den jeweiligen gesellschaftlichen Kontext eingebettet. Während beispielsweise die Universitäten der Frühen Neuzeit vor allem als Ausbildungs- und Rekrutierungsstätten von Staatsdienern fungierten, übernahm im 19. Jahrhundert zunehmend die wissenschaftliche Forschung eine dominante Rolle im Aufgabenportfolio der staatlichen Einrichtungen.[6] Dass damit zugleich die Finanzierung der immer teurer werdenden Hochschulen und Wissenschaften sowie die gesellschaftliche Relevanz ihrer Erträge in den Fokus des öffentlichen Interesses gerieten, vermag kaum Erstaunen auszulösen, erst recht nicht, wenn man sich die Debatten zur prekären Lage des europäischen Hochschulwesens und zur Einführung von Bachelor- und Masterstudiengängen vergegenwärtigt, die ab den 1990er Jahren überwiegend in den analogen wie digitalen Massenmedien ausgetragen wurden. Auch der ab Ende des 19. Jahrhunderts einsetzende und in der zweiten Hälfte des 20. Jahr-

---

Universität, Wissenschaft und Öffentlichkeit in Westdeutschland (1945 bis ca. 1970), hg. von dens. und Nadine Kopp, Stuttgart 2014, S. 7–38, hier S. 7.

4 Zum Mythos des Elfenbeinturms vgl. Steven Shapin, The Ivory Tower: The History of a Figure of Speech and its Cultural Uses, in: The British Journal for the History of Science 45 (2012), H. 1, S. 1–27.

5 Siehe dazu und zum Folgenden Sybilla Nikolow und Arne Schirrmacher, Das Verhältnis von Wissenschaft und Öffentlichkeit als Beziehungsgeschichte. Historiographische und systematische Perspektiven, in: Wissenschaft und Öffentlichkeit als Ressourcen füreinander. Studien zur Wissenschaftsgeschichte im 20. Jahrhundert, hg. von dens., Frankfurt a.M. 2007, S. 11–36, hier S. 11.

6 Vgl. etwa R. Steven Turner, The Prussian Universities and the Concept of Research, in: Internationales Archiv für Sozialgeschichte der deutschen Literatur 5 (1980), S. 68–93. In dieser Entwicklung spiegelt sich deutlich der Wandel vom Geburts- zum Leistungsprinzip innerhalb der deutschen Hochschullandschaft wider, an dessen Ende sich die Forschungsuniversität endgültig gegen die Familienuniversität durchsetzen konnte. Siehe auch Marita Baumgarten, Professoren und Universitäten im 19. Jahrhundert. Zur Sozialgeschichte deutscher Geistes- und Naturwissenschaftler (Kritische Studien zur Geschichtswissenschaft 121), Göttingen 1997; Bernhard vom Brocke, Berufungspolitik und Berufungspraxis im Deutschen Kaiserreich, in: Professorinnen und Professoren gewinnen. Zur Geschichte des Berufungswesens an den Universitäten Mitteleuropas (Veröffentlichungen der Gesellschaft für Universitäts- und Wissenschaftsgeschichte 12), hg. von Christian Hesse und Rainer Christoph Schwinges, Basel 2012, S. 55–104.

hunderts an Fahrt aufnehmende Einzug wissenschaftlicher Erkenntnis in sämtliche gesellschaftliche Lebensbereiche und die auf Wissensproduktion basierenden Anwendungsmöglichkeiten der Natur-, Medizin-, Technik- und Geisteswissenschaften stellten neuartige Phänomene dar, deren Qualität und Quantität in Zeiten wachsender Demokratisierung und Medialisierung immer stärker zunahmen.[7] Eine kritische Inaugenscheinnahme der zahlreichen Relationen von Universität beziehungsweise Wissenschaft und Gesellschaft erlaubt somit zugleich Einblick in den öffentlichen Raum. Oder anders gewendet: Funktionen und Aufgaben der Hochschulen spiegeln sich gleichfalls in den Bereichen Religion, Politik, Medien oder Wirtschaft wider.[8]

Hochschulgeschichte und Jubiläen

Für lange Zeit blieb dieser wechselseitige Konnex in der historischen Bearbeitung von Hochschulen und Universitäten unbeachtet, was wohl verstärkt am »Verwertungskontext« Hochschuljubiläum gelegen haben dürfte, der oftmals erst den entscheidenden Anstoß für die universitätsgeschichtliche Forschung lieferte.[9] Im Mittelpunkt der oft epochenübergreifenden »Meistererzählungen« stand zumeist eine Art akademische Nabelschau, die gesamthistorische Prozesse außen vor ließ und damit analog zur mythologisierten Forschung im Elfenbeinturm sozusagen Geschichtsschreibung im Stile desselben betrieb. Die Folge war eine verengte Sichtweise auf die eigene Hochschulgeschichte, die sich im Wesentlichen auf die Produktion von reduktionistischen Festschriften beschränkte, deren erklärtes Ziel es war, die Hochschulen als Institutionen der Gelehrsamkeit positiv darzustellen.[10] In den vergangenen Jahrzehnten löste sich

7 Vor allem mit Blick auf Westdeutschland nach 1945: Klein/Schütze/Paletschek/Prüll/Brandt, Universität, S. 7.

8 Peter Weingart, Stunde der Wahrheit? Zum Verhältnis der Wissenschaft zu Politik, Wirtschaft und Medien in der Wissensgesellschaft, Weilerswist 2001, weist auf eine zunehmend engere strukturelle Bindung zwischen der universitären wie außeruniversitären Wissenschaft und anderen gesellschaftlichen Funktionssystemen hin.

9 Vgl. dazu exemplarisch Notker Hammerstein, Alltagsarbeit. Anmerkungen zu neueren Universitätsgeschichten, in: Historische Zeitschrift 297 (2013), H. 1, S. 102–125; Sylvia Paletschek, Stand und Perspektiven der neueren Universitätsgeschichtsschreibung, in: NTM. Zeitschrift für Geschichte der Wissenschaften, Technik und Medizin 19 (2011), H. 2, S. 169–189; Rüdiger vom Bruch, Methoden und Schwerpunkte der neueren Universitätsgeschichtsforschung, in: Die Universität Greifswald und die deutsche Hochschullandschaft im 19. und 20. Jahrhundert (Pallas Athene 10), hg. von Werner Buchholz, Stuttgart 2004, S. 9–26.

10 Livia Prüll, Die Universitätsgeschichte und ihr Verhältnis zur Wissenschaftsgeschichte. Problemstellung und Arbeitsansätze, in: Universitätsgeschichte schreiben. Inhalte – Methoden – Fallbeispiele (Beiträge zur Geschichte der Universität Mainz N. F. 14), hg. von ders., Christian George und Frank Hüther, Göttingen 2019, S. 199–218, hier S. 201.

die europäische und deutsche Universitätsgeschichte aber von dieser überwiegend jubiläumsgesteuerten Gründungs- und Erfolgsgeschichte der eigenen Alma Mater, die, wie Notker Hammerstein bereits 1983 konstatierte, nicht selten hagiographische Züge trug.[11] Die Frage, wie man denn nun eigentlich Universitätsgeschichte schreibe, hat vor allem in den letzten fünfzehn Jahren wieder enorm an Relevanz gewonnen, was wohl auf die zahlreichen Hochschuljubiläen und die vielfältigen Forschungsprojekte, die sich oftmals den Jubelfeiern überhaupt erst verdanken, zurückzuführen ist.[12] Allein seit Mitte der 2000er Jahre feierten unter anderem die Universitäten Berlin (Humboldt-Universität), Bonn, Frankfurt am Main, Freiburg, Greifswald, Gießen, Hamburg, Jena, Kiel, Köln, Leipzig, Rostock und Wien ihr Jubiläum; andere Hochschulen wie Darmstadt (2027), Mainz (2021) und Marburg (2027) stehen bereits in den Startlöchern für ihre nahenden Jubiläumsfeierlichkeiten.

Selbstverständlich sind Jubiläen nicht grundsätzlich anstößig, sondern als Anlass zur wissenschaftlichen Beschäftigung mit dem Forschungsgegenstand »Hochschule« durchaus willkommen. Besonders in den letzten beiden Jahrzehnten haben die im Zuge von Jubiläen publizierten Sammelwerke und Monographien eine Vielzahl neuer Erkenntnisse im Hinblick auf die gesellschaftlichen, sozialen, kulturellen sowie wissenschaftlichen Entwicklungen im Hochschulwesen herausgearbeitet, ohne dabei die »kritischen Zeiten« auszulassen.[13] Doch leider lässt sich immer wieder beobachten, dass im Rahmen der Jubiläen oft vieles möglich wird – von kleineren Ausstellungen und Monographien über mehrbändige Sammelwerke bis hin zu digitalen Professorenkatalogen –, im Anschluss an die Feierlichkeiten aber die Geldquelle für die historische Alltagsarbeit bis zum nächsten Jubelakt (meist alle 25 oder 50 Jahre) wieder versiegt.[14] Dass universitätshistorische Arbeitsgemeinschaften mithilfe einer dau-

11 Vgl. dazu Notker Hammerstein, Jubiläumsschrift und Alltagsarbeit. Tendenzen bildungsgeschichtlicher Literatur, in: Historische Zeitschrift 236 (1983), H. 3, S. 601–633.

12 Siehe exemplarisch die Beiträge in Livia Prüll, Christian George und Frank Hüther (Hg.), Universitätsgeschichte schreiben. Inhalte – Methoden – Fallbeispiele (Beiträge zur Geschichte der Universität Mainz N. F. 14), Göttingen 2019; sowie Stefan Gerber, Wie schreibt man »zeitgemäße« Universitätsgeschichte?, in: NTM. Zeitschrift für Geschichte der Wissenschaften, Technik und Medizin 22 (2014), H. 4, S. 277–286; Paletschek, Perspektiven.

13 Rainer Christoph Schwinges, Universitätsgeschichte: Bemerkungen zu Stand und Tendenzen der Forschung (vornehmlich im deutschsprachigen Raum), in: Universitätsgeschichte schreiben. Inhalte – Methoden – Fallbeispiele (Beiträge zur Geschichte der Universität Mainz N. F. 14), hg. von Livia Prüll, Christian George und Frank Hüther, Göttingen 2019, S. 25–45, hier S. 33.

14 Diese Problematik hat bereits mehrfach Anlass zur Diskussion geboten, vgl. u. a. Pieter Dhondt (Hg.), University Jubilees and University History Writing. A Challenging Relationship (Scientific and Learned Cultures and their Institutions 13), Leiden 2015; Sylvia Paletschek, The Writing of University History and University Jubilees, in: Tijdschrift voor Weetenschaps- en Universiteitsgeschiedenis 5 (2012), H. 3, S. 142–155; Thomas P. Becker, Jubiläen als Orte uni-

erhaften Budgetierung oder festen Verankerung im Haushaltsplan über die Festlichkeiten hinweg unterstützt werden, wie dies beispielsweise in Mainz geschieht, ist keineswegs die Regel, vielmehr die absolute Ausnahme.[15]

Marian Füssel, der die Frage, »wie schreibt man Universitätsgeschichte«, 2014 in der *Zeitschrift für Geschichte der Wissenschaften, Technik und Medizin* ebenfalls thematisierte, forderte eine radikale Historisierung des internationalen Hochschulwesens, womit eine Gleichbehandlung im geschichtswissenschaftlichen Forschungsbetrieb und mithin eine Einordnung in den gesamthistorischen Prozess gemeint ist.[16] Daran anknüpfend hat neuerdings Rainer Christoph Schwinges die Einbindung der Universitätsgeschichte in den gesamten Entwicklungsprozess der Geschichtswissenschaft unterstrichen, in der man Antworten »auf die jeweiligen Fragen der Zeit, auf Herausforderungen und Nöte« sucht.[17] Die beiden ausgewiesenen Kenner der europäischen Hochschulgeschichte sehen in der Öffnung ihres geschichtswissenschaftlichen Zweiges für allgemein-historische Fragestellungen, moderne Theorien und Methoden sowie interdisziplinäre Zugänge eine wesentliche Grundlage, um die universitären wie wissenschaftlichen Entwicklungen mit all ihren Krisen und Brüchen inmitten der sie umgebenden gesellschaftlichen, kulturellen und sozialen Umwelt argumentativ erklären zu können. Eine derart geweitete Forschungsperspektive von Hochschulgeschichte ermöglicht es überhaupt erst, das komplexe wie interessen-, konflikt- und spannungsreiche Zusammenspiel von Hochschule und Öffentlichkeit zu fassen und daran anknüpfend analytisch auszuleuchten.

---

versitärer Selbstdarstellung. Entwicklungslinien des Universitätsjubiläums von der Reformationszeit bis zur Weimarer Republik, in: Universität im öffentlichen Raum (Veröffentlichungen der Gesellschaft für Universitäts- und Wissenschaftsgeschichte 10), hg. von Rainer Christoph Schwinges, Basel 2008, S. 77–107; Jens Blecher und Gerald Wiemers (Hg.), Universitäten und Jubiläen. Vom Nutzen historischer Archive (Veröffentlichungen des Universitätsarchivs Leipzig 4), Leipzig 2004; Winfried Müller, Erinnern an die Gründung. Universitätsjubiläen, Universitätsgeschichte und die Entstehung der Jubiläumskultur in der frühen Neuzeit, in: Berichte zur Wissenschaftsgeschichte 21 (1998), H. 2/3, S. 79–102.

15 Vgl. Livia Prüll, »Universitätsgeschichte schreiben« – Eine Einführung, in: Universitätsgeschichte schreiben. Inhalte – Methoden – Fallbeispiele (Beiträge zur Geschichte der Universität Mainz N. F. 14), hg. von ders., Christian George und Frank Hüther, Göttingen 2019, S. 7–21, hier S. 9. Der Hochschulgeschichte ist es darüber hinaus nicht gelungen, sich in Form von Lehrstühlen bzw. Professuren zu institutionalisieren, was der Forschung allerdings kaum geschadet hat. Den einzigen Lehrstuhl im deutschsprachigen Raum, der sich in Forschung und Lehre dezidiert mit der Hochschulgeschichte befassen sollte (Professur für Mittlere und Neuere Geschichte mit besonderer Berücksichtigung der Universitäts- und Bildungsgeschichte), hatte Laetitia Boehm von 1969 bis 1998 an der Universität München inne. Ihr Nachfolger auf der Professur für Universitäts- und Wissenschaftsgeschichte, wie die Denomination nun lautete, war von 1999 bis 2002 Martin Kintzinger; nach dessen Wechsel an die Universität Münster wurde die Professur dann allerdings umgewidmet.

16 Vgl. ausführlich Marian Füssel, Wie schreibt man Universitätsgeschichte?, in: NTM. Zeitschrift für Geschichte der Wissenschaften, Technik und Medizin 22 (2014), H. 4, S. 287–293.

17 Schwinges, Universitätsgeschichte, S. 30.

Es bedarf gewissermaßen der »Sprengung des Elfenbeinturms« von innen heraus, will die Hochschul- beziehungsweise Universitätshistoriographie nicht bloße Selbstdarstellung oder Nabelschau sein.[18] Aus diesem Grund greifen die im vorliegenden Tagungsband versammelten Beiträge bewusst die soziologischen Theoreme und diskursgeschichtlichen Konzepte von Lutz Raphael und Margit Szöllösi-Janze auf, die dafür plädieren, Zeitgeschichte als Geschichte von Verwissenschaftlichungsprozessen beziehungsweise als Geschichte der Wissensgesellschaft zu verstehen.[19] Für Szöllösi-Janze ist die zunehmende Verschränkung der einzelnen gesellschaftlichen Teilbereiche (insbesondere von Wissenschaft, Staat, Militär und Wirtschaft) das bestimmende Charakteristikum moderner Gesellschaften und zugleich eine Grundkonstellation für die dynamische Entwicklung im 20. Jahrhundert:

> »Dies bedeutet, daß einerseits die Regeln und Werte wissenschaftlichen Forschens auch in anderen gesellschaftlichen Kontexten eine Rolle spielen, daß andererseits die Wissensproduktion selbst zunehmend unter gesellschaftliche Legitimationszwänge gerät. Massenmedien und Öffentlichkeit in ihrem Verhältnis zu Wissenschaft und Politik avancieren damit zum sensiblen Punkt von Wissensgesellschaften. All dies hat schließlich Rückwirkungen auf Inhalte, Strukturen und epistemische Orientierung von Wissenschaft selbst.«[20]

Hochschule im öffentlichen Raum

Mit der Struktur und dem Charakter der Beziehung von Universität respektive Wissenschaft und Öffentlichkeit im 19. und 20. Jahrhundert hat sich in ersten grundlegenden Studien zunächst die Wissenschaftssoziologie befasst, wobei Fragen der Politikberatung und des Typus des modernen Wissenschaftlers im

18 Vgl. diesbezüglich Walter Rüegg, Die Sprengung des Elfenbeinturms, in: Universität im öffentlichen Raum (Veröffentlichungen der Gesellschaft für Universitäts- und Wissenschaftsgeschichte 10), hg. von Rainer Christoph Schwinges, Basel 2008, S. 469–485.

19 Siehe dazu insb. Margit Szöllösi-Janze, Wissensgesellschaft in Deutschland. Überlegungen zur Neubestimmung der deutschen Zeitgeschichte über Verwissenschaftlichungsprozesse, in: Geschichte und Gesellschaft 30 (2004), H. 2, S. 275–311; Lutz Raphael, Die Verwissenschaftlichung des Sozialen als methodische und konzeptionelle Herausforderung für eine Sozialgeschichte des 20. Jahrhunderts, in: Geschichte und Gesellschaft 22 (1996), H. 2, S. 165–193. Vgl. ferner Daniel Speich Chassé und David Gugerli, Wissensgeschichte. Eine Standortbestimmung, in: Traverse 19 (2012), H. 1, S. 85–100; Philipp Sarasin, Was ist Wissensgeschichte?, in: Internationales Archiv für Sozialgeschichte der deutschen Literatur 36 (2011), H. 1, S. 159–172; Jakob Vogel, Von der Wissenschafts- zur Wissensgeschichte. Für eine Historisierung der ›Wissensgesellschaft‹, in: Geschichte und Gesellschaft 30 (2004), H. 4, S. 639–660; Peter Weingart, Verwissenschaftlichung der Gesellschaft – Politisierung der Wissenschaft, in: Zeitschrift für Soziologie 12 (1983), H. 3, S. 225–241.

20 Szöllösi-Janze, Wissensgesellschaft, S. 282.

Vordergrund standen.[21] Darauf aufbauend betont die Forschung in jüngerer Zeit zunehmend die Bedeutung von Politik und Wissenschaft als »Ressourcen füreinander«, wobei auf das von Mitchell G. Ash entworfene Ressourcenmodell zurückgegriffen wird, der wiederum auf die Ideen Bruno Latours Bezug nimmt.[22] Ein Fokus der Universitätshistoriographie liegt dabei auf den Ermöglichungsräumen fachlich-disziplinärer Ressourcenmobilisierung. Demnach waren Politik und Wissenschaft – wie auch Wirtschaft und Militär – keine hermetisch voneinander geschiedenen »Subsysteme«; vielmehr standen sie in engen und stetigen Wechselbeziehungen, durchdrangen einander und übten so einen reziproken Einfluss aufeinander aus. In Anlehnung an das von Ash zur Diskussion gestellte Konzept haben Sybilla Nikolow und Arne Schirrmacher unter dem Stichwort »Wissenschaft und Öffentlichkeit als Ressourcen füreinander« 2007 neue Überlegungen angestoßen, die das Wechselverhältnis dieser beiden Sphären in den Fokus rücken. Unter der Annahme, dass Wissenschaft und Öffentlichkeit ununterbrochen miteinander interagieren, was dazugehörige Rückkopplungseffekte miteinschließt, haben sie unterschiedliche Bezugsgrup-

21 Vgl. exemplarisch Lutz Raphael, Verwissenschaftlichung, S. 171; Margit Szöllösi-Janze, Die Arbeitsgemeinschaft der Großforschungseinrichtungen – Identitätsfindung und Selbstorganisation 1958–1970, in: Großforschung in Deutschland (Studien zur Geschichte der deutschen Großforschungseinrichtungen 1), hg. von ders. und Helmuth Trischler, Frankfurt a.M. 1990, S. 140–160; Dies., Der Wissenschaftler als Experte. Kooperationsverhältnisse von Staat, Militär, Wirtschaft und Wissenschaft 1914–1933, in: Geschichte der Kaiser-Wilhelm-Gesellschaft im Nationalsozialismus. Bestandsaufnahme und Perspektiven der Forschung, Teil 2 (Geschichte der Kaiser-Wilhelm-Gesellschaft im Nationalsozialismus 1), hg. von Doris Kaufmann, Göttingen 2000, S. 46–64.

22 Vgl. Mitchell G. Ash, Reflexionen zum Ressourcenansatz, in: Ressourcenmobilisierung. Wissenschaftspolitik und Forschungspraxis im NS-Herrschaftssystem, hg. von Sören Flachowsky, Rüdiger Hachtmann und Florian Schmaltz, Göttingen 2016, S. 535–553; Ders., Wissenschaft und Politik. Eine Beziehungsgeschichte im 20. Jahrhundert, in: Archiv für Sozialgeschichte 50 (2010), S. 11–46; Ders., Wissenschaft(en) und Öffentlichkeit(en) als Ressourcen füreinander. Weiterführende Bemerkungen zur Beziehungsgeschichte, in: Wissenschaft und Öffentlichkeit als Ressourcen füreinander. Studien zur Wissenschaftsgeschichte im 20. Jahrhundert, hg. von Sybilla Nikolow und Arne Schirrmacher, Frankfurt a.M. 2007, S. 349–365; Ders., Wissenschaftswandlungen und politische Umbrüche im 20. Jahrhundert – was hatten sie miteinander zu tun?, in: Kontinuitäten und Diskontinuitäten in der Wissenschaftsgeschichte des 20. Jahrhunderts (Wissenschaft, Politik und Gesellschaft 1), hg. von Rüdiger vom Bruch, Uta Gerhardt und Aleksandra Pawliczek, Stuttgart 2006, S. 19–37; Ders., Wissenschaft und Politik als Ressourcen für einander, in: Wissenschaften und Wissenschaftspolitik. Bestandsaufnahmen zu Formationen, Brüchen und Kontinuitäten im Deutschland des 20. Jahrhunderts, hg. von Rüdiger vom Bruch und Brigitte Kaderas, Stuttgart 2002, S. 32–51; Ders., Wissenschaftswandel in Zeiten politischer Umwälzungen: Entwicklungen, Verwicklungen, Abwicklungen, in: Internationale Zeitschrift für Geschichte und Ethik der Naturwissenschaften, Technik und Medizin 95 (1995), H. 3, S. 1–21. Siehe auch Bruno Latour, Science in Action. How to Follow Scientists and Engineers Through Society, Cambridge 1987.

pen respektive »Teilöffentlichkeiten« definiert, die als mental konstruierte Räume mit eigenen spezifischen Interessen in Erscheinung treten.[23]

Insgesamt sechs Ebenen umfasst dieses Stufenmodell, wobei sich diese in Bezug auf das Vorwissen unterscheiden: *erstens* die »breite Öffentlichkeit«, die sich in aller Regel nicht für wissenschaftliche Bildung interessiert, *zweitens* die »gelegentlich interessierte Öffentlichkeit«, die vereinfachte, wissenschaftsferne Darstellungsformen bevorzugt, *drittens* die »gebildete beziehungsweise interessierte Öffentlichkeit«, die sich einen Nutzen durch wissenschaftliche Forschung verspricht, *viertens* die »Fachöffentlichkeit«, die Teil der Wissenschaftsgemeinde, aber einem anderen Fachgebiet zugehörig ist, *fünftens* die »Fachkreise außerhalb des engeren Forschungsgebietes« und schließlich *sechstens* die »Fachwissenschaft« selbst.[24] Folglich muss zwischen mehreren Bezugsgruppen differenziert werden, die auf divergierende Medien und Plattformen zurückgreifen und die in unterschiedlichem Maße in die Felder »Universität« und »Wissenschaft« eingebunden sind.[25] Aus praktischen Gesichtspunkten erscheint es für den vorliegenden Band allerdings nicht zielführend, diese »Teilöffentlichkeiten« als eigenständige, homogene Akteure zu interpretieren; vielmehr soll Öffentlichkeit als »Raum oder Sphäre«, in dem ein Interesse an Universität im Allgemeinen oder Wissenschaft im Besonderen prinzipiell vorhanden ist, gedacht werden.[26]

Wie bereits erwähnt, stellen die Verflechtungen von Universität und Öffentlichkeit für den Zeitraum des 19. und 20. Jahrhunderts noch weitgehend ein Desiderat der Forschung dar, wohingegen für das Mittelalter und die Frühe Neuzeit bereits einige kulturgeschichtliche Untersuchungen vorliegen, die sich verstärkt den akademischen Ritualen wie beispielsweise der akademischen

23 Vgl. dazu Nikolow/Schirrmacher, Verhältnis. Siehe auch die übrigen Beiträge in Dies. (Hg.), Wissenschaft und Öffentlichkeit als Ressourcen füreinander. Studien zur Wissenschaftsgeschichte im 20. Jahrhundert, Frankfurt a.M. 2007. Dagegen klammert Carsten Reinhardt, Historische Wissenschaftsforschung, heute. Überlegungen zu einer Geschichte der Wissensgesellschaft, in: Bericht zur Wissenschaftsgeschichte 33 (2010), H. 1, S. 81–99, in seiner strukturellen Untersuchung zum Verhältnis von Wissenschaft und gesellschaftlichem Kontext den Bereich »Öffentlichkeit« größtenteils aus.

24 Vgl. diesbezüglich Nikolow/Schirrmacher, Verhältnis, S. 30f.; sowie ausführlicher Arne Schirrmacher, Nach der Popularisierung. Zur Relation von Wissenschaft und Öffentlichkeit im 20. Jahrhundert, in: Geschichte und Gesellschaft 34 (2008), H. 1, S. 73–95, hier S. 84–86.

25 Zum Konzept der »Teilöffentlichkeiten« respektive Bezugsgruppen vgl. Peter Szyska, Teilöffentlichkeiten, in: Handbuch der Public Relations. Wissenschaftliche Grundlagen und berufliches Handeln, hg. von dems., Günter Bentele und Romy Fröhlich, Wiesbaden 2005, S. 607; Ders., Bezugsgruppen, in: ebd., S. 578–579.

26 Siehe auch Jörg Requate, Öffentlichkeit und Medien als Gegenstände historischer Analyse, in: Geschichte und Gesellschaft 25 (1999), H. 1, S. 5–32, hier S. 6f.; Axel Schildt, Das Jahrhundert der Massenmedien. Ansichten zu einer künftigen Geschichte der Öffentlichkeit, in: Geschichte und Gesellschaft 27 (2001), H. 2, S. 177–206.

Festkultur widmen.[27] Derlei Rituale bildeten neben den Rektoratsreden, die ein Alleinstellungsmerkmal im deutschsprachigen Raum sind, die wichtigste Transferleistung zwischen Hochschul- und öffentlichem Raum.[28] Ein bislang kaum erforschtes Themenfeld ist dagegen die Öffentlichkeitsarbeit im Hoch-

27 Vgl. neuerdings Martin Kintzinger, Wolfgang Eric Wagner und Marian Füssel (Hg.), Akademische Festkulturen vom Mittelalter bis zur Gegenwart. Zwischen Inaugurationsfeier und Fachschaftsparty (Veröffentlichungen der Gesellschaft für Universitäts- und Wissenschaftsgeschichte 15), Basel 2019; sowie exemplarisch Richard Kirwan, Scholarly Reputations and Institutional Prestige. The Fashioning of the Public Image of the University of Helmstedt 1576–1680, in: History of Universities 25 (2011), S. 51–79; Sylvia Paletschek, Festkultur und Selbstinszenierung deutscher Universitäten, in: Mittendrin. Eine Universität macht Geschichte. Ausstellung anlässlich des 200-jährigen Jubiläums der Humboldt-Universität zu Berlin, hg. von Ilka Thom und Kirsten Weining, Berlin 2010, S. 88–95; Marian Füssel, Akademische Solennitäten. Universitäre Festkulturen im Vergleich, in: Festkulturen im Vergleich. Inszenierung des Religiösen und Politischen, hg. von Michael Maurer, Köln 2010, S. 43–60; Ders., Die inszenierte Universität. Ritual und Zeremoniell als Gegenstand der frühneuzeitlichen Universitätsgeschichte, in: Jahrbuch für Universitätsgeschichte 9 (2006), S. 19–33; Becker, Jubiläen als Orte universitärer Selbstdarstellung.

28 Siehe u.a. Christina Schwartz, Tradition mit Innovation. Die Rektoratsreden an den deutschen Universitäten und Technischen Hochschulen der Nachkriegszeit 1945–1950 (Schriftenreihe der Historischen Kommission bei der Bayerischen Akademie der Wissenschaften 103), Göttingen 2019; Dies., Back to the Roots – and Beyond. The Importance of International Exchange in German University Rectors' Speeches, 1945–1950, in: Zeitgeschichte 39 (2012), H. 1, S. 32–42; Dies., Erfindet sich die Hochschule neu? Selbstbilder und Zukunftsvorstellungen in den westdeutschen Rektoratsreden 1945–1950, in: Zwischen Idee und Zweckorientierung. Vorbilder und Motive von Hochschulreformen seit 1945 (Wissenskultur und gesellschaftlicher Wandel 21), hg. von Andreas Franzmann und Barbara Wolbring, Berlin 2007, S. 47–60; Dieter Langewiesche, Humboldt als Leitbild? Die deutsche Universität in den Berliner Rektoratsreden seit dem 19. Jahrhundert, in: Jahrbuch für Universitätsgeschichte 14 (2011), S. 15–37; Ders., Die »Humboldtsche Universität« als nationaler Mythos. Zum Selbstbild der deutschen Universitäten in ihren Rektoratsreden im Kaiserreich und in der Weimarer Republik, in: Historische Zeitschrift 290 (2010), H. 1, S. 53–91; Ders., Selbstbilder der deutschen Universität in Rektoratsreden. Jena – spätes 19. Jahrhundert bis 1948, in: Jena. Ein nationaler Erinnerungsort?, hg. von Jürgen John und Justus H. Ulbricht, Köln 2007, S. 219–243; Ders., Rektoratsreden – Ein Projekt in der Abteilung Sozialgeschichte, in: Jahrbuch der Historischen Kommission bei der Bayerischen Akademie der Wissenschaften (2006), S. 47–60; Andreas Krummenacher, »In einem öffentlichen Vortrag soll Rechenschaft abgelegt werden«. Die Rektoratsreden und Rektoren am Beispiel der Universitäten Basel und Bern im 19. und frühen 20. Jahrhundert, in: Universität im öffentlichen Raum (Veröffentlichungen der Gesellschaft für Universitäts- und Wissenschaftsgeschichte 10), hg. von Rainer Christoph Schwinges, Basel 2008, S. 347–364; Mathias Kotowski, Die öffentliche Universität. Veranstaltungskultur der Eberhard-Karls-Universität Tübingen in der Weimarer Republik (Contubernium 49), Stuttgart 1999. Die Rektoratsreden des 19. und 20. Jahrhunderts sind für den deutschen Raum online verfügbar, URL: www.historische-kommission-muenchen-editionen.de/rektoratsreden (19.11.2019); die an schweizerischen Universitäten gehaltenen Rektoratsreden (1823–2005) sind auch online abrufbar, URL: www.arpa-docs.ch/SedServer/SedWM.cgi?fn=Swd_Reden&lng=0 (19.11.2019). In gedruckter Form liegen ferner die Rektoratsreden der Universität Leipzig vor: Franz Häuser (Hg.), Leipziger Rektoratsreden 1871–1933, Berlin 2009.

schulwesen,[29] die auch einen Schwerpunkt des vorliegenden Bandes darstellt.[30] Auf dem Weg vom »Elfenbeinturm ins Rampenlicht« spielten naturgemäß die Massenmedien eine bedeutsame Rolle, die das Wirken und die Relevanz der Hochschulen stets kommentiert haben und so zur öffentlichen Meinungsbildung beitrugen.[31] Was in der Nachkriegszeit noch weitgehend unerwünscht und undenkbar gewesen ist, gehört mittlerweile zum Standardrepertoire der Hochschulen und vieler WissenschaftlerInnen.[32] Voraussetzung ist allerdings, dass die Spielregeln der traditionellen Medien – wozu Zeitungen, Radio und das Fernsehen zählen – bekannt sind und auch beherrscht werden, da andernfalls Zielkonflikte entstehen.

Über das Publikum der Wissenschaftskommunikation wissen wir bislang kaum etwas, was vor allem dem Umstand geschuldet ist, dass die Universitäts- und Wissenschaftsgeschichte sich primär mit den Produzenten, weniger mit den Konsumenten von Wissen beschäftigt hat.[33] Nicht zuletzt durch zahlreiche historische Einzelstudien muss das Drängen universitärer Akteure in die Öffentlichkeit als recht gut erforscht gelten, wobei in hohem Maße deutlich wird, wie jene Wissensproduzenten stets aufs Neue soziale Räume für die Wissensvermittlung eroberten.[34] Freilich hat diese Art der Öffentlichkeitsarbeit die Wis-

29 Rüegg, Sprengung; Stefan Paulus, Vorbild USA? Amerikanisierung von Universität und Wissenschaft in Westdeutschland 1945–1976 (Studien zur Zeitgeschichte 81), München 2010; Henning Escher, Public Relations für wissenschaftliche Hochschulen. Systemtheoretische Grundlegung und exemplarische Modellierung im Wettbewerbsumfeld (Profession 34), München 2001.

30 Siehe dazu die Beiträge von Tomke Jordan, Caroline E. Weber und Anton F. Guhl im vorliegenden Band.

31 Dazu und zum Folgenden Sybilla Nikolow, Wissenschaft, Öffentlichkeit und die Rolle der Medien: Problematik, Konzepte und Forschungsfragen, in: Universität, Wissenschaft und Öffentlichkeit in Westdeutschland (1945 bis ca. 1970), hg. von Sebastian Brandt, Christa-Irene Klein, Nadine Kopp, Sylvia Paletschek, Livia Prüll und Olaf Schütze, Stuttgart 2014, S. 39–57, hier S. 39. Vgl. auch Friedhelm Neidhardt, Wissenschaft als öffentliche Angelegenheit (WZB-Vorlesungen 3), Berlin 2002. Peter Weingart, Die Wissenschaft der Öffentlichkeit. Essays zum Verhältnis von Wissenschaft, Medien und Öffentlichkeit, Weilerswist 2005, hat in mehreren empirischen Studien darüber hinaus deutlich gemacht, dass die Wissenschaft seit Ende des 20. Jahrhunderts die Öffentlichkeit und Politik vorrangig über die Medien adressiert.

32 Vgl. die lesenswerten Interviews in Beatrice Dermbach (Hg.), Vom Elfenbeinturm ins Rampenlicht. Prominente Wissenschaftler in populären Massenmedien, Wiesbaden 2012.

33 Vgl. Helga Nowotny, Der imaginierte Dialog zwischen Wissenschaft und Öffentlichkeit. Vom imaginierten Laien zur sozialen Robustheit des Wissens, in: Imaginierte Laien. Die Macht der Vorstellung in wissenschaftlichen Expertisen, hg. von Priska Gisler, Michael Guggenheim, Alessandro Maranta, Christian Pohl und Helga Nowotny, Weilerswist 2004, S. 171–195; Massiamo Bucci und Federico Neresini, Science and Public Participation, in: The Handbook of Science and Technology Studies, hg. von Edward J. Hackett, Olga Amsterdamska, Michael E. Lynch und Judy Wajcman, Cambridge [Mass.] [3]2008, S. 449–472.

34 Vgl. beispielhaft aus der breiten Forschungsliteratur Andreas Daum, Wissenschaftspopularisierung im 19. Jahrhundert. Bürgerliche Kultur, naturwissenschaftliche Bildung und die

senschaftsentwicklung enorm geprägt und außerdem dazu beigetragen, dass die Frage, was zur Wissenschaft gehört und was nicht, fortan von der Gesellschaft mitentschieden wurde.[35] Im Gegensatz zu dem ihr angehörenden Forschungspersonal, das sich zur Popularisierung wissenschaftlicher Erkenntnisse oder in Bezug auf die Durchsetzung eigener (politischer, ökonomischer oder sozialer) Interessen zunehmend der verschiedensten Plattformen (wie Vereine, Museen, Bildungseinrichtungen und Medien) bediente,[36] etablierten die Hochschulen nur äußerst zögerlich institutionalisierte Beziehungen zur Öffentlichkeit.[37] Heute kommt wohl kaum noch eine wissenschaftliche Einrichtung ohne professionelle Presseabteilung aus, die als institutionalisierte Form der Kommunikation mit der Öffentlichkeit in einen reziproken Austausch tritt.[38] Von einem einseitigen und hierarchischen Wissensgefälle zwischen beiden Bereichen, wonach die Wissenschaft über das Wahrheitsmonopol der Gesellschaft verfügt und die Öffentlichkeit lediglich als passiver Empfänger einer weitgehend vereinfachten Form des popularisierten Wissens agiert, kann letztlich keine Rede sein - auch wenn dieses Bild bis weit in die Nachkriegszeit von führenden universitären Vertretern kolportiert wurde.[39] Es ist daher ein besonderes Anliegen der beiden

---

deutsche Öffentlichkeit, München 1998; Terry Shinn und Richard Withley (Hg.), Expository Science. Forms and Functions of Popularization (Sociology of the Sciences 9), Dordrecht 1985; Stefanie Samida (Hg.), Inszenierte Wissenschaft. Zur Popularisierung von Wissen im 19. Jahrhundert (Histoire 21), Bielefeld 2011; sowie die Beiträge zum Themenheft von History of Science 32 (1994), H. 3, S. 237–360, und zum Themenheft »Populäres Wissen« der Zeitschrift Werkstatt*Geschichte* 23 (1999).

35 Dazu und zum Folgenden vgl. Nikolow, Wissenschaft, S. 42f.; Simon Schaffer, What is Science, in: Science in the Twentieth Century, hg. von John Krige und Dominique Pestre, Amsterdam 1997, S. 27–41.

36 Siehe die Beiträge von Thomas Fuchs, Andreas Huber, Andreas Hütig, Diana Morgenroth, Ulf Morgenstern, Tommy Stöckel sowie den gemeinsamen Aufsatz von Catrin Dingler und Elena Tertel im vorliegenden Band.

37 Vgl. Steven Shapin, Science and the Public, in: Companion to the History of Science, hg. von R. C. Olby, G. N. Cantor, J. R. R. Christie and M. J. S. Hodge, London 1990, S. 1002–1006.

38 Siehe dazu beispielhaft die folgenden Schlagworte: Andreas Altvater, Corporate Design, in: Grundbegriffe des Hochschulmanagements, hg. von Anke Hanft, Bielefeld ^{2}2004, S. 67–71; Henning Escher, Corporate Identity, in: ebd., S. 72–76; Klaus Merten, Image-Analyse, in: ebd., S. 186–189; Lars Tutt, Marketing-Management, in: ebd., S. 275–279; Henning Escher, Öffentlichkeitsarbeit, in: ebd., S. 314–318; Ulrich Teichler, Profilbildung, in: ebd., S. 369–372; Martin Brüggemeier, Public Management, in: ebd., S. 377–382. Weiterführend siehe auch Dietrich Schwanitz, Alazon und Eiron. Formen der Selbstdarstellung in der Wissenschaft, in: Theatralisierung der Gesellschaft, Bd. 1: Soziologische Theorie und Zeitdiagnose, hg. von Herbert Willems, Wiesbaden 2009, S. 447–462; Justine Suchanek, Die Selbstbeschreibung von Hochschulen. Strategien für den Wettbewerbsvorsprung, die gesellschaftliche Legitimation und Beschäftigungsfähigkeit im Kontext globaler Herausforderungen, in: ebd., S. 463–484; Richard Münch, Die Inszenierung wissenschaftlicher Exzellenz. Wie der politisch gesteuerte Wettbewerb um Forschungsressourcen die Wissenschaft den Darstellungszwängen der öffentlichen Kommunikation unterwirft, in: ebd., S. 485–498.

39 Nikolow, Wissenschaft, S. 49f.

HerausgeberInnen sowie der AutorInnen, den Konnex von Hochschule und Öffentlichkeit im Sinne eines kontinuierlichen Austauschprozesses zu analysieren, der von unterschiedlichen räumlichen, zeitlichen und medialen Kontexten abhängig war.

Die Beiträge des Bandes

Eine integrale Verbindung von Universitäts- und Gesellschaftsgeschichte ist nach wie vor ein Desiderat ebenso wie die Forderung, Zeitgeschichte auch als Wissen(schaft)sgeschichte zu betreiben.[40] Hier setzt der vorliegende Tagungsband an, indem die einzelnen BeiträgerInnen die bisherigen Erkenntnisse zur Beziehung von Universität, Wissenschaft und Öffentlichkeit mithilfe der unterschiedlichsten regionalen, biografischen und institutionellen Ansätze erweitern.[41] Sie konzentrieren sich dabei auf das 19. und 20. Jahrhundert, weil diese Epoche allgemein für den Wandel von der vornehmlich bürgerlichen Öffentlichkeit der Wenigen zur demokratischen Öffentlichkeit der Vielen steht.[42] Die einzelnen Fallstudien legen nahe, dass weder ein einheitliches noch ein festgefügtes Beziehungsgeflecht zwischen den Hochschulen und der Gesellschaft im deutschen und österreichischen Raum existierte; vielmehr wird deutlich, dass es sich dabei nicht um ein harmonisches Verhältnis handelte, sondern um ein zweifellos interessen-, spannungs- und konfliktreiches Bezugssystem: Einerseits formte sich eine »Öffentlichkeit der Wissenschaft« als Ergebnis einer medialen Dauerbeobachtung, und andererseits entstand aufgrund der Öffentlichkeitsorientierung der Universitäten allmählich eine »Wissenschaft der Öffentlichkeit«.[43] Entsprechend wenden sich die einzelnen Aufsätze gegen eine einseitige Perspektivierung des Verhältnisses von Hochschule und Gesellschaft und nehmen stattdessen die diversen Überschneidungen, Verbindungen und Kongruenzen der verschiedenen universitären und öffentlichen Räume in den Blick. Dadurch unterstreichen sie jene Vielfalt, die charakteristisch für das hier thematisierte Beziehungsgeflecht ist, und heben die enge Wechselbeziehung, teilweise sogar Abhängigkeit der beiden Bereiche hervor.

---

40 Ausführlich dazu Szöllösi-Janze, Wissensgesellschaft.

41 Die Referate von Karen Bruhn (Kiel), »Der Geistig Schaffende – Professoren als Multiplikatoren von Ideologie und Wissen in der NS-Zeit«, Manfred Heinemann (Hannover), »Auferstanden aus Ruinen: Studium und Studium Generale in der Reorientierung der Hochschulen in der Nachkriegszeit«, und Lisa Kragh (Kiel), »Das große Unbehagen. Fortschrittspessimismus im naturwissenschaftlichen Funktionsdiskurs um 1900«, konnten leider nicht zum Abdruck gelangen.

42 Nikolow/Schirrmacher, Verhältnis, S. 13.

43 Weingart, Wissenschaft, S. 28.

Mit den *Perspektiven, Möglichkeiten und Grenzen des Forschungsfeldes* beschäftigt sich die erste Rubrik. *Andreas Hütig* umreißt in einem systematischen Eingangsbeitrag die Frage, wie eine moderne Wissenschaftskommunikation eigentlich aussieht und wie sich die Spannung zwischen den Akteuren des wissenschaftlichen und denen des öffentlichen Feldes auflösen lässt. Dem vermeintlichen Idealbild der »kompetenten Wissenschaftskommunikatorin« beziehungsweise des »kompetenten Wissenschaftskommunikators« nähert er sich aus einer diskursanalytischen Perspektive, indem er einschlägige Handbücher kritisch gegenüberstellt. Das Fazit seiner Überlegungen fällt allerdings ebenso vielsagend wie ernüchternd aus: In einem heterogenen Feld an Erwartungen, das von einem Legitimationsbedürfnis über Emotionalisierung bis hin zu Professionalisierung reicht, bleibe die grundsätzliche Spannung bestehen.

Daran anschließend betonen *Christian George* und *Frank Hüther* die diversen Möglichkeiten der Biographieforschung für das Forschungsfeld Hochschule und Öffentlichkeit, die sich der Geschichtswissenschaft durch eine Kombination von qualitativen und quantitativen Ansätzen eröffnen. So bilden die meisten digitalen Professorenkataloge neben der wissenschaftlichen Laufbahn auch das gesellschaftliche Engagement des Hochschulpersonals ab. Durch die Darstellung der Tätigkeit von Hochschullehrenden in Parteien, kirchlichen Organisationen oder Vereinen wird sichtbar, wie diese über den engeren Bereich der Wissenschaft hinaus in Politik, Wirtschaft und Gesellschaft hineinwirken und so den sprichwörtlichen »akademischen Elfenbeinturm« verlassen. Hierbei dienen ihre akademischen Spezialkenntnisse oftmals als Alleinstellungsmerkmal, um sich als Experten von anderen Diskursteilnehmern abzuheben und sich entsprechend zu positionieren. Durch die Analyse einer bereits durchgeführten Studie zur Berufung der ersten Professoren der Universität Mainz machen die beiden Autoren die Grenzen bei der Verwendung von digitalen Professorenkatalogen als Datengrundlage historischer Forschung deutlich, zeigen aber auch Lösungsvorschläge für deren Überwindung auf.[44]

44 Zu den Professorenkatalogen als historische Datengrundlage und den damit verbundenen Chancen und Schwierigkeiten vgl. grundlegend Ulf Morgenstern, Vom Namensregister zum agilen Recherchewerkzeug. Überlegungen zu Geschichte und Wandel von Professorenkatalogen aus der Sicht des Catalogus Professorum Lipsiensis, in: Professorinnen und Professoren gewinnen. Zur Geschichte des Berufungswesens an den Universitäten Mitteleuropas (Veröffentlichungen der Gesellschaft für Universitäts- und Wissenschaftsgeschichte 12), hg. von Christian Hesse und Rainer Christoph Schwinges, Basel 2012, S. 441–469; Ders., Nabelschau, Speziallexikon oder sozialstatistische Quellensammlung? Über Intention, Wandel und Nutzen von Professorenkatalogen, in: Catalogus Professorum Lipsiensis. Konzeption, technische Umsetzung und Anwendungen für Professorenkataloge im Semantic Web (Leipziger Beiträge zur Informatik 21), hg. von dems. und Thomas Riechert, Leipzig 2010, S. 3–34. Vgl. ferner Swantje Piotrowski, Das Kieler Gelehrtenverzeichnis – Eine Online-Datensammlung als Werkzeug universitätsgeschichtlicher und biographischer Forschung,

Eine weitere thematische Perspektive eröffnet der Beitrag von *Martin Göllnitz*, der für eine Gewaltgeschichte der Hochschulen plädiert und ein rezentes Beispiel anhand der Mainzer Universität von 1945 bis in die aktuelle Gegenwart vorlegt. Für das Fehlen einer umfassenden Beschäftigung mit dem öffentlichen Gewaltraum »Hochschule« macht Göllnitz drei Faktoren verantwortlich: Zum einen fehlt es in definitorischer Hinsicht an einer gewaltbezogenen Komponente von Universität. Zum anderen fällt es der Forschung zur Universitäts- und Wissenschaftsgeschichte schwer, Gewalt als einen Bestandteil des universitären Alltags zu analysieren, denn Gewalt wird zumeist als etwas charakterisiert, das einem Ausnahmezustand an den Hochschulen gleicht. Drittens wird Gewalt in der Regel als anthropologische Konstante betrachtet. Nach Göllnitz müsse Gewalt im universitären Raum aber vielmehr als kulturell und sozial wandelbares Phänomen verstanden werden, da die Perspektive von Gewalt als ausschließlich strukturelles Phänomen den Blick auf neue Erkenntnisse – auch im Hinblick auf bereits gut untersuchte Ereignisse wie die NS-Zeit und die 68er-Bewegung – verstellt.

Dass die Geschichtsschreibung der deutschsprachigen Universitäten oft von dem Bemühen gekennzeichnet ist, sich von anderen Hochschulen wie beispielsweise den Technischen Universitäten, Akademien oder Fachhochschulen abzugrenzen, hebt *Anton F. Guhl* im letzten Beitrag der ersten Rubrik eindrücklich hervor. Die Geschichtsschreibung des Hochschulwesens spiegelt damit vor allem den gesellschaftlichen Diskurs des 19. und 20. Jahrhunderts wider, der den jeweiligen Hochschulen spezifische Aufgaben und Funktionen attestiert und folglich eine Dichotomie von Universitäten auf der einen und den übrigen Hochschulen auf der anderen Seite suggeriert.[45] Am Beispiel der Etablierung Polytechnischer Hochschulen in Prag, Wien und Karlsruhe in der ersten Hälfte des 19. Jahrhunderts macht Guhl auf Leerstellen in der älteren Universitätsgeschichtsschreibung aufmerksam und schlägt darauf aufbauend neue Forschungsfragen für eine integrierte Wissenschaftsgeschichte vor.

---

in: Jahrbuch für Universitätsgeschichte 16 (2013), S. 153–169; Christian Augustin und Christian Rau, Der Catalogus Professorum Lipsiensium als kollaborative Wissensbasis – Bilanz und Perspektiven, in: ebd., S. 181–200; Matthias Glasow und Karsten Labahn, Der Catalogus Professorum Rostochiensium – Ein biografisches Informationssystem, in: ebd., S. 201–214. Ein Praxisbeispiel liefert Martin Göllnitz, Das »Kieler Gelehrtenverzeichnis« in der Praxis: Karrieren von Hochschullehrern im Dritten Reich zwischen Parteizugehörigkeit und Wissenschaft, in: ebd., S. 291–312.

45 Vgl. dazu Kurt Düwell, Das Spannungsfeld zwischen der humboldtschen Universitätsidee und den deutschen Technischen Universitäten im 19. Jahrhundert. Zur Vorgeschichte der »zwei Kulturen«, in: Zur Geschichte der Universität. Das »Gelehrte Duisburg« im Rahmen der allgemeinen Universitätsentwicklung (Duisburger Mercator Studien 5), hg. von Irmgard Hantsche, Bochum 1997, S. 127–140; sowie demnächst Anton F. Guhl, Perspektiven und Fragestellungen einer integrierten Hochschulgeschichte, in: Jahrbuch für Universitätsgeschichte (im Druck).

Der Problemaufriss von Guhl bietet zugleich eine ideale Überleitung zur zweiten Rubrik, die sich mit dem Themenkomplex der Beziehung von *Hochschule und Öffentlichkeit* im Allgemeinen befasst. Die vier AutorInnen dieser Sektion erarbeiten in ihren Beiträgen sowohl einzelne typische als auch immer wiederkehrende Charakteristika und Problemzonen, die das Verhältnis von Hochschule und Öffentlichkeit über das gesamte 20. Jahrhundert hinweg prägten. Den Anfang macht *Tomke Jordan*, die am regionalen Fallbeispiel der Universität Kiel nach der öffentlichen Selbstdarstellung einer Hochschule während der Zwischenkriegszeit fragt. Nach innen und außen proklamierte die Kieler Universität einerseits das Image einer »Grenzlanduniversität«, wobei sie auf die nach Süden verschobene Grenze zwischen dem Deutschen Reich und dem Königreich Dänemark Bezug nahm, und andererseits die Idee einer nordisch geprägten Universität, womit die historisch gewachsene Verflechtung Schleswig-Holsteins mit Skandinavien gemeint war.[46] Deutlich wird dabei die Ambivalenz der beiden Konzepte: Während die nordische Idee der Kieler Universität eine Vermittleraufgabe im Sinne der Völkerverständigung zusprach, gewissermaßen als »Brücke« zu den skandinavischen Hochschulen, stand der Grenzkampf-Gedanke ganz im Zeichen des »Volkstumskampfes« gegen Dänemark. Am Beispiel der Kieler Universitätswochen der Jahre 1929 und 1937 und mithilfe eines ideengeschichtlichen Ansatzes fragt Jordan sodann nach der Macht von Ideen und Symbolen im öffentlichen Raum und inwiefern das Image einer Hochschule durch gesellschaftliche Partizipation geformt, aktiviert oder gestärkt werden konnte.

Andreas Huber nähert sich der Thematik von einer anderen Seite, indem er die Rolle völkisch-nationaler Tageszeitungen und der katholisch-konservativen *Reichspost* bei der Verhinderung von Berufungen und Habilitationen jüdischer Wissenschaftler zwischen 1918 und 1933 in Österreich beleuchtet. In seiner

46 Die Diskussion darüber, welche Rolle die drei »Grenzlanduniversitäten« Breslau, Kiel und Königsberg im wissenschaftlichen Diskurs der 1920/30er einnahmen und in welchem Umfang diese »Musterhochschulen« sich dem NS-Regime andienten, hat vor allem in den letzten zehn Jahren zu zahlreichen Erkenntnissen geführt. Vgl. Martin Göllnitz, Der Student als Führer? Handlungsmöglichkeiten eines jungakademischen Funktionärskorps am Beispiel der Universität Kiel (1927–1945) (Kieler Historische Studien 44), Ostfildern 2018, S. 184, 259, 276, 393–404; Ders., Tysk grænsekamp i København. De nordslesvigske akademikeres nationalpolitiske rolle i 1920'erne og 30'erne, in: Sønderjyske Årbøger (2018), S. 117–133; Ders., Ein Schleswiger Museumsprojekt in den 1930er Jahren. Geschichtspolitik im Widerspruch von Wissenschaft und Grenzrevanchismus, in: Demokratische Geschichte 26 (2015), S. 115–142; Thomas Ditt, »Stoßtruppfakultät Breslau«. Rechtswissenschaft im »Grenzland Schlesien« 1933–1945 (Beiträge zur Rechtsgeschichte des 20. Jahrhunderts 67), Tübingen 2011; Ralf Walkenhaus, Gab es eine »Kieler Schule«? Die Kieler Grenzlanduniversität und das Konzept der »politischen Wissenschaften« im Dritten Reich, in: Schulen der deutschen Politikwissenschaft, hg. von Wilhelm Bleek und Hans J. Lietzmann, Opladen 1999, S. 159–182.

Analyse der Presseberichterstattung zur Hochschulpolitik arbeitet er die enge Kooperation zwischen Hochschullehrerschaft, Studentenschaft und Presse in den 1920er Jahren und den großen Einfluss einer antisemitischen Teilöffentlichkeit auf hochschulinterne Entscheidungsprozesse heraus. Diese seien in den Medien nicht nur reflektiert, sondern gleichsam ausgetragen worden, indem die beteiligten Akteure ihre Positionen in den entsprechenden Zeitungen öffentlich äußerten und verteidigten.

Dass universitäre Öffentlichkeitsarbeit bereits unmittelbar nach Ende des Zweiten Weltkrieges zunehmend professionalisiert wurde und keineswegs frei von politischen Implikationen war, zeigt *Caroline E. Weber* in ihrem Beitrag zu regionaler Schwerpunktsetzung und öffentlichem Image der Universität Kiel zwischen Skandinavien und Ostseeraum. Der Verweis auf die aufgrund der geographischen Lage gegebene historische Tradition und Pflicht der Beziehungspflege sei als Konstante in dem in drei Phasen aufgeteilten Untersuchungszeitraum zwischen 1945 und 2000 auszumachen. Eine Institutionalisierung und Politisierung habe aber erst ab den 1960er Jahren stattgefunden, freilich vor dem Hintergrund der deutschen Zweistaatlichkeit und im Rahmen der Argumentationsmuster des Kalten Krieges. Weber macht deutlich, wie eng die Schärfung des wissenschaftlichen Profils etwa in Form von neuen Lehrstühlen, akademischen Austauschprogrammen oder Stipendien und die öffentliche Imagepflege stets miteinander verbunden waren.

Nach dem Einfluss der Industrie auf das Studium der Elektrotechnik an den Technischen Hochschulen in der Bundesrepublik fragt *Diana Morgenroth*, die sich auf die 1950/60er Jahre konzentriert. Die Autorin beobachtet in ihrem Beitrag ein offenbar nur einseitig vorhandenes Kommunikationsbedürfnis, da die Industrie in Gestalt von Verbänden und Unternehmen zwar öffentlich Forderungen an die Technischen Hochschulen stellte, beispielsweise in Bezug auf die Vereinheitlichung des Grundstudiums und die stärkere Abstimmung von Theorie und Praxis, vonseiten der Professorenschaft aber kein Handlungsbedarf wahrgenommen wurde. Während die Einflussnahme durch die Industrie also äußerst gering blieb, beharrten die Hochschulen und Hochschullehrenden auf ihr Vorrecht, den Inhalt und die Ausrichtung des Elektrotechnikstudiums selbst zu bestimmen.

Mit einem Blick über die nationalen Grenzen hinaus beendet *Elisabeth Westphal* die zweite Rubrik. Mit der Verschiebung der Macht- und Einflussverhältnisse in hochschulpolitischen Belangen zugunsten der Europäischen Union ab den 1980er Jahren setzte eine zunehmende »Vermarktwirtschaftlichung« der Hochschulbildung ein, sodass man in Anlehnung an Richard Münch von einem

»Regime des akademischen Kapitalismus«[47] sprechen kann. Nach Westphal ist diese Entwicklung den Universitäten aber nicht aufgezwungen worden, vielmehr finden sich sämtliche im Beitrag skizzierten Entwicklungen in der Bologna- und Sorbonne-Deklaration wieder. Demnach stellten die Hochschulen gegen Ende des 20. Jahrhunderts ihre Angebote selbstständig in wirtschaftliche und soziale Zusammenhänge und passten ihre Lehrcurricula auf Lernergebnisse und *Outcomes* gemäß den gesellschaftlichen Erfordernissen an.

Nach diesem allgemein gehaltenen Abschnitt zu Hochschule und Öffentlichkeit werden am Beispiel ausgewählter WissenschaftlerInnen die methodischen Überlegungen in der dritten Sektion *Hochschulpersonal im öffentlichen Raum* weiter diskutiert. Mit einem Blick auf die Akteure, genauer: die Professorenschaft der Bonner Universität zwischen 1848 und 1914, eröffnet *Thomas Fuchs* die Rubrik. Deren zu Beginn des 19. Jahrhunderts großes Engagement im öffentlichen Raum, vor allem in politischen, gesellschaftlichen und fachwissenschaftlichen Vereinen, ging im Zuge der um die Jahrhundertwende stattfindenden Professionalisierung der wissenschaftlichen Praxis sukzessive zurück. Nach Fuchs war die Motivation der Professoren, sich für außeruniversitäre Vereinsaktivitäten zu engagieren, stark mit deren akademischem Selbstverständnis verknüpft, das sich wiederum in der öffentlichen Wahrnehmung spiegelte.

Der Frage, welche Rolle das Hochschulpersonal in der öffentlichen Debatte der akademischen Frauenbildungsfrage im letzten Drittel des 19. Jahrhunderts spielte, geht *Andreas Neumann* in seinem Beitrag nach. Unter Bezugnahme auf die wissenssoziologische Diskursanalyse macht er eine Diskursdynamisierung in Form der Mobilisierung von bisher stummen Gegenstimmen sowie der Erweiterung des Sagbaren aus. In der Praxis bot die Wissenschaft dennoch nur Platz für »Ausnahme- oder Idealfrauen«. An dieser Entwicklung waren nicht zuletzt die Professoren beteiligt, die in öffentlichen Interventionen das Wesen der Frau als ungeeignet für die Wissenschaft klassifizierten und demzufolge vom Eindringen derselben in den akademischen Raum erhebliche Schäden für Hochschule, Gesellschaft und Staat befürchteten.

Im Zentrum des Beitrages von *Ulf Morgenstern* steht ebenfalls ein Universitätsprofessor: der Intellektuelle Carl Heinrich Becker. Dieser trat im ersten Drittel des 20. Jahrhunderts allerdings weniger in seiner Funktion als Ordinarius für Geschichte und Kultur des Vorderen Orients in Erscheinung. Vielmehr fungierte er als politischer Berater des imperialistischen Deutschen Reiches sowie als Publizist und Referent sowohl im inner- als auch im außeruniversitären Kontext. Anders als viele Zeitgenossen wollte Becker allerdings nicht eine Re-

47 Richard Münch, Globale Eliten, Lokale Autoritäten. Bildung und Wissenschaft unter dem Regime von PISA, McKinsey und Co., Frankfurt a.M. 2009, S. 7.

vitalisierung der philosophischen Ideologie erreichen; vorrangig ging es ihm um die populärwissenschaftliche Vermittlung wissenschaftlicher Erkenntnisse, wobei die Grenzen zwischen Fachwissenschaft, Populärwissenschaft und polemischer Publizistik zusehends verschwammen.[48]

Dass auch Stiftungen eine wichtige Brückenfunktion zwischen Öffentlichkeit und Wissenschaft einnehmen können, belegt der Beitrag von *Tommy Stöckel* zum Engagement der Rockefeller-Stiftung im Rahmen der europäischen Sozialwissenschaften während der Zwischenkriegszeit. Bei der finanziellen und institutionellen Unterstützung war diese vielfach auf die Hilfe lokaler Wissenschaftsorganisatoren angewiesen, wie anhand lokaler Experten in Frankreich sichtbar wird, deren Aktivitäten im Mittelpunkt der Untersuchung stehen. Stöckels mikrohistorische und praxeologische Perspektive verdeutlicht darüber hinaus die impliziten Erwartungen der amerikanischen Vertreter an die lokalen Wissenschaftsorganisatoren sowie die Neuartigkeit der projektbezogenen Forschung für die französische Sozialwissenschaft. Der Beitrag trägt damit in hohem Maße zur Historisierung intermediärer Akteure sowie der projektbezogenen Forschung in den Sozialwissenschaften bei.

Ausgehend von den Diskussionen über den Wiederaufbau deutscher Universitäten nach 1945 reflektieren *Catrin Dingler* und *Elena Tertel* die Bedeutung der Universitätsschriften von Karl Jaspers für die Etablierung der Zeitschrift *Studium Generale. Zeitschrift für die Einheit der Wissenschaften im Zusammenhang mit ihrer Begriffsbildung und Forschungsmethoden* (1947–1971). Die neugegründete Zeitschrift sollte einerseits die wissenschaftliche Diskussion im öffentlichen Raum anregen und andererseits den interdisziplinären Austausch verschiedener Disziplinen fördern. Ab 1968 spiegelte dann auch der englische Untertitel – *Journal for the Interdisciplinary Relations of Science, their Philosophical Foundations and their Consequences* – dieses Ansinnen wider. Anhand von Jaspers' Korrespondenz, der überarbeiteten Version seiner *Idee der Universität* (1946)[49] sowie seiner hochschulpolitischen Interventionen, die vorwiegend in der ersten deutschen Kulturzeitschrift der Nachkriegszeit, *Die Wandlung* (1945–1949), veröffentlicht wurden, zeichnen die beiden Autorinnen die Gründungsphase der Zeitschrift *Studium Generale* nach. Von Anfang an fungierte diese als lebendiges »kleines Archiv« und nahm die Funktion eines Katalysators in der Diskussion über die »Erneuerung« der »Einheit der Wissenschaften« ein,

48 Der spätere preußische Kultusminister ist somit ein gutes Beispiel für das Drängen vieler Hochschulakteure in den öffentlich-medialen Raum. Vgl. Daum, Wissenschaftspopularisierung.

49 Karl Jaspers, Die Idee der Universität (1946), in: Karl Jaspers. Schriften zur Universitätsidee (Karl Jaspers Gesamtausgabe I/21), hg. von Oliver Immel, Basel 2015, S. 103–202.

was letztlich zu einem signifikanten Wandel bei den Vertretern der traditionellen Universitätsidee führte.[50]

Abschließende Bemerkungen

Der vorliegende Tagungsband erschließt sich somit durch einen akteurszentrierten Zugang, verstanden als Beziehungsgeflecht von Ideen, Orten, Objekten, Personen und Praktiken, der die enge Verbindung von Hochschule und Öffentlichkeit in transnationalen, regionalen und lokalen Kontexten analysiert, wodurch hoffentlich die Notwendigkeit einer nachhaltigen, interdisziplinär betriebenen und transnational gedachten Universitätsgeschichtsschreibung augenfällig wird. Natürlich können die hier versammelten Aufsätze keinen systematischen Überblick über das vielschichtige Beziehungsgeflecht von Hochschule und Öffentlichkeit im 19. und 20. Jahrhundert liefern, das wollen sie aber auch gar nicht. Vielmehr ist es das Anliegen von HerausgeberInnen und AutorInnen, auf bestehende thematische wie methodische Forschungslücken aufmerksam zu machen, derzeit in Bearbeitung befindliche Vorhaben vorzustellen und künftige Studien anzustoßen. Gleichwohl erlauben die Beiträge in der Zusammenschau bereits einen instruktiven Einblick in die Kooperationsverhältnisse, die zwischen den Hochschulen und dem öffentlichen Raum in den letzten zwei Jahrhunderten bestanden und teilweise noch bis heute bestehen.

Uns verbleibt es an dieser Stelle, sowohl dem Forschungsverbund für Universitätsgeschichte der Johannes Gutenberg-Universität Mainz als auch der Universitätsbibliothek Mainz für die finanzielle Förderung des Workshops zu danken. Vielmals danken möchten wir zudem allen ReferentInnen für ihre Bereitschaft zur Mitarbeit und zur Ausarbeitung ihrer mündlichen Referate zu druckfertigen Aufsätzen. Das ist angesichts der allseits immer engeren Zeitbudgets längst keine Selbstverständlichkeit mehr. Die Unterstützung von Frau Tomke Jordan (Kiel) und Frau Carolin Schrenk (Mainz) hat die redaktionelle Bearbeitung der Texte sehr erleichtert, wofür wir ebenfalls Danke sagen. Außerdem gebührt der »Mainz University Press« und dem Vandenhoeck & Ruprecht Verlag ein Wort aufrichtigen Dankes für die kompetente und verlässliche Zusammenarbeit bei Satz und Druck. Zu guter Letzt gilt unser aufrichtiger herzlicher Dank noch einmal dem Forschungsverbund für Universitätsge-

50 Die Idee, Zeitschriften als »kleine Archive« zu erforschen, stammt aus der Literaturwissenschaft und ist angelehnt an Studien von Michel Foucault. Vgl. Susanne Düwell und Nicolas Pethes, Editorial: Zeitschrift als Archiv, in: Sprache und Literatur 45 (2014), Nr. 2, S. 1–3; Gustav Frank, Prolegomena zu einer integralen Zeitschriftenforschung, in: Jahrbuch für Internationale Germanistik 48 (2016), Nr. 2, S. 101–121.

schichte, ohne dessen finanzielles Engagement die Drucklegung des Bandes nicht realisierbar geworden wäre.

I. Perspektiven, Möglichkeiten und Grenzen eines Forschungsfeldes

Andreas Hütig

Raus aus dem Elfenbeinturm – aber wie und warum? Paradigmen und Effekte der Wissenschaftskommunikation

Abstract
In both science and society a growing need for communication between the two is articulated: to »leave the ivory tower« is regarded as a reasonable demand. Nevertheless, the given justifications and the recommended methods differ, as well as the presupposed skills and attitudes toward science and science communication. The article briefly describes different historical paradigms of science communication and discusses several common current German handbooks on the topic. The text focusses on the implicit (self-)concept of science and scientists and on the particular role of science communication. Concepts vary between the enthusiastic habit of a successful researcher, the task of developing journalistic and story-telling competences and the demand-orientated production of acceptance for technical innovations. The analysis shows a prevalent concentration on individual qualifications and sketches the (currently missing) idea of an epistemic feedback through science communication.

1. Einleitung

Gesellschaftliche Verantwortung, Wissenstransfer und Vernetzung mit anderen wissenschaftlichen wie außerwissenschaftlichen Akteuren zählen seit einiger Zeit und wachsend zu den Aufgaben und Herausforderungen von Hochschulen und anderen Wissenschaftseinrichtungen sowie der darin Tätigen. Diese Aufgaben werden sowohl mit Blick auf dringende gesellschaftliche Probleme wie auch als Reaktion auf schwindendes Vertrauen in eine zu stark technikorientierte oder zunehmend als lebensweltfern verstandene Wissenschaft artikuliert – und dies gleichermaßen von Personen aus der Wissenschaft selbst wie von wissenschaftsexternen Akteuren.[1]

1 Exemplarisch etwa zu finden in Gruß- und Vorwort (für die politische respektive institutionelle Seite) sowie in der Einleitung (für die wissenschaftliche Seite) eines Bandes, der eine thematisch einschlägige BMBF-Förderinitiative dokumentiert: Frieder Meyer-Krahmer, Grußwort, in: Wissensproduktion und Wissenstransfer. Wissen im Spannungsfeld von Wissenschaft, Politik und Öffentlichkeit (Science Studies), hg. von Renate Mayntz, Friedhelm

Es gibt also eine vielfältig eingeforderte Verbindung zwischen den Akteuren des akademischen Feldes und der Gesellschaft beziehungsweise den verschiedenen Akteuren des öffentlichen Feldes. Aus den genannten Gründen – Probleme der Lebenswelt, Vertrauensverlust – und aus unklarer Zusammensetzung »der« Gesellschaft heraus ist diese zumindest potenziell spannungsreich: Untersuchungsgegenstände und Ziele der Wissenschaft werden dieser bei einer externen Beauftragung vorgegeben, die schwindende Legitimation stellt möglicherweise eine Gefahr für das wissenschaftliche Arbeiten dar, unterschiedliche Zielgruppen artikulieren unterschiedliche Interessen und Bedürfnisse. Bei der Bearbeitung dieser Spannung vonseiten der Wissenschaft ist daher – gewissermaßen naiv – durchaus zu fragen: Wer hilft mir als Mitglied des akademischen Feldes eigentlich dabei, diese Verbindung herzustellen, sie zu bespielen, ein aktiver Teil der Kommunikationspraktiken der Wissenschaft zu den umgebenden gesellschaftlichen Feldern und Subsystemen zu werden? Und wie ändert sich dadurch mein Selbstbild, vielleicht sogar meine Praxis als Wissenschaftler*in, wenn und indem ich diese Verbindung aktiv herstelle, dieser Aktivität Zeit und andere Ressourcen einräume, und auf diese Weise eine öffentlichkeitsbezogene Rollenkomponente zu meinem mehr oder weniger stark professionalisierten Habitus hinzutritt? Und schließlich: warum sollte ich diese zusätzliche Aktivität, die ja *prima facie* nicht zum Kernbereich der Wissenschaft gehört, überhaupt auf mich nehmen – vor allem wenn sie Ressourcen kostet und neue Kompetenzen erfordert?

Naive Fragen sollten in der Wissenschaft zwar womöglich gestellt, aber dann nicht naiv beantwortet werden. Zur Beantwortung dieser Frage werde ich in dem vorliegenden Beitrag einen indirekten Weg einschlagen und sie zum Ausgangspunkt einer weiteren Perspektive machen. Nach einem kurzen historischen Überblick über einige Etappen und Paradigmen der Wissenschaftskommunikation werde ich neuere, einschlägige Handbücher, Ratgeber oder Leitfäden untersuchen. Dabei geht es mir nicht so sehr um die konkreten Tipps und Vorgehensweisen, die dort empfohlen werden. Vielmehr lese ich die – allesamt gut etablierten und zahlreich verkauften – Referenztexte daraufhin, welche mittelbaren Bilder von Wissenschaft und von dem, was es heißt, Wissenschaftler*in zu sein, in ihnen und durch die empfohlenen Praktiken und Aktivitäten kommunikativ erzeugt, zugewiesen und angeeignet werden. Im Hintergrund steht methodisch die Überlegung (im Anschluss etwa an die Subjekti-

Neidhardt, Peter Weingart und Ulrich Wengenroth, Bielefeld 2008, S. 9–10; Peter Krause und Torger Moller, Vorwort: Die Förderinitiative »Wissen für Entscheidungsprozesse – Forschung zum Verhältnis von Wissenschaft, Politik und Gesellschaft«, in: ebd., S. 11–17; Friedhelm Neidhardt et al., Wissensproduktion und Wissenstransfer. Zur Einleitung, in: ebd., S. 19–38.

vierungssoziologie Ulrich Bröcklings),[2] dass sich mit derartigen Handbüchern und Programmatiken ein Praxisdiskurs etabliert und dass ein solcher Diskurs immer auch Effekte für diejenigen hat, die durch ihn angesprochen und adressiert, in dieser Ansprache aber zugleich auch in bestimmter Weise subjektiviert werden. Es ist also danach zu fragen, als welche Art von Wissenschaftler*in die Lesenden der Leitfäden und Handbücher angesprochen werden und zu welchen Wissenschaftler*innen sie in der Lektüre zumindest der Adressierung zufolge gemacht werden.

2. Historische Paradigmen

Zur historischen Verortung der gegenwärtigen Adressierungspraktiken lohnt ein kurzer Rückblick auf vergangene und gegenwärtige Paradigmen der Wissenschaftskommunikation. In der Regel werden als einschneidende Daten dieser Geschichte, als Wendepunkte für die das Feld strukturierenden und regierenden Paradigmen die Jahre 1985 und 2000 genannt. In diesen Jahren erschienen in Großbritannien wichtige und stilbildende Berichte – 1985 der sogenannte *Bodmer-Report*,[3] 2000 der Report *Science and Society* einer Kommission des britischen House of Lords.[4] Natürlich gab es spätestens seit der Gründung der Gesellschaft Deutscher Naturforscher und Ärzte (GDNÄ) 1822[5] und der Einführung der Weihnachtsvorlesung der Royal Institution of Great Britain im Jahr 1825[6] Institutionen und Organe der Wissenschaftspopularisierung. In den 1930er Jahren entstand mit der Gründung der National Association of Science Writers in den USA erstmals professioneller Wissenschaftsjournalismus und die UNESCO führte 1952 den Kalinga-Preis für bedeutende Beiträge zur Wis-

2 Ulrich Bröckling, Der Mensch ist das Maß aller Schneider. Anthropologie als Effekt, in: Mittelweg 36 22 (2013), H. 1, S. 68–88; Ders., Anruf und Adresse, in: Techniken der Subjektivierung, hg. von Andreas Gelhard, Thomas Alkemeyer und Norbert Ricken, München 2013, S. 49–59.

3 The Royal Society, The public understanding of science. Report of a Royal Society ad hoc Group endorsed by the Council of the Royal Society, London 1985, https://royalsociety.org/topics-policy/publications/1985/public-understanding-science/ (4.9.2019).

4 Select Committee on Science and Technology, Third Report: Science and Society, 23.2.2000, https://publications.parliament.uk/pa/ld199900/ldselect/ldsctech/38/3802.htm (4.9.2019).

5 Ansgar Schanbacher, Menschen und Ideen. Die Gesellschaft Deutscher Naturforscher und Ärzte 1822–2016, Göttingen 2016.

6 Frank A.J.L. James, The Royal Institution of Great Britain: 200 years of scientific discovery and communication, in: Interdisciplinary Science Reviews 24 (1999), Nr. 3, S. 225–231; Ders., ›Never talk about science, *show* it to them‹: The lecture theatre of the Royal Institution, in: Interdisciplinary Science Reviews 27 (2002), Nr. 3, S. 225–229.

senschaftspopularisierung ein.[7] Dennoch hat sich für diese Zeit eingebürgert, von einem Defizit-Modell der Wissenschaftskommunikation und einem eher elitären Bewusstsein der Wissenschaftler*innen zu sprechen:[8] Das Publikum ist tendenziell uninformiert, Laien sind passiv und weitgehend uninteressiert, Kommunikation ist allenfalls persuasiv und erziehend, »Science Literacy« beziehungsweise »Scientific Literacy« das Ziel.[9]

Der *Bodmer Report*, den die britische Royal Society 1985 veröffentlichte, gilt gemeinhin als die Geburtsstunde des »Public Understanding of Science« (PUS), der Report trägt diese Formulierung im Titel. Unter der Leitung des deutschstämmigen Humangenetikers Sir Walter Bodmer diskutierte ein von der Royal Society eingesetztes Komitee über das öffentliche Verständnis von (Natur-) Wissenschaft. Der Bericht gilt als Geburtsstunde eines neuen und um die Humanities erweiterten Paradigmas des »Public Understanding of Science and Humanities« (PUSH). In der Regel wird betont, dass die Royal Society damit auf zwei Entwicklungen reagierte: einerseits auf die Zunahme neuer sozialer Bewegungen und deren Kritik an der Beteiligung der Wissenschaft an gesellschaftlichen Missständen, andererseits auf neoliberale Marktlogiken etwa der Thatcher-Regierung und damit einhergehende Legitimationsprobleme der Wissenschaft.[10] Wir finden also eine dergestalt zweifach induzierte Umorientierung der Wissenschaftskommunikation von der bloßen Wissensvermittlung hin zu einer Beförderung einer positiven Einstellung.

Der Bericht *Science and Society* aus dem Jahr 2000, diesmal vom House of Lords in Auftrag gegeben, diagnostizierte sogar eine Vertrauenskrise, die etwa durch den BSE-Skandal oder Debatten um Gentechnik und Lebensmittel erzeugt wurde. Erneut waren neue Marktlogiken wie das *New Public Management* (Neues Steuerungsmodell) zeitlich vorhergehend und besaßen vermutlich legitimationskritische Effekte.[11] Als Empfehlung betont der Bericht unter dem Titel

---

7 Martin W. Bauer, Kritische Beobachtungen zur Geschichte der Wissenschaftskommunikation, in: Forschungsfeld Wissenschaftskommunikation, hg. von Heinz Bonfadelli, Birte Fähnrich, Corinna Lüthje, Jutta Milde, Markus Rhomberg und Mike S. Schäfer, Wiesbaden 2017, S. 17–40, hier S. 19–21.

8 Molly J. Simis, Haley Madden, Michael A. Cacciatore, Sara K. Yeo, The lure of rationality: why does the deficit model persist in science communication?, in: Public Understanding of Science 25 (2016), Nr. 4, S. 400–414; Heather Akin, Dietram A. Scheufele, Overview of the Science of Science Communication, in: The Oxford Handbook of the Science of Science Communication, hg. von Kathleen Hall Jamieson, Dan Kahan und Dietram A. Scheufele, New York 2017, S. 25–33.

9 Jon D. Miller, Scientific literacy: A conceptual and empirical review, in: Daedalus 112 (1983), Nr. 2, S. 29–48.

10 Bauer, Kritische Bemerkungen, S. 30f.

11 Michael Meyer, Barbara Sporn, Leaving the Ivory Tower: Universities' Third Mission and the Search for Legitimacy, in: Zeitschrift für Hochschulentwicklung 13 (2018), Nr. 2, S. 41–60, hier S. 42.

Public Engagement with Science and Technology das Dialogische. Die Adressaten der Wissenschaftskommunikation sollen gemäß ihrer Bedürfnisse angesprochen werden, sich aktiv beteiligen können und über geeignete Formate und Medien sollen Verständnis erzeugt und gleichermaßen Feedback und Anregungen bis hin zur aktiven Beteiligung (»Citizen Science«) gegeben werden.[12] In Deutschland hat mit der Gründung der gemeinnützigen GmbH Wissenschaft im Dialog und ihres *PUSH-Memorandums* im Jahr 1999 eine parallele Entwicklung stattgefunden: Auf Anregung des Stifterverbandes entstand mit Unterstützung des Bundesministeriums für Bildung und Forschung (BMBF) eine Gesellschaft, der alle großen Wissenschaftsorganisationen und zahlreiche Stiftungen angehören und die zunächst die Breitenkommunikation über Wissenschaft förderte und sich in jüngerer Zeit verstärkt auf kontroverse Themen konzentriert.[13]

Innerhalb des Diskurses über Wissenschaftskommunikation sind diese – historisch vermutlich verkürzten – Periodisierungen wichtige Einsatzpunkte der eigenen Selbstbeschreibung, weshalb sie hier aufgeführt sein sollen. Deutlich wird in ihnen aber vor allem auch die stets präsente gesellschaftliche respektive politische Beauftragung sowie das schon angesprochene Wechselspiel von Wissen und Macht. Dies zeigt sich ähnlich etwa in einer Rede des Bundespräsidenten Frank-Walter Steinmeier zur 200-Jahr-Feier der Uni Bonn, gehalten am 18. Oktober 2018. Dort heißt es abschließend:

> »Ich wünsche mir Hochschulen mit selbstbewussten Menschen und überzeugten Demokraten, die an der Universität arbeiten, in der Universität das Denken und Debattieren lernen und auch das: die aus der Universität heraus in die Gesellschaft wirken! Und: was in kleineren Universitätsstädten und mancherorts im Ausland schon gang und gäbe ist, das wünsche ich mir überall in unserem Land – einen regen Austausch zwischen Hochschulen und ihrer Umgebung, mit den Bürgerinnen und Bürgern vor Ort. Die Wissenschaft muss den Raum ausfüllen, der ihr in der Demokratie zusteht!«[14]

Begleitet und ergänzt wird diese Entwicklung durch eine hochgradige Professionalisierung der Wissenschaftskommunikation selbst. Manifest wird diese Professionalisierung beispielsweise in der Gründung oder Umbenennung von Zeitschriften wie *Public Understanding of Science* (1992), *Science Communication* (von 1979–1994: *Knowledge: Creation, Diffusion, Utilization*) oder dem *Journal of Science Communication* (2002) und in Preisen wie dem Klartext-Preis der Klaus Tschira Stiftung (seit den 1990ern) oder dem Communicator-Preis von Deutscher Forschungsgemeinschaft (DFG) und Stifterverband (seit 2000). Zu-

12 Bauer, Kritische Bemerkungen, S. 31.

13 Wissenschaft im Dialog, Push Memorandum 1999: Dialog Wissenschaft und Gesellschaft, Mai 1999, https://www.wissenschaft-im-dialog.de/fileadmin/user_upload/Ueber_uns/WiD_dokumente/Push_Memorandum_1999.pdf (5.9.2019).

14 Frank-Walter Steinmeier, Universität braucht Freiheit, in: Die Zeit (18.10.2018), S. 63.

nehmend finden sich auch Professuren mit entsprechender Denomination, unter anderem an der Freien Universität Berlin (Arbeitsstelle Wissenskommunikation/Wissenschaftsjournalismus, Institut für Publizistik- und Kommunikationswissenschaft), am Karlsruher Institut für Technologie (Lehrstuhl für Wissenschaftskommunikation mit Schwerpunkt Linguistik und Lehrstuhl für Wissenschaftskommunikation in digitalen Medien, Institut für Technikzukünfte), an der Universität Hamburg (Klima- und Wissenschaftskommunikation, Fachbereich Sozialwissenschaften) und der Universität Passau (Lehrstuhl Wissenschaftskommunikation, Philosophische Fakultät), zum Teil mit fachspezifischer Denomination wie an der Georg-August-Universität Göttingen (Arbeitsbereich Wissenschaftskommunikation in den Lebenswissenschaften, Department für Agrarökonomie und Rurale Entwicklung). Die Deutsche Akademie der Naturforscher Leopoldina hat 2014 gemeinsam mit der acatech – Deutsche Akademie der Technikwissenschaften und der Union der deutschen Akademien der Wissenschaften eine umfangreiche Empfehlung *Zur Gestaltung der Kommunikation zwischen Wissenschaft, Öffentlichkeit und den Medien* herausgegeben, in der unter anderem ein »Qualitätslabel für vertrauenswürdige Wissenschaftskommunikation«[15] gefordert und wissenschaftliche Redlichkeit auch im Umgang mit den Medien angemahnt wird. Eine eigene Fachgruppe der Deutschen Gesellschaft für Publizistik- und Kommunikationswissenschaft wurde 2016 eingerichtet.[16]

---

15 Deutsche Akademie der Naturforscher Leopoldina et al., Zur Gestaltung der Kommunikation zwischen Wissenschaft, Öffentlichkeit und den Medien. Empfehlungen vor dem Hintergrund aktueller Entwicklungen (Schriftenreihe zur wissenschaftsbasierten Politikberatung), Halle 2014, S. 20.

16 Inwiefern Wissenschaftskommunikation (oder Kommunikationswissenschaft) damit als eigenes Fach gelten kann, muss hier offen bleiben. Wissenschaftssoziologisch sind drei Ebenen der Fach- oder Disziplinenkohäsion zu unterscheiden: die kognitiv-epistemische, die kommunikative und die soziale. Vgl. dazu etwa Rudolf Stichweh, Die Unhintergehbarkeit von Interdisziplinarität: Strukturen des Wissenschaftssystems der Moderne, in: Disziplin – Discipline (Kolloquium der Schweizerischen Akademie der Geistes- und Sozialwissenschaften 28), hg. von Balz Engler, Fribourg 2014, S. 5–14, hier S. 5f. Kartierungsprojekte wie das der Mainzer Arbeitsstelle Kleine Fächer zählen Fachgesellschaften (oder Untergruppen), Zeitschriften, ein Selbstverständnis von der fachlichen Eigenständigkeit bei vielen Vertreter*innen, Professuren mit entsprechender Denomination und Studiengänge respektive -schwerpunkte zu den fünf Kriterien der Abgrenzung von Fächern. Vgl. z.B. Lena Zimmer, Katharina Bahlmann und Stefanie Hoffmann, Kleine Fächer im Fokus, in: Handbuch Qualität in Studium, Lehre und Forschung 68 (2019), S. 1–22, insb. S. 6f. Diese Kriterien sind (bis auf das empirisch zu erhebende Selbstverständnis, über das keine Daten vorliegen) wohl als zumindest zum Teil erfüllt anzusehen. Im angelsächsischen Sprachraum ist die »Science of Science Communication« verbreiteter. Vgl. exemplarisch Kathleen Hall Jamieson, Dan Kahan und Dietram A. Scheufele (Hg.), The Oxford Handbook of the Science of Science Communication, New York 2017.

Neben all diesen institutionellen und organisatorischen Entwicklungen findet sich eine Professionalisierung auch der wissenschaftlichen Beschäftigung mit Wissenschaftskommunikation. Dazu lässt sich für den deutschen Sprachraum auf das 500 Seiten starke, 2017 erschienene Buch *Forschungsfeld Wissenschaftskommunikation* verweisen. Der Band hat den Anspruch, das Forschungsfeld zu kartieren und den Forschungsstand im jeweiligen Gebiet zu beschreiben.[17] Die Frage, welche Art Wissenschaftler*in (sich) der gegenwärtige Praxisdiskurs kommunikativ erzeugt, wird dort allerdings allenfalls indirekt behandelt. In eine solche Richtung gehen deshalb die folgenden Überlegungen, die zur Analyse der impliziten Zuweisung von Akteurspositionen und Handlungsoptionen eine Reihe von Handbüchern und Leitfäden genauer in den Blick nehmen möchte.

3. Effekte

Ich werde zunächst für die vier ausgewählten Bände eine Kurzcharakteristik geben und danach versuchen, die Befunde in ein einigermaßen kohärentes Bild zusammenzuführen. Dabei ist das Ziel meiner Herangehensweise im strengen Sinn keine objektive Rekonstruktion, sondern eher eine Interpretation der impliziten Voraussetzungen und Effekte der Bände, die in ihrer Unterschiedlichkeit und sogar Binnendifferenzierung viel komplexer sind als ich hier ausführen kann. Weder soll eine Sammelrezension präsentiert werden noch will ich die einzelnen Strukturanalysen und Praxistipps bewerten oder gar eine eigene Vorstellung von »richtiger« Wissenschaftskommunikation präsentieren. Vielmehr geht es mir, wie schon ausgeführt, um ein Adressierungs- und Subjektivierungsgeschehen, das innerhalb der Texte und durch diese bei den Lesenden erzeugt wird. Inwiefern dadurch möglicherweise aber ein problematisches Bild vermittelt wird, ist Gegenstand der abschließenden Diskussion.

17 Heinz Bonfadelli, Birte Fähnrich, Corinna Lüthje, Jutta Milde, Markus Rhomberg und Mike S. Schäfer, Das Forschungsfeld Wissenschaftskommunikation, in: Forschungsfeld Wissenschaftskommunikation, hg. von dens., Wiesbaden 2017, S. 3–14, hier S. 6, schreiben dazu: »Allerdings fehlt ein Band, der die gesamte Breite des Forschungsfeldes abdeckt und den Stand der aktuellen Fachdebatten überblicksweise vorstellt. Das vorliegende Buch soll diese Lücke schließen. Es kartiert das Forschungsfeld, identifiziert zentrale Fragestellungen sowie theoretische Perspektiven und empirische Befunde, beschreibt den Forschungsstand im jeweiligen Gebiet und gibt Hinweise auf weiterführende Literatur zum Einstieg in die jeweiligen Forschungsbereiche.«

3.1. Selbstverständigung der Aktiven und Etablierten

Das erste Beispiel ist das *Handbuch Wissenschaftskommunikation* von 2012.[18] Es ist entstanden im Nachgang zu einer großen Konferenz im Jahr 2011, dem Forum Wissenschaftskommunikation, organisiert durch die bereits erwähnte gemeinnützige Gesellschaft Wissenschaft im Dialog. Die Herausgeber*innen und Autor*innen stammen dann auch aus dem Umfeld dieser Organisation; hinzu kommen Wissenschaftskommunikator*innen und Angehörige der Leitung verschiedener Wissenschaftseinrichtungen wie der Berlin-Brandenburgischen Akademie der Wissenschaften, der Leibniz-Gemeinschaft, der European Science Events Association (Eusea) oder eines Schullabors der Universität Bremen. Generell ist – nicht nur wegen dieser Zusammensetzung – der Band weniger als wirkliches Handbuch denn als Selbstverständigung und Artikulation der seinerzeit in der Wissenschaftskommunikation Aktiven und Etablierten anzusehen. Zwar finden sich in einem ersten Teil auch Reflexionen mit allgemeiner Ausrichtung, die Mehrzahl der Beiträge referiert und bilanziert aber die Tätigkeit der jeweiligen Einrichtung – Wissenschaft im Dialog, die Akademien, die Innovationskommunikation von Siemens – oder berichtet über Einzelprojekte wie eben die zielgruppenorientierte Öffentlichkeitsarbeit mittels Schülerlabor und ähnlichem.

Dies steht durchaus in einem gewissen Gegensatz zum eingangs artikulierten Vorhaben, »[a]lles zu sammeln, aufzubereiten, zu diskutieren, zu reflektieren und einer interessierten Öffentlichkeit zur Verfügung zu stellen, was zum Thema Wissenschaftskommunikation wichtig ist«.[19] Gemeinsam ist den Texten die Artikulation eines Bewusstseins davon, dass Wissenschaft legitimationsbedürftig ist und mit anderen gesellschaftlich relevanten Feldern um Aufmerksamkeit, Akzeptanz und nicht zuletzt Finanzierung konkurriert. Wissenschaftskommunikation – die zum Teil von Wissenschafts-PR nicht unterschieden wird – habe eine »Brückenfunktion«, um die wahrgenommene oder reale Kluft oder Barriere zwischen Wissenschaft und Öffentlichkeit zu überwinden.[20] Hauptziele sind dabei in unterschiedlicher Akzentuierung Legitimation, Partizipation, Rekrutierung und Aufklärung beziehungsweise Beratung sowie die dadurch beförderte Stabilisierung oder Ausweitung der Finanzierung. Eine Liste mit Funktionen von Wissenschaft und Wissenschaftskommunikation – nota bene: von beidem! – fasst die Aufgaben wie folgt zusammen:

18 Beatrice Dernbach, Christian Kleinert und Herbert Münder (Hg.), Handbuch Wissenschaftskommunikation, Wiesbaden 2012.

19 Dies., Vorwort, in: ebd., S. V–VI, hier S. V.

20 Felicitas von Arentin, Die andere Seite des Schreibtisches. Zum Verhältnis von Wissenschaftskommunikatoren zu Wissenschaftsjournalisten, in: ebd., S. 229–235, hier S. 233.

»Die Funktion von Wissenschaft und insbesondere der Wissenschaftskommunikation sind in den vorausgehenden Abschnitten skizziert worden: Forschungsthemen generieren und sie ins gesellschaftliche Bewusstsein rücken; Information und Aufklärung über wissenschaftliche Prozesse und Erkenntnisse liefern und ermöglichen; Legitimation und Vertrauen für Forschung gewinnen; Beiträge zur kritischen Reflexion und zum (lebenslangen) Lernen leisten; Bürger von der Relevanz der Wissenschaft überzeugen und Zugang vermitteln zu wissenschaftlichen Quellen; Konzepte und Erfahrungen austauschen; vernetzen, koordinieren, (kreative) Potenziale ausschöpfen; Lösungen entwickeln und diese kommunizieren; Nachwuchs interessieren und fördern.«[21]

Für die praktische Umsetzung wird einerseits betont, dass die »Kommunikationslast«[22] besser verteilt werden muss, und andererseits, dass die »Erlebniskomponente«[23] bei der Umsetzung im Vordergrund stehen sollte. Die Faszination von Wissenschaft zu vermitteln, Einblick in Prozesse zu geben statt bloß Ergebnisse zu präsentieren, der Bevölkerung eine eigene Meinung zu »Fragen der sozialen und ethischen Aspekte von Forschung«[24] zu ermöglichen und so die latente Angst vor der Wissenschaft durch Begeisterung und Leidenschaft zu verringern, ist der von mehreren Beiträgen ausgewiesene Weg. Nur selten wird dabei auch auf Misserfolge und blinde Flecken aufmerksam gemacht, etwa wenn eine Einschätzung des Helmholtz-Kommunikationschefs Thomas Gazlig zustimmend zitiert wird: »Wir produzieren mehr Publikationen denn je, die noch nie so überflüssig waren wie heute.«[25] Als größte Herausforderung wird dabei gesehen, dass die Wissenschaftsorganisationen hinter ihren eigenen Erklärungen und Selbstverpflichtungen zurückbleiben und dass Leistungen in der Wissenschaftskommunikation keineswegs, wie es nötig wäre, als »Kriterium in Förder-, Evaluierungs- und Berufungsverfahren«[26] fungieren.

Welches Bild wird vermittelt? Erfolgreiche Wissenschaftskommunikation, so der Eindruck, bedient sich aus einer Position der relativen Stärke und des Selbstbewusstseins heraus der etablierten Instrumente des Wissenschaftsdialogs, um so beispielsweise aufzuklären, Legitimation zu erzeugen, lebenslanges Lernen zu ermöglichen oder Nachwuchs zu rekrutieren. Diese Funktionen sind nicht unidirektional gedacht, weil ja eine Rückkopplung, ein Austausch zu-

21 Beatrice Dernbach, Christian Kleinert und Herbert Münder, Einleitung: Die drei Ebenen der Wissenschaftskommunikation, in: ebd., S. 1–15, hier S. 8.

22 Christian Kleinert, Der Dialog muss organisiert und koordiniert werden. Eine Bilanz von *Wissenschaft im Dialog (WiD)*, in: ebd., S. 49–54, hier S. 52.

23 Frank Stäudner, Halbe Treppe. Der Stifterverband hat viele Impulse gegeben, doch es bleiben blinde Flecken, in: ebd., S. 55–63, hier S. 56.

24 Gerold Wefer, Vom Dialog über Forschungsergebnisse zum Dialog über Erkenntnisprozesse, in: ebd., S. 33–36, hier S. 35.

25 Stäudner, Halbe Treppe, S. 62.

26 Ebd.

mindest benannt wird, aber für das Funktionieren von Wissenschaft selbst ist Wissenschaftskommunikation keine Gelingensbedingung, ja sogar womöglich eher karrierehinderlich oder Sache enthusiastischer Einzelner, bereits etablierter oder gut ausgestatteter Organisationen und Institutionen. Dass diese der Wissenschaft insgesamt zugutekommen, indem sie reale oder wahrgenommene Lücken schließen helfen, dient nicht zuletzt der Selbstlegitimation der bereits Aktiven, die so gewissermaßen eine kompensatorische Funktionärsposition für das Gesamtsystem Wissenschaft beanspruchen können, ohne dass der strikte Nachweis einer Dysfunktionalität geführt werden oder eine offizielle Beauftragung erfolgen muss.

3.2. Praktische Empfehlungen

3.2.1. Journalistisches Handwerk

Wer dennoch beziehungsweise dadurch inspiriert aktiv werden will, kann zu zwei flott geschriebenen, eher praktisch ausgerichteten Büchern greifen. Der Wissenschaftsjournalist Carsten Könneker, ursprünglich Germanist und Physiker, dann unter anderem Chefredakteur von *Spektrum der Wissenschaft* und von 2012 bis 2018 Professor für Wissenschaftskommunikation am Karlsruher Institut für Technologie (auf einer Stiftungsprofessur der Klaus Tschira-Stiftung), veröffentlichte 2012 die Monographie *Wissenschaft kommunizieren.*[27] Das *Handbuch mit vielen praktischen Beispielen*, wie der Untertitel lautet, versucht primär, Instrumente der schriftlichen, dann auch anderer Formen der Kommunikation, die Wissenschaftler*innen praktizieren können, vorzustellen und anhand tatsächlicher Texte anschaulich zu machen. Der Begriff Wissenschaftskommunikation wird dabei »in einer allgemeinen Lesart« verwendet: »alle kommunikativen Akte, die wissenschaftliche Themen zum Gegenstand haben [...]. So facettenreich die medialen Formen, so verschieden die Adressaten.«[28] Dies zu betonen ist wichtig, denn »sich in die Interessen, Motive und Befindlichkeiten ihrer jeweiligen Zielgruppen hineinzuversetzen [...] ist auch das Credo des vorliegenden Buches.« Drastischer ausgedrückt (und im Original als Zitat ganz leicht ironisiert): »Der Wurm muss dem Fisch schmecken, nicht dem Angler!«[29]

Obwohl gelegentlich auch auf die gesellschaftliche Bedeutung der Wissenschaftskommunikation und auf den Wandel des Verhältnisses von Wissenschaft

27 Carsten Könneker, Wissenschaft kommunizieren. Ein Handbuch mit vielen praktischen Beispielen, Weinheim 2012.

28 Ebd., S. XI. Dort findet sich auch das folgende Zitat.

29 Ebd., S. 5.

und Gesellschaft eingegangen wird, liegt der Schwerpunkt jedoch eindeutig auf handwerklich-technischen Aspekten: Beispielsweise wie Überschriften oder Bildunterschriften formuliert, wie Urheberrechte geklärt oder wie Spitzmarken gesetzt werden. Die abschließenden zehn Thesen zur Zukunft der Wissenschaftskommunikation konzentrieren sich wieder auf die von immer mehr Forschenden anerkannte Legitimationspflicht für öffentlich geförderte Wissenschaft.

3.2.2. Emotionale Erzählungen

In eine handwerklich-textorientierte Richtung geht auch der von der Biologin und Wissenschaftsjournalistin Jutta von Campenhausen publizierte Band *Wissenschaft vermitteln.*[30] Die Verfasserin rahmt ihre Ausführungen ebenfalls mit lässig geschriebenen Verweisen auf gesellschaftliche Bedingungen und Entwicklungen, die ich hier einmal etwas ausführlicher zitieren möchte:

> »[…] es geht um den Wert und die Wertschätzung der Wissenschaft in unserer Gesellschaft. Die zu erhalten und zu erkämpfen gehört zu den gern übersehenen Aufgaben eines jeden Wissenschaftlers. Die meisten Wissenschaftler erreicht in ihrem Denkstübchen oder Labor nur das dumpfe Gefühl, dass sie selbst etwas mit dem Ansehen und dem Verständnis für Wissenschaft zu tun haben. Sie überlassen die Kommunikation gern den charmanten Damen von der Pressestelle. […] Dieses Buch soll Wissenschaftler ermutigen, sich zu Wort zu melden – nicht nur als Antragsteller für Drittmittel und nicht erst als Gutachter für die Bundesregierung, sondern ganz einfach als Stimme für ihr Baby, die Wissenschaft. Wenn Wissenschaftler regelmäßig und fesselnd Kollegen wie Laien zeigen, was Sie [sic] tun und warum, so fördern sie damit ein gesundes Grundverständnis für Wissenschaft und Forschung – und ihre Karriere.«[31]

Aber nicht nur externe Rahmenbedingungen erfordern Wissenschaftskommunikation, vielmehr winken auch interne Belohnungen:

> »Wie grandios hilfreich es für Denken, Publizieren, Vortragen und Karriere ist, wenn man gut zu kommunizieren lernt, will dieses Buch zeigen. […] Wenn Sie mit Ihrem Forschungsgebiet in der Zeitung stehen, so nützt das Ihrer Karriere. Eine Studie in der Zeitschrift SCIENCE Communication zeigt, dass wissenschaftliche Veröffentlichungen, die in Tageszeitungen erwähnt werden, signifikant häufiger zitiert werden.«[32]

Unter Kapitel- oder Abschnittsüberschriften wie »Sei nicht so ein Wissenschaftler!« oder »Weg mit den Details!« wird ferner die emotionale Seite der

30 Jutta von Campenhausen, Wissenschaft vermitteln. Eine Anleitung für Wissenschaftler, Wiesbaden 2014.

31 Ebd., S. Vf.

32 Ebd., S. 4, 11.

Wissenschaftskommunikation betont.[33] Es sei einfach wirksamer, wenn man »den Leidensweg eines Kindes beschreib[t], das nach einer Masernerkrankung irreparable Schäden davon getragen hat«, als wenn man Zahlen vorlegt und Studien zitiert.[34] Wissenschaft soll also in dieser Hinsicht gerade nicht das tun, was sie sonst immer tut (und damit »arglose Leser verwirren«), sondern vielmehr Geschichten erzählen, Emotionen wecken, »Menschen so ansprechen, dass [...] Herz und Bauch erreicht« werden.[35]

3.3. Appell zur Professionalisierung, Evaluation, Reflexion – für Technikwissenschaftler*innen

Als letztes Beispiel sei der Band *Wissenschaftskommunikation – Schlüsselideen, Akteure, Fallbeispiele* genannt, der ebenfalls bei Springer VS erschienen und von Marc-Denis Weitze, Leiter des Themenschwerpunktes Technikkommunikation bei der Deutschen Akademie der Technikwissenschaften, sowie Wolfgang M. Heckl, Generaldirektor des Deutschen Museums und Professor für Wissenschaftskommunikation an der Technischen Universität München, verfasst worden ist.[36] Unter Verwendung vielfältiger empirischer Befunde, historischer Verortungen und begrifflicher Diskussionen etwa über Risiko, Vertrauen oder Akzeptanz und deren vielfältige mögliche Bedeutungen wird der »Mehrwert für alle«, die an der Wissenschaftskommunikation partizipieren, herausgestellt.[37] Diese kann demnach »Ausgangspunkt für Teilhabe der Gesellschaft am Prozess der politischen Entscheidungsfindung über wissenschaftsbezogene Themen der Zukunft werden«, die »Wertvorstellungen, Zukunftsvisionen und Wünsche der Bürger« sind relevant für die Wissenschaft, das »Einholen eines belastbaren Meinungsbildes« befördert die Aufgeschlossenheit, macht Wissenschaft zum Wirtschaftsfaktor und hilft, das Ziel einer ausgewogenen Wissenschaftspolitik zu erreichen.[38]

Streng genommen ist damit allerdings der Mehrwert für einzelne Wissenschaftler*innen noch nicht sonderlich klar umrissen. Die Verknüpfung ausdifferenzierter Erfahrungswelten, die Berücksichtigung der Ansichten der Bevölkerung sowie die Beförderung der Akzeptanz technischer Innovationen als Gewinn herauszustellen, zeigt dabei auch ein recht spezifisches Verständnis von

33 Ebd., S. 29, 44.
34 Ebd., S. 33.
35 Ebd., S. 39, 52.
36 Marc-Denis Weitze und Wolfgang M. Heckl, Wissenschaftskommunikation – Schlüsselideen, Akteure, Fallbeispiele, Wiesbaden 2016.
37 Ebd., S. 216.
38 Ebd., S. 201, 215f.

Wissenschaft: Forschung an und Entwicklung von Verfahren und Geräten, die der Verwirklichung von Lebensentwürfen dienen, insofern sie eine technisch gestaltete Zukunft näherbringen. Die Beispielkapitel beschäftigen sich dann auch mit Fehlwahrnehmungen und Imageproblemen der Chemie, die Wissenschaft und Industrie zugleich ist, mit der Nanotechnologie, der Kernenergie und der Gentechnik sowie als einziges nichttechnisches Thema mit der Evolutionstheorie als Beispiel für eine im weiteren Sinne ideologische Kontroverse. Die Produktion von Wissen als Selbstzweck, geistes- oder sozialwissenschaftliche Aktivitäten jenseits der Wissenschaftsbegleitforschung, engagierte Wissenschaft oder grundsätzliche Kritik an gesellschaftlichen oder innerwissenschaftlichen Entwicklungen ist unter diesem Verständnis von Wissenschaft nur schwer subsumierbar. Selbst die klassischerweise den Geisteswissenschaften zugeschriebene Orientierungsfunktion[39] übernimmt – bei geeigneten Formaten – die neue Citizen Science, jedoch nur, insofern »disziplinäre Schubladen« gar nicht erst geöffnet werden.[40]

Weitze und Heckl räumen abschließend ein, dass »zahlreiche sogenannte Dialog-Formate bis heute verhaftet [sind] in einer Gegenüberstellung von Wissenschaft und Technik auf der einen Seite sowie Öffentlichkeit auf der anderen Seite«.[41] Ihr Appell für eine Professionalisierung der Wissenschaftskommunikation und daran anschließend für die Etablierung einer Wissenschaftskommunikationswissenschaft – der in Einleitung und Schlusskapitel die Geistes- und Sozialwissenschaften in Form von soziologischen, kommunikationswissenschaftlichen, didaktischen, psychologischen und wissenschaftshistorischen Untersuchungen etwas pauschal zugerechnet werden – ist vermutlich konsensfähig.[42] Er fordert aber von den Akteuren zusätzliches Investment, ohne dass der Mehrwert für einzelne Wissenschaftler*innen eindeutig benannt werden kann. Ein Bewusstsein für die Verflochtenheit und die daraus resultierende Verantwortung soll entstehen; in letzter Konsequenz dient diese jedoch vor allem der besseren Akzeptanz und der passgenaueren Entwicklung von bedürfnisbefriedigenden Verfahren und Techniken. Ob dies ein restlos attraktives oder auch nur realistisches Selbstverständnis von Wissenschaft sein kann, sei dahingestellt. Eine Kommunikation etwa über die Rahmenbedingungen von Wissenschaft,

39 Etwa bei Jörn Rüsen, Was heißt und zu welchem Ende studiert man Kulturwissenschaften?, in: Kultur verstehen. Zur Geschichte und Theorie der Geisteswissenschaften, hg. von Gudrun Kühne-Bertram, Hans-Ulrich Lessing und Volker Steenblock, Würzburg 2003, S. 119–127, insb. S. 124f.

40 Weitze/Heckl, Wissenschaftskommunikation, S. 35.

41 Ebd., S. 273.

42 Vgl. ebd., S. 2, 274. Die Zuweisung der genannten Ansätze soll dabei nicht exklusiv sein; eine Form der Sozial- und Geisteswissenschaft, die nicht zur Wissenschaftskommunikation beiträgt, ist jedoch weder genannt noch erkennbar.

über Auftragsforschung oder Kooperationen mit Wirtschaft und Industrie findet nicht nur nicht statt, sie ist auch in dieser Art Kommunikation strukturell nur schwer möglich.

4. Schlussbemerkung

Die Analyse der vier Referenztexte auf die transportierten Vorstellungen von Wissenschaft und erfolgreicher Wissenschaftskommunikation hat – wie zu erwarten – ein etwas heterogenes Feld von Empfehlungen ergeben: Wissenschaftler*innen sollen authentisch sein, Wissenschaft in ihrer Faszination auch prozessual erlebbar machen – andererseits aber nicht zu wissenschaftlich sein, journalistisches Handwerkszeug lernen, die Öffentlichkeit eher emotional ansprechen, dem eigenen »Baby« eine Stimme verleihen, zugleich aber die Teilhabe der Gesellschaft über fundierte Informationen sichern, dabei etablierte Formate und neue Medien gleichermaßen nutzen. Etwas strukturierter ergeben sich drei Anforderungen beziehungsweise mögliche Motivlagen:

Erstens die Begeisterung für das eigene Fach und die eigene Profession, die offenbar so groß ist oder sein sollte, dass sie überschäumt und gewissermaßen das Mitteilungsbedürfnis der Akteure anfeuert, die Bereitschaft zur Mitwirkung an oder zur Initiierung von Formaten aus sich selbst erzeugt.

Zweitens die Forderung nach Übernahme von Verantwortung für die Akzeptanz »der« Wissenschaft, die gleichsam qua Profession allen im Feld Tätigen als Pflicht aufgegeben ist – eine Pflicht, die schon fast als Einsicht in die Notwendigkeit nobilitiert werden kann und als solche das Selbstinteresse übersteigt. Diese Pflicht mündet dann in die staatsbürgerliche Verantwortung, Wünsche und Vorstellungen der Bevölkerung in der Wissenschaft aufzunehmen.

Drittens wird als externe Motivation betont, dass erfolgreiche Wissenschaftskommunikation zudem strategisch die eigene Karriere befördern kann oder zumindest in Zukunft sollte. Dass journalistisches Handwerkszeug und andere praktische Fertigkeiten ebenso gefordert sind wie die Kenntnis und Umsetzung der wissenschaftlichen Erforschung der Wissenschaftskommunikation, wird als selbstverständlich vorausgesetzt respektive als Desiderat der Ausbildung angemahnt.

Die Fähigkeit zur Wissenschaftskommunikation, so ließe sich bilanzieren, gehört zu den wünschenswerten, wenn nicht gar notwendigen Kompetenzen heutiger Wissenschaft, und zwar sowohl als soziale wie auch als methodische Kompetenz: Kommunizieren-wollen und Kommunizieren-können sind *soft skills*, die allen Wissenschaftler*innen gut zu Gesicht stehen.[43] Sich als Kom-

43 Zur klassischen Definition von Kompetenz als kognitive Fähigkeiten und Fertigkeiten zur

munikator*in der eigenen wissenschaftlichen Themen zu verstehen wäre dabei sogar noch weitergehend als Teil eines veränderten Selbstbildes, mithin als personale Kompetenz zu klassifizieren. Die angesprochenen Forderungen richten sich dann auch primär an Individuen, die besser und mehr kommunizieren sollen, sowie an Institutionen und Organisationen, die diesen Individuen Plattformen und Unterstützung zukommen lassen sollen. Eine Änderung des Selbstverständnisses der Wissenschaft oder ihrer Praktiken ist nicht impliziert.

Letztlich stellen diese Forderungen somit zwar Erweiterungen des Anforderungsprofils zeitgenössischer Professionalität dar, aber gewissermaßen nur als der Wissenschaftspraxis äußerliche Kompetenzen: Wissenschaftskommunikation ist wichtig, aber nicht für die eigentliche Wissenschaft, sondern für deren Verankerung, Vernetzung und Legitimation mit beziehungsweise gegenüber der Gesellschaft. Dabei indiziert selbst die Forderung, nicht zu offensiv als Wissenschaftler*in aufzutreten, im Gewande eines Paradoxons nur die grundsätzliche Spannung zwischen den verschiedenen Imperativen des Wissenschaftssystems und der Kommunikationssituation mit außerwissenschaftlichen Akteuren.[44]

Jenseits des so beschriebenen und geforderten Zugewinns an individuellen Kompetenzen – und natürlich auch an gesellschaftlicher Informiertheit, so die Wissenschaftskommunikation gelingt – ist noch ein weiterer Aspekt zu betonen, der in den betrachteten Texten so gut wie nie aufscheint:[45] Wissenschaftskommunikation könnte auch, gewissermaßen als fachliche Kompetenz oder als Bestandteil eines professionellen Selbstverständnisses, als epistemische Rückkoppelung der Wissenschaft selbst[46] in einer Wissenskultur[47] verstanden werden

Problemlösung im Verbund mit den zugehörigen situationsbezogenen motivationalen, volitionalen und sozialen Bereitschaften und Fähigkeiten siehe Franz E. Weinert, Vergleichende Leistungsmessung in Schulen – eine umstrittene Selbstverständlichkeit, in: Leistungsmessung in Schulen, hg. von dems., Weinheim 2001, S. 17–31. Die zahlreichen, teils sehr aufgeregten Debatten rund um den Kompetenzbegriff brauchen hier nicht nachgezeichnet zu werden. Die Unterteilung in Sozial-, Selbst- und Methodenkompetenz geht zurück auf Heinrich Roth, Pädagogische Anthropologie, Bd. 2: Entwicklung und Erziehung: Grundlagen einer Entwicklungspädagogik, Hannover [2]1976.

44 Die neuen Sozialen Medien haben dabei für die Wissenschaftskommunikation vermutlich eine ambivalente Rolle: Zum einen bieten sie vielfältige Möglichkeiten, für Themen, Ideen und Ergebnisse, möglicherweise sogar für Werte und Besonderheiten der Wissenschaften zu sensibilisieren und ein realistisches Bild der wissenschaftlichen Praxis zu geben. Andererseits besteht die Gefahr einer Vermischung von Wissenschaftskommunikation und Wissenschafts-PR, wenn vorrangig Werbung in eigener Sache gemacht wird. Vgl. etwa Martina Franzen, Die digitale Transformation von Wissenschaft, in: Beiträge zur Hochschulforschung 40 (2018), H. 4, S. 8–28, hier S. 13–15, 20.

45 Dagegen Bauer, Kritische Beobachtungen, S. 28.

46 Zum Begriff der epistemischen Rückkopplung Ludwig Fleck, Entstehung und Entwicklung einer wissenschaftlichen Tatsache (1935), Frankfurt 1980, S. 149f.

– also nicht nur als Brücke oder Mediator zwischen Wissenschaft und anderen Teilbereichen der Gesellschaft, sondern als interne Reflexion der Wissenschaft selbst auf dem Wege einer Externalisierung, um so einer epistemischen Unsicherheit zeitgenössischer Wissenschaft und der gesellschaftlichen Verflechtung zu begegnen. Solange die wissenschaftsinterne Kommunikation über Wissenschaftskommunikation diese Dimension nicht zureichend thematisiert und Wissenschaftler*innen diese Anforderungen an sich selbst ebenfalls nicht reflektieren, dürfte die grundsätzliche Spannung zwischen professioneller Aktivität, öffentlichem Beitrag und letztlich strategischer, didaktischer oder enthusiastisch motivierter Kommunikation bestehen bleiben. Wie und warum der Elfenbeinturm verlassen werden muss, ist dem zeitgenössischen Praxisdiskurs mit dieser Akzentuierung jedoch nicht zu entnehmen.

47 Wolfgang Krohn und Günter Küppers, Die Selbstorganisation von Wissenschaft, Frankfurt 1989, S. 10–16; Hans Jörg Sandkühler, Kritik der Repräsentation. Einführung in die Theorie der Überzeugungen, der Wissenskulturen und des Wissens, Frankfurt 2009, S. 68–77.

Christian George / Frank Hüther

Möglichkeiten und Grenzen der digitalen Prosopographie

Abstract
This article describes the new possibilities for historical scholarship through the use of a combination of qualitative and quantitative approaches to biographical research, using university history as an example. By analyzing a study already carried out on the appointment of the first professors at Johannes Gutenberg University Mainz, this article highlights the limits of the use of digital professor catalogues as a data basis for historical research, but also suggests solutions for overcoming them.

Biographische Nachschlagewerke sind nicht nur für die historische Forschung ein unerlässliches Hilfsmittel, sondern auch ein für Archivare und Archivarinnen unverzichtbares Werkzeug für die alltägliche Arbeit. Sie ermöglichen einen schnellen Zugriff auf biographische Daten und Identifikationsmerkmale wie Lebensdaten oder Zweitnamen und bieten dadurch nicht nur Hilfestellung bei der Bearbeitung von Nutzeranfragen, sondern unterstützen auch dabei, eigene Erschließungsinformationen zu ergänzen und zu präzisieren. Innerhalb der Geschichtswissenschaft dient die biographische Verortung zudem dazu, Handlungsoptionen von Personen zu kontextualisieren und durch die Zuordnung zu Gruppen mit ähnlichen Biographiemerkmalen Unterschiede und Gemeinsamkeiten aufzuzeigen. Vielfach sind biographische Nachschlagewerke für die historische Forschung nur der Einstieg in eine bestimmte Untersuchungsfrage und die darin enthaltenen Biographien nicht selbst Gegenstand der Analyse. Mit der zunehmenden Menge an im Internet bereitgestellten biographischen Informationen und stetig wachsenden Möglichkeiten computergestützter Auswertung immer größerer Datenmengen steigt des Weiteren das Interesse einer neuen Historikergeneration, diese Daten selbst zum Untersuchungsgegenstand eines geschichtswissenschaftlichen Forschungsansatzes zu machen. Dabei ergibt sich fast zwangsläufig eine Öffnung der historisch-biographischen Forschung für die Methoden der digitalen Geisteswissenschaften. Diese ermöglichen eine zielgerichtete, computergestützte Datenerhebung und -verwaltung und eröffnen neue

Auswertungsmöglichkeiten und damit die Bearbeitung neuartiger Fragestellungen.

Ein fruchtbares Arbeitsfeld ist beispielsweise die digitale Prosopographie. Darunter wird hier die datenbankgestützte Erfassung sowie die systematische Analyse biographischer Informationen großer Personenkollektive verstanden. Im Fokus steht dabei, in Erweiterung des Prosopographie-Begriffs der Altertumswissenschaften,[1] nicht in erster Linie die Erarbeitung eines möglichst umfassenden Verzeichnisses eines definierten Personenkreises, sondern darüber hinaus auch die Auswertung solcher Datenbestände. In Abgrenzung von der Gruppenbiographie stehen zudem bei der Prosopographie kollektivbiographische Ansätze im Vordergrund, da sich schon aufgrund der Anzahl der betrachteten Individuen eine quantitative Herangehensweise bei der Auswertung anbietet,[2] die ihrerseits wiederum den Einsatz digitaler Methoden befördert. Wie schon der Althistoriker Matthäus Heil in seinen Überlegungen zu einer digitalen Variante der *Prosopographia Imperii Romani* (*PIR*) darlegte,[3] kann es hierbei aber nicht nur darum gehen, bereits analog vorliegende Forschungsergebnisse in die digitale Welt zu übertragen. Der Anspruch der digitalen Prosopographie als Forschungsmethode muss vielmehr sein, die Beschränkungen eines gedruckten Personenverzeichnisses zu überwinden und die Möglichkeiten von (Online-)Datenbanken für die historische Forschung nutzbar zu machen. Dazu gehört mit Blick auf die Datenerfassung die Möglichkeit zur laufenden Ergänzung und Aktualisierung der Daten, zur Versionierung, zur Publikation von Teilergebnissen, zur Einbindung von Digitalisaten, zum gemeinschaftlichen Arbeiten an einem gemeinsamen Datenbestand und zur Verknüpfung mit anderen Online-Ressourcen. Hinsichtlich der Auswertung ist dabei zudem die Formulierung detaillierter Abfragen und der Einsatz von Visualisierungstechniken und Georeferenzierung denkbar, die sich vor allem bei der Erstellung von Itineraren oder der Darstellung von Netzwerken nutzbringend einsetzen lassen. Gerade die Visualisierung historischer Informationen kann dabei helfen, kom-

1 Vgl. Wilhelm Heinz Schröder, Wilhelm Weege und Martina Zech, Historische Parlamentarismus-, Eliten- und Biographieforschung, Köln 2000, S. 68, unter Bezugnahme auf Konrad Raab und Heribert Fuchs, Wörterbuch zur Geschichte, München [12]2000.

2 Nach Levke Harders und Hannes Schweiger, Kollektivbiographische Ansätze, in: Handbuch Biographie. Methoden, Traditionen, Theorien, hg. von Christian Klein, Stuttgart 2009, S. 194–198, hier S. 197, beschäftigen sich Gruppenbiographien qualitativ mit kleineren Gruppen (bis zu 50 Personen), während Kollektivbiographien größere Gruppen mit quantitativen Methoden in den Blick nehmen.

3 Matthäus Heil, Eine digitale Prosopographie der Führungsschichten des kaiserzeitlichen Imperium Romanum (Senatorenstand – ordo decurionum): Ihre strukturellen Notwendigkeiten, in: Prosopographie des Römischen Kaiserreichs: Ertrag und Perspektiven, hg. von Werner Eck und Matthäus Heil, Berlin/Boston 2017, S. 213–238, abrufbar unter: https://doi.org/10.1515/9783110557800-007 (12.7.2019).

plexe und umfangreiche Daten schneller erfassbar zu machen.[4] Sie kann darüber hinaus Muster offenbaren, die zu neuen Fragestellungen oder Thesen Anregung geben. Die vielfach bereits online in maschinenlesbarer Form vorhandenen Informationen und eine große Zahl von Schnittstellen, Tools und Softwarelösungen ermöglichen außerdem einzelnen Wissenschaftlern und Wissenschaftlerinnen, Datenbestände in einem Umfang auszuwerten, der unter analogen Bedingungen nur von einer ganzen Forschergruppe mit immensem Zeitaufwand zu leisten wäre.

Insgesamt gilt die biographische Forschung, nachdem sie in den 1960er Jahren als Relikt des Historismus in Verruf geraten war, seit vielen Jahren innerhalb der Geschichtswissenschaft wieder als »Königsdisziplin«, die sich sozialhistorischen Einflüssen geöffnet hat und sich inzwischen nicht mehr dem Vorwurf ausgesetzt sieht, in hagiographischer Weise nur die Geschichte »großer Männer« schreiben zu wollen.[5] Die digitale Prosopographie entzieht sich dieser Kritik, indem sie unter Verwendung von Personenverzeichnissen, Indizes und Namenslisten in die breitere Richtung der Kollektivbiographie weist und statt eine einzelne Person in den Mittelpunkt zu stellen, Personenkollektive und deren Netzwerke untersucht.[6] So lassen sich Biographien besonderer Statusgruppen oder ganzer Generationen in den Blick nehmen. Durch die Auswahl möglichst homogener Gruppen tritt dabei die individuelle Biographie zugunsten einer vergleichenden Analyse der Lebensereignisse der Gruppenmitglieder in den Hintergrund. Mithilfe der digitalen Prosopographie können dadurch sowohl typische Biographien der Mitglieder des untersuchten Kollektivs herausgearbeitet werden als auch Rückschlüsse auf außergewöhnliche Lebensereignisse einzelner Individuen gezogen werden.[7] Aufgrund der Größe der Untersuchungseinheit lassen sich mit prosopographischen Methoden in stärkerem Maße verallgemeinernde Aussagen treffen, als dies durch Gruppenbiographien mit ihrem vergleichsweise kleinen betrachteten Personenkreis möglich ist.

Obwohl die Methoden der Prosopographie lange Zeit vor allem als Domäne der Altertumswissenschaften galten, eröffnen sie insbesondere für die Universitäts- und Wissenschaftsgeschichte neue Erkenntnismöglichkeiten. Die Prosopographie stößt gerade hier auf ein Forschungsgebiet, das in verschiedener

4 Mareike König, Digitale Methoden in der Geschichtswissenschaft. Definitionen, Anwendungen, Herausforderungen, in: BIOS 30 (2017), H. 1/2, S. 7–21, hier S. 16.

5 Volker Ullrich, Biografie. Die schwierige Königsdisziplin, in: Die ZEIT, 4.4.2007, abrufbar unter: https://www.zeit.de/2007/15/P-Biografie (12.7.2019).

6 Christa Klein, Biographie und Prosopographie – Kollektivbiographien als universitätshistorisches Genre, in: Universitätsgeschichte schreiben. Inhalte, Methoden, Fallbeispiele (Beiträge zur Geschichte der Universität Mainz 14), hg. von Livia Prüll u. a., Göttingen 2019, S. 157–182, hier S. 162.

7 Schröder/Weege/Zech, Historische Parlamentarismus-, Eliten- und Biographieforschung, S. 69.

Hinsicht ein ideales Umfeld für den Einsatz digitaler Methoden bietet. Denn die hier in den Blick genommenen Personenkollektive weisen vergleichsweise homogene Biographien auf: Akademische Lebensläufe von Professoren und Professorinnen zeichnen sich durch eine Vielzahl übereinstimmender biographischer Stationen wie Promotion, Habilitation, Berufung und Emeritierung aus, durch die die Vergleichbarkeit der Biographien und damit auch der Einsatz quantitativer Methoden begünstigt und befördert wird. Häufig konzentrieren sich die Lebensdarstellungen in den für die Universitäts- und Wissenschaftsgeschichte bedeutsamen Professorenkatalogen und Gelehrtenverzeichnissen gerade auf diese für die akademische Laufbahn und die Forschungstätigkeit der Wissenschaftler und Wissenschaftlerinnen wichtigen Lebensereignisse und unterstreichen so die Homogenität des ausgewählten Personenkollektivs. Noch deutlicher wird dies bei der Betrachtung von Studierendenbiographien. Schon aufgrund der Quellenlage wird bei dieser Personengruppe häufig nur der Lebensabschnitt bis zum Ende des Studiums in den Blick genommen und so unter Ausblendung der sich nach dem Studium ausdifferenzierenden Karrierewege nur ein biographischer Ausschnitt betrachtet, welcher sich durch eine ausgeprägte Homogenität auszeichnet.[8]

Zudem kann die universitäts- und wissenschaftsgeschichtliche Forschung auf eine gute Quellengrundlage für den zu betrachtenden Personenkreis zurückgreifen. Personalakten der Professoren und Professorinnen liegen in den Universitätsarchiven meist flächendeckend vor. Außerdem lassen sich aus weiteren typischen Beständen der Universitätsarchive, wie Habilitations- und Berufungsakten, Senats- und Fakultätsratsprotokollen oder personenbezogenen Sammlungen ergänzende oder präzisierende biographische Informationen zusammentragen. Für Studierende sind die Kerndaten meist in einem Matrikelbuch oder einer Matrikelkartei erfasst oder liegen ab den 1960er Jahren oft auch bereits in elektronischer Form vor und bieten damit ideale Voraussetzungen für die quantitative Auswertung. Diesen Umstand machen sich die an verschiedenen Universitäten bereits vorhandenen oder im Aufbau begriffenen Matrikelportale zunutze, die sich mit ihren Angeboten sowohl an qualitativ – beispielsweise Familienforschende – als auch an quantitativ arbeitende Wissenschaftler und Wissenschaftlerinnen wenden.[9] Ergänzende Informationen können aus den im

8 Siehe hierzu Maximilian Schuh, Matrikel, in: Universitäre Gelehrtenkultur vom 13.–16. Jahrhundert. Ein interdisziplinäres Quellen- und Methodenhandbuch, hg. von Jan-Hendryk de Boer, Stuttgart 2018, S. 103–118. Eine beispielhafte Analyse, die auch die Karrierewege von Studierenden in den Blick nimmt, findet sich bei Martin Göllnitz, Parteiaktionismus und Studium. Politisches Engagement eines jungakademischen Funktionärskorps (1927–1945), in: Historische Mitteilungen 29 (2017), S. 107–131.

9 Vgl. beispielsweise die Matrikelportale der Universitäten Hamburg (https://www.matrikelportal.uni-hamburg.de) und Rostock (http://matrikel.uni-rostock.de/), der Deutschen Univer-

Regelfall ebenfalls in den Universitätsarchiven vorliegenden Studierendenakten sowie aus Prüfungsakten entnommen werden.

Ein dritter Aspekt, der den Einsatz prosopographischer Methoden in der Universitätsgeschichte begünstigt, ist die lange Tradition der Universitäten – und damit auch ihrer Quellen –, die in Deutschland zum Teil bis ins 14. Jahrhundert zurückreicht. So weist beispielsweise die Matrikel der 1419 gegründeten Universität Rostock eine lückenlose Kontinuität über fast 600 Jahre auf,[10] das Archiv der Universität Heidelberg blickt auf eine über 625-jährige Geschichte zurück. Auch Personal- und Vorlesungsverzeichnisse gehören zu typischen universitätsgeschichtlichen Quellengattungen, die in der Breite bis ins 19. Jahrhundert zurückreichen. Solche Quellenbestände ermöglichen Längsschnittanalysen über lange Zeiträume hinweg. Und nicht zuletzt steht auch die Forschung zur Universitätsgeschichte selbst in einer langen Tradition, die für viele Universitäten bereits Matrikeleditionen, gedruckte Gelehrtenverzeichnisse, Überblicksdarstellungen, Fächer- und Institutionengeschichten und Einzelbiographien herausragender Persönlichkeiten hervorgebracht und damit umfangreiches Quellenmaterial für eine mögliche digitale Nutzung aufbereitet und zugänglich gemacht hat.[11] In jüngster Zeit haben sich die im Internet verfügbaren Gelehrtenverzeichnisse als ideale Hilfsmittel für die personenbezogene Forschung im Bereich der Universitäts- und Wissenschaftsgeschichte etabliert. Sie können durch ihre strukturiert dargebotenen Informationen etwa dabei helfen, Fragen nach den Karrierewegen von Wissenschaftlern und Wissenschaftlerinnen zu beantworten, Beziehungsgeflechte und Netzwerke offenzulegen, die Entwicklung einzelner Institute und Disziplinen nachzuvollziehen oder biographische Gemeinsamkeiten beziehungsweise Besonderheiten einzelner Personen oder Personengruppen herauszustellen. Darüber hinaus lassen sich anhand von Gelehrtenverzeichnissen Fragen nach dem Einfluss von Herkunft, Konfession oder Geschlecht auf bestimmte biographische Entwicklungen hin

---

sität Prag (http://is.cuni.cz/webapps/archiv/public/?lang=en) und das im Aufbau begriffene Matrikelportal der baden-württembergischen Universitäten (https://www.uni-heidelberg.de/presse/news2019/pm20190510_tagung-zu-universitaetsmatrikeln.html) (alle abgerufen am 12.7.2019).

10 Robert Stephan, Karsten Labahn und Matthias Glasow, Vernetzung biographischer Online-Ressourcen – Catalogus Professorum Rostochiensium und Rostocker Matrikelportal, in: Vernetztes Wissen – Daten, Menschen, Systeme. 6. Konferenz der Zentralbibliothek Forschungszentrum Jülich (Schriften des Forschungszentrums Jülich, Reihe: Bibliothek/Library 21), hg. von Bernhard Mittermaier, Jülich 2012, S. 259–270, abrufbar unter: http://hdl.handle.net/2128/4699 (12.7.2019).

11 Zum Stand der Universitätsgeschichte vgl. Rainer Christoph Schwinges, Universitätsgeschichte: Bemerkungen zu Stand und Tendenzen der Forschung (vornehmlich im deutschsprachigen Raum), in: Universitätsgeschichte schreiben. Inhalte, Methoden, Fallbeispiele (Beiträge zur Geschichte der Universität Mainz 14), hg. von Livia Prüll u.a., Göttingen 2019, S. 25–45.

untersuchen. Nicht zuletzt bilden die meisten digitalen Kataloge neben der wissenschaftlichen Laufbahn, anders als viele gedruckte universitätshistorische Verzeichnisse (zum Beispiel *Kürschners Gelehrtenkalender*) auch das gesellschaftliche Engagement der Personen ab, ohne dabei aber Anspruch auf Vollständigkeit zu erheben.[12] Durch die Darstellung der Tätigkeit von Gelehrten in Parteien, kirchlichen Organisationen oder Vereinen wird deutlich, wie diese über den engeren Bereich der Wissenschaft hinaus in Politik, Wirtschaft und Gesellschaft hineinwirken und somit den sprichwörtlichen akademischen Elfenbeinturm verlassen. Hierbei dienen ihre akademischen Spezialkenntnisse oftmals als Alleinstellungsmerkmal, um sich als Experten von anderen Diskursteilnehmern abzuheben und sich entsprechend zu positionieren.[13]

Für die Universitäts- und Wissenschaftsgeschichte macht die stetig zunehmende Zahl digitaler Gelehrtenverzeichnisse und Professorenkataloge[14] das offenbar steigende Bedürfnis nach biographischen Online-Verzeichnissen deutlich. Am Beispiel dieser, gerade für die Eliten- und Netzwerkforschung unverzichtbaren Verzeichnisse, lässt sich die Bedeutung quantitativer Analysemethoden für einen digitalen prospographischen Forschungsansatz erläutern. Denn zumeist liefern diese Verzeichnisse ihre Daten in strukturierter, maschinenlesbarer Form, wodurch es möglich wird, auch sehr große Datenbestände zu bearbeiten und statistisch auszuwerten. Stellvertretend für solche Verzeichnisse sei hier das *Kieler Gelehrtenverzeichnis* (KGV) genannt, das unter Verwendung von Semantic Web-Technologie stark strukturierte Daten und elaborierte Abfragemöglichkeiten durch einen SPARQL-Endpoint anbietet.[15] Gleichzeitig können durch den Wegfall der Beschränkungen gedruckter Verzeichnisse in der digitalen Welt und den dort vereinfachten Möglichkeiten kollaborativer Erfassung die in prosopographischen Verzeichnissen enthaltenen Einzelbiographien

12 Die hier zugrunde liegenden Probleme hinsichtlich der Verzeichnungstiefe bei gedruckten Professorenkatalogen, -verzeichnissen und -lexika behandelt ausführlicher Ulf Morgenstern, Nabelschau, Speziallexikon oder sozialstatistische Quellensammlung? Über Intention, Wandel und Nutzen von Professorenkatalogen, in: Catalogus Professorum Lipsiensis. Konzeption, technische Umsetzung und Anwendungen für Professorenkataloge im Semantic Web (Leipziger Beiträge zur Informatik 21), hg. von dems. und Thomas Riechert, Leipzig 2010, S. 3–32, hier S. 17.

13 Als Beispiel hierauf bezogener Studien siehe den Beitrag von Thomas Fuchs in diesem Band.

14 Derzeit existieren Verzeichnisse für die Universitäten Aachen, Altdorf, Berlin (TU), Dresden, Halle, Hamburg, Helmstedt, Kiel, Leipzig, Mainz, Marburg und Rostock; Kataloge für die Universitäten Bamberg und Braunschweig sind aktuell im Aufbau begriffen. Vgl. diesbezüglich die Aufstellung verwandter Projekte auf der Homepage des Rostocker Katalogs, http://cpr.uni-rostock.de/site/ueber_uns/verwandte_projekte?info=info.team,info.kontakt (12.7.2019); sowie den Themenschwerpunkt »Professorenkataloge« im Jahrbuch für Universitätsgeschichte 16 (2013). Übergreifend für das Mittelalter siehe das *Repertorium Academicum Germanium* (RAG), https://rag-online.org/ (12.7.2019).

15 Vgl. https://cau.gelehrtenverzeichnis.de/ (12.7.2019).

sehr umfangreich sein und dadurch auch für qualitative Forschungsansätze genutzt werden. Ein Beispiel für ein prosopographisches Verzeichnis mit stark qualitativer Ausrichtung bildet der *Catalogus Professorum Halensis*,[16] der bei reduzierter Verwendung strukturierter Daten ausführliche Biographien in Textform anbietet und dabei auch die fachliche Einordnung und Würdigung der Personen vornimmt. Gerade in der Vereinigung von quantitativen und qualitativen Ansätzen liegt eine Stärke der digitalen Prosopographie, die damit an der Schnittstelle zwischen Individual- und Kollektivbiographie angesiedelt ist.

Digitale Prosopographie in der Praxis

Als Beispiel aus der Praxis soll eine Arbeit aus dem Universitätsarchiv Mainz dienen, die im Rahmen der Jubiläumsschrift zum 75-jährigen Bestehen der Johannes Gutenberg-Universität Mainz (JGU) erscheinen wird. Ziel der Studie war es, anschließend an die bereits vorliegende Arbeit von Michael Kißener,[17] die Gründungsgeneration der JGU zwischen dem Sommersemester 1946 und dem Wintersemester 1947/48 hinsichtlich ihrer biographischen Gemeinsamkeiten, ihrer akademischen Qualifikation und ihrer NS-Belastung zu untersuchen. In Erweiterung der Studie von Kißener wurde dabei die gesamte Professorenschaft, einschließlich der außerordentlichen, außerplanmäßigen und der Honorarprofessoren, in den Blick genommen und zudem der zeitliche Fokus um drei Semester erweitert.[18] Die Untersuchung hob sich somit sowohl zeitlich als auch hinsichtlich des betrachteten Personenkreises von vergleichbaren Studien ab, in welchen mit einem Fokus auf den ordentlichen und außerordentlichen Professoren und Professorinnen in der Regel das letzte Kriegssemester oder das erste Nachkriegssemester betrachtet werden.[19] Aufgrund der besonderen Mainzer

16 Vgl. https://www.catalogus-professorum-halensis.de/ (12.7.2019).

17 Michael Kißener, Kontinuität oder Wandel? Die erste Professorengeneration der Johannes Gutenberg-Universität Mainz, in: Ut omnes unum sint, Bd. 1: Gründungspersönlichkeiten der Johannes Gutenberg-Universität (Beiträge zur Geschichte der Universität Mainz 2), hg. von dems., Stuttgart 2005, S. 97–123.

18 Die Mitbetrachtung der Honorarprofessoren ist auf die besondere Rolle dieser Statusgruppe an der frühen JGU zurückzuführen, da diese gezielt als Berufungsreservoir für reguläre Professorenstellen an die Universität gebunden wurden.

19 Jobst D. Herzig, Umbrüche und Kontinuitäten. Die Entnazifizierung an der Universität Rostock nach dem Ende des Zweiten Weltkrieges, in: Die Universität Rostock 1945–1946. Entnazifizierung und Wiedereröffnung (Rostocker Studien zur Universitätsgeschichte 6), hg. von dem Rektor der Universität Rostock, Rostock 2008, S. 9–182; Isabel Schmidt, Nach dem Nationalsozialismus: Die TH Darmstadt zwischen Vergangenheitspolitik und Zukunftsmanagement (1945–1960), Darmstadt 2015; Christian George, Der Wiederaufbau des Lehrkörpers der Universität Bonn 1945–1947, unveröffentlichte Magisterarbeit, Universität Bonn 2005.

Situation als erste neu- beziehungsweise wiedergegründete deutsche Universität nach dem Zweiten Weltkrieg, war eine solche Untersuchung hier jedoch nicht möglich. Entsprechende Vergleichszahlen für die ehemaligen NSDAP-Mitglieder, die nach Abschluss der Entnazifizierungsverfahren an den Hochschulen tätig waren, ließen sich daher nur schwierig ermitteln, da die anderen Studien sich auf bereits vor 1945 bestehende Universitäten bezogen. Um die Ergebnisse trotzdem zu kontextualisieren, wurden die Universitäten Kiel, Bonn und Rostock sowie die TH Darmstadt vergleichend herangezogen.

Bei der Auswahl der Universitäten gaben sowohl inhaltliche wie auch technische Argumente den Ausschlag. Es sollten nicht nur Hochschulen aller Besatzungszonen betrachtet werden, sondern durch Einbezug der TH Darmstadt auch ein weiterer Repräsentant des Rhein-Main-Gebietes berücksichtigt werden, der darüber hinaus dem Kreis der Technischen Hochschulen entstammt. Außerdem existieren für Darmstadt und Bonn bereits umfangreiche Vorarbeiten, die in die Auswertung einbezogen und nur geringfügig ergänzt werden mussten. Technisch empfahlen sich die Universitäten Kiel und Rostock dadurch, dass bereits ein digitaler Professorenkatalog mit strukturierten Daten vorlag, der die Ermittlung und Bearbeitung des relevanten Personenkreises begünstigte. Vergleichsdaten wurden vor allem für den prozentualen Anteil der habilitierten Hochschullehrenden an der Professorenschaft erhoben, da die Habilitation aus politischen Erwägungen in Mainz vorgeblich eine untergeordnete Rolle bei der Berufbarkeit gespielt haben soll. Ein weiterer Schwerpunkt lag im Vergleich der NS-Belastung des Lehrkörpers an den Hochschulen, da die junge JGU in der zeitgenössischen Publizistik – zu Unrecht – als Unterschlupf für ehemalige Nazis verschrien war.

Als Grundlage der Untersuchung wurde eine Liste der relevanten Mainzer Personen angelegt, die vor allem mithilfe einschlägiger Findmittel des Universitätsarchivs erstellt wurde. Der Mainzer Professorenkatalog *Gutenberg Biographics* verfügt, wie die meisten digitalen Professorenkataloge, zwar über eine Volltextsuche, nicht jedoch über weitergehende Filterfunktionen, sodass es externen Nutzern bislang noch nicht möglich ist, Personen einer bestimmten Statusgruppe oder eines vorher definierten Zeitabschnittes auszuwählen.[20] Dagegen ermöglicht es der *Catalogus Professorum Rostochiensium* (CPR), den anzuzeigenden Personenbestand nach verschiedenen Kriterien zu filtern. Der Vergleich mit der Universität Rostock empfahl sich vor allem, da sich der relevante Personenkreis dort einfach ermitteln und hinsichtlich der Habilitations-

20 Vgl. dazu Karin Eckert, Christian George und Frank Hüther, Gutenberg Biographics: Eine biographische Online-Datenbank zur Mainzer Universitätsgeschichte, in: ABI Technik 37 (2017), H. 3, S. 171–178, abrufbar unter: https://doi.org/10.1515/abitech-2017-0041 (12.7. 2019).

quote untersuchen ließ. Für die anderen Online-Kataloge konnte die Fragestellung dagegen nicht durch die implementierten Tools, sondern nur mit manueller Auswertungsarbeit gelöst werden. Der im KGV integrierte SPARQL-Endpoint ermöglicht zwar grundsätzlich die Formulierung derartiger Abfragen, diese können jedoch nur durch das Redaktionsteam durchgeführt werden.

Nicht in die komparative Untersuchung eingehen konnte der Vergleich der Geburtsorte der Professorenschaft, da dieser aufgrund fehlender Möglichkeiten zur Visualisierung auf historischem Kartenmaterial ohne technische Unterstützung hätte durchgeführt werden müssen. Auch ein Vergleich der Konfessionszugehörigkeit musste unterbleiben, da diese Daten nicht flächendeckend vorlagen.

Für den Vergleich von Belastungen innerhalb des NS-Systems empfahl sich vor allem die Arbeit mit dem KGV, da dort alle erfassten Personen in der Hochschullehrerkartei des NS-Dozentenbundes hinsichtlich ihrer Mitgliedschaft in der NSDAP überprüft wurden.[21] Für *Gutenberg Biographics* liegen Daten zur NSDAP-Mitgliedschaft zumindest für die bis zum Wintersemester 1947/48 berufenen Professoren vor.[22] Bei der Auswertung der aggregierten Daten offenbarte sich eine Hürde hinsichtlich der prospographischen Analyse digitaler Gelehrtenverzeichnisse: die häufig unzureichende Transparenz der Erfassungsstandards.

Am Beispiel der Mitgliedschaften in NS-Organisationen soll dies verdeutlicht werden. Da sich viele Professorenkataloge neben der Darstellung der eigenen Universitätsgeschichte und der in ihr handlungsleitenden Personen auch der Aufarbeitung von NS-Verstrickungen des eigenen Lehrpersonals verschreiben, liegt auf diesem Teil der Biographie oft ein besonderer Fokus. Es ist jedoch nur in Ausnahmefällen für Außenstehende transparent, was beispielsweise die fehlende Nennung entsprechender Mitgliedschaften bedeutet. Denn es ist zugleich möglich, dass erwiesenermaßen keine Mitgliedschaft bestand, dass nicht bekannt ist, ob eine Mitgliedschaft bestand, oder dass das Merkmal der Mitgliedschaft schlicht nicht aufgenommen wurde. Dabei sind »Grauzonen« wie Anwärterschaften, temporäre Mitgliedschaften oder automatische Überfüh-

21 Karen Bruhn, Der deutsche Professor in der NS- und Nachkriegszeit – Eine Typologie anhand des Kieler Fallbeispiels, in: Mitteilungen der Gesellschaft für Schleswig-Holsteinische Geschichte 91 (2016), S. 56–59, hier S. 56. Eine Analyse des Kieler Lehrkörpers anhand von Partei- und SA-Mitgliedschaften, unter Heranziehung von Karrierewegen, bietet Martin Göllnitz, Das »Kieler Gelehrtenverzeichnis« in der Praxis: Karrieren von Hochschullehrern im Dritten Reich zwischen Parteizugehörigkeit und Wissenschaft, in: Jahrbuch für Universitätsgeschichte 16 (2013), S. 291–312.

22 Die Planungen seitens des Berliner Bundesarchivs, die NS-Karteien zukünftig auch online für registrierte Nutzer und Nutzerinnen zugänglich zu machen, lassen hoffen, dass künftig mehr Professorenkataloge eine vollständige Überprüfung der NSDAP-Mitgliedschaft ihres Lehrkörpers anstreben werden.

rungen noch nicht berücksichtigt. Aus den Erfahrungen mit *Gutenberg Biographics* lässt sich ableiten, dass der Festlegung von Erfassungsgrundsätzen für solche Gelehrtenverzeichnisse in der Regel ein langer Diskussionsprozess vorausgeht, dessen Ergebnisse intern detailliert dokumentiert werden. So verzichtet *Gutenberg Biographics* beispielsweise auf die Hinterlegung von Mitgliedschaften im NS-Ärztebund oder dem NS-Dozentenbund, da diese zwar als Indiz für eine Identifikation mit dem Nationalsozialismus gedeutet werden könnten, aber aufgrund der Häufung und Struktur der Mitgliedschaft eher als selbstverständliches Element der Kollektivbiographie angesehen werden. Nach außen werden solche Überlegungen jedoch nur in den seltensten Fällen in dieser Detailtiefe kommuniziert, wodurch insbesondere vergleichende Untersuchungen erschwert werden.

Eine ähnliche Problematik besteht bei der Hinterlegung von Quellennachweisen. Aktuell erfolgt dieser bei vielen Gelehrtenverzeichnissen im Stile eines Lexikonartikels oft als Sammelangabe am Schluss des Datensatzes. So ist zwar transparent, welche Quellen ausgewertet wurden, jedoch nicht, welche spezifische Information welcher Quelle entstammt. Gerade bei Biographien mittelalterlicher oder frühneuzeitlicher Professoren, zu welchen sich häufig nur wenige, dazu oft divergierende biographische Angaben finden, kann so nur bedingt sichtbar gemacht werden, welche Angaben seitens des Erfassenden als plausibler eingestuft wurden. Ähnliche Beispiele finden sich schon in der gedruckten Fassung der PIR, in welcher forschungsrelevante Gegenmeinungen, so Heil, stets mit angeführt werden. Als Grundlage eines solchen Verfahrens im digitalen Raum empfiehlt er eine Versionierung der Datensätze, die mit einer zusätzlichen Kommentierung zum Zweck der Abwägung versehen ist. Die Etablierung eines passenden technischen Verfahrens hierfür stehe bisher aber noch aus.[23]

Unter den Hochschulen, die über keinen digitalen Professorenkatalog verfügen, bot sich die TH Darmstadt als Vergleichsuniversität an. Hier ist die Literaturlage zur NS-Belastung und den damit verbundenen Folgen besonders günstig. Zusätzlich stellt die Universitäts- und Landesbibliothek (ULB) Darmstadt die Vorlesungsverzeichnisse der TH weitgehend online zur Verfügung, sodass die in der Studie von Isabel Schmidt nicht berücksichtigten Statusgruppen der außerplanmäßigen Professoren grundsätzlich in die Vergleichsgruppe aufgenommen werden konnten.[24] Für den gewählten Untersuchungszeitraum traf dies leider nicht zu, da die Verzeichnisse der späten 1940er Jahre nicht online abrufbar sind. Daher mussten, ganz klassisch, die gedruckten Verzeichnisse konsultiert werden, in welchen sich dafür aber sogar die Beru-

23 Heil, Prosopographie, S. 226.

24 Honorarprofessoren gab es in diesem Zeitraum an der TH Darmstadt nicht. Vgl. Schmidt, TH Darmstadt.

fungsdaten der Professoren nachvollziehen ließen. An diesem Beispiel zeigt sich, wie eminent wichtig Vorlesungsverzeichnisse als Quelle der Universitätsgeschichte sind. Denn einerseits gelten sie als das »Unterbewusstsein der akademischen Welt«,[25] andererseits sind sie an jeder Hochschule vorhanden und eignen sich aufgrund ihrer ausgeprägten Homogenität nicht nur für Längsschnitte, sondern auch für vergleichende statistische Auswertungen. Allerdings suggerieren gedruckte Vorlesungsverzeichnisse durch ihr semesterweises Erscheinen aber auch eine Präzision der in ihnen enthaltenen Angaben, die nicht der Realität entspricht. Dies ist unter anderem im Redaktionsschluss des Verzeichnisses begründet, der es nur erlaubt, den Lehrkörper zu einem festgesetzten Stichtag darzustellen. Neu- und Wegberufungen sowie das Auslaufen von befristeten Anstellungsverhältnissen nach diesem Stichtag können also genausowenig berücksichtigt werden, wie kurzfristige Änderungen im Vorlesungsangebot.[26] Zudem setzt die Zugänglichkeit der Vorlesungsverzeichnisse, wie beschrieben, einer vergleichenden quantitativen Auswertung oft Grenzen. Eine flächendeckende Digitalierung der gedruckten Verzeichnisse ist bislang nicht erfolgt. Es gibt keine einheitlichen Standards für die Präsentation und kein zentrales Nachweisinstrument, beispielsweise in Form einer Linkliste. Für viele der bereits digitalisierten Vorlesungsverzeichnisse gilt, dass sie auf den Universitätshomepages nur schwer auffindbar und ihre Daten oft nur unzureichend aufbereitet sind. Teilweise kommt hierbei Darstellungssoftware zum Einsatz, die zu sehr langen Ladezeiten führt und keine Texterkennung unterstützt. Nicht zuletzt sehen sich manche Universitäten aus urheberrechtlichen Gründen gezwungen, nur die älteren Jahrgänge der digitalisierten Vorlesungsverzeichnisse der Öffentlichkeit zugänglich zu machen, während neuere Ausgaben der Nutzung durch Angehörige der eigenen Einrichtung vorbehalten sind. Viele Vorlesungsverzeichnisse der deutschen Universitäten sind der Forschung also zwar prinzipiell zugänglich, ihre Aufbereitung und Präsentation erschweren aber gerade die Anwendung quantitativer Forschungsansätze. Ein erster Schritt, diesem Missstand abzuhelfen, wäre neben der Integration der Verzeichnisse in die universitätseigene Digitalisierungsstrategie mit entsprechenden Mindeststandards – die das Angebot einer pdf-Version und die Verwendung von Text-

25 William Clark, Academic Charisma and the Origins of the Research University, Chicago 2006, S. 67 (eigene Übersetzung).

26 Die besondere Problematik der heute vielfach nur noch digital vorliegenden Vorlesungsverzeichnisse hat Andreas Becker am Beispiel der Universität Regensburg dargelegt. Um den Quellenwert dieser Verzeichnisse auch für künftige Historikergenerationen zu erhalten, ist es unabdingbar, dass die Einführung von Softwarelösungen und die Konzeption entsprechender Schnittstellen zur Langzeitarchivierung von den Universitätsarchiven begleitet werden. Siehe dazu Andreas Becker, Vorlesungsverzeichnisse als historische Quelle, in: Der Archivar 71 (2018), H. 4, S. 347–350.

erkennung beinhalten – die Schaffung eines zentralen Nachweissystems für entsprechende Digitalisate.[27]

Wie der Werkstattbericht gezeigt hat, stehen trotz der zunehmend größer werdenden Zahl digitaler Professorenkataloge der kollektivbiographischen Untersuchung von Professoren und Professorinnen immer noch zahlreiche Hindernisse entgegen. Diese reichen von Unsicherheiten bezüglich der Aussagekraft biographischer Einträge in Professorenkatalogen bis hin zu der mangelnden (Online-)Verfügbarkeit zentraler Quellenbestände.

Grenzen und Lösungen

Dass eine solche vergleichende Studie überhaupt mit vertretbarem Aufwand durchgeführt werden konnte, ist den guten Vorarbeiten in Form von Einzelstudien sowie insbesondere den vorhandenen digitalen Professorenkatalogen geschuldet. Doch neben allen Möglichkeiten, die letztere der Geschichtswissenschaft eröffnen, offenbaren sie auch konzeptionelle Probleme. Denn während ein gedrucktes Lexikon sich noch durch Addenda und Errata sichtbar zu seinen Fehlern bekennt, erweisen sich digitale Professorenkataloge in der Regel als fluide Datenbestände, die ergänzt und korrigiert werden können, ohne dass ältere Fassungen nachvollziehbar und damit zitierfähig bleiben. Einige Projekte geben zwar sowohl das Datum der letzten Bearbeitung und ein dazugehöriges Personenkürzel an, es ist jedoch bislang kein Katalog mit einer wirklichen, im Frontend abgebildeten Versionierung ausgestattet, die alle Bearbeitungshandlungen nachweist und jede Version mit Zeitstempel und Permalink zitierfähig macht. Was sich also heute noch mit einer Fußnote aus dem digitalen Katalog belegen lässt, ist morgen dort vielleicht nicht mehr aufzufinden, ohne dass ersichtlich wird, warum die entsprechende Information verschwunden ist. Genau dies ist aber notwendig, um zitierfähige und letztlich wissenschaftlich nutzbare Informationen bereitzustellen.[28] Die Schaffung einer Versionierung, etwa nach dem Muster von Wikipedia, ist ein Desiderat für alle Projekte digitaler Prosopographie.

Darüber hinaus erfordern maschinenlesbare offene Datensammlungen eine klare Regelung der rechtlichen Nutzungsmöglichkeiten. Wer Datenbestände von Professorenkatalogen für die quantitative Verarbeitung ausliest oder mithilfe von Schnittstellen herunterlädt, muss rechtlich gegen den Vorwurf des Urhe-

---

27 Als Anlaufpunkt könnte sich hier die Seite »Universitätsgeschichte« des Projekts Wikisource empfehlen [https://de.wikisource.org/wiki/Universitätsgeschichte (12.7.2019)]. Dort ließen sich auch weitere Digitalisate zur Hochschulgeschichte hinterlegen, sodass ein zentraler Zugangspunkt für interessierte Forschende aufgebaut werden könnte.

28 Auf diese Problematik verweist auch Heil, Prosopographie, S. 226.

berrechtsverstoßes abgesichert sein, da er selbst keine Möglichkeiten hat, die rechtskonforme Verwendbarkeit der Quellen im Einzelnen zu prüfen.[29] Zur Lösung dieses Problems ist es unabdingbar, die Kataloge mit Nutzungslizenzen zu versehen, die eindeutig regeln, welche bereitgestellten Informationen in welcher Weise weiterverwendet werden dürfen. Hierbei sind aufgrund der großen Akzeptanz und der einfachen Zugänglichkeit vor allem die CC-Lizenzen des Wikimedia Common-Projekts geeignet.

Eine weitere Problematik digitaler Professorenkataloge ist die Ausgestaltung der Recherchefunktion. Diese ist zumeist als Volltextsuche ausgestaltet und bietet so nur begrenzt die Möglichkeit, Daten strukturiert abzufragen. Eine erweiterte Recherchefunktion mit einer Vielzahl an Filtermöglichkeiten bieten bisher nur die Kataloge der Universitäten Rostock und Hamburg. Mit dieser können beispielsweise alle Ordinarien eines bestimmten Zeitraums abgefragt und diese auch nach Geschlecht gefiltert werden. Die erweiterte Suchfunktion des Katalogs für die TU Berlin ermöglicht immerhin eine Filterung nach Lehrgebiet und Wirkungszeitraum. Die Zahl der Auswertungsmöglichkeiten erhöht sich durch derartige Filtermöglichkeiten deutlich. Für Kataloge, die auf Semantic Web-Technologie basieren – wie etwa das KGV und der Leipziger *Catalogus Professorum Lipsiensis* –, bieten SPARQL-Endpoints noch ausdifferenziertere Auswertungsmöglichkeiten. Bislang lassen sich diese allerdings ohne weitreichenden technischen Sachverstand nicht anwenden.[30] Um das Werkzeug Professorenkatalog als Forschungsinstrument auch für die Geschichtswissenschaft zu etablieren, müssen Nutzende diese Art der Abfrage selbstständig vornehmen können, auch ohne zur Gruppe der »Programming Historians« zu gehören.[31] Die Integration von Abfrage-Generatoren in die Kataloge ist daher ein dringendes Desiderat, um Barrieren abzubauen. Da die verschiedenen digitalen Gelehrtenverzeichnisse bislang unverbunden nebeneinanderstehen, fehlt auch die Möglichkeit, hochschulübergreifende Abfragen zu modellieren. Es muss daher bei vergleichenden Studien auf verschiedene Katalogabfragen oder gar händische Auswertungen zurückgegriffen werden. Divergierende und dazu oft in-

29 Vgl. Anne Baillot und Anna Busch, Vernetzung – Erzählung – Kollation. Digitale Methoden in der Biographieforschung, in: BIOS 30 (2017), H. 1/2, S. 22–29, hier S. 22.

30 Für den Leipziger Professorenkatalog war ein entsprechendes Tool *Graphic Query Builder* vorgesehen, vgl. Jonas Brekle, Graphische Benutzerschnittstelle für SPARQL-Anfragen an eine Wissensbasis, in: Catalogus Professorum Lipsiensis. Konzeption, technische Umsetzung und Anwendungen für Professorenkataloge im Semantic Web (Leipziger Beiträge zur Informatik 21), hg. von Ulf Morgenstern und Thomas Riechert, Leipzig 2010, S. 91–106.

31 Für das sich hier eröffnende Spannungsfeld siehe den Vortrag von Torsten Schrade, Programming Historians. Unverzichtbare Kompetenz, methodisches Plus oder nicht zwingende Eigenschaft zukünftiger HistorikerInnen?, gehalten am 20. April 2018 im Rahmen der Tagung »Forschungsdesign 4.0«, vgl. dazu die URL: https://github.com/metacontext/2018-programming-historians/blob/master/resources/pdf/programming-historians.pdf (12.7.2019).

transparente Erfassungsstandards sowie unterschiedliche technische Möglichkeiten erschweren – wie gezeigt wurde – die Vergleichbarkeit der erhobenen Zahlen und schwächen somit die Aussagekraft der Daten.

Insgesamt wurzelt eine Vielzahl der beschriebenen Probleme in der Entstehungsgeschichte der digitalen Professorenkataloge. Oft als Projekt anlässlich einzelner Universitätsjubiläen initiiert, sind die Kataloge auf die eigene Universität ausgerichtet und bilden so vereinzelte Datensilos. Aus diesem Entstehungszusammenhang ergeben sich oftmals inhärente organisatorische Zwänge: Mittel werden nur projektgebunden bereitgestellt, sodass nach dem Jubiläum die Nachhaltigkeit des Katalogs infrage gestellt wird. Inhaltliche Weiterentwicklungen können nicht mehr umgesetzt werden, die IT-Umgebung verbleibt auf dem technischen Stand des letzten Jubiläums. Der Fokus auf das Gelehrtenverzeichnis als »Standardwerk der Identitätsstiftung«[32] der eigenen Universität führt zudem dazu, dass eine sinnvolle Vernetzung mit anderen Katalogen aus dem Blick gerät. Eine Kooperation mit ebendiesen, wie beispielsweise bei Bibliothekskatalogen seit Jahrzehnten üblich, war daher lange Zeit nicht denkbar. Mit zunehmender Zahl der Gelehrtenverzeichnisse sollte jetzt aber auch die Zusammenarbeit auf der Agenda stehen. Zum einen, um hierdurch unnötige Doppelerfassungen zu vermeiden. Denn es ist schlichtweg »ein Gebot der ökonomischen Vernunft, dass die Informationen an einer Stelle gesammelt und allen Interessierten zur Verfügung gestellt werden.«[33] Zum anderen, um die bestehende Chance, über eine gemeinsame Standardisierung der Einträge (wie sie ebenfalls auf der Ebene der Bibliotheksverbünde seit Jahrzehnten an der Tagesordung ist), den Wert der Professorenkataloge als Instrument für die historische Forschung zu stärken und einige der beschriebenen Hürden zu nivellieren.

Normdatenkataloge als Chance

Ein potentieller Ausgangspunkt kann dabei die konsequente Nutzung von Normdatenkatalogen sein. Da Professoren und Professorinnen in der Regel auch als Autoren und Autorinnen auftreten, empfiehlt sich für Personennormdaten die *Gemeinsame Normdatei* (GND) der Deutschen Nationalbibliothek, die auf bibliothekarischer Ebene in den deutschsprachigen Ländern als Standard bereits etabliert ist und viele der zu erfassenden Personen schon verzeichnet. Darüber hinaus lassen sich mit der GND auch Körperschaften, Geographika

32 Margrit Prussat, Vernetzte Biographien. Die Medizinische Fakultät im Bamberger Professorinnen- und Professorenkatalog, in: Eine Wissenschaft im Umbruch. Andreas Röschlaub (1768–1835) und die deutsche Medizin um 1800, hg. von Mark Häberlein und Margrit Prussat, Bamberg 2018, S. 237–259, hier S. 239.

33 Heil, Prosopographie, S. 215.

und Schlagworte zweifelsfrei identifizieren, sodass hierin ein mehrere Sparten umfassender Katalog vorliegt, der zusätzlich einer Qualitätskontrolle durch geschulte Erfassende unterliegt. Durch die somit erfolgte Vergabe persistenter Identifikatoren ist es möglich, Datensätze verschiedener Professorenkataloge zu einer Person miteinander zu verknüpfen und somit in ein Referenznetz einzubetten. Dies trifft dabei nicht nur auf Professorenkataloge zu, sondern gilt für alle Projekte, die eine Referenzierung mithilfe der GND durchführen. So kann automatisiert auf Wikipediaartikel, Bibliothekskataloge und andere Online-Ressourcen verwiesen werden. Da sich die GND innerhalb der digitalen Geisteswissenschaften zunehmend als Standard etabliert, ist mit vielen weiteren Projekten mit GND-referenzierten Daten innerhalb der nächsten Jahre zu rechnen.

Zusätzlich oder alternativ zur GND sind ferner Verknüpfungen mit weiteren Normdatenkatalogen denkbar, die je nach Datentyp variieren und teilweise durch Spezialisierung besonders geeignet für die Abdeckung eines bestimmten Aspekts sind. So können mit Wikidata, ähnlich umfassend wie innerhalb der GND, verschiedenste Datentypen referenziert werden. Der Vorteil hierbei besteht in den geringen Hürden zur Bearbeitung der Daten, da dort jeder teilnehmen kann. Nicht zuletzt stehen die dort aggregierten Verweise in der Public Domain und können somit unproblematisch weiterverwendet werden.[34]

Im Bereich der Personendaten und Körperschaften wäre eine zusätzliche Referenzierung durch die *Virtual International Authority File* (VIAF) denkbar.[35] Da diese die Normdatensätze verschiedener Nationalbibliotheken sammelt und unter einer gemeinsamen ID zugänglich macht, ist sie vor allem für Personen und Institutionen nutzbringend, deren Wirkungsort in mehr als einem Land liegt. Da es sich um einen Metakatalog handelt, ist die Ergänzung einzelner Datensätze nur über die Mitwirkung innerhalb eines teilnehmenden Normdatenkatalogs und nicht direkt beim VIAF-Projekt möglich. Zusätzlich wird für Personen häufig eine Referenzierung mit der *Open Researcher and Contributor ID* (ORCID) diskutiert.[36] Da dieser Katalog jedoch vor allem zeitgenössische Autoren und Autorinnen verzeichnet und auf die persönliche Datensatzpflege durch die betroffenen Personen setzt, ist ORCID für die historische Perspektive der Professorenkataloge ungeeignet. Nachdem bereits ein Import von Titeln aus der GND nach ORCID umgesetzt wurde, ist im Rahmen des weiteren Projektverlaufs auch eine Anreicherung der korrespondierenden GND-Datensätze geplant, sodass ORCID möglicherweise über Umwege seinen Nutzen für bereits existierende Gelehrtenverzeichnisse offenbart.[37]

34 Vgl. https://www.wikidata.org/wiki/Wikidata:Introduction/de (12.7.2019).
35 Vgl. https://viaf.org/ (12.7.2019).
36 Vgl. https://orcid.org/about (12.7.2019).
37 Vgl. https://www.orcid-de.org/projekt-2/ (12.7.2019).

Für die eindeutige Identifizierung von Geographika eröffnet das Projekt *Geo names* interessante Möglichkeiten.[38] Denn dort werden weltweit Mittelpunktkoordinaten von Orten gesammelt und unter Verwendung einer Creative Commons-Lizenz veröffentlicht, sodass die Geographika durch Koordinatenreferenzierung eindeutig identifiziert werden können.[39] Diese Daten wurden schon seit 2014 gezielt in die GND eingespielt, um die dort vorhandenen Geographika-Datensätze anzureichern.[40] Im Bereich der historischen Körperschaften ist diese Anreicherung bislang jedoch nur unzureichend erfolgt. Durch die konsequente Nutzung implementierter Geokoordinaten in Gelehrtenverzeichnissen ergeben sich ganz neue Untersuchungsmöglichkeiten. Das KGV ermöglicht dank Georeferenzierung der Ortsangaben eine Visualisierung des Lebensweges einer Person auf einer Karte. Keiner der online verfügbaren Kataloge aber liefert bislang die Möglichkeit, Visualisierungsszenarien selbst zu definieren und diese mit verschiedenen politischen Karten zu hinterlegen. Da die meisten Professorenkataloge und Gelehrtenverzeichnisse zu den verwendeten Geographika die GND als Referenz angeben, wäre eine hierüber generierbare Darstellung auf anpassbarem historischen Kartenmaterial nicht nur ein großer Komfortgewinn, sondern würde durch die so gegebene Eindeutigkeit auch die Eliminierung einer gängigen Fehlerquelle bedeuten.

Nicht zuletzt verwendet die GND ein festgesetztes Schlagwortverzeichnis, welches bisher vor allem in der bibliothekarischen Sacherschließung Anwendung findet. Hierdurch ließen sich aber auch gängige Begriffe und Konzepte normieren, um so die standardisierte Erfassung von Tätigkeiten und Ereignissen innerhalb der verschiedenen Professorenkataloge voranzutreiben. Ein besonderes Feld sind in diesem Rahmen die von den Professoren und Professorinnen ausgeübten Berufe, da es hier aufgrund zahlreicher Synonyme häufig zu Unschärfen und Missverständnissen kommt. Als Alternativprojekt zur GND, um die Normierung und eindeutige Identifikation von Berufsbezeichnungen voranzutreiben, bietet sich zukünftig die *Ontologie historischer, deutschsprachiger Berufs- und Amtsbezeichnungen* an, die ihrerseits auf Normierungen aufbaut, welche auch durch die Bundesagentur für Arbeit genutzt werden.[41] So könnten biographische Ereignisse abseits des wissenschaftlichen Kerndatensets (bei-

38 Vgl. http://www.geonames.org/ (12.7.2019).

39 Vgl. https://creativecommons.org/licenses/?lang=de (12.7.2019).

40 Vgl. Esther Scheven, Geokoordinaten in Bibliotheksdaten. Grundlage für innovative Nachnutzung, in: O-Bib. Das Offene Bibliotheksjournal 2 (2015), H. 1, S. 35–46, hier S. 44, abrufbar unter: https://doi.org/10.5282/o-bib/2015H1S35-46 (12.7.2019).

41 Hierbei handelt es sich um ein Projekt an der Universität Halle, welches sich zum Ziel gesetzt hat, die modern angewandte »Klassifikation der Berufe« (KldB) auch in historischer Perspektive zu erweitern. Siehe hierzu https://www.geschichte.uni-halle.de/struktur/hist-data/ontologie/ (12.7.2019).

spielsweise geistliche Tätigkeiten) besser verglichen werden. Da eine solche Normierung der Berufe innerhalb der GND noch nicht erfolgt, scheint es angebracht, auch die im Rahmen des Ontologieprojekts gewonnenen Erkenntnisse zu historischen Berufen in die GND zu implementieren und zusätzlich eine Referenzierung moderner Berufe nach der »Klassifikation der Berufe« einzuführen. So wäre der weiteren Entwicklung der GND zu einem allumfassenden Normdatenkatalog weiter Vorschub geleistet.

Es soll aber nicht verschwiegen werden, dass die Forderung nach einer konsequenten Verwendung und Anreicherung der GND aktuell noch Probleme aufwirft, die vor allem in der fehlenden Partizipationsmöglichkeit für Nicht-Bibliothekare und Nicht-Bibliothekarinnen begründet liegen. Denn häufig ist es den Erfassenden der Datensätze eines Professorenkatalogs aufgrund fehlender Schreibrechte in der GND nicht möglich, unvollständige oder noch nicht erfasste Datensätze zu Personen, Körperschaften und Geographika zu ergänzen oder zu annotieren. Die nicht flächendeckende Georeferenzierung von geographischen Einträgen erschwert zusätzlich die Kartenvisualisierung von Forschungsergebnissen, da hierfür im Zweifel weitere historisch orientierte Referenzkataloge herangezogen werden müssen. Durch die Initiative verschiedener Kulturinstitutionen, die sich zum Ziel gesetzt haben, den Zugang zur Gemeinsamen Normdatei zu öffnen, wird das gemeinsam Projekt *GND4C – GND für Kulturdaten* hier hoffentlich bald Abhilfe schaffen.[42] In Zukunft sollte es Teil jedes prosopographisch orientierten Projektes der digitalen Geisteswissenschaften sein, nicht nur die GND zu nutzen, sondern auch die verwendeten GND-Datensätze mit den durch das Projekt gewonnenen Daten anzureichern und zu ergänzen.

Zielführend wäre es sicherlich, aufgrund der bereits innerhalb der Projekte gesammelten Erfahrungen, einen gemeinsamen Katalog anzustreben, in welchem die bisher aggregierten Biographien vereint würden. Es ergäben sich so nicht nur zahlreiche Synergieeffekte bei der Erfassung der einzelnen Professorenbiographien, sondern auch Möglichkeiten, sich auf gemeinsame Standards zu verständigen und somit den Quellenwert für Historiker und Historikerinnen zu erhöhen. Die dezentral erfassten Datensätze ließen sich im Rahmen eines Match-and-Merge-Verfahrens, wie es auch bei der GND und dem *Archivportal-D* erprobt wurde, zu einem Gesamtbestand zusammenführen.[43] Ein solches Projekt würde bereits als *Work in progress* über einen erheblichen Datenbestand verfügen und neue Auswertungsmöglichkeiten bereitstellen. Da Professorenkataloge aber auch wichtige Instrumente der universitären Öffentlichkeitsarbeit und

42 Siehe die URL: https://wiki.dnb.de/pages/viewpage.action?pageId=134055796 (12.7.2019).

43 Daniel Fähle und Nadine Seidu, Mit »Match & Merge« zur GND? Erprobung von Anreicherungsverfahren im Archivportal-D-Projekt, in: Der Archivar 70 (2017), H. 2, S. 196–198.

Identitätsstiftung sind, hätten bereits vorhandene Kataloge weiterhin Bestand und blieben als Schaufenster für ihre eigene Universität erhalten. Möglicherweise ließen sich aus dem dann wachsenden deutschen Gesamtbestand sogar weitere Kataloge für einzelne Hochschulen bilden. Nach dem Vorbild des *Repertorium Academicum Germanium* sollte es das Ziel eines solchen Projektes sein, die gesamte deutsche Professorenschaft zu verzeichnen und zumindest im Stil von *Kürschners Gelehrtenkalender* mit grundlegenden biographischen Daten vorzustellen sowie durch eine konsequente Nutzung von Normdaten weitere Ansätze zur Forschung zu bieten. Ein solcher gemeinsamer Katalog wäre auch für das Projekt GND4C ein nützlicher Kooperationspartner, da hier eine Vielzahl von Referenzierungen anfallen und eine Bearbeitung von Normdatensätzen unumgänglich ist, sodass auch die Erfahrungen und Anforderungen der digitalen Geisteswissenschaften in das Projekt einfließen könnten.

Nicht zuletzt ließe sich ein Quellenrepositorium oder eine Fachbibliographie implementieren, die als fachlich kuratierter zentraler Anlaufpunkt für Universitätsgeschichte dienen könnnte. Ein solches Vorhaben wäre von der Bedeutung für die historische Forschung sicherlich gleichbedeutend mit Großwerken wie der *Allgemeinen Deutschen Biographie* oder dem von Theodor Mommsen konzipierten *Corpus Inscriptionum Latinarum* und würde die Bedeutung biographischer Nachschlagewerke für die historische Forschung einmal mehr eindrücklich unter Beweis stellen.

Martin Göllnitz

Topographie der Gewalt: Perspektiven einer hochschulraumbezogenen Gewaltgeschichte am Beispiel der Universität Mainz

Abstract

With reference to the University of Mainz, this article addresses specific, university-related spaces of violence, without focusing on the common narratives of »Academic fencing«, »National Socialism« or »1968«. Rather, every-day, political, and social phenomena of violence that occurred at Mainz University between 1945 and 2009 are examined using well-founded methods and approaches of modern research on violence. Applied analytical design understands violence as a networked social practice that is based on communication and space that creates orders and systems of meaning, that is integrated into a university internal as well as a university public setting, and that makes use of diverse academic communication networks.

Obwohl Universität und Gewalt eng miteinander verknüpft sind, ist dieser Zusammenhang aus zeithistorischer Perspektive bisher nur äußerst zaghaft und oft sehr abstrakt thematisiert worden. Die wenigen vorhandenen Studien, die das Verhältnis von Universität und Gewalt im 20. und 21. Jahrhundert kritisch hinterfragen, konzentrieren sich dabei überwiegend auf die Etablierungsphase des nationalsozialistischen Regimes 1933 oder auf die Protestbewegung der 68er.[1] Anhand der beiden historischen Ereignisse wird aber vornehmlich eine

1 Vgl. exemplarisch zur NS-Zeit Michael Behrendt, Hans Nawiasky und die Münchner Studentenkrawalle von 1931, in: Die Universität München im Dritten Reich. Aufsätze, Bd. 1, hg. von Elisabeth Kraus, München 2006, S. 15–42; Anselm Faust, Der Nationalsozialistische Studentenbund. Studenten und Nationalsozialismus in der Weimarer Republik, Bd. 2, Düsseldorf 1973, S. 55f., 74f.; Helmut Heiber, Universität unterm Hakenkreuz, Teil 1: Der Professor im Dritten Reich. Bilder aus der akademischen Provinz, München 1991, S. 52–57; Dorothee Mussgnug, Die Universität Heidelberg zu Beginn der nationalsozialistischen Herrschaft, in: Semper Apertus. Sechshundert Jahre Ruprecht-Karls-Universität Heidelberg 1386–1986, Bd. 3: Das zwanzigste Jahrhundert 1918–1985, hg. von Wilhelm Doerr, Berlin 1985, S. 464–503, hier S. 465f. Zum studentischen Linksterrorismus vgl. u. a. Wolfgang Kraushaar, Die Tupamaros West-Berlin, in: Die RAF und der linke Terrorismus, Bd. 1, hg. von dems., Hamburg 2006, S. 512–530; Karin König, Zwei Ikonen des bewaffneten Kampfes. Leben und Tod Georg von Rauchs und Thomas Weisbeckers, in: Die RAF und der linke Terrorismus, Bd. 1, hg. von Wolfgang Kraushaar, Hamburg 2006, S. 430–471; Michael Sturm, Tupamaros München. »Bewaffneter Kampf«, Subkultur und Polizei 1969–1971, in: Terroris-

subkulturell konnotierte Gewalt fassbar, die gegen politische Gegner gerichtet war (etwa gegen Einzelpersonen, Gruppen, den Staat) oder die in einem Prozess der Kommunikation als politisch bezeichnet wurde[2] und die fast ausnahmslos vonseiten der Studierenden ausging. In den meisten dieser Arbeiten bildet die Universität eher die Bühne oder den Hintergrund für Gewalt; im Fokus stehen die einzelnen Akteure – diejenigen, die Gewalt ausüben, und jene, die zum Opfer der Gewalt werden. Die Institution Universität als Raum der Gewalt findet als ein weiterer, eigenständiger analytischer Blickpunkt bislang kaum Resonanz. Mit Blick auf die Moderne lässt sich daher noch immer die deutliche Randständigkeit einer gewaltorientierten Forschung im Bereich der Universitätsgeschichte konstatieren.[3] Erfreulicherweise gerät jedoch allmählich Bewegung in die Forschung, wobei vor allem Studien zum studentischen Fechtwesen und zur Beteiligung von Studierenden in den europäischen Nachkriegskrisen zwischen 1918 und 1923 sowohl thematische Anregungen als auch analytische Werkzeuge für vielfältige Fragestellungen zur modernen universitären Gewaltgeschichte offerieren.[4]

---

mus in der Bundesrepublik. Medien, Staat und Subkulturen in den 1970er Jahren, hg. von Klaus Weinhauer, Jörg Requate und Heinz-Gerhard Haupt, Frankfurt a.M. 2006, S. 99–133.

2 Dirk Schumann, Gewalt als Grenzüberschreitung. Überlegungen zur Sozialgeschichte der Gewalt im 19. und 20. Jahrhundert, in: Archiv für Sozialgeschichte 37 (1997), S. 366–386, hier S. 372f. Siehe dazu auch Donatella della Porta, Research on Social Movements and Political Violence, in: Qualitative Sociology 31 (2008), S. 221–230.

3 Vgl. dazu mit Fokus auf studentische Gewalt Oliver Auge und Martin Göllnitz (Hg.), Radikale Überzeugungstäter? Studentische Gewalt im 19. und 20. Jahrhundert, in: Jahrbuch für Universitätsgeschichte 21 (2018); Pieter Dhondt und Elizabethanne Boran (Hg.), Student Revolt, City, and Society in Europe. From the Middle Ages to the Present (Routledge Studies in Cultural History 52), New York 2018; Christian Saehrendt, Studentischer Extremismus und politische Gewalt an der Berliner Universität 1918–1933, in: Jahrbuch für Universitätsgeschichte 9 (2006), S. 213–233; Lieve Gevers und Louis Vos, Student Movements, in: A History of the University in Europe, Bd. 3: Universities in the Nineteenth and Early Twentieth Centuries (1800–1945), hg. von Walter Rüegg, Cambridge 2004, S. 269–361.

4 Besonders das Duell- und Mensurwesen hat die Forschung kontinuierlich beschäftigt und ist damit gleichsam zu einer Art Symbol für die gewalttätige Kultur des deutschen Studentenwesens im 18. und 19. Jahrhundert geworden. Siehe u.a. Barbara Krug-Richter, »Ein stund ernennen unnd im ein schlacht lieffern.« Anmerkungen zum Duell in der studentischen Kultur, in: Das Duell. Ehrenkämpfe vom Mittelalter bis zur Moderne (Konflikte und Kultur – Historische Perspektiven 23), hg. von Ulrike Ludwig, Barbara Krug-Richter und Gerd Schwerhoff, Konstanz 2012, S. 275–288; Lisa Fetheringill Zwicker, Dueling Students. Conflict, Masculinity, and Politics in German Universities 1890–1914, Ann Arbor 2011; Ute Frevert, Ehrenmänner. Das Duell in der bürgerlichen Gesellschaft, München 1991. Neuere Studien wenden in diesem Zusammenhang vermehrt Ansätze der Männlichkeitsforschung an oder nehmen randständige Phänomene wie jüdische Studentenverbindungen in den Blick: Siehe u.a. Sonja Levsen, Elite, Männlichkeit und Krieg. Tübinger und Cambridger Studenten 1900–1929, Göttingen 2006; Paul Deslandes, Oxbridge men. British Masculinity and the Undergraduate Experience 1850–1920, Bloomington 2005; Keith H. Pickus, Constructing Modern Identities. Jewish University Students in Germany 1815–1914, Detroit 1999. Zur

Allerdings hat nicht nur die Universitätsgeschichtsforschung Schwierigkeiten mit der Integration von Gewalt – nach wie vor gelten die Hochschulen im Allgemeinen als sichere Freistätten der friedlichen Gelehrsamkeit. Auch die Gewaltforschung hat sich bislang kaum mit einem spezifisch universitären Profil von Gewalt befasst.[5] Dafür sind im Wesentlichen drei Faktoren verantwortlich: Zum einen fehlt es in definitorischer Hinsicht an einer gewaltbezogenen Komponente von Universität. Zum anderen fällt es der Forschung zur Universitäts- und Wissenschaftsgeschichte schwer, Gewalt als einen Bestandteil des universitären Alltags zu analysieren, denn Gewalt wird zumeist als etwas charakterisiert, das einem Ausnahmezustand an den Hochschulen gleicht. Und drittens wird Gewalt in der Regel als anthropologische Konstante betrachtet. Tatsächlich muss Gewalt aber als kulturell und sozial wandelbares Phänomen verstanden werden, da die Perspektive von Gewalt als ausschließlich strukturelles Phänomen den Blick auf neue Erkenntnisse – auch im Hinblick auf bereits gut untersuchte Ereignisse wie die NS-Zeit und die 68er-Bewegung – verstellt.

Der vorliegende Forschungsaufriss zur Gewalt an Hochschulen soll am Beispiel der Johannes Gutenberg-Universität Mainz (JGU) dazu beitragen, auf diese thematische Forschungslücke aufmerksam zu machen, und darüber hinaus skizzieren, wie Universitätsgeschichte und Gewaltforschung produktiv aufeinander bezogen werden können. Im Fokus steht dabei nicht die Frage, warum Gewalt ausbricht; es geht vielmehr darum, konkrete Gewaltpraktiken aufzuzeigen. Mit Heinrich Popitz und Randall Collins wird ferner davon ausgegangen, dass grundsätzlich alle Menschen das Potenzial zum gewaltsamen Agieren besitzen und dass Gewalt immer auch Ordnung stiften beziehungsweise ausdrücken kann und mit kulturellen Deutungen und Imaginationen verbunden ist – sie ist somit zielgerichtet und situationsspezifisch codiert.[6] Diesem Verständnis nach handelt es sich bei Gewalt stets um einen Kommunikationsakt, der wiederum Anschlusskommunikationen mit verschiedenen Akteuren evozieren

---

akademischen Gewalt in der europäischen Nachkriegszeit ab 1918 vgl. Martin Göllnitz und Matteo Millan (Hg.), Studentische Gewalt/Violenza studentesca (1914–1945), in: Storia e regione 27 (2019), H. 1; Martin Göllnitz, Völkische Opposition und politische Gewalt an den Hochschulen 1930/31: Die Angriffe auf Otto Baumgarten und Walther Schücking, in: Zeitschrift für Geschichtswissenschaft 67 (2019), H. 1, S. 27–42; Florian J. Schreiner, Von Langemarck zum Annaberg. Das Verhältnis akademischer und militärischer Akteure in der Nachkriegszeit 1918–1921, in: Jahrbuch des Bundesinstituts für Kultur und Geschichte der Deutschen im östlichen Europa 25 (2017), S. 299–334.

5 Siehe exemplarisch Gabriele Metzler, Das Jahrhundert der Gewalt und ihrer Einhegung, in: Das 20. Jahrhundert vermessen. Signaturen eines vergangenen Zeitalters (Geschichte der Gegenwart 13), hg. von Martin Sabrow und Peter Ulrich Weiß, Göttingen 2017, S. 21–39; Randall Collins, Violence. A Micro-Sociological Theory, Princeton 2008.

6 Vgl. dazu Heinrich Popitz, Phänomene der Macht, Tübingen ²1992, S. 50; Randall Collins, Entering and Leaving the Tunnel of Violence: Microsociological Dynamics of Emotional Entrainment in Violent Interactions, in: Current Sociology 61 (2012), S. 132–151.

kann. Oder anders gesagt: Gewalt ist eine vernetzende respektive vernetzte soziale Praxis, die kommunikations- und raumbasiert ist, die Ordnungen und Sinnsysteme stiftet, die in ein hochschulinternes wie auch hochschulöffentliches Setting eingebunden ist und die sich zudem vielfältiger akademischer Kommunikationsnetzwerke bedient.[7]

Um dieses analytische Design umzusetzen, ist der Blick auf eine moderne, in die Urbanität des 20. Jahrhunderts eingebettete Hochschule wie die JGU in Mainz notwendig. Dies gestattet einerseits eine präzise Analyse lokaler Gewaltpraktiken; andererseits ermöglicht ein solcher Zugriff transnationale und translokale Vergleichs- und Verflechtungsperspektiven. Die folgenden fünf Fallbeispiele sollen dabei helfen, die urbane Gewalt im universitären Raum zu systematisieren, und zugleich deutlich machen, dass Hochschulen wie die JGU immer auch ein Spiegelbild ihrer jeweiligen Gesellschaft darstellen. Dazu wurden fünf verschiedene Spielarten von Gewalt ausgewählt, die freilich nicht in jedem Fall generalisierbar sind, sondern oft genug auch extreme Einzelschicksale abbilden. Auf diese Weise wird ein möglichst breites Spektrum an physischer Gewalt abgedeckt, wobei neben politischen und religiösen Beispielen ebenso Vorfälle kriminellen, affektiven und studentischen Ursprungs thematisiert werden. Der Verfasser hofft, so den Grundstein für ein facettenreiches Forschungsfeld zu legen, das vielversprechende Entwicklungsmöglichkeiten besitzt, die hier nur an ausgewählten Beispielen konzeptuell angerissen, aber nicht empirisch umfassend eingelöst werden können.

Gewalt als Kriminalfall: der Tod der Universitätsinspektoren

Obgleich oben dargelegt wurde, dass Gewaltpraktiken im Hochschulraum oder die Ausübung von Gewalt gegenüber Hochschulangehörigen nicht per se Ausnahmesituationen darstellen, bedeutet dies keineswegs, dass nicht auch singuläre Vorfälle, die sich einer Generalisierung weitgehend entziehen, ein gewisses Erkenntnispotenzial bergen. Ein solches Beispiel liefert der ungeklärte Mord an zwei Universitätsinspektoren im Jahr 1950, die an der JGU beziehungsweise am Auslands- und Dolmetscherinstitut Germersheim, das der Mainzer Universität unterstellt war, für den Bereich der Hochschulkasse verantwortlich waren. Seinen Ausgang nahm das Verbrechen vermutlich am 13. November des Jahres in Germersheim, als der »gewissenhafte und zuverlässige« Hochschulkassierer

7 Vgl. dazu Klaus Weinhauer und Dagmar Ellerbrock, Perspektiven auf Gewalt in europäischen Städten seit dem 19. Jahrhundert, in: Informationen zur modernen Stadtgeschichte (2013), H. 2, S. 5–20, hier S. 11.

Max Prager nicht zur Arbeit erschien.[8] Nachdem auch am Folgetag jede Spur des vermissten Beamten fehlte, nahm die Kriminalpolizei Mainz erste Ermittlungen auf. An diesem Tag ereignete sich auch der zweite Vorfall: Auf dem Heimweg ins hessische Kiedrich, seinem Wohnort, verschwand der 41-jährige Max Klambt, Inspektor der Mainzer Hochschulkassenverwaltung, der im Laufe des Tages vom Verschwinden seines Germersheimer Kollegen erfahren hatte. Schnell verbreitete sich im hochschulinternen Raum das Gerücht, Klambt habe sich nach dem Erhalt einer fünfstelligen Summe, die für die Universitätskasse bestimmt gewesen war, aus dem Staub gemacht. Auftrieb erhielten derlei Vermutungen vor allem durch das Verhalten von Klambts Ehefrau, die am 15. November bei der Universität die Meldung machte, ihr Mann sei nicht verschwunden, sondern leide lediglich an »erheblichen Ohrenschmerzen« und werde bald wieder zur Arbeit erscheinen.[9] Diese Aussage stand jedoch in erheblichem Kontrast zur Mitteilung des Kiedricher Bürgermeisteramtes, das gegenüber der Universität zu berichten wusste, dass der Vermisste am 14. November nicht in seine Wohnung zurückgekehrt war. Eine zeitnah angeordnete, außerordentliche Kassenprüfung blieb jedoch ohne Ergebnis und dem verschwundenen Universitätsinspektor konnte keine Veruntreuung nachgewiesen werden.

Das Verschwinden der beiden Universitätsinspektoren entwickelte sich im Folgenden immer mehr zu einem brisanten Kriminalfall, in dem rheinland-pfälzische und hessische Kriminalisten gemeinsam mit der Staatsanwaltschaft Mainz ermittelten. Die polizeilichen Nachforschungen führten zwar zu ersten wichtigen Erkenntnissen – wie der Tatsache, dass sich die beiden Vermissten kurz zuvor jeweils 400 DM geliehen hatten –, brachten jedoch nicht den erwünschten Durchbruch. Monatelang bewegten sich die Ermittlungen weitgehend im Nebulösen, da von Prager und Klambt jede Spur fehlte. Umso enttäuschender war es für die Beamten der Mainzer und Wiesbadener Kriminalpolizei, als im April 1951 die Leichen der beiden Vermissten aus dem Rhein geborgen werden konnten. Nachdem zuerst der Leichnam von Max Prager ans Flussufer gespült worden war, entdeckte wenig später ein Angler aus Ingelheim auch den leblosen Körper Klambts.[10]

8 Helmut Rödler, Geheimnis der Hochschulkassierer, in: Allgemeine Zeitung, 4.1.1954, S. 4. Siehe dort auch zum Folgenden. Vgl. dazu auch Universitätsarchiv Mainz (UAM), Bestand 65, Nr. 10, Außerordentliche Kassenprüfung beim Auslands- und Dolmetscherinstitut Germersheim.

9 Dazu und zum Folgenden vgl. UAM, Bestand 64, Nr. 1102, Schreiben der Universitätskasse Mainz an den Kurator, 20.11.1950. Dort findet sich auch das Zitat.

10 Rödler, Geheimnis der Hochschulkassierer, S. 4.

Doch anstatt die Ermittler in ihren Nachforschungen voranzubringen, warfen die gefundenen Leichen weitaus mehr Fragen auf als sie beantworteten.[11] So waren die beiden Toten auf fast identische Weise gefesselt worden, bevor sie im Rhein entsorgt wurden. Der oder die Täter hatten die Körper getrennt voneinander vollständig in Zeltplane gehüllt und anschließend mit Draht umwickelt – lediglich die verwendeten Gegenstände, mithilfe derer die Leichen auf dem Grund des Rheins versenkt werden sollten, unterschieden sich: Während am Körper des toten Max Prager ein großer Stein befestigt worden war, fanden die Kriminalisten an der Leiche Klambts einen schweren Hammer. Neben der »geradezu sadistischen Fesselung« wiesen die Leichen zahlreiche Misshandlungen auf, wie eine regionale Zeitung vermerkte, ohne diese zu präzisieren.[12] Darüber hinaus entdeckten die zuständigen Kriminalbeamten in den Taschen Klambts noch eine Fahrkarte nach Kiedrich, die auf den 14. November 1950 datiert war.[13]

Trotz der wenigen Hinweise, die mit hoher Wahrscheinlichkeit auf einen Gewaltakt schließen lassen, ermittelten die Polizisten weiterhin in alle Richtungen – auch ein Selbstmord wurde von einigen Kriminalisten nicht vollständig ausgeschlossen. Weitere Zeugenbefragungen, Finanzprüfungen und Zeitungsaufrufe führten allerdings nicht zu dem gewünschten Erfolg, sodass im September 1952 das Verfahren als ergebnislos eingestellt wurde. Unklar blieb zudem, ob »zwischen den beiden Todesfällen ein Zusammenhang« bestand oder nicht.[14] In der Rückschau drängt sich jedoch der Eindruck auf, dass, so formulierte schon der Journalist Helmut Rödler im Jahr 1954, »das Schicksal beider Männer auf das engste miteinander verkoppelt war«.[15] Neben ihrer Anstellung als Universitätsinspektoren im rheinland-pfälzischen Hochschulwesen deuten weitere Faktoren auf diese Verbindung hin: Sie nahmen getrennt voneinander kurz vor ihrem Verschwinden jeweils ein Darlehen von 400 DM auf, ihre Spur verliert sich an zwei aufeinanderfolgenden Tagen im November des Jahres 1950 und ihre Leichen wurden kurz nacheinander – ein halbes Jahr später und auf fast identische Weise gefesselt – im Rhein gefunden.

So auffällig diese Besonderheiten rund um die beiden toten Universitätsinspektoren auch sind, so problematisch sind sie zugleich für die Gewaltforschung. Derart herausgehobene Gewalttaten, zumal wenn sie nicht kriminalistisch aufgeklärt worden sind, eignen sich kaum für eine vergleichende universitäre Perspektive und stellen überdies eher singuläre Einzelfälle als generalisierbare Fallbeispiele dar, wie auch das nachfolgende Beispiel eines gefühlsbetonten

11 Vgl. zum Folgenden o. V., Zwei Mainzer Universitätsbeamte, in: Pfälzer Abendzeitung, 24. 1. 1952.
12 UAM, Bestand 64, Nr. 1102, Zeitungartikel »Konnte Klambt gefesselt Selbstmord begehen?«.
13 O. V., Ein Verbrechen?, in: Allgemeine Zeitung, 30. 4. 1951.
14 O. V., Die Akten zum Fall Klambt geschlossen, in: Allgemeine Zeitung, 18. 9. 1952.
15 Rödler, Geheimnis der Hochschulkassierer, S. 4.

Mordes in der Mainzer Universitätsklinik noch einmal eindrücklich belegt. Mit Blick auf die theoretische Prämisse, dass Gewalt immer auch Ordnung stiftet sowie mit kulturellen Deutungen und Imaginationen verbunden ist, lässt sich an diesem Kriminalfall aufzeigen, dass eine moderne, auf den Hochschulraum bezogene Gewaltforschung verstärkt multiperspektivisch ausgerichtet sein muss, um zu stichhaltigen, zumindest aber vergleichbaren wissenschaftlichen Erkenntnissen zu gelangen. Dagegen verstellt eine einseitige Sichtweise, die aufgrund methodischer Erwägungen oder veranlasst durch einen unzureichenden Quellenbestand nur eine Gewaltperspektive (die der Täter oder die der Opfer) widerspiegelt, den Blick auf den kommunikativen Akt von Gewalt. Unstrittig dürfte anhand des gewählten Fallbeispiels jedoch sein, dass auch ganz individuelle und schwer zu generalisierende Gewaltpraktiken Eingang in den Hochschulraum finden können und Universitäten somit keine von der Gesellschaft hermetisch abgeriegelten Institutionen bilden.

Gewalt im Affekt: Mord in der Universitätsklinik

Wie Randall Collins in seiner mikrosoziologischen Studie eindrücklich belegt, kann Gewalt leidenschaftlich und wütend, aber auch gefühllos und unpersönlich sein. Im Rahmen einer gewalttätigen Handlung verflechten sich oftmals Gefühle wie Angst, Zorn und Aufregung auf eine Weise, die der konventionellen Moral normaler Situationen zuwiderläuft.[16] Ein zweiter, nur schwer zu verallgemeinernder Akt von Gewalt aus dem Jahr 1970 veranschaulicht dies beispielhaft: Am 29. Juli des Jahres wurde der stellvertretende Chefarzt der Mainzer Universitätsnervenklinik und außerplanmäßige Professor Nikolaus Petrilowitsch von seinem ehemaligen Patienten, dem damals 33 Jahre alten Chemiearbeiter Hans Winter, in den Räumlichkeiten des Klinikgebäudes erschossen.[17] Winter war ab Herbst 1969 für mehrere Monate in der Universitätsklinik stationär behandelt worden und fiel bei nachfolgenden ambulanten Behandlungen bereits unangenehm als Randalierer auf.[18] Als zuständiger Arzt fungierte in dieser Zeit Petrilowitsch, zu dessen Forschungsfeldern Zwangsneurosen, Depressionen sowie Neid- und Gewalttätigkeitskomplexe gehörten.[19] Dieser hatte seinen Patienten allerdings schon im Mai 1970 in die Ambulanz der Sozialpsychiatrischen Klinik

16 Collins, Violence, S. 1–5.

17 UAM, Bestand 55, Nr. 21, Aktenvermerk zum Sterbefall Petrilowitsch, 18.7.1972.

18 UAM, Bestand 110, Nr. 29, Schreiben der Neuro-Psychiatrischen Klinik an den Rektor der JGU, 5.8.1970; Nicole Güth, Patient erschoß Nervenarzt, in: Allgemeine Zeitung, 30.7.1970.

19 UAM, Bestand 110, Nr. 29, Beruflicher Werdegang von Petrilowitsch, undatiert. Vgl. Nikolaus Petrilowitsch, Charakterstudien, Basel 1969; Ders. und Rudolf Bilz (Hg.), Beiträge zur Verhaltensforschung, Basel 1971.

in Mannheim, dem Wohnort Winters, überwiesen. Winter, der sich einer bestimmten Mainzer »Ärztin attachiert fühlte«, reagierte auf diese ärztliche Entscheidung laut einem aktenkundigen Vermerk mit »Hass und Enttäuschung«.[20]

Um den tatsächlichen Ablauf eines Gewaltprozesses zu erfassen, bedarf es der direkten Beobachtung gewaltsamer Interaktion, soweit diese freilich möglich ist. Eine Rekonstruktion des Tathergangs liest sich etwa folgendermaßen: Gegen 8.50 Uhr am Morgen des 29. Juli begab sich der Täter in die EEG-Abteilung der Neuro-Psychiatrischen Klinik, aus der er von einem Assistenten nach kurzer Zeit verwiesen wurde.[21] Anschließend ging er zum Büro von Professor Petrilowitsch, den er allerdings nicht vorfand. Sein nächstes Ziel stellte das Chefsekretariat dar, wo er barsch nach Professor Peters, dem Leiter der Klinik, fragte. Da auch dieser nicht im Hause war, wie ihm eine Sekretärin mitteilte, setzte sich Winter wortlos in den Korridor des ersten Stocks und wartete. Auf vorbeigehende Mitarbeiter machte er »dabei einen geordneten Eindruck«. Offenbar aufgeschreckt durch mehrere Nachfragen, was er hier tue und auf wen er warte, wechselte Winter kurz darauf auf die Treppe zum Parterre, wo sich zu dieser Zeit Professor Petrilowitsch in Begleitung einer Assistentin auf einer Visite befand. Hier hörte Winter vermutlich die Stimme seines Opfers, das sich nur wenige Meter entfernt am unteren Ende der Treppe mit einer Sekretärin unterhielt. Wortlos stieg er daraufhin die Treppe herunter und zog »auf den letzten Stufen« seinen »Revolver aus einer Kollegtasche, zielte auf den Kopf [seines Widersachers] und schoss aus einer Entfernung von etwa 3 m gegen 9.15 Uhr«. Petrilowitsch »sank durch einen Kopfschuss getroffen zu Boden, erbrach im Schwall und blutete stark aus der Kopfwunde«. Während Winter mit »gemessenen Schritten die Klinik verließ«, wurde der angeschossene Arzt in den Operationssaal gebracht – dort verstarb er gegen 10.40 Uhr.

Sofort nach Bekanntwerden des Verbrechens wurde eine unter der Leitung des Bundeskriminalamtes stehende Großfahndung ausgelöst, die sich auf das gesamte Bundesgebiet erstreckte.[22] Doch bevor die Wiesbadener Kriminalisten des gesuchten Mannes habhaft werden konnten, stellte sich dieser in der Nacht zum 1. Juli 1970. Mithilfe eines Geständnisses waren die ermittelnden Beamten in der Lage, Tathergang und Motiv des Täters zu rekonstruieren: Demnach brach für

20 UAM, Bestand 55, Nr. 21, Aktenvermerk zum Sterbefall Petrilowitsch, 18.7.1972.

21 Ebd. Dort finden sich auch die nachfolgenden Zitate.

22 Vgl. dazu und zum Folgenden Nicole Güth, Zweites Gutachten in Vorbereitung: Geisteszustand des Todesschützen, in: Allgemeine Zeitung, 3.7.1971. Zur Geschichte und Zuständigkeit des Bundeskriminalamtes siehe Patrick Wagner, Ein ziemlich langer Abschied. Das Bundeskriminalamt und die konzeptionellen Traditionen der NS-Kripo, in: Das Bundeskriminalamt stellt sich seiner Geschichte, hg. vom Bundeskriminalamt, Köln 2008, S. 95–110; Imanuel Baumann u.a. (Hg.), Schatten der Vergangenheit. Das BKA und seine Gründungsgeneration in der frühen Bundesrepublik, Köln 2011.

Winter »eine Welt zusammen«, als er von seiner Überweisung nach Mannheim erfuhr; er machte sein Opfer persönlich dafür verantwortlich, dass sein Vertrauensverhältnis zu der Assistentin von Petrilowitsch auf diese Weise beendet wurde, und kompensierte diese Enttäuschung mithilfe von Hassgefühlen, die stetig zunahmen.

Der Mord an Petrilowitsch lässt erkennen, dass die emotionsgetriebene Gewaltanwendung auf einer Verkettung von Gefühlen und Begleitumständen basiert, bei der ein regelrechter Gewalttunnel entsteht. Die Emotionen des Täters fungieren dabei als Kommunikationsakt, der sich in einer geballten Gewaltanwendung entlädt. Gewiss ist der hier ausgewählte Vorfall in seiner spezifischen Konstellation singulär, doch kann kaum bestritten werden, dass Gefühle in zahlreichen, auf universitärem Boden ausgetragenen Konflikten eine wichtige Rolle spielten. Auch die physischen Gewalttaten von fanatischen NS-Studierenden gegenüber ihren akademischen Lehrern zu Beginn der 1930er Jahre oder die extremen Gräueltaten männlicher Studierender an vermeintlichen Bolschewisten oder sogenannten »Novemberverbrechern« zwischen 1919 und 1922 resultierten zu einem gewissen Teil aus einem ganzen Knäuel an Emotionen wie Ablehnung, Angst und Zorn.[23]

Gewalt als religiöse Kommunikation: »Persischer Krieg« auf akademischem Boden

Es wurde bereits einleitend bemerkt, dass Gewalt als Kommunikationsakt verstanden werden muss, der wiederum Anschlusskommunikationen mit verschiedenen Akteuren evozieren kann. Im nächsten Beispiel ist dies in besonderem Maße der Fall, da hier der universitäre Raum als Austragungsort politisch-religiöser Kommunikation zweier Staaten – der Bundesrepublik Deutschland und dem Iran – dient. Den Auslöser bildete eine »100 Mann starke iranische Khomeini-Truppe«, die im April 1982 als »Strafexpedition gegen politisch andersdenkende Landsleute nach Mainz« zog und am 24. des Monats »überfall-

23 Vgl. exemplarisch Martin Göllnitz, Der Student als Führer? Handlungsmöglichkeiten eines jungakademischen Funktionärskorps am Beispiel der Universität Kiel (1927–1945) (Kieler Historische Studien 44), Ostfildern 2018, S. 103–121; Ders., Radikalität, Unbedingtheit, Kälte. Zur Beteiligung deutscher und österreichischer Jungakademiker an politischen Gewaltakten nach dem Ersten Weltkrieg (1919–1922), in: Zeiten des Aufruhrs. Proteste, Streiks und Revolutionen gegen den Ersten Weltkrieg und dessen Auswirkungen in globalhistorischer Perspektive (Alternative | Demokratien 3), hg. von Frank Jacob und Marcel Bois, Berlin 2020 (im Druck); Martin Sabrow, Der Rathenaumord. Rekonstruktion einer Verschwörung gegen die Republik von Weimar (Schriftenreihe der Vierteljahrshefte für Zeitgeschichte 69), München 1994.

artig« das Internationale Studentenwohnheim (Inter) I stürmte.[24] Ziel war eine Gruppe in Mainz lebender und studierender Gegner des iranischen Staatsoberhauptes Ruhollah Chomeini, der als politischer und religiöser Führer der »Islamischen Revolution« von 1979 die Regierung seines Vorgängers Mohammad Reza Pahlavi gestürzt hatte.[25]

Gekleidet in grüne Parkas und bewaffnet mit »Hieb-, Stich- und Schlagwaffen« ging die paramilitärisch operierende Gruppe von Chomeini-Anhängern in »Sechserreihen« gegen ihre oppositionellen Landsleute vor – in fast allen Stockwerken des Inter I tobten wenig später schwere Kämpfe: »Wer ein bestimmtes Losungswort nicht kannte, wurde von den Angreifern sofort zusammengeschlagen«.[26] Im Anschluss verwüsteten die militanten Revolutionäre systematisch die Zimmer ihrer Opfer. Ein Polizist, der kurz nach dem Alarmruf gegen 19 Uhr im ersten Streifenwagen am Inter I eintraf, wurde augenblicklich mit Tränengas außer Gefecht gesetzt. Der zweite Polizist am Tatort, der von etwa 20 bewaffneten Schlägern umringt wurde, wusste sich daraufhin nicht anders zu helfen, als seine Dienstwaffe zu ziehen. Während die Angreifer nun die Flucht ergriffen, attackierte eine zweite Gruppe mit »einer nadelgespickten Latte« den Polizisten und verletzte diesen. Erst als Verstärkung aus Wiesbaden eintraf, gelang es den Polizeibeamten, systematisch Etage für Etage des Hochhauses zu räumen. Nach einer weiteren Konfrontation mit den Chomeini-Anhängern am Binger Schlag, wo letztere mithilfe von Steinen erneut zur Offensive übergingen, konnten die Gewalttäter endlich gestoppt und verhaftet werden. 86 Personen nahm die Polizei fest und transportierte diese in Bussen ab, wogegen die Verhafteten immensen Widerstand leisteten, indem sie sich während der Fahrt rhythmisch von einer Seite auf die andere warfen – in der Hoffnung, das Fahrzeug »aus der Spur« zu bringen.

Der rheinland-pfälzische Innenminister Kurt Böckmann erblickte in dem Angriff eine überregional gesteuerte und geplante Aktion, weshalb er die Abschiebung des Großteils der 86 inhaftierten Iraner vorbereiten ließ. Unterstützung erhielt er vom »Koordinationskomitee fortschrittlicher iranischer Studenten«, die das iranische Außenministerium und die Botschaft in Bonn für die Gewaltaktion verantwortlich machten und überdies betonten, dass es im Iran neuerdings an der Tagesordnung sei, militante »Schlägertrupps« für den Aus-

24 O. V., Im Inter I der Uni war die Hölle los, in: Allgemeine Zeitung, 30.9.1983.

25 Vgl. Vanessa Martin, Creating an Islamic State: Khomeini and the Making of a New Iran, London 2000.

26 Siehe dazu und zu den vorausgegangenen Zitaten o. V., Chomeinis Schläger-Perser, in: Hochschulpolitische Informationen, 7.5.1982; o. V., Im Inter I der Uni war die Hölle los. Siehe dort auch zum Folgenden. Weitere Zeitungsartikel finden sich in UAM, Bestand VII, Nr. I–J.

landseinsatz gegen »Konterrevolutionäre« auszubilden und zu finanzieren.[27] Mit derlei ergriffenen Maßnahmen und Anschuldigungen betrat der Konflikt nun die staatspolitische wie diplomatische Bühne, zumal die JGU eine »einseitige politische Parteinahme« ablehnte.[28] Offenbar fürchtete der Senat, dass die Vorgänge auf dem akademischen Boden der eigenen Universität eskalieren könnten. Zu mehr als einer Verurteilung des »Terroraktes«, der von den Professoren als »schwerer Mißbrauch des im Ausländergesetz §6 garantierten Rechts auf politische Betätigung« klassifiziert wurde, konnte sich der Senat der JGU nicht durchringen. Immerhin sollte den 28 verletzten Studierenden der Universität Mainz »schnell und unbürokratisch« geholfen werden.

Am Folgetag befassten sich bereits zwölf Richter und drei Staatsanwälte mit dem blutigen Zwischenfall, der fortan das tagespolitische Geschehen dominierte und an Fahrt noch zunahm: So erhielt die zuständige Justizbehörde mehrere anonyme Drohanrufe, in denen unter anderem die Freilassung der 86 Iraner gefordert und mit »Rache an der deutschen Botschaft in Teheran« gedroht wurde.[29] Die Festgenommen, die aus allen Teilen der Bundesrepublik nach Mainz angereist waren, verweigerten die Angabe der Personalien und nannten allesamt als ihren Namen »Mohammed Musliman«, wodurch sie ihre Identifizierung erheblich behinderten. Gegenüber der Deutschen Presse-Agentur bekräftigte allerdings ein Polizeisprecher, dass sich die polizeilichen Nachforschungen der ermittelnden Kriminalisten vor allem auf das Umfeld der iranischen Botschaft in Bonn konzentrieren würden, die man als Drahtzieher des Gewaltaktes verdächtigte und worauf bei den inhaftierten Iranern gefundene Unterlagen mit dem Briefkopf »Botschafter der Islamischen Republik Iran« hinwiesen. In den Schriftstücken standen zudem die Personalien und Zimmernummern jener Studierenden, die dem Angriff zum Opfer fielen.

Der Höhepunkt des diplomatischen Konflikts zwischen der Bundesrepublik und dem Iran, der von April bis September 1982 andauerte und mehrfach zu eskalieren drohte, spielte sich jedoch nicht in der rheinland-pfälzischen Landeshauptstadt, sondern auf iranischem Staatsterritorium ab: Mehrfach kam es in diesem Zeitraum zu anti-deutschen Demonstrationen, die von staatlicher Seite gelenkt und zu dem Zweck missbraucht wurden, um bei mehreren Projekten die wirtschaftliche Zusammenarbeit mit deutschen Partnern aufzukündigen und

27 O. V., Chomeinis Schläger-Perser.

28 UAM, Bestand 85, Nr. 29, Protokoll der Senatssitzung, 30.4.1982. Dort finden sich auch die folgenden Zitate. Dem am Vortag eingegangenen Resolutionsantrag der Studierenden wollte der Senat »nicht in allen Punkten« zustimmen. Vgl. ebd., Resolutionsantrag der Studierendenschaft, 29.4.1982.

29 O. V., Khomeini-Iraner machen Terror in der Mainzer Uni, in: Rhein-Zeitung, 26.4.1982. Siehe dort auch zum Folgenden.

das Goethe-Institut einem staatlichen Aufseher zu unterstellen.[30] Der aufgeheizte Konflikt kühlte erst ab, als es dem rheinland-pfälzischen Ministerpräsidenten Bernhard Vogel mithilfe des Auswärtigen Amtes Ende September 1982 gelang, eine iranische Delegation zu zwei Gesprächen in die Landesvertretung nach Bonn und in die iranische Botschaftsresidenz in St. Augustin einzuladen. Dort rangen die Vertreter beider Länder um einen Kompromiss, der schlussendlich darin bestand, dass ein Teil der verhafteten Schläger abgeschoben wurde, 43 Inhaftierte aber ihr Studium in Deutschland beenden durften – unter der Voraussetzung, dass sie sich vor Gericht wegen gefährlicher Körperverletzung sowie des Land- und Hausfriedensbruches verantworten würden.[31] Der Iran zeigte sich dagegen bereit, die rund 500 in der Bundesrepublik Deutschland studierenden Iraner ohne politische Vorbehalte finanziell zu unterstützen und die wirtschaftlichen Beziehungen wiederaufzunehmen.[32]

Der Angriff revolutionstreuer Iraner gegen vermeintliche Konterrevolutionäre, die an der JGU studierten, sollte in einem gewalttätigen Akt verdeutlichen, dass Regimegegner nicht geduldet wurden und als Staatsfeinde jederzeit mit physischen Angriffen rechnen mussten – auch auf fremdem Staatsterritorium. Die blutige Auseinandersetzung fungierte somit als unmissverständlicher Kommunikationsakt, der dabei half, die neue Ordnung und die neuen Sinnsysteme der Islamischen Republik Iran im Ausland zu stiften und durchzusetzen. Zwar kam es in diesem Kontext zu keinen weiteren Gewalthandlungen an der Mainzer Universität, doch blieben die ideologischen Konflikte auch in den Folgejahren ein wichtiges Anliegen auf der Agenda des Universitätspräsidiums, da »oppositionelle Studenten« während ihres Studiums keinerlei Studienbeihilfe aus Teheran erhielten, gleichwohl ihnen diese in den binationalen Gesprächen vom September 1982 zugesichert worden war, und sie zudem bei ihrer Rückkehr in den Iran Repressalien befürchten mussten.[33] Für die JGU war eine Klärung dieser Angelegenheiten von hohem Interesse, zumal sie im Ausland aufgrund ihrer 180 iranischen Studierenden als »traditionelle Hochburg iranischer Opposition« galt und eine erneute Eskalation um jeden Preis zu verhindern suchte.

30 Günther Leicher, Nach dem »Perser-Krieg« schließt Mainz wieder Frieden mit dem Iran, in: Allgemeine Zeitung, 15.10.1982; Bruno Funk, Teheran will nicht tatenlos zusehen, in: Allgemeine Zeitung, 6.7.1982.

31 O.V., 54 Iraner ab September vor Gericht, in: Allgemeine Zeitung, 30.7.1983; Ulrich Zink, Festnahme und Ausweisung: Signal wurde verstanden, in: Allgemeine Zeitung, 27.10.1982.

32 Die iranische Regierung hatte im August 1982 verfügt, dass fortan nur jene Studierende finanzielle Unterstützung erhalten bzw. zur Immatrikulation zugelassen werden, die der Islamischen Revolution loyal gegenüberstanden. Vgl. o.V., Khomeini wünscht linientreue Studenten, in: Süddeutsche Zeitung, 28.8.1982.

33 Vgl. dazu Sabine Giehle, Garantierte Rückkehr an die iranische Front?, in: Tageszeitung, 24.3.1986. Siehe dort auch zum folgenden Zitat. Vgl. ferner o.V., Studenten aus dem Iran: Schelte für Mainzer Universitätsleitung, in: Die Rheinpfalz, 25.3.1986.

Tatsächlich ist vor allem politische Gewalt aus dem universitären Raum nicht wegzudenken. Vielmehr bildet diese eine Grundkonstante von gewalttätigem Handeln im akademischen Milieu, wie auch das nachfolgende Beispiel nahelegt.

Gewalt mit politischem Knalleffekt: der Sprengstoffanschlag auf das Institut für Publizistik

Ein weiterer, wenn auch gänzlich anderer Fall von Gewalt als Akt politischer Kommunikation soll hier nur kurz angerissen werden: der Sprengstoffanschlag auf das Institut für Publizistik. In der Nacht vom 16. auf den 17. Oktober 1986 explodierte vor dem Büro des Mainzer Kommunikationswissenschaftlers Mathias Kepplinger eine provisorische Bombe – bestehend aus einem 10-Liter-Benzinkanister, selbstgemachtem Sprengstoff und einer 9-Volt-Varta-Blockbatterie –, die einen alten Eichenschreibtisch zertrümmerte und zwei Türen aus den Angeln riss.[34] Nach eigener Aussage hatte der Professor für Empirische Kommunikationsforschung gleich doppeltes Glück: Zum einen befand sich zu der späten Stunde niemand mehr im Gebäude, sodass keine Personen verletzt wurden. Zum anderen waren die Unterlagen Kepplingers nicht zerstört worden: Obwohl mehr als 100 Ordner mit Projektunterlagen von einer klebrigen Masse überzogen waren, hatten sie kein Feuer gefangen.[35]

Ein am Tatort gefundenes Bekennerschreiben bezeichnete das Institut als Ort der »imperialistischen Demagogie« und warf der ehemaligen Institutsleiterin Elisabeth Noelle-Neumann vor, sie setze sich »für die Erfordernisse des neuen Faschismus ein«. Auch an ihren Nachfolger Kepplinger hatte man den Brief adressiert, in dem es hieß, er »gaukele« mit seinen wissenschaftlichen Studien vor, »dass in einem imperialistischen System, wie der BRD, die Möglichkeit einer linken, legalen Presse bestünde«.[36] Eine Sonderkommission der Mainzer Polizei und des Landeskriminalamtes identifizierte dann auch innerhalb von zwei Wochen die drei Täter aus dem militanten, linksradikalen Milieu, die zum Umfeld der Baader-Meinhof-Gruppe gehörten. Aus ermittlungstechnischen Gründen verzichtete der Bundesanwalt jedoch auf eine Anklage; in einem öffentlichen Prozess hätten die zuständigen Kriminalisten ihre Fahndungsmethoden offenlegen müssen.[37]

34 O. V., Bombenanschlag auf Mainzer Universität: Sprengsatz im Institut für Publizistik explodiert, in: Allgemeine Zeitung, 18. 10. 1986.
35 Schriftliche Erinnerung von Mathias Kepplinger aus dem Jahr 2019.
36 Ebd.
37 Ebd.; o. V., Bombenanschlag auf Mainzer Universität.

Insbesondere die umstrittene Kommunikationswissenschaftlerin Noelle-Neumann scheint das Ziel des Anschlags gewesen zu sein, entwickelten sich in den 70er, 80er und 90er Jahren des 20. Jahrhunderts doch wiederholt Kontroversen über ihr Wirken im NS-Regime und in der bundesrepublikanischen Nachkriegszeit.[38] Neben ihrer Tätigkeit als Autorin der Zeitschrift »Das Reich« standen verstärkt verschiedene antisemitische Passagen ihrer Doktorarbeit in der Kritik.[39] Da Noelle-Neumann ferner als Pionierin der Demoskopie galt und als erste Direktorin des Mainzer Publizistikinstituts dieses maßgeblich geformt hatte, lag es für die militante Linke der 1980er Jahre offensichtlich nahe, dass die universitäre Einrichtung nur ein Werkzeug imperialistischer Bestrebungen darstelle. Der Anschlag richtete sich also gegen den verhassten Staat und das Institut gleichermaßen, wodurch eine subkulturell konnotierte Gewalt aus dem linken Milieu fassbar wird. Der Sprengstoff fungierte hierbei als Überbringer der politischen Nachricht, das Universitätsinstitut als Projektionsfläche des politischen Gegners. Und auch der letzte hier zu thematisierende Vorfall greift noch einmal eine politische Motivation der handelnden Akteure auf, wobei mit den Studierenden die kopfstärkste Gruppe an den Hochschulen in den Mittelpunkt rückt.

Gewalt als Satire: die »entführte« Schreibmaschine

Ein Beispiel jüngerer Zeit soll abschließend aufzeigen, dass sich Gewalt im universitären Raum nicht zwanghaft gegen Einzelpersonen oder bestimmte Institute richten musste, sondern als kommunikativer Akt auch lediglich dazu dienen konnte, Gewaltanwendung anzudrohen, ohne diese tatsächlich umsetzen zu wollen. Prägnant dafür erscheint ein Vorfall vom 18. Juni 2009, der im Kontext des bundesweiten Bildungsstreiks, dessen Aktionen überwiegend vom 15. bis 19. Juni 2009 an deutschen Hochschulen stattfanden, zu verorten ist.[40] Laut

38 Jörg Becker, Prof. Dr. Elisabeth Noelle-Neumann: Zwischen NS-Ideologie und Konservatismus, in: Täter – Helfer – Trittbrettfahrer, Bd. 9: NS-Belastete aus dem Süden des heutigen Baden-Württemberg, hg. von Wolfgang Proske, Gerstetten 2018, S. 289–309.

39 Vgl. dazu Victoria Plank, Die Wochenzeitung *Das Reich* – Offenbarungseid oder Herrschaftsinstrument?, in: Medien im Nationalsozialismus, hg. von Sönke Neitzel und Bernd Heidenreich, Paderborn 2010, S. 309–328; Leo Bogart, The Pollster & the Nazis. How do we come to form our views, individually and collectively?, in: Commentary (August 1991), S. 47–49; William H. Honan, U.S. Professor's Criticism of German Scholar's Work Stirs Controversy, in: New York Times, 27.8.1997. Ihre Dissertation wurde veröffentlicht als Elisabeth Noelle, Amerikanische Massenbefragungen über Politik und Presse (Zeitung und Zeit: Fortschritte der internationalen Zeitungsforschung 16), Frankfurt a.M. 1940.

40 Vgl. dazu etwa Caroline Kolisang, Bundesweiter Bildungsstreik 2009. Protestbewegung – Aktionismus – Reformen der Reformen, Wiesbaden 2013; Elisabeth Westphal, Die Bologna-

Medienberichten nahmen allein am 17. Juni 2009 mehr als 200.000 Studierende sowie Schülerinnen und Schüler an dezentralen Demonstrationen in mehr als 70 deutschen Städten teil, wobei diese überwiegend gewaltlos verliefen und zu keinem Zeitpunkt zu eskalieren drohten. Vielerorts kam es lediglich zu kleineren Besetzungen oder geringem Sachschaden: Die Studierenden warfen mit Papier, nicht mit Steinen – so vermerkte es der *Spiegel* pointiert.[41]

Während das Gros der Demonstrierenden somit friedlich gegen Studiengebühren, Turbo-Abitur sowie Bachelor-Studiengänge protestierte und mehr Geld für Bildung forderte, drangen am 18. Juni rund einhundert Studierende in das Mainzer Abgeordnetenhaus ein.[42] Sie verteilten Transparente, warfen Klopapier durch die Räumlichkeiten und beschädigten Teile der Fotoausstellung »20 Jahre friedliche Revolution« der CDU-Fraktion zum Volksaufstand in der DDR – darüber hinaus entwendeten sie eine zur Ausstellung gehörende DDR-Schreibmaschine vom Modell »Erika«. In der CDU-Fraktion wurde diese Aktion freilich wenig goutiert; vielmehr betonte der Fraktionssprecher, dass es sich bei den Aktionen um »keine Kavaliersdelikte« handele und der Gesamtschaden mit einem »vierstelligen Betrag« zu Buche schlage. Zwar kritisierte die rheinland-pfälzische Bildungsministerin ebenfalls die Ausschreitungen im Abgeordnetenhaus; sie zeigte aber durchaus Verständnis für die rund 4.000 friedlichen Demonstrierenden in Mainz.

So unspektakulär dieser Vorfall etwa im Gegensatz zu simulierten Banküberfällen in anderen Universitätsstädten auch war,[43] umso aufsehenerregender gestaltete sich die nachfolgende Entwicklung. Denn bereits ein Tag nach dem Sturm auf das Abgeordnetenhaus kursierte unter den Mainzer Demonstrierenden ein Handzettel, der den Beginn der »Flugblattaffäre« markierte. Das Blatt war im Stil eines Drohschreibens gehalten, das die linksextremistische Terrororganisation »Rote Armee Fraktion« (RAF) benutzt hatte. Auch die Schreibmaschine tauchte nun wieder auf: Die Studierenden hatten sie zusammen mit dem RAF-Symbol in ein Bild hineinmontiert, das auf die Entführung und Ermordung des Arbeitgeberpräsidenten Hanns Martin Schleyer im Herbst 1977 anspielte. »Seit ~~3~~1 Tag~~en~~ Gefangene~~r~~«, war handschriftlich hinzugefügt worden.

Reform und studentischer Protest. Im Fokus: die *uni-brennt*-Bewegung 2009/2010, in: Jahrbuch für Universitätsgeschichte 21 (2018) (im Druck).

41 Christoph Titz und Jochen Leffers, »Flugblattaffäre«: Die entführte Schreibmaschine, in: Spiegel Online, 19.6.2009, URL: https://www.spiegel.de/lebenundlernen/uni/flugblattaffaere-die-entfuehrte-schreibmaschine-a-631437.html (11.6.2019). Siehe auch o.V., Bildungsstreik: Protestwelle rollt durchs Land, in: Rhein-Zeitung, 18.6.2009.

42 Vgl. dazu und zum Folgenden o.V., Flugblatt schlägt Wellen im Landtag, in: Pfälzischer Merkur, 19.6.2009; siehe ferner Titz/Leffers, »Flugblattaffäre«.

43 O.V., Ba-ba-Banküberfall. Ein Scheck über 33 Milliarden Euro, in: Spiegel Online, 18.6.2009, URL: https://www.spiegel.de/lebenundlernen/uni/ba-ba-bankueberfall-ein-scheck-ueber-33-milliarden-euro-a-631292.html (11.6.2019).

Die durchaus selbstironische Forderung der studentischen Protestierenden, die offenkundig eine Replik auf die Empörung in den Reihen der CDU vom Vortrag darstellte, lautete: »Zur Freigabe dieser wertvollen Schreibmaschine fordern wir alles. Und zwar sofort! Wird unsere Forderung nicht eingehalten[,] können wir nicht länger für das Wohlergehen Ihrer Schreibmaschine garantieren.«[44]

Innerhalb der rheinland-pfälzischen CDU entbrannte daraufhin ein Sturm der Entrüstung, demzufolge der Handzettel ein »brutales und menschenverachtendes Verbrechen« verharmlose und »hochgradig widerlich« sei.[45] In der SPD betrachtete man die Angelegenheit dagegen weitaus gelassener. So befürchtete der Fraktionsvize Carsten Pörksen, dass der »ernstzunehmende Protest« der Jugendlichen aufgrund des Verhaltens einzelner »Chaoten« vonseiten der CDU »nachträglich kriminalisiert« werde, und brachte sich auf Nachfrage der *Allgemeinen Zeitung* selbst in die Schusslinie, als er hinzufügte, der Text des Drohschreibens zeige den »Humor« der Verfasser. Doch augenscheinlich verteilte sich der Humor in der Fastnachtshochburg während des Protestsommers 2009 äußerst ungleich, da rasch erste Stimmen laut wurden, die forderten, Pörksen müsse sämtliche Fraktionsämter niederlegen – dessen Äußerungen in der Regionalzeitung seien »geschichtsvergessen, geschmacklos und an Zynismus kaum zu überbieten«.[46] Um die »entführte« Schreibmaschine und das satirische Flugblatt ging es im politischen Diskurs nur noch am Rande. Zwar erhielten die Ersteller des Drohschreibens noch Schützenhilfe von Leo Fischer, dem Chefredakteur des Satiremagazins *Titanic*, der das Flugblatt als »witzig, originell und charmant« bezeichnete, doch flaute die »Flugblattaffäre« so schnell ab, wie sie hochgekocht war.

Die Androhung von Gewalt, gleichwohl nur selten derart satirisch gemeint wie im aufgezeigten Fallbeispiel, hat in der Gewaltgeschichte der modernen Universität durchaus Tradition. Vor allem studentische Protestformen zeichneten sich häufiger durch die kommunikative Bereitschaft aus, im Zweifelsfall Gewalt auszuüben, als durch die tatsächliche Umsetzung derartiger Drohgebärden.[47] Eine gewaltsame Kommunikation entsteht somit keineswegs losgelöst von externen Faktoren, sondern sie hat immer auch eine Vorgeschichte. Dadurch wird zudem deutlich, dass Gewalt kein stets eskalierendes Phänomen ist. Vielmehr existieren zahlreiche Strategien, Akteure, Konstellationen und Orte, mithilfe derer Gewaltpraktiken befriedet und beendet werden können.[48]

---

44 Zit. n. Matthias Schlegel, Mainzer Landtag streitet über Flugblatt, in: Der Tagesspiegel, 21.6.2009.

45 Vgl. Titz/Leffers, »Flugblattaffäre«. Siehe dort auch zu den folgenden Zitaten.

46 O.V., »RAF«-Flugblatt schlägt hohe Wellen, in: Frankfurter Rundschau, 19.6.2019. Dort findet sich auch das nachfolgende Zitat des *Titanic*-Chefredakteurs Leo Fischer.

47 Vgl. die Beiträge in Auge/Göllnitz (Hg.), Radikale Überzeugungstäter.

48 Vgl. auch Weinhauer/Ellerbrock, Perspektiven auf Gewalt, S. 12.

Resümee und Ausblick

Die ausgewählten Fallbeispiele machen sichtbar, dass Gewalt und Universität vielfältige Bezugspunkte aufweisen und oftmals in einem konflikt-, interessen- und spannungsreichen Verhältnis zueinander stehen. Durch die Raumperspektive lässt sich ferner eine Vernetzung von Praktiken, Imaginationen und symbolischen Aspekten, die universitärer Gewalt innewohnen und die sich akteurs- wie zeitübergreifend feststellen lassen, ablesen. Wie auch in anderen urbanen Räumen ist die körperliche Gewalt zumeist eng mit weiteren Formen der Kommunikation verbunden beziehungsweise wird durch diese vorbereitet oder nachfolgend gedeutet.[49] Versteht man mit Weinhauer und Ellerbrock gewalttätiges Handeln als sinnhaftes Phänomen, so ist die Verknüpfung mit vor- und nachgehenden Kommunikationspraktiken unumgänglich: Demnach folgen Gewaltpraktiken sowie die mit Gewalt einhergehende Kommunikation »geschlechtlich und ethnisch codierten individuellen und/oder Gruppennormen, die wiederum mit anderen Regelsystemen verwoben sein können, die nicht universell sein müssen, sondern auch nur im lokalen Territorium [wie der Universität] präsent und gültig sein können«.[50] So verdeutlicht etwa das satirische Flugblatt als symbolischer Kommunikationsakt zugleich Sprach- und Denkmuster der Protestierenden.

Eine Gewaltgeschichte der Universität erscheint also in vielerlei Hinsicht lohnenswert. Mit Blick auf die Akteure scheint es geboten, Kontinuität und Wandel von Gewalt sowie die konkreten Mechanismen der Gewaltausübung beziehungsweise der Artikulation von Protest analytisch fassbar zu machen. Die Kontinuität etwa von Praktiken militanten Verhaltens bedeutet nicht, »dass es sich um kulturelle Konstanten handelt, sondern dass sich diese im Akt der Wiederholung auch ständig verändern«.[51] Ähnliches gilt etwa für die Vorstellungen politischer Partizipation oder die ideologischen Transformationsprozesse im Laufe des 20. Jahrhunderts. Die konkreten Handlungspraxen, Aktionsformen und Weltbilder, die mithilfe von Gewalt kommuniziert wurden, unterlagen einem permanenten Wandel, sind aber gleichwohl strukturbildend und erstaunlich persistent. Wie schon angedeutet, lassen sich universitäre Formen

49 Vgl. exemplarisch Elijah Anderson, Code of the street. Decency, violence, and the moral life of the inner city, New York 2000; Herbert Reinke, »...ohne jeglichen Grund mit der Hand in das Gesicht geschlagen zu haben...«: Alltägliche Gewalt in Berlin während der 1930er Jahre im Spiegel der Tagebücher Berliner Polizeireviere, in: Informationen zur modernen Stadtgeschichte (2013), H. 2, S. 43–53; Michael G. Esch, Graffiti, Topographie, Gewalt: Kommunikationspraktiken von Hooligans in Polen, in: Informationen zur modernen Stadtgeschichte (2013), H. 2, S. 65–78.

50 Weinhauer/Ellerbrock, Perspektiven auf Gewalt, S. 16.

51 Marian Füssel und Wolfgang E. Wagner, Studentenkulturen. Begriff – Forschungsstand – Perspektiven, in: Jahrbuch für Universitätsgeschichte 17 (2014), S. 39–55, hier S. 54.

von Gewalt noch besser verstehen, wenn die Forschung künftig Vergleichs- und Verflechtungsperspektiven stärker berücksichtigt – dies gilt etwa für den Vergleich und die Verflechtung zwischen unterschiedlichen deutschen Universitäten im nationalen Hochschulraum oder zwischen europäischen Hochschulen, wodurch nationale und regionale Gewaltausformungen überhaupt erst im Profil fassbar und in ihren Konturen nachvollziehbar werden.

Die Gewaltgeschichte der Universität Mainz stellt – und das soll hier abschließend noch einmal betont werden – keineswegs einen besonders prägnanten Einzelfall dar; vielmehr wird die JGU als moderne, in die Urbanität des 20. Jahrhunderts eingebettete Universität verstanden, in der sich gesamtgesellschaftliche Entwicklungen, die von außen in die Universität hineinwirken und von dort auch wieder in die Gesellschaft zurückgetragen werden, wie in einem Brennglas spiegeln.

Anton F. Guhl

Technik als blinder Fleck in der Universitätshistoriographie? Die Debatte um die Gründung von Polytechnika Anfang des 19. Jahrhunderts und ihre Ausblendung durch die Universitätsgeschichte

Abstract
The historiography of German-speaking universities is often segregated from endeavors to write the history of other institutions of higher education such as technical colleges, academies, seminaries, colleges of applied sciences, etc. This division is deeply rooted in history, and historiography often reflects societal discourses on institutions of higher education and publicly ascribed roles and functions in society. Thus, exercising historiography is also a means to reflect present realities. This paper discusses publications in the context of the foundation of the polytechnics of Prague, Vienna and Karlsruhe in the first decades of the 19th century as examples of neglected literature on higher learning. By shedding light on the public nature of the ascription of roles to the new institutions, this paper ultimately proposes more comprehensive research questions for an integrated history of academia.

Um 1900 studierte in Deutschland etwa jeder fünfte Student an einer Technischen Hochschule (TH).[1] Seit 1899 erhielten sie das Promotionsrecht für Ingenieure, und Habilitationen führten sie schon Jahrzehnte früher durch. Insbesondere in den Naturwissenschaften lassen sich zahlreiche wissenschaftliche Austauschprozesse zwischen Technischen Hochschulen und Universitäten ausmachen,[2] und auch auf der kulturellen Ebene, wie beispielsweise bei der Erfindung von akademischen Traditionen, fanden diverse Transfers statt.[3] Hervor-

1 Hartmut Titze, Das Hochschulstudium in Preußen und Deutschland 1820–1944 (Datenhandbuch zur deutschen Bildungsgeschichte I/1), Göttingen 1987, S. 31.

2 Vgl. als Schlaglichter auf die Chemie bspw. Alfred Stock, Der internationale Chemiker-Kongreß. Karlsruhe 3.–5. September 1860 vor und hinter den Kulissen. Zur 38. Hauptversammlung der Deutschen Bunsen-Gesellschaft in Karlsruhe, 25.–28. Mai 1933, Berlin 1933; Jost Weyer, Geschichte der Chemie, Bd. 2: 19. und 20. Jahrhundert, Berlin 2018, S. 43; Helmut Werner, Geschichte der anorganischen Chemie. Die Entwicklung einer Wissenschaft in Deutschland von Döbereiner bis heute, Weinheim 2017.

3 Vgl. etwa Frank Grobe, Zirkel und Zahnrad. Ingenieure im bürgerlichen Emanzipationskampf um 1900 – Die Geschichte der technischen Burschenschaft (Darstellungen und Quellen zur Geschichte der deutschen Einheitsbewegung im neunzehnten und zwanzigsten Jahrhundert 17), Heidelberg 2009.

gegangen waren diese Hochschulen zumeist aus polytechnischen Instituten, die in Anlehnung und Abgrenzung zur 1794 gegründeten École Polytechnique in Paris zunächst in Prag (1806), Wien (1815) und Karlsruhe (1825) errichtet wurden.[4]

Um 1900 hatten diese Hochschulen eine erhebliche diskursive Präsenz aufgrund ihrer Rolle für Industrialisierung und Modernisierung – auch und gerade unter denjenigen Universitätsprofessoren, die sich von ihnen abzugrenzen suchten.[5] Trotzdem (oder deswegen) wurden die Technischen Hochschulen in der wahrscheinlich wichtigsten deutschsprachigen Literatursammlung zum Hochschulwesen, der 1904/05 von Wilhelm Erman (1850–1932) und Ewald Horn (1856–1923) vorgelegten *Bibliographie der deutschen Universitäten*, nicht berücksichtigt. Von den 39.000 Einträgen führte die Rubrik *Universitäten und andere Hochschulen* 26 Vermerke und hatte damit nicht einmal halb so viele Einträge, wie für die von 1760 bis 1789 bestehende Universität Bützow angegeben wurden.[6]

Auf die Stadt Karlsruhe, deren Technische Hochschule sich im Jahr 1892 in einer Festschrift für den badischen Großherzog stolz als »die erste derartige Anstalt im jetzigen deutschen Reiche« beschrieb,[7] weist im Register nur ein einziger Eintrag, nämlich ein 1886 publizierter Vorschlag zur Errichtung einer Universität aus dem Jahr 1761.[8] Das Beispiel zeigt, wie getrennt Universitäten und Technische Hochschulen um die Jahrhundertwende gedacht wurden. Für die Geschichte deutschsprachiger Universitäten schien ein nicht-realisiertes

4 Vgl. als Überblick Helmuth Albrecht, Die Anfänge eines technischen Bildungssystems, in: Technik und Bildung (Technik und Kultur 5), hg. von Laetitia Boehm und Charlotte Schönbeck, Düsseldorf 1989, S. 118–153; Karl-Heinz Manegold, Geschichte der Technischen Hochschulen, in: ebd., S. 204–234; Peter Lundgreen, Die Ausbildung von Ingenieuren an Fachschulen und Hochschulen in Deutschland, 1770–1990, in: Ingenieure in Deutschland, 1770–1990 (Deutsch-französische Studien zur Industriegesellschaft 17), hg. von dems. und André Grelon Frankfurt a.M./New York 1994, S. 13–78.

5 Kurt Düwell, Das Spannungsfeld zwischen der humboldtschen Universitätsidee und den deutschen Technischen Universitäten im 19. Jahrhundert. Zur Vorgeschichte der »zwei Kulturen«, in: Zur Geschichte der Universität. Das »Gelehrte Duisburg« im Rahmen der allgemeinen Universitätsentwicklung (Duisburger Mercator Studien 5), hg. von Irmgard Hantsche, Bochum 1997, S. 127–140; vgl. ferner Reiner Pommerin, Geschichte der TU Dresden 1828–2009, Köln/Weimar/Wien 2003, S. 1f.

6 Wilhelm Erman und Ewald Horn, Bibliographie der deutschen Universitäten. Systematisch geordnetes Verzeichnis der bis Ende 1899 gedruckten Bücher und Aufsätze über das deutsche Universitätswesen, 3 Bde., Leipzig/Berlin 1904–1905; vgl. auch Manfred Komorowski, Hundert Jahre »Erman/Horn«. Die Entstehung und Resonanz einer Standardbibliographie, in: Bibliothek und Wissenschaft 37 (2004), S. 193–208.

7 Karl Keller und Heinrich Lang (Hg.), Festgabe zum Jubiläum der vierzigjährigen Regierung seiner Königlichen Hoheit des Grossherzogs Friedrich von Baden, Karlsruhe 1892, S. IX.

8 Heinrich Funck, Ein Vorschlag zur Errichtung einer Universität in Karlsruhe aus dem Jahre 1761, in: Festschrift der Badischen Gymnasien gewidmet der Universität Heidelberg zur Feier ihres 500jährigen Jubiläums, Karlsruhe 1886, S. 121–132.

Vorhaben einer Universitätsgründung einschlägiger als die Veröffentlichungen zu der seit 1825 bestehenden Lehranstalt, an der es – um ein im Entstehungszeitraum der Bibliographie rezentes Beispiel zu nennen – dem vormaligen Kieler Privatdozenten (und nachmaligen Bonner Ordinarius) Heinrich Hertz (1857–1894) in den 1880er Jahren erstmalig gelungen war, elektromagnetische Wellen nachzuweisen.

Die Definition dessen, was universitätshistoriographisch als relevant zu gelten habe, war zugleich eine Variation der Frage, was Universitäten und Hochschulen allgemein ausmachte. Dieser Diskurs spielte sich nicht allein auf der historiographischen Ebene ab. Die Frage, »welche Aufgaben und Funktionen Hochschulen und das an ihnen beschäftigte Personal zu erfüllen haben«, wurde öffentlich diskutiert.[9] Dabei traten nicht zuletzt Statusfragen zutage – sowohl auf individueller Ebene, wie die Anekdote über den Romanisten Ernst Robert Curtius (1886–1956) verdeutlicht, der sich noch in den 1920er Jahren nicht als »Kollege« von Ingenieur-Professoren verstehen konnte,[10] als auch zwischen den Institutionentypen. So bildet die Bibliographie, die zu einem Höhepunkt dieser Auseinandersetzungen vorbereitet und publiziert worden war, einen besonders geeigneten Ausgangspunkt, um über Zuschreibung und Negierung von (historischer) Relevanz der Technischen Hochschulen nachzudenken. Anders als Wilhelm Erman und Ewald Horn berücksichtigte beispielsweise das 1912 erschienene, allerdings nach dem ersten Band wieder eingestellte *Jahrbuch für das deutsche Hochschulwesen* auch Technische Hochschulen mit der Begründung, dass »heute neben die Universitäten andere gleichberechtigte Hochschulen getreten sind«.[11]

Vor dem Hintergrund solch disparater Relevanz-Zuschreibungen werden im Folgenden einige Texte aus der Gründungszeit deutschsprachiger Polytechnika vorgestellt, die bei Erman und Horn keine Erwähnung fanden. Dabei geht es nicht darum, ex post eine Leerstelle in der beeindruckenden Bibliographie zu kritisieren, sondern Texte freizulegen, die aufgrund einer häufig noch immer perpetuierten Ausblendung der Technischen Hochschulen aus dem Zuständigkeitsbereich der Universitätsgeschichte oft nicht berücksichtigt werden. Im Kontext der in diesem Band diskutierten Problemstellungen über Funktion, Aufgabe und Status von Hochschulen im öffentlichen Raum sollen die Publi-

9 Vom akademischen Elfenbeinturm zum Studium Generale: Funktion, Aufgabe und Status von Hochschulen und Hochschullehrenden im öffentlichen Raum, 08.11.2018–09.11.2018 Mainz, in: H-Soz-Kult, 20.09.2018, www.hsozkult.de/event/id/termine-38194 (28.9.2019).

10 Ulrich Herbert, Kontrollierte Verwahrlosung. Die Klage von der Krise der Geisteswissenschaften lenkt ab von dem wahren Problem: Der Vernachlässigung der Lehre, in: Die Zeit (30.08.2007).

11 Otto Ebert und Oskar Scheuer (Hg.), Bibliographisches Jahrbuch für deutsches Hochschulwesen 1 (1912), S. V. Der Band umfasst die Berichtsjahre 1910 und 1911.

kationen auf ihre Relationalität zu Universitäten befragt werden. Dabei wird deutlich, dass die Errichtung der polytechnischen Lehranstalten ein öffentlich diskutierter Prozess war, der durch vergleichende, anpassende und auch abgrenzende Perspektiven auf das Universitätssystem gekennzeichnet war.

Somit soll hier nicht die vorhandene Literatur über die Geschichte technischer Bildung im 18. und 19. Jahrhundert rekapituliert werden.[12] Vielmehr soll ein Anstoß gegeben werden, die bis in das 19. Jahrhundert zurückreichende Trennung der Erforschung von technischen Anstalten und Universitäten aufzubrechen.[13] Denn obgleich einzelne Historikerinnen und Historiker in der Geschichte beider Institutionenkulturen als Expertinnen und Experten ausgewiesen sind,[14] konzentriert sich die Universitätsgeschichte zumeist auf die »klassische Universität«.[15] Die Geschichte der Technischen Hochschulen wird dagegen zumeist in der Technikgeschichte diskutiert,[16] beziehungsweise von jenen erforscht, die an einer solchen Einrichtung tätig sind.[17]

12 Vgl. mit zahlreichen Literaturhinweisen Martin Kohlrausch und Helmuth Trischler, Building Europe on Expertise. Innovators, Organizers, Networkers (Making Europe: Technology and Transformations, 1850–2000 2), Basingstoke u. a. 2014, bes. S. 21–77; Marcus Popplow, Ingenieur, in: Enzyklopädie der Neuzeit, Bd. 5, Stuttgart 2007, Sp. 951–973; Wolfgang König, Ausbildung [zu Lemma Ingenieur], in: ebd., Sp. 973–978; Antoine Picon, Engineers and Engineering History. Problems and Perspectives, in: History and Technology 20 (2004), Nr. 4, S. 421–436.

13 Vgl. dazu Anton F. Guhl, Perspektiven und Fragestellungen einer integrierten Hochschulgeschichte, in: Jahrbuch für Universitätsgeschichte [im Erscheinen].

14 Vgl. bspw. Boehm/Schönbeck, Technik und Bildung; Gert Melville (Hg.), Geschichtsdenken, Bildungsgeschichte, Wissenschaftsorganisation. Ausgewählte Aufsätze von Laetitia Boehm anlässlich ihres 65. Geburtstages (Historische Forschungen 56), Berlin 1996.

15 Vgl. als jüngsten Aufriss des Forschungsfeldes Rainer Christoph Schwinges, Universitätsgeschichte: Bemerkungen zu Stand und Tendenzen der Forschung (vornehmlich im deutschsprachigen Raum), in: Universitätsgeschichte schreiben (Beiträge zur Geschichte der Universität Mainz Neue Folge 14), hg. von Livia Prüll, Christian George und Frank Hüther, Göttingen 2019, S. 25–45.

16 Kohlrausch/Trischler, Building Europe; Wolfgang König, Stand und Aufgaben der Forschung zur Geschichte der deutschen Polytechnischen Schulen und Technischen Hochschulen im 19. Jahrhundert, in: Technikgeschichte 48 (1981), Nr. 1, S. 47–67.

17 Dies trifft bereits zu für Franz Schnabel, Die Anfänge des technischen Hochschulwesens, in: Festschrift anlässlich des 100jährigen Bestehens der Technischen Hochschule Fridericiana zu Karlsruhe, Karlsruhe 1925, S. 1–44; vgl. aktuell Christof Dipper, Manfred Efinger, Isabel Schmidt und Dieter Schott (Hg.), Epochenschwelle in der Wissenschaft. Beiträge zu 140 Jahren TH/TU Darmstadt (1877–2017), Darmstadt 2017, erhellend dazu auch der Beitrag von Christof Dipper, Von der Allgemeinbildung zum Studienfach. Die Emanzipation der Geistes- und Sozialwissenschaften, in: ebd., S. 195–206.

Zum Publikationswesen zu Polytechnika und Technischen Hochschulen bis 1900

Im Erfassungszeitraum der Bibliographie von Erman und Horn hatte sich ein differenziertes Veröffentlichungswesen aus den und über die Technischen Hochschulen entwickelt. Abgesehen von Veröffentlichungen, die Programmatik und Wesen der Polytechnika beschrieben und dabei zumeist ihr Verhältnis zu den Universitäten ausloteten,[18] findet sich hier auch eine Vielzahl unterschiedlicher Publikationen, die typisch für das damalige und von den Universitäten dominierte Hochschulwesen des Deutschen Reiches waren: Überblicke über verschiedene Standorte,[19] Verfassungen und Veranstaltungsprogramme,[20] akademische Festdokumentationen und Anlasshistoriographie,[21] die meist zu Jahrestagen von Gründungsereignissen oder bei der Einweihung neuer Gebäude entstanden.

Aus diesem weiten Spektrum wurden nur 26 Veröffentlichungen in der Bibliographie erfasst, zumeist solche, die explizit Universitäten im Titel führten, darunter auch ausgerechnet eine Streitschrift aus dem Jahr 1891, die die Ebenbürtigkeit von Technischen Hochschulen und Universitäten erklärte.[22] Vor allem aber das Traditionsschriftgut, das wie bei den Universitäten häufig nur auf einen Standort zielte, fehlte. Schon in der Mitte des 19. Jahrhunderts wurde dieses identitätsstiftende Genre von den technischen Anstalten adaptiert und selbst eher unbedeutende 25-jährige Gründungstage wurden beispielsweise in Hannover genutzt, um »die Wichtigkeit und den gegenwärtigen hohen Standpunkt der polytechnischen Wissenschaften und Künste überhaupt auszudrücken und auch Denjenigen (!) einleuchtend zu machen, welche hierüber etwa noch in

18 Neben der auf einzelne Standorte gemünzten Literatur vgl. bspw. Heinrich Gottlieb Köhler, Über die zweckmäßige Einrichtung der Gewerbsschulen und der polytechnischen Institute, Göttingen 1830.

19 Friedrich Schoedler, Die höheren technischen Schulen nach ihrer Idee und Bedeutung dargestellt und erläutert durch die Beschreibung der höheren technischen Lehranstalten zu Augsburg, Braunschweig, Carlsruhe, Cassel, Darmstadt, Dresden, München, Prag, Stuttgart und Wien, Braunschweig 1847; Carl Kořistka, Der höhere polytechnische Unterricht in Deutschland, in der Schweiz, in Frankreich, Belgien und England. Ein Bericht an den h. Landesausschuss des Königreichs Böhmen, Gotha 1863.

20 Verfassung des kaiserl. königl. polytechnischen Instituts in Wien, Wien 1818.

21 Einladungsschrift der Königl. polytechnischen Schule in Stuttgart zu der Feier des Geburts-Festes Seiner Majestät des Königs Wilhelm von Württemberg, den 27. September 1849. Mit einer Abhandlung von J.M. Mauch, Stuttgart [1849].

22 Egon Zöller, Die Universitäten und Technischen Hochschulen. Ihre geschichtliche Entwicklung und ihre Bedeutung in der Kultur, ihre gegenseitige Stellung und weitere Ausbildung, Berlin 1891.

Unkenntnis oder Vorurtheil befangen sein möchten«.[23] Zu dieser Zeit konnte das Prager Polytechnikum bereits auf fünfzig Jahre seines Bestehens zurückblicken und eine Festschrift präsentieren, in der vor allem die Geschichte, aber auch die Gegenwart des Instituts dargestellt wurde.[24] Parallel zum steigenden öffentlichen Ansehen der Anstalten wuchs in der zweiten Hälfte des Jahrhunderts auch Umfang und Anspruch solcher Schriften.[25]

Nicht zuletzt zeigte sich die Jubiläumshistoriographie auch als eine Machtfrage: Im Jahr 1865 blieb dem Wiener Polytechnikum die Herausgabe einer Festschrift versagt, um die 500-Jahr-Feier der Universität nicht zu beeinträchtigen.[26] Zugleich erwies sich die Geschichtsschreibung als ein Vehikel, um das Gleichberechtigungsstreben der Ingenieure im 19. Jahrhundert zu flankieren, das ein zentrales Anliegen des 1856 gegründeten Vereins Deutscher Ingenieure (VDI) war.[27] Für den VDI galt es dabei als die »Lebensfrage« der Polytechnika, den Charakter von Hochschulen anzustreben oder zu behaupten.[28] Solche Konflikte zeigen, dass sich das gesellschaftliche Ranggefüge von Universitäten und Technischen Hochschulen auch in der Historiographie niederschlug. In dieser Hinsicht scheint es bemerkenswert, dass die erste größere institutionelle Selbstbeschreibung der TH Karlsruhe nicht an einem Jahrestag ihrer Gründung, sondern 1892, anlässlich des vierzigjährigen Thronjubiläums des Großherzogs Friedrich von Baden erfolgte.[29] Wie andernorts auch nahm die TH Karlsruhe wenig später auch die Einweihung neuer Gebäude zum Anlass für einen Rück-

23 Karl Karmarsch, Die polytechnische Schule zu Hannover, 2. sehr erw. Aufl., Hannover 1856, S. 190.

24 Carl Jelinek, Das ständisch-polytechnische Institut zu Prag. Programm zur fünfzigjährigen Erinnerungs-Feier an die Eröffnung des Institutes am 10. November 1856, Prag 1856.

25 Vgl. Festschrift zur Jubelfeier des 50jährigen Bestehens der Großherzoglich Technischen Hochschule zu Darmstadt, 1886; Franz Stark (Hg.), Die K.K. deutsche Technische Hochschule in Prag 1806–1906. Festschrift zur Hundertjahrfeier, Prag 1906.

26 Wilhelm Treue, Zur Frühgeschichte der technischen Lehr- und Forschungsanstalten bis zu ihrer Beteiligung an der Revolution von 1848/49, in: Geschichte als Aufgabe. Festschrift für Otto Büsch zu seinem 60. Geburtstag, hg. von dems., Berlin 1988, S. 267–297, hier S. 278; Josef Neuwirth (Hg.), Die k. k. Technische Hochschule in Wien 1815–1915. Gedenkschrift, Wien 1915, S. V–VII.

27 Burkhard Dietz, Michael Fessner und Helmut Maier, Der »Kulturwert der Technik« als Argument der Technischen Intelligenz für sozialen Aufstieg und Anerkennung, in: Technische Intelligenz und »Kulturfaktor Technik«. Kulturvorstellungen von Technikern und Ingenieuren zwischen Kaiserreich und früher Bundesrepublik Deutschland, hg. von dens., Münster u.a. 1996, S. 1–32; vgl. auch Wolfgang König, Künstler und Strichezieher. Konstruktions- und Technikkulturen im deutschen, britischen, amerikanischen und französischen Maschinenbau zwischen 1850 und 1930, Frankfurt a.M. 1999.

28 Lars U. Scholl, Der Ingenieur in Ausbildung, Beruf und Gesellschaft 1856–1881, in: Technik, Ingenieure und Gesellschaft. Geschichte des Vereins Deutscher Ingenieure 1856–1981, hg. von Karl-Heinz Ludwig, Düsseldorf 1981, S. 1–66, hier S. 31f.

29 Keller/Lang (Hg.), Festgabe.

blick.[30] Obwohl nur ein Jahr nach der 1899 erschienenen Schrift der 75. Gründungstag hätte begangen werden können, wurden die bauliche Entwicklung und der Jahrestag nicht gekoppelt – eine solche Verbindung hatte dagegen die TH Stuttgart im Jahr 1879 konstruiert.[31] Die TH Karlsruhe nutzte erst ihren 100. Jahrestag, um dann allerdings mit der Darstellung durch Franz Schnabel (1887–1966) ein bleibendes Narrativ zu schaffen.[32]

Zu den von Erman und Horn ausgesparten Texten gehören auch die Veröffentlichungen aus dem Gründungskontext der Polytechnika. Die Errichtung dieser neuen Lehranstalten in Prag (1806), Wien (1815) und Karlsruhe (1825) erfolgte parallel zu einer Umwälzung im deutschsprachigen Universitätssystem, als jede zweite Universität im Alten Reich geschlossen und in Berlin (1810), Breslau (1811) und Bonn (1818) neue Universitäten errichtet wurden.[33] Dabei verdeutlichen die polytechnischen Gründungstexte, dass die Neu- und Umgründungen von Universitäten und Polytechnika nicht nur koinzidierten, sondern in einem gemeinsamen Modernisierungshorizont zu fassen sind. Zugleich zeigen die Debatten über das Fehlen adäquater Institutionen höherer technischer Bildung, mit denen der wirtschaftliche Vorsprung Frankreichs, vor allem aber Englands eingeholt werden sollte, dass die Auseinandersetzung nicht nur in Amtsstuben und Lehranstalten unterschiedlicher Ausrichtung erfolgte, sondern auch publizistisch geführt wurde. Als in der zweiten Hälfte der 1790er Jahre die Wiener Studienhofkommission über die Gründung einer entsprechenden Einrichtung debattierte, konnten Kenntnisse über das Pariser Polytechnikum vorausgesetzt werden, »nachdem umständliche Nachrichten von ihrer Verfassung theils in Dekreten der National-Versammlung, und im *Journal de l'école polytechnique*, theils auch in vielen deutschen gelehrten Schriften, Journalen und Zeitungen geliefert, mit Beifall aufgenommen, und als Muster vielversprechender Einrichtungen empfohlen worden sind«.[34]

30 Die Grossherzogliche Technische Hochschule Karlsruhe. Festschrift zur Einweihung der Neubauten im Mai 1899, Stuttgart 1899.

31 Paul Zech, Festschrift zur Feier der Einweihung des neuen Flügelanbaues sowie des fünfzigjährigen Jubiläums der Königlichen Technischen Hochschule Stuttgart, welche am 20. bis 25. October 1879 begangen wird. Mit einer urkundlichen Geschichte der Entwicklung der Anstalt, Stuttgart 1879.

32 Schnabel, Anfänge; vgl. dazu Thorsten Logge, Hochschulgeschichte als Gegenstand der Public History. Das Karlsruher Hochschuljubiläum 1950 als performative Historiographie?, in: Jahrbuch für Universitätsgeschichte [im Erscheinen].

33 Hans-Christoph Kraus, Kultur, Bildung und Wissenschaft im 19. Jahrhundert (Enzyklopädie deutscher Geschichte 82), München 2008, S. 22.

34 Franz Joseph Gerstner, Über die polytechnische Lehranstalt, in: Nachrichten von der beabsichtigten Verbesserung des öffentlichen Unterrichtswesens in den österreichischen Staaten mit authentischen Belegen, hg. von Christian Ulrich Detlev Eggers, Tübingen 1808, S. 328–365, hier S. 335.

Der Diskurs über Technikwissen und seine (prospektiven) Lehrstätten wurde über polytechnische Vereine,[35] Gewerbevereine und vereinsunabhängige Zeitschriften wie Johann-Gottfried Dinglers (1778–1855) *Polytechnisches Journal* geführt;[36] hinzu kamen die Periodika der Institute selbst.[37] Die hier vorgestellten Schriften über die Institute in Prag, Wien und Karlsruhe sind also nur ein kleiner Ausschnitt aus einem breiten publizistischen Spektrum, in dem überdies auch private Anstalten eine Rolle spielten,[38] auch wenn sie zum Teil über Gründungspläne nicht hinauskamen.[39] Sie beziehen sich auf die ersten drei deutschsprachigen Polytechnika, die sich zugleich im Laufe der Zeit zu Technischen Hochschulen entwickelten, also nicht nur aufgrund von Seniorität, sondern auch zeitgenössischer Aktualität um die Jahrhundertwende in der Bibliographie Beachtung hätten finden können.

Gründungsplan in Prag – Franz Joseph Gerstners »Über die polytechnische Lehranstalt« (1798/1808)

Das erste deutschsprachige Polytechnikum wurde 1806 in Prag unter maßgeblichem Einfluss der Böhmischen Stände zur Förderung der dortigen Wirtschaft gegründet. Der im Folgenden näher zu beleuchtende Plan des späteren Gründungsdirektors und Mathematik-Professors Franz Joseph Gerstner (1756–1832) wurde 1798 verfasst. Zehn Jahre später wurde der Plan als Teil gesammelter »Nachrichten von der beabsichtigten Verbesserung des öffentlichen Unterrichtswesens in den österreichischen Staaten mit authentischen Belegen« veröffentlicht.[40] Er war damit bereits zwei Jahre nach der Gründung der Anstalt öffentlich zugänglich, zeitgleich also zu den Planungen für ein ähnliches Institut in Wien.

Der Plan begann mit einer Verortung der zu gründenden Institutionen innerhalb der höheren Bildungslandschaft. Gedanklicher Referenzpunkt waren die Universitäten, auf die nach dem Studium der Philosophie, der »Grundlage

35 Vgl. bspw. Donald E. Thomas, Der Polytechnische Verein in Bayern (1815–1933), in: Zeitschrift für Bayerische Landesgeschichte 64 (2001), S. 431–460.

36 Franz Fischer, Dinglers Polytechnisches Journal bis zum Tode seines Begründers (1820–1855), in: Archiv für Geschichte des Buchwesens 15 (2007), Sp. 1027–1142.

37 Johann Joseph Prechtl (Hg.), Jahrbücher des Kaiserlichen Königlichen Polytechnischen Institutes in Wien, Wien 1819–1839.

38 Paul Gehring, Professor Wucherer und seine Freiburger Polytechnische Schule von 1818. Ein Beitrag zur Gründungsgeschichte der Technischen Hochschule Karlsruhe, in: Zeitschrift für die Geschichte des Oberrheins 116 (1968), S. 369–381.

39 Vgl. Johann Andreas Romberg, Entwurf zur polytechnischen Schule in Hamburg, Hamburg 1835.

40 Eggers, Nachrichten.

aller Künste und Wissenschaften«, ein Studium verschiedener »Berufswissenschaften« folge: »*Theologie*, die *Medizin*, und die *Jurisprudenz*«.[41] Aufgrund des kulturellen Voranschreitens hätten Gerstner zufolge nun

> »noch manche andere Berufs-Cathegorien die Nothwendigkeit einer eigenen wissenschaftlichen Anlage, und daher eines besondern Studier-Curses nach sich gezogen, der in Beziehung auf den Standpunkt seiner Lehrgegenstände zu den philosophischen Elementar-Kenntnissen sich eben so verhält, wie die Grundlinien der Medizin zur Physik, oder, wie die Theologie und Jurisprudenz zur Metaphysik und philosophischen Moral«.[42]

Wenngleich die neuen Institutionen den damaligen Universitäten und späteren Technischen Hochschulen nur wenig glichen, so war bereits vor der Gründung des ersten deutschsprachigen Polytechnikums der Geist aus der Flasche, der die Diskussion um die Polytechnika das ganze 19. Jahrhundert begleiten sollte und folgende Bereiche berührte: ihr ambivalentes Verhältnis zu den Universitäten, die gesellschaftlichen Rollen- und Aufgabenzuschreibungen und die Frage nach dem Wesen der Sammlung, Vermittlung und Mehrung von Wissen. Dabei lässt sich bei Gerstner eine anwendungsorientierte Sicht auf Universitätsbildung zeigen. Auffallend ist die Analogie von Philosophie für die Fakultätsfächer und der (mathematischen) Grundbildung für das anschließende technische Spezialwissen.

Zudem wird ein zentrales Diskursfeld offenbar, ohne das die Gründung der Anstalten kaum denkbar wäre: die Betonung von kultureller Entwicklung und technischem Fortschritt – beidem würden weder die Universitäten noch die bisherigen Institutionen technischer Bildung gerecht. Es ging den Gründern der Polytechnika darum, Technik und Gewerbe, also den »Gegenstand aller wesentlichen Beschäftigungen der erwerbenden Classen, und die Quelle allen Reichthums« auf eine wissenschaftliche Grundlage zu stellen.[43] Dabei spielte die Vorstellung des rasanten Alterns von Wissen eine wichtige Rolle:

> »Selbst geschickte, und für ihr Zeitalter vollkommen gebildete Männer, stehen nach 10 oder 20 Jahren schon weit zurück, wenn sie nicht in anhaltender Uebung und mit Männern in Verbindung bleiben, die sich besonders damit beschäftigen, die täglichen Fortschritte der Wissenschaften und der Künste zu verfolgen.«[44]

Um nun für die neuen Lehranstalten Männer zu gewinnen, die imstande waren, diese Wissensfortschritte zu verfolgen, müssten sie ordentlich entlohnt werden, da bereits »ein nur wenig mehr als mittelmäßiger Betrieb eines Handwerkes

41 Gerstner, Über die polytechnische Lehranstalt, S. 328f.
42 Ebd.
43 Ebd., S. 329f.
44 Ebd., S. 331f.

schon ein grösseres Einkommen gewähret«.[45] Nicht nur zur Bestimmung der institutionellen Struktur, auch bei den angemessenen Bezügen der Lehrer waren die Universitäten der Referenzpunkt:

> »Die bisherigen Vorschriften setzen die Professoren an den Universitäten zwischen die Stadt- und Regierungsräthe. Es scheint daher einer klugen Abstufung angemessen zu seyn, daß die Lehrer dieser höheren Anstalt [also des Polytechnikums, Anm. d. Verf.] den Regierungsräthen gleich, ihre Vorsteher aber in eine noch höhere Cathegorie erhoben, und dem gemäß auch ihr Gehalt bestimmt werden sollte.«[46]

Eine Unterordnung des Polytechnikums unter eine vermeintlich höherstehende Universität war das nicht. In seinem Resümee über den Nutzen, der dem Staat aus den Polytechnika erwachse, begann Gerstner auffälligerweise nicht mit den erwarteten wirtschaftlichen Vorteilen (sie kamen erst an dritter Stelle), sondern mit der Grundlegung eines Wissenschaftssystems:

> »*Erstens.* Wäre diese Anstalt eine *Pflanzschule der Professoren*, der Naturgeschichte, Physik, Chemie, und aller Theile der mathematischen Wissenschaften, und es würde dadurch einem Mangel abgeholfen werden, der in den k. k. Staaten, bei dem physisch-mathematischen Studium mehr als bei einem jeden anderen Lehrfache sichtbar ist.«[47]

Eine solche Institutionalisierung von Wissen sollte auch über die Einrichtung eines Journals erfolgen, das die »fortlaufende Geschichte des Institutes«, Informationen zur Lehre, »ausführliche Abhandlungen über Erweiterungen und neue Entdeckungen sowohl von Lehrern als Schülern«, Reiseberichte, Preisabhandlungen und »kürzere Nachrichten über nützliche, einheimische, und fremde Entdeckungen« bringen sollte.[48] Solche Diskussionen um »Verwissenschaftlichung« knüpfen an divergente Formalisierungsprozesse technischen Wissens seit der frühen Neuzeit an, das zugleich die wissensgeschichtliche Basis der Polytechnika darstellt.[49] Bezüglich der Vermittlung dieses Technikwissens setzte Gerstner auf eine weitgehende Lernfreiheit, zudem sollten die Lehrer nur die Grundlage schaffen, die

> »zur Einsicht in die Gründe, und zur Verständlichkeit der erklärten Verfahrungsarten nöthig ist. Die weitere Ausführung wird von den Schülern selbst, unter der Obsicht ihrer Aufseher, in den dazu ausgewiesenen Stunden vorgenommen. [...] Dadurch

45 Ebd., S. 358f.
46 Ebd.
47 Ebd., S. 361.
48 Ebd., S. 357.
49 Vgl. Marcus Popplow, Formalization and Interaction: Toward a Comprehensive History of Technology-Related Knowledge in Early Modern Europe, in: Isis 106 (2015), Nr. 4, S. 848–856; Torsten Meyer, Technologie, in: Enzyklopädie der Neuzeit, Bd. 13, Stuttgart 2011, Sp. 310–319; Gisela Buchheim und Rolf Sonnemann (Hg.), Geschichte der Technikwissenschaften, Basel u. a. 1990.

kommen sie in die Nothwendigkeit, nicht nur dem Lehrer Schritt vor Schritt in ihren Arbeiten zu folgen; sondern auch über die Lehrgegenstände selbst nachzudenken, und den Lehrvortrag beständig im ganzen Zusammenhange vor Augen zu halten.«[50]

Der Plan sah zwar eine Eingangsprüfung vor, ging aber auf die Altersstruktur und somit die formale Vorbildung der Schüler nicht ein.

Akademischer Auftakt in Wien – Johann Joseph Prechtls »Rede bei der ersten Eröffnung der Vorlesungen« (1815)

Anders als das Konzept der Prager Gründung war der 1810/12 erstellte »Plan zu einem polytechnischen Institut in Wien« von Johann Joseph Prechtl (1778–1854) zunächst nicht öffentlich zugänglich.[51] Er wurde erst 100 Jahre nach Gründung in der diesbezüglichen Festschrift veröffentlicht.[52] Er bildet daher hier nur den Hintergrund für die Interpretation der Eröffnungsrede aus dem Jahr 1815, die bereits kurz nach der Gründungsfeier veröffentlicht worden war.[53] Prechtl sah den Zweck der Anstalt »in der Emporbringung der inländischen Industrie durch wissenschaftlichen Unterricht«.[54] Das Institut solle keine »bloße höhere wissenschaftliche Bildungsanstalt, wie etwa die polytechnische Schule in Paris« sein, »noch viel weniger aber eine Handwerks- oder Sonntagsschule«.[55] Hier sollten Schüler lernen, die mindestens 17 Jahre alt waren, zudem »haben Männer von jedem höheren Alter und allen Ständen den gewünschten Zutritt«.[56] Prechtl setzte dabei noch mehr als Gerstner auf

> »eine völlig akademische Freiheit des Studiums […]. Der Unterricht ist allen geöffnet und jeder kann davon nach seinem individuellen Zwecken die Früchte genießen. Jeder Zwang, jedes Schulverhältnis der Frequentanten gegen das Institut würde einem Teil des Zweckes desselben entgegenstreben.«[57]

Dabei sollte das zu vermittelnde Wissen »von oben herab sich verbreiten: der Vorsteher, Leiter oder oberste Handwerker eines Gewerbes erhält seine Ver-

50 Gerstner, Über die polytechnische Lehranstalt, S. 351f.

51 Christian Hantschk, Johann Joseph Prechtl und das Wiener Polytechnische Institut (Perspektiven der Wissenschaftsgeschichte 3), Wien u.a. 1988.

52 Johann Joseph Prechtl, Plan zu einem polytechnischen Institut in Wien, in: Die k. k. Technische Hochschule in Wien 1815–1915. Gedenkschrift, hg. von Josef Neuwirth, Wien 1915, S. 20–48.

53 Ders., Rede bei der ersten Eröffnung der Vorlesungen am K.K. Polytechnischen Institute in Wien den 6. November 1815, Wien [1815].

54 Ders., Plan zu einem polytechnischen Institut, S. 21.

55 Ebd., S. 22.

56 Ebd., S. 41.

57 Ebd., S. 25.

vollkommnung durch Unterricht und verbreitet sodann unter die niedere Klasse die Verbesserungen durch die praktische Ausübung«.[58] Ähnlich dem Prager Plan sah Prechtl die Ausgabe eines Periodikums vor. Deutlicher tritt hier der Sammlungs- und Dokumentationscharakter von Wissensbeständen zutage, denn die Lehrer sollten darin Aufsätze über verschiedene Lehrfächer »zum öffentlichen Beweise ihres Fortschreitens und ihrer Verwendung sowie zum Behufe der Wissenschaft« veröffentlichen.[59] Schärfer als Gerstner, der diese Lehrfächer mit den anderen »Berufswissenschaften« verglich, unterschied Prechtl zwischen einer »reinen, theoretischen Behandlung«, die die »Erweiterung der Wissenschaft selbst« ohne »Nebenblicke auf mögliche Anwendung« sucht, und einer praktischen, angewandten respektive technischen Wissenschaft.[60]

Ähnlich wie Gerstner, der Direktor in Prag wurde, bekam auch Prechtl die Leitung der Wiener Anstalt übertragen. Dessen Eröffnungsrede wurde früh gedruckt, dokumentierte den akademischen Anspruch des Instituts und platzierte sich so innerhalb der öffentlich geführten Debatte über die neuen Bildungsanstalten. Ihm ging es darum, den wirtschaftlichen Nutzen der Institution zu unterstreichen:

> »Mathematik und Naturwissenschaften, im besondern Chemie und Physik, sind die Wissenschaften, welche ihrer Natur nach mit den Gewerben und nützlichen Künsten so unzertrennlich verflochten sind, daß ohne ihre Anwendung der höchste Schwung der Industrie ganz unmöglich wird.«[61]

Dabei betonte Prechtl den Wissensvorsprung Englands und Frankreichs und die Notwendigkeit, den eigenen Gewerbefleiß auf eine wissenschaftlich solide Grundlage zu stellen, denn eigentlich könne Österreich ganz Europa mit Industrieprodukten versorgen: »Aber noch immer bezahlt man Dampfmaschinen aus England, Cilinderdruckmaschinen aus der Schweiz oder aus Frankreich; und fremde Künstler verfertigen die Spinnmechanismen!«[62]

Der Anwendungsbezug begründete für Prechtl die Rollenaufteilung zwischen Polytechnikum und Universität, wobei die Systematik eines berufsbildenden Charakters beiden Anstalten gemein war:

> »So wie die Universitätsstudien zunächst die Bildung der geistlichen und weltlichen Staatsdiener, zur Sorge für die Religion, die politische Verwaltung, die Rechtspflege und den Gesundheitszustand bezwecken; [...] so wird diese Anstalt die Pflegerin der

58 Ebd., S. 22.
59 Ebd., S. 46.
60 Ebd., S. 23.
61 Ders., Rede bei der ersten Eröffnung der Vorlesungen, S. 13.
62 Ebd., S. 16.

nützlichen Künste seyn, indem sie, was an den Wissenschaften für sie nützliches und anwendbares ist, unter sie verbreitet.«[63]

Der Primat der Berufsbildung, den Prechtl bei beiden Institutionen sah, ließ ihn sinnvolle Überschneidungen erkennen:

»Selbst mehrere, welche sich durch die Universitätsstudien für die politischen Zweige der Staatsdienste ausbilden, werden hier mehrere Gegenstände antreffen, deren genauere Kenntniß ihnen in einem künftigen kameralistischen Wirkungskreise sowohl in Bezug auf Beurtheilungen und Rathschläge, die den Handel, als solche, welche die Gewerbsindustrie betreffen, von großem Nutzen seyn können.«[64]

Gemäß dieser Nützlichkeit in der Anwendung war auch die Wissensvermittlung zu gestalten. Bei der Vermittlung der Chemie würden Versuche und Anwendungen eine zentrale Rolle spielen, sie sei zuerst allgemein und dann speziell zu behandeln, daher bedürfe es auch zweier Hörsäle. So solle jeder in den Stand versetzt werden, »sich im Verfolge des allgemeinen chemisch-technischen Studiums in jedem einzelnen Fache die nöthige wissenschaftliche Ausbildung verschaffen zu können«.[65] Für die Maschinenlehre betonte Prechtl die Relevanz des Zeichnens von Modellen. Für die Wissensbestände einer großen Anzahl von Gewerben, die auf »empyrischen Manipulationen beruhen, die keiner wissenschaftlichen Begründung an sich fähig sind«, entwickelte Prechtl mit der empyrischen Technologie ein eigenes Fach:

»Die historische Kenntniß dieser Gewerbe befriedigt nicht nur edle Wißbegierde, sondern sie ist auch dem Künstler selbst nützlich, indem er durch die Zusammenstellung verschiedener Arbeiten zu ähnlichen Absichten oder ähnlicher Arbeiten zu verschiedenen Zwecken auf manche Vervollkommnung seiner Handgriffe, auf ihre Vereinfachung, ja selbst auf eine neue Erfindung geleitet werden kann.«[66]

Das Verhältnis von Universität und Polytechnikum wurde auf verschiedenen Ebenen thematisiert, Gemeinsamkeiten und Unterschiede in den betriebenen Fächern, ihrer Methodik und gesellschaftlichen Funktion herausgearbeitet. Bei der Verhandlung von Status und Aufgaben des Polytechnikums ging es aber nicht zuletzt um den individuellen Nutzen, den die Lernenden aus dem Besuch der Anstalt zogen. Daher betonte Prechtl, der Kaiser habe angeordnet,

»daß auf die Zeugnisse dieses Instituts sowohl bei Ertheilung von Befugnissen, als bei Anstellungen in Staatsdiensten, welche die hier vorgetragenen Kenntnisse nöthig machen, besondere Rücksicht genommen werde.«[67]

63 Ebd., S. 23.
64 Ebd., S. 42.
65 Ebd., S. 29.
66 Ebd., S. 32f.
67 Ebd., S. 42.

Mit dem Problem der Anerkennung der Bildungsdiplome technischer Anstalten war somit schon 1815 der Eckstein für einen wichtigen Grundkonflikt zwischen den Hochschultypen gelegt: Die Bedrohung der von den Universitäten innegehabten Gate-Keeper-Funktion zu Positionen und Ämtern, Würden und Titeln, Macht und Geld durch die Zertifizierung von höherer Bildung.[68]

Gründung und Reform in Karlsruhe – Johann Friedrich Ladomus »Über technische Lehranstalten« (1824) und Karl Friedrich Nebenius »polytechnische Schule zu Karlsruhe« (1833)

In Baden, wo zwar seit 1808 die Gründung eines Polytechnikums diskutiert wurde,[69] es aber erst 1825 zur Realisierung kam, ließ das Vorbild verschiedener bereits gegründeter Polytechnika die Frage der institutionellen Eigenart der Anstalt und damit auch ihres Verhältnisses zur Universität noch expliziter ins Blickfeld treten. Hierbei mag es eine Rolle gespielt haben, dass das an Geldmitteln arme Großherzogtum nach den territorialen Zugewinnen Anfang des 19. Jahrhunderts mit Freiburg und Heidelberg gleich zwei Landesuniversitäten zu unterhalten hatte. Dabei wurde wiederholt die Schließung der Freiburger Universität diskutiert,[70] auch wurde erörtert, die Aufgaben eines Polytechnikums einer der beiden Universitäten zu übereignen.[71]

Beides passierte nicht, und es wurde 1825 eine polytechnische Schule in der badischen Hauptstadt gegründet. Ein Jahr zuvor veröffentlichte der Mathematiker Johann Friedrich Ladomus (1783–1854) eine kurze Charakteristik über »das Wesen technischer Lehranstalten, ihre Stellung im System des öffentlichen Unterrichts […] und ähnliche allgemeine Gegenstände«.[72] Ladomus, seit 1807 Mathematik-Professor an der im selben Jahr von Johann Gottfried Tulla (1770–

68 Notker Hammerstein, Vom Interesse des Staates. Graduierungen und Berechtigungswesen im 19. Jahrhundert, in: Examen, Titel, Promotionen. Akademisches und staatliches Qualifikationswesen vom 13. bis zum 21. Jahrhundert (Veröffentlichungen der Gesellschaft für Universitäts- und Wissenschaftsgeschichte 7), hg. von Rainer Christoph Schwinges, Basel 2007, S. 169–194.

69 Heinrich Lang, Geschichte der Gründung der Polytechnischen Schule, in: Festgabe zum Jubiläum der vierzigjährigen Regierung seiner Königlichen Hoheit des Grossherzogs Friedrich von Baden, hg. von Karl Keller und Heinrich Lang, Karlsruhe 1892, S. 269–289, hier S. 269.

70 Gehring, Professor Wucherer, S. 370.

71 Klaus-Peter Hoepke, Geschichte der Fridericiana. Stationen in der Geschichte der Universität Karlsruhe (TH) von der Gründung 1825 bis zum Jahr 2000 (Veröffentlichungen aus dem Universitätsarchiv Karlsruhe 1), hg. von Günther Grünthal, Klaus Nippert und Peter Steinbach, Karlsruhe 2007, S. 29.

72 Johann Friedrich Ladomus, Über technische Lehranstalten, Karlsruhe 1824, S. IVf.

1828) gegründeten Karlsruher Ingenieurschule, war Mitglied in der für die Errichtung eines Polytechnikums zuständigen Kommission.[73]

Zwar war er somit in einer ähnlichen Stellung wie zuvor Gerstner und Prechtl, als diese ihre Pläne schrieben, doch legte er eine andere Textgattung vor. Ladomus äußerte sich eher grundsätzlich und unterschied drei Typen von Polytechnika: Erstens das Pariser Vorbild, die »Mutteranstalt aller übrigen ähnlichen Lehranstalten«,[74] eine zweite nicht ausschließlich auf Fachschulen vorbereitende Kategorie (wie für Karlsruhe geplant) sowie drittens eine Anstalt wie in Wien. Der Unterschied sei im Wesentlichen die Einpassung ins allgemeine Bildungssystem des Landes. Während die Pariser Anstalt ausschließlich Techniker im engeren Sinne auf die Fachschulen vorbereite, sollte sich die in Baden zu errichtende Kategorie flexibel einpassen, also auch Vorbildung für Handwerker bieten, während in der großen Wiener Anstalt »Vorbildung und Ausbildung« im Sinne einer »Vereinigung von polytechnischen Schulen im obigen Sinne und von technischen Fachschulen« stattfinde.[75]

Ladomus, der in Heidelberg studiert hatte, ging von einer eindeutigen Trennung zwischen Universitäten und technischen Bildungsanstalten aus. Und während erstere stets Gönner fänden, würde »die Bildung für Raumtechnik im engern Sinne, für Industrie und Handel [...] hingegen stiefväterlich behandelt«, und »meistentheils überließ man die Bildung für obenerwähnte Zweige dem Zufall und den Unternehmungen von Privatpersonen«.[76] Die gesehene Notwendigkeit neuer Institutionen für die technische Bildung fußte auf seinem Verständnis der Wesensverschiedenheit von »Theorie und Praxis, Wissenschaft und Technik«.[77] Die praktische und technische Bildung könne »nicht auf den Universitäten ihre Ausbildung und in den bestehenden niedern Lehranstalten eben so wenig ihre Vorbildung« finden.[78] An Universitäten stehe »die Wissenschaft als solche, nämlich ihre Erweiterung und Begründung« im Zentrum der Anstrengungen, der Hauptzweck an technischen Anstalten sei hingegen der Zögling:

> »Die Erfindungen dort sollen hier durch Lehrübung und Anwendung ins Leben gefördert werden. Dort wird der Zuhörer schon auf einer höhern Bildungsstufe stehend gedacht, um die vorgetragenen Gebilde der Wissenschaft ohne Aufsicht und Lehrübung selbstthätig zu individuellem Zweck zu benutzen; hier wird der Bildling genommen,

73 Lang, Geschichte der Gründung, S. 269.
74 Ladomus, Über technische Lehranstalten, S. 10.
75 Ebd.
76 Ebd., S. IIf.
77 Ebd., S. Vf.
78 Ebd., S. 12f.

wie ihn die Erfahrungswelt giebt, der übend und beaufsichtigt in seiner Thätigkeit zur Einsicht und Anwendungskraft geleitet werden muß.«[79]

Hervorzuheben ist schließlich das Verständnis des zu vermittelnden Wissens, das auf Anschauung ausgelegt sein müsse, »nicht auf Begriffe oder gar Worte«, daher gelte es »Sachkenntniß *vor* Zeichenkenntnis« zu fördern.[80]

Die institutionelle, aber auch gesellschaftliche Verortung der neuen Bildungsanstalt erfolgte öffentlich. Auch Ladomus setzte Kenntnis über Details der Anstalten in Wien und Paris als bekannt voraus und verwies auf die publizierten Programme. Das Karlsruher Beispiel zeigt auch, dass nicht nur die Gelehrten ihre Vorstellungen über die technischen Bildungsanstalten öffentlich diskutierten. Mit Karl Friedrich Nebenius (1784–1857), dem badischen Minister des Innern, ging »der Schriftsteller mit dem reformatorischen Verwaltungsbeamten Hand in Hand«, wie es Arthur Böhtlingk (1849–1929), Professor für Geschichte und Literatur an der TH Karlsruhe, im Jahr 1899 ausdrückte.[81]

Nur sieben Jahre nach der Gründung des Polytechnikums verantwortete Nebenius dessen umfassende Reform. Auch er wollte die Sphären zwischen den »reinen« Wissenschaften und ihrer Anwendung klar trennen. Daher werde eine »zweckmäßige Organisation des öffentlichen Unterrichts [...] den höheren Unterricht bis zur Fachbildung in zwei Hauptzweige theilen, und an den einen die Universitätsstudien, an den andern die technischen Lehranstalten anschließen«.[82] Tatsächlich hatte Nebenius sogar grundsätzliche Bedenken, Universitäten und polytechnische Schulen »auch nur neben einander in demselben Orte bestehen zu lassen«.[83] Nur zögerlich gestand er den Polytechnika den Rang von Hochschulen zu, sofern sie »eine vollendete höhere technische Bildung gewähren«.[84] Als Aufgabe der polytechnischen Schule in Karlsruhe definierte Nebenius:

»Im Allgemeinen bezweckt sie die Verbreitung wissenschaftlicher Kenntnisse, welche eine nützliche Anwendung in den Gebieten der Production finden. Das Bedürfniß einer wissenschaftlichen Bildung für den *höhern Gewerbsstand* befriedigend, erstreckt sie ihren Unterricht zugleich auf die technischen Fächer des *Staatsdienstes*; sie dient als Pflanzschule tüchtiger *Lehrer* für die niedern Gewerbsschulen, und bietet ihren Zög-

79 Ebd., S. 31 f.
80 Ebd., S. 27.
81 Arthur Böhtlingk, Carl Friedrich Nebenius. Der deutsche Zollverein, das Karlsruher Polytechnikum und die erste Staatsbahn in Deutschland. Eine kulturhistorische Studie, Karlsruhe 1899.
82 Karl Friedrich Nebenius, Über technische Lehranstalten in ihrem Zusammenhange mit dem gesammten Unterrichtswesen und mit besonderer Rücksicht auf die polytechnische Schule zu Karlsruhe, Karlsruhe 1833, S. 69.
83 Ebd., S. 124.
84 Ebd., S. 122.

> lingen zugleich die Mittel zu einer, ihren künftigen Lebensverhältnissen angemessenen höhern *allgemeinen Bildung* dar.«[85]

Gegenüber den Plänen aus Österreich, die eine »Pflanzstätte für Professoren« vorsahen, ging es aus Sicht des Ministers zunächst um die Lehrerbildung. Doch auch in Baden war der Grundtenor der nachholenden Industrialisierung vernehmbar:

> »Einer der wesentlichen Zwecke dieser Schule ist die Bildung jener Classe von Technikern, welche unter dem Namen von Civilingenieurs in Großbritannien bekannt ist, und der britischen Industrie so wichtige Dienste geleistet hat.«[86]

Das Karlsruher Polytechnikum hatte nach seiner Reorganisation zwei mathematische Klassen, in denen auch allgemeinbildende Unterrichtsstunden vorgesehen waren, darauf aufbauend fünf Fachschulen, wobei von einem fünfjährigen Studium ausgegangen wurde. Der auf zwei Jahre angesetzte Besuch der Grundklassen konnte bei höherer Vorbildung verkürzt oder ausgelassen, bei zu geringer Bildung der vorherige Besuch der Realschule notwendig werden, sodass auf den Fachschulen »die eintretenden Zöglinge ein Alter von 16 Jahren erreicht« haben sollten.[87]

Die Wissensvermittlung sollte durch eine hohe Lernfreiheit gekennzeichnet und an dem Berufsziel der Schüler ausgerichtet sein. Die Vorträge seien durch »mannigfaltige *practische Uebungen*« und Exkursionen zu ergänzen, insgesamt sei die Lehre »nach den höchsten Forderungen [zu] bemessen, die man nach dem Stande der Wissenschaft, und nach den Zwecken, wofür sie in einer technischen Schule gelehrt wird, an eine solche Anstalt machen kann«.[88]

In allen Gründungsschriften wird die Verbindung von Bildung und ihrer Anwendbarkeit, vom direkten Vorteil des Gemeinnutzes durch Wissenschaft deutlich. So kann in den Diskursen um Nützlichkeit und (direkte) Anwendbarkeit ein zentraler Trennungsvektor zwischen Universitäten und Polytechnika in der ersten Hälfte des 19. Jahrhunderts, aber auch in der Rollenzuschreibung durch Erman und Horn sowie der heutigen Historiographie ausgemacht werden. Doch scheint es fruchtbringend, solche Diskurse, die zwischen der »reinen« Wissenschaft und ihrer Anwendung scheiden, zu dekonstruieren. Denn tatsächlich ähneln sich zuweilen die Argumente für die Neugründungen von Universitäten und die Begründung der polytechnischen Schulen: Preußens König Friedrich Wilhelm III. (1770–1840) wird in diesem Zusammenhang der Ausspruch zugeschrieben, der Staat müsse durch geistige Kräfte ersetzen, was er an

85 Ebd., S. 128.
86 Ebd., S. 140.
87 Ebd., S. 135.
88 Ebd., S. 129.

physischen verloren habe,[89] und sein Staatsrat Gottlob Johann Christian Kunth (1757–1829) fasste es 1818 in Bezug auf Industrie und Gewerbe in Schlesien ähnlich. Um nicht »durch Anstrengungen anderer Fabrikländer immer enger beschränkt zu werden«, sei die Hilfe, »welche von Staatswegen geleistet werden kann, in dem einzigen Worte begriffen: Bildung!«[90]

Schluss

Die Rolle, die die neuen Bildungsanstalten innerhalb des Hochschul- und Wissen(schaft)ssystems, aber auch innerhalb der Gesellschaft wahrnehmen sollten, wurde im 19. Jahrhundert öffentlich verhandelt. Zumeist publizierten die Professoren der Polytechnika selbst, aber auch ein Minister wie Nebenius und andere Akteure aus dem Bildungssektor meldeten sich zu Wort. Beispielsweise forderte der spätere Direktor der Mainzer Realschule Friedrich Schoedler (1813–1884) im Jahr 1847 eine »consequente Durchführung der Idee des Parallelismus zwischen technischer Hochschule und Universität«.[91]

Das stete Referenzieren machte diese Diskussionen gleichsam zu einem Spiegel der Rollenzuschreibungen an den Universitäten. Doch bietet die Erforschung der polytechnischen Anstalten mehr als nur einen ergänzenden Blick für die allgemeine Universitätsgeschichte. Für die Kultur-, Wissens- und Bildungsgeschichte sind sie ein eigenständiger Forschungsgegenstand, der bisher zumeist mit technikgeschichtlichen Zugängen untersucht wurde und deren häufig bereits vor Jahrzehnten gewonnenen Erträge von einer Kontextualisierung mit jüngeren Fragestellungen profitieren werden.[92]

Trotz der Wichtigkeit, die Spezifika dieser sich im steten Wandel befindenden technischen Lehranstalten herauszuarbeiten, sind sie als Teil einer gemeinsamen Hochschullandschaft zu verstehen, die neben Technischen Hochschulen und Universitäten noch weitere Spezialinstitutionen aufweist und von Kongruenzen, Differenzen und Konvergenzen zwischen den jeweiligen Einrichtungen geprägt ist.

89 Thomas Nipperdey, Deutsche Geschichte 1800–1866. Bürgerwelt und starker Staat, München 1983, S. 64.

90 Gottlob Johann Christian Kunth, Auszug aus dem Bericht über Schlesien vom 8. Dezember 1818, in: Friedrich und Paul Goldschmied, Das Leben des Staatsrath Kunth, Berlin 1881, S. 246–270, hier S. 269.

91 Schoedler, Die höheren technischen Schulen, S. 114.

92 Karl-Heinz Manegold, Universität, Technische Hochschule und Industrie. Ein Beitrag zur Emanzipation der Technik im 19. Jahrhundert unter besonderer Berücksichtigung der Bestrebungen Felix Kleins (Schriften zur Wirtschafts- und Sozialgeschichte 16), Berlin 1970.

Der hier vorgenommene Streifzug durch einige Veröffentlichungen aus der Gründungsphase der Polytechnika berührt gleich zwei diskursive Verhandlungen der Rolle von Polytechnika und Technischen Hochschulen im öffentlichen Raum. Die Gründungsphase dokumentiert die öffentlichen Rollenzuweisungen in einem sich ausdifferenzierenden Hochschulsystem; die Nichtbeachtung durch die Universitätshistoriographie am Beispiel von Ewald und Horn zeigt den Versuch, über öffentliche Statuszuschreibungen die technischen Anstalten aus dem Beziehungszusammenhang der »deutschen Universitäten« auszuschließen. Das prägt noch immer historiographische Traditionslinien. Tatsächlich aber lässt sich die Geschichte sowohl der Technischen Hochschulen als auch der Universitäten nur mit einem Bewusstsein für ihre realgeschichtlichen Verschränkungen schreiben. Eine methodisch reflektierte Geschichtsschreibung von Bildungs- und Wissenschaftsinstitutionen muss künftig die zuweilen ostentative Nichtbeachtung der Existenz der verschiedenen Hochschultypen problematisieren, um sie nicht zu perpetuieren.

II. Hochschule und Öffentlichkeit

Tomke Jordan

»Professoren lesen für jedermann« – Öffentlichkeitsarbeit einer Grenzlanduniversität: Die Kieler Universitätswochen von 1929 und 1937 zwischen *nordischem Gedanken* und *Grenzkampf*-Idee

Abstract
In the 1920s and 1930s, Schleswig-Holstein was defined by its special character as a border region, which was further intensified by the 1920 German-Danish border shift. On the one hand, there was the idea of the cultural »Grenzkampf«, which was meant to legitimize the affiliation of the ceded territories to Germany and strengthen German nationalism against Denmark, utilizing specific lines of arguments. On the other hand, there was the Nordic idea to be encouraged, which was based on Schleswig-Holstein's special proximity to the Scandinavian North, whose people originate from a common Nordic race. This discrepancy of ideas present in Schleswig-Holstein, which arose in the conflict between the task of international understanding of the so-called »Brückenland« and the »Volkstumskampf« against the Danes, also affected the tasks of the university. The extent to which the University Kiel acted as the bearer and representative of such ideas is illustrated in this article with the help of a historical approach of political thought, using the examples of the 1929 and 1937 University Weeks. The power of the ideas and symbols which constitute reality and the effect these had on the planning, implementation and conception of public events such as the University Weeks and whether these were further shaped, activated or strengthened by the events is investigated.

Seit es Universitäten gibt, sind ihre Aufgaben und Funktionen auf verschiedenste Weise von ihrem Verhältnis zur Öffentlichkeit geprägt und mitbestimmt worden.[1] Dieser Einfluss wird besonders am Kieler Beispiel der 1920er und 1930er Jahre deutlich, wie eine Werbebroschüre der Christian-Albrechts-Universität zu Kiel (CAU) aus dem Jahr 1931 zeigt:

> »Die Kieler Universität ist der Kulturhort der Nordmark. Auch Schleswig-Holstein ist Grenzland und bei unseren heutigen vielfachen Grenznöten findet die Nordmark oft

1 Vgl. die Ankündigung zum wissenschaftlichen Workshop »Vom akademischen Elfenbeinturm zum Studium Generale: Funktion, Aufgabe und Status von Hochschulen und Hochschullehrenden im öffentlichen Raum«, 20.9.2018, www.hsozkult.de/event/id/termine-38194 (1.5. 2019). – Ich danke vielmals Prof. Dr. Oliver Auge und Caroline E. Weber (M.A.), dass sie sich der Betreuung der diesem Aufsatz zugrundeliegenden Bachelorarbeit angenommen und ihr Zustandekommen ermöglicht haben sowie Dr. Martin Göllnitz für die Möglichkeit, diese in gekürzter und dem Aufsatzformat angepasster Fassung publizieren zu können.

> nicht die Beachtung, die sie verdient. Es ist ein eigenartiges Land mit eigener Geschichte, eigener Kultur. Vielfältig sind die Kulturschätze, die Kiel als Hauptstadt dieses Landes birgt. [...] Gleichzeitig hat sich die Kieler Universität in den Dienst des deutsch-nordischen Kulturaustausches gestellt.«[2]

Dieser Auszug bringt gleich zwei Ideen der Öffentlichkeit mit der Universität in Verbindung: den *Grenzland*-Gedanken und die Beziehungen Schleswig-Holsteins zum *Norden.* Dass die Universität zur Trägerin und Repräsentantin solchen Gedankengutes gemacht wurde beziehungsweise sich selbst dazu stilisierte, ist Ausdruck der öffentlichen Mitbestimmung über den Auftrag einer Hochschule. In Kiel variierten die Aufgaben von der Pflege geistiger Beziehungen zwischen Deutschland und Skandinavien bis hin zur Ausarbeitung von Argumentationsmustern,[3] welche die Zugehörigkeit abgetretener Gebiete zu Deutschland legitimieren und das *Deutschtum* als eine das Volk einende, kulturell-geistige Eigenart, auch über Staatsgrenzen hinweg, stärken sollten.[4] Diese besonderen Aufgaben der sogenannten Kieler *Grenzlanduniversität*[5] schlugen sich beispielsweise in der Veranstaltung von Universitätswochen nieder, die unter anderem zum Ziel hatten, der Bevölkerung die grenzpolitische Bedeutung der Hochschule für die Provinz Schleswig-Holstein ins Bewusstsein zu rufen.

Nachdem die Schleswig-Holsteinische Universitäts-Gesellschaft (SHUG)[6] bereits seit 1921 jährlich in verschiedenen Städten der Region – allerdings nicht

2 Christian Donath, Kiel. Die deutsche Universität am Meer, Kiel 1931, S. 12.

3 Siehe zu dieser Praxis im deutschen *Grenzkampf* nach dem Ersten Weltkrieg Vanessa Conze, Die Grenzen der Niederlage: Kriegsniederlagen und territoriale Verluste im Grenz-Diskurs in Deutschland (1918–1970), in: Kriegsniederlagen. Erfahrungen und Erinnerungen, hg. von Horst Carl u. a., Berlin 2004, S. 163–184.

4 Siehe dazu Jenni Boie, Volkstumsarbeit und Grenzregion. Volkskundliches Wissen als Ressource ethnischer Identitätspolitik in Schleswig-Holstein 1920–1930 (Kieler Studien zur Volkskunde und Kulturgeschichte 9), Münster 2013, S. 37f.

5 Der Terminus *Grenzlanduniversität* wurde außer für Kiel nur für Universitätsstandorte in Breslau und Königsberg verwendet. Siehe dazu Martin Göllnitz, Rügen und die Idee einer »Universität des Nordens«. Ein grotesker Projektantrag vom Februar 1934, in: Zeitgeschichte regional 21 (2017), H. 2, S. 85–96; Ralf Walkenhaus, Gab es eine »Kieler Schule«? Die Kieler Grenzlanduniversität und das Konzept der »politischen Wissenschaften« im Dritten Reich, in: Schulen in der deutschen Politikwissenschaft, hg. von Wilhelm Bleek und Hans J. Lietzmann, Opladen 1999, S. 159–182; Manfred Jessen-Klingenberg, Die Christian-Albrechts-Universität in der Zeit der nationalsozialistischen Diktatur, in: Aus der Geschichte lernen? Universität und Land vor und nach 1945. Vorträge einer Ringvorlesung, Kiel ²1997, S. 7–19, hier S. 14f.

6 Die SHUG wurde Ende Juli 1918 auf Initiative einiger Professoren gegründet und verfolgte das Ziel, die Universität auf verschiedenste Weise zu unterstützen und eine Verbindung zwischen ihr und der Bevölkerung aufzubauen. Siehe zur Geschichte der SHUG Manfred Jessen-Klingenberg und Kurt Jürgensen, Universität und Land. Geschichte der Schleswig-Holsteinischen Universitätsgesellschaft 1918–1993, Neumünster 1995; Ludwig Steindorff, Die Schleswig-Holsteinische Universitäts-Gesellschaft, in: Christian-Albrechts-Universität zu Kiel. 350 Jahre Wirken in Stadt, Land und Welt, hg. von Oliver Auge, Kiel/Hamburg 2015, S. 277–287; sowie

in Kiel, weil die Universität hier ja »am Platze« war[7] – Universitätswochen »zur gegenseitigen Berührung von längerer Dauer zwischen den akademischen Lehrern und der Bevölkerung« veranstaltet hatte,[8] fand in Kiel selbst erstmals 1929 eine groß angelegte *Nordisch-Deutsche Woche* statt, die in erster Linie von der SHUG, insbesondere von ihrem ersten Vorsitzenden Anton Schifferer, organisiert wurde.[9] Diese Universitätswoche verfolgte das Ziel des wissenschaftlichen und kulturellen Austausches zwischen der preußischen Provinz und den fünf nordeuropäischen Staaten Dänemark, Schweden, Finnland, Norwegen und Island.

Eine ähnliche Veranstaltung folgte in Kiel im Jahr 1937 mit der *Woche der Universität*, die es sich unter dem Motto »Universität Kiel und Schleswig-Holstein« zur Aufgabe machte, »die Arbeit der Universität und ihre Bedeutung auch nach außen hin in Erscheinung treten zu lassen.«[10] Im Rahmen dieser Woche

---

neuerdings Ders. (Hg.), 100 Jahre SHUG. Schleswig-Holsteinische Universitäts-Gesellschaft. Brücke zwischen Universität und Land, Husum 2019.

7 Landesarchiv Schleswig-Holstein (LASH), Abt. 47, Nr. 1265, Kieler Neueste Nachrichten vom 14.6.1922. Siehe auch Hans Peter Langeloh, Die Leistung der Schleswig-Holsteinischen Universitäts-Gesellschaft für Universität und Landschaft und ihre Aufgaben in der Gegenwart, in: Kieler Blätter 1 (1938), H. 2/3, S. 208–213, hier S. 211f.

8 O.V., Jahresbericht, in: Jahrbuch der Schleswig-Holsteinischen Universitäts-Gesellschaft 1 (1924), S. 9–25, hier S. 22. Diese Wochen bestanden aus einem Programm von abendlichen Vorträgen von Universitätsprofessoren und musikalischen sowie teils schauspielerischen Darbietungen. Ihr Ziel war es, wie der SHUG-Vorsitzende Schifferer schreibt, die Arbeit der Universität in die Provinz zu tragen, dort repräsentativ zu wirken und »die innere geistige und gesellschaftliche Verbindung von Volk und Universität« zu demonstrieren. Vgl. Anton Schifferer, Deutsche Kulturarbeit in Schleswig-Holstein. Vortrag gehalten am 22. Juni 1925 auf dem Bierabend bei dem Herrn Reichsbankpräsidenten Dr. Schacht, Berlin 1925, S. 12.

9 Siehe zur *Nordisch-Deutschen Woche* auch Alexander Scharff, Die Schleswig-Holsteinische Universitätsgesellschaft und die Verständigung Deutschlands mit dem Norden, in: Christiana Albertina 5 (1968), S. 42–47. In Kiel hatte zuvor unter Mitwirkung der Universität sechsmal die *Herbstwoche für Kunst und Wissenschaft* stattgefunden, die von der Stadt veranstaltet wurde und beabsichtigte, Kiel zu einer Stätte für die Pflege von Kunst und Wissenschaft zu machen und gleichzeitig auch die wirtschaftlichen Interessen der Stadt durch Wiederbelebung des Fremdenverkehrs stärker zu fördern. Auch wollte man sich von der stark militarisierten Kieler Woche des Kaiserreichs abgrenzen, in der sich Kiel als Reichskriegshafen präsentiert hatte, und mit der Herbstwoche ein kulturelles Pendant schaffen. Der Inhalt der Veranstaltung sollte dementsprechend aus Festspielen in den städtischen Theatern, wissenschaftlichen Vorträgen sowie künstlerischen und gewerblichen Ausstellungen bestehen. Siehe dazu LASH, Abt. 47, Nr. 1988, Rektor der CAU an die Geschäftsstelle der Nordisch-Deutschen Woche Kiel, 8.5.1929; LASH, Abt. 47, Nr. 1140, Arbeitsausschuss für die Kieler Herbstwoche für Kunst und Wissenschaft an den Rektor der CAU, 6.4.1920; LASH, Abt. 47, Nr. 1140, Programm der Kieler Herbstwoche für Kunst und Wissenschaft. 11. bis 19.9.1920, S. 1–4. Erst bei der *Nordisch-Deutschen Woche* trat die Universität mit als Hauptveranstalterin in Kiel auf, weshalb sie in dieser Arbeit als erste Kieler Universitätswoche betrachtet wird.

10 LASH, Abt. 47, Nr. 1264, Rektor der CAU an die Dekane, 27.1.1937.

sollte der breiten Öffentlichkeit ein Einblick in die wissenschaftliche Arbeit samt ihren Ergebnissen ermöglicht werden.

Diese beiden Wochen – die *Nordisch-Deutsche Woche* von 1929 und die *Woche der Universität* von 1937 – werden im Folgenden bezüglich ihrer Zielsetzung, Planung, Umsetzung und Wirkung einander gegenübergestellt, wobei dezidiert nach ihrem Inszenierungscharakter gefragt wird. Es wird gezeigt, wie sich die Universität im Rahmen der Hochschulwochen in der Wissenschaftslandschaft Deutschlands beziehungsweise Nordeuropas positionierte und wie sie sich gegenüber der einheimischen und internationalen Öffentlichkeit präsentierte. Dabei liegt der Fokus nicht auf bestimmten Instituten oder einzelnen Akteuren wie Studierenden und Professoren,[11] sondern auf einer Reihe von Veranstaltungen, die den akademischen Elfenbeinturm der Universität mit dem Bereich der Öffentlichkeit verbanden, um Rückschlüsse ziehen zu können, wie und zu welchem Zweck die Universität in Erscheinung trat.[12]

11 Für neuere Arbeiten zu den Kieler Professoren vgl. exemplarisch Oliver Auge und Swantje Piotrowski (Hg.), Gelehrte Köpfe an der Förde. Kieler Professorinnen und Professoren in Wissenschaft und Gesellschaft seit der Universitätsgründung 1665 (Sonderveröffentlichungen der Gesellschaft für Kieler Stadtgeschichte 73), Kiel 2014; Oliver Auge, Der Kieler Professor bis zur Mitte des 20. Jahrhunderts – Eine typologische Annäherung, in: Christian-Albrechts-Universität zu Kiel. 350 Jahre Wirken in Stadt, Land und Welt, hg. von dems., Kiel/ Hamburg 2015, S. 425–450; Martin Göllnitz, Das »Kieler Gelehrtenverzeichnis« in der Praxis: Karrieren von Hochschullehrern im Dritten Reich zwischen Parteizugehörigkeit und Wissenschaft, in: Jahrbuch für Universitätsgeschichte 16 (2013), S. 291–312. Für die Kieler Studierenden vgl. neuerdings Ders., Der Student als Führer? Handlungsmöglichkeiten eines jungakademischen Funktionärskorps am Beispiel der Universität Kiel (1927–1945) (Kieler Historische Studien 44), Ostfildern 2018. Siehe ebd., S. 16–31, für einen ausführlich diskutierten Forschungsüberblick über die Literatur zur Universität Kiel in den 1920er und 1930er Jahren. Hier seien exemplarisch genannt Christoph Cornelißen und Carsten Mish (Hg.), Wissenschaft an der Grenze. Die Universität Kiel im Nationalsozialismus (Mitteilungen der Gesellschaft für Kieler Stadtgeschichte 86), Essen 2009. Zur Geschichte der einzelnen Fakultäten bzw. Institute siehe den Überblick bei Oliver Auge und Martin Göllnitz, Die Christian-Albrechts-Universität und ihre Geschichtsschreibung, in: Christiana Albertina 78 (2014), S. 38–58; sowie die Beiträge in Auge (Hg.), Christian-Albrechts-Universität.

12 Siehe dazu auch Sybilla Nikolow und Arne Schirrmacher, Das Verhältnis von Wissenschaft und Öffentlichkeit als Beziehungsgeschichte. Historiographische und systematische Perspektiven, in: Wissenschaft und Öffentlichkeit als Ressourcen füreinander. Studien zur Wissenschaftsgeschichte im 20. Jahrhundert, hg. von dens., Frankfurt a.M. 2007, S. 11–36.

Schleswig-Holstein zwischen *Grenzkampf* und *nordischem Gedanken*

Durch einen ideengeschichtlichen Zugang[13] kann die Positionierung der Kieler Universität im Kontext der Ideen der 1920er und 1930er Jahre besser verortet werden. Der Terminus *Idee* meint häufig die Vorstellung einer spezifischen Gestaltungskraft und umfasst »ein mehr oder weniger stabiles Ensemble von sprachlich oder bildlich artikulierten Argumenten und Vorstellungen«[14], das sich auf das Handeln auswirken kann.[15] Als zwei solcher Ideen können das *Grenzkampf*-Paradigma und der *nordische Gedanke* gelten, wobei sowohl die Auffassung Schleswig-Holsteins als *Grenzland* als auch die besondere Verbundenheit dieses Landes zum skandinavischen Norden keine neuen Vorstellungswelten und Gedankenkonzepte der 1920er Jahre waren: »Mythisch aufgeladene ›Nordmark‹- und ›Grenzland‹-Bilder«[16] waren schon im 19. Jahrhundert präsent und führten zu einem schleswig-holsteinischen Sonderbewusstsein.

Dass Ideen »in der einen oder anderen Weise Reaktionen auf Schwierigkeiten«[17] sein können, zeigte sich nach der 1920 erfolgten Grenzziehung zwischen dem Deutschen Reich und Dänemark, durch die die Grenze Richtung Süden verschoben wurde und die Region Nordschleswig an Dänemark abgetreten werden musste.[18] Durch die Niederlage des Deutschen Reiches im Ersten Welt-

---

13 Zur Entwicklung der Ideengeschichte und ihren verschiedenen Strömungen siehe den Überblick bei D. Timothy Goering, Einleitung. Ideen- und Geistesgeschichte in Deutschland – eine Standortbestimmung, in: Ideengeschichte heute. Traditionen und Perspektiven (Histoire 112), hg. von dems., Bielefeld 2017, S. 7–54.

14 Lutz Raphael, »Ideen als gesellschaftliche Gestaltungskraft im Europa der Neuzeit«: Bemerkungen zur Bilanz eines DFG-Schwerpunktprogramms, in: Ideen als gesellschaftliche Gestaltungskraft im Europa der Neuzeit. Beiträge für eine erneuerte Geistesgeschichte (Ordnungssysteme 20), hg. von dems. und Heinz-Elmar Tenorth, München 2006, S. 11–27, hier S. 23.

15 Henning Eichberg, Erstes Kapitel. Lebenswelten und Alltagswissen, in: Handbuch der deutschen Bildungsgeschichte, Bd. 5: 1918–1945. Die Weimarer Republik und die nationalsozialistische Diktatur, hg. von Dieter Langewiesche und Heinz-Elmar Tenorth, München 1989, S. 25–64, hier S. 27.

16 Rudolf Rietzler, »Kampf in der Nordmark«. Das Aufkommen des Nationalsozialismus in Schleswig-Holstein (1919–1928) (Studien zur Wirtschafts- und Sozialgeschichte Schleswig-Holsteins 4), Neumünster 1982, S. 15, 120.

17 Andreas Dorschel, Ideengeschichte, Göttingen 2010, S. 90.

18 Boie, Volkstumsarbeit, S. 42f. Siehe zur Geschichte der deutsch-dänischen Grenze Steen Bo Frandsen, Martin Krieger und Frank Lubowitz (Hg.), 1200 Jahre deutsch-dänische Grenze. Aspekte einer Nachbarschaft (zeit + geschichte 28), Neumünster 2013. Vgl. darin zur Grenzverschiebung von 1920 insbesondere die Beiträge von Steen Bo Frandsen, Die deutsch-dänische Grenze im Zeitalter der nationalen Gegensätze, S. 225–234; Frank Lubowitz, »Grenzland Schleswig« – Die Clausen-Linie und die Grenzziehung von 1920 zwischen Eider und Königsau, S. 249–258; Karl Christian Lammers, Die neue dänisch-deutsche Grenze als

krieg und den daraus resultierenden, im Versailler Vertrag geregelten territorialen Veränderungen erhielten die neuen Grenzen eine enorme politische und symbolische Bedeutung, sodass sich die Schlagworte *Grenzland* und *Grenzkampf* »als sprachliche Symbole des verlorenen Krieges, des demütigenden ›Diktatfriedens‹ und der volksgemeinschaftlichen Bewusstwerdung« etablierten.[19] Auf beiden Seiten der neuen Grenze formierten sich die Minderheiten durch die Bildung zahlreicher Organisationen und Vereine, »die dem befürchteten Verlust der eigenen nationalen Identität durch eine aktive Kulturarbeit entgegenwirken sollten.«[20] Florian Greßhake sieht die sich entwickelnde »Grenzlandidentität« als Folge der Jahrzehnte andauernden Konfrontation und der in diesem Kontext entstandenen nationalen Gegensätze, die sich im Abstimmungskampf durch entsprechende propagandistische Maßnahmen noch einmal verstärkt hätten.[21] Diese Grenzlandidentität wurde vornehmlich vom völkischen und nationalkonservativen Milieu geprägt und bahnte sich ihren Weg schließlich in Form des verschlagworteten *Grenzkampfes*[22] der neu entstandenen nationalen Minderheiten, der vor allem auf kulturpolitischer Ebene geführt wurde.[23] Solche symbolischen Begriffe tragen dazu bei, »gesellschaftliche Praktiken und politische Handlungsräume vor[zu]strukturieren, indem sie Vorstellungswelten und Denkhorizonte bestimmen« und das Handeln von

---

»Versailles-Grenze«. Die Grenzfrage in den dänisch-deutschen Beziehungen 1933–1955, S. 259–268.

19 Göllnitz, Der Student, S. 393; vgl. auch Ders., Ein Schleswiger Museumsprojekt in den 1930er Jahren. Geschichtspolitik im Widerspruch von Wissenschaft und Grenzrevanchismus, in: Demokratische Geschichte 26 (2015), S. 115–142, hier S. 115.

20 Florian Greßhake, Deutschland als Problem Dänemarks. Das materielle Kulturerbe der Grenzregion Sønderjylland – Schleswig seit 1864 (Formen der Erinnerung 51), Göttingen 2013, S. 145. Siehe auch Lammers, Versailles-Grenze, S. 260.

21 Greßhake, Deutschland als Problem, S. 142.

22 Der Terminus *Grenzkampf* wurde nicht nur für die Auseinandersetzungen an der deutsch-dänischen Grenze benutzt, sondern meinte auch die stärker auf Konfrontation ausgerichtete Situation an den östlichen Grenzen des Reiches, sodass man in Schleswig-Holstein mit »Argwohn und Neid auf das Interesse Berlins an der Förderung der östlichen Grenzgebiete« blickte. Siehe hierzu und für das Zitat Morten Andersen, »Nation building« im schleswigschen Grenzland. Der wirtschaftliche Wiederaufbau des schleswigschen Grenzgebietes 1919–24, in: Grenzen in der Geschichte Schleswig-Holsteins und Dänemarks (Studien zur Wirtschafts- und Sozialgeschichte Schleswig-Holsteins 42), hg. von Martin Rheinheimer, Neumünster 2006, S. 367–386, hier S. 376.

23 Andrea Teebken, Räumliche und mentale Grenzziehung im 19. Jahrhundert. Der Sprachenkampf im Herzogtum Schleswig, in: Grenzen in der Geschichte Schleswig-Holsteins und Dänemarks (Studien zur Wirtschafts- und Sozialgeschichte Schleswig-Holsteins 42), hg. von Martin Rheinheimer, Neumünster 2006, S. 353–366, hier S. 359; Martin Göllnitz, Grenzkampf als Studienziel. Die volkspolitische Erziehungsarbeit der Deutsch-Nordischen Burse im kulturellen »Grenzlandringen«, in: Bildungseinrichtungen der »auslanddeutschen Volkstumsarbeit«, hg. von Hans-Werner Retterath (im Druck).

Menschen lenken und motivieren können.[24] So stellten einige Institutionen und Einrichtungen, die sich ganz der *Grenzland-* und *Volkstumsarbeit* verschrieben hatten,[25] Dänemark in entsprechenden Publikationen als Bedrohung dar, der sich Schleswig-Holstein als »deutscher Vorposten westgermanischer Kultur« entgegenzustellen hatte.[26] Gleichzeitig wurde aber auch betont, dass die Dänen ein »kulturell hochstehendes und wirtschaftlich tüchtiges Volk« seien, mit dem man »in Ruhe und Frieden zu leben« wünsche.[27] Es ging also nicht um den Kampf gegen ein Volk, sondern gegen die dänische Eigenart und Oberhoheit in den als rein deutsch angesehenen Gebieten Nordschleswigs, die man zurückgewinnen wollte. Freilich spiegeln solche radikalen Forderungen nach einer neuen Grenzziehung und einer unbedingten Abgrenzung von Dänemark nicht zwangsläufig die Stimmung der breiten Masse wider, sondern müssen als propagandistische Elemente des geführten *Grenzkampfes* verstanden werden.

Die hier vertretene Auffassung von den Dänen als grundsätzlich kultiviertes Volk greift eine zweite wichtige Idee der Zeit auf: den *nordischen Gedanken*, der nach dem Rassetheoretiker Hans Friedrich Karl Günther die »Lehre von der Höchstwertigkeit der ›ganzen‹ nordischen Rasse und von der Notwendigkeit, diese Rasse vor dem Untergang zu bewahren«, umfasst.[28]

Die sich nach Günthers Definition schnell entwickelnde *Nordische Bewegung* gebrauchte die Bezeichnung *nordisch* meistens als *nordrassisch.* Als *nordisch* wurden also alle überwiegend der *nordischen Rasse* zugehörigen Gebiete und Völker bezeichnet, sowie angeblich aus dieser *nordischen Rasse* entstandene Kulturen. Zu den *nordischen Ländern* in diesem Sinne wurden demnach Dänemark, Island, Norwegen, Schweden und Finnland gezählt.[29] Die Ausstrahlungskraft der Idee des *nordischen Gedankens* manifestierte sich beispielsweise in dem gängigen Terminus *der Norden* für alle fünf genannten Länder oder der Bezeichnung Schleswig-Holsteins als *Nordmark.* Das schleswig-holsteinische Sonderbewusstsein zeichnete sich durch ein Selbstverständnis als *nordisches*

24 Goering, Ideen, S. 97.

25 An führender Stelle sei hier der »Deutsche Schutzbund für das Grenz- und Auslandsdeutschtum« als Träger der Grenzland-Ideologie und als Zusammenschluss von über hundert Verbänden und Vereinen zu nennen, der eng mit der Presse zusammenarbeitete. Vgl. zu den Aktivitäten in Schleswig-Holstein bislang lediglich Rietzler, Kampf, S. 291, 302, dessen Erkenntnisse auf einem veralteten Forschungsstand beruhen.

26 Schifferer, Deutsche Kulturarbeit, S. 8. Siehe ferner Boie, Volkstumsarbeit, S. 83f.

27 Schifferer, Deutsche Kulturarbeit, S. 9.

28 Hans-Jürgen Lutzhöft, Der Nordische Gedanke in Deutschland 1920–1940 (Kieler Historische Studien 14), Stuttgart 1971, hier S. 207. Siehe zu Hans Friedrich Karl Günther insb. Elvira Weisenburger, Der »Rassepapst«. Hans Friedrich Karl Günther, Professor für Rassenkunde, in: Die Führer der Provinz. NS-Biographien aus Baden und Württemberg (Karlsruher Beiträge zur Geschichte des Nationalsozialismus 2), hg. von Michael Kißener und Joachim Scholtyseck, Konstanz 1997, S. 161–200.

29 Lutzhöft, Der Nordische Gedanke, S. 191.

Volk aus, wenn auch nicht immer in der Vorstellung einer rassisch bedingten Verbundenheit zum *Norden*, sondern auch häufig noch in Form der ursprünglichen *Nordlandschwärmerei.*

Der *nordische Gedanke* fand sich in Schleswig-Holstein bald auch im Zuge der nationalsozialistischen Ideologie wieder, für deren rassische Komponente Günthers Ideen eine Grundlage bildeten. Die Idee einer *germanischen* Gemeinschaft war ein grundlegender Bestandteil der nationalsozialistischen Auffassung, sodass der *nordische Gedanke* – durch »rassische Vorstellungen von Stärke, Schönheit und Reinheit« untermauert – zu neuer Bedeutung kam.[30] So berichtete der Kieler Historiker Karl Alnor im Jahr 1935 beispielsweise von »Blutgruppenuntersuchungen der schleswig-holsteinischen Bevölkerung«, die »noch heute einen außerordentlich starken nordischen Blutanteil« hätten.[31] Zur *Nordschleswigfrage* nahm die Reichsregierung dementsprechend eine zurückhaltende Position ein, da man sich hier der Frage nach dem Vorrang von Volk oder Rasse stellen musste.[32] Greßhake spricht von einem »Primat der Außengegenüber der Minderheitenpolitik«, das sich im Fehlen einer einheitlichen Linie in der Grenzfrage niederschlug.[33] Die schon in den 1920er Jahren angelegte Diskrepanz zwischen der Verständigungsaufgabe des Brückenlandes Schleswig-Holstein und dem sogenannten *Volkstumskampf* gegen die Dänen verstärkte sich angesichts der NS-Ideologie einer *nordischen Herrenrasse*, sodass besonders Schleswig-Holstein mit seinem entwickelten Sonderbewusstsein keine klare Stellung beziehen konnte.[34] Es kollidierten nun zwei unterschiedliche Positionen miteinander, die sich in einer widersprüchlichen Politik niederschlugen: Einerseits war Schleswig-Holstein die wichtige Brücke zum vermeintlich *germanisch* verbrüderten *Norden*, andererseits war der Wunsch nach der Rückge-

30 Greßhake, Deutschland als Problem, S. 218.

31 Karl Alnor, Schleswig-Holsteins Erbe und Sendung (Grenzkampf-Schriften 1), Berlin 1935, S. 6. Schon bevor diese rassistische Definition des *nordischen Gedankens* aufkam, fand im Zuge einer in Deutschland vorherrschenden *Nordlandromantik* eine Beschäftigung mit *dem Norden* auf kultureller und literarischer Ebene statt. Hier wurde *nordisch* noch nicht im rassischen Sinn verstanden. Vgl. dazu Lutzhöft, Der Nordische Gedanke, S. 204. Greßhake, Deutschland als Problem, S. 218, spricht von einer »romantische[n] Verklärung alles Nordischen seit dem 18. Jahrhundert in Deutschland«, die sich in der Rezeption von skandinavischer Literatur, Kunst, Mythologie und Musik widerspiegelte und »das Konzept des Nordens« zum festen Bestandteil deutscher Sehnsüchte und Kulturmoden werden ließ.

32 Greßhake, Deutschland als Problem, S. 219.

33 Ebd., S. 212.

34 Siehe dazu auch Karl Christian Lammers, Die Beziehungen zwischen der Universität Kiel und Kopenhagen während der NS-Jahre, in: Wissenschaft an der Grenze. Die Universität Kiel im Nationalsozialismus (Mitteilungen der Gesellschaft für Kieler Stadtgeschichte 86), hg. von Christoph Cornelißen und Carsten Mish, Essen 2009, S. 81–95, hier S. 87.

winnung Nordschleswigs im Zuge des völkischen Raumdenkens stärker denn je.[35]

Es wird somit die »wirklichkeitskonstituierende Kraft von Ideen und Symbolen« deutlich,[36] die für die beiden genannten Ideen des *Grenzkampfes* und des *Nordens* in dem hier betrachteten Zeitraum angenommen wird, sodass kritisch zu hinterfragen ist, ob und in welchem Maße sich die genannten Termini in den untersuchten Universitätswochen widerspiegeln und Einfluss auf die Veranstaltung nahmen.[37]

Die *Nordisch-Deutsche Woche* von 1929

Nachdem die SHUG bereits 1924 und 1925 vornehmlich zu Werbezwecken in Kiel und Altona zwei Universitätstage veranstaltet hatte,[38] »um zunächst die angestrebte Verbindung zwischen Universität und Land zur Anschauung zu bringen«[39], kam der Gedanke auf,

> »einen großdeutschen Universitätstag zu veranstalten unter Beteiligung von Trägern des nordischen Geisteslebens, Trägern der nordischen Wissenschaft und Kultur aus den fünf Staaten Island, Dänemark, Norwegen, Schweden und Finnland.«

Es sei »ein großer zusammenhängender Plan« für eine Veranstaltung entstanden, die studentische deutsch-nordische Sportwettkämpfe, einen »Deutsch-Nordischen Universitätstag« und eine Deutsch-Nordische Woche für Kunst und

35 Greßhake, Deutschland als Problem, S. 211 f.

36 Raphael, Ideen, S. 26.

37 Ob die Wirkmächtigkeit der Ideen auf den universitären Bereich ausstrahlte und die Wochen beispielsweise durch das Verständnis von Kiel als *Grenzlanduniversität* eine politische Richtung annahmen, kann natürlich nur bedingt ermittelt werden, da die Wahrnehmung von Ereignissen oder Ideen immer subjektiv und individuell und dadurch ebenso wie ein etwaiger Politisierungsgrad nicht messbar ist. Siehe dazu Dieter Langewiesche, Die Idee Nation als Handlungsorientierung. Kommentar, in: Ideen als gesellschaftliche Gestaltungskraft im Europa der Neuzeit. Beiträge für eine erneuerte Geistesgeschichte (Ordnungssysteme 20), hg. von Lutz Raphael und Heinz-Elmar Tenorth, München 2006, S. 359–368. Da in der vorliegenden Arbeit keine autobiographischen Quellen in den Blick genommen werden, sondern Dokumente, die einzig die Positionierung der Universität widerspiegeln, wird die persönliche Wahrnehmung der Akteure außen vorgelassen und stattdessen nach der Überformung von institutionellen Bereichen durch die Ideen gefragt. So hat Manfred Jessen-Klingenberg, Nord-Locarno – Anton Schifferers und Otto Scheels »nordische Reise« im Oktober 1927, in: Zeitschrift der Gesellschaft für Schleswig-Holsteinische Geschichte 96 (1971), S. 309–339, hier S. 310, in Bezug auf die *Nordisch-Deutsche Woche* von 1929 bereits festgestellt, dass die Auswirkungen der Veranstaltung ohnehin schwer messbar seien, weshalb es an dieser Stelle stärker um die von der Universität intendierte Außenwirkung gehen soll.

38 Jessen-Klingenberg/Jürgensen, Universität und Land, S. 24–29.

39 O. V., Jahresbericht, in: Jahrbuch der Schleswig-Holsteinischen Universitäts-Gesellschaft 4 (1927), S. 9–50, hier S. 18. Dort findet sich auch das folgende Zitat.

Wissenschaft umfassen sollte. Auch habe der Gedanke des zehnjährigen Gründungsjubiläums der SHUG eine Rolle bei den Überlegungen zu diesem dritten Universitätstag gespielt, was einmal mehr auf die Universitäts-Gesellschaft als Initiatorin hinweist.[40] Im Geleitwort des endgültigen Programmheftes der *Nordisch-Deutschen Woche* heißt es schließlich zur Zielsetzung der Veranstaltung, dass man die »nordische Kultur in ihren verschiedenen Gestalten für eine Woche nach Kiel zu Gast« bitten wolle, um so das Interesse am *nordischen* Kulturleben zu stärken.[41] In den anschließenden Ausführungen Carl Petersens, außerplanmäßiger Professor für Neuere Geschichte, zur SHUG im Programmheft wird die Woche als Zeichen dafür bezeichnet, dass Schleswig-Holstein, »geführt von seiner Landesuniversität und mit ihr verbunden, wiederum sein geistiges Gesicht gen Norden wendet und sich auf eine Aufgabe besinnt, deren Lösung sowohl Deutschland wie den nordischen Ländern am Herzen liegen muss«.[42] Die Verknüpfung »eigener« Wissenschaft und Kultur mit den »Auslandskulturen« sei ein »Gebot der Stunde für alle Nationen« und eine »Angelegenheit der europäischen Zukunft«, um das wieder herzustellen, was im Krieg zerstört worden ist. Das hier formulierte Ziel einer Erneuerung der wissenschaftlichen Beziehungen zur gegenseitigen Bereicherung konnte erst nach zwei Jahren langer Planung im Programmheft abgedruckt werden.

Denn nachdem bereits im Juni 1927 die Zusammenarbeit mit der Stadt Kiel beschlossen worden war,[43] unternahmen zwei der beiden Hauptakteure des kulturell geführten *Grenzkampfes* in der Provinz, der Inhaber des Lehrstuhls für Schleswig-Holsteinische, Reformations- und Nordische Geschichte Otto Scheel[44] und Anton Schifferer, zunächst eine Reise in die Hauptstädte Dänemarks, Norwegens und Schwedens, um die betreffenden Vertreter der skandinavischen Länder von der geplanten Veranstaltung einer *Deutsch-Nordischen Woche* in Kiel zu überzeugen und zum Mitmachen zu bewegen: Ohne die Zustimmung und Teilnahme Dänemarks, so die Annahme Scheels und Schifferers, könne man

40 Ebd., S. 17.

41 LASH, Abt. 47, Nr. 1988, Rektor der CAU an die Geschäftsstelle der Nordisch-Deutschen Woche Kiel, 8.5.1929; Stadtarchiv Kiel (StA Kiel), Abt. XIII, 12, Nr. 65752, Geleitwort im Programm der Nordisch-Deutschen Woche für Kunst und Wissenschaft. Kiel 15. bis 23.6. 1929, S. 5f.

42 StA Kiel, Abt. XIII, 12, Nr. 65752, Programmheft der Nordisch-Deutschen Woche für Kunst und Wissenschaft. Kiel 15. bis 23.6.1929, S. 7–9, hier S. 9. Siehe dort auch zum Folgenden.

43 LASH, Abt. 399.70, Nr. 409, Niederschrift über die Sitzung am 27.6.1927 im Amtszimmer des Herrn Stadtrat Gluck wegen des Deutschen Universitätstages im Jahre 1928.

44 Siehe zu Otto Scheel Carsten Mish, Otto Scheel (1876–1954). Eine biographische Studie zu Lutherforschung, Landeshistoriographie und deutsch-dänischen Beziehungen (Arbeiten zur kirchlichen Zeitgeschichte 61), Göttingen 2015.

auch nicht auf die anderen Länder zählen.[45] In der Planungsphase war stets die Rede von einer *Deutsch-Nordischen Woche* – erst später entschied man sich für die offizielle Bezeichnung *Nordisch-Deutsche Woche.*[46] In dem Geheimbericht zur Reise sowie auch in allen anderen Mitteilungen zur *Nordisch-Deutschen Woche* hob Schifferer den zwingend notwendigen unpolitischen Charakter der Veranstaltung als Bedingung für ihr Gelingen hervor,[47] obwohl im Geheimbericht auch Äußerungen zu finden sind, die in gewissem Widerspruch zu dieser Proklamation stehen und durchaus politische Zielsetzungen durchscheinen lassen: Da England nun auch erfolgreich auf Finnland einwirke, erscheine es umso wichtiger, die Süd-Nord-Beziehungen zu stärken und den englischen Einfluss auf Dänemark zu vermindern. Ausschließlich unpolitische Ziele, wie stets betont wurde, verfolgten Schifferer und Scheel demnach nicht. Der Geheimbericht lässt den Schluss zu, dass sich die beiden Verantwortlichen durch die *Nordisch-Deutsche Woche* eine generelle wirtschaftliche und politische Rehabilitierung Deutschlands in Europa versprachen.[48]

Dennoch war man sehr darauf bedacht, den unpolitischen Charakter der Woche zu wahren, weshalb sie auf den Juni 1929 verschoben wurde, da Wahlkämpfe »heftigster Art« zur anstehenden Land- und Reichstagswahl »stimmungsmäßig abträglich« auf die Planung der *Nordisch-Deutschen Woche* wirken könnten.[49] Bis zu diesem Zeitpunkt stand die geplante Veranstaltung ausschließlich unter Federführung Schifferers, der Schleswig-Holstein aufgrund seiner geographischen Lage und geschichtlichen Überlieferungen im Rahmen des deutschen Gesamtauftrags die Teilaufgabe zusprach, die wissenschaftlichen und kulturellen Beziehungen mit den nordeuropäischen Ländern zu pflegen.[50] Obwohl er die »geistige Arbeitsführung« bei der CAU sah, blieb er zunächst

45 Eine detaillierte Untersuchung der Reise sowie ein Abdruck des Geheimberichts finden sich bei Jessen-Klingenberg, Nord-Locarno, S. 335–339. Zu einem weiteren Bericht der durchgeführten Reise siehe auch o. V., Jahresbericht (1927), S. 19. Zur Planungsverzögerung nach der Reise und Schifferers kurzzeitigem Rücktritt als erster Vorsitzender aufgrund von Widerstand aus den eigenen Reihen, der jedoch behoben werden konnte, siehe Scharff, Verständigung Deutschlands, S. 46f.; o. V., Jahresbericht (1927), S. 20f.; o. V., Jahresbericht, in: Jahrbuch der Schleswig-Holsteinischen Universitäts-Gesellschaft 5 (1928), S. 5–57, hier S. 20; sowie die ausführliche Schilderung bei Jessen-Klingenberg/Jürgensen, Universität und Land, S. 45f.

46 Die Bezeichnung als *Deutsch-Nordische Woche* wurde vor allem in der Planungsphase von 1928 verwendet, reicht aber bis in das Schriftgut der ersten Hälfte des Jahres 1929 hinein, wo dann fast ausschließlich nur noch von der *Nordisch-Deutschen Woche* die Rede ist. Diese Namensänderung führen Jessen-Klingenberg/Jürgensen, Universität und Land, S. 46, auf Schifferer zurück.

47 O. V., Jahresbericht (1928), S. 20.

48 Aus dem Geheimbericht, zit. n. Jessen-Klingenberg, Nord-Locarno, S. 338. Siehe auch Scharff, Verständigung Deutschlands, S. 44.

49 O. V., Jahresbericht (1928), S. 21.

50 Ebd., S. 18f.

selbst treibende Kraft des Unternehmens, da die Universität aufgrund ihrer pluralistischen Struktur »zu einer koordinierenden Führung« gar nicht fähig sei und der Lenkung der Universitäts-Gesellschaft bedurfte, wie Jessen-Klingenberg konstatiert.[51] An Schifferers Tätigkeit bei der Planung der *Nordisch-Deutschen Woche* wird ersichtlich, wie Ideen das Handeln von Menschen motivieren und lenken können: Er sah die Veranstaltung als Teil seiner kulturpolitischen Arbeit, die den *nordischen Gedanken* mit dem kulturell geführten *Grenzkampf* zu verbinden versuchte, indem durch die Pflege der kulturellen Beziehungen zum »skandinavischen Norden« die »vergiftende Agitation« der Grenzfrage zugunsten eines »gesunden politischen Ausgleich[es]« ausgeschaltet werden sollte.[52] Hier scheint eine politische Stoßrichtung durch, die Vanessa Conze als eine »im Kern höchst politische ›unpolitische‹ Grundhaltung« in den meisten Werken zu Grenzfragen im Rheinland und an der polnischen Grenze ausmacht[53] und die auch im Zuge der *Nordisch-Deutschen Woche* in Schleswig-Holstein präsent war.[54]

Obwohl die Initiative und Federführung zu der Veranstaltung von Schifferer ausging, ist die Woche doch als Gemeinschaftsleistung der SHUG und der Universität zu werten, da sich der Rektor sowie Teile des Hochschullehrkörpers und der Freien Kieler Studierendenschaft bei der weiteren Planung durchaus aktiv beteiligten.[55] So wurde beispielsweise die Ehrung von Gelehrten aus jedem der fünf geladenen Länder durch Ehrenpromotionen beschlossen[56] und es erging ein Schreiben des Vorsitzenden des Verbandes der Deutschen Hochschulen Wilhelm Schlink an die deutschen Universitäten, in dem der Termin für den in diesem Schreiben noch als deutsch-nordisch bezeichneten Universitätstag bekannt gegeben und die Hochschulrektoren dazu aufgefordert wurden, mit »noch ein bis zwei Herren« an der Tagung teilzunehmen, damit das Gelingen des Universitätstages gewährleistet sei.[57] Den Teilnehmenden wurde in Aussicht

---

51 Jessen-Klingenberg, Nord-Locarno, S. 312.

52 Schifferer, Deutsche Kulturarbeit, S. 9.

53 Conze, Die Grenzen, S. 170.

54 Siehe dazu StA Kiel, Abt. XIII, 12, Nr. 65752, Aufruf der südjütischen Vorsitzenden des Sprachvereins, des Schulvereins und des Grenzvereins vom 12.6.1929, in dem gefordert wurde, grenzrevisionistische Äußerungen einzustellen und jede politische Tendenz der geplanten Veranstaltung auszuschließen.

55 In den neu gegründeten Ausschuss für die Vorbereitung des Universitätstages wurden als Vertreter der Universität die Professoren Wilhelm Anschütz, Bernhard Harms, Walther Kossel, Heinrich Rendtorff, Heinrich Schade und Walther Vogt gewählt. Vgl. LASH, Abt. 47, Nr. 1988, Protokoll der Sitzung des Akademischen Konsistoriums vom 5.12.1928. In weiteren Arbeitsausschüssen zur Vorbereitung fungierten die Professoren Fritz Stein und Otto Mensing sowie der Museumsdirektor Ernst Sauermann als Vorsitzende. Siehe dazu LASH, Abt. 399.70, Nr. 407, Richtlinien für die Nordisch-Deutsche Woche vom 15. bis 23.6.1929.

56 LASH, Abt. 47, Nr. 1988, Rektor der CAU an die vier Dekane, 15.1.1929.

57 Ebd., Nr. 1265, Schlink an die Rektoren der deutschen Universitäten, 5.12.1928.

gestellt, für den Aufenthalt in Kiel nicht finanziell aufkommen zu müssen und der Veranstaltung als Ehrengäste beizuwohnen. Die nicht-deutschen Gäste sind der finalen Gästeliste von Rektor Walther Kossel über die »anwesenden Herren aus Skandinavien« zu entnehmen, aus der hervorgeht, dass die Universitätsprofessoren Bjarnason (Reykjavik), Brögger (Oslo), Romdahl (Göteborg) und Setälä (Helsingfors) sowie Dr. Nörlund (Kopenhagen) für wissenschaftliche Vorträge eingeplant waren.[58] Anfang April ergingen schließlich die Einladungen an die deutschen Universitäten, unterzeichnet vom Rektor, von Schifferer im Namen der Universitäts-Gesellschaft und von Professor Haseloff im Namen des Ausschusses der Woche für Kunst und Wissenschaft[59], sodass die *Nordisch-Deutsche Woche* schließlich im Juni 1929 stattfinden konnte.

Sie umfasste sportliche Wettkämpfe der Studierenden aller fünf beteiligten Länder,[60] zwei Ausstellungen für Nordische Volkskunst und Architektur im Thaulow-Museum sowie für Nordische Bildende Kunst in der Kunsthalle, den Nordisch-Deutschen Universitätstag mit einem Festakt der SHUG sowie wissenschaftliche Vorträge der nordeuropäischen Gelehrten, die immer zwei Mal am Tag gehalten wurden. Die abendlichen Darbietungen bestanden aus Vorstellungen im Stadttheater, Filmvorstellungen und Konzerten.[61] Von den Filmveranstaltungen waren zwei als »Freie Volksveranstaltungen« konzipiert. Die wissenschaftlichen Vorträge wurden ausschließlich von den Professoren der skandinavischen Universitäten gehalten und verzichteten im Gegensatz zu den

58 LASH, Abt. 47, Nr. 1988, Mitteilung des Rektors der CAU vom 7.6.1929. Auch zum Folgenden. Die Gästelisten zählen 17 Gäste aus Kopenhagen, zehn aus Oslo, jeweils sechs aus Helsingfors und Stockholm, drei aus Göteborg, zwei aus Lund, sowie jeweils einen aus Hadersleben, aus Turku und Tromsö. Darunter waren vornehmlich Professoren sowie konsularische Vertreter und Gesandte der skandinavischen Staaten. Siehe dazu auch Anton Schifferer, Eröffnungsrede des Vorsitzenden der Schleswig-Holsteinischen Universitätsgesellschaft, in: Deutschland und der Norden. Umrisse. Reden. Vorträge. Ein Gedenkbuch, hg. von Carl Petersen, Breslau 1931, S. 105–108, hier S. 107. Zu den deutschen Anwesenden beim Universitätstag, unter anderem Vertreter der Reichs- und Staatsministerien, der Parlamente, der Provinzial- und Landesverwaltung sowie der Stadt Kiel, siehe o.V., Jahresbericht, in: Jahrbuch der Schleswig-Holsteinischen Universitäts-Gesellschaft 6 (1929), S. 7–47, hier S. 16.

59 LASH, Abt. 47, Nr. 1988, Einladung des Rektors der CAU an die Universitäten Berlin, Bonn, Breslau, Erlangen, Frankfurt a.M., Freiburg i.Br., Gießen, Göttingen, Greifswald, Halle, Hamburg, Heidelberg, Jena, Köln, Königsberg, Leipzig, Marburg, München, Münster, Rostock, Tübingen, Würzburg. Zur zeitlichen Planung der Einladungs-Verschickung siehe ebd., Niederschrift der Sitzung des Ausschusses zur Vorbereitung des Deutsch-Nordischen Universitätstages vom 7.1.1929.

60 Siehe hierzu Richard Strempel, Die Nordisch-Deutschen Hochschulwettkämpfe, in: Deutschland und der Norden. Umrisse. Reden. Vorträge. Ein Gedenkbuch, hg. von Carl Petersen, Breslau 1931, S. 400–407.

61 Siehe die »Folge der Veranstaltungen der Nordisch-Deutschen Woche« in Carl Petersen (Hg.), Deutschland und der Norden. Umrisse. Reden. Vorträge. Ein Gedenkbuch, Breslau 1931, S. 96.

Reden beim Festakt des Universitätstages auf eine explizite Hervorhebung der engen Beziehungen zwischen Schleswig-Holstein und den skandinavischen Staaten.[62] Dass die Professoren der Kieler Universität nicht mit Vorträgen vertreten waren, ist auf die Zielsetzung zurückzuführen, explizit der *nordischen* Kultur eine Bühne zu geben. Die deutschen Professoren waren stattdessen im Rahmen von Institutsführungen und speziellen »Demonstrationen« fachwissenschaftlicher Gegenstände eingespannt, die vom Rektor ausschließlich für die Ehrengäste, also die »Delegierten der nordischen und der deutschen Universitäten«, konzipiert worden waren, um auf diese Weise persönliche Beziehungen zu knüpfen, wo es bisher noch nicht möglich gewesen war. Diese exklusiven Präsentationen seien »ganz besonders erwünscht, um den von Anfang an betonten Gedanken der wissenschaftlichen Berührung mit den Gästen in bestimmter Gestalt auftreten zu lassen.«[63] Der überwiegende Teil der universitären Institutionen sagte eine aktive Beteiligung zu.[64] Ob die Professorenschaft der Veranstaltung positiv oder ablehnend gegenüberstand, ist schwer festzustellen, da sich im Quellenmaterial keine Aussagen von Angehörigen des Hochschullehrkörpers erhalten haben.

Das Presseecho der *Nordisch-Deutschen Woche* in Schleswig-Holstein war groß[65] und die Bandbreite an Zeitungsartikeln reichte von verhältnismäßig

62 Im Gegensatz dazu beziehen sich die in Petersen (Hg.), Deutschland und der Norden, abgedruckten Reden vom Preußischen Kultusminister Carl Heinrich Becker, Anton Schifferer, Walther Kossel und Otto Scheel auf die deutsch-skandinavischen Beziehungen und die Sinngebung der Veranstaltung, diese auszubauen. Diese Diskrepanz der Vortragsinhalte lag sicher auch in der Rollenverteilung der genannten Personen begründet, da die nordeuropäischen Gäste genuin als Wissenschaftler, wohingegen die Vertreter auf deutscher Seite als Gastgeber und Repräsentanten der Politik auftraten. Die Gastvorträge ohne Bezüge zu gegenwärtigen gesellschaftlichen oder gar politischen Fragestellungen und Themen hinsichtlich internationaler Verbindungen können damit – ob bewusst oder unbewusst konzipiert – angesichts der dänischen Forderung, die Grenze von 1920 offiziell anzuerkennen, und dem deutschen Streben, eine stärkere Verbindung Dänemarks zu Deutschland als zu den Westmächten zu fördern, als Kompromiss im Programm der *Nordisch-Deutschen Woche* gewertet werden.

63 LASH, Abt. 47, Nr. 1988, Rektor der CAU an die Direktoren der Institute und Seminare, 22.4. 1929.

64 Ebd., Zusage- und Absageschreiben der Institute an den Rektor der CAU. Absagen kamen nur vom Geographischen Institut, vom Pathologischen Institut, der Universitätsklinik, dem Juristischen Seminar und dem Pharmakologischen Institut. Zusagen erhielt man vom Institut für Internationales Recht, vom Botanischen Institut, vom Zoologischen Museum, von der Hydrobiologischen Anstalt der Kaiser-Wilhelm-Gesellschaft zu Plön, der Augenklinik, dem Museum vaterländischer Altertümer, dem Archäologischen Institut, dem Anthropologischen Institut und von Hans Geiger, der sich bereit erklärte, seine Höhenstrahlung zu demonstrieren.

65 Auch außerhalb Schleswig-Holsteins wurde in den Medien über die Woche berichtet, zumeist schon im Vorfeld, besonders über die Spannungen mit Dänemark im Zuge der Vorbereitungen. Vgl. beispielsweise StA Kiel, Abt. XIII, 12, Nr. 65752, Berliner Tageblatt vom 1.2.

neutralen Artikeln mit berichtendem Charakter, über kritische Äußerungen, bis hin zu den Pressemitteilungen im Sinne der Veranstaltung.[66] Insgesamt ist zu konstatieren, dass sich weitaus mehr Aussagen zur Idee und Planung der Woche finden lassen als zu ihrer tatsächlichen Umsetzung und Wahrnehmung in der Öffentlichkeit.

Als Produkt und etwaige Nachwirkung der Woche lässt sich der zwei Jahre später erschienene und bereits erwähnte Sammelband *Deutschland und der Norden* einordnen, da er zumindest für eine Beteiligung der skandinavischen Gäste auch an diesem nachträglichen Projekt spricht. Das Element des Bandes mit der meisten Aussagekraft dürfte das Symbol auf dem Einband sein, das bereits im Vorfeld als Plakat für die *Nordisch-Deutsche Woche* entstanden war:[67] Zu sehen sind zwei Spiralen, die Deutschland und die *nordischen Länder* symbolisieren sollen, über Wellenlinien, die für das verbindende Meer stehen. Dass diese Abbildung zum offiziellen Logo der SHUG wurde, zeigt einmal mehr die Federführung der Universitäts-Gesellschaft bei der Planung der *Nordisch-Deutschen Woche* auf. Es erstaunt deshalb nicht, dass die SHUG in dem Sammelband und in ihrem unmittelbar nach der Veranstaltung erschienenem Jahresbericht ausschließlich lobende Töne anschlug. Und auch die positiven Äußerungen der Reichsregierung und der Preußischen Regierung[68] sind voraussehbar gewesen, vor allem angesichts der Tatsache, dass diesen an einer Rehabilitierung Deutschlands in Europa gelegen gewesen sein dürfte.[69]

Dass die skandinavischen Besucher der Veranstaltung aber nicht im Ansatz eine so verbrüdernde Funktion zuschrieben, wie es die schleswig-holsteinischen Kreise taten, liegt darin begründet, dass der *nordische Gedanke*, der eine *Blutsgemeinschaft* zwischen den nordeuropäischen Ländern und Deutschland

1929; ebd., Frankfurter Zeitung vom 29.12.1927; ebd., Kölnische Zeitung vom 15.10.1927. Die Veranstaltung wurde aber auch als erster, vielleicht entscheidender Schritt zur Verständigung bezeichnet (ebd., Frankfurter Zeitung vom 27.6.1929) oder als »Mahnung zur Selbstbesinnung auf ein geistiges Band«, wobei das Ergebnis der Woche als eine feste Grundlage eingeschätzt wurde, auf der sich weiterbauen lasse (ebd., Weser-Zeitung Bremen vom 26.6.1929). In der dänischen Presse wurde die Veranstaltung weniger und verhaltener, aber nicht zwingend negativ rezipiert. Siehe ebd., Maschinenmanuskript eines übersetzten Artikels von A. Svennsson aus der Nationaltidende vom 22.6.1929.

66 LASH, Abt. 47, Nr. 1988, Der Schleswiger vom 15.6.1929; ebd., Schleswig-Holsteinische Landeszeitung vom 18.6.1929; ebd., Norddeutsche Zeitung vom 15.6.1929 und 18.6.1929; ebd., Hamburger Echo vom 17.6.1929; StA Kiel, Abt. XIII, 12, Nr. 65752, Hamburger Fremdenblatt vom 16.6.1929; ebd., Kieler Neueste Nachrichten vom 16.6.1929; ebd., Frankfurter Zeitung vom 17.6.1929.

67 Der Leipziger Graphiker Alfred Mahlau entwarf das Logo anlässlich des Nordisch-Deutschen Universitätstages. Vgl. Steindorff, Universitäts-Gesellschaft, S. 280, mit einer Abbildung des entsprechenden Plakats von 1929 auf S. 279.

68 O.V., Jahresbericht (1929), S. 19, 21.

69 Gottfried Niedhart, Die Außenpolitik der Weimarer Republik (Enzyklopädie deutscher Geschichte 53), München [3]2013, S. 29.

postulierte, im skandinavischen Raum nicht annähernd so präsent war.[70] In Schleswig-Holstein dagegen war man schon lange der Faszination der *nordischen* Kultur verfallen und fühlte sich den nördlichen Nachbarländern stärker verbunden als den übrigen Ostseeanrainerstaaten. Die Beschäftigung mit dem skandinavischem Kulturraum beispielsweise durch Literaturrezeption im Privaten, aufkommende Schriften zu der Thematik, wie der des Rassetheoretikers Günther, oder Veranstaltungen der Nordischen Gesellschaft in Lübeck waren in den 1920er Jahren allgegenwärtig.[71] Eine Ausrichtung auf *den Norden* stellte insofern kein Novum dar; neu war hingegen der universitäre Rahmen. Zwar war die CAU auch schon in Form von Vorträgen ihrer Hochschullehrer bei den Universitätswochen der SHUG in der Provinz und der Herbstwoche in Kiel eingebunden gewesen und hatte im Zuge der letztgenannten zweimal durch die Studierendenschaft eine »Nordische Studentenwoche« veranstaltet,[72] doch nun trat sie selbst als Gastgeberin auf. Auch das Ziel, die deutsch-skandinavischen Beziehungen zu stärken, wurde bereits vor 1929 verfolgt. Diese Verbindungen sollten mit der *Nordisch-Deutschen Woche* allerdings deutlich intensiviert, konkretisiert und vor allem im wissenschaftlichen Bereich forciert werden. Die rassische Komponente des *nordischen Gedankens* mit der Vorstellung einer Gemeinschaft der *nordischen* Völker blieb wohl hinter dieser Zielsetzung eines wissenschaftlichen Austausches mit den skandinavischen Ländern zurück, was durch das schriftliche Quellenmaterial aus den Akten gestützt wird,[73] wenn man berücksichtigt, dass sich Ideen auch in sprachlichen Argumentationsmustern

70 Frank-Rutger Hausmann, »Auch im Krieg schweigen die Musen nicht«. Die Deutschen Wissenschaftlichen Institute im Zweiten Weltkrieg (Veröffentlichungen des Max-Planck-Instituts für Geschichte 169), Göttingen 2001, S. 190f.

71 So schrieben schon 1921 die »Deutsche Allgemeine Zeitung« und die »Kölnische Volkszeitung« im Zuge ihrer Berichterstattung zur Herbstwoche für Kunst und Wissenschaft von den veranstalteten »Wochen« der vergangenen Zeit, deren »Augenmerk [...] auf den Norden« gelegt worden sei. Siehe StA Kiel, Abt. VIII, 13, Nr. 65775, Kölnische Volkszeitung vom 22.9. 1921; ebd., Deutsche Allgemeine Zeitung vom 13.9.1921. Gemeint waren die *Nordische Woche* in Lübeck, die Herbstwoche in Kiel und die daran anschließende *Nordische Messe*, die alle innerhalb eines halben Monats stattfanden.

72 Walter Hagemann, Eine Nordisch-Deutsche Studentenvereinigung in Kiel, in: Schleswig-Holsteinische Hochschulblätter. Sondernummer zur Nordisch-Deutschen Woche (1929), S. 25–29, hier S. 26.

73 Da Texte nach Ralph Weber und Martin Beckstein, Politische Ideengeschichte. Interpretationsansätze in der Praxis, Göttingen 2014, S. 17, Gegenstand der ideengeschichtlichen Reflexion sind, lohnt ein Blick auf die sprachliche Beschaffenheit des Quellenmaterials: Die Begriffe *germanisch* oder *rassisch* tauchen in den Akten zur *Nordisch-Deutschen Woche* kein einziges Mal auf, was durchaus als Ausdruck dafür gelten kann, dass bei der Veranstaltung nicht die Hervorhebung einer gemeinsamen *nordischen Rasse* im Vordergrund stand, sondern der kulturelle Austausch, sofern man davon ausgeht, dass die formulierten Zielsetzungen nicht etwa Umformulierungen unterlagen. Freilich kann die Wirkmächtigkeit von Ideen nicht ausschließlich an der Häufigkeit von auftauchenden Schlagwörtern festgemacht werden.

niederschlagen.[74] In dem Sammelband *Deutschland und der Norden* finden sich allerdings auch solche Formulierungen, die auf dem Verständnis des *nordischen Gedankens* als eine rassische Verbundenheit der *nordischen* Völker beruhen.[75] Das verwundert nicht angesichts der Tatsache, dass der *nordische Gedanke* um 1929 in durchaus unterschiedlichen Ausprägungen in Schleswig-Holstein kursierte – von einer *Nordlandschwärmerei* bis hin zu dem Anspruch eines gemeinsamen Kulturraumes der *nordischen Rassen.*[76] Deshalb kann für die *Nordisch-Deutsche Woche* lediglich eine gestalterische Kraft des *nordischen Gedankens* in Form der thematischen *nordischen* Schwerpunktsetzung mit Fokussierung auf die verbindenden kulturellen und wissenschaftlichen Traditionen, Werte und Gemeinsamkeiten angenommen werden. Diese spiegelte sich auch in der offiziellen Namensgebung der Tagung wider, indem nicht die deutsche, sondern die *nordische* Komponente zuerst genannt wurde. Gerade weil verschiedene Ausprägungen des *nordischen Gedankens* in den 1920er Jahren bereits in fast alle gesellschaftlichen Bereiche ausstrahlten und es durchaus angebracht scheint, von einer Überfrachtung mit *nordischen* Themen und Veranstaltungen zu sprechen, konnte seine Wirkmächtigkeit im öffentlichen Bewusstsein mit der *Nordisch-Deutschen Woche* nur noch bedingt gesteigert werden.

Für eine kurze Zeit während und nach der *Nordisch-Deutschen Woche* entfaltete sich allerdings tatsächlich die wirklichkeitskonstruierende Kraft einer deutsch-nordischen Gemeinschaft in Form einer Wissenschafts- und Kulturgemeinschaft, die man durch die Veranstaltung in die Wege geleitet zu haben glaubte. Es kann durchaus als Verständigungsakt gesehen werden, dass das Zustandekommen der Veranstaltung schließlich nicht an den dänischen Forderungen nach Anerkennung der Grenze oder den deutschen Revisionsbestrebungen scheiterte. Weder wurde im Zuge der Woche die Grenze anerkannt noch wurde über eine Neupositionierung der Grenze gestritten. In gewisser Weise konnte der vermeintlich unpolitische Charakter tatsächlich unter Konzentration auf den Kulturaustausch gewährleistet werden.

Die *Grenzkampf*-Idee spielte insofern eine Rolle, als sie mit der *Nordisch-Deutschen Woche* entschärft werden sollte und die Universität sich eben nicht als grenzkämpferischer Vorposten präsentieren wollte. Vielmehr positionierte sie sich als eine Institution, die von den Ideen der Zeit nicht unberührt blieb, diese jedoch im Sinne eines kulturell verständigenden *nordischen Gedankens* auslegte. Die Wirkmächtigkeit des *nordischen Gedankens* in seiner völkerverständigen-

74 Raphael, Ideen, S. 23.

75 Siehe beispielsweise die Beiträge von Staatsminister Carl Heinrich Becker, Otto Scheel und dem Marburger Rektor Felix Genzmer in Petersen (Hg.), Deutschland und der Norden, S. 99–103, 111f., 121.

76 Lutzhöft, Der Nordische Gedanke, S. 203–207.

den Ausrichtung bei der *Nordisch-Deutschen Woche* 1929 hatte zwar auf den universitären Bereich ausgestrahlt, aber in dieser Weise nicht wieder in die Gesellschaft zurückgewirkt, da die Bevölkerung an den meisten Veranstaltungen der *Nordisch-Deutschen Woche* nicht beteiligt war.[77] Von der Gesellschaft können aber »bestimmte Erwartungen, Nachfragen und Bedürfnisse« an die Wissenschaft herangetragen werden;[78] diese waren in den Folgejahren wieder verstärkt von dem *Grenzkampf*-Gedanken geprägt, der vor allem im Bürgertum und in der Mittelschicht noch über die Veranstaltung hinaus salonfähig blieb. Viele Bewohner der schleswig-holsteinischen Provinz erhofften sich mit der Machtübernahme der Nationalsozialisten eine baldige Revision der deutsch-dänischen Grenze, die allerdings in den Friedens- wie Kriegsjahren des NS-Regimes ausblieb. Der wissenschaftliche Austausch mit den skandinavischen Hochschulen trat in den 1930er Jahren trotzdem erneut hinter der *Grenzkampf*-Mentalität des Deutschen Reiches zurück. Im Zuge dessen stilisierte sich die CAU verstärkt als sogenannte *Grenzlanduniversität*, womit der *Volkstumskampf* gegen die Dänen wieder deutlich in den Vordergrund gerückt wurde, was die Beziehungen zur Kopenhagener Universität letztlich erheblich verschlechterte.[79] Man war nach außen hin aber weiterhin bestrebt, den kulturellen Austausch mit den skandinavischen Staaten, insbesondere dem dänischen Nachbarn zu fördern und ihn nicht als Widerspruch zum aktiv geführten »Kampf um die Erhaltung des Deutschtums« erscheinen zu lassen.[80] So formulierte 1933 der Kieler Theologiestudent Hans Horstmann beispielsweise in den *Schleswig-Holsteinischen Hochschulblättern*, dass der Kampf um Nordschleswig von zwei verwandten Völkern geführt werde, die beide Germanen seien und beide eine hohe nationale Kultur besäßen.[81] So gerne auch »in wirklicher Verbundenheit mit dem Norden« gelebt werden wolle, so wenig könne andererseits auf die deutschen *Volksgenossen* verzichtet werden.[82]

Der *nordische Gedanke* war also noch durchaus präsent, was sich vor allem an den Geisteswissenschaften feststellen lässt, die nach 1933 als »Träger der völ-

77 So wurde Kritik in der Presse vor allem von den nicht-akademischen Schichten laut, die beklagten, dass »die breiten Massen, in erster Linie die Arbeiterschaft«, nicht beteiligt gewesen sei. Die Veranstaltung sei viel eher die Angelegenheit einer kleinen, elitären Gemeinschaft gewesen und auch die »paar Volksvorstellungen« hätten an diesem Umstand nichts geändert, weshalb der größte Teil der Bevölkerung letztlich nicht daran partizipieren konnte. Vgl. StA Kiel, Abt. XIII, 12, Nr. 65752, Vorwärts vom 27.6.1929; ebd., Schleswig-Holsteinische Volkszeitung vom 24.6.1929.

78 Nikolow/Schirrmacher, Das Verhältnis, S. 12.

79 Lammers, Die Beziehungen, S. 86f.; Jessen-Klingenberg/Jürgensen, Universität und Land, S. 59.

80 Hans Horstmann, Nordschleswig und wir, in: Schleswig-Holsteinische Hochschulblätter 9 (1933), H. 6, S. 9–11, hier S. 11.

81 Ebd., S. 9.

82 Ebd., S. 11.

kischen Grenzlandsendung« eingesetzt werden sollten und deren Disziplinen sich stärker »auf den Norden« bezogen.[83]

Die *Woche der Universität* von 1937

Als ein Ausdruck dieser Zielsetzung kann der Vorschlag des Ordinarius für Innere Medizin Hanns Löhr, gewertet werden, eine geplante Universitätswoche für das Jahr 1937 um den »Gesichtswinkel Norden und unsere Landschaft« zu gruppieren.[84] Die Idee für eine Universitätswoche kam von dem Strafrechtler und Kieler Rektor Georg Dahm und wurde bei einer ersten Sitzung zu dieser Angelegenheit Ende des Jahres 1936 »von allen Anwesenden lebhaft begrüßt«.[85] Einer möglichen thematischen Schwerpunktsetzung auf den »Gesichtswinkel Norden« hingegen stand man verhaltener gegenüber: Der Germanist Otto Höfler gab zu bedenken, dass die Bezeichnung *Norden* lieber fallen gelassen werden sollte, »da er insbesondere nach dem Fall ›von Ossietzky‹ ein Entgegenkommen dem Norden gegenüber nicht für zweckmäßig halte«. Auch Dahm äußerte, dass eine »Verbeugung dem Norden gegenüber« nicht beabsichtigt sei.[86] Diese Haltung ist ein Ausdruck des damaligen Selbstverständnisses der Hochschule als politische Universität, das vor allem die Kieler Rektoren Georg Dahm und Paul Ritterbusch vorantrieben.[87]

Die Angelegenheit und damit das Aufblitzen des *nordischen Gedankens* als thematischer Zuschnitt der Woche wurde wohl vorerst fallen gelassen und im Protokoll zur Sitzung finden sich stattdessen weitere Vorschläge zur inhaltlichen und zeitlichen Planung – man beraumte die Veranstaltung auf den Juni des Jahres

83 Ralf Walkenhaus, Kieler Schule, S. 162.

84 LASH, Abt. 47, Nr. 1264, Vermerk über die Sitzung am 1.12.1936 betr. Einführung einer Sammelvorlesung und einer Universitätswoche in Kiel.

85 Ebd. Bei der Sitzung anwesend waren neben dem Rektor die Professoren Paul Ritterbusch, Otto Höfler, Gerhard Fricke, Oskar Schmieder, Georg Fiedler, Ferdinand Weinhandl, Adolf Remane, Johannes Leonhardt und Hanns Löhr sowie der Dozent Herbert Jankuhn, der Assistent Dr. Bauermeister, der Regierungsrat Dr. Münter und der Leiter der Studentenschaft Karl Schütze.

86 Ebd. Mit dem »Fall von Ossietzky« spielte Höfler auf die rückwirkende Friedensnobelpreisvergabe an den seit der Machtübernahme in Haft befindlichen deutschen Pazifisten und Schriftsteller Carl von Ossietzky für das Jahr 1935 an, der den Preis annahm, obwohl ihm vonseiten der NS-Regierung davon abgeraten worden war. Nachdem das Nobelpreiskomitee in Norwegen aufgrund des auf sie ausgeübten Drucks durch das NS-Regime mit der Vergabe des Preises im Jahr 1935 noch gezögert und ihn gar nicht vergeben hatte, erreichten die Fürsprecher von Ossietzky schließlich doch noch die Vergabe an ihn ein Jahr später, womit sich Norwegen den Unmut des NS-Staates zuzog. Vgl. Werner Boldt, Carl von Ossietzky. Vorkämpfer der Demokratie, Hannover 2013, S. 766–785.

87 Walkenhaus, Kieler Schule, S. 162–164.

1937 an.[88] Schon in dieser ersten Sitzung kam der Gedanke auf, die *Woche der Universität* als ständige Einrichtung einzuführen und dafür die im Jahr 1936 als »Gemeinschaftsveranstaltungen« für Studierende und Dozierende konzipierten Universitätstage entfallen zu lassen.[89]

Zu Beginn des Jahres 1937 nahmen die Planungen dann konkretere Formen an, bei denen die Ideen von *Grenzkampf* und *nordischem Gedanken* allerdings keine explizite Rolle mehr spielten, was auch die sprachliche Analyse der vorhandenen Quellen zeigt: Die Termini *nordisch* oder *Norden* wurden von den verantwortlichen Akteuren nicht verwendet, nachdem eine thematische Schwerpunktsetzung auf den »Gesichtswinkel Norden« abgelehnt worden war. Stattdessen verfolgte Dahm nun eine regionale Ausrichtung, wie in einem Schreiben an die Dekane der CAU vom Januar 1937 deutlich wird. Er formulierte erstmals das Ziel der Universitätswoche, »die Arbeit der Universität und ihre Bedeutung auch nach außen hin in Erscheinung treten zu lassen.«[90] Zu diesem Anlass sei eine Ausstellung geplant, »die die Entwicklung der Universität und die Geschichte der einzelnen Wissenschaften soweit sie mit der Universitätsgeschichte in Zusammenhang steht, sichtbar hervortreten läßt.« Sowohl die Zielsetzung der Universitätswoche als auch die Ausstellung lassen eine Fokussierung der Veranstaltung auf die Universität selbst deutlich zutage treten, insbesondere da kein genuin wissenschaftlicher Austausch angedacht war, sondern nur eine einseitige Vermittlungsfunktion: Die Errungenschaften oder Erkenntnisse, die an der Kieler Universität ihren Ursprung hatten, sollten einer interessierten Öffentlichkeit präsentiert werden. Die geplante Veranstaltung sollte somit die gleichen Ziele verfolgen wie die Universitätswochen der SHUG in der Provinz, wurde aber nicht von ihr organisiert. Dieser Umstand lag darin begründet, dass die SHUG seit Anfang des Jahres 1937 »in eine Art Personalunion mit der NS-Kulturgemeinde«[91] unter ihrem Leiter, dem Gaukulturwart Friedrich Knolle, gezwängt worden war und die Universität kaum noch Einfluss auf die Gesellschaft hatte. Obwohl sich der Nachfolger Dahms im Rektorenamt, Paul Ritter-

88 LASH, Abt. 47, Nr. 1264, Vermerk über die Sitzung am 1.12.1936 betr. Einführung einer Sammelvorlesung und einer Universitätswoche in Kiel.

89 Ähnlich wie im Vorfeld der *Nordisch-Deutschen Woche* gab es auch bereits im Sommersemester 1936 drei Universitätstage in Kiel, die als Vorläufer gelten können. Sie waren mit jeweils zwei Vorträgen für »bestimmte Sonnabende« des Semesters vorgesehen. Siehe LASH, Abt. 47, Nr. 1261, Rektor der CAU an Meyer-Quade, 7.4.1936; ebd., Meyer-Quade an den Rektor der CAU, 16.4.1936; ebd., Rektor der CAU an den gesamten Lehrkörper, 28.4.1936; ebd., Auszug aus dem Protokoll der Sitzung des Senats vom 7.4.1936; ebd., Rektor der CAU an die Mitglieder des Lehrkörpers, 13.5.1936; ebd., Rektor der CAU an den gesamten Lehrkörper, 4.6.1936; ebd., Rektor der CAU an Karl Richard Ganzer, 6.5.1936; ebd., Karl Richard Ganzer an den Rektor der CAU, 10.5.1936.

90 LASH, Abt. 47, Nr. 1264, Rektor der CAU an die Dekane, 27.1.1937. Auch zum Folgenden.

91 Jessen-Klingenberg/Jürgensen, Universität und Land, S. 69.

busch, im Sinne des NS-Regimes engagierte,[92] missfiel ihm diese Einwirkung der Partei auf die Angelegenheiten der von ihm geführten CAU und er versuchte dem entgegenzuarbeiten. Es gelang ihm schließlich, begünstigt durch die Auflösung der Kulturgemeinde im Oktober 1937, die SHUG wieder enger an die Universität zu binden, der nun auch die Geschäftsführung oblag.[93]

Für die Organisation der *Woche der Universität* waren daher dieses Mal der Universitätsrektor Dahm, der örtliche Führer des Nationalsozialistischen Deutschen Dozentenbundes (NSDDB) und spätere Rektor Ritterbusch sowie der Vorsitzende des ständigen Arbeitsausschusses und außerplanmäßige Professor für Mineralogie Johannes Leonhardt die treibenden Kräfte. Diese drei ließen im März in einem Schreiben mitteilen, dass die *Woche der Universität* unter dem Thema »Die Universität Kiel und ihre Beziehungen zu Schleswig-Holstein, historisch gesehen« stehen sollte und dass die Veranstaltungen eine möglichst breite Öffentlichkeit, auch außerhalb Kiels, im Blick habe. Ferner hoben sie hervor, dass alle Gäste »sich eine Woche lang als vollständig zur Universität gehörig betrachten« sollen.[94] Zu diesem Zweck bat man zudem die beteiligten Referenten darum, den Gästen das Mithören sämtlicher Vorlesungen zu erleichtern; die Vorträge sollten somit in erster Linie auf ein Laienpublikum ausgerichtet und leicht verständlich sein. Grundsätzlich wurde der Hochschullehrkörper zur aktiven Mitarbeit bei der Vorbereitung aufgefordert: Es sollten, sofern möglich, »gute Anekdoten aus der Universitätsgeschichte« bereitgestellt werden, die das Rektorat dann bereits im Vorfeld der Veranstaltung der Presse zugänglich machen würde, um das Interesse an der Veranstaltung zu wecken.

Die Vorbereitungen der Universitätswoche wurden durch den Personalwechsel im Kieler Rektorat nicht beeinträchtigt, da sich Ritterbusch bereitwillig der weiteren Organisation annahm. Dies verwundert kaum, denn immerhin war Ritterbusch in seiner Rolle als NSDDB-Funktionär bereits von Anfang an in die Planungen involviert gewesen.[95] Schließlich wurden Ende Mai tausend Drucke des vorläufigen Programms zu Werbezwecken sowie an den gesamten Lehrkörper der CAU verschickt. Außerdem erhielten der zuständige Staatsminister

92 Siehe zu Ritterbusch Martin Göllnitz, Paul Ritterbusch, in: Handbuch der völkischen Wissenschaften, Bd. 1: Biographien, hg. von Michael Fahlbusch, Ingo Haar und Alexander Pinwinkler, Berlin/Boston 2017, S. 640–645.

93 Jessen-Klingenberg/Jürgensen, Universität und Land, S. 69–72. Für den Hinweis auf die hier geschilderte Position der SHUG während der Planung für die Universitätswoche 1937 und die angeführte Literaturangabe danke ich vielmals Herrn Prof. Dr. Ludwig Steindorff.

94 LASH, Abt. 47, Nr. 1264, Mitteilung vom Rektor der CAU, Ritterbusch und Leonhardt, 9.3.1937. Auch zum Folgenden.

95 Siehe dazu Carsten Mish, »Führer der Universität«. Die Kieler Rektoren der NS-Zeit, in: Wissenschaft an der Grenze. Die Universität Kiel im Nationalsozialismus (Mitteilungen der Gesellschaft für Kieler Stadtgeschichte 86), hg. von Christoph Cornelißen und Carsten Mish, Essen 2009, S. 33–56, hier S. 47f.

im Reichsministerium für Wissenschaft, Erziehung und Volksbildung (REM) Otto Wacker, der Reichserziehungsminister Bernhard Rust sowie der höchste Jurist des NS-Regimes und Reichsminister ohne Geschäftsbereich Hans Frank eine Einladung.[96] In seinem Schreiben an den Letzteren erklärte Rektor Ritterbusch,

> »wie sehr wir uns an der Front der Hochschule unseren Aufgaben bewußt sind und dahin streben, die jeweilige Universität als das kulturelle Zentrum nicht nur der jeweiligen Landschaft, sondern darüber hinaus der Volksgemeinschaft zu erhalten und zu beleben.«

Gerade der Universität Kiel, die in Schleswig-Holstein die größte Tradition von allen Institutionen des Landes habe, falle, so Ritterbusch weiter, hierbei eine besondere Aufgabe zu. Die letzten Zeilen des Schreibens, die in gleicher Ausführung auch an den Reichserziehungsminister gingen, betonen noch einmal, dass die *Woche der Universität* in eindringlicher Weise zeigen sollte, »daß der wahre kulturelle Mittelpunkt unserer Grenzprovinz heute wie früher die Christiana Albertina ist.« Insbesondere die militärische Formulierung des Schreibens (»Front der Hochschule«) lässt erkennen, dass die Universität, wie auch schon in den 1920er Jahren, im Sinne des *Grenzkampf*-Gedankens als Trägerin der Auseinandersetzung »um Volkstum und Deutschtum« gesehen wurde. Besonders Ritterbusch forcierte »den Aufbau der Wissenschaften als ›Dritte Front‹«,[97] was sich gewissermaßen auch in dem Bestreben niederschlug, einen einheitlichen deutschen *Volkskörper* zu formen, an dem die Universität als geistige Urheberin reichen Anteil haben sollte. Neu war der Gedanke der Woche als »Gemeinschaftsleistung« dahingehend, dass sie nun im Sinne einer nationalsozialistischen *Volksgemeinschaft* verstanden wurde. Da sich diese in der NS-Ideologie als Überwindung der sozialen Gegensätze begriff,[98] bot die *Woche der Universität* eine ideale Möglichkeit, die scheinbare Homogenität aller Klassen zu propagieren, indem die CAU in dieser Woche allen Schichten offen stand und als verbindende Institution wirken sollte. Dass dieser konstruierte *Volkskörper* of-

96 LASH, Abt. 47, Nr. 1264, Rektor der CAU an Staatsminister Wacker, 9.6.1937; ebd., Rektor der CAU an Reichsminister Rust, 8.6.1937; ebd., Rektor der CAU an Reichsminister Frank, 9.6.1937. Auch zum Folgenden.

97 Oliver Auge und Martin Göllnitz, Wissenschaftliche Akademie des NS-Dozentenbundes an der CAU Kiel, in: Handbuch der völkischen Wissenschaften, Bd. 2: Forschungskonzepte – Organisationen – Institutionen, hg. von Michael Fahlbusch, Ingo Haar und Alexander Pinwinkler, Berlin/Boston 2017, S. 1713–1720, hier S. 1716.

98 Siehe zu den inkludierenden und exkludierenden Elementen des Begriffs der Volksgemeinschaft im Nationalsozialismus Michael Wildt, Die Ungleichheit des Volkes. »Volksgemeinschaft« in der politischen Kommunikation der Weimarer Republik, in: Volksgemeinschaft. Neue Forschungen zur Gesellschaft des Nationalsozialismus (Die Zeit des Nationalsozialismus), hg. von Frank Bajohr und Michael Wildt, Frankfurt a.M. 2009, S. 24–40, insb. S. 39.

fenbar dabei helfen sollte, das *Deutschtum* im *Grenzkampf* zu bewahren, wurde im Rahmen der Universitätswoche nur am Rande thematisiert, kann von der Hochschulleitung aber durchaus als beabsichtigt gelten, um auf diese Weise der schleswig-holsteinischen Bevölkerung die Bedeutung der Universität für die gesamte Provinz und im Grunde genommen auch für das NS-Regime vor Augen zu führen.

Diese Zielsetzung wurde schließlich im Geleitwort des Programmheftes der Universitätswoche folgendermaßen formuliert: »›Die Woche der Universität‹ soll die enge und unlösbare Verbindung Schleswig-Holsteins mit seiner Landesuniversität sichtbar machen. Darum steht sie unter dem Leitwort: ›Die Universität Kiel und Schleswig-Holstein‹.«[99] Dort wird das Anliegen der Woche betont, die Bedeutung der Kieler Universität für die Entwicklung der Wissenschaft, ihren Beitrag zur deutschen Geistesgeschichte und ihre Gegenwartsaufgaben und -leistungen durch die Woche zu verdeutlichen und vor allem dem nicht oder nicht mehr im akademischen Leben stehenden *Volksgenossen* einen Einblick in die wissenschaftliche Tagesarbeit der Hochschule zu vermitteln. Es ist jedoch zu mutmaßen, dass große Teile der damit angesprochenen Bevölkerung trotz der Präsenz des *Grenzkampf*-Gedankens der *Woche der Universität* nicht deshalb beiwohnten, weil sie ihrer Unterstützung der Universität als Vorkämpferin deutschen *Volkstums* Ausdruck verleihen wollten, sondern wohl überwiegend aus Neugier am universitären Alltag. Dass die Hochschule als Ort akademischer Gelehrsamkeit darüber hinaus der falsche Platz war, um die erstrebte *Volksgemeinschaft* dauerhaft zu suggerieren, dürfte auch den Veranstaltern klar gewesen sein, wenn der Rektor dazu aufforderte, die öffentlichen Vorlesungen möglichst einfach zu gestalten.

Dennoch wurde der Plan, die Universität der Öffentlichkeit zugänglich zu machen, in die Tat umgesetzt: So nahm beispielsweise auch das Staatliche Gymnasium an der Woche teil, das zwei Klassen des 11. und eine Klasse des 12. Jahrgangs zu den Vorlesungen und Vorträgen schickte.[100] Auch aus Nordschleswig reisten 50 Teilnehmer an, die von den Dozenten und Professoren der Universität privat beherbergt und mit Abendessen und Frühstück versorgt werden sollten.[101]

Den »Erläuterungen des Programms« lässt sich entnehmen, dass die täglich stattfindenden Hauptvorträge jeweils von mehreren Vorlesungen eingerahmt wurden. Außerdem standen die Hörsäle, Institute und Seminare, der Botanische Garten, für Ärzte auch die Kliniken, die Bibliothek sowie die Sternwarte dem

99 Programmheft der »Woche der Universität Kiel«. Die Universität Kiel und Schleswig-Holstein. Von Montag, den 14. bis Montag, den 21.6.1937, S. 3. Auch zum Folgenden.
100 LASH, Abt. 47, Nr. 1264, Staatliches Gymnasium an Universitäts-Sekretariat, 14.6.1937.
101 Ebd., Rektor der CAU an den gesamten Lehrkörper, 14.6.1937.

interessierten Publikum während der gesamten Woche zur Besichtigung offen.[102] Auch sonst bot das Programm der Woche eine recht ausgewogene Folge von Institutsführungen, Ausstellungen und sonstigen Veranstaltungen, wie beispielsweise eine Kranzniederlegung am Ehrenmal der Gefallenen der Universität, ein Sommerfest der Studierenden, ein Konzert des Collegium musicum und einen Empfangsabend des Rektors im Wissenschaftlichen Klub des Instituts für Weltwirtschaft, zu dem allerdings besondere Einladungen ergingen.[103] Die Hauptvorträge waren vielseitig und kamen aus den Fachbereichen Chemie, Geschichte, Germanistik, Theologie, Medizin und Jura; auch die laufenden Vorlesungen wurden von Professoren aus fast allen Disziplinen gehalten. Neben dem Vortragsprogramm fanden sportliche Wettkämpfe in verschiedenen Disziplinen statt. Es gab ein Fußballspiel von Studentinnen der Universität Marburg gegen die Kieler Hochschülerinnen sowie ein Handballspiel der Dozenten gegen die Erstsemester. Hochschulkämpfe für die männlichen Studierenden wurden zwischen Berlin, Köln und der Gastgeberstadt Kiel ausgetragen. Zudem gab es einen Staffellauf von Dozenten, Studierenden, Angestellten der Universität und Altakademikern. Ähnlich viel Bewegung boten die Exkursionen, die nach Haithabu[104] und Plön unternommen wurden, oder die unter dem Motto »Quer durch Schleswig-Holstein« stehende Tagestour.[105]

Im Nachklang der Woche veranlasste der Rektor die Herausgabe eines Sammelbandes,[106] der die Hauptvorträge, ergänzt um wissenschaftliche Beiträge und Reden, die bei der Woche gehalten wurden, vereinte. Auch die Eröffnungsrede des Rektors findet sich abgedruckt, in der er die Kieler Universität als Beispiel dafür nannte, »daß Universität und Wissenschaft nicht unpolitisch zu sein brauchen und es auch nicht immer gewesen sind.«[107] Die CAU liefere laut Rit-

102 Programmheft der »Woche der Universität Kiel« 1937, S. 5.

103 Ebd., S. 6–8.

104 Die frühmittelalterliche Wikingersiedlung Haithabu gehört seit 2018 zum Weltkulturerbe. In den 1920er Jahren galt es als wichtiges Kulturdenkmal, »dessen Bedeutung für das deutsche Volk gar nicht hoch genug eingeschätzt werden könne«. Siehe für das Zitat und die Pläne der 1920er und 1930er Jahre, ein Museum dort einzurichten, insb. Göllnitz, Schleswiger Museumsprojekt, S. 116.

105 Programmheft der »Woche der Universität Kiel« 1937, S. 6–9, 13.

106 LASH, Abt. 47, Nr. 1265, Dahm an die Professoren Diels, Scheel, Fiedler, Huber und Fricke, 1.7.1937. Der Vortrag von Diels blieb ungedruckt, während Beiträge von den Professoren Adolf Remane und Arthur Haseloff, die Ausstellungseröffnungsrede des Prähistorikers Herbert Jankuhn, die Ansprache des Universitätskurators Max Sitzler zur Einweihung des neuen Instituts für Meereskunde in Kitzeberg sowie ein Beitrag zur Begründung der Wissenschaftlichen Akademie des NS-Dozentenbundes vom Gaudozentenbundführer und Mediziner Hanns Löhr zusätzlich in den Band aufgenommen wurden.

107 Paul Ritterbusch, Die Universität Kiel und Schleswig-Holstein, in: Die Universität Kiel und Schleswig-Holstein. Reden und Vorträge zur »Woche der Universität Kiel« (14. bis 21. Juni 1937), hg. von dems. und Hanns Löhr, Neumünster 1937, S. 1–4, hier S. 1. Dort findet sich auch das folgende Zitat.

terbusch den Beweis dafür, wie sehr die deutschen Hochschulen und die Wissenschaft fähig sein können, wahrhafte *Volkstumsarbeit* zu leisten und den Gedanken der *Volksgemeinschaft* nicht nur ideenmäßig, sondern in der Wirklichkeit zu gestalten. Sie sei letztlich sogar eine Vorkämpferin deutschen *Volkstums*, »deutschen nationalen politischen Wesens und des deutschen Gedankens in diesem völkisch immer umkämpften Lande.« In diesen Ausführungen Ritterbuschs scheint der Gedanke der geistigen Arbeitsführung der Universität durch, die Schifferer schon im Zuge seiner Kulturarbeit betont hatte.[108] Obwohl der Terminus *Grenzkampf* nicht begegnet, wird die Universität in Ritterbuschs Rede eindeutig als kämpfende Institution personifiziert und stilisiert, deren primäre Aufgabe es sei, das deutsche *Volkstum* zu bewahren. Auch die Hervorhebung der Sonderrolle Schleswig-Holsteins aufgrund der geographischen Lage findet sich schon in den Verlautbarungen von 1929. Während damals allerdings die Verständigung mit den als verbrüdert aufgefassten skandinavischen Völkern betont wurde, sollte 1937 eine neue »Verbundenheit von Volk und Wissenschaft« erreicht werden.[109] Der *nordische Gedanke* findet sich im Programm der Woche wenn überhaupt im Zuge der rassistischen Vorstellung einer »überlegenen ›nordischen Herrenrasse‹«.[110] Die Zielsetzung der Universitätswoche war also in erster Linie weder beeinflusst vom *nordischen Gedanken* noch von der *Grenzkampf*-Idee, sondern von der nationalsozialistischen Ideologie. Es verwundert daher nicht, dass die Idee einer Universitätswoche bei den staatlichen Stellen auf positive Resonanz stieß. Denn rund zwei Monate nach der Veranstaltung äußerte Staatsminister Wacker in einem Schreiben an den Rektor der Universität Kiel die Absicht, »dem Herrn Reichsminister folgendes vorzuschlagen: Die deutschen Hochschulen sollen einmal im Jahre in einer bestimmten Zeit für die Dauer von etwa einer Woche zur Besichtigung freigegeben werden.«[111] Er versprach sich davon, auf diese Weise eine »möglichst weitgehende, auf breiter Grundlage erfolgende Aufklärungsarbeit für die Öffentlichkeit zu schaffen und daneben auch gerade für die vor der Berufswahl stehenden älteren Schüler« die Möglichkeit eines Einblicks zu gewähren. Dies sei angesichts des Nachwuchsmangels in bestimmten akademischen Berufen notwendig. Nach Anne Christine Nagel habe Wacker damit im Juli 1937 eine Idee des Regierungsrates Hans Huber aufgegriffen, der seinerseits durch einen deutschen Lehrer in Japan von öffentlichen

108 Schifferer, Deutsche Kulturarbeit, S. 11.

109 Ritterbusch, Universität Kiel, S. 4.

110 Rudolf Meyer-Pritzl, Die Kieler Rechts- und Staatswissenschaften. Eine »Stoßtruppfakultät«, in: Wissenschaft an der Grenze. Die Universität Kiel im Nationalsozialismus (Mitteilungen der Gesellschaft für Kieler Stadtgeschichte 86), hg. von Christoph Cornelißen und Carsten Mish, Essen 2009, S. 151–173, hier S. 153; Lutzhöft, Der Nordische Gedanke, S. 252.

111 LASH, Abt. 47, Nr. 1264, Wacker an den Rektor der CAU, 25.8.1937. Auch zum Folgenden.

Volks- und Ausstellungstagen an der Universität Tokio erfahren hatte.[112] Aus der Antwort des Kieler Rektors geht allerdings hervor, dass dieser die Idee für künftige Hochschulwochen in mehreren deutschen Universitätsstädten auf den Erfolg der *Woche der Universität* in Kiel zurückführte, »die ja in den einzelnen Veranstaltungen alles das enthielt, was für die künftige Hochschulwoche als einer allgemeinen Einrichtung vorgeschlagen wird«.[113] Was Wacker letztlich zu seinem Vorschlag veranlasste, lässt sich an dieser Stelle leider nicht endgültig klären.

Ritterbusch berichtete in seinem Antwortschreiben jedenfalls von der durchgeführten Universitätswoche und erklärte, dass die Öffentlichkeit sich »im allerhöchsten Maße« dafür interessiere, »was in diesen Instituten usw. wirklich geschieht«. Die angebotenen Vorlesungen seien »sehr besucht, ja überfüllt« gewesen und auch das Angebot zur Besichtigung von Instituten, Kliniken und sonstigen Einrichtungen der Universität sei gut angenommen worden. Als besondere Leistung seinerseits stellte er die geschlossene Beteiligung der gesamten Dozentenschaft hervor, »auch wenn sie in einzelnen Mitgliedern nicht unbedingt hundertprozentig zu uns gehört.« Die Woche habe ein Gefühl der Solidarität, der Kameradschaft und der Gemeinschaft innerhalb der Hochschule an einer gemeinsamen Leistung wieder wachgerufen. Insgesamt sei die Wirkung der Woche eine entscheidende gewesen, sodass in Kiel ohnehin der Plan gefasst worden war, die Universitäts- oder Hochschulwoche als dauernde Einrichtung beizubehalten. Ritterbusch gab aber auch zu bedenken, dass nicht alle Universitäten im Deutschen Reich für die Durchführung einer solchen Woche geeignet seien, da »eine solche Institution aus der Gegebenheit der Hochschule, aus ihrer besonderen Eigentümlichkeit, Landschaft und Lage und vor allem aus der eigenen Initiative ihrer Dozenten herauswächst.« Er warnte vor einer »rein schematischen Durchführung oder Anordnung einer Hochschulwoche an allen Universitäten« und schloss seine Ausführungen mit der Ankündigung, dass im kommenden Jahr wieder eine Universitätswoche stattfinden solle; ein Programm der Woche von 1937 legte er bei.

Am 23. Februar 1938 erging schließlich ein Ministerialerlass des REM an die deutschen Universitäten, der deutlich macht, dass die Berliner Ministerialbürokraten um Bernhard Rust die Aufwertung der deutschen Wissenschaft und Hochschule für ihre künftige Entwicklung und für ihr Ansehen innerhalb und

112 Anne Christine Nagel, Die Universität im Dritten Reich, in: Geschichte der Universität unter den Linden, Bd. 2: Die Berliner Universität zwischen den Weltkriegen 1918–1945, hg. von Heinz-Elmar Tenorth, Berlin 2012, S. 405–464, hier S. 460; Dies., Hitlers Bildungsreformer. Das Reichsministerium für Wissenschaft, Erziehung und Volksbildung 1934–1945, Frankfurt a.M. 2012, S. 257, 407.

113 LASH, Abt. 47, Nr. 1264, Rektor der CAU an Wacker, 31.8.1937. Dort auch zu den folgenden Zitaten und Ausführungen.

außerhalb des Landes für ausschlaggebend hielten.[114] Der »Fehlentwicklung der vergangenen Zeit«, die in einer nicht erfolgten Anerkennung von dem notwendigen Zusammenhang der Arbeit der Hochschule mit den wichtigen Interessen des Volkes bestanden habe, arbeite man vielerorts bereits entgegen, im Sinne eines »unbedingt erforderlichen Zusammengehörigkeitsbewußtseins.« Der Erlass hob ferner die neue nationalsozialistische Ausrichtung der Hochschulen hervor, weshalb eine pauschale Negativkritik am deutschen Hochschulwesen nicht mehr berechtigt sei. Im REM habe man feststellen müssen,

> »daß Hochschule und Wissenschaft vielfach in der Öffentlichkeit nach wie vor als Angelegenheiten betrachtet werden, die grundsätzlich und ausnahmslos bemängelt und herabgesetzt werden. Diese Herabsetzung trifft weniger die wissenschaftliche Leistung als vielmehr die allgemeine Wertung der Hochschule, der Wissenschaft und des Studiums. Auf diesen Mangel an öffentlicher Anerkennung ist es u. a. auch zurückzuführen, wenn heute andere Laufbahnen anziehender auf den Nachwuchs wirken als akademische Berufe.«

Eine geeignete Maßnahme, um diesem Nachwuchsmangel entgegenzuwirken, sah man demnach in der Einrichtung von »Hochschulwochen« oder »Hochschultagen«, die alljährlich oder in bestimmten Zeitabschnitten veranstaltet werden könnten. Bei diesen seien Vorlesungen, Institute, Seminare und andere universitäre Einrichtungen, vor allem aber der Lehrbetrieb, allen *Volksgenossen* zugänglich zu machen. Des Weiteren können diese Veranstaltungen unter ein bestimmtes Thema gestellt werden, »das sich aus der landschaftlichen Gebundenheit der betreffenden Hochschule sinnvoll ergibt.« Grundsätzlich sei eine derartige Hochschulwoche mit einer Ansprache des jeweiligen Rektors im Rahmen einer akademischen Feier, »zu der die Spitzen der Partei, der Wehrmacht und der Behörden weitestgehend einzuladen sind«, zu eröffnen. Es scheinen Formulierungen Ritterbuschs durch, der auch in seinem Schreiben schon darauf hingewiesen hatte, dass das Sommersemester als Zeitpunkt am geeignetsten sei. Schließlich verwies der Erlass explizit auf das Kieler Beispiel:

> »Im übrigen wird beispielsweise der Rektor der Universität in Kiel, der in der Zeit vom 14. bis 21. Juni 1937 eine Hochschulwoche mit großem Erfolg durchgeführt hat, den Rektoren, an deren Hochschulen entsprechende Veranstaltungen noch nicht durchgeführt sind, seine hierbei gemachten Erfahrungen auf Wunsch mitteilen.«

Der Reichserziehungsminister Rust erwartete von den Hochschulrektoren die Durchführung der Woche »in einer der Würde der Hochschule entsprechenden Form« und einen Bericht über die Planungen – mindestens acht Wochen vor Beginn der Veranstaltung – sowie über das Ergebnis der durchgeführten Uni-

114 Ebd., Ministerialerlass des REM WA 2667/37, 23. 2. 1938. Auch zu den folgenden Zitaten und Ausführungen.

versitätswochen. Das REM zeigte sich offenbar bereit, zum Erfolg dieser Einrichtung aktiv beizutragen, indem es erklärte, dass der Minister persönlich alljährlich einmal zur Eröffnung einer Hochschulwoche eine Ansprache über die Bedeutung der deutschen Hochschulen und ihre Leistungen halten werde, die auch im Rundfunk übertragen werden würde.

In der Folge trafen tatsächlich einige Anfragen anderer Universitäten bezüglich der Durchführung einer solchen Hochschulwoche im Kieler Rektorat ein. Die Universitäten in Tübingen und Leipzig sowie die Technischen Hochschulen in Dresden und Aachen und die Preußische Bergakademie in Clausthal baten unter Verweis auf den Erlass um Material zur Kieler Hochschulwoche.[115] In den Akten ist ein Vorschlag für ein Antwortschreiben an die Universitäten mit der Überschrift »Erfahrungen bei der ›Woche der Universität Kiel‹« zu finden, in dem das Ziel der Woche formuliert wurde, »die Universität in einer geschlossenen Gesamtleistung vor die Öffentlichkeit zu stellen.«[116] Darin hieß es, dass unter dem Motto »Professoren lesen für jedermann!« allen Teilnehmenden die Möglichkeit gegeben werden sollte, die Universität bei ihrer Arbeit an Ort und Stelle kennen zu lernen. Es sei deshalb »peinlich streng« vermieden worden, in die Institutsführungen irgendetwas »›Parademäßiges‹ hineinzuorganisieren«. Die in einem Sondervorlesungsverzeichnis zusammengestellten Vorträge sollten einen Ausschnitt darstellen aus dem laufenden Vorlesungsbetrieb.

Trotz der möglichst volksnahen und um rein fachliche Beiträge bemühten Präsentation der Universität während der durchgeführten Woche ist die Indienstnahme der Kieler Hochschule als politische Universität deutlich an der Veranstaltung abzulesen. Gerade in dem Anliegen, alle *Volksgenossen* an der Universität als dem geistigen und kulturellen Mittelpunkt Schleswig-Holsteins zusammenzuführen, manifestiert sich die Symbolik eines immer noch geführten *Grenzkampfes*, da sich eine geschlossene Bevölkerung dem Einfluss von außen – von Dänemark – entgegenstellen sollte.[117] Kiel wurde seinem vermeintlichen Status als NS-Musteruniversität offenbar gerecht, da die Kieler Initiative als Paradebeispiel für das Konzept der Universitätswochen auch an anderen Hochschulen des Reiches in der betreffenden Verordnung angeführt wurde. Dieser Umstand lag jedoch weniger an dem Standort Kiel als vielmehr an dem

---

115 Ebd., Rektor der Technischen Hochschule Aachen an Rektor der CAU, 10.3.1938; ebd., Rektor der Preußischen Bergakademie Clausthal an Rektor der CAU, 23.3.1938; ebd., Rektor der Technischen Hochschule Dresden an Rektor der CAU, 4.4.1938; ebd., Rektor der Universität Tübingen an Rektor der CAU, 6.4.1938; ebd., Rektor der Universität Leipzig an Rektor der CAU, 6.4.1938.

116 Ebd., Vorschlag für Antwortschreiben: Erfahrungen bei der »Woche der Universität Kiel«. Auch zum Folgenden.

117 Siehe dazu auch Lammers, Die Beziehungen, S. 86, der die Geschehnisse an der Kieler Universität ab 1933 als »eine ideologische und politisierte Verschärfung des existierenden Nationalitätenkampfes« bezeichnet.

Mangel des akademischen Nachwuchses, der entsprechende Maßnahmen erforderte. Der Gedanke »Professoren lesen für jedermann« entsprach der propagierten Auffassung der *Volksgemeinschaft* und schaffte es gleichzeitig, die Universität als Repräsentantin des NS-Staates zu beanspruchen. Eine solche Veranstaltung war ganz im Sinne einer Wissenschaftspolitik, die auf eine Durchdringung der Hochschulen durch die Politik abzielte. Inwiefern der Ministerialerlass an den Universitäten in Form von Hochschulwochen umgesetzt wurde, lässt sich nicht eindeutig feststellen, ohne weitere umfassende Recherchen in den jeweiligen Universitätsarchiven vorzunehmen, die den Rahmen der vorliegenden Untersuchung sprengen würden. Es existieren einige Publikationen von Reden an verschiedenen Hochschulen aus den Jahren 1938 bis 1940, die anlässlich einer Hochschulwoche gehalten wurden, so beispielsweise im Juni 1938 in Erlangen.[118] In Leipzig organisierte man im Juni 1938 eine Universitätswoche, die vom Reichserziehungsminister wie angekündigt eröffnet wurde.[119] In Karlsruhe führte man gleich zwei Universitätswochen in den Jahren 1938 und 1939 durch. In der Eröffnungs- und Begrüßungsansprache des Rektors wurde konkret auf den Vorschlag Wackers und den entsprechenden Ministerialerlass verwiesen – man wolle die Hochschule »dem ganzen Volke öffnen.«[120] Dieses Ziel wird ebenfalls im Geleitwort des Programms der Berliner Hochschulwoche genannt, die vom 21. bis 26. November 1938 stattfand.[121] Wie viele weitere Universitäten dem Erlass Folge leisteten, ist bislang unklar. Nagel konnte aber anhand von Berichterstattungen nach Berlin zumindest eine durchaus positive Resonanz in der Bevölkerung feststellen.[122] Darüber hinaus führte der Reichserziehungsminister Rust zum 125-jährigen Jubiläum der Technischen Hochschule Wien 1940 in einer Rede die Hochschulwochen als Beispiel für die erfolgreiche Veränderung des Hochschulwesens im nationalsozialistischen Sinn an, was ebenfalls für einen gewissen Erfolg und Etablierungsgrad der Universitätswochen spricht. Er nennt die Hochschulwochen, »in

118 Alfred Schmitt, Die Erfindung der Schrift. Rede gehalten vor der Universität Erlangen am 19. Juni 1938 bei der Eröffnungsfeier der Universitätswoche (Erlanger Universitäts-Reden 22), Erlangen 1938.

119 Artur Knick, Die Bedeutung der Universität Leipzig in der Vergangenheit. Rede gehalten am 17. Juni 1938 bei der Eröffnung der Leipziger Universitätswoche 1938 durch Reichsminister Dr. Rust, in: Veröffentlichungen des Leipziger Universitätsverbundes e.V. 2 (1939), S. 15–34.

120 Rudolf Georg Weigel, Eröffnungs- und Begrüßungsansprache des Rektors auf dem feierlichen Eröffnungsakt der zweiten Hochschulwoche am 3. Juli 1939, in: Zweite Karlsruher Hochschulwoche und Karlsruher Studententag 3. bis 9. Juli 1939. Rektoratsbericht, Ansprachen und Reden (Karlsruher Akademische Reden 19), hg. von dems., Karlsruhe 1939, S. 3–9, hier S. 4.

121 Programmheft der Berliner Hochschulwoche. Friedrich-Wilhelms-Universität. Technische Hochschule. Wirtschaftshochschule. Hochschule für Politik. 21. bis 26. November 1938. Siehe zur Berliner Hochschulwoche von 1938 auch Nagel, Universität, S. 460.

122 Nagel, Bildungsreformer, S. 257.

denen die Pforten für alle Volksgenossen weit geöffnet werden und die Hochschulen Gelegenheit nehmen, dem Volke, aus dessen mythischem Urgrund sie sich selber nähren, ihrerseits von ihrer Arbeit zu sprechen«, als einen von mehreren Faktoren, die »einen ersten vollendeten Schritt zur Eingliederung einer einsamen, selbstgenügsamen Wissenschaft in den lebendigen politischen Raum Deutschland« bedeuteten.[123]

Von Kieler Seite aus rühmte man sich freilich mit dem Ministerialerlass, welcher der CAU eine Vorreiterrolle auf diesem Gebiet attestierte. In den *Kieler Blättern* bemerkte etwa der Prähistoriker Herbert Jankuhn, dass der Erfolg »der ersten Universitätswoche« am besten dadurch gekennzeichnet werde, »daß die Abhaltung solcher Wochen vom Reichswissenschaftsministerium auch den anderen Hochschulen nahegelegt wurde.«[124] Ritterbusch bilanzierte schließlich in seinem Beitrag zur 275-Jahrfeier der CAU, dass die Universitätswochen, die vom Reichswissenschaftsminister als »vorbildlich empfohlen« worden seien, »überall im Reiche Nachahmung fanden«.[125] Auch Hans-Helmut Dietze betonte bei dieser Gelegenheit, dass gerade die Einrichtung der Universitätswochen, »die die Kieler Universität als erste des Reiches und – nach den Worten des Reichsministers selbst – in vorbildlicher Weise getroffen hat«, zum Wahrzeichen der Verbindung von Wissenschaft und Volk geworden sei.[126] Der Vorbildcharakter der eigenen Universität wurde zunehmend stark glorifiziert und allem Anschein nach bei jeder Gelegenheit von der Hochschule nachdrücklich geltend gemacht.[127]

---

123 Bernhard Rust, Reichs-Universität und Wissenschaft. Zwei Reden, gehalten in Wien am 6. November 1940, als Manuskript gedruckt, hg. von der Deutschen Forschungsgemeinschaft, Berlin 1940, S. 11f.

124 Herbert Jankuhn, Die Woche der Universität Kiel vom 10. bis 15. Juli 1939, in: Kieler Blätter 2 (1939), H. 4, S. 359–360, hier S. 360. Zu den 1938 neu aufgelegten »Kieler Blättern« siehe Peter Wulf, Der Kampf um die »neue« Wissenschaft. Die Wissenschaftliche Akademie des NS-Dozentenbundes an der Christian-Albrechts-Universität Kiel, in: Zeitschrift für Geschichtswissenschaft 53 (2005), H. 1, S. 5–25. Für die ursprüngliche, namensgebende Zeitschrift, die sich als »vaterländisch« bzw. politisch verstand und von Kieler Professoren wie Carl Theodor Welcker, Friedrich Christoph Dahlmann, Nikolaus Falck, August Detlev Christian Twesten u. a. herausgegeben wurde, vgl. dagegen Klaus A. Vogel, Der Kreis um die Kieler Blätter (1815–1821). Politische Positionen einer frühen liberalen Gruppierung in Schleswig-Holstein (Kieler Schriften zur Politischen Wissenschaft 3), Frankfurt a.M. 1989.

125 Paul Ritterbusch, Die Entwicklung der Universität Kiel seit 1933, in: Festschrift zum 275jährigen Bestehen der Christian-Albrechts-Universität zu Kiel, hg. von dems. u.a., Leipzig 1940, S. 447–466, hier S. 458. Eine ähnliche Formulierung findet sich bei Ders., Die Entwicklung der Universität Kiel seit 1933, in: Kieler Blätter 4 (1941), H. 1, S. 5–23; sowie bei Hans-Helmut Dietze, Bericht über die »Woche der Universität Kiel 1941«, in: Kieler Blätter 4 (1941), H. 2, S. 125f.

126 Hans-Helmut Dietze, Von der 275-Jahrfeier der Universität Kiel, in: Kieler Blätter 4 (1941), H. 1, S. 62–64, hier S. 64.

127 Vgl. u.a. Georg Dahm, Die Woche der Universität Kiel, in: Kieler Blätter 1 (1939), H. 1, S. 74–76.

Berichte über die Wahrnehmung der Woche in der Bevölkerung sind den Akten nicht zu entnehmen. Den einzigen Hinweis hinsichtlich der öffentlichen Resonanz liefern die Ausführungen des Rektors an den Staatsminister: Es seien so viele Besucher anwesend gewesen, dass man die Vorlesungen in die Aula verlegen musste.[128] Trotz des vonseiten der Veranstalter konstatierten großen Erfolgs der Universitätswoche, beschloss der akademische Senat am 21. Dezember 1937, dass eine Wiederholung im Sommersemester 1938 nicht geplant sei, vielmehr sollten nun die einzelnen Fächer mit ähnlichen Veranstaltungen hervortreten; eine entsprechende rechtswissenschaftliche Woche sei bereits in Planung.[129] Als eine weitere Errungenschaft der Universitätswoche wird die Einrichtung der *Arbeitsgemeinschaft Skandinavien* genannt, die »in verschiedener Hinsicht die unmittelbare Fortsetzung der aus gemeinsamen Gestaltungswillen entstandenen ›Woche der Universität Kiel‹« darstelle.[130] Der Blick wurde nun in konsequenter Fortführung der begonnenen Arbeit auch auf Landschaft und Geistesleben des europäischen *Nordens* gelenkt. Aufgrund der vermeintlichen Blutsverbundenheit – »Kein anderes deutsches Land hat so viel Blut an den skandinavischen Norden abgegeben als Schleswig-Holstein, und in kein anderes Gebiet des Reiches ist im Verlauf der Zeit so viel nordgermanisches Blut nachgeströmt wie in die Nordmark« – sollten die deutsch-nordischen Beziehungen wieder aufgenommen, dabei jedoch die deutsche Eigenart bewahrt werden.[131] Zwar hätten sich in der Vergangenheit Personen wie Otto Scheel und Anton Schifferer durch Projekte wie die *Deutsch-Nordische Zeitschrift* und die *Nordisch-Deutsche Universitätswoche* des Jahres 1929 verdient gemacht, allerdings hätte das Deutschland der Weimarer Republik eine gesunde Grundlage für eine deutsch-nordische Zusammenarbeit unmöglich gemacht.[132] Diese ver-

128 LASH, Abt. 47, Nr. 1264, Rektor der CAU an Wacker, 31.8.1937.

129 Ebd., Nr. 1265, Auszug aus dem Senatsprotokoll vom 21.12.1937. Die Rechts- und Wirtschaftswissenschaftliche Woche fand tatsächlich ein Jahr später statt und verengte das Ziel des Vorjahres auf den Arbeitsbereich einer Fakultät: »Insofern soll die Woche die Beziehungen zwischen der Rechtswissenschaft und dem praktischen Rechtsleben, der Wirtschaftswissenschaft und dem Schleswig-Holsteinischen Wirtschaftsleben enger gestalten und bei der Herstellung eines fruchtbaren gegenseitigen Austausches mitwirken.« Vgl. Programmheft der Rechts- und Wirtschaftswissenschaftlichen Woche der Universität Kiel. Von Montag, dem 13. bis Sonnabend, den 18. Juni 1938, S. 3f. Siehe auch den Bericht von Hans Brandt, Die Rechts- und Wirtschaftswissenschaftliche Woche der Universität Kiel vom 13. bis 18. Juni 1938, in: Kieler Blätter 1 (1938), H. 2/3, S. 206–208; Jankuhn, Die Woche der Universität, S. 359f.

130 Johannes Leonhardt, Die Arbeitsgemeinschaft Skandinavien an der Universität Kiel, in: Kieler Blätter 1 (1938), H. 2/3, S. 217. Auch zum Folgenden.

131 Viktor Waschnitius, Der Sinn unserer skandinavischen Arbeit, in: Kieler Blätter 2 (1939), H. 3, S. 198–201, hier S. 199.

132 Ders., Die Universität Kiel und der skandinavische Norden, in: Kieler Blätter 4 (1941), H. 2, S. 106–120, hier S. 119f.

meintlich neue *nordische* Ausrichtung fußte auf dem Gedanken, Schleswig-Holstein besitze »zahlreiche blutsmäßige Verbindungen mit den nordischen Völkern«, die eine Verbundenheit von vornherein voraussetzten.[133] Man war sich durchaus bewusst, dass diese proklamierte Verbindung dem *Grenzkampf*-Gedanken und der damit einhergehenden zwingend notwendigen Bewahrung des *Deutschtums* widersprach. Es war die Rede vom »doppelten Charakter unseres Verhältnisses zu Dänemark und darüber hinaus zum ganzen skandinavischen Norden«, der hervorgetreten sei und dem man nun durch die »skandinavische Arbeit« gerecht werden müsse.[134] Die ausschließliche Arbeitsrichtung von Kiel nach Kopenhagen verwundert nicht, da die Inszenierung der CAU und ihre zugeschriebene Position als *Grenzlanduniversität* in Dänemark als »geistige deutsche Offensive« empfunden wurden.[135] Mit der »skandinavischen Arbeit« begann man allerdings erst nach der Universitätswoche von 1937 – die Beziehungspflege oder Auseinandersetzung mit den skandinavischen Ländern spielte bei der Veranstaltung keine Rolle, nachdem die Idee zu einer *nordischen* Schwerpunktsetzung abgelehnt worden war. Dass so ein Vorschlag allerdings überhaupt aufkam, spricht für die Präsenz und die anhaltende Ausstrahlungskraft des *nordischen Gedankens*, die offensichtlich anhielt: Denn im Jahr 1939 folgte erneut eine *Woche der Universität* nach dem gleichen Konzept wie 1937, allerdings nun wieder in Zusammenarbeit mit der SHUG.[136] Bei der Woche stand »diesmal die nach dem Norden gerichtete wissenschaftliche Arbeit der Universität im Vordergrund«; es sollten die Ergebnisse der »Gemeinschaftsarbeit Skandinavien« vorgestellt und die »vielgestaltigen Bindungen und Wechselwirkungen in Wissenschaft und Forschung zum Norden hin« beleuchtet werden.[137] Bei dieser Universitätswoche traten sogar zwei Professoren aus Uppsala und einer aus Kopenhagen als Redner auf.

Für 1937 bleibt dennoch festzuhalten, dass eine wirklichkeitskonstruierende Kraft bei der *Woche der Universität* eher dem NS-Gedankengut zuzusprechen ist als den Ideen von *Grenzkampf* und *nordischem Gedanken*, die sich zwar darin wiederfanden, aber von der allumfassenden Ideologie des Nationalsozialismus in den Hintergrund gedrängt wurden. Nach Dieter Langewiesche muss auch die Frage nach dem Verlust der Wirkungsmöglichkeiten von Ideen gefragt werden, »wenn die Kraft zur Institutionalisierung einer Leitidee an andere Vorstellungen übergeht.«[138] Letzteres schien 1937 gewissermaßen der Fall gewesen zu sein, vor allem da die NS-Ideologie so umfassend konzipiert war, dass die Ideen von

133 Ders., Der Sinn, S. 199.
134 Ders., Die Universität Kiel, S. 119f.
135 Lammers, Die Beziehungen, S. 87.
136 Jessen-Klingenberg/Jürgensen, Universität und Land, S. 72.
137 Programmheft der »Woche der Universität« 1939, 10. bis 15. Juli 1939, S. 3.
138 Langewiesche, Die Idee, S. 368.

Grenzkampf und *nordischem Gedanken* nur noch als darin inkludierte Vorstellungen einen Platz fanden. Obwohl das schleswig-holsteinische Sonderbewusstsein und mit diesem auch die Gedanken von *Grenzkampf* und *Nordlandromantik* weiterhin Bestand hatten, konnte die Analyse zeigen, dass solche Ideen, die wie im vorliegenden Fall ausschließlich auf eine Region beziehungsweise Provinz des Deutschen Reiches zugeschnitten waren, im NS-Staat nur eine untergeordnete Rolle spielten und sie darüber hinaus von der umfassenden und allgegenwärtigen nationalsozialistischen Weltanschauung zumeist überformt wurden. In Bezug auf die Kieler Universitätswoche des Jahres 1937 offenbart sich dieser Umstand in erster Linie in dem Motto »Professoren lesen für jedermann«, das ganz im Zeichen einer inkludierenden – und damit einer ebenso exkludierenden – *Volksgemeinschaft* stand, womit sich die Universität als politische Musteruniversität zu präsentieren vermochte. In den Hochschulwochen erblickte das REM zudem die Möglichkeit, dem problematischen Nachwuchsmangel in den akademischen Berufen entgegenzuwirken, was ursprünglich nicht das primäre Ziel der Kieler Verantwortlichen gewesen war. An der CAU sollte dagegen vor allem die Bedeutung der Universität als geistige Vorkämpferin und kulturelles Zentrum Schleswig-Holsteins hervorgehoben und die Verbindung mit der Bevölkerung inniger gestaltet werden. Durch die offensichtlich positive gesellschaftliche Resonanz empfahl sich die Hochschulwoche zugleich als reichsweite Maßnahme zur Gewinnung des akademischen Nachwuchses, zumindest aus der Perspektive Rusts. De facto muss die Strahlkraft reichsweiter Hochschulwochen aber als äußerst gering eingeschätzt werden, da die potenziellen Studienbewerber den Hochschulen in erster Linie aus ökonomischen, politischen oder karrieretechnischen Gründen fernblieben – und daran konnten auch aufwendig inszenierte Veranstaltungen wie die Hochschulwochen letztlich wenig ändern.[139] Ein gewisser Vorbildcharakter muss der CAU im Rahmen der NS-Wissenschaftspolitik dennoch zugesprochen werden: Immerhin bezog sie mit ihrer Universitätswoche 1937 Stellung als politisierte, im Dienst des NS-Regimes stehende Einrichtung; in der Veranstaltung manifestierte sich gewissermaßen die endgültige Durchdringung der Universität mit der NS-Ideologie und Weltanschauung.

Schlussbetrachtung

Wie gezeigt werden konnte, scheute sich die Kieler Universität nicht, mit groß angelegten Veranstaltungen wie den Universitätswochen in die Öffentlichkeit zu treten und sich dadurch in ein bestimmtes Licht zu rücken. Die CAU nutzte die

139 Göllnitz, Der Student, S. 171–241, bes. S. 224–240.

Wochen vielmehr als Möglichkeit, sich als »geistigen Mittelpunkt« Schleswig-Holsteins zu inszenieren und ihre damit einhergehende Bedeutung als *Grenzlanduniversität* in den Vordergrund zu stellen. Dieses Bestreben war sowohl bei der *Nordisch-Deutschen Woche* von 1929 als auch bei der *Woche der Universität* von 1937 grundlegend. Der Auffassung Rudolf Rietzlers, die Universität Kiel sei Repräsentantin und Mitproduzentin des öffentlichen Bewusstseins und der darin anklingenden Ideologien gewesen,[140] ist demnach zuzustimmen – die Universitätswochen können hierfür als Beispiel angeführt werden. Allerdings müssen für beide Wochen Einschränkungen in ihrer Funktion als Mitproduzentin des öffentlichen Bewusstseins gemacht werden: Zwar präsentierte sich die CAU 1929 als Trägerin eines hauptsächlich auf geistiger Verbundenheit beruhenden *nordischen Gedankens* und schaffte es mit der großangelegten *Nordisch-Deutschen Woche* für kurze Zeit, grenzkämpferische und grenzrevisionistische Stimmen zugunsten einer deutsch-skandinavischen Kulturgemeinschaft zu übertönen, allerdings bleibt unklar, wie langanhaltend diese Perzeption von der Universität als Repräsentantin des *nordischen Gedankens* war. Da die überwiegend ländliche Bevölkerung in erster Linie aus der Presse von dem Großereignis erfuhr und nicht unmittelbar daran beteiligt war, blieb die intendierte Außenwirkung hinter den Erwartungen zurück. Dieser Umstand galt auch für den Eindruck auf die nordeuropäische Öffentlichkeit, angesichts der Tatsache, dass die skandinavischen Staaten dem *nordischen Gedanken* als Auffassung einer rassischen Gemeinschaft weitaus skeptischer, wenn nicht gänzlich ablehnend gegenüberstanden.[141]

Der Einfluss auf das öffentliche Bewusstsein muss für 1937 in stärkerem Maße angenommen werden, da die Bevölkerung hier im Streben nach der Bildung eines »einheitlichen Volkskörpers« explizit miteinbezogen wurde. Es ist allerdings bezüglich der Rolle als einer Mitproduzentin des öffentlichen Bewusstseins zu konstatieren, dass sich die CAU mit ihrer *Woche der Universität* in erster Linie als Repräsentantin der NS-Hochschulpolitik inszenierte, die das Konzept der vollpolitisierten Universität durchsetzen wollte. Die überformende Wirkmächtigkeit der allumfassenden »Idee« des Nationalsozialismus war der Grund für die eingeschränkte Gestaltungskraft des *nordischen* und des *Grenzkampf*-Gedankens bei der Veranstaltung von 1937. Beide Ideen nahmen in diesem mitproduzierten Bewusstsein nur eine nachgeordnete Funktion ein. Dennoch besaßen das schleswig-holsteinische Sonderbewusstsein und die Grenzlandidentität immer noch eine erhebliche Gestaltungskraft – der Terminus der

140 Rietzler, Kampf, S. 325.

141 Vgl. dazu neuerdings Martin Göllnitz, Der Ostseeraum als Konfliktzone eines wissenschaftlichen Geltungsstrebens. Die Deutschen Wissenschaftlichen Institute in Skandinavien (1941–1945), in: Konflikt und Kooperation. Die Ostsee als Handlungs- und Kulturraum, hg. von dems. u. a., Berlin 2019, S. 45–70.

Grenzlanduniversität wurde häufiger gebraucht denn je. Durch die Zielsetzung der Universitätswoche, auf Fühlungnahme mit der Bevölkerung zu gehen, spielten sie aber nur eine untergeordnete Rolle.

In Kiel wurden nach der Universitätswoche von 1937 und in unmittelbarem Anschluss an die *Woche der Universität* von 1939 zum Ende desselben Jahres Kriegsvorlesungen für das deutsche Volk abgehalten, die man als »würdige, zugleich umfangreichere Nachfolger« der Universitätswochen betrachtete.[142] Nach Leonhardt habe das Leitwort »Professoren lesen für jedermann« der Universitätswoche von 1937 damit einen neuen Sinn erhalten.[143] Selbst im Krieg wurde noch an den Universitätswochen in Kiel festgehalten, sodass 1941 und 1944 nochmals *Wochen der Universität* stattfanden – allerdings ohne Ausrichtung auf den Norden und mit weitaus reduzierterem Programm.[144] Diese Öffentlichkeitswirksamkeit, die sich auch in dem erwähnten Ministerialerlass niederschlug, war kaum beeinflusst von *nordischem Gedanken* und *Grenzkampf*-Idee.

Es ist daher abschließend nach der Konkurrenz von Ideen zu fragen,[145] die besonders bei den Vorstellungen von *Grenzkampf* und *nordischem Gedanken* deutlich wird: Gerade die Universität, die sich selbst immer wieder – auch mittels der beiden Wochen – als »Kulturhort« oder »geistiges Zentrum« der *Nordmark* präsentierte, hatte Schwierigkeiten, sich klar zu positionieren. Sie pendelte in den 1920er und 1930er Jahren stets zwischen dem Anspruch, als Vorkämpferin des *Deutschtums* die Rückgewinnung der abgetrennten nordschleswigschen Gebiete voranzutreiben, und der Vorstellung, als Kulturbotschafterin für den nordeuropäischen Raum an einem *Großgermanischen Reich*, in dem alle *nordischen Rassen* vereint sein würden, mitzuwirken – naturgemäß drohte diese *Germanenschwärmerei* durch einen allzu aggressiv betriebenen Grenzrevisionismus unterminiert zu werden. Dass diese Schwierigkeiten anhaltend bestanden, spricht für die wirklichkeitskonstruierende Kraft beider Ideen, die gleichermaßen auf den universitären Bereich ausstrahlten und eine Positionierung erschwerten.[146] Der von Frank-Rutger Hausmann konstatierten schwankenden

142 Hanns Löhr, Zum Beginn der Kriegsvorlesungen für das deutsche Volk, in: Kieler Blätter 3 (1940), H. 1/2, S. 16–19, hier S. 16; Programmheft für die Kriegsvorlesungen für das Deutsche Volk 1939. 26. November bis 17. Dezember 1939, S. 3.

143 Johannes Leonhardt, Kriegsvorlesungen für das deutsche Volk, in: Kieler Blätter 3 (1940), H. 1/2, S. 132–134, hier S. 132.

144 Programmheft der Woche der Universität Kiel 1941, 14. bis 20. Juli 1941; Programmheft der Woche der Universität Kiel 1944, 23. bis 29. Januar 1944.

145 Langewiesche, Die Idee, S. 368.

146 Siehe dazu Manfred Jessen-Klingenberg, Die Schleswig-Holsteinische Universitäts-Gesellschaft 1933–1945. Intrigen, Krisen, Kriegseinsatz, in: UNI-Formierung des Geistes. Universität Kiel und der Nationalsozialismus, Bd. 2, hg. von Hans-Werner Prahl, Hans-Christian Petersen und Sönke Zankel, Kiel 2007, S. 61–98, hier S. 71; Karl Dietrich Erdmann,

Haltung der Universität zwischen radikalem *Grenzkampf* und Brückenfunktion[147] muss demnach zugestimmt werden. Wie die Untersuchung zeigen konnte, erkannte die Kieler Universität zwar die Notwendigkeit zur Auseinandersetzung mit den beiden Ideen von *Grenzkampf* und *nordischem Gedanken* und der daraus erwachsenen »Doppelaufgabe« Schleswig-Holsteins, doch gelang es ihr nicht, eine geeignete Lösung für dieses Problem zu finden, sodass die Universität in dieser ambivalenten Stellung zwischen *Volkstumskampf* und Völkerverständigung verharrte.

Wissenschaft im Dritten Reich (Veröffentlichungen der Schleswig-Holsteinischen Universitätsgesellschaft, Neue Folge 45), Kiel 1967, S. 9; Lammers, Die Beziehungen, S. 88.

147 Hausmann, Musen, S. 295.

Andreas Huber

Berufung und Rufmord. Pressekampagnen zur Personalentwicklung an den österreichischen Hochschulen 1918 bis 1933

Abstract
The article deals with the impact of periodicals on the personnel development at Austrian Universities in the First Republic. It shows an effective cooperation between German national and Christian-Social newspapers, members of anti-Semite professor networks and officials of the Deutsche Studentenschaft (German student body). The Deutschösterreichische Tageszeitung (German Austrian daily newspaper) turned out to be the most influential newspaper regarding university policy. It published lists of (supposed) Jewish university teachers and internal information from sessions of the professorial council and thereby influenced votes and provoked student riots. On the other hand the social democrat and liberal press queried about the influence of non-scientific criteria of personnel decisions. Due to insufficient support in the student body as well as in the professorate these initiatives remained ineffective. From 1925 some left wing and liberal periodicals started to copy the policy of their opponents: They published names of anti-Semite university teachers – such of Jewish descent.

Als Samuel Steinherz 1922 seine Wahl zum Rektor der Deutschen Universität Prag annahm, schlug dem Historiker eine Welle des Protests entgegen. Ein Jude an der Spitze einer »deutschen« Universität war für weite Teile der Prager Studentenschaft ein Fanal. Bereits in den Jahrzehnten davor, in der späten Habsburgermonarchie, hatten sich jüdische Wissenschaftler wie der Jurist Alois Zucker (1889, Prag) und der Chemiker Guido Goldschmiedt (1907, Prag) geweigert, die Rektorenwahl anzunehmen, oder sie sahen sich – wie im März 1889 der Geologe Eduard Sueß an der Universität Wien, der mütterlicherseits jüdische Vorfahren hatte – nach massivem Druck gezwungen, ihr Amt niederzulegen.[1] Steinherz zeigte sich vorerst wenig beeindruckt – auch dann nicht, als sich deutschvölkische Studenten durch die Universität prügelten und ihn persönlich

1 Kamila Maria Staudigl-Ciechowicz, Das Dienst-, Habilitations- und Disziplinarrecht der Universität Wien 1848–1938. Eine rechthistorische Untersuchung zur Stellung des wissenschaftlichen Universitätspersonals (Schriften des Archivs der Universität Wien 22), Göttingen 2017, S. 111f.

zur Demission aufforderten.[2] Doch sah letztlich auch er keinen anderen Ausweg mehr, als beim Unterrichtsministerium sein Rücktrittsgesuch einzureichen. Es blieb unbeantwortet.

Die Kampagne gegen Steinherz, aber auch Angriffe gegen andere – vor allem *jüdische* wie auch linke – Wissenschaftler in der Zwischenkriegszeit hätten nicht diese Schlagkraft entwickelt, hätten sich nicht einige der größten Tages- und Wochenzeitungen daran beteiligt.[3] Sie machten die Personalentwicklung an den Hochschulen publik, skandalisierten sie und mobilisierten damit nicht zuletzt die ihnen nahe stehenden Studentengruppen. Diese mediale Unterstützung ist auch der Ausgangspunkt der vorliegenden Untersuchung. Sie fokussiert darauf, wie die in Österreich, insbesondere in Wien erscheinenden Periodika versuchten, die Personalentwicklung – das heißt: Berufungen und Habilitationen, die Wahl von Rektoren und Dekanen, aber auch der Wechsel von Professoren an andere Hochschulen – mit zu beeinflussen, welcher Strategien sie sich bedienten und inwiefern sie als verlängerter Arm von Teilen der Studentenschaft, aber auch der Hochschullehrerschaft agierten. Der Untersuchungszeitraum beginnt mit der Ausrufung der Ersten Republik am 12. November 1918 und endet mit dem 4. März 1933, jenem Tag, als die Regierung unter Engelbert Dollfuß eine Geschäftsordnungskrise des Nationalrats dazu nutzte, schrittweise eine Diktatur zu etablieren. Damit gingen auch die Einführung der Vorzensur und das sukzessive Verbot oppositioneller Zeitungen einher.

Als Quellenbasis der Untersuchung dient das sogenannte Tagblatt-Archiv. Dabei handelt es sich um eine von der Tageszeitung *Neues Wiener Tagblatt* von 1867 bis 1945 erstellte Dokumentation mit etwa zwei Millionen Zeitungsartikeln, die als Behelf für die Redaktionsarbeit gesammelt wurden und heute in der Wienbibliothek in mehreren tausend Sach- und Personenmappen verteilt sind.[4] Im Bestand unter dem Stichwort »Hochschulen« liegen für die Jahre 1918 bis 1933 rund 2.300 Artikel vor, von denen sich zwei Drittel auf die drei meistverbreiteten Wiener Tageszeitungen verteilen: Die liberale *Neue Freie Presse* (667 Artikel), die sozialdemokratische *Arbeiter-Zeitung* (496 Artikel) und die katholisch-konservative *Reichspost* (363 Artikel).[5] Aus der rechtsextremen *Deutschösterreichischen Tageszeitung* (DÖTZ) stammen ferner 149 Beiträge. Mit diesen

2 O. V., Studententerrorismus in Prag, in: Arbeiter-Zeitung (18.11.1922).

3 Im Folgenden wird der Begriff *jüdisch* kursiviert, da es sich oft um eine Fremd- und keine Selbstzuschreibung handelte. Wird der Terminus hingegen nicht kursiv gesetzt, handelte es sich um Personen jüdischen Glaubens.

4 Eckart Früh, Das Tagblatt-Archiv, in: Zeitungen im Wiener Fin de siècle. Eine Tagung der Arbeitsgemeinschaft »Wien um 1900«, hg. von Sigurd Paul Scheichl und Wolfgang Duchkowitsch, Wien 1997, S. 254–256.

5 Ich bedanke mich bei Linda Erker, Herbert Posch und Klaus Taschwer für die Bereitstellung der von ihnen gescannten Mappen.

und etwa 25 weiteren Tages-, Wochen- und Monatszeitungen in diesem Bestand wird denn auch das politische Spektrum der Ersten Republik vollständig abgebildet.[6] Die bislang einzige Arbeit, die sich explizit mit diesem Bestand im gewählten Untersuchungszeitraum auseinandersetzt, stammt vom Wissenschaftshistoriker und -journalisten Klaus Taschwer. In seinem Beitrag versucht er die Berichterstattung in ihrer Gesamtheit zu erfassen und rückt vor allem die allgegenwärtigen Gewaltexzesse in den Mittelpunkt, die wohl in über 50 Prozent der Artikel das zentrale Thema sind. Am Beispiel zweier Habilitationsverfahren an der Universität Wien zeichnet er aber auch den Einfluss und die Vorgehensweise der DÖTZ nach.[7] Wie dieses Blatt und andere Periodika Hochschulpolitik betrieben, wurde anhand von Fallbeispielen auch in anderen Arbeiten abgehandelt, auf die hier ebenso Bezug genommen wird.[8] Den folgenden Seiten liegen rund 150 Artikel zugrunde, die sich bei der Durchsicht des Gesamtbestandes als relevant erwiesen.

Eine Replik mit Folgen

Es dauerte nicht lange, bis die Wahl von Steinherz auch in der knapp 300 Kilometer entfernten Hauptstadt Österreichs die Wogen hochgehen ließ. An der Universität Wien, wo drei Jahre zuvor der jüdische Ordinarius für Zivilrecht Josef Schey – vermutlich wegen zu erwartender Proteste – seine Wahl zum Rektor nicht angenommen hatte, berief die Deutsche Studentenschaft (DSt) eine Versammlung ein.[9] Bei ihr handelte es sich um die inoffizielle – gleichwohl von den akademischen Behörden anerkannte – Studierendenvertretung, die sich aus katholischen und deutschnationalen Fraktionen zusammensetzte und Juden von der Mitgliedschaft ausschloss. Zwei ihrer Proponenten, der Burschenschafter Walther Kolbe (Germania Wien) und der Korporierte Hans Kinzl (CV-Verbin-

6 Klaus Taschwer, Nachrichten von der antisemitischen Kampfzone. Die Universität Wien im Spiegel und unter dem Einfluss der Tageszeitungen, 1920–1933, in: 650 Jahre Universität Wien – Aufbruch ins neue Jahrhundert, Bd. 3: Reichweiten und Außensichten. Die Universität Wien als Schnittstelle wissenschaftlicher Entwicklungen und gesellschaftlicher Umbrüche, hg. von Margarete Grandner und Thomas König, Göttingen 2015, S. 99–126, hier S. 103f.

7 Ebd., S. 105. Vgl. auch Klaus Taschwer, Hochburg des Antisemitismus. Der Niedergang der Universität Wien im 20. Jahrhundert, Wien 2015.

8 So etwa Staudigl-Ciechowicz, Disziplinarrecht. Hervorzuheben sind vor allem die Disziplinarverfahren gegen den Rechtswissenschaftler Stephan Brassloff (S. 540–546) und den Archäologen Josef Bayer (S. 763–770).

9 Es darf vermutet werden, dass der radikale Antisemitismus an den Hochschulen auch dazu beitrug, dass er nach den Amtszeiten 1900/01 und 1910/11 kein drittes Mal als Dekan amtierte. Vgl. dazu Dies., Die judiziellen Fächer, in: Dies., Thomas Olechowski und Tamara Ehs, Die Wiener Rechts- und Staatswissenschaftliche Fakultät 1918–1938 (Schriften des Archivs der Universität Wien 19), Göttingen 2014, S. 343–379, hier S. 348.

dung Austria Innsbruck)[10] wandten sich mit einem Schreiben an das Rektorat und forderten, »dass nur Professoren deutscher Abstammung und Muttersprache zu Rektoren, Dekanen und sonstigen Amtswaltern der akademischen Behörden gewählt werden können«.[11] Zudem verlangten sie einen zehnprozentigen Numerus clausus sowohl für jüdische Lehrende als auch für jüdische Studierende. Die katholische *Reichspost* wie auch andere Tageszeitungen veröffentlichten diese Forderungen.[12] Führt man sich die politische Ausrichtung der DSt vor Augen, in deren Agenda die Bekämpfung des Judentums einen zentralen Platz einnahm, so waren diese Forderungen in gewisser Weise vorhersehbar gewesen. Ein Ausdruck der zunehmenden Radikalisierung waren sie allemal. Ungewöhnlich fiel aber die – in der Presse veröffentlichte – Replik der Rektoratskanzlei aus, die der Geologe und Paläontologe Karl Diener verfasst hatte. Dieser ging mit den Forderungen weitgehend d'accord und beklagte explizit den hohen Anteil von Juden unter den Medizindozenten. Doch sei es angesichts der Kräfteverhältnisse in den Professorenkollegien wie auch des Staatsgrundgesetzes und der Habilitationsvorschriften »schwer [...], Abhilfe zu schaffen«. Diener ging aber noch einen Schritt weiter, indem er die aus dem Osten der ehemaligen Habsburgermonarchie zugewanderten Juden mit einem »Krebsschaden« gleichsetzte:

> »In der geradezu erschreckenden Invasion solcher rassen- und wesensfremder Elemente, deren Kultur, Bildung und Moral tief unter jener der bodenständigen deutschen Studentenschaft stehen liegt der wahre Krebsschaden unserer akademischen Verhältnisse. Der Abbau der Ostjuden muß heute im Programm jedes Rektors und Senats einer deutschen Hochschule einen hervorragenden Platz einnehmen. Der fortschreitenden Levantisierung Wiens muß wenigstens an den Hochschulen Einhalt geboten werden.«[13]

Diese Verlautbarung, mit der sich der höchste Repräsentant der größten Hochschule des Landes auf die Seite der radikal antisemitischen DSt und gegen die jüdischen Universitätsangehörigen stellte, markierte einen Dammbruch und den Startschuss für eine ganze Reihe von Initiativen und Angriffen gegen *jüdische* Lehrende und Studierende. Diener muss sich der Konsequenzen seines Handelns bewusst gewesen sein, hatte doch schon 1875 ein prominenter Wissenschaftler, der deutsche Chirurg Theodor Billroth, mit antisemitischen Bemerkungen in einem Lehrbuch den Judenhass an den Hochschulen – und damit verbundene Gewalttätigkeiten – befeuert.[14] Knapp 50 Jahre danach applaudier-

10 CV steht für Cartellverband der katholischen deutschen Studentenverbindungen.

11 Wienbibliothek, Tagblatt-Archiv, Mappe Hochschulen (1922), Deutsche Studentenschaft der Universität Wien an den hohen Akademischen Senat der Universität Wien, 27.11.1922.

12 O.V., Die deutsche Studentenschaft gegen ihre Beschimpfung, in: Reichspost (28.11.1922).

13 Karl Diener, Das Memorandum der deutschen Studentenschaft, in: Reichspost (10.12.1922).

14 Billroth hatte in seinem 1875 veröffentlichten Werk »Über das Lehren und Lernen der medicinischen Wissenschaften an den Universitäten der deutschen Nation« aus dem Osten der

ten weite Teile des deutschnationalen und christlichsozialen Lagers und die DSt rückte erwartungsgemäß zur Verteidigung aus, als dem Rektor scharfe Kritik entgegenschlug.[15] Der rechtsextreme Studentenfunktionär Robert Körber huldigte noch 17 Jahre später Dieners »Mut [...], die deutsche Aufgabe eines akademischen Senates in der Ostmark in aller Öffentlichkeit zu kennzeichnen«,[16] wohingegen Helge Zoitl von der sozialistischen Gruppe im Studienjahr 1922/23 den »Grundstein für die späteren Erfolge des Nationalsozialismus an den hohen Schulen Österreichs« gelegt sah – auch wegen der offenen Parteinahme von Professoren wie Diener.[17] Doch wie konnte es soweit kommen und wie stand es um die innen- und hochschulpolitischen Kräfteverhältnisse und Kooperationen in Österreich?

(Hochschul-)politische Allianzen und Kräfteverhältnisse 1918 bis 1933

Die Geburtsstunde des rassistischen Antisemitismus in Österreich ist auf das Jahr 1867 zu datieren, das aufgrund der Verlautbarung des Staatsgrundgesetzes als Endpunkt der Judenemanzipation – sprich: der Gleichstellung von Juden mit den Angehörigen anderer Glaubensgemeinschaften – gilt. Die folgenden Jahrzehnte waren für die jüdische Bevölkerung in der Habsburgermonarchie gemeinhin von Erfolg und Aufstieg geprägt, auch und besonders in der Hauptstadt Wien, wo sich Juden in erster Linie in den freien Berufen und an den Hochschulen wie auch im Bankenwesen und in der Industrie behaupten konnten. 1893 waren 48 Prozent der Wiener Medizinstudenten sowie 58 Prozent der Anwälte jüdischen Glaubens.[18] Damit einhergehend breitete sich der – zunehmend rassistisch konnotierte – Judenhass vermehrt aus, insbesondere unter den Studenten, die in der stark wachsenden jüdischen Bevölkerung vor allem auch neue Konkurrenz sahen.

Monarchie stammende jüdische Studenten unter anderem als »leider nicht ganz auszurottende[s] Unkraut« bezeichnet. Vgl. Felicitas Seebacher, »Furor teutonicus und Rassenhass«. Theodor Billroths universitätspolitischer Einfluss auf die Nationalisierung der Medizin, URL: https://geschichte.univie.ac.at/de/artikel/furor-teutonicus-und-rassenhass (16.10.2019).

15 O.V., Vertrauenskundgebung der Wiener deutschen Landsmannschafter für Rektor Dr. Diener, in: DÖTZ (16.12.1922); O.V., Die katholische deutsche Studentenschaft an Rektor Diener, in: Reichspost (17.12.1922).

16 Robert Körber, Rassesieg in Wien, Wien 1939, S. 229.

17 Helge Zoitl, Student kommt von Studieren! Zur Geschichte der sozialdemokratischen Studentenbewegung in Wien (Materialien zur Arbeiterbewegung 62), Wien/Zürich 1992, S. 340.

18 Bruce Pauley, Der Weg in den Nationalsozialismus. Ursprünge und Entwicklung in Österreich, Wien 1988, S. 30.

Mit dem Ersten Weltkrieg – und dem Zuzug jüdischer Kriegsflüchtlinge aus dem Osten der Monarchie und der Suche nach Schuldigen für die Kriegsniederlage – fanden diese Haltungen weiteren Nährboden. Parallel dazu erfuhr die Ausgrenzung von Jüdinnen und Juden eine Professionalisierung. Das lag unter anderem daran, dass die deutschnationalen Eliten – in Form der Alten Herren der deutschnationalen Korporationen wie Burschenschaften, Corps oder wehrhafte Vereine – ihre Differenzen aus der Vergangenheit beilegten und sich im Deutschen Burschenbund zusammenschlossen. Dieser verschrieb sich nun ganz der Bekämpfung des Judentums wie auch des Internationalismus. Diese Agenda rückte derart in den Vordergrund, dass man die Bekämpfung der katholischen Studentenschaft kurzerhand für beendet erklärte und die Klerikalen schließlich sogar mit ins Boot holte. So legten die Beschlüsse des Burschenbundes im Frühjahr 1918 den Grundstein für die folgenden Kooperationen: An den Hochschulen konstituierte sich nun die DSt, die – anders als im Deutschen Reich – Juden von der Mitgliedschaft ausschloss.[19] Auf der Ebene der Alten Herren bildete sich 1919 die Deutsche Gemeinschaft (intern als »die Burg« bezeichnet), ein Geheimbund mit etwa 600 Mitgliedern, der sich den Ausschluss von Juden wie auch Liberalen und Linken aus allen Bereichen des öffentlichen Lebens zum Ziel gesetzt hatte und mit allen erdenklichen Mitteln darauf hinarbeitete. Im Gegenzug sollten die eigenen Leute in Spitzenpositionen gehievt werden. Der Bund stellte auch eine eigene Fachgruppe für die Hochschulen.[20] Als dritte gemeinsame Plattform sei noch der vom christlichsozialen Politiker Anton Jerzabek 1919 gegründete Antisemitenbund genannt, der in den folgenden Ausführungen aber keine Rolle mehr spielt.[21]

Angesichts dieser Entwicklungen verwundert es nicht, dass die beiden Lager 1920 auch in der »hohen Politik« zueinander fanden – in Form der sogenannten Bürgerblockregierungen bestehend aus Christlichsozialer Partei und Großdeutscher Volkspartei. Die Sozialdemokraten, welche die Regierung auch aus eigenen Stücken verlassen hatten (um die massive Sparpolitik nicht mittragen zu müssen), fanden sich bis zum Ende der Republik auf der Oppositionsbank und konzentrierten sich darauf, in Wien eine Stadt nach sozialdemokratischen Vorstellungen zu schaffen. Die Polarisierung in der Ersten Republik, die spä-

19 Vgl. dazu und zum Folgenden Kurt Knoll, Die Geschichte der schlesischen akademischen Landsmannschaft »Oppavia« in Wien im Rahmen der allgemeinen studentischen Entwicklung an den Wiener Hochschulen, Bd. 2, Wien 1924, S. 760–770.

20 Wolfgang Rosar, Deutsche Gemeinschaft. Seyß-Inquart und der Anschluss, Wien 1971, S. 29–37; Andreas Huber, Antisemitische Allianz. Die Deutsche Gemeinschaft und Österreichs Hochschulen in der Ersten Republik, in: Jahrbuch für Universitätsgeschichte 22 (2019) (im Druck); vgl. auch Ders., Linda Erker und Klaus Taschwer, Der Deutsche Klub. »Austro-Nazis« in der Hofburg, Wien 2019.

21 Vgl. zum Antisemitenbund Bruce Pauley, Eine Geschichte des österreichischen Antisemitismus. Von der Ausgrenzung zur Auslöschung, Wien 1993, S. 233–238.

testens mit der Julirevolte 1927 samt 94 Toten (davon 89 Demonstranten) eskalierte, verlief bis 1930 (Auflösung der Deutschen Gemeinschaft und Austritt der Großdeutschen Volkspartei aus der Regierung) respektive 1932 (Austritt der katholischen Korporationen aus der DSt) in weiten Teilen zwischen den Großdeutschen und den Christlichsozialen einerseits und der Sozialdemokratie andererseits. Diese zwei Fronten spiegelten sich auch in der Medienlandschaft wider – und damit auch in der Berichterstattung zu den Hochschulen. Aus diesem Grund ist die vorliegende Studie in zwei Abschnitte unterteilt: Während sich das erste Kapitel mit der Berichterstattung der deutschnationalen und christlichsozialen Presse befasst, nimmt das zweite Kapitel die Kampagnen der linken und liberalen Tageszeitungen in den Blick.

Die deutschnationale und christlichsoziale Presse

»Laßt Euch nicht belügen und betrügen!«, titelte die DSt 1925 auf einem ihrer Plakate und fügte hinzu, dass die »einzigen arischen Tagesblätter Wiens« die DÖTZ und die *Reichspost* seien. Ähnliches war in den Geheimstatuten der »Burg« zu lesen, denen zufolge jeder »Bruder« (so nannten sich deren Mitglieder) eine der beiden Zeitungen lesen sollte.[22] Für die zwei Organisationen waren die beiden Periodika überaus wichtig, um Forderungen in der Öffentlichkeit zu kommunizieren und die eigene Agenda durchzusetzen. Personelle Überschneidungen zeugen ebenso von diesem Nahverhältnis.

Die DÖTZ erschien als Nachfolgerin der *Deutschen Tageszeitung* ab dem 1. April 1921. Ab dem Ende der 1920er Jahre wandte sie sich – wie das großdeutsche Lager im Allgemeinen – verstärkt dem Nationalsozialismus zu, was ab dem 4. Mai 1933 auch am Titelblatt abzulesen war, wo nun der Zusatz »Hauptblatt der N.S.D.A.P. (Hitlerbewegung) Österreichs« prangte. Dieses Bekenntnis wurde dem Blatt aber schon ein paar Wochen später, am 21. Juni, infolge des NSDAP-Verbots in Österreich untersagt. Am 22. Juli 1933 wurde die Zeitung eingestellt.[23] In der Ersten Republik zählte eine ganze Reihe von Hochschullehrern zu ihren (freilich anonym auftretenden) Autoren, darunter etwa der Dozent für Gesellschaftslehre Jakob Baxa und die beiden Historiker Wilhelm Bauer und Hans Uebersberger.[24] Die *Reichspost*, die mit dem Untertitel »Unabhängiges

22 Archiv der Österreichischen Gesellschaft für Zeitgeschichte (AÖGZ), DO-1102, Nachlass Huf, Geheimstatuten der »Burg«.

23 Gabriele Melischek und Josef Seethaler (Hg.), Die Wiener Tageszeitungen. Eine Dokumentation, Bd. 3: 1918–1938, Frankfurt a.M. 1992, S. 105–108.

24 Vgl. Taschwer, Hochburg, S. 107; Österreichisches Staatsarchiv, Archiv der Republik, Gauakte zu Jakob Baxa, Personal-Fragebogen zum Antragschein auf Ausstellung einer vorläufigen Mitgliedskarte und zur Feststellung der Mitgliedschaft im Lande Österreich, 18.5.1938.

Tagblatt für das christliche Volk« erschien und als Organ der Christlichsozialen Partei galt, brachte für die Etablierung des Dollfuß/Schuschnigg-Regimes eine gegenläufige Entwicklung: Sie war die wohl bedeutendste Tageszeitung in der Diktatur. Im Großteil des hier behandelten Zeitraums gab sie Friedrich Funder heraus, der in der Zwischenkriegszeit Berater dreier österreichischer Bundeskanzler war: Ignaz Seipel, Engelbert Dollfuß und Kurt Schuschnigg.[25]

»Rasse und Wissenschaft«: Die Listen (vermeintlich) jüdischer Hochschullehrer

Anderthalb Jahre nachdem die DSt offiziell den Numerus clausus für jüdische Dozierende gefordert hatte, ging die Studierendenvertretung noch einen Schritt weiter: Sie publizierte Listen von *jüdischen* Wissenschaftlerinnen und Wissenschaftlern – auch mithilfe der DÖTZ. Ihren Ausgangspunkt nahm die Initiative im 1923 gegründeten Kulturamt der DSt, dem mit Robert Körber einer der einflussreichsten Studentenfunktionäre der Zwischenkriegszeit vorstand. Der bestens vernetzte Diplomkaufmann, der zahlreiche Leitungsfunktionen in einschlägigen Organisationen (unter anderem im Alldeutschen Verband, in der Deutschen Gesellschaft für Rassenpflege und im Deutschen Turnerbund) ausübte, gründete 1924 mit Alfred Ebert das Institut zur Pflege deutschen Wissens an der Universität Wien.[26] Dem Kulturamt stand er wohl bereits seit dessen Gründung vor.[27] Worin die Aufgaben dieses Amtes bestanden, wurde der Öffentlichkeit spätestens im April 1924 bewusst, als die DÖTZ die Namen von 203 Wissenschaftlerinnen und Wissenschaftlern »nicht arischer Herkunft« aus dem Personalstand der Universität Wien veröffentlichte.[28] Das schlug nicht nur an den Hochschulen, sondern auch in der Presse hohe Wellen, wobei etwa die liberale *Wiener Morgenzeitung* diese Entwicklungen mit einer Prise Sarkasmus kommentierte:

> »Daß die jüdische Ziffer so hoch ist, wird wohl kein ernster Mensch anders als eine Ehre auffassen, die die Bedeutung des Judentums denn doch in einem anderen Licht er-

25 Melischek/Seethaler, Tageszeitungen, S. 162–164.

26 Körber soll der *Wiener Montagszeitung* zufolge 1923 sein Studium beendet haben und im Dezember 1924 bereits 33 Jahre alt gewesen sein. Vgl. o. V., Die verfallende Wiener Universität, in: Wiener Morgenzeitung (28.12.1924), S. 4. Tatsächlich wurde er im Jahr 1896 geboren und im gleichen Jahr katholisch getauft. Vgl. Michael Siegert, Numerus Juden raus. Professoren nehmen sich Freiheit der Wissenschaft, in: Neues Forum (Jänner/Februar 1974), S. 35–37, hier S. 37; Index der katholischen Taufen von Wien und Umgebung zwischen 1585 und 1914, URL: http://genteam.at (15.10.2019).

27 Zoitl, Studentenbewegung, S. 335f.

28 O. V., Rasse und Wissenschaft, in: DÖTZ (23.4.1924).

scheinen läßt als die vielfach beliebte neidvolle Nennung von Schiebern und Geldfürsten jüdischen Stammes. Das Judentum ist eben trotz oder vielmehr wegen der so lange und so intensiv betriebenen Unterdrückung geistig außerordentlich regsam.«[29]

Hingegen würden die »geistigen Führer« der völkischen Idee »ihr Gehirnschmalz an die Verbreitung der Revancheidee und an die Verführung der Jugend verschwenden und [...] darum am geistigen Wettbewerb in der Gelehrtenrepublik nicht mehr teilnehmen«.[30] Einige dieser »geistigen Führer« hatten sich in Kooperation mit jenen des klerikalen Milieus der gleichen Aufgabe wie das Kulturamt gewidmet. Die Fachgruppe Hochschulen der Deutschen Gemeinschaft hatte 1925/26 Listen von Professoren erstellt, war dabei aber noch eine Stufe weitergegangen und hatte auch die »rassische« Herkunft der Ehegattinnen in die Bewertung einbezogen. Dass hinter der Erstellung und Publikation dieser »Nicht-Arier-Listen« ein weitverzweigtes Netzwerk stand, wird nicht zuletzt am Beispiel Körbers offensichtlich. Dessen Kooperation mit dem Geheimbund ist für die Kampagne gegen den Juristen Stephan Brassloff dokumentiert, gegen den Körber 1925/26 mit wüsten Beschimpfungen und Drohungen versehene Artikel in der DÖTZ publizierte.[31] Schon deswegen dürfte er für den Abdruck dieser Listen verantwortlich gewesen sein.[32] Die Zeitung selbst war in studentischen Kreisen weitverbreitet und wurde gar am Anschlagbrett in der Aula der Universität Wien ausgehängt, möglicherweise auch die betreffende Ausgabe. Zumindest berichtete Robert Körber im Jänner 1926 von einem seit anderthalb Jahren währenden Gewohnheitsrecht, die DÖTZ ebenda auszuhängen.[33] Dagegen veröffentlichte die *Reichpost* keine derartigen Listen, hatte andererseits aber auch keine Scheu, das Kulturamt oder einschlägige Publikationen von dessen Obmann zu bewerben.[34]

Das Ziel der Listen bestand vor allem darin, *arische* Studierende von den Lehrveranstaltungen *jüdischer* Wissenschaftler fernzuhalten. Nicht umsonst betonte das Blatt, die Liste noch vor dem Ende der Inskriptionsfrist zu veröffentlichen und sie als Ergänzung zum Vorlesungsverzeichnis zu verstehen.[35]

---

29 O. V., Eine Proskriptionsliste, in: Wiener Morgenzeitung (24. 4. 1924).

30 Ebd.

31 Vgl. dazu Huber/Erker/Taschwer, Der Deutsche Klub, S. 89–116.

32 O. V., Rasse und Wissenschaft, in: DÖTZ (23. 4. 1924).

33 Zoitl, Studentenbewegung, S. 411.

34 Vgl. etwa die Ankündigung zu dessen Publikation Das Institut zur Pflege deutschen Wissens. Seine Entstehung und Entwicklung, seine Ziele und Aufgaben. Neuerscheinungen aus allen Wissenschaften, in: Reichspost (7. 12. 1924), S. 21.

35 In den Erinnerungen rassistisch vertriebener Studentinnen und Studenten ist immer wieder davon die Rede, dass die Hörer jüdischer Professoren meist selbst jüdischer Herkunft waren. Empirisch zu belegen ist das für die Universität Wien bislang aber nicht. Für Ergebnisse zur Philosophischen Fakultät vgl. Herbert Posch, Doris Ingrisch und Gert Dressel, »Anschluss«

Eben dies trug wiederum zur schrittweisen Ausgrenzung der jüdischen Universitätsangehörigen bei.

In den folgenden Jahren tauchten die Listen zumindest in den Beiträgen des Tagblatt-Archivs nicht mehr auf, doch ist davon auszugehen, dass sie weiterhin kursierten und als Grundlage für den Boykott sowie für Protestaktionen gegen *jüdische*, aber auch linke Hochschullehrer dienten. Der Antisemitismus in Österreich war in den Jahren 1924 bis 1929 im Rückgang begriffen, was Bruce Pauley auf die wirtschaftliche Konsolidierung zurückführt.[36] Für die antisemitischen Hochburgen, die Universitäten, galt das jedoch nur bedingt. Jedenfalls tauchten die Listen 1929, mit den Namen von nunmehr 197 Lehrenden, wieder in der DÖTZ auf – und nicht nur dort, sondern auch auf der Universitätsrampe.[37] In der DÖTZ hieß es:

> »Ebensowenig wie *deutsche Professoren* an der *jüdischen Universität* in Palästina lehren, ebensowenig sollen im *deutschen Vaterlande* Professoren *jüdischer Volkszugehörigkeit* die Lehrer deutscher Studenten sein! [...] Ihr wißt, was Ihr anläßlich der Einschreibung zu tun habt! Fast 40 Prozent der Lehrkanzeln an den höchsten deutschen Kulturstätten wurden durch den Geist des fluchbeladenen Liberalismus von einem rassen- und wesensfremden Volke erobert, das kaum 10 Prozent des bodenständigen deutschen Volkes erreicht!«[38]

Als politisch links eingestufte Hochschullehrer wurden zusätzlich mit Titulierungen wie »Marxist« ausgewiesen, so der Mitschöpfer der österreichischen Verfassung Hans Kelsen. Auch der Name des 1922 nach Wien berufenen Psychologen Karl Bühlers, dessen Frau jüdischer Herkunft war, ist in der Aufstellung vermerkt; 1924 hatte sich sein Name noch nicht auf den Listen befunden. Offenbar waren die DSt und die »Burg« in der Zwischenzeit nicht untätig geblieben und hatten weitere »Gegner« ermitteln können. An der Universität soll die Liste von »*Hakenkreuzstudenten* in *Heimwehruniform*« verteilt worden sein, erstellt hatte sie eine Völkische Arbeitsgemeinschaft.[39] Und wie bereits fünfeinhalb

---

und Ausschluss. Vertriebene und verbliebene Studierende der Universität Wien, Wien u.a. 2008, S. 163–177.

36 Vgl. Pauley, Antisemitismus, S. 233.

37 O.V., Rasse und Wissenschaft, in: DÖTZ (13.10.1929). Nun fanden sich die Namen von 28 Juristen, 40 Geistes- und Naturwissenschaftlern sowie 129 Medizinern darauf. Vgl. ferner o.V., Antisemitische Flugblätter an der Universität, in: Neues Wiener Abendblatt (10.10. 1929).

38 O.V., Rasse und Wissenschaft (Hervorhebungen im Original).

39 O.V., Die Heimwehrbewegung ist nicht antisemitisch! Eine Boykottliste auf der Universität, in: Arbeiter-Zeitung (10.10.1929). Unter dem Namen Völkische Arbeitsgemeinschaft schlossen sich einige Jahre später auch die Waffenstudenten und der Nationalsozialistische Deutsche Studentenbund (NSDStB) zusammen, so etwa zur Wahl der DSt im Frühjahr 1933 in Innsbruck. Vgl. dazu Michael Gehler, Studenten und Politik. Der Kampf um die Vorherrschaft an der Universität Innsbruck 1918–1938 (Innsbrucker Forschungen zur Zeitgeschichte 6), Innsbruck 1990, S. 302.

Jahre davor führte die Spur wieder zum »*Streicher* von Österreich«.[40] Zwar galt offiziell Alfred Ebert als Proponent des Vereins, tatsächlich stand aber Robert Körber an dessen Spitze.[41]

An Brisanz gewann die Causa insofern, als die Völkische Arbeitsgemeinschaft – bei ihr handelte es sich laut Zoitl »zeitweilig [um] die zentrale Plattform für die faschistische Agitation an den hohen Schulen Wiens«[42] – in einem Lokal der Universität Wien residierte, der ihr vom Akademischen Senat zur Verfügung gestellt worden war. Die *Neue Freie Presse* sah ein »Unikum im deutschen Universitätsleben«, dass »unter Patronanz von Universitätsbehörden ein ›Universitätsführer‹ verteilt werden kann, der blutrünstiger antisemitischer Propaganda dient«:[43] Boykottlisten dürfte es ab diesem Jahr wieder mehrere gegeben haben, wie auch anderen Tageszeitungen zu entnehmen ist.[44]

Die Namen aus den DÖTZ-Listen decken sich weitgehend mit jenen, welche die Dekane nach dem »Anschluss« Österreichs an das Deutsche Reich 1938 an das Unterrichtsministerium sandten. Dieses stand unter der Leitung von Oswald Menghin, einem ehemaligen »Burgbruder«, der die Entlassungen aussprach. Von den 197 Personen, welche die DÖTZ zu Beginn des Wintersemesters 1929/30 abgedruckt hatte, lehrten acht Jahre später noch 131 an der Universität Wien. Manche waren mittlerweile verstorben, andere aufgrund der politischen Entwicklung emigriert.[45] Zu Beginn des Wintersemesters 1939/40 lehrte an der Wiener Universität nur noch eine Person, die schon auf der ursprünglichen Liste gestanden hatte: die 1892 in Rumänien geborene Alice Scarlates. Sie war wohl irrtümlich ins Fadenkreuz der DÖTZ und des Kulturamtes der DSt geraten.[46]

---

40 Siegert, Numerus Juden raus, S. 37.

41 Zoitl, Studentenbewegung, S. 338f.

42 Ebd., S. 440, Anm. 421.

43 O. V., Die gestrigen Unruhen an den Hochschulen, in: Neue Freie Presse (30.10.1929).

44 O. V., Was an der Wiener Universität möglich ist, in: Presse Abendblatt (26.11.1929). Ein weiterer Boykottaufruf – vermutlich von Anfang 1933 – ist im Tagblatt-Archiv dokumentiert. Dieser enthält de facto die gleichen Namen wie der DÖTZ-Artikel aus dem Jahr 1929. Vgl. Wienbibliothek, Tagblatt-Archiv, Mappe Hochschulen 1933, Flugblatt »Deutsche Studenten!« (undatiert).

45 Hinzu kamen auch Wissenschaftler, die im Zuge des Beamtenabbaus im Dollfuß/Schuschnigg-Regime pensioniert oder gegen Wartegeld beurlaubt worden waren. Vgl. Linda Erker, Die Universität Wien im Austrofaschismus. Zur politischen Vereinnahmung einer Hochschule – im Vergleich mit der Universität Madrid im Franco-Faschismus, Wien 2018, S. 140–146.

46 Ebenfalls noch vermerkt, allerdings mit dem Hinweis »Lehrbefugnis ruht«, war der Privatdozent für Mathematik Eduard Helly. Er war aber bereits 1938 in die USA emigriert, wo er eine Stelle am Illinois Institute of Technology erlangte. Vgl. Werner Roeder und Herbert Arthur Strauss (Hg.), Biographisches Handbuch der deutschsprachigen Emigration nach 1933, Bd. 2: The Arts, Sciences, and Literature, München 1983, S. 487.

»Kein Kommunist […]. Aber auch kein Jude?« Agitation gegen die Ernennung *jüdischer* und linker Wissenschaftlerinnen und Wissenschaftler

Infolge der Kampagne gegen Samuel Steinherz gab es kaum, wenn überhaupt noch Habilitations- und Berufungsverfahren, Rektoren- und Dekanatswahlen, die einzelne Tageszeitungen nicht zu beeinflussen suchten – sofern sich überhaupt Wissenschaftlerinnen und Wissenschaftler jüdischer Herkunft unter den Kandidaten befanden. Um sich trotzdem habilitieren zu können oder eine Professur zu erreichen, traten viele (angehende) von ihnen aus dem jüdischen Glauben aus. Bereits im Zeitraum von 1848 bis 1914 hatten in der Habsburgermonarchie und infolge des Inkrafttretens der interkonfessionellen Gesetze rund 18.000 Personen diesen Schritt unternommen – auch als unmittelbare Konsequenz des weitverbreiteten Antisemitismus und der damit einhergehenden Diskriminierung.[47] Eine Konversion konnte dem durchaus entgegenwirken, wie etwa Aleksandra Pawliczek in ihrer Studie zur Friedrich-Wilhelms-Universität Berlin zeigt.[48] Nicht so in Österreich, wo etwa der Antisemitenbund Personen mit einem jüdischen Urgroßelternteil als Juden definierte.[49] Getreu dieser Auslegung bestand eine wesentliche Aufgabe der DÖTZ in den 1920er Jahren darin, die »nicht arische« Herkunft von Habilitanden und Berufungskandidaten offenzulegen. Dies wird etwa am Habilitationsverfahren des Physikers Karl Horovitz deutlich. Aus dem Professorenkollegium mit den neuesten Informationen versorgt, echauffierte sich die DÖTZ kurz vor der entscheidenden Abstimmung an der Fakultät, dass die »Habilitation eines kommunistischen Juden« bevorstehe.[50] Zwar hatte die Kommission Horovitz' Gesuch angenommen, im Kollegium entbrannte dann aber eine Debatte über eine vermeintlich kommunistische Haltung des Kandidaten, die schließlich mit einer Ablehnung seines Habilita-

47 Anna Staudacher, »… meldet den Austritt aus dem mosaischen Glauben«. 18000 Austritte aus dem Judentum in Wien 1868–1914. Namen – Quellen – Daten, Frankfurt a.M. 2009.

48 Aleksandra Pawliczek, Akademischer Alltag zwischen Ausgrenzung und Erfolg. Jüdische Dozenten an der Berliner Universität 1871–1933 (Beiträge zur Universitäts- und Wissenschaftsgeschichte 38), Stuttgart 2011, S. 141.

49 Pauley, Antisemitismus, S. 234. Die bisherigen Ergebnisse meines Dissertationsprojektes zur Personalentwicklung an der Universität Wien deuten darauf hin, dass Ausgetretene in der Zwischenkriegszeit keineswegs die gleichen Chancen besaßen wie (andere) Katholiken oder Protestanten.

50 O.V., Ein starkes Stück, in: DÖTZ (6.12.1923). Zu Horovitz (auch Horowitz) vgl. Peter Goller, »Ein starkes Stück. Versuchte Habilitation eines kommunistischen Juden…«. Universitäten im Lichte politischer und rechtlicher Willkür am Beispiel des Habilitationsverfahrens von Karl Horowitz (1892–1958) an der Wiener Universität 1923–1925, in: Dokumentationsarchiv des österreichischen Widerstandes, Jahrbuch 1998, Wien 1998, S. 111–134; Taschwer, Hochburg, S. 106–114.

tionsgesuchs endete. Nachdem Horovitz im Nachhinein von dem Artikel erfahren, sich an die Zeitung gewendet und richtiggestellt hatte, dass er konfessionslos und Sozialdemokrat sei, entgegnete das Blatt süffisant:

> »Kein Kommunist […]. Aber auch kein Jude? Der Herr Assistent und Doktor wird doch nicht im Ernste behaupten wollen, dass er aufgehört hat, Jude zu sein, weil er, obwohl als Jude geboren, konfessionslos geworden ist.«[51]

Anderthalb Jahre später spielte sich an der Medizinischen Fakultät der Universität Innsbruck ein ganz ähnlicher Fall ab, als sich Wilhelm Bauer für Zahnheilkunde habilitieren wollte.[52] An der Chirurgischen Klinik war es bereits zu Hörerversammlungen gekommen, mit der Entschließung, »die Vorlesungen Dr. Bauers nicht zu inskribieren und nur bei der Antrittsvorlesung zu erscheinen, um dort ihren Standpunkt kundzutun«. Der Betroffene beteuerte, katholischen Glaubens zu sein und sich »als Sudetendeutscher […] zwanzig Jahre lang wiederholt an exponierter Stelle national betätigt« zu haben«.[53] Die DSt zeigte sich davon aber wenig beeindruckt und verlautete, »daß Dr. Bauer wohl Katholik, aber Judenstämmling sei und daß deshalb der Kampf gegen seine Habilitierung fortgesetzt werde«. Allerdings dürfte sich in der katholischen Fraktion der Studierendenvertretung zumindest teilweise Protest gegen diese Vorgangsweise geregt haben. In der Innsbrucker *Reichspost* war beispielsweise zu lesen, dass »hinter der Erklärung des studentischen Sprechers nicht die Gesamtheit der Innsbrucker deutschen Studentenschaft« stehe.[54] Bei der genannten Versammlung hatten drei Studierende dagegen gestimmt.[55] In Innsbruck waren im Übrigen die katholischen Gruppen verhältnismäßig stark. Dies und der katholische Glaube Bauers brachte die DÖTZ aber nicht von ihrer Linie ab. Bauer konnte sich trotz all dieser Widerstände 1925 habilitieren und erhielt 1931 ein Extraordinariat.

Mitte der 1920er Jahre konnten die antisemitischen Allianzen also nicht zur Gänze verhindern, dass auch Wissenschaftler jüdischer Herkunft die Lehrbefugnis erhielten. Der Einsatz der Presse hatte vor allem den Zweck, das Professorenkollegium gegen eine Habilitandin oder einen Habilitanden aufzubringen. Handelte es sich um eine Berufung und der Kandidat hielt bereits Vorlesungen und Kurse ab, ging es aber noch einen Schritt weiter. Oft handelte es sich um direkte (Gewalt-)Appelle an die Studierenden, die oft wenig Skrupel besaßen,

---

51 DÖTZ (11.12.1923), zit. n. Taschwer, Hochburg, S. 108.

52 Vgl. dazu o.V., Wilhelm Bauer (1886–1956), https://www.uibk.ac.at/universitaet/profil/geschichte/verfolgt-vertrieben-ermordet/1683817.html (15.10.2019).

53 O.V., Die Innsbrucker Mediziner gegen einen Dozenten, in: Neue Freie Presse (10.6.1925).

54 O.V., Vorlesungsstreik an der Innsbrucker Universität, in: Reichspost (11.6.1925).

55 O.V., Die Innsbrucker Mediziner gegen einen Dozenten, in: Neue Freie Presse (10.6.1925). Aus dem Artikel geht allerdings nicht hervor, wie viele Studenten für die Entschließung gestimmt hatten.

Vorlesungen und Seminare zu stürmen. 1923 schlug die Philosophische Fakultät der Universität Wien den klassischen Philologen Ernst Kappelmacher primo loco für ein Extraordinariat vor. Die DÖTZ gab umgehend zu verstehen,

> »daß die deutsche Studentenschaft *keinen Spaß kennt*, wenn es um Fragen des Volkes geht, daß sie es sehr schmerzlich empfunden hat, daß deutsche Professoren sie genasführt (sic) haben. Jetzt hat die deutsche Studentenschaft *das Vertrauen verloren*, jetzt glaubt sie keinem deutschen Professor mehr, wenn er ihr für die Zukunft schöne Versprechungen gibt. Jetzt ist auch ihre Geduld zu Ende. *Kampf wird gefordert*, auf Provokationen weiß sie zu antworten.«[56]

Zum »Kampf« kam es denn auch: Kappelmachers Vorlesung über Spätlatein im Oktober 1923 wurde von »deutschvölkischen Studenten« gesprengt, die unter anderem »Saujud!«, »Juden hinaus!« oder »Abzug Judengesindel!« durch den Hörsaal brüllten. Einige von ihnen sollen Hakenkreuze getragen haben. Daraufhin sah sich nun aber auch das Rektorat unter Johannes Döller gezwungen, einzuschreiten und »strenge Maßregeln« für den Wiederholungsfall anzukündigen.[57] Unterdessen versicherte die »völkische Studentenschaft« im Rahmen einer Versammlung in der Universitätsaula, »daß Dr. Kappelmacher nicht lesen werde«. Alfred Fischel, der gewählte jüdische Dekan der Wiener Medizinischen Fakultät, war ihnen ebenso ein Dorn im Auge.[58] Im gleichen Jahr sprengte die Studentenschaft noch andere Vorlesungen und Seminare, unter anderem jene von Julius Tandler, Arnold Durig und Carl Grünberg.[59]

Die Rede von den »deutschen Professoren« im genannten DÖTZ-Artikel illustriert auch eine der Strategien des Hetzblattes. Nicht nur Habilitanden und Berufungskandidaten waren Ziel der Angriffe, sondern auch deren akademische Lehrer und befreundete Fakultätskollegen. Der Wirtschaftswissenschaftler Hans Mayer etwa war ab 1926 ständig Ziel von Angriffen, weil er »dem Juden F. Xaver Waiß [korrekt: Weiß, Anm. d. Verf.] die Habilitierung verschafft« hatte, wie die Zeitung schrieb.[60] Ähnlich gelagert war der Fall beim Rechtswissenschaftler Hans Kelsen, nachdem dieser seinen Fakultätskollegen Stephan Brassloff gegen

56 O. V., Wie die antisemitischen Studenten die Professoren terrorisieren, in: Arbeiter-Zeitung (10.10.1923).

57 O. V., Krawallszenen an der Wiener Universität. Antisemitische Demonstrationen bei einer Vorlesung des Professors Kappelmacher, in: Neue Freie Presse (25.10.1923).

58 O. V., Vor neuen Studentenkrawallen? Ein Gespräch mit dem Rektor der Universität, in: Der Tag (25.10.1923).

59 O. V., Sperrung der Universität. Sprengung von Vorlesungen der Professoren Tandler, Durig und Grünberg, in: Reichspost (19.11.1923).

60 O. V., Berufungsmanöver an der Universität. Hervorragender Philosemitismus – hervorragende Gelehrsamkeit, in: DÖTZ (30.12.1926).

wiederholte Angriffe antisemitischer Gruppierungen an der Universität Wien verteidigt hatte.[61]

Die Reaktion der Fakultätskollegen und Professorenkollegien auf diese wüsten Angriffe fiel Mitte der 1920er Jahre unterschiedlich aus. Als Josef Hupka 1926 Dekan der Rechts- und Staatswissenschaftlichen Fakultät wurde, ließ die DSt über die DÖTZ verlauten, dass sie das Ergebnis als »nicht rechtens« betrachte: »Es ist mit Sicherheit zu erwarten, daß Prof. *Hupka seine Stelle* als akademischer Amtswalter *niederlegen* wird, um weitere Folgen rechtzeitig zu verhüten.«[62] Ein paar Wochen später war von einer »Einspruchskundgebung gegen die Verjudung der Universität« und einer »jüdischen *Diktatur*« die Rede.[63] Das Professorenkollegium solidarisierte sich mit Hupka und sprach ihm das Vertrauen aus. Der *Arbeiter-Zeitung* zufolge »schlossen sich auch jene Professoren an, die politisch den randalierenden Hakenkreuzstudenten nahestehen.«[64] Dem im Jahr zuvor an der Universität Graz zum Dekan gewählten Armin Ehrenzweig blieb eine solche Solidaritätsbekundung verwehrt, nachdem ihm Ähnliches widerfahren war.[65]

Die sozialdemokratische und liberale Presse

Die beiden größten und bedeutendsten Zeitungen aus dem liberalen und linken politischen Spektrum waren die *Arbeiter-Zeitung* und die *Neue Freie Presse.* Erstere, das »Zentralorgan der Sozialdemokratie Deutschösterreichs«, erschien erstmals 1893 und wurde infolge der Februarkämpfe 1934 eingestellt.[66] Eine noch längere Tradition wies die 1864 gegründete *Neue Freie Presse* auf, die über Jahrzehnte hinweg das wichtigste Periodikum des liberalen Bürgertums in der Habsburgermonarchie und in der Ersten Republik darstellte. Viele ihrer Redakteure waren jüdischer Konfession respektive Herkunft, so auch der ab November 1918 verantwortliche Redakteur Julian Sternberg.[67] Eine regelmäßige Berichterstattung zu den antisemitischen Entwicklungen an den Hochschulen fand sich überdies in der *Wiener Sonn- und Montagszeitung*, die sich bereits in

---

61 Vgl. dazu etwa Staudigl, Disziplinarrecht, S. 542f.; Huber/Erker/Taschwer, Der Deutsche Klub.

62 O. V., Abhilfe muß werden! Was sich Juden und Marxisten an unseren Hochschulen erlauben, in: DÖTZ (26.9.1926).

63 O. V., Jüdische Zensur an der Wiener Universität? Der erste Terrorakt des jüdischen Dekans Hupka, in: DÖTZ (3.11.1926).

64 O. V., Die abgeblitzten Radaustudenten, in: Arbeiter-Zeitung (12.11.1926).

65 O. V., Burschenherrlichkeit und Charakterlosigkeit, in: Arbeiterwille (15.11.1925).

66 Melischek/Seethaler, Tageszeitungen, S. 91f.

67 Ebd., S. 138–140.

der Monarchie entschieden gegen den Wiener Bürgermeister Karl Lueger und dessen Antisemitismus gewandt hatte.

Die abgewiesenen Habilitationsgesuche von Wissenschaftlerinnen und Wissenschaftlern, die der Sozialdemokratie nahestanden, wie der bereits genannte Karl Horovitz oder der Philosoph und Soziologe Edgar Zilsel, ließen Anfang der 1920er Jahre die Alarmglocken in der Partei schrillen. Wie sollte sie damit umgehen, dass ihre Parteigänger immer größere Schwierigkeiten hatten, an den Universitäten Fuß zu fassen und die (oftmals *jüdischen*) Hochschullehrenden ständigen Angriffen ausgesetzt waren? Eine Strategie gab der in Wien lehrende Historiker Ludo Moritz Hartmann aus:

> »Überhaupt ist es kein Zweifel, daß die Willkür einer Oligarchie nur durch das Gegengift der Öffentlichkeit bekämpft werden kann und daß alle Öffentlichkeit im vollsten Ausmaß garantiert sein muß, damit die Auslese nicht durch andere der Wissenschaft fremde Motive beeinflußt wird.«[68]

Dieser Devise kam etwa die *Arbeiter-Zeitung* durchaus nach, so etwa im Fall Horovitz.[69] Die Tageszeitungen aus dem liberalen und linken Spektrum beließen es freilich nicht dabei – angesichts des politischen Klimas an den Hochschulen schlugen auch immer weniger ihrer Anhänger und Sympathisanten eine wissenschaftliche Laufbahn ein – und gingen zum Gegenangriff über, wobei sie auf die Waffen des weltanschaulichen Gegners zurückgriffen.

Den »Stier bei den Hörnern fassen«. Bloßstellung von Antisemiten jüdischer Herkunft

Selbst einige der überzeugtesten und radikalsten Antisemiten fanden in ihrem Stammbaum – oder dem des Ehepartners – einen jüdisch getauften Vorfahren, wenn sie denn ihre Herkunft über zwei oder mehrere Generationen zurückverfolgten. Wurden solche Informationen publik, bedeutete das nicht nur eine persönliche Blamage, es kam auch einem Legitimitätsverlust gleich. Als einer der ersten hatte das niemand geringerer als Georg Schönerer erfahren müssen, der Führer der Alldeutschen Bewegung und ein erklärtes Vorbild des jungen Adolf Hitlers war. Auf ihn geht unter anderem der Ausspruch »Ob Jud, ob Christ ist einerlei – in der Rasse liegt die Schweinerei« zurück. Entsprechend hohe Wellen

68 Ludo M. Hartmann, Grundlagen einer Universitätsreform. Vortrag, gehalten in der Vereinigung sozialistischer Hochschullehrer, in: Der Kampf (April 1924), H. 4, S. 142–145, hier S. 144. Ich bedanke mich bei Klaus Taschwer für den Hinweis und die Übersendung dieses Beitrags.

69 O.V., Die Parteiherrschaft auf den Hochschulen. Anklagereden im Budgetausschuß, in: Arbeiter-Zeitung (24.1.1925).

schlug es, als die *Wiener Sonn- und Montagszeitung* am 2. Mai 1887 einen »Stammbaum Derer v. Schönerer« veröffentlichte, aus dem hervorging, dass der Urgroßvater seiner Frau Philipine Schönerer geborener Jude war, »daß in den Adern der legitimen Nachkommenschaft des Herrn von Schönerer ebenso zweifellos jüdisches Blut fließt«. Das Periodikum publizierte nicht ohne Schadenfreude einige seiner Zitate, etwa dass »[u]nser Antisemitismus [...] sich nicht gegen die *Religion* [richte], sondern gegen die *Raceeigentümlichkeit der Juden*«.[70]

Das war keineswegs der einzige Grund, der Schönerers Fall und Bedeutungsverlust in den folgenden Jahren bewirkte,[71] es war aber zweifellos ein herber Dämpfer für den selbsternannten »Führer« gewesen. Seinem Judenhass tat dies wohlgemerkt keinen Abbruch.

Die Bloßstellung von Antisemiten im akademischen Milieu, die vermeintlich jüdischer Herkunft waren, entwickelte sich ab Mitte der 1920er Jahre zu einer beliebten Methode, um deren Judenhass ad absurdum zu führen. Bald traf es auch Karl Diener. Der Sozialdemokrat Georg Kollmann hatte 1923 dessen Namen im »Semi-Kürschner« – einem antisemitischen Nachschlagewerk, dessen Angaben nicht immer korrekt waren – gefunden und im Periodikum »Die Wage« dazu launisch bemerkt:

> »Nun sind wir in der in der angenehmen Lage auf Grund ›arischen‹ Materials – und welches wäre zuverlässiger als solches! – behaupten zu können, daß Herr Karl Diener kein ›Arier‹ sondern ein Jude ist. Im zweiten Teil des ›Semi-Kürschner‹ [...] wird der teutsche (sic) Held schlicht und kurz als Jude angeführt.«[72]

Dieners Popularität – man möchte fast sagen: Verherrlichung – in der antisemitischen Studentenschaft tat dies allerdings keinen Abbruch. Es deutet jedenfalls vieles darauf hin, dass sich parallel zu den deutschnationalen und rechtskatholischen Netzwerken auch solche im liberalen und linken Milieu bildeten, die nunmehr darangingen, Stammbäume zu recherchieren – allerdings nur jene der deutschnationalen Professoren und Dozenten. Derartige Fälle aufzudecken, ohne nicht zumindest indirekt in den antisemitischen Chor miteinzustimmen, gelang dabei nicht immer.

Ins Rollen kamen diese Kampagnen ab dem Jahr 1925 und damit ein knappes Jahr nach der ersten Veröffentlichung »nicht arischer« Dozenten und Profes-

70 O. V., Der Stammbaum Derer v. Schönerer, in: Wiener Sonn- und Montagszeitung (2.5.1887). Auch das Zitat in der Kapitelüberschrift ist diesem Artikel entnommen, in dem es heißt, man scheue »nicht davor zurück, gleichsam den Stier bei den Hörnern zu fassen«.

71 Es waren vielmehr Konflikte innerhalb der deutschnationalen Bewegung, aber etwa auch der von ihm initiierte Angriff auf das *Neue Wiener Tagblatt* im Jahr 1888. Vgl. Michael Wladika, Hitlers Vätergeneration. Die Ursprünge des Nationalsozialismus in der k. u. k. Monarchie, Wien 2005, S. 205–218.

72 Georg Kollmann, Rund um den Rektor, in: Die Wage (20.1.1923), S. 49–53, hier S. 52.

soren der Universität Wien. Federführend war vorerst die Tageszeitung *Der Morgen*, die sich wohl auch auf Informanten aus dem Professorenkollegium der Wiener Medizinischen Fakultät stützen konnte. Das legen einige detaillierte Angaben nahe. Anlassfall war die Nachfolge für den ehemaligen Vorstand des Instituts für angewandte medizinische Chemie Julius Mauthner, für die sich unter anderem Carl Neuberg vom Kaiser-Wilhelm-Institut in Berlin beworben hatte, doch hatte dieser wegen seiner jüdischen Herkunft offenbar nicht zur Debatte gestanden. In einem anderen Fall sei einer der bekanntesten Wiener Gynäkologen nur deshalb nicht berufen worden, »weil seine vor vielen Dezennien in Eger verstorbene *Ur-Urgroßmutter als Jüdin ›entlarvt‹* worden war.« Möglicherweise als eine Art Revanche gedacht, kam die Zeitung nun auf den 1921 berufenen Erich Fromm zu sprechen. Dieser sei als Deutschnationaler bekannt gewesen und hatte »bei den bayrischen Chevaulegers als Offizier gedient«. Daher habe man ihm auch die »Ahnenprobe« erlassen und ihn zum Ordinarius ernannt. Danach sei allerdings »die peinliche Überraschung« gekommen: »Prof. Fromm ist Jude, ob getauft oder ungetauft, ist ja in diesem Fall egal.« Sein Sohn betätige sich in der deutschnationalen Studentenbewegung und bemühe sich, »freilich mit mehr oder weniger Erfolg, die jüdische Vergangenheit seines Papas vergessen zu machen«.[73] Fromm war übrigens in keiner der von der DÖTZ publizierten Listen enthalten. Ebenso wenig vermerkt war der habilitierte Assistent an der III. Medizinischen Klinik Hermann Kahler, der ab 1932 der Nationalsozialistischen Betriebszellenorganisation (NSBO) angehörte,[74] 1941 aber aus rassistischen Gründen seine Lehrbefugnis verlor.[75] Dieser Entscheidung waren Recherchen der Reichsstelle für Sippenforschung vorausgegangen, denen zufolge er »Mischling II. Grades« war.[76] Schon 1925 hatte *Der Morgen* proklamiert, dass Kahler an der Klinik Franz Chvosteks »der Führer der deutschnationalen, man kann in diesem Fall ruhig sagen, hakenkreuzlerischen Bewegung«

73 O. V., Die wirkliche Note unserer Hochschulen, in: Der Morgen (9. 11. 1925).

74 Bundesarchiv Berlin (BArchB), R 9361/I-19274, Bl. 526, Gauleitung Wien an die Parteikanzlei, Amt für Gnadensachen, 21. 9. 1939.

75 Vgl. dazu etwa Kurt Mühlberger, Dokumentation »Vertriebene Intelligenz 1938«. Der Verlust geistiger und menschlicher Potenz an der Universität Wien von 1938 bis 1945, Wien ²1993, S. 24. Tatsächlich ist »Carl Diener« im Abschnitt »Judäographie außerhalb Deutschlands« vermerkt. Vgl. Philipp Stauff (Hg.), Semi-Kürschner oder Literarisches Lexikon der Schriftsteller, Dichter, Bankiers, Geldleute, Ärzte, Schauspieler, Künstler, Musiker, Offiziere, Rechtsanwälte, Revolutionäre, Frauenrechtlerinnen Sozialdemokraten usw., jüdischer Rasse und Versippung, die von 1813–1913 in Deutschland tätig oder bekannt waren, Berlin 1913, S. 188.

76 BArchB, R 9361/I-19274, Bl. 526, Gauleitung Wien an die Parteikanzlei, Amt für Gnadensachen, 21. 9. 1939. Unmittelbarer Anlass für die Recherchen war Kahlers Gesuch um Aufnahme in die NSDAP gewesen. Die Gauleitung Wien hatte sich im hier zitierten Schreiben für eine positive Erledigung ausgesprochen, was die Parteikanzlei 1940 aber ablehnte. Vgl. ebd., Bl. 558, Chef der Parteikanzlei an Hermann Kahler, 5. 6. 1940.

sei und einer »der Lautesten« dazu. Die Angaben zur Herkunft standen in ihrer Detailliertheit jenen der DÖTZ in nichts nach:

> »[D]ie Abstammung dieses Herrn, die ihn keineswegs zu dieser Art von Radaupolitik berechtigt, dürfte nicht allen bekannt sein: Die Mutter des besagten Herrn ist nämlich die Tochter des bekannten Prager jüdischen Bankiers *Zdekauer*, natürlich auch Vollblutjüdin. Selbstredend ist, da nach Ansicht der Arier die mütterliche Abstammung die ausschlaggebende ist, Herr *Assistent Kahler als Vollblutjude anzusprechen*, was er übrigens seinem Aussehen nach gar nicht verleugnen kann.«[77]

Eine Wiederkehr dieser »Enthüllungen« kam Anfang der 1930er Jahre zustande, als die akademischen Behörden der österreichischen Hochschulen im Begriff waren, eine auf dem Volksbürgerschaftsprinzip beruhende Studentenordnung zu erlassen. Dieses sollte den Ausschluss der jüdischen Studierenden aus der DSt auch gesetzlich verankern. Als einer der schärfsten Kritiker erwies sich der Redakteur der *Wiener Sonn- und Montagszeitung* Ernst Klebinder. Von dessen Ausführungen sah der Urheber des Gesetzes, der Jurist und Universitätsprofessor Wenzel Gleispach, sich derart in seiner Ehre verletzt, dass er aus eben diesem Grund einen Prozess gegen Klebinder anstrengte. Im Zuge der Verhandlungen forderte der Angeklagte eine Überprüfung des Gesetzes durch den Verfassungsgerichtshof, da die Studentenordnung dem Staatsgrundgesetz von 1867 widerspreche.[78] Das Gericht kam diesem Wunsch schließlich nach.

Eine Woche vor der öffentlich-mündlichen Verhandlung vor dem Verfassungsgerichtshof wandte sich Klebinder mit einem längeren Artikel an die Öffentlichkeit. In diesem listete er Professoren jüdischer Herkunft sowie diejenigen auf, die mit einer Jüdin verheiratet waren und deren Kinder demgemäß nicht Mitglied in der DSt werden konnten. Die Tochter Theodor Billroths sei etwa mit einem jüdischen Sektionschef verheiratet. Genannt wurden aber auch der klerikale Innsbrucker Chirurg Egon Ranzi und der Mediävist Rudolf Much, ein radikaler und bestens vernetzter Antisemit, der auch in der Deutschen Gemeinschaft aktiv war. Ranzi war mit einer Jüdin verheiratet, Much soll zwei jüdische Schwäger gehabt haben.[79]

Klebinder setzte seine Kampagne fort, auch nachdem der Verfassungsgerichtshof die Studentenordnung aufgehoben hatte; jedoch nicht aufgrund des Volksbürgerschaftsprinzips, sondern weil den akademischen Behörden die Kompetenz zur Erlassung einer solchen Studentenordnung abgesprochen wurde. Bemerkenswert an der Liste vom 23. November 1931, die insgesamt 33

77 O.V., Die wirkliche Note unserer Hochschulen, in: Der Morgen (9.11.1925).

78 Siehe dazu Brigitte Lichtenberger-Fenz, »...deutscher Abstammung und Muttersprache«. Österreichische Hochschulpolitik in der Ersten Republik, Wien 1990, S. 116.

79 O.V., Das Ende der Studentenordnung und das Ende eines Strafverfahrens, in: Wiener Sonn- und Montagszeitung (31. 8. 1931).

Personen, darunter bereits Verstorbene, umfasste, ist wiederum, dass sie neben Kahler ferner den Psychiater und Neurologen jüdischer Herkunft Alexander Pilcz aufführte, die beide nicht auf der Liste der DÖTZ gestanden hatten.[80] Das heißt, auch das führende rechtsextreme Blatt drückte im Falle jüdischer Herkunft ein Auge zu, wenn der Betreffende dem deutschnationalen oder auch christlichsozialen Lager zuzurechnen war. Sofern die Angaben Klebinders überprüfbar waren (etwa in den Akten des Archivs der Universität Wien), erwiesen sie sich im Übrigen als korrekt. Damit einhergehend setzte sich nach derzeitigem Kenntnisstand lediglich einer gegen diese »Enthüllungen« zur Wehr: der Paläontologe und Anführer der »Bärenhöhle«, eines antisemitischen Professorenkartells an der Wiener Philosophischen Fakultät, Othenio Abel.[81] Die *Arbeiter-Zeitung* hatte 1932 von einer jüdischen Herkunft seiner Ehefrau berichtet, wonach Abel der DÖTZ einen Stammbaum bis ins Jahr 1630 vorlegte und beklagte, dass ihn niemand »vor diesen niederträchtigen Lügen und Verleumdungen dieses jüdischen Gesindels schützt«.[82] Führt man schließlich die Auflistungen der österreichischen Tages- und Wochenzeitungen aus der der Ersten Republik zusammen, verbleiben zumindest bei den Habilitierten der Universität Wien nicht mehr viele, deren jüdische Herkunft nicht in der einen oder anderen Weise publik geworden war.

»Klerikale Schiebungen«? Angriffe gegen CV, Leo-Gesellschaft und Ministerium

Neben den im letzten Abschnitt beschriebenen Kampagnen und der vermehrten Berichterstattung zur Diskriminierung von linken und *jüdischen* Wissenschaftlerinnen und Wissenschaftlern konzentrierten sich Periodika wie die *Arbeiter-Zeitung* und *Der Tag* vermehrt darauf, neuberufene Professoren anzugreifen und die Umstände bei den Ernennungen zu hinterfragen. Diese Kritik richtete sich – vor allem in der *Arbeiter-Zeitung* – oft weniger gegen Deutschnationale als vielmehr gegen Hochschullehrende, die dem christlichsozialen Lager nahestanden.[83] Bereits 1907 hatte der Wiener Bürgermeister Karl Lueger in Salzburg die Rückeroberung der Universitäten als Ziel ausgegeben, wobei er Juden als das maßgebliche Hindernis auf diesem Weg betrachtete.[84] Zwar be-

80 O. V., Die Diktatur des Hakenkreuzes, in: Wiener Sonn- und Montagszeitung (23.11.1931).
81 Vgl. dazu Taschwer, Hochburg, S. 99–132.
82 O. V., Wie man den nationalen Rektor verleumdet!, in: DÖTZ (29.6.1932).
83 Obwohl in der Zwischenkriegszeit auch Frauen wie die Biologin Leonore Brecher aufgrund ihrer jüdischen Herkunft an der Habilitation scheiterten, berichtete die deutschnationale respektive nationalsozialistische Presse offenbar nicht über diese Habilitandinnen.
84 O. V., Versammlung des Salzburger Universitätsvereines, in: Reichspost (18.11.1907).

fanden sich die CV-Verbindungen ab dem ersten Jahrzehnt des 20. Jahrhunderts stark im Aufwind, doch auch 15 Jahre nach Luegers Rede bildeten die Christlichsozialen in der Hochschullehrerschaft noch immer eine kleine Minderheit. Den Analysen des Politikwissenschaftlers Gernot Stimmer zufolge stellten die katholischen Eliten vier Jahre nach dem Kriegsende 1918 drei Prozent der Professorenschaft der Universität Wien, in Graz waren es vier Prozent, in Innsbruck zehn, wohingegen das deutschnationale Lager jeweils mit etwas über einem Drittel vertreten war.[85] Bis zum Ende der Ersten Republik sollten sich diese Anteile deutlich erhöhen, wobei dem Unterrichtsministerium – an dessen Spitze von Juni 1920 bis März 1933 über zehn Jahre lang Mitglieder des Cartellverbands standen – wohl eine zentrale Rolle zukam.[86] Als mutmaßlich Verantwortliche für diese Entwicklung machten links stehende Periodika in erster Linie den Cartellverband wie auch die Leo-Gesellschaft aus, ein nach dem Vorbild der deutschen Görres-Gesellschaft 1892 gebildetes Zentrum der katholischen Intelligenz.[87]

Ein besonders umkämpftes Terrain war die Medizinische Fakultät der Universität Wien, wo 1926/27 der Fachbereich Dermatologie und Syphilidologie ins Zentrum der öffentlichen Aufmerksamkeit rückte. Für die Nachfolge des 1925 emeritierten Ordinarius Gustav Riehl soll einem Bericht der *Neuen Freien Presse* zufolge Josef Kyrle in Aussicht genommen worden sein. Nach dessen plötzlichem Tod am 30. März 1926 tauchte erstmals der Name von Leopold Arzt als möglicher Nachfolger in der Presse auf.[88] Arzt, ein Mitglied der CV-Verbindung Norica Wien, erhielt wenig später einen Ruf nach Innsbruck, wo er die freigewordene Lehrkanzel supplierte. Doch erhielt er nur wenige Wochen nach Dienstantritt tatsächlich einen Ruf nach Wien. *Der Tag* beklagte »politische und konfessionelle Momente« als ausschlaggebende Faktoren und dass immer wieder »Außenseiter« zum Zuge kämen.

> »Er hat einen untadeligen arischen Stammenbaum (sic!), der bis ins x-te Glied rassenrein ist, er hat aber auch *vorzügliche Beziehungen* zum *hohen Klerus* und zur *hohen Regierung*. […] Er ist vor allem – so erzählt man wenigstens – ein *Verwandter* des

85 Gernot Stimmer, Eliten in Österreich 1848–1970, Bd. 2 (Studien zu Politik und Verwaltung 57), Wien 1997, S. 908–916. Die Zuteilung erfolgte auf Basis der Korporationsmitgliedschaften, wobei jeweils etwa ein Drittel der Professorenschaft keinem Lager zugeordnet werden konnte. Die Anteilswerte beziehen sich auf die drei weltlichen Fakultäten (ohne theologische).

86 Das unterstreichen auch die Protokolle der Fachgruppe Hochschulen. Vgl. Huber, Allianz.

87 Stimmer, Eliten, S. 311–313. Im Gegensatz zum Cartellverband stand sie grundsätzlich allen sozialen und beruflichen Gruppen offen. In der Monarchie galt sie als Zentrum der katholisch-dynastischen Intelligenz, dem unter anderem auch der Erzherzog und Thronfolger Franz Ferdinand angehörte.

88 O. V., Bevorstehende Veränderungen im Lehrkörper der Wiener Universität, in: Neue Freie Presse (23.5.1926).

Erzbischofs *Piffl*, ein *Duzfreund* des *Bundeskanzlers*, überdies *eifriger Kirchenbesucher* und *großer katholischer Propagandist.*«[89]

Er sei im Ternavorschlag nur an dritter Position genannt worden, der gesamte Vorschlag sei aber auf ihn ausgerichtet gewesen, die Supplentur in Innsbruck lediglich geschaffen worden, um ihn einen Monat später nach Wien zu berufen.[90] Dieser Kurzaufenthalt von Arzt in Innsbruck war tatsächlich ungewöhnlich. Brisant erscheinen die Umstände der Berufung vor dem Hintergrund, dass er der Deutschen Gemeinschaft angehörte und einer der Begründer des Geheimbundes niemand geringerer als Erzbischof Piffl gewesen war.[91]

Die Berufung von Wilhelm Kerl im Jahr darauf verlief mit ähnlichen Nebengeräuschen. Kerl war zu Beginn des Wintersemesters 1926 – nach dem Abgang von Arzt – auf das vakante Ordinariat in Innsbruck berufen worden und erhielt ein knappes Jahr später – im August 1927 – ebenfalls einen Ruf nach Wien. Er sollte nun die bisherige Lehrkanzel Ernst Fingers besetzen. Dieser war jüdischer Herkunft und Freimaurer – und damit Mitglied eines der Sozialdemokratie nahestehenden Bundes, der mit dem Anatomen Julius Tandler (Loge Lessing), dem Physiologen Alois Kreidl (Gleichheit) und dem Otologen Heinrich Neumann (Gleichheit) weitere Mitglieder im Professorenkollegium stellte.[92] Finger soll der *Reichspost* zufolge die Wiener Privatdozenten Moriz Oppenheim und Gustav Scherber als mögliche Nachfolger favorisiert haben.[93] Während Oppenheim ebenfalls einer Loge (Humanitas) angehörte, galt Scherber als deutschnational. Der ehemalige Lehrstuhlinhaber ergriff daraufhin einen für Berufungsverfahren eher ungewöhnlichen Schritt und wandte sich mit einem Interview im Periodikum *Der Tag* an die Öffentlichkeit, um seine Sicht der Dinge darzulegen:

»Ich habe Professor Kerl *nie primo loco allein*, sondern gemeinsam mit einem meiner Schüler in Vorschlag gebracht. Die Frage der Besetzung meiner Klinik erschien nicht nur mir, *sondern auch zahlreichen anderen Kollegen von vornherein als eine res judicata, da allgemein bekannt war, daß eine sehr einflußreiche Stelle sich für Herrn Professor Kerl auf das lebhafteste interessiert und für ihn intensiv agitierte* […].«[94]

Es ist keine allzu gewagte These, dass sich Fingers Anschuldigungen vor allem gegen das Ministerium unter Richard Schmitz, der wie Arzt Mitglied der Norica

89 O. V., Zuerst Protektion, dann Qualifikation. Die Berufung des Professors Arzt zum Nachfolger Riehls, in: Der Tag (29.7.1926).

90 Ebd.

91 Vgl. dazu Huber, Allianz.

92 Vgl. Günter K. Kodek, Unsere Bausteine sind die Menschen. Die Mitglieder der Wiener Freimaurerlogen (1869–1938), Wien 2009.

93 O. V., Um die Nachfolge Hofrat Fingers, in: Reichspost (11.7.1927).

94 O. V., Wer ist die »einflußreiche Stelle«? Der Besetzungsskandal der Wiener Universität wird erst jetzt komplett, in: Der Tag (13.7.1927).

Wien war, richteten. Die *Reichspost* kritisierte Finger, der auch mit seiner Demission als Präsident des Obersten Sanitätsrates drohte, deshalb scharf: Die Gesinnung sei nichts, »was Spione auszukundschaften haben und der Begutachtung irgendwelcher Preßerzeugnisse unterworfen ist«; zu einer Verurteilung der DÖTZ hatte sich die *Reichspost* jedoch zu keinem Zeitpunkt durchringen können. Die Bedenken Fingers liefen letztlich darauf hinaus, dass mit der Berufung Kerls die Dermatologie zu sehr in den Vordergrund rückte.[95] Sowohl Arzt als auch Kerl waren nämlich einst an der Klinik für Dermatologie und Syphilidologie als Assistenten tätig gewesen, wohingegen die zweite Wiener Klinik, an die nun Kerl berufen werden sollte, die Syphilidologie als erstes im Titel trug und dementsprechend ihren Schwerpunkt darauf legte. Nachdem sich auch das Dekanat unter Rudolf Maresch zu einer öffentlichen Erklärung genötigt sah,[96] konstatierte die *Arbeiter-Zeitung* unter dem Titel »Klerikale Schiebungen an der Universität«: »Die Klerikalen verpolitisieren langsam, aber sicher auch die medizinische Fakultät und die damit verbundenen Kliniken.«[97] So habe Arzt seine Antrittsvorlesung im Beisein von Bundeskanzler Ignaz Seipel gehalten, was der Zeitung zufolge ein weiterer Beleg für eine politisch motivierte Berufung und eine allmähliche »Verpfaffung« der Fakultät war. Rasch folgten weitere Berichte.[98] *Der Morgen* behauptete sogar, unter Minister Schmitz könnten nur Christlichsoziale das Ordinariat erreichen.[99] Ernst Finger wiederum ließ seinen Worten Taten folgen und legte noch im gleichen Jahr das Präsidentenamt im Obersten Sanitätsrat zurück.[100] Dagegen übten Leopold Arzt und Wilhelm Kerl im späteren Dollfuß/Schuschnigg-Regime einflussreiche Funktionen aus: Während Kerl von 1933 bis 1937 als Dekan amtierte, avancierte Arzt 1936/37 zum Rektor und überdies zum Mitglied des Bundeskulturrates und des Bundestages. Nach dem »Anschluss« im März 1938 wurden beide ihres Postens enthoben und über mehrere Wochen inhaftiert.[101]

Dem aktuellen Forschungsstand nach erreichte der Anteil der katholischen Eliten in der Professorenschaft der drei österreichischen Universitäten bis 1930

95 O. V., Um die Nachfolge Hofrat Fingers, in: Reichspost (11.7.1927).

96 O. V., Die Besetzung der Klinik Finger. Aeußerungen des Münchner Dermatologen Professor Zumbusch, in: Neue Freie Presse (13.7.1927).

97 O. V., Klerikale Schiebungen an der Universität. Die Besetzung der ersten Klinik für Haut- und Geschlechtskrankheiten, in: Arbeiter-Zeitung (13.8.1927).

98 O. V., Die Totengräber der Wiener Universität, in: Der Morgen (15.8.1927); o. V., Von den Hochschulen. Die Ernennung Prof. Kerls zum Nachfolger Prof. Fingers vollzogen, in: Wiener Neueste Nachrichten (17.8.1927); o. V., Die Verklerikalisierung der Wiener Universität, in: Arbeiter-Zeitung (18.8.1927).

99 O. V., Besetzungsskandale und kein Ende. Die neue »Schiebung« an der medizinischen Fakultät. Was geschieht mit der dritten Frauenklinik?, in: Der Morgen (22.8.1927).

100 O. V., Die Präsidentenstelle des Obersten Sanitätsrates freigeworden, in: Reichspost (4.10. 1927).

101 Die Frau Wilhelm Kerls galt entsprechend der NS-Rassendoktrin als Jüdin.

weder in Wien (acht Prozent) noch in Graz oder Innsbruck (sechs beziehungsweise neun Prozent) die Zehn-Prozent-Marke und stieg selbst in der Diktatur nur geringfügig an (nach einem Abbau von Professorenstellen).[102] Angesichts dessen verwundern die zeitgenössischen Presseberichte etwas, denen zufolge etwa die Zugehörigkeit zur Leo-Gesellschaft über Berufungen in der Medizin entschied[103] und wo von einer »Klerikalisierung der Hochschulen« unter Ignaz Seipel und Richard Schmitz die Rede war. Der *Wiener Allgemeinen Zeitung* zufolge seien gar »dem Nationalismus in den akademischen Kreisen sehr stark die Flügel gestutzt« worden und es sei oft vorteilhafter gewesen, »sich von den völkischen Belangen zu verabschieden und den Beitritt zur Leo-Gesellschaft zu vollziehen«.[104] Die Christlichsozialen würden, so die Zeitung weiter, in vielen Fakultäten über immensen Einfluss verfügen. Diese Klagen hatten wohl auch damit zu tun, dass einige Lehrkanzeln, die von Vertretern des linken oder liberalen Lagers gehalten worden waren, nun tatsächlich zu den Christlichsozialen übergingen. Das war etwa 1927 bei den Berufungen von Wilhelm Kerl und Ferdinand Degenfeld-Schonburg an die Wiener Universität der Fall gewesen. Letzterer war Vorstandsmitglied der Vereinigung der katholischen Edelleute und Nachfolger des Austromarxisten und Soziologen Carl Grünberg. Das österreichische Unterrichtsministerium machte zudem wenig Anstalten, politisch linksstehende Wissenschaftler im Land zu halten, wenn ein Ruf aus dem Ausland erging, wohingegen führende Vertreter der Katholisch-Nationalen wie Othmar Spann mit finanziellen Zugeständnissen in Wien gehalten wurden. Auch der Wille, bei fragwürdigen Habilitationsverfahren zu intervenieren, hielt sich in Grenzen. Diese Gründe erklären zumindest ansatzweise, weshalb im Bereich der universitären Personalpolitik (nicht so bei den Studentenunruhen!) eher die Christlichsozialen als die Deutschnationalen Ziel der Angriffe waren.

Resümee

Das politisch aufgeheizte Klima an Österreichs Hochschulen der Ersten Republik schlug sich nicht zuletzt in den Tages- und Wochenzeitungen nieder. Habilitationen und Berufungen wie auch die Wahl akademischer Funktionäre fanden sich spätestens nach den antisemitischen Tiraden Karl Dieners und dessen Solidarisierung mit der DSt Ende 1922 regelmäßig in der Presse. Als

102 Laut Stimmer, Eliten, S. 908–916, belief sich der Anteil der liberal-sozialistischen Vertreter in der Wiener Professorenschaft auf knapp 18 (1922), 19 (1930) und wiederum 18 Prozent (1935).
103 O. V., Die Kelsen gehen, die Gleispach bleiben, in: Arbeiter-Zeitung (2.7.1930).
104 O. V., Politischer Unterricht für Hochschullehrer, in: Wiener Allgemeine Zeitung (4.2.1931).

führendes Periodikum gegen »nicht arische« und linke Hochschullehrende fungierte die *Deutschösterreichische Tageszeitung*, die ab Mitte der 1920er Jahre sogar in der Wiener Universitätsaula ausgehängt wurde. Die Studierenden fanden darin wüste Beschimpfungen und Anschuldigungen gegen ihre akademischen Lehrer, Interna aus den Sitzungen der Professorenkollegien und 1924 sogar Listen vermeintlich jüdischer Hochschullehrender. Obgleich sich das christlichsoziale Pendant der DÖTZ, die *Reichspost*, zurückhaltender gab, unterstützte auch sie, etwa durch die Veröffentlichung von Aufrufen, die antimarxistische und antijüdische Agenda der DSt; schon deswegen sucht man hier Kritik an den brutalen Übergriffen gegen jüdische Studierende vergebens. In der Regel besaßen die Pressekampagnen ihren Ausgangspunkt in der DSt oder in den Professorennetzwerken; überhaupt entfaltete die Berichterstattung erst durch dieses Zusammenspiel ihre radikale Wirkung: Die mit Hochschulinterna gefüllten Artikel stießen auf enorme Resonanz in der völkisch-nationalen Studierenden- wie Professorenschaft und begünstigten so die Sabotage von Vorlesungen und Seminaren respektive die Abweisung von *jüdischen* Berufungs- und Habilitationskandidaten. Als publizistischer Dreh- und Angelpunkt für die Hochschulen Wiens wirkte der rechtsextreme Studentenfunktionär Robert Körber.[105]

Demgegenüber beschränkten sich die linken und liberalen Medien um 1923/24 darauf, die Diskriminierung ihr nahestehender Wissenschaftlerinnen und Wissenschaftler anzuprangern, schwenkten aber bald zu einer offensiveren Strategie über. Sie nahmen Berufungsverfahren genauer unter die Lupe und übten besonders bei der Berufung von Christlichsozialen heftige Kritik. Ab dem Ende der 1920er Jahre war von einer »Klerikalisierung« oder »Verpfaffung« österreichischer Hochschulen die Rede, was jedoch empirischen Ergebnissen widerspricht. All dies blieb in letzter Konsequenz aber wirkungslos, zumal der Sozialdemokratie nach dem Ausscheiden aus der Regierung 1920 die Hände gebunden waren und sie keinen Rückhalt in den Ministerien mehr besaß. Dass linksliberale Zeitungen aber keineswegs zimperlich in den publizistischen Auseinandersetzungen agierten, unterstreicht das Bloßstellen von Deutschnationalen beziehungsweise Antisemiten jüdischer Herkunft. Derlei Aktionen sind überdies nicht nur als Antwort auf die DÖTZ-Listen zu werten, sondern auch als Versuch, einen Keil in das gegnerische Lager zu treiben. Es deutet aber wenig darauf hin, dass dieses Unterfangen von Erfolg gekrönt war, vor allem da die Autorinnen und Autoren ebenfalls auf antisemitische Stereotype zurückgriffen.

105 Zur Rolle der Studentenfunktionäre im völkisch-nationalen Milieu der Hochschulen in den 1920/30er Jahren siehe Martin Göllnitz, Der Student als Führer? Handlungsmöglichkeiten eines jungakademischen Funktionärskorps am Beispiel der Universität Kiel (1927–1945) (Kieler Historische Studien 44), Ostfildern 2018.

Schließlich ist festzuhalten, dass der Einfluss der Presse auf die Personalentwicklung an den Hochschulen der Ersten Republik kaum überschätzt werden kann, die Printmedien somit neben den Professorenkollegien, Studentenvertretungen und dem Unterrichtsministerium ein maßgeblicher Faktor waren.

Caroline E. Weber

»Keine weltferne Gelehrten-Republik« – Regionale Schwerpunktsetzung und öffentliches Image der Universität Kiel zwischen Skandinavien und Ostseeraum 1945–2000

Abstract
The Christian-Albrechts-Universität zu Kiel, founded in 1665, is a state university in Schleswig-Holstein located about 100 km south of the border to Denmark. A modern university, the Christian-Albrechts-Universität has strong contacts to other universities and is part of regional and international networks. There is no region that is as present in the university's recent history as Scandinavia and the Baltic Sea region. Like a self-fulfilling prophecy, concrete scientific emphases combine with references to a special historical tradition or duty that is justified by the geographical location near the Danish-German border and the Baltic Sea. By repeating relatively similar argumentation patterns, an image of the university was projected to the public ›naturally‹ cultivating strong connections to the North. In this brief project outline, accompanied by two case studies, the emergence of a regional focus within the international contacts of a West German university after World War II is depicted, using the example of the Christian-Albrechts-Universität zu Kiel. Against the background of the creation, strengthening and institutionalization of this regional focus at different university levels, the focus is also on making the resulting profile visible to the public, which went hand in hand with conflict if other actors outside the university, such as the media or political institutions, were involved.

In der aktuellen Verfassung der Christian-Albrechts-Universität zu Kiel (CAU) vom 1. September 2008 heißt es in der Präambel:

> »Die Christian-Albrechts-Universität zu Kiel dient der Wissenschaft in freier Forschung, freier Lehre und freiem Studium. Als Volluniversität umfasst sie ein breites Spektrum von Fächern, die einander ergänzen und befruchten. Sie nimmt ihre Aufgaben im nationalen und internationalen Verbund wahr und pflegt dabei insbesondere die Beziehungen zu den Hochschulen im Ostseeraum.«[1]

Äußerungen wie diese mit öffentlicher Wirkkraft sind Teil meines Promotionsprojekts über die regionale Schwerpunktsetzung und Ausbildung eines öffentlich wahrgenommenen wissenschaftlichen Profils der Kieler Universität

1 Lesefassung der Grundordnung (Verfassung, Satzung) der Christian-Albrechts-Universität zu Kiel vom 1. September 2008, http://www.uni-kiel.de/sy/mitteilungen/verfassung-cau.pdf (10.9.2019).

zwischen 1945 und 2000. Um die Entwicklungen seit der Wiederaufnahme des universitären Lehrbetriebs im Wintersemester 1945 einordnen zu können, sei eine knappe Darlegung der Verhältnisse zwischen der Kieler Universität und Skandinavien bis zum Zweiten Weltkrieg gestattet. Dies ist zudem aus quellenkritischer Sicht sinnvoll, da die historische Tradition bis heute als Argument für das öffentliche Flirten der CAU mit Skandinavien und auch dem Ostseeraum angeführt wird.

1. Ein kurzer Überblick zur Kieler Universitätsgeschichte vor 1945

Die 1665 gegründete und nach ihrem Stifter benannte Christian-Albrechts-Universität zu Kiel ist die einzige Volluniversität in Schleswig-Holstein und liegt etwa 100 Kilometer südlich der heutigen Landgrenze zu Dänemark.[2] Die unmittelbare Lage Kiels an der Förde, einer weit ins Land reichenden Bucht der Ostsee, prägt das städtische Leben, etwa durch Fährverbindungen nach Litauen, Norwegen und Schweden, wobei vor allem die letztgenannten beiden für einen regen Tourismus sorgen, oder durch die *Kieler Woche* – einst als internationaler Segelwettbewerb gestartet, stellt sie gegenwärtig das größte Volksfest Nordeuropas dar.[3] Auch die Universität ist durch die relative Wassernähe einiger Einrichtungen, besonders aber durch wissenschaftliche Vernetzungen im gesamten Ostseeraum durch die geographische Lage geprägt, wie die weiteren Ausführungen verdeutlichen sollen.

Zur Zeit des dänischen Gesamtstaates, zu dem die Herzogtümer Schleswig und Holstein spätestens ab 1773 und bis 1864 gehörten, wurde die Bibliothek der Universität in Kiel, die immerhin die zweitgrößte Universität des politischen Konglomerats war, von Kopenhagen aus beim Aufbau eines skandinavischen Fachbereichs gefördert.[4] Vor allem *Islandica*, die in Form von Dubletten der Königlichen Bibliothek in Kopenhagen geschickt wurden, aber auch dänische Literatur bildete bereits zu Beginn des 19. Jahrhunderts einen inhaltlichen

2 Oliver Auge, Christian Albrecht. Herzog – Stifter – Mensch (Wissen im Norden), Kiel 2016.

3 Ausführlich zur Geschichte der *Kieler Woche* und ihrer Bedeutung für die sportliche, wissenschaftliche, kulturelle und politische Kontaktpflege siehe Werner Istel und Axel Rost, Die Kieler Woche: Das größte Segelfest der Welt seit 1882, Hamburg 1996.

4 Siehe exemplarisch an deutschsprachiger Literatur Steen Bo Frandsen, Das Herzogtum Holstein im dänischen Gesamtstaat, in: Zeitschrift der Gesellschaft für Schleswig-Holsteinische Geschichte 136 (2011), S. 163–178; Sven-Aage Jørgensen, Einführung: Der dänische Gesamtstaat zwischen Kopenhagen und Kiel, in: Zentren der Aufklärung, Bd. 4: Der dänische Gesamtstaat: Kopenhagen, Kiel, Altona (Wolfenbütteler Studien zur Aufklärung 18), hg. von Klaus Bohnen und Sven-Aage Jørgensen, Tübingen 1992, S. 1–6.

Schwerpunkt der Kieler Bibliothek. Zur gleichen Zeit spürten Professoren, die von Kopenhagen nach Kiel kamen, häufig die ansonsten doch vergleichsweise schlechte Ausstattung der Universität, die, hier zeigt sich schon eine historische Ambivalenz, auch als Konkurrenz zu Kopenhagen wahrgenommen wurde.[5] Zudem trug die tragende Rolle der Kieler Professoren in der sogenannten Schleswig-Holsteinischen Erhebung von 1848, die in einen dreijährigen Bürgerkrieg im Gesamtstaat mündete, an der Zugehörigkeit der Herzogtümer zu eben diesem aber nichts veränderte, nicht unbedingt zum Renommee der CAU in Kopenhagen bei.[6]

Als nach dem Deutsch-Dänischen Krieg von 1864 die Herzogtümer an Preußen abgetreten werden mussten,[7] sprach man sich an der Philosophischen Fakultät bewusst für die Beibehaltung der 1811 mit dem dänischen Literaten Jens Baggesen erstmals besetzten Professur für Nordische Philologie aus, um die dänisch gesinnte Bevölkerung im Landesteil Schleswig weiterhin anzusprechen.[8] Im Jahr 1910 wurde in Erwerbungsabsprache der preußischen Bibliotheken der Fokus auf die nordische Philologie gelegt, 1920 erhielt Kiel den Sammelauftrag für sämtliche Literatur des »Nordischen Kulturkreises«. Diese Entwicklung ist besonders spannend, da sich nach Ende des Ersten Weltkrieges durch die im Versailler Vertrag geregelten Gebietsabtretungen der Norden Schleswig-Holsteins in einem erbitterten Kulturkampf befand, der im Frühjahr 1920 in den Volksabstimmungen und der Grenzziehung zwischen Deutschland und Däne-

5 Zur CAU im dänischen Gesamtstaat siehe Dieter Lohmeier, Die Universität Kiel als Stätte der Aufklärung, in: Zentren der Aufklärung, Bd. 4: Der dänische Gesamtstaat: Kopenhagen, Kiel, Altona (Wolfenbütteler Studien zur Aufklärung 18), hg. von Klaus Bohnen und Sven-Aage Jørgensen, Tübingen 1992, S. 69–90.

6 Reimer Hansen, Die Kieler Professoren im aufkommenden Nationalkonflikt 1815–1852, in: Gelehrte Köpfe an der Förde: Kieler Professorinnen und Professoren in Wissenschaft und Gesellschaft seit der Universitätsgründung 1665 (Sonderveröffentlichungen der Gesellschaft für Kieler Stadtgeschichte 73), hg. von Oliver Auge und Swantje Piotrowski, Kiel 2014, S. 87–138.

7 Siehe mit Ausführungen zum historischen Kontext Caroline E. Weber, Der Wiener Frieden von 1864. Wahrnehmungen durch die Zeitgenossen in den Herzogtümern Schleswig und Holstein bis 1871 (Kieler Werkstücke A/41), Frankfurt a.M. 2015; Oliver Auge, Ulrich Lappenküper und Ulf Morgenstern (Hg.), Der Wiener Frieden 1864. Ein deutsches, europäisches und globales Ereignis (Otto-von-Bismarck-Stiftung, Wissenschaftliche Reihe 22), Paderborn 2016.

8 Zur Geschichte der nordischen Philologie in Kiel siehe Ulrike Gerken, … um die Nationaleinheit zu begründen und zu befestigen … Der Beitrag des Kieler Lektorats für dänische Sprache und Literatur zur Identitätsstiftung im dänischen Gesamtstaat (1811–1848) (Imaginatio borealis 11), Frankfurt a.M. 2007. Zur Politisierung von Professuren am Beispiel der nordischen Philologie und der Geschichte siehe auch Lena Cordes und Jelena Steigerwald, Die politische Rolle der Kieler Professoren zwischen der schleswig-holsteinischen Erhebung und der Reichsgründung, in: Gelehrte Köpfe an der Förde: Kieler Professorinnen und Professoren in Wissenschaft und Gesellschaft seit der Universitätsgründung 1665 (Sonderveröffentlichungen der Gesellschaft für Kieler Stadtgeschichte 73), hg. von Oliver Auge und Swantje Piotrowski, Kiel 2014, S. 139–180.

mark seinen vorläufigen Höhepunkt fand, aber auch während der Zwischenkriegszeit und unmittelbar nach Ende des Zweiten Weltkriegs auf beiden Seiten mit großer Intensität fortgeführt wurde.[9] Als Beispiele seien die 1924 eingerichtete Professur für Schleswig-Holsteinische, Nordische und Reformationsgeschichte als »Kampfprofessur«[10] und die seit 1919/20 gebräuchliche Propagandabezeichnung der »Grenzlanduniversität«[11], genau wie die Bestrebungen der neudänischen Bewegung ab 1945, die Grenze erneut nach Süden bis zur Eider zu verschieben[12], zu nennen. Dem Kulturkampf und der Abgrenzung zu Däne-

9 Exemplarisch Inge Adriansen und Immo Doege, Deutsch oder dänisch? Agitation bei den Volksabstimmungen in Schleswig 1920, Sonderburg 2010; Martin Göllnitz, Tysk grænsekamp i København. De nordslesvigske akademikeres nationalpolitiske rolle i 1920'erne og 30'erne, in: Sønderjyske Årbøger (2018), S. 117–133; Ders., Ein Schleswiger Museumsprojekt in den 1930er Jahren. Geschichtspolitik im Widerspruch von Wissenschaft und Grenzrevanchismus, in: Demokratische Geschichte 26 (2015), S. 115–142. Anlässlich des 100. Jubiläums der Grenzabstimmung von 1920 finden ab Herbst 2019 in der deutsch-dänischen Grenzregion auf beiden Seiten der Grenze zahlreiche Veranstaltungen mit unterschiedlicher Schwerpunktsetzung statt. Vgl. Caroline E. Weber, 1920/2020: Elf Kieler Blickwinkel auf die Schleswiger Grenzabstimmungen, in: Mitteilungen der Gesellschaft für Schleswig-Holsteinische Geschichte 97 (2019), S. 11–27.

10 Zur Geschichte der 1924 gegründeten Professur siehe Oliver Auge und Martin Göllnitz, Landesgeschichtliche Zeitschriften und universitäre Landesgeschichte: Das Beispiel Schleswig-Holstein (1924–2008), in: Medien des begrenzten Raumes. Regional- und landesgeschichtliche Zeitschriften im 19. und 20. Jahrhundert (Forschungen zur Regionalgeschichte 73), hg. von Thomas Küster, Paderborn 2013, S. 69–125; Dies., Zwischen Grenzkampf, Völkerverständigung und der Suche nach demokratischer Identität: Die Landesgeschichte an der Christian-Albrechts-Universität zu Kiel zwischen 1945 und 1965, in: Wissenschaft im Aufbruch. Beiträge zur Wiederbegründung der Kieler Universität nach 1945 (Mitteilungen der Gesellschaft für Kieler Stadtgeschichte 88), hg. von Christoph Cornelißen, Essen 2014, S. 101–129; Martin Göllnitz, Umbruch oder Kontinuität? Landesgeschichte unter Christian Degn (1974–1978), in: Gelehrte Köpfe an der Förde. Kieler Professorinnen und Professoren in Wissenschaft und Gesellschaft seit der Universitätsgründung 1665 (Sonderveröffentlichungen der Gesellschaft für Kieler Stadtgeschichte 73), hg. von Oliver Auge und Swantje Piotrowski, Kiel 2014, S. 217–262.

11 Zum Begriff »Grenzlanduniversität« vgl. Jörn Eckert, Die Kieler Rechtswissenschaftliche Fakultät – »Stoßtruppfakultät«, in: Die NS-Strafjustiz und ihre Nachwirkungen, hg. von Heribert Ostendorf und Uwe Danker, Baden-Baden 2003, S. 21–55; Ralf Walkenhaus, Gab es eine »Kieler Schule«? Die Kieler Grenzlanduniversität und das Konzept der »politischen Wissenschaften« im Dritten Reich, in: Schulen der deutschen Politikwissenschaft, hg. von Wilhelm Bleek, Opladen 1999, S. 159–182; sowie demnächst Oliver Auge und Martin Göllnitz, Wissenschaft als Deutungsmacht? Die Reichs- und Soldatenuniversitäten Posen, Prag, Straßburg und Leiden im europaweiten NS-Herrschaftssystem (1939–1945), in: Jahrbuch für Universitätsgeschichte (im Druck). Einen aktuellen Forschungsüberblick liefert Martin Göllnitz, Der Student als Führer? Handlungsmöglichkeiten eines jungakademischen Funktionärskorps am Beispiel der Universität Kiel (1927–1945) (Kieler Historische Studien 44), Ostfildern 2018, S. 25–31.

12 Lars N. Henningsen (Hg.), Zwischen Grenzkonflikt und Grenzfrieden: Die dänische Minderheit in Schleswig-Holstein in Geschichte und Gegenwart (Studieafdeling ved Dansk Centralbibliotek for Sydslesvig 65), Flensburg 2011.

mark stand während der 1920er Jahre paradoxerweise gleichzeitig eine große Hinwendung zum Norden gegenüber, die sowohl von der Universität als auch der Stadt Kiel ausging, wenn etwa 1921 die *Nordische Messe* oder 1929 die *Nordisch-Deutsche Universitätswoche* für die interessierte Öffentlichkeit abgehalten wurden und Kiel als Teil des nordischen Kulturkreises inszenierten.[13]

2. Gliederung des Untersuchungszeitraums und historischer Kontext mit Norden-Bezug

Der Untersuchungszeitraum des hier vorgestellten Promotionsprojekts gliedert sich in drei Phasen, in denen die Etablierung von Kontakten mit dem Norden genauso wie die öffentliche Inszenierung selbiger untersucht werden. Dabei geht es vor allem um die unterschiedlichen Funktionen, die Skandinavien und der Ostseeraum zwischen 1945 und 2000 für die Universität hatten, und die in Wechselwirkung mit Interessen etwa der Stadt und des Bundeslandes standen. Methodisch werden Publikationen analysiert, die von der Pressestelle, dem Hochschulpräsidium oder auch einzelnen Fakultäten sowie Fachbereichen herausgegeben wurden und etwas über das Profil der Universität aussagen. Konkret geht es etwa um Werbebroschüren, Leitfäden für Studierende, Leitbilder oder Verfassungen. Hinzu kommen solche Quellen, die die wissenschaftlichen Kontakte nach Skandinavien aufzeigen, wobei diese durch »Interna« in Form von archivierter und noch nicht archivierter Korrespondenz und durch »Externa«, also als publizierte Vorlesungsverzeichnisse, Projektberichte, Vorträge und natürlich Pressemitteilungen vorliegen. Die Breite der Quellen zeigt die zwei Ebenen der Studie auf: In einem ersten Schritt wird die Ausbildung eines akademischen Netzwerkes seit 1945 und seine Ausweitung von Skandinavien hin zum gesamten Ostseeraum rekonstruiert. Dies ist notwendig, da bisher keine universitätsübergreifende Studie zu den Nord-Kontakten vorliegt[14] und der regionale Schwerpunkt, wie er auch heute in der Universitätsverfassung verankert ist, mit der Zeit gewachsen ist. In einem zweiten Schritt soll eben jene Netzwerkbildung auf ihre Wirksamkeit hin untersucht werden. Es geht dabei um die Fragen, wie die CAU ihren regionalen Schwerpunkt öffentlich inszenierte, wel-

13 Siehe dazu ausführlich den Beitrag von Tomke Jordan in diesem Band.

14 Siehe aber als grundlegend und für das Projekt inspirierend Ruth Weih, Die Nordeuropaforschung in Kiel 1945–1996, in: Deutsch-skandinavische Beziehungen nach 1945 (Historische Mitteilungen, Beiheft 31), hg. von Robert Bohn, Jürgen Elvert und Karl Christian Lammers, Stuttgart 2000, S. 202–229; Martina Schmode, Hinter dem Horizont geht's weiter. Zur Entwicklung des International Center und internationaler Beziehungen der CAU, in: Christian-Albrechts-Universität zu Kiel. 350 Jahre Wirken in Stadt, Land und Welt, hg. von Oliver Auge, Kiel 2015, S. 991–1004.

che Funktion dem Norden jeweils zukam und welche Raumvorstellungen in den (Selbst-)darstellungen der Universität als besonders dem Norden Zugewandte zum Tragen kamen.[15] Die Teilebenen greifen mitunter ineinander, wie auch die Einteilung des Untersuchungszeitraums in drei Teilabschnitte und die späteren Fallbeispiele verdeutlichen sollen.

Die erste Phase reicht von 1945 bis 1965 und in dieser Zeit waren es vor allem persönliche Beziehungen und individuelles Engagement innerhalb einzelner Fachbereiche, die zur Neuschaffung von Kooperationen beigetragen haben. Besonders studentische Austauschprogramme setzten ein Höchstmaß an individueller Organisation voraus. Das Akademische Auslandsamt in Kiel etwa war bis 1950 ein rein ehrenamtlich geführtes Auslandssekretariat und bis 1961 hatte es nur einen hauptamtlichen Mitarbeiter. Gerade aber studentische Reisen wurden von der skandinavischen Bevölkerung extrem positiv aufgenommen. Theateraufführungen in Oslo, Bergen, Lund und Stockholm der späten 1940er und frühen 1950er Jahre waren durchweg ausgebucht und über die Rückmeldungen aus Skandinavien konnte dann auch die Universität in Kiel entsprechend berichten. Im Studentenhandbuch des Wintersemesters 1950/51 findet sich die Beobachtung, dass »im vergangenen Jahr 1949 in ganz zwangloser Form neue Verbindungen zum Norden erschlossen wurden« und der Verfasser sieht darin ein »besonders erfreuliches Zeichen«, da Kiel angesichts der gestiegenen Zahlen im studentischen und wissenschaftlichen Austausch »nunmehr wirklich wieder beginnt, die natürliche Brücke nach Skandinavien zu bilden.«[16] Es fällt auf, dass die Kontaktsuche dezidiert von Kieler Seite ausging, einzelne Professoren, wie etwa der Historiker Alexander Scharff, aber auf freundschaftliche Kontakte nach Norden zurückgreifen konnten. Langfristig öffentlich sichtbar zeigte dabei die Ernennung Scharffs zum Professor für Schleswig-Holsteinische und Nordische Geschichte im Wintersemester 1952/53 den Paradigmenwechsel in der politischen Instrumentalisierung der universitären Landesgeschichte, die nunmehr der Versöhnung zwischen den Nachbarstaaten dienen sollte.[17] Daneben entstand

15 Zur Verwendung des Ausdrucks »Image« in meiner Studie siehe York Kautt, Image. Zur Genealogie eines Kommunikationscodes und seiner Spezifikation in der Werbung, Bielefeld 2008. Zudem für das weitere Verständnis Margret Bülow-Schramm, Leitbilder, in: Grundbegriffe des Hochschulmanagements, hg. von Anke Hanft, Bielefeld ²2004, S. 264–267; Henning Escher, Corporate Identity, in: Grundbegriffe des Hochschulmanagements, Bielefeld ²2004, S. 72–77; Ders., Öffentlichkeitsarbeit, in: Grundbegriffe des Hochschulmanagements, hg. von Anke Hanft, Bielefeld ²2004, S. 314–319; Klaus Merten, Image-Analyse, in: Grundbegriffe des Hochschulmanagements, hg. von Anke Hanft, Bielefeld ²2004, S. 186–190.

16 Kurt Frey, Von der Auslandsarbeit an der Kieler Universität, in: Studentenhandbuch 1950/51, hg. vom Studentenwerk Kiel, S. 110–112, hier S. 111. Siehe auch die Ausführungen von Manfred Jessen-Klingenberg, Die Christian-Albrechts-Universität und der Norden, in: Schleswig-Holstein. Monatshefte für Heimat und Volkstum 6 (1965), S. 162–164.

17 Auge/Göllnitz, Zwischen Grenzkampf, S. 110–114.

in den 1950er Jahren ein Professorenaustausch zwischen Kiel und Lund[18] und bereits seit 1949 bestanden »freundschaftliche Beziehungen« mit der Handelshochschule Stockholm, welche sich in Form wechselseitiger studentischer Besuche zeigten. Mit Rückblick auf den im 19. Jahrhundert etablierten Schwerpunkt der Universitätsbibliothek erhielt Kiel 1949 von der Deutschen Forschungsgemeinschaft (DFG) das Sondersammelgebiet Skandinavien zugeteilt.[19]

Laut dem Historiker Robert Bohn waren die Beziehungen Deutschlands mit den Nordischen Staaten im Mai 1945 »auf einem absoluten Tiefpunkt angelangt«.[20] Zudem gab es in Westdeutschland beziehungsweise ab 1949 in der Bundesrepublik Deutschland (BRD) anders als in der Deutschen Demokratischen Republik (DDR) keine spezifische Nordeuropapolitik.[21] Die Beziehungen der CAU zum Norden bilden also in ihrer Anfangsphase einen Bereich »außerhalb der offiziellen politischen Beziehungspflege«[22] ab. Die große Bedeutung dieser ertragreichen und oft individuellen Kontakte wird noch dadurch verstärkt, dass auf politischer Ebene deutlich mehr Konfliktpotential im zunächst deutsch-dänischen und später deutsch-skandinavischen Verhältnis herrschte. Die 1949 in Kiel verabschiedete Erklärung zum Minderheitenschutz war nur durch heftige Debatten im schleswig-holsteinischen Landtag zustande gekommen und in Kopenhagen blieb eine gleichwertige Erklärung zunächst aus, vor allem, da noch bis in die 1950er Jahre Strafverfahren gegen diejenigen Angehörigen der deutschen Minderheit im dänischen Nordschleswig liefen, die während der Jahre 1941 bis 1945 mit den Nationalsozialisten kollaboriert hatten.[23] Erst 1955 vereinbarten Dänemark und Deutschland in den Bonn-Kopenhagener-Erklärungen die bis heute gültigen und vielfach als Modelllösung gewerteten Absprachen, die den Minderheiten die gleichen Rechte wie der Mehr-

18 Vgl. Mitteilungsblatt der CAU Nr. 41 (1959) und 42 (1959); Schmode, Horizont, S. 1000.

19 Universitätsbibliothek der Christian-Albrechts-Universität zu Kiel: Das Sondersammelgebiet Skandinavien im Wandel – Aufgaben und Ziele, https://www.vdb-online.org/veranstaltungen/602/sindt.pdf (19.3.2019).

20 Robert Bohn, Die politischen Beziehungen Westdeutschlands, in: Østersøområdet: Fra anden verdenskrig til den kolde krig, hg. von dems., Thomas Wegener Friis und Michael F. Scholz, Middelfart 2007, S. 83–104, hier S. 84.

21 Vgl. ebd., S. 100f.

22 Ebd., S. 101. Grundlegend für die Zeit des Nationalsozialismus Karl Christian Lammers, Die Beziehungen zwischen den Universitäten Kiel und Kopenhagen während der NS-Jahre, in: Wissenschaft an der Grenze. Die Universität Kiel im Nationalsozialismus (Mitteilungen der Gesellschaft für Kieler Stadtgeschichte 86), hg. von Christoph Cornelißen und Carsten Mish, Essen 2009, S. 81–95.

23 Robert Bohn, Eine belastete Nachbarschaft. Aspekte der deutsch-dänischen Beziehungen nach 1945, in: Ein europäisches Modell? Nationale Minderheiten im deutsch-dänischen Grenzland 1945–2005 (Schriftenreihe des Instituts für Schleswig-Holsteinische Zeit- und Regionalgeschichte 11), hg. von Jørgen Kühl und Robert Bohn, Bielefeld 2005, S. 59–76.

heitsbevölkerung zusprachen.[24] Im kulturellen und zumindest symbolpolitischen Bereich hatte sich zu diesem Zeitpunkt die *Kieler Woche* bereits wieder als Treffpunkt von Kunst, Kultur, Wissenschaft, Politik und natürlich dem Segelsport an der Förde etabliert, und hier wurden ganz explizit, und seit 1948 auch über die Werbemaßnahmen sichtbar, skandinavische Gäste eingeladen. Noch in den 1950/60er Jahren finden sich im Pressespiegel zahlreiche Betonungen der Brückenfunktion Kiels nach Norden; auch in der ausländischen Presse wurden die Stadt und ihre Segel- und Kulturwoche als Ort der Völkerverständigung bezeichnet.[25] In einer Broschüre der universitären Pressestelle hieß es zehn Jahre nach Kriegsende: »Kiel ist die nördlichste Universität Deutschlands und besitzt einen engen wissenschaftlichen und persönlichen Kontakt zu den skandinavischen Ländern.«[26]

Der zweite Teil des Untersuchungszeitraumes bildet die Phase von 1965 bis 1985, wobei die Frage im Vordergrund steht, wie sich der Schwerpunkt »Skandinavien« zum Schwerpunkt »Ostseeraum« weiterentwickelte und welche konkreten Forschungskooperationen zur Institutionalisierung der zuvor von Einzelpersonen gepflegten Beziehungen zum Norden führten. Spätestens seit der 300-Jahr-Feier der Universität 1965 ging es in der öffentlichen Sichtbarmachung nicht mehr nur um die Interessen einzelner Fachbereiche als vielmehr um ein Image, das die gesamte Universität repräsentieren sollte und zum Teil direkt vom Präsidium unterstützt wurde. Den Rahmen dieses Zeitraums geben im Wesentlichen die deutsche Zweistaatlichkeit und Argumentationsmuster des Kalten Krieges vor.

Die erfolgreiche Rehabilitierung nach dem Ende des Zweiten Weltkrieges und zahlreiche Anknüpfungspunkte zu den skandinavischen Nachbarhochschulen zeigten den veränderten Schwerpunkt der CAU, welche sich hinsichtlich der Beziehungen vor allem zu Dänemark seit den 1920er Jahren zusehend isoliert hatte. Der Historiker Karl Jordan bezeichnete die Kieler Universität anlässlich des Jubiläums in einem Vortrag aufgrund ihrer geographischen Lage als »Mittlerin zwischen deutscher und nordischer Wissenschaft« und betonte zudem die Notwendigkeit, an »die durch Krieg weitgehend zerrissenen Verbindungen zu den skandinavischen Universitäten wieder anzuknüpfen«[27]. Sein

24 Jørgen Kühl, Tatsächlich ein europäischer Modellfall? Erfahrungen und Lehren einer gelungenen Konfliktlösung aus deutsch-dänischer und europäischer Perspektive, in: Grenzfriedenshefte 61 (2015), Nr. 1, S. 41–54.

25 Vgl. exemplarisch: Die Kieler Woche im Spiegel der Presse, hg. vom Presseamt der Stadt Kiel, Kiel 1958; Kieler Woche 1965. Im Spiegel der Presse, hg. vom Presseamt der Stadt Kiel, Kiel 1965.

26 Unbetitelte Werbebroschüre der Christian-Albrechts-Universität zu Kiel, hg. von der Pressestelle, [Kiel 1955].

27 Universitätsbibliothek Kiel (UB Kiel), Nachlass Karl Jordan, Fasz. 2: Manuskripte zu 1965, Manuskript »Die Geschichte der Universität«, S. 5.

Kollege Scharff thematisierte 1966 in der Universitätszeitschrift *Christiana Albertina* die besonderen Beziehungen der CAU zu Dänemark, die durch die Zeit des dänischen Gesamtstaats begründet seien. Mit Bezug auf die NS-Diktatur führte er aus, dass man »nicht verschleiern sollte, daß wir selbst es waren, die die Fäden zerrissen und die Verantwortung dafür zu tragen haben, daß Schleswig-Holstein mit seiner Universität die Aufgabe einer geistigen Brücke nicht mehr erfüllen konnte.«[28]

Dennoch kommt Scharff in seinem Ausblick zu dem Schluss, dass es wieder gelungen sei, die »Brücke der Verständigung nach dem Norden hin zu schlagen« und den »geistigen Wechselverkehr zwischen der Universität Kiel und Dänemark wieder zu beleben.« Abschließend formuliert er seinen Wunsch, an die Tradition des regen wechselseitigen Austausches der CAU mit dem skandinavischen Nachbarn anzuknüpfen und der Kieler Universität ihre ursprüngliche Aufgabe erneut zukommen zu lassen, die er wie folgt formuliert: »Nicht nur zwischen den Wissenschaften, auch zwischen den beiden Völkern zu vermitteln und das Bewußtsein der sie verbindenden Gemeinsamkeiten zu erwecken.«

Die eben genannte universitätseigene Zeitung *Christiana Albertina* wurde, wie es im Vorwort der ersten Ausgabe des Jahres 1966 heißt, als »Kind des Universitätsjubiläums« ins Leben gerufen, um die Öffentlichkeit über aktuelle Forschungen der CAU zu informieren. Prominent wurde dem Beitrag Scharffs zu den Kontakten mit Dänemark in der ersten Ausgabe Platz eingeräumt. Dass durch die wiederholte Betonung der historischen Tradition Kiels mit dem Norden – gerade zum dänischen Gesamtstaat –, und die durch die geographische Lage offensichtlich zwingend gebotene Hinwendung zu den nordischen Nachbarstaaten eine Verbindung, die bis 1945 eigentlich abgelehnt worden war, umgedeutet wurde, war Mitte der 1960er Jahre und angesichts der vielen erfolgreich geknüpften Nordkontakte und dem somit durchaus stimmigen Bild einer »Mittlerin zwischen deutscher und nordischer Wissenschaft« unwichtig geworden.

Neben der *Christiana Albertina* wurde anlässlich des runden Universitätsjubiläums eine ständige Gastprofessur für dänische WissenschaftlerInnen ins Leben gerufen, die im Winter 1967 erstmals und seitdem fast durchweg besetzt wurde. Im Wintersemester 2003/04 wurde die Professur geographisch auf die Øresund-Region und im Sommersemester 2010 auf den gesamten skandinavischen Raum erweitert. Die Gastprofessur richtet sich seit ihrem Bestehen an WissenschaftlerInnen aller Disziplinen und signalisiert vor allem nach außen die

28 Alexander Scharff, Die Universität Kiel und Dänemark, in: Christiana Albertina 1 (1966), S. 42–52, hier S. 51.

Bedeutung der Kooperation mit Dänemark und dem Norden.[29] In der Begründung der Professur wurde die historische Kontinuität der Kontakte mit Dänemark betont und die *Kieler Nachrichten* stellten in den ersten Jahren die dänischen Gäste jeweils mit einem Kurzportrait vor.

Die Universität wurde in ihren Kontaktbemühungen in vielfacher Hinsicht von den regionalen Akteuren unterstützt, etwa durch die Landeshauptstadt Kiel, die seit den späten 1960er Jahren Stipendien für je einen Studierenden aus einem skandinavischen Land zur Verfügung stellte. Angeregt wurden sie bereits im Jahr 1954, bis zur regelmäßigen Einrichtung vergingen aber einige Jahre. Der Leiter des Akademischen Auslandsamtes Jonathan Grigoleit weist in seinem Bericht des Jahres 1972 darauf hin, dass »gerade dieses Stipendien-Programm bei den skandinavischen Hochschulen, Behörden und Studenten sehr großen Anklang« gefunden und »zur Vertiefung der internationalen Beziehungen zwischen der Universität Kiel und dem skandinavischen Raum erheblich beigetragen« habe.[30] Auffallend ist in diesem Zusammenhang, dass seitens der Universität der Fokus in den 1970er Jahren ganz klar auf Skandinavien lag, während die Stadt Kiel bereits 1970 auch zwei Stipendien für Studierende Polens und der UdSSR zur Verfügung stellte, »um den ganzen Ostseeraum in die Kontaktbemühungen der Stadt Kiel einzubeziehen.«[31]

Wie ertragreich das Engagement einzelner Personen war, zeigt die Einrichtung des Sonderforschungsbereichs (SFB) 17 »Skandinavien- und Ostseeraumforschung« im Jahr 1969. Der SFB 17 ist ein erster Indikator für die veränderte Selbstverortung der CAU und die Erweiterung der Auseinandersetzung mit Skandinavien um die Ostseeanrainerstaaten. Die Initiative für die Einrichtung von Sonderforschungsbereichen war vom Wissenschaftsrat ausgegangen, dessen Anliegen es seit Beginn der 1960er Jahre war, »Schwerpunkte an den Hochschulen zu bilden« und somit »konkurrenzfähige Institutionen« zu ermöglichen.[32] Forschungsschwerpunkte sollten zur Spezialisierung der Hochschulen einerseits und zum gezielten Einsatz finanzieller Ressourcen andererseits führen. Die Hochschulen setzten sich jedoch zunächst zur Wehr, da sie die Autonomie der freien Forschung in Gefahr sahen. Auch die DFG war nicht bereit, den Vorschlag des Wissenschaftsrats umzusetzen, da die »Gleichheit der Uni-

29 Vgl. https://www.international.uni-kiel.de/de/forschen-und-lehren-in-kiel/gastdozenturen (2.9.2019).

30 Jonathan Grigoleit, Die Arbeit des Akademischen Auslandsamtes der Christian-Albrechts-Universität, in: Christiana Albertina 13 (1972), S. 67–81, hier S. 73.

31 Stadtarchiv Kiel (StA Kiel), Nr. 48491, Planung von Studentenwohnheimen, Haushaltsplan der Stadt Kiel für die Jahre 1970 bis 1972.

32 Karin Orth, Autonomie und Planung der Forschung. Förderpolitische Strategien der Deutschen Forschungsgemeinschaft 1949–1968 (Studien zur Geschichte der Deutschen Forschungsgemeinschaft 8), Stuttgart 2001, S. 183.

versitäten« dadurch aufgehoben würde.[33] Der Einigung von DFG, Wissenschaftsrat und Hochschulen folgte 1966 die erste Ausschreibung. Von über 350 eingereichten Meldungen wurden 67 zur Antragstellung zugelassen und insgesamt 18 Anträge wurden schließlich bewilligt. Die Etablierung der SFBs veränderte nachhaltig die Struktur der bundesdeutschen Forschungslandschaft, und der Kieler SFB wurde in universitären Publikationen und der regionalen Presse in den Folgejahren wiederholt als Beispiel für die historisch gewachsene enge wissenschaftliche Einbindung Kiels mit Skandinavien und dem Ostseeraum genannt. In den zweiten Untersuchungsabschnitt fällt auch die Ratifizierung des ersten Landeshochschulgesetzes, das bereits wenige Jahre später um die explizite Nennung eines regionalen Schwerpunkts der universitären Auslandsbeziehungen erweitert wurde, und auf das noch eingegangen wird.

Die letzte Phase bildet der Zeitraum von 1985 bis 2000. Während in der ersten Phase noch vielfach Versöhnungspolitik betrieben wurde und die individuellen Bestrebungen dann ab den 1960er Jahren zur Institutionalisierung fachwissenschaftlicher Kooperationen führte, soll in der dritten Phase die Schärfung des regionalen Schwerpunkts und zudem die Imagepflege der Universität, der Umgang also mit Leitbildern und Profilen in Wechselbeziehung zur sich verändernden politischen Großwetterlage im Mittelpunkt stehen.

Nach Auslaufen des SFB 17 wurde 1985 von wissenschaftlichen Mitarbeitern des Lehrstuhls für Nordische Geschichte das Zentrum für Nordische Studien (ZNS) gegründet. Auch wenn der Titel Systematik und Geschlossenheit vermuten lässt, konnte das interdisziplinäre Zentrum nur durch das Engagement einzelner Mitarbeiter bestehen und wurde nach Weggang der Gründer nicht weiter fortgeführt. Anders verhielt es sich mit dem 1986 gegründeten Deutsch-Norwegischen Studienzentrum (DNSZ) als gemeinsame Einrichtung der CAU, den norwegischen Universitäten Bergen, Oslo, Tromsø und Trondheim sowie der Wirtschaftshochschule Bergen und der Landwirtschaftshochschule Ås ins Leben gerufen.[34] Das Zentrum besteht bis heute und trägt zu den lebendigen Beziehungen mit Norwegen erheblich bei. Bei der Standortsuche waren die geographische Lage Kiels sowie die günstigen Verkehrsanbindungen über Fährverbindungen ausschlaggebend, zudem verweist eine Informationsbroschüre aus dem Jahr 1989 auf die »jahrzehntealte[], auf vielen Fachgebieten intensiv betriebene[], regelmäßige[] Zusammenarbeit zwischen der Universität Kiel und norwegischen Universitäten.«[35]

33 Ebd., S. 184.
34 Siehe für ausführliche Informationen zu den im Folgenden genannten Universitäten und zum DNSZ: Deutsch-Norwegisches Studienzentrum an der Christian-Albrechts-Universität zu Kiel//Tysk-Norsk Studiesenter ved Christian-Albrechts-Universität Kiel, hg. vom Rektorat der Universität Kiel, Kiel 1989.
35 Ebd., S. 7.

Mit dem Ende des Kalten Krieges und konkret der deutschen Zweistaatlichkeit 1989/90 wurde der Ostseeraum – auch mit Blick auf die akademische Zusammenarbeit – nicht mehr durch den »Eisernen Vorhang« geteilt. Die Ostseeuniversität Kiel bekam direkte Konkurrenz durch die Universitäten Rostock und Greifswald,[36] die ebenfalls Netzwerke zu Hochschulen und WissenschaftlerInnen in Skandinavien sowie in den baltischen Staaten etabliert hatten. Die CAU verlor damit ihr Alleinstellungsmerkmal einer nach Norden ausgerichteten deutschen Ostseeuniversität. Die veränderte weltpolitische Lage spiegelt sich auch in den Bezeichnungen des regionalen Schwerpunktes der CAU, denn mit zunehmender Häufigkeit findet sich seit den 1990er Jahren statt der zuvor gängigen Bezeichnung »Skandinavien« der Hinweis auf den Ostseeraum als Schwerpunktregion der Kieler Universität in Image-Broschüren und auch in der Presse. Tatsächlich bildeten sich zu Beginn der 1990er Jahre Kooperationsforen mit unterschiedlichen Partnern innerhalb der Ostseeregion. Und auch im Rahmen der *Kieler Woche* wurden in den 1990er Jahren vermehrt Fragen zum »Ostseeraum« diskutiert: *Perspektiven für den Ostseeraum aus Brüsseler Sicht* (1996), *Osterweiterung der EU – Perspektiven für die Ostseekooperation* (1997) und *Ostseekooperation – Partnerschaft in der Nördlichen Dimension* (1998).[37]

3. Regionale Schwerpunktbildung und öffentliches Image der CAU – zwei Fallbeispiele

Im Folgenden werden zwei Beispiele vorgestellt, an denen die Facetten der Profilbildung und der öffentlichen Wahrnehmung aufgezeigt werden. Konkret werden die Funktionen des Nordens für die Universität herausgearbeitet und zudem die Wechselwirkungen zwischen Universität und außeruniversitärer Öffentlichkeit, der Bevölkerung, der Stadt Kiel oder dem Land Schleswig-Holstein analysiert.

36 Michael Müller-Wille, Rektoratsverbindungen zu den Universitäten Rostock und Greifswald sowie zu Hochschulen der Ostseeanrainerstaaten, in: Christian-Albrechts-Universität zu Kiel. 350 Jahre Wirken in Stadt, Land und Welt, hg. von Oliver Auge, Kiel 2015, S. 973–990.

37 Kieler-Woche-Gespräch: Perspektiven für den Ostseeraum aus Brüsseler Sicht, Schleswig-Holsteinischer Landtag, Kiel, 24. Juni 1996, hg. vom Präsidenten des Schleswig-Holsteinischen Landtages, Kiel 1996; Kieler-Woche-Gespräch: Osterweiterung der EU – Perspektiven für die Ostseekooperation, Schleswig-Holsteinischer Landtag, Kiel, 23. Juni 1997, hg. vom Präsidenten des Schleswig-Holsteinischen Landtages, Kiel 1997; Kieler-Woche-Gespräch: Ostseekooperation – Partnerschaft in der Nördlichen Dimension, Schleswig-Holsteinischer Landtag, Kiel, 22. Juni 1998, hg. vom Präsidenten des Schleswig-Holsteinischen Landtages, Kiel 1998.

3.1. Die Kommission für deutsch-dänische Beziehungen der CAU

Um den besonderen Charakter der Kontaktpflege mit Skandinavien und ganz besonders dem unmittelbaren Nachbarn Dänemark hervorzuheben und dadurch weiter zu festigen, wurde im Zuge des Jubiläumsjahrs 1965 die Einrichtung einer ständigen dänischen Gastprofessur beschlossen, die im Sommersemester 1967 mit dem Kopenhagener Germanisten Louis L. Hammerich erstmals besetzt wurde. Über die jeweilige Besetzung entschied eine eigens eingerichtete »Kommission für deutsch/dänische Beziehungen« und die Fakultäten sollten im Vorfeld Vorschläge einreichen.[38] Innerhalb der Philosophischen Fakultät wurde zudem eine eigene Kommission gebildet, um die Vorschläge besser abzustimmen. Auch die jeweiligen dänischen Gastdozenten konnten Besetzungsvorschläge machen.[39] Anhand des erhaltenen Aktenmaterials zu der Gastprofessur, das sich im Landesarchiv Schleswig-Holstein (LASH) befindet und das mehrere Korrespondenzen und Presseartikel umfasst, kann die Besetzung der Professur vom Sommer 1967 bis zunächst dem Wintersemester 1972/73 nachvollzogen werden. Die Gastdozenten kamen zumeist aus Kopenhagen, waren in dieser Phase allesamt männlich und vertraten die Fächer Germanistik, Kunstgeschichte, Geographie, Theologie, Physik/Chemie, Sprachwissenschaft und Geschichte. Die entsprechenden Institute sollten jeweils ein Büro stellen, weiterhin stand eine Assistenz zur Verfügung, die dem Institut für Allgemeine und Indogermanische Sprachwissenschaft zugeordnet war. Im Sommer 1967, als die Professur erstmals besetzt wurde, befürwortete die Kommission des Rektorats den Vorschlag, »eine ständige Halbtagsschreibkraft« für die Gastprofessur einzustellen, »die im übrigen dem Rektorat zugeordnet wird.«[40]

Über die Aufgabenbereiche der Gastprofessur gibt ein Tätigkeitsbericht des Kopenhagener Geographen Axel Schou vom Sommersemester 1969 Auskunft. In seinem Bericht führt Schou zunächst die Lehrveranstaltungen auf, die neben einer Vorlesung, einem Seminar, einem kartographischen Praktikum und einem Kolloquium auch eine zweiwöchige Exkursion nach Dänemark umfassen.[41] Darüber hinaus fungierte Schou als Ansprechpartner für Studierende, die ihr Geographiestudium in Kopenhagen fortsetzten, oder sich auf die »Geographie

38 Die »Senatskommission für deutsch/dänische Beziehungen« ist erstmals im Vorlesungsverzeichnis der Christian-Albrechts-Universität zu Kiel vom Sommersemester 1968 aufgeführt (S. 22). In den Folgesemestern vereinheitlichte sich die Schreibweise auf »Senatskommission für deutsch-dänische Beziehungen«, weshalb sie hier auch so genannt wird.

39 LASH, Abt. 47, Nr. 4223, Sitzungsprotokoll der Kommission für deutsch/dänische Beziehungen, 28. 6. 1967.

40 Ebd., S. 3.

41 LASH, Abt. 47, Nr. 4223, Bericht bezüglich Wahrnehmung der dänischen Gastprofessur bei der Christian-Albrechts-Universität, Kiel im Sommersemester 1969 von Professor Dr. Axel Schou, Universität Kopenhagen. Hier die weiteren Ausführungen.

der nordischen Länder« spezialisiert hatten. Weiter hatte er an einer »von der Kommission für die Gastprofessur arrangierten Sitzung mit Diskussionen über aktuelle Hochschulprobleme« teilgenommen, was vermuten lässt, dass die CAU an einer langfristig ausgerichteten Gremienarbeit mit ausländischen Hochschulen interessiert war. Schou war zudem zur *Kieler Woche* eingeladen worden, und dies offensichtlich zu unterschiedlichen Veranstaltungen, wie er vermerkt: »Die vielen Zusammenkünfte gaben Gelegenheit zu Kontaktmöglichkeiten vieler Art«. Zuletzt hatte Schou am 37. Deutschen Geographentag teilgenommen und auch diesen zu aktiver Netzwerkpflege genutzt. Sein Tätigkeitsbericht zeugt davon, dass die Gastprofessoren zwar innerhalb ihres Kieler Semesters vor allem in der Lehre tätig waren, weshalb sie auch immer die deutsche Sprache beherrschen sollten, dass sie aber, und dies ist für die weiteren Ausführungen relevant, zudem als Mittler ihres Landes wirkten und außerhalb der CAU ihre jeweilige Alma Mater und ihren Fachbereich vertraten.

Die regionale Presse, namentlich die *Kieler Nachrichten* stellten die einzelnen dänischen Gäste in Kurzportraits vor. Im Falle von Schous Vorgänger, dem Kunsthistoriker Otto Norn, der im Winter 1967/68 nach Kiel kam, hob der Presseartikel besonders das individuelle Interesse Norns an einem Aufenthalt in Kiel hervor, der »den Wechselbeziehungen [nachspüren wollte], die Dänemark mit Schleswig-Holstein über Jahrhunderte so eng verbinden.«[42] Abschließend wurde Norn mit den Worten zitiert: »Das Gespräch über Grenzen hinweg darf auf keinen Fall mehr abreißen!« Nachdem der Germanist Helge Hultberg zugesagt hatte, die Professur im Wintersemester 1971/72 zu übernehmen, zitierten die *Kieler Nachrichten* den Staatssekretär Reinhold Borzikowsky mit den Worten: »›Ich sehe in der Gastprofessur von Professor Hultberg einen weiteren Beweis für unsere intensiven Bemühungen, die wissenschaftlichen Kontakte zwischen Dänemark und Deutschland zu vertiefen.‹«[43] Über die Zeitungsartikel wurden die Gastprofessoren als aktive Kulturvermittler im deutsch-dänischen Austausch präsentiert, und tatsächlich stärkten die Gäste durch ihren Aufenthalt die oft betonten historisch gewachsenen Verbindungen.

Auch über die Hintergründe der Gastprofessur konnte die interessierte Leserschaft Informationen erhalten, etwa in einem kleinen Artikel vom 17. April 1969:

> »Die Errichtung einer Gastprofessur für skandinavische Gelehrte an der Kieler Universität durch die Landesregierung ist das erste Ergebnis der gemeinsamen Bemühungen einer deutsch-dänischen Universitäts-Kontaktkommission. Wie die Presse-

42 LASH, Abt. 47, Nr. 4223, Zeitungsausschnitt aus den Kieler Nachrichten (22.11.1967).
43 LASH, Abt. 47, Nr. 4223, Zeitungsausschnitt aus den Kieler Nachrichten (10.8.1971).

stelle der Christiana Albertina mitteilt, wurde die Kommission im Jahr 1966 von der Kieler Universität und dänischen Universitäten gebildet.«[44]

Die Öffentlichkeit hatte also grundsätzlich Kenntnis von den unterschiedlichen Gremien, die für die deutsch-dänischen Universitätsverbindungen zuständig waren. Aus derzeit anhand des vorliegenden Materials noch nicht weiter nachvollziehbaren Gründen wurde die deutsch-dänische Kommission der CAU im Juni 1971 durch den damaligen Rektor Gerhard Geisler aufgelöst und einer größeren Kommission einverleibt. Die formale Angelegenheit rief breite öffentliche Entrüstung hervor. Wenn man bedenkt, dass es sich bei Themen wie der dänischen Gastprofessur um Nischenthemen handelt, über die zwar in der Presse berichtet wurde, die aber nie die Titelseiten bestimmten, sind die Wellen, die die Auflösung beziehungsweise Umwandlung dieser Kommission schlug, doch erstaunlich, zumal die Universität augenscheinlich auf die öffentliche Meinung reagierte und die Kommission schließlich wieder einsetzte.[45]

Am 25. Juni 1971 druckten die *Kieler Nachrichten* ein ausführliches Interview mit Geisler unter der Überschrift »Deutsch-dänische Kommission aufgelöst.«[46] Das als »eigener Bericht« gekennzeichnete und von Gerhard Knuth unterzeichnete Interview sollte die Öffentlichkeit darüber informieren, was »bereits in der Mai-Sitzung des Senats« vorgefallen war, nämlich über den Beschluss zur Auflösung der Senatskommission der Universität Kiel für deutsch-dänische Beziehungen. Die Auflösung habe, so der Artikel, »besonders in den Kreisen der Universität Befremden ausgelöst, die sich seit Jahren um Verständigung und gutnachbarliche Beziehungen zu Dänemark und seinen Universitäten eingesetzt haben.«

Rektor Geisler sah laut *Kieler Nachrichten* die Auflösung »lediglich als eine inneruniversitäre Angelegenheit zur besseren Organisation und Straffung des akademischen Kommissionswesen«, anders hingegen Gerhard Knuth, der ein provokantes Interview führte und immer wieder auf die politische und symbolische Tragweite der Entscheidung einging:

44 LASH, Abt. 47, Nr. 4223, Zeitungsausschnitt aus den Kieler Nachrichten (17.4.1969). Weiter heißt es in dem Artikel: »Die Kommission habe weiter beschlossen, im Juli dieses Jahres ein Symposion über Probleme der Hochschulreform in beiden Ländern zu veranstalten. Eine weitere Tagung über wirtschaftliche und politische Fragen werde vorbereitet.« Siehe ferner ebd., Zeitungsausschnitt aus den Kieler Nachrichten (4.7.1969).

45 Die Senatskommission wird in allen Vorlesungsverzeichnissen vom Sommersemester 1968 bis zum Sommersemester 1971 genannt. Im Vorlesungsverzeichnis des Wintersemesters 1971/72 steht dann erstmals und anstelle dieser die »Kommission für Auslandsbeziehungen« (S. 21). Ab dem Sommersemester 1972 werden beide Kommissionen aufgeführt.

46 LASH, Abt. 47, Nr. 4223, Zeitungsausschnitt aus den Kieler Nachrichten (25.6.1971). Dort finden sich auch die folgenden Zitate.

»Kiel als Landeshauptstadt und insbesondere die schleswig-holsteinische Landesregierung haben eine erfolgreiche Politik betrieben, um zu einer Verständigung und zur Herstellung guter Beziehungen zu den skandinavischen Ländern, vor allem zu unserem dänischen Nachbarn zu kommen. Steht der Beschluß, die deutsch-dänische Kommission aufzulösen, nicht in einem krassen Gegensatz zu diesen Bemühungen?«

Geißler verneinte und verwies mehrfach auf die Aufgaben der neuen Kommission, die »ausdrücklich die skandinavischen Länder als ein besonderes Aufgabengebiet« vorsähen. Keine seiner Antworten konnte aber den Journalisten zufriedenstellen, der eine letzte Frage nachsetzte und den universitären Beschluss dadurch in einen politischen Kontext stellte:

»Müssen Sie nicht befürchten, daß Ihr Beschluß das Verhältnis nicht nur zu den dänischen Universitäten, sondern zu ganz Dänemark trübt, das heißt, wird die öffentliche Meinungen in Dänemark nicht eine Störung des Verhältnisses durch die Auflösung der Senatskommission sehen?«

Geisler konterte, und mit seinen Worten schließt auch das abgedruckte Interview:

»Nein, weil wegen der besonderen Bedeutung der deutsch-dänischen Beziehungen sich der Hohe Senat der Kieler Universität ihrer Pflege besonders annehmen wird und die Senatskommission für Auslandsbeziehungen in diesem Bereich verstärkt tätig wird, wobei die bisherige deutsch-dänische Kommission im Rahmen der Gesamtkommission für Auslandsbeziehungen weiterhin arbeiten wird.«

In derselben Ausgabe der *Kieler Nachrichten* war zudem ein Kommentar von Knuth zu lesen, in der er den Senatsbeschluss als »Treppenwitz« bezeichnete.[47] Mit Verweis auf die erst im Oktober 1970 erfolgte bundesweit erste Gründung einer Deutsch-Dänischen Gesellschaft e.V. (DDG), einem bis heute bestehenden Kulturverein, im Kieler Schloss, nannte er die Auflösung der universitären Kommission eine »ebenso fragwürdige wie naive Initiative« und im Verlauf eine »politische Fehlleistung«. Eine in einer größeren Kommission aufgelöste deutsch-dänische Kommission könne seiner Meinung nach nicht mehr ihre »sehr speziellen Aufgaben [...] zur Pflege der Verständigung« in der Völkerfreundschaft erfüllen. Deutlich Position beziehend schließt der Kommentar mit den Worten:

»Wer keinen Sinn für politischen Takt aufbringen kann, sollte die Finger von der Politik lassen, besonders dann, wenn er meint, daß die Auflösung einer deutsch-dänischen Senatskommission und ihre Einbettung in eine andere Organisationsform nichts mit Politik zu tun habe.«

47 LASH, Abt. 47, Nr. 4223, Zeitungsausschnitt aus den Kieler Nachrichten (25.6.1971), Kommentar. Dort finden sich auch die folgenden Zitate. Zur Gründung der DDG siehe LASH, Abt. 422.14, Nr. 13.

Nur wenige Tage später, am 8. Juli 1971 vermeldeten die *Kieler Nachrichten:* »Kieler Universitätssenat setzt aufgelöste Kommission wieder ein.«[48] Offensichtlich hatte das Konsistorium dem Senatsbeschluss widersprochen und die Auflösung der Kommission für deutsch-dänische Beziehungen rückgängig gemacht. In dem Artikel heißt es weiter:

> »Wie berichtet hatte die vom Rektor angeregte Kommissionsauflösung heftige Kritik ausgelöst. [Vertreter aus der Landespolitik und den Medien] hielten den Entschluß für politisch unklug. Geisler hatte seinen Schritt mit dem Bemühen um Vereinfachung in der akademischen Selbstverwaltung begründet. Dieses Argument wurde von den Kritikern auf dem Hintergrund der besonderen Bedeutung der deutsch-dänischen Beziehungen nicht anerkannt.«

Mit Blick auf einen letzten Artikel in diesem Zusammenhang, in dem am 13. Juli 1971 noch einmal der gesamte Fall zusammengefasst wurde, soll die Sendkraft der universitären Entscheidungen verdeutlicht werden, sobald sie Themen betreffen, die das in der Öffentlichkeit wahrgenommene Profil der CAU betrafen. Unter der Überschrift »Kommission baute historisch bedingte Zurückhaltung ab. Ständige dänische Gastprofessur in Kiel verbessert das ›Klima‹« erläuterte der Artikel noch einmal die Geschehnisse und zitierte den Mediziner Wolfgang Bargmann:

> »In den Jahren seit 1967 ist es der Universität Kiel gelungen[,] gewisse historisch bedingte Reserven dänischer Hochschulen gegenüber der Christiana Albertina abzubauen. Einen maßgeblichen Anteil daran hatte die Senatskommission für deutsch-dänische Beziehungen.«

Nachdem noch einmal die »Differenzen« um die Kommission zusammengefasst wurden, finden sich zu den Gründen der Wiedereinsetzung folgende Informationen:

> »Im höchsten akademischen Selbstverwaltungsgremium, dem Konsistorium, hatte sich jedoch die Ansicht durchgesetzt, daß auf den politischen Hintergrund der deutsch-dänischen Beziehungen diese besondere Kommission bestehen bleiben soll.«

Es folgt eine Rückschau zur Entstehung der Kommission:

> »Die spezielle Rolle der Kommission wird alleine aus ihrer Gründungsgeschichte deutlich. Als Jubiläumsrektor hatte Professor Bargmann während der 300-Jahr-Feier der Universität Kiel die Initiative zur Einrichtung des Gremiums ergriffen und war an den Rektor der Universität Kopenhagen herangetreten. Dieser stimmte dem Plan zu und bildete zusammen mit der Universität Aarhus eine Kontaktkommission in Kopenhagen.«

48 LASH, Abt. 47, Nr. 4223, Zeitungsausschnitt aus den Kieler Nachrichten (25.6.1971). Dort finden sich auch die folgenden Zitate.

Der Artikel gibt zudem weitere Informationen zur dänischen Gastprofessur. Innerhalb der Berichterstattung finden sich die schon mehrfach angeklungenen Motive der historischen Verbundenheit und der geographischen Nähe. Zudem wurde, wie schon zuvor, auf die Besonderheit der deutsch-dänischen Beziehungen und letztlich der Verantwortung der CAU zu diesen hingewiesen. Die Hinwendung der CAU nach Dänemark und Skandinavien wurde in der Öffentlichkeit als so relevant erachtet, dass eine vermeintlich interne Entscheidung als (symbol-)politischer Akt interpretiert wurde, zu dem öffentlich Stellung genommen werden konnte und musste. Innerhalb nur weniger Tage trug – höchst wahrscheinlich in Verbindung mit hitzigen internen Diskussionen – die öffentliche Debatte um die Relevanz der Dänemarkkontakte zu einer Rücknahme des Senatsbeschlusses beziehungsweise seiner Korrektur durch das Konsistorium bei. Im nachfolgenden Pressebericht konnte dann wieder das stimmige Profil einer Universität skizziert werden, die sich, wie offensichtlich ganz Kiel und Schleswig-Holstein, insbesondere der deutsch-dänischen Kontaktpflege verschrieben hatte.

3.2. Die Funktion des Zentrums für Nordische Studien für das Image der CAU

Am Beispiel des ZNS zeigen sich strukturelle Probleme und Ambivalenzen innerhalb der CAU hinsichtlich des grundsätzlichen Herausstellens des »Norden-Schwerpunkts«. In einer kleinen Infobroschüre, die im Wintersemester 1986/87 von der Presse- und Informationsstelle der CAU herausgegeben wurde, werden sowohl das ZNS als auch das Deutsch-Norwegische Studienzentrum erwähnt. Als weiteres Zentrum mit regionalem Schwerpunkt findet sich zudem das Zentrum für Asiatische und Afrikanische Studien (ZAAS), weiter wird das Zentrum für Mehrsprachigkeit und Sprachkontakt (ZMS) genannt. Konkret heißt es in der Broschüre über das Zentrum für Nordische Studien:

> »Das ZNS markiert zugleich einen besonderen Schwerpunkt der *internationalen wissenschaftlichen Zusammenarbeit.* Neben weltweiten Beziehungen pflegt die Universität insbesondere die geographisch bedingten und historisch gewachsenen Kontakte zu den Universitäten in den Ländern Skandinaviens. [...] Hier hat sich in den letzten Jahren die wissenschaftliche Zusammenarbeit mit Universitäten und Forschungsreinrichtungen in Norwegen auf dem Gebiet der Meeresforschung, der (marinen) Geowissenschaften und der Wirtschaftswissenschaften besonders erfolgreich entwickelt. Das im Februar 1986 gegründete Deutsch-Norwegische Studienzentrum (DNSZ) an der Universität Kiel macht diese Partnerschaft auch augenfällig sichtbar.«[49]

49 Christian-Albrechts-Universität zu Kiel, hg. vom Präsidium der Universität Kiel, Presse- und Informationsstelle, WS 1986/87. Hervorhebung im Original. Dort findet sich auch das Folgezitat.

Die Broschüre informiert in knapper Form über die Geschichte und fachliche Aufstellung der CAU, dabei werden aber die auf Skandinavien spezialisierten Zentren in doppelter Form herausgestellt. Innerhalb des ZNS wurde diese Sonderrolle, die die Uni dem Zentrum für ihre Öffentlichkeitsarbeit zumaß, durchaus kritisch gesehen, da das Zentrum über kaum finanzielle und personelle Ressourcen verfügte und seitens des Präsidiums kaum Unterstützung erfuhr. Ein Briefwechsel zwischen dem Leiter des ZNS, dem Historiker Hain Rebas, und dem Präsidenten der CAU, Jost Delbrück, bezeugt die Ambivalenz in der Rolle des ZNS für die universitäre Außendarstellung.

Über einen Artikel in den *Kieler Nachrichten*, dessen Inhalt sich im Nachhinein als falsch herausstellte,[50] hatte Rebas von den vermeintlichen Plänen des Goethe-Instituts erfahren, »in Kiel eine Art Forschungsstelle zur kulturellen Kontaktpflege mit Skandinavien zu errichten.«[51] Der Zeitungsartikel vom 26. November 1986 hatte unter der Überschrift »Goethe-Institut eröffnet in Kiel. Forschungszentrum bietet Chance für 18 arbeitslose Lehrer – ›Musterbuch‹ für Skandinavier« über eine als Arbeitsbeschaffungsmaßnahme gedachte Zweigstelle des Goethe-Instituts in Kiel berichtet, durch dessen Spezialisierung Kiel »stärker noch als bisher in die angestrebte Brückenfunktion nach Skandinavien« rücken würde.[52] Innerhalb des ZNS war bis zum Erscheinen des Zeitungsartikels augenscheinlich nichts von dem vermeintlichen Vorhaben bekannt gewesen und Rebas äußerte nun seinen Unmut gegenüber dem Präsidium. Er fragte zunächst, ob

> »die CAU von dem genannten Projekt wußte, bzw. ob ihre verantwortlichen Stellen nicht die Gefahr sehen, daß durch dieses publizitätsträchtige Projekt die vielfältigen kulturellen und wissenschaftlichen Kontakte, die die Angehörigen, bzw. Institute der CAU im Laufe der Jahre zu Skandinavien aufbauen konnten und die zu vertiefen sich das ZNS seit zwei Jahren bemüht, in den Hintergrund gedrängt werden könnten?«[53]

Er benannte zum einen klar die auch durch die Pressestelle der Universität in die Öffentlichkeit transportierte regionale Schwerpunktsetzung der CAU und betonte dabei die Rolle des ZNS. Vor allem konnte er nicht verstehen, weshalb die

50 Siehe dazu ausführlich Zentrum für Nordische Studien, Protokoll Nr. 11, 6.4.1987, S. 2: »Eine Zeitungsnotiz in den K[ieler] N[achrichten] führte zu der mißverstandenen Auffassung, das Goethe-Institut wolle in Kiel eine Filiale einrichten, sie sich an der CAU vorbei mit Skandinavien beschäftigen solle. Bei einem Besuch der Herren Friedland und Rebas der hiesigen Geschäftsstelle konnte das Mißverständnis aufgelöst und die Zeitungsnotiz als inkompetent bewertet werden. Die tatsächlich vorgesehene Filiale hat nur marginal mit Skandinavien zu tun.« Diese und auch alle im Folgenden angeführten Unterlagen des ZNS sind nicht archiviert und wurden der Verfasserin zur Verfügung gestellt.

51 Zentrum für Nordische Studien, Rebas an Delbrück, 1.12.1986.

52 Ebd., Zeitungsausschnitt aus den Kieler Nachrichten (26.11.1986).

53 Zentrum für Nordische Studien, Rebas an Delbrück, 1.12.1986. Dort finden sich auch die folgenden Zitate.

für die Skandinavienkontakte relevanten Institute, und besonders das Nordische Institut und das ZNS, nicht über das Projekt informiert worden seien. Rebas setzte die Kenntnis des Präsidiums über die dem Presseartikel vorangegangenen Entwicklungen voraus und formulierte weiter:

> »Auch in dem Fall, daß die Dinge sich anders entwickelt haben, meine ich, daß von seiten der Universität in noch stärkerem Maß als bisher der Öffentlichkeit und entsprechenden kulturellen Einrichtungen bekanntgemacht werden sollte, daß die CAU mit ihren zuständigen Einrichtungen der traditionelle Ort der deutschen Nordeuropaforschung und Pflege des kulturellen Austausches mit Skandinavien ist.«

Deutlich kritisierte Rebas die Kommunikation innerhalb der Universität und die aus seiner Sicht unzureichende Informationsweitergabe sowohl nach innen als auch nach außen. Das Präsidium müsse, so der Tenor seines Schreibens, klarer und deutlicher zum (seiner Meinung nach) etablierten nordischen Profil der Hochschule Stellung beziehen und dieses gegenüber anderen Einrichtungen behaupten. Der Zorn des Historikers wurde zudem dadurch verstärkt, dass hier augenscheinlich bereits »der zweite Fall binnen zweier Monate« vorlag, in der er und seine Kollegen »erst durch eine Zeitungsnachricht von Vorgängen erfuhren, die unsere kulturellen und wissenschaftlichen Bemühungen um eine Brückenfunktion nach Skandinavien berühren.«[54] Rebas fasst seinen Unmut über die aus der Presse erhaltenen Informationen und die fehlende interne Kommunikation abschließend zusammen:

> »Zugespitzt sehe ich die Sache so: Entweder setzt sich unser Präsidium mit Kraft, d. h. hier v. a. Ressourcen, gemäß Landeshochschulgesetz für die obengenannte Brückenfunktion ein, oder wir werden weiterhin als eine Art ›abgehobener‹ Elfenbeinturm betrachtet, dessen Ambitionen seitens der universitätsamtlichen Stellen nicht sehr ernst genommen werden.«

Des Weiteren forderte er finanzielle Mittel und Stellen für das ZNS, das ansonsten langfristig seine Arbeit einstellen müsste, was »doch angesichts der überaus positiven Resonanz, die die bisherige Arbeit des ZNS bei skandinavischen und deutschen Forschungsreinrichtungen gefunden hat, äußerst befremdend wirken« würde. Er bittet schließlich um »volle und breite Unterstützung in allen Belangen [...], d. h. Wahrnehmung und Förderung der Interessen des ZNS, die ja auch die Interessen« der Universität seien.

Welche Aussagen lassen sich anhand dieses hier so ausführlich zitierten Schreibens für die Profilbildung und Öffentlichkeitsarbeit der CAU Kiel treffen?

54 Er verweist an dieser Stelle auf einen Bericht der *Frankfurter Allgemeinen Zeitung* über eine Schenkung von Dissertationen der Universität Oslo an die Katholische Universität Eichstätt. Mit Blick auf die traditionsreichen Verbindungen der Kieler Universitätsbibliothek und die Abkommen zwischen den Universitäten Kiel und Oslo äußert er sich fassungslos darüber, »wie unsere Universität es akzeptieren kann, in diesem Maße nonchaliert zu werden.«

Auch wenn lediglich ein exemplarisches Schlaglicht auf Praktiken von Öffentlichkeitsarbeit und regionaler Schwerpunktsetzung geworfen wird, lassen sich einige Aussagen aus dem Schreiben und den damit verbundenen Begebenheiten schließen. Über die Pressestelle der Universität wurde zum Wintersemester 1986/87 die Internationalität der CAU und dabei konkret die »Kontakte zu den Universitäten in den Ländern Skandinaviens« mithilfe einer Broschüre betont.[55] Diese diente der Öffentlichkeitsarbeit, ist mit dem Siegel und einem Foto von Verwaltungsgebäude und Audimax der CAU versehen und sollte offensichtlich neuen Studierenden, vermutlich aber auch Pressevertretern ein schnelles und prägnantes Bild der gegenwärtigen Funktion und den Aufgaben der Universität vermitteln. Auf den institutionellen Sondercharakter der Universität eingehend heißt es unter anderem: »Die Christian-Albrechts-Universität ist keine weltferne Gelehrten-Republik, sondern sie erfüllt ihre Aufgabe bewußt im vielfältigen *Dienst für den Staat und seine Bürger.*«[56] Damit wird das Ziel der Broschüre klar, über die Aufgaben und Schwerpunkte der Universität öffentlich zu informieren und zu diesem Zweck sind nach der Vorstellung der wissenschaftlichen Kernthemen auch diejenigen Angebote der CAU hervorgehoben, die sich an die außeruniversitäre Öffentlichkeit richten und die dadurch die gesellschaftliche Relevanz der Hochschule betonen. Das ZNS wird zudem recht ausführlich und explizit in Verbindung mit dem »besonderen Schwerpunkt« der internationalen Kontakte erwähnt.

Zeitnah berichteten die *Kieler Nachrichten* im Jahr 1986 über die Pläne des Goethe-Instituts, in Kiel eine Zweigstelle zu eröffnen und dadurch Kiel als »Brücke zum Norden« zu stärken. Über den bestehenden Schwerpunkt der CAU oder das ZNS finden sich in dem Artikel keinerlei Informationen. Offensichtlich hatte es im Vorfeld keine Abstimmung mit der CAU gegeben: Entweder hatte das Präsidium keine Kenntnis über die Vorgänge – was von einer mangelhaften Kommunikation im öffentlichen Raum zeugt – oder die betreffenden Institute wurden trotz Kenntnis nicht informiert – was für mangelhafte Kommunikation innerhalb der Universität spricht. Die Kritik, die Rebas in seiner Funktion als Direktor des ZNS äußerte, wird verständlicher, wenn die Kommunikationsschwierigkeiten vor dem Hintergrund des Landeshochschulgesetzes von Schleswig-Holstein gesehen werden.

In der zweiten Hälfte der 1960er Jahre befasste man sich an der CAU wie auch im Land mit den Themen Hochschulverfassung und Hochschulgesetz. Die SPD-Fraktion reichte im Sommer 1967 einen Entwurf für ein landesweites Hoch-

55 Informationsfaltblatt der Christian-Albrechts-Universität zu Kiel vom Wintersemester 1986/87, hg. vom Präsidium der Universität Kiel, Presse- und Informationsstelle.

56 Ebd. (Hervorhebung im Original).

schulgesetz ein.[57] Es folgte ein Entwurf der FDP-Fraktion im Sommer 1968.[58] Über beide Entwürfe wurde jeweils lebhaft im Landtag diskutiert,[59] parallel dazu verabschiedete die CAU eine erste Verfassung. In den eingebrachten Entwürfen für das Landeshochschulgesetz finden sich keinerlei regionale Bezüge oder Hinweise auf die Geschichte der Universität. Dies entspricht durchaus dem üblichen Stil, wie in einer späteren Zusammenschau von Landeshochschulgesetzen in der Bundesrepublik deutlich wird.[60]

In den Leitsätzen für ein Hochschulgesetz, das die CAU im Jahr 1969 herausgab, bleiben viele Formulierungen vage, um den grundsätzlichen Standpunkt der Freiheit von Forschung und Lehre zu festigen.[61] Einleitend werden die Hochschulaufgaben festgelegt, die die Bereiche »Allgemeines«, »Aufgaben der wissenschaftlichen Hochschule«, »Aufgaben der Mitglieder der Hochschule« und »Grundsätze der Selbstverwaltung« umfassen. Auch hier findet sich kein Hinweis auf internationale Zusammenarbeit oder gar ein regionaler Schwerpunkt.

Im Vorentwurf für ein Landeshochschulgesetz aus dem Jahr 1972 findet sich dann im ersten Abschnitt »Aufgaben der Hochschulen«, Paragraph 2 »Allgemeine Aufgaben« im dritten Absatz die folgende Formulierung:

> »Die Hochschulen fördern die internationale, insbesondere die europäische Zusammenarbeit im Hochschulbereich und den Austausch zwischen deutschen und ausländischen Hochschulen; dies gilt vor allem für die Beziehung zu den skandinavischen Ländern.«[62]

57 Schleswig-Holsteinischer Landtag, 6. Wahlperiode 1967, Drucksacke Nr. 29: SPD-Fraktion, Entwurf eines Gesetzes über die wissenschaftlichen Hochschulen des Landes Schleswig-Holstein (Hochschulgesetz).

58 Schleswig-Holsteinischer Landtag, 6. Wahlperiode 1967, Drucksacke Nr. 368: FDP-Fraktion, Entwurf eines Gesetzes über die wissenschaftlichen Hochschulen des Landes Schleswig-Holstein (Hochschulgesetz).

59 Schleswig-Holsteinischer Landtag, 6. Wahlperiode 1967, Stenographischer Bericht über die 3. Tagung, 5. Sitzung am Dienstag, 11.7.1967, Kiel: Erste Lesung des von der SPD-Fraktion eingebrachten Entwurfs »Gesetz über die wissenschaftlichen Hochschulen des Landes Schleswig-Holstein« (Drucksacke Nr. 29); Schleswig-Holsteinischer Landtag, 6. Wahlperiode 1967, Stenographischer Bericht über die 12. Tagung, 25. Sitzung am Dienstag, 9.7.1968, Kiel: Erste Lesung des von der FDP-Fraktion eingebrachten Entwurfs »Gesetz über die wissenschaftlichen Hochschulen des Landes Schleswig-Holstein« (Drucksacke Nr. 368).

60 Zusammenstellung bisher vorliegender Hochschulgesetze und Regierungsentwürfe. Stand: 1.11.1971. Hg. vom Kultusminister des Landes Schleswig-Holstein, [Kiel 1972]. Zum Zeitpunkt der Drucklegung lagen die Landeshochschulgesetze von Baden-Württemberg, Bayern, Berlin, Hamburg, Hessen, Niedersachsen, Nordrhein-Westfalen, Rheinland-Pfalz, Saarland und Schleswig-Holstein vor.

61 Leitsätze für ein Hochschulgesetz des Landes Schleswig-Holstein, hg. von der Christian-Albrechts-Universität Kiel, Kiel 1969.

62 Vorentwurf. Gesetz über die Hochschulen im Lande Schleswig-Holstein, hg. vom Kultusminister des Landes Schleswig-Holstein, Kiel 1972, S. 10.

Die Benennung internationaler Zusammenarbeit als Aufgabe der Hochschulen wurde im Entwurf eines Hochschulrahmengesetzes des Bundes vorgeschlagen, wo es im dritten Absatz des zweiten Paragraphen heißt: »Die Hochschulen fördern die internationale wissenschaftliche und künstlerische Zusammenarbeit und den Austausch zwischen deutschen und ausländischen Hochschulen.«[63] Zu diesem Zeitpunkt hatte kein Landeshochschulgesetz der Bundesrepublik internationale Kontakte als Aufgabenbereich aufgezählt, von regionalen Besonderheiten ganz zu Schweigen. In Schleswig-Holstein orientierte sich das Kultusministerium offensichtlich an den Vorschlägen des Bundes und nahm den Internationalisierungsaspekt mit auf. Die im Vergleich zu den vorherigen Landeshochschulgesetzen markante Ergänzung wurde gegenüber der Öffentlichkeit nicht kommuniziert, im Rahmen der Landespressekonferenz vom 15. Juni 1972 ging es um wesentlichere Reformbestrebungen der Hochschulen im Land und weniger um regionale Besonderheiten.[64]

Im Mai 1973 fand die konkrete Benennung von »Beziehungen zu skandinavischen Hochschulen«[65] Einzug in das Landeshochschulgesetz Schleswig-Holsteins. Im vorangegangenen Entwurf war noch von Ländern anstelle von Hochschulen die Rede gewesen, dies wurde in der gültigen Fassung jedoch geändert. Auch in den Folgejahren tauchte der nun gesetzlich benannte geographische Schwerpunkt der CAU auf. In der Gesetzesfassung vom 1. März 1979 findet sich in dem ansonsten wortgleich gebliebenen Passus die Ergänzung um die »besonderen Bedürfnisse ausländischer Studenten.«[66] Knapp zehn Jahre später ist der Absatz ebenfalls unverändert enthalten.[67] Die nächste Änderung erfolgte erst im Februar 1990, als der Skandinavien-Schwerpunkt innerhalb des ersten Abschnittes um einen Absatz nach hinten rutschte. Wo bisher immer im dritten Absatz des zweiten Paragraphen darauf verwiesen wurde, dass die internationale Zusammenarbeit »vor allem für die Beziehungen zu den skandinavischen Hochschulen« gelte, wird dies nun im vierten Absatz thematisiert. Zudem wurde die Formulierung der Berücksichtigung der »besonderen Bedürfnisse ausländischer Studenten« um den Zusatz »und Studentinnen« erwei-

63 Zusammenstellung bisher vorliegender Hochschulgesetze, S. 1.

64 Walter Braun, Darstellung des Vorentwurfs für ein Schleswig-Holsteinisches Hochschulgesetz auf der Landespressekonferenz am 15. Juni 1972, [Kiel 1972].

65 Gesetz- und Verordnungsblatt für Schleswig-Holstein 10 (1973), Gesetz über die Hochschulen im Lande Schleswig-Holstein vom 2. Mai 1973, S. 155.

66 Hochschulgesetz [des Landes Schleswig-Holstein] in der Fassung vom 1.3.1979, hg. durch den Kultusminister des Landes, [Kiel 1979], S. 12.

67 Hochschulgesetz in der ab 1. Mai 1987 geltenden Fassung (Schriftenreihe der Landesregierung Schleswig-Holstein), hg. vom Kultusminister des Landes Schleswig-Holstein, Kiel 1987, S. 12.

tert.[68] Insgesamt finden sich in der Fassung des Jahres 1990 neun Absätze zu allgemeinen Aufgaben, wo bisher nur acht (1987 und 1979) und zuvor sieben (1973) benannt waren. Das Hochschulgesetz wurde demnach mit der Zeit komplexer und ausdifferenzierter. Dennoch blieb seit der ersten Erwähnung im Jahr 1973 der Hinweis auf Skandinavien der einzige geographische Schwerpunkt der CAU, wenngleich er innerhalb des Gesetzes kein einziges Mal weiter erläutert wird.[69]

Auch wenn der Skandinavien-Schwerpunkt spätestens seit den 1970er Jahren gesetzlich verankert war und die CAU in Imagebroschüren ausdrücklich mit dieser regionalen Besonderheit warb, gelang es offenbar nicht, diesen Schwerpunkt grundsätzlich mit einem eigenen Haushalt auszustatten. Innerhalb der Universität stelle das ZNS laut Rebas einen »abgehobenen Elfenbeinturm« dar, über dessen eigentliche Ziele »seitens des Präsidiums noch wesentliche Unkenntnis«[70] herrschte.

4. Regionale Schwerpunktsetzung und öffentliches Image der CAU von 1945 bis 2000

Auch wenn klar ist, dass die Kieler Universität heute zu praktisch jedem Land der Welt Kontakte pflegt, so findet sich in der Summe keine Region, die in der jüngeren Universitätsgeschichte so präsent ist wie Skandinavien und der Ostseeraum. Wie eine selbsterfüllende Prophezeiung greifen dabei konkrete wissenschaftliche Schwerpunkte ineinander, wobei auf eine historische Tradition oder eine Pflicht verwiesen wird, die durch die geographische Lage begründet sei. Durch die Wiederholung relativ ähnlicher Argumentationsmuster wurde so in der Öffentlichkeit ein Image kreiert, wonach die Universität »natürlich« starke Verbindungen nach Norden pflegt. In dieser knappen und mit zwei Fallbeispielen ausgeschmückten Projektskizze wurde am Beispiel der Kieler Universität die Entstehung eines regionalen Schwerpunkts innerhalb der internationalen Kontaktpflege einer westdeutschen Hochschule nach dem Zweiten Weltkrieg nachgezeichnet. Vor dem Hintergrund der Bildung, Stärkung und Institutionalisierung dieses regionalen Schwerpunkts auf unterschiedlichen universitären Ebenen ging es weiter um die öffentliche Sichtbarmachung des dadurch entstandenen Profils, was durchaus mit Konflikten einherging, wenn weitere Ak-

68 Hochschulgesetz in der ab 28. Februar 1990 geltenden Fassung, hg. von der Ministerin für Bildung, Wissenschaft, Jugend und Kultur des Landes Schleswig-Holstein, Lübeck 1990, S. 13.

69 Das derzeitige schleswig-holsteinische Landeshochschulgesetz nennt keinen gesonderten regionalen oder internationalen Schwerpunkt.

70 Zentrum für Nordische Studien, Protokoll Nr. 11, 6.4.1987, S. 2.

teure außerhalb der Universität wie etwa Medien oder politische Institutionen einbezogen wurden.

Diana Morgenroth

Technisches Studium und Industrie – Industrielle Einflussnahme auf das Studium der Elektrotechnik an den Technischen Hochschulen in der Bundesrepublik

Abstract

This article focuses on the tensions between the electrical engineering professors at technical universities and the electrical industry, and illustrates how both actors were involved in the study of electrical engineering. It addresses the question of whether and to what extent the electrical industry was able to influence the subjects and their scope in the period from 1945 to 1960. This article showcases the industrial influence, based on the views and requirements of both actors on the educational task of the technical universities. In particular, the significance of the basic and advanced studies for the education of electrical engineers and the role of the practical components are examined.

Die Technischen Hochschulen gelten als Stätten der Forschung und Lehre und dienen folglich der Berufsausbildung. Für die Technikwissenschaften ergibt sich für diese Funktionen ein Spannungsverhältnis: Auf der einen Seite stehen die akademischen Ausbildungsziele und auf der anderen Seite die Bedürfnisse der Industrie und Gesellschaft. Daher werden die Aufgaben und die Funktionen der Technischen Hochschulen und der Hochschullehrenden nicht nur im universitären Raum festgelegt, sondern auch von den gesellschaftlichen Akteuren, wie der Industrie, mitbestimmt.[1]

Nach dem Zweiten Weltkrieg waren Ingenieure im Allgemeinen und Elektroingenieure im Speziellen von enormer wirtschaftlicher Bedeutung für den Aufbau einer demokratischen und modernen Gesellschaft. Deswegen tauschten sich beide Akteure, die Professorenschaft der Technischen Hochschulen und die Industrie, nach der Wiederinstandsetzung der Hochschulausbildung und Forschung in den Nachkriegsjahren über das Studium der Elektrotechnik in der Bundesrepublik Deutschland (BRD) aus. An diesem Austausch beteiligten sich Rektoren und Professoren der Technischen Hochschulen auf der einen Seite und

1 In der Bundesrepublik Deutschland konnte Elektrotechnik nach dem Zweiten Weltkrieg an den Technischen Hochschulen in Aachen, Braunschweig, Darmstadt, Hannover, Karlsruhe und München studiert werden. Zudem bestand diese Studienmöglichkeit an der Technischen Universität Berlin. Die Verwendung des Begriffs Technische Hochschulen schließt sowohl die Technischen Hochschulen als auch die Technische Universität Berlin ein.

die Elektroindustrie auf der anderen Seite. Aus industrieller Perspektive äußerten vor allem der *Verband Deutscher Elektrotechniker* (VDE)[2] und der *Zentralverband der Elektrotechnischen Industrie* (ZVEI)[3] ihre Wünsche an das Studium der Elektrotechnik und die in diesem Zusammenhang zu erwerbenden Kenntnisse und Fähigkeiten der Absolventen. Beide Vereinigungen galten somit als die zentralen Interessenvertretungen der Elektroindustrie, die in den weiteren Ausführungen als Oberbegriff für die Unternehmen des Elektrogerätebaus und der elektrischen Stromversorgung verwendet wird.[4] Über die Vereinigungen versuchte die Elektroindustrie als potentieller Arbeitgeber für die Absolventen der Technischen Hochschulen Einfluss auf das Hochschulstudium in Elektrotechnik zu nehmen und ihre Anforderungen an die Elektroingenieure zum Ausdruck zu bringen.

Das Spannungsverhältnis zwischen den Professoren der Elektrotechnik und der Elektroindustrie wird anhand der Eingebundenheit beider Akteure in das Studium der Elektrotechnik deutlich. Die Industrie nahm verschiedene Funktionen innerhalb der Hochschulausbildung ein: Einerseits konnte sie die praxiserfahrenen Ingenieure für die Professorenstellen bereitstellen und nahm dadurch Einfluss auf die Hochschulausbildung und Forschung an den Technischen Hochschulen. Andererseits stellten die Industrieunternehmen die Praktikumsplätze für die halbjährige Vorpraxis, welche neben der allgemeinen Hochschulreife zu den Zulassungsvoraussetzungen für ein technisches Studium zählte, und für die Fachpraxis zur Verfügung. Gerade durch das Vorpraktikum konnten den Studieninteressierten sowohl handwerkliche Fähigkeiten und ein praktisches Verständnis für die industriellen Prozesse vermittelt als auch das berufliche Werkstattklima von den Unternehmen nähergebracht werden. Die technischen Bildungsstätten übernahmen wiederum die Bildungsfunktion,

2 Am 22. Januar 1893 wurde der VDE gegründet und ist heute unter dem Namen *Verband der Elektrotechnik Elektronik Informationstechnik e.V.* bekannt. Der VDE vertritt als technisch-wissenschaftlicher Verband die Interessen der Branche in Wissenschaft, Wirtschaft und Politik. Siehe dazu Peter Knost, Die Interessenpolitik der Elektrotechniker in Deutschland zwischen Industrie, Staat und Wissenschaft 1880 bis 1914 (Studien zur Technik-, Wirtschafts- und Sozialgeschichte 9), Frankfurt a.M. u.a. 1996, insb. S. 140–148.

3 Der ZVEI, der heute den Namen Zentralverband Elektrotechnik- und Elektronikindustrie e.V. trägt, wurde am 5. März 1918 in Berlin gegründet, um die Interessen der Elektroindustrie in Wirtschaft und Politik zu vertreten. Im Jahr 1933 wurde der ZVEI in den Reichsfachverband der Elektrotechnischen Industrie umgewandelt und in den Nachkriegsjahren am 24. Februar 1949 neu gegründet. Siehe dazu Christopher Heise, Carl Friedrich von Siemens und die Gründung des Zentralverbands der deutschen elektrotechnischen Industrie, https://new.siemens.com/global/de/unternehmen/ueber-uns/geschichte/news/carl-friedrich-von-siemens-und-die-gruendung-des-zvei.html (5.4.2019).

4 Einzelne Bereiche der Elektroindustrie waren beispielsweise der elektrische Anlagenbau, die Automatisierung, Elektrofahrzeuge, elektrische Energietechnik, Starkstromkondensatoren, Transformatoren, Batterien sowie elektrische Haushalts- und Konsumgüter.

indem die Professoren der Elektrotechnik für die akademische Ausbildung zuständig waren. In den praktischen Übungen konnten die Hochschullehrer auf die in der Vorpraxis erworbenen Kenntnisse aufbauen. Darüber hinaus vermittelte die Professorenschaft das Grundlagen- und Fachwissen und verknüpfte die theoretischen Studieninhalte mit praktischen Versuchen. Gerade die Praxisübungen in den Laboratorien waren feste Bestandteile des Studiums der Elektrotechnik und setzten gewisse Erfahrungen im Umgang mit den Gerätschaften voraus, welche im Rahmen des Vorpraktikums erlernt wurden.[5] Die Verknüpfung von Theorie und Praxis gewährleistete, dass die Absolventen nicht als reine Theoretiker die Bildungsstätten verließen, sondern gewisse praktische Erfahrungen für die berufliche Beschäftigung in der Industrie mitbrachten.

An der Disziplin Elektrotechnik sollen im Folgenden das Spannungsverhältnis zwischen den Professoren für Elektrotechnik an den Technischen Hochschulen und der Industrie dargestellt und die Positionen beider Seiten zum Studium der Elektrotechnik erläutert werden. Im Zentrum steht dabei die Frage, ob und inwieweit die Industrie im Zeitraum von 1945 bis 1960 Einfluss auf die Lehrfächer und deren Umfang nehmen konnte. Um die industrielle Einflussnahme zu untersuchen, werden die Ansichten und die Aufgaben der Technischen Hochschulen aus der Sicht beider Akteure geschildert. Mit diesem Fokus werden anschließend zuerst die Bedeutung des Grund- und danach die des Hauptstudiums für die Ingenieurausbildung von Elektroingenieuren und die Rolle der praktischen Bestandteile, also des Vor- und Fachpraktikums, betrachtet.

Anforderungen an das Studium der Elektrotechnik und die Hochschulabsolventen

Unmittelbar nach dem Zweiten Weltkrieg setzte eine Auseinandersetzung über die Hochschulausbildung und die gesellschaftliche Verantwortung von Ingenieuren ein. Der technisierte Krieg und seine Zerstörungen in ganz Europa führten zu der Ansicht, dass die Technik sowohl Segen als auch Fluch sein konnte. Um einem erneuten technischen Missbrauch vorzubeugen, sollte das ingenieurwissenschaftliche Studium an den Technischen Hochschulen neben einer fachlichen zusätzlich durch eine allgemeinbildende Komponente erweitert werden. Diese inhaltliche Ausweitung sollte den Grundstein für einen verantwortungsbewussten Umgang mit den technikwissenschaftlichen Errungenschaften bilden und den Ingenieuren ihre gesellschaftliche Verantwortung verdeutlichen. Die Technische Hochschule Darmstadt ergriff trotz aller örtlichen

5 Archiv der Technischen Informationsbibliothek/Universitätsarchiv Hannover (ATIB/UA Hann.), Aktenzeichen (Akz.) 2007/14, Bd. 1, Die elektrotechnischen Institute, o. Pag.

Zerstörungen die Initiative und organisierte im Jahr 1947 einen *Internationalen Kongress für Ingenieurausbildung* (IKIA), um einen umfassenden Gedankenaustausch anzuregen.[6] Dazu wurden neben Ingenieuren auch Naturwissenschaftler und Philosophen eingeladen und den Vertretern aus unterschiedlichen Ländern und Fachgebieten die Möglichkeit für eine fachliche Unterredung über die Technik gegeben, der den fachbezogenen Blickwinkel mithilfe von disziplinfremden Perspektiven erweiterte. Für die Elektrotechniker gliederte sich die elektrotechnische Ausbildung in das Sammeln von praktischen Erfahrungen, die theoretische Erkenntnisaneignung sowie Anwendung und die Spezialisierung nach dem Studienabschluss. Daraus ergab sich für die Technischen Hochschulen die Aufgabe der Vermittlung einer umfassenden Grundlagenausbildung, um einen »Allround-Ingenieur«[7] auszubilden.[8]

Für das Studium der Elektrotechnik kamen die Fachvertreter auf dem IKIA zu dem Ergebnis, dass den Studierenden eine »gewisse Wahlfreiheit in der Gestaltung [d]es Studien- und Prüfungsplanes gelassen«[9] und die wöchentliche Stundenzahl für Lehrveranstaltungen auf höchstens 30 begrenzt werden mussten. Nur dadurch konnte einerseits ein Studium nach den persönlichen Interessen und der Besuch von allgemeinbildenden Fächern gewährleistet werden und andererseits die Studienbelastung überschaubar bleiben.[10] Diese Anforderungen entsprachen den Wünschen des ZVEI, welcher eine Ausbildung über die

6 Der IKIA fand vom 31. Juli bis 9. August 1947 in Darmstadt statt und war die erste internationale Tagung auf deutschem Boden in der Nachkriegszeit. Zu den rund 500 Teilnehmern gehörten neben Ingenieuren auch Naturwissenschaftler und Philosophen. Davon waren insgesamt 72 ausländische Wissenschaftler aus den USA, England, Frankreich, China, Siam, Italien, Griechenland, Schweiz, Schweden, Holland, Luxemburg, Irland, Österreich, Bulgarien, Rumänien und der Tschechoslowakei der Einladung des Darmstädter Rektors Richard Vieweg gefolgt. Für weitere Informationen zum IKIA siehe Walter Brecht (Hg.), IKIA. Internationaler Kongress für Ingenieur-Ausbildung. Darmstadt 31. Juli bis 9. August 1947. Ansprachen, Vorträge, Zusammenfassungen, Darmstadt 1947; Internationaler Kongress für Ingenieurausbildung IKIA, Darmstadt 1947, in: Darmstädter Hochschulblatt, Neuntes Rundschreiben der Technischen Hochschule Darmstadt, April 1947, S. 1; K. Simon, Internationaler Kongreß für Ingenieurausbildung in Darmstadt, in: VDI-Zeitschrift 90 (1948), Nr. 2, S. 53–54.

7 Friedrich Bauer, Allround-Ingenieur oder Spezialist, in: IKIA. Internationaler Kongress für Ingenieur-Ausbildung. Darmstadt 31. Juli bis 9. August 1947. Ansprachen, Vorträge, Zusammenfassungen, hg. von Walter Brecht, Darmstadt 1947, S. 405–415, hier S. 410.

8 Ebd., S. 410; H. Busch, Sektion Elektrotechnik, in: IKIA. Internationaler Kongress für Ingenieur-Ausbildung. Darmstadt 31. Juli bis 9. August 1947. Ansprachen, Vorträge, Zusammenfassungen, hg. von Walter Brecht, Darmstadt 1947, S. 468–471, hier S. 468f. Das Sektionsreferat über die verschiedenen Stadien der Ingenieurausbildung wurde separat veröffentlicht: Franz Moeller, Die Grundlagenausbildung im Werdegang des Ingenieurs. Entwicklungsstufen einer Berufsausbildung, in: Elektrotechnische Zeitschrift (ETZ) 69 (1948), Nr. 8, S. 253–256.

9 Simon, IKIA, S. 53f.

10 Ebd., S. 54; Busch, Sektion Elektrotechnik, S. 469.

Grenzen der elektrotechnischen Studieninhalte hinaus für ratsam hielt. Nach Ansicht der Elektroindustrie sollten die verschiedenen technischen Wissenschaften und ihre teils differenzierten Arbeitsweisen bereits während der Hochschulausbildung miteinander in Beziehung gesetzt werden, um die Gesamtheit neuer technischer Entwicklungen zu überblicken. Dadurch sollten die Studierenden stärker auf kooperierende Forschungsarbeiten zwischen den einzelnen Disziplinen nach dem Studienabschluss vorbereitet und die Fähigkeit, sich schnell in neue Spezialgebiete einzuarbeiten, gefördert werden. Darüber hinaus sollte ihnen während der Studienzeit ein Bewusstsein für die negativen Auswirkungen der Technik vermittelt werden. Diese Lehre hatten die Ingenieure aus dem vorangegangenen Weltkrieg gezogen, weshalb sie neben der Behandlung von wirtschaftlichen und sozialen Themen auch die Thematisierung von ethischen und kulturellen Sachverhältnissen forderten. Schließlich war die wissenschaftliche Behandlung von technischen Fragestellungen und die Berücksichtigung »von übergeordneten Gesichtspunkten« für eine ergebnisorientierte Problemlösung die Aufgabe des Diplomingenieurs der Elektrotechnik. Für die Vorbereitung auf diese Aufgabe trugen die Technischen Hochschulen nach Ansicht des ZVEI die Verantwortung. Aus diesem Grund erwartete die Vereinigung »das Behandeln der Grundlagen auf genügend breiter Basis« und eine »stärkere Persönlichkeitsbildung« während des Hochschulstudiums.[11]

Die Industrievertreter wollten demnach keine Spezialisten mehr, sondern allgemein gebildete Absolventen, welche sich den zukünftigen Aufgaben und Anforderungen der Technik mit einer verantwortungsbewussten Denkweise und einem gewissen Weitblick zuwenden konnten. Neben der fachlichen Ausbildung erwarteten sie eine umfassende »Persönlichkeitsformung und Allgemeinbildung«[12] im Zuge des *Studium Generale.* Eine ausgedehnte Grundlagenausbildung war in den Fokus gerückt, sodass die Industrie für eine Vereinheitlichung der Studienpläne und -inhalte plädierte. Die Spezialisierung in einer Fachrichtung der Elektrotechnik sollte nach dem ZVEI in die Berufspraxis verlagert werden. Die Grundlagen für eine rasche Einarbeitung in neue Themengebiete hatten die technischen Bildungsstätten zu schaffen.[13]

11 ATIB/UA Hann., Akz. 2007/14, Bd. 2, Wünsche der Praxis an die Ausbildung von Elektroingenieuren auf Technischen Hoch- und Ingenieurschulen, 18.11.1954, o. Pag.

12 Ebd.

13 Moeller, Grundlagenausbildung, S. 253–256.

Darmstädter Empfehlungen (1952) zur Angleichung des Grundstudiums

An den Technischen Hochschulen galten nach dem Krieg weiterhin die Studien- und Prüfungsordnungen entsprechend der sogenannten Nipper-Ordnung aus dem Jahr 1941. Diese Neuordnung der Hochschulausbildung hatte einerseits die Studienzeit von acht auf sieben Semester verkürzt und die Studieninhalte auf kriegsrelevante Forschungsgebiete konzentriert, um die dringend benötigten Fachkräfte schneller zur Verfügung zu stellen. Andererseits wurden dadurch das Studium in den technischen Fächern sowie die Studienabschlüsse vereinheitlicht. Diese vom NS-Staat zentral gesteuerte Organisation des Ingenieursstudiums war zwar für die Industrie, Wirtschaft und Verwaltung vorteilhaft gewesen, hatte aber das Recht der Technischen Hochschulen eingeschränkt, selbstständige Studien- und Prüfungsordnungen zu erarbeiten.[14]

Unmittelbar nach dem Ende des Zweiten Weltkrieges kehrten die einzelnen technischen Bildungsstätten rasch zur individuellen Handhabung der Studien- und Prüfungsordnungen zurück, sodass die Vereinheitlichung, welche die Nipper-Ordnung unter den Technischen Hochschulen herbeigeführt hatte, wieder rückgängig gemacht wurde. Außerdem lagen die Unterschiede in der Hochschulausbildung teilweise in der strukturellen Anbindung an die jeweilige Hochschule begründet. An einigen Technischen Hochschulen herrschte noch die ursprüngliche Struktur in Form von Abteilungen für Elektrotechnik vor. Dagegen hatten andere technische Bildungsstätten bereits eine eigenständige Fakultät für Elektrotechnik eingerichtet, um ihre Stellung als wissenschaftliche Institution neben den Universitäten zum Ausdruck zu bringen.[15]

14 Studienpläne sowie Studien- und Prüfungsordnungen für die Ausbildung von Diplom- und Doktor-Ingenieuren an deutschen Technischen Hochschulen und Bergakademien. Eine Zusammenfassung der Bestimmungen des Reichministers für Wissenschaft, Erziehung und Volksbildung, hg. von Heinrich Nipper, Berlin 1941, S. 70. Siehe dazu auch Ulrich Kalkmann, Die Technische Hochschule Aachen im Dritten Reich (1933–1945) (Aachener Studien zu Technik und Gesellschaft 4), Aachen 2003, S. 190; Rita Seidel, Otto Kienzle – Systematiker der Fertigungstechnik. Ein Ingenieur im Zug durch die Zeit, München 2014, S. 404.

15 Die Abteilungen an den Technischen Hochschulen hatten »im Zuge der preußischen und reichsdeutschen Hochschulreform von 1920/21« (Sander, Ingenieurwesen, S. 223) zwar den Status von Fakultäten erhalten, aber je nach struktureller Angliederung waren in den Nachkriegsjahren entweder eigenständige Fakultäten für Elektrotechnik eingerichtet worden oder es bestanden weiterhin Abteilungen, die den Fakultäten für Maschinen(bau)wesen untergeordnet waren. Beispielsweise war die Struktur an der TH Darmstadt im Zuge der Wiedereröffnung im Januar 1946 verändert und die Abteilung für Elektrotechnik in eine von insgesamt sieben Fakultäten umgewandelt worden. Dagegen bestand an der TH Hannover die Abteilung für Elektrotechnik nur als eine Abteilung an der Fakultät III für Maschinenwesen.

Obwohl die Industrie die zentrale Organisation der Ingenieurstudiengänge während der Kriegsjahre positiv wahrgenommen und befürwortet hatte, waren die Professoren der Elektrotechnik erleichtert über die Rückgängigmachung und die Verlagerung der Hochschulgesetzgebung auf die Länder. Die erneuten ungleichen Handhabungen und Anforderungen an ein technisches Hochschulstudium waren für die Elektroindustrie mit einem erheblichen Aufwand verbunden. Schließlich schwankte beispielsweise der Gesamtumfang des Praktikums in den elektrotechnischen und Elektrizitätsunternehmen zwischen sechs und zwölf Monaten.[16] Zudem verteilte sich die Praktikumsdauer unterschiedlich stark gewichtet auf das Vor- und Fachpraktikum. Demzufolge waren die Kritik an der ungleichen Praxisdauer und die Vorschläge, die »auf den Erfahrungen und Notwendigkeiten einer technisch hochentwickelten Industrie«[17] basierten, aus industrieller Perspektive einleuchtend. Ihren Wunsch nach einheitlichen Anforderungen für die Praxiszeiten im Allgemeinen und die Vorpraxis im Speziellen wiederholten die Industrievertreter und die Fachverbände in regelmäßigen Abständen.

Die Notwendigkeit einer Reform des Elektrotechnikstudiums wurde zu Beginn der 1950er Jahre ersichtlich und führte dazu, dass sich die Professoren der Elektrotechnik im Vorfeld der VDE-Tagung in München mit der Thematik beschäftigten und die Konferenz als Austauschplattform nutzten. Das Professorentreffen, an der die Mehrheit der Professoren der Elektrotechnik teilnahm, fand am 17. September 1952 statt und umfasste sieben Kurzreferate zu verschiedenen Problemen des Studiums.[18] Auf der Tagung wurde die Bildung eines Ausschusses beschlossen, der sich mit den besprochenen Themen auseinandersetzte und die Beschlüsse ausformulierte. Dieses Gremium bestand aus den Vertretern der Abteilungen beziehungsweise Fakultäten für Elektrotechnik der Technischen Hochschulen und der Technischen Universität Berlin. Die erste Sitzung wurde am 3. Oktober 1952 in Darmstadt veranstaltet und führte zur Ausarbeitung der sogenannten *Darmstädter Empfehlungen*, in denen die Beschlüsse des Professorentreffens festgehalten wurden. Diese Richtlinien sollten eine Angleichung des Grundstudiums unter den technischen Ausbildungsstätten voranbringen. Die Kernpunkte der Empfehlungen umfassten die gegenseitige

16 ATIB/UA Hann., Akz. 2007/14, Bd. 3, Bericht über den Fakultätstag der Elektrotechnik in Bad Nauheim am 9. und 10.4.1959, o. Pag.

17 ATIB/UA Hann., Akz. 2007/14, Bd. 3, Schreiben des Zentralverbandes der Elektrotechnischen Industrie über Praktikantenzeit vom 20.11.1959, o. Pag.

18 Zu den Teilnehmern gehörten Professoren der TH Aachen, TU Berlin, TH Braunschweig, TH Darmstadt, TH Hannover, TH Karlsruhe, TH München, TH Stuttgart sowie der TH Dresden und der TH Wien. Vgl. Universitätsarchiv Darmstadt (UA Darmstadt), 202/17, Niederschrift über die Besprechung beim Professorentreffen am 17.9.1952 in München gelegentlich der VDE-Tagung vom 6.10.1952, o. Pag.

Anerkennung des Vordiploms, die Festlegung der Semesterwochenstunden, den leichteren Hochschulwechsel für Studierende, den Umfang von Übungsarbeiten und die Vereinheitlichung der Studien- und Prüfungspläne für alle Studierenden im Vorstudium an der jeweiligen Hochschule.[19]

Mit diesen Kriterien für das Grundstudium in Elektrotechnik sollte eine Angleichung des Vordiploms an allen Technischen Hochschulen erwirkt werden. Da es sich lediglich um Empfehlungen handelte, reagierten die Technischen Hochschulen in ihren Stellungnahmen unterschiedlich auf die Inhalte. Alle Ausbildungsstätten wollten zwar die Vorprüfung der anderen anerkennen, aber einige forderten, die im Grundstudium nicht unterrichteten und folglich im Vordiplom fehlenden Fächer zu Pflichtbestandteilen für die Diplomhauptprüfung zu erklären. Dabei handelte sich um die Technischen Hochschulen in Braunschweig, Hannover und Karlsruhe.[20] Beim darauffolgenden Professorentreffen der Elektrotechniker am 4. Juni 1953 in Berlin wurde erneut »die unbedingte wechselseitige Anerkennung des abgeschlossenen Vorexamens ohne Nachforderungen«[21] beschlossen und die drei genannten Einrichtungen zur Einhaltung aufgefordert.

In der Unterredung der Professoren wurden, um die wöchentliche Belastung und den Hochschulwechsel für die Studierenden zu erleichtern, vom gebildeten Ausschuss Richtzahlen für die Vorlesungs- und Übungsstunden im Grundstudium festgelegt. Dazu wurden von den einzelnen Hochschulen Vorschläge diskutiert und als Ergebnis ein Gesamtumfang von 100 Wochenstunden vorgemerkt, welche sich auf jeweils 25 Wochenstunden pro Semester im Grundstudium verteilen sollten (vgl. Tabelle 1).[22]

19 UA Darmstadt, 202/17, Empfehlungen der Fachabteilungen Elektrotechnik, sogen. Darmstädter Empfehlungen, 3. 10. 1952, o. Pag.

20 ATIB/UA Hann., Akz. 2007/14, Bd. 2, Schreiben über die Empfehlungen der Fachabteilungen Elektrotechnik laut Beschluss von Darmstadt am 3. 10. 1952 vom Leiter der Abteilung für Elektrotechnik der TH Braunschweig, 18. 4. 1953, o. Pag.; ATIB/UA Hann., Akz. 2007/14, Bd. 2, Schreiben über Darmstädter Empfehlungen vom 3. 10. 1952 des Vorstands der Abteilung für Elektrotechnik an der TH Hannover, 17. 12. 1952, o. Pag.; ATIB/UA Hann., Akz. 2007/14, Bd. 2, Schreiben über die Darmstädter Empfehlungen vom 3. 10. 1952 des Dekans der Fakultät für Maschinenwesen der TH Karlsruhe, 7. 1. 1953, o. Pag.

21 UA Darmstadt, 202/17, Niederschrift über die Besprechung beim Professorentreffen anlässlich der VDE-Jahresversammlung in Berlin am 4. 6. 1953 in Berlin, 10. 7. 1953, o. Pag.

22 UA Darmstadt, 202/17, Darmstädter Empfehlungen (1952), 3. 10. 1952, o. Pag.

Tabelle 1: Einzelvorschläge der Technischen Hochschulen sowie der Technischen Universität Berlin und Richtzahlen für Vorlesungs- und Übungsstunden in Semesterwochenstunden nach den *Darmstädter Empfehlungen* von 1952[23]

Technische Hochschule / Technische Universität	Mathematik	Physik	Chemie	Wirtschafts- und Rechtswissenschaft	Technische Mechanik und Fertigungslehre	Maschinen-baufächer	Elektrotechnische Fächer	Summe
Aachen	18	12	3	4	15	19	22	93
Berlin	20	12	4	4	14	23	23	100
Braunschweig	18	9	4	4	15	28	27	105
Darmstadt	23	14	4	4	14	20	25	104
Hannover	25*	12	2	4	15	26	22	106
Karlsruhe	26*	12	5	4	17	32	15	111
München	25	12	4	–	15	12	30	98
Stuttgart	19	10	4	4	15	14	23	89
Darmstädter Empfehlungen	20	12	4	4	14	23	23	100

* einschließlich vier Stunden Darstellende Geometrie

Die Hochschulvertreter strebten mit den Empfehlungen keine Kongruenz der Lehrpläne an, sondern wollten lediglich eine Angleichung der Studieninhalte in der Grundlagenausbildung ermöglichen. Deshalb ist es nicht verwunderlich, dass aufgrund der Schwerpunkte in der elektrotechnischen Ausbildung der jeweilige Hochschulstandort selbst entscheiden konnte, ob und wie sehr sich die Studienpläne nach den empfohlenen Vorgaben richteten. Die Abteilung für Elektrotechnik der Technischen Hochschule Hannover reduzierte zwar beispielsweise die Semesterwochenstunden (SWS) in den Maschinenbaufächern, indem sie in Absprache mit den Maschinenbauprofessoren ab dem Sommersemester 1953 spezielle Vorlesungen für Elektrotechniker in den Fächern Maschinenbauelemente und Werkstoffkunde organisierte, wollte aber keinesfalls die bisherigen 25 Unterrichtsstunden in Mathematik verringern. Deshalb umfasste das Grundstudium insgesamt 104 SWS bis zum Vorexamen. Zudem sollten die Studierenden zwölf Unterrichtstunden in den allgemeinbildenden Wahlfächern erhalten, in denen keine Prüfungen gefordert wurden. Die Konzentration auf die Ausbildungsschwerpunkte der Elektrotechniker und Maschinenbauer

23 Tabelle erstellt nach UA Darmstadt, 202/17, Darmstädter Empfehlungen (1952), 3.10.1952, o. Pag.

begünstigte neben einer Reduzierung der Lehrinhalte auch eine Verbesserung der stark ausgelasteten Kapazitäten der Hörsäle und Laboratorien. Die überfüllten Vorlesungen und Übungen konnten mithilfe der Aufspaltung der Studierenden nach ihren Fachdisziplinen vermieden werden, womit sich auch die Ausbildungsqualität verbesserte.[24] Auch an den anderen technischen Ausbildungsstätten konnte mithilfe der Einführung von Sondervorlesungen für Elektrotechnikstudierende in den Maschinenbaufächern eine Minderung der Gesamtstunden erreicht werden, sodass die Semesterwochenstunden bis zum Vorexamen zwischen 96 (Aachen) und 109 (Karlsruhe) variierten.[25] Gerade die Trennung der Lehrveranstaltungen nach den inhaltlichen Schwerpunkten für die Studierenden der Elektrotechnik und des Maschinenbaus führte zu einer Reduzierung der Fachkenntnisse und zu einer Konzentration auf die Grundlagenausbildung.[26]

Diese Trennung der Studieninhalte nach Fachrichtungen und die Angleichung der Grundausbildung vor dem Vorexamen entsprachen den Wünschen des ZVEI. Die unterschiedliche inhaltliche Ausprägung des Hochschulstudiums an den verschiedenen Standorten erachtete die Vereinigung als ungünstig. Stattdessen sprach sie sich für eine Ingenieurausbildung aus, die an allen Bildungseinrichtungen die gleichen inhaltlichen Schwerpunkte vermittelte. Denn nur dadurch konnten sich die Studierenden ein umfangreiches Grundlagenwissen aneignen, das aus industrieller Sicht »überall in gleicher Weise gebraucht« wurde.[27] Darin zeigte sich die wirtschaftliche Not der Elektroindustrie, die der Fachkräftemangel an Diplomingenieuren der Elektrotechnik herbeigeführt hatte. Die Unternehmen bevorzugten Studierende mit einem fachbezogenen Grundlagenwissen, das an allen Technischen Hochschulen in gleicher Weise und im gleichen Umfang gelehrt wurde. In der Folge würde sich die Einarbeitungszeit der neuen Ingenieure in der Elektroindustrie verringern, weil die Unternehmen mit dem gleichen Kenntnisstand, unabhängig von der Ausbildungsstätte, rechnen könnten.

24 ATIB/UA Hann., Akz. 2007/14, Bd. 2, Schreiben über Darmstädter Empfehlungen vom 3.10.1952 von der TH Hannover, 17.12.1952, o. Pag.; ATIB/UA Hann., Akz. 2007/14, Bd. 2, Schreiben über die Lehrinhalte an den Dekan der Fakultät für Maschinenwesen, 7.11.1952, o. Pag.

25 ATIB/UA Hann., Akz. 2007/14, Bd. 2, Stellungnahmen zu den Darmstädter Empfehlungen vom 3.10.1952 von der TH Aachen (14.4.1953), TH Braunschweig (18.4.1953), TH Darmstadt (4.3.1953), TH Hannover (17.12.1952), TH Karlsruhe (7.1.1953), TH München (25.11.1952) und TH Stuttgart (20.4.1953).

26 ATIB/UA Hann., Akz. 2007/14, Bd. 2, Wünsche der Praxis, 18.11.1954, o. Pag.

27 Ebd.

Tabelle 2: Vorlesungs- und Übungsstunden für das Grundstudium (1. bis 4. Semester) in SWS nach den *Darmstädter Empfehlungen* (1952) und den Vorschlägen der Elektroindustrie (1954)[28]

	Mathematik	Physik	Chemie	Technische Mechanik und Fertigungslehre	Elektrotechnische Fächer	Maschinenbaufächer	Wirtschafts- und Rechtswissenschaft sowie *Studium Generale*[29]	Summe
Darmstädter Empfehlungen	20	12	4	14	23	23	4	100
Vorschlag der Elektroindustrie	25*	14	5	8	24	22	10	108

* einschließlich drei Stunden Darstellende Geometrie und technisches Zeichnen

Die *Darmstädter Empfehlungen* aus dem Jahr 1952 entsprachen bereits weitgehend den Vorstellungen der elektrotechnischen Praxis (vgl. Tabelle 2). Aufgrund der Beharrlichkeit der Professorenschaft in Bezug auf die Individualität der jeweiligen technischen Einrichtungen bestanden, wie oben beschrieben, weiterhin deutliche Abweichungen zwischen ihnen. In der zweiten Hälfte der 1950er Jahre begann zwar erneut eine Diskussion über die Vereinheitlichung der Studienpläne für das elektrotechnische Studium an den Technischen Hochschulen, eine Angleichung des Studienaufbaus und der -inhalte wurde aber von den Professoren weiterhin abgelehnt: »Die Elektrotechnik entwickelt sich wissenschaftlich ständig weiter, so daß es nicht angebracht erscheint, einheitliche Studien- und Prüfungspläne an allen Hochschulen einzuführen.«[30]

Um die elektrotechnische und Elektrizitätsindustrie stärker in die Reformdiskussionen um die Ausbildung von Elektroingenieuren miteinzubeziehen, bildete der VDE am 29. April 1955 einen Hochschulausschuss.[31] Dieser setzte

28 Tabelle erstellt nach Angaben aus UA Darmstadt, 202/17, Darmstädter Empfehlungen, 3. 10. 1952, o. Pag.; ATIB/UA Hann., Akz. 2007/14, Bd. 2, Wünsche der Praxis, 18. 11. 1954, o. Pag.

29 Das *Studium Generale* war bei den *Darmstädter Empfehlungen* nicht miteinbezogen und wurde von den einzelnen Technischen Hochschulen sowie der Technischen Universität Berlin unterschiedlich hoch gewichtet.

30 ATIB/UA Hann., Akz. 2007/14, Bd. 3, Niederschrift über den Fakultätstag der Elektrotechnik vom 18. 10. 1957, 7. 11. 1957, o. Pag.

31 Der Hochschulausschuss des VDE übernahm vom bisherigen VDE-Ausschuss für die Ausbildung von Elektroingenieuren an Technischen Hoch- und Fachschulen das Aufgabengebiet der akademischen Ausbildung von Elektrotechnikern an den Hochschulen. Er war auf Drängen von Industrie und Behörden gebildet worden, versäumte es jedoch, die Hochschulen in seine Arbeit miteinzubeziehen, weshalb er vom neuen Hochschulausschuss abgelöst wurde. Vgl. dazu ATIB/UA Hann., Akz. 2007/14, Bd. 2, Protokoll über das Professorentreffen am 6. 10. 1955, 10. 11. 1955, o. Pag.; Franz Lauster, Bekanntmachungen des VDE,

sich neben Fachleuten aus der Elektroindustrie auch aus Vertretern der Behörden und der Technischen Hochschulen zusammen. Die Aufgabe des Gremiums, die den Professoren der Technischen Hochschulen in einem Schreiben mitgeteilt wurde, war es, sich gleichermaßen mit den Wünschen und Ansprüchen der Elektroindustrie auseinanderzusetzen und diese Anforderungen mit den Begebenheiten an den Hochschulen zu koordinieren.[32] Demnach sollte der Hochschulausschuss als Diskussionsplattform fungieren, um sowohl die Anliegen der Industrievertreter gemeinsam zu diskutieren als auch für die Probleme der Professoren zu sensibilisieren.

Der Hochschulausschuss wollte eine Denkschrift über die Hochschulausbildung verfassen, um auf die gesellschaftliche Notwendigkeit einer Reform der Ingenieurausbildung hinzuweisen. Für die Ausarbeitung dieses Berichtes forderte der Ausschuss die Professoren der Elektrotechnik zu einer Stellungnahme über das Studium an den Technischen Hochschulen auf. Über diese Aufforderung wurde beim Professorentreffen am 6. Oktober 1955 in Frankfurt am Main schwerpunktmäßig diskutiert, da eine erneute Stellungnahme über die Hochschulausbildung von Elektrotechnikern in Hinblick auf die gemeinsamen Beschlüsse der *Darmstädter Empfehlungen* bei den Fachvertretern Empörung auslöste. Es ist daher nicht verwunderlich, dass keine weitere Auseinandersetzung mit der geplanten Denkschrift stattfand, sondern auf die *Darmstädter Empfehlungen* verwiesen wurde. Stattdessen konzentrierten sich die Professoren der Elektrotechnik auf die Aufgaben, mit welchen sich der Hochschulausschuss des VDE befassen sollte. Aus professoraler Perspektive sollte der Ausschuss auf der einen Seite die Mängel an der elektrotechnischen Ausbildung aus der Sicht der Industrie zusammenzutragen, sich mit der Lehrplangestaltung befassen und den Bedarf an Absolventen ermitteln. Außerdem sollte die Verbesserung der Position der Hochschullehrenden und ihre Entlastung von Verwaltungsaufgaben auf der anderen Seite zu seinen Anliegen gehören.[33]

Dass nach wie vor Handlungsbedarf für das Studium der Elektrotechnik bestand, zeigte der VDE in der von seinem Hochschulausschuss formulierten Denkschrift *Zur Frage des Nachwuchses an Ingenieuren der Elektrotechnik* aus dem Jahr 1956. Darin schätzte er den »zahlenmäßige[n] Mangel an Diplom-Ingenieuren der Elektrotechnik«[34] auf »mindestens 1.200«[35] jährlich. Im Ver-

VDE-Hochschul-Ausschuss und VDE-Ingenieurschul-Ausschuss, in: ETZ-A 77 (1956), Nr. 17, S. 589.

32 ATIB/UA Hann., Akz. 2007/14, Bd. 2, Schreiben über den Hochschulausschuss des VDE, 17.5.1955, o. Pag.

33 ATIB/UA Hann., Akz. 2007/14, Bd. 2, Protokoll über das Professorentreffen am 6.10.1955, 10.11.1955, o. Pag.

34 VDE (Hg.), Denkschrift zur Frage des Nachwuchses an Ingenieuren der Elektrotechnik, Frankfurt a.M. 1956, S. 7.

gleich dazu verließen lediglich 800 Absolventen die Technischen Hochschulen und standen der Elektroindustrie zur Verfügung. Deshalb bemühte sich der VDE gemeinsam mit dem Lehrkörper »um eine zeitnahe Reform des Studiums«[36] und eine engere Verbindung zwischen den Professoren der Technischen Hochschulen sowie der Elektroindustrie und Wirtschaft. Als Begründung für eine notwendige Reform des elektrotechnischen Studiums führte der Verband die steigende »Bedeutung der Elektrotechnik im gesamten Lebensbereich«[37] an, wie sich beispielsweise im zunehmenden Bedarf an elektrotechnischen Erzeugnissen, der Stromerzeugung und dem Ausbau des Telefonnetzes erkennen ließ.[38]

Eine erneute Analyse der Studienpläne aus dem Jahr 1957 ergab, dass die Studienpläne für das Grundstudium weiterhin erhebliche Unterschiede aufwiesen. Zwar wurden die von den *Darmstädter Empfehlungen* vorgegebenen 100 SWS in den ersten vier Semestern von den meisten Hochschulen eingehalten, aber inhaltlich legten einige Hochschulstandorte nach wie vor einen hohen Stellenwert auf spezielle Kenntnisse in den Maschinenbaufächern. Diese Stoffanhäufung sollte durch eine intensive mathematische und physikalische Grundlagenausbildung ersetzt werden. Gerade diese beiden Fächer erschwerten den Hochschulwechsel für die Studierenden, weil ihre Anteile an den Technischen Hochschulen markante Unterschiede aufwiesen. In Physik wurden Vorlesungen und Übungen im Umfang von zehn (Braunschweig) bis 14 Wochenstunden (Darmstadt, Karlsruhe) und in Mathematik zwischen 18 (Braunschweig) und 28 Wochenstunden (Hannover) absolviert (vgl. Tabelle 3). Die hohe Anzahl an Lehrstunden in den mathematischen Grundlagen beruhte an den Einrichtungen in Aachen, Berlin, Hannover und Karlsruhe auf vier Wochenstunden in Darstellender Geometrie, welche an den restlichen Hochschulen kein fester Bestandteil der elektrotechnischen Ausbildung war.

35 Ebd., S. 4.
36 ATIB/UA Hann., Akz. 2007/14, Bd. 2, Wünsche der Praxis, 18.11.1954, o. Pag.
37 Ebd.
38 Ebd.

Tabelle 3: Vorlesungs- und Übungsstunden für das Grundstudium (1. bis 4. Semester) in SWS nach den Technischen Hochschulen sowie der Technischen Universität Berlin im Jahr 1957 und den *Darmstädter Empfehlungen* (1952)[39]

Technische Hochschule / Technische Universität	Mathematik	Physik	Chemie	Technische Mechanik und Fertigungslehre	Maschinen-baufächer	Elektrotechnische Fächer	Wirtschafts- und Rechtswissenschaft	*Studium Generale*	Summe
Aachen	22*	12	3	14	19	22	4	–	96
Berlin	26*	12	4	24	43	16	–	12	137
Braunschweig	18	10	2	16	22	26	4	–	98
Darmstadt	19	14	4	14	21	23	4	–	99
Hannover	28*	12	4	15	24	22	4	–	109
Karlsruhe	26*	14	4	18	31	15	–	12	120
München	25	12	4	15	14	25	–	4	99
Stuttgart	20	12	4	13	19	27	4	–	99
Darmstädter Empfehlungen	20	12	4	14	23	23	4	–	100

* einschließlich vier Stunden Darstellende Geometrie

Gerade der Unterricht in Darstellender Geometrie war aus industrieller Sicht ein wesentlicher Bestandteil der akademischen Ausbildung und konnte folglich nicht vernachlässigt werden. Schließlich mussten die Vertreter der Industrie Maschinenbauer einstellen, »weil die Elektrotechniker an manchen Technischen Hochschulen in Darstellender Geometrie so wenig ausgebildet würden, dass grössere und kompliziertere von ihnen angefertigte Zeichnungen einfach unbrauchbar seien«.[40]

Die Technischen Hochschulen waren den Forderungen der VDE-Denkschrift *Zur Frage des Nachwuchses an Ingenieuren der Elektrotechnik* aus dem Jahr 1956 nicht im gewünschten Umfang nachgekommen. Deshalb veröffentlichte der Verband im Jahr 1960 erneut eine Denkschrift unter dem Titel *Der Mangel an Elektroingenieuren.* Ziel war es, in der Öffentlichkeit nochmals »auf dringend

39 Tabelle in einer vereinfachten Form erstellt nach ATIB/UA Hann., Akz. 2007/14, Bd. 3, Stellungnahme zur Studienplanreform der Fachgruppe Elektrotechnik im Verband Deutscher Studentenschaften (VDS), o. Pag.; UA Darmstadt, 202/17, Darmstädter Empfehlungen, 3.10.1952, o. Pag.

40 ATIB/UA Hann., Akz. 2007/14, Bd. 3, Antwortschreiben des Dekans der Fakultät für Natur- und Geisteswissenschaften auf die Stellungnahme der Fachschaft Elektrotechnik an der TH Hannover zur Studienreform der Fachgruppe Elektrotechnik im VDS, 20.6.1957, o. Pag.

notwendige Maßnahmen zur Verbesserung der Nachwuchslage hinzuweisen«.[41] Als Begründung für eine erneute Schilderung der Problematik erläuterte der VDE, dass die »Klagen [der Elektroindustrie] über die Schwierigkeiten, Ingenieurnachwuchs zu beschaffen [...] nicht geringer geworden sind.«[42] Stattdessen verdeutlichte die erneute Bedarfsanalyse einen drastischen Fachkräftemangel: Während die jährlich benötigte Anzahl an Elektroingenieuren in der ersten VDE-Denkschrift noch 1.200 betrug, hatte sich diese nun auf »etwa 2.000 fehlende Ingenieure« erhöht. Aus diesem Grund sah der Verband sich veranlasst, in einer erneuten Denkschrift die »Ursachen [...] zu analysieren« und die »damaligen Forderungen zu überprüfen bzw. zu ergänzen.«[43]

Beide Denkschriften, die erste von 1956 und die zweite von 1960, forderten den Ausbau der Studienplätze, um den industriellen Bedarf an Elektroingenieuren zu decken. Die Denkschrift aus dem Jahr 1960 forderte zudem eine stärkere Angleichung des elektrotechnischen Studiums an allen Technischen Hochschulen.[44] Eine Erweiterung der Studienplätze wurde von den Technischen Hochschulen bis Ende der 1960er Jahre vorangetrieben, indem die Abteilungen beziehungsweise Fakultäten für Elektrotechnik ausgebaut und die Studienplätze dementsprechend erhöht wurden. Dem letzten Punkt kamen die Technischen Hochschulen allerdings nicht nach, da die Professorenschaft der Elektrotechnik weiterhin auf die Besonderheiten der Ausbildungsschwerpunkte an den jeweiligen Abteilungen beziehungsweise Fakultäten bestanden und demzufolge einen einheitlichen Studienplan blockierten. Aus diesem Grund gestaltete sich das Grundstudium in Elektrotechnik an den Technischen Hochschulen auch in der Folgezeit unterschiedlich. Es schwankte sowohl bei den Gesamtstunden als auch bei den Studieninhalten, welche sich teilweise an den Forschungsschwerpunkten der jeweiligen Hochschule orientierten.

Der bestehende Mangel an Elektroingenieuren und die Forderung der Industrie nach mehr Absolventen veranlasste die Technischen Hochschulen über die Verkürzung der Studienzeiten zu diskutierten. Sie planten deshalb Ende der 1950er Jahre, die zum Studium gehörenden Praktikumszeiten zu verkürzen. Diese Bestrebungen widersprachen den Auffassungen der elektrotechnischen Industrie, weshalb der ZVEI eine Untersuchung der Fragestellung veranlasst hatte. Ein dem Zentralverband untergeordneter Ausschuss für Berufsausbildung, der aus Fachvertretern der Elektroindustrie bestand, kam zu dem Entschluss, dass die Fachpraxis sechs Monate für eine ausführliche Praxiserfahrung umfassen sollte. Zudem wurde eine Aufwertung des Studierenden empfohlen,

41 VDE (Hg.), Der Mangel an Elektroingenieuren, Frankfurt a.M. 1960, S. 3.
42 Ebd.
43 Ebd.
44 Ebd., S. 15.

welche ihn ab dem fünften Semester aus dem Status des Praktikanten in den eines Werkstudenten mit einer besseren Bezahlung versetzte. Als Einsatzfelder kamen beispielsweise die Arbeitsbereiche Konstruktion, Fertigung, Prüffeld, Laboratorium, Projektierung und Fernmeldeamt infrage. Der ZVEI hob die Vorteile für die Studierenden, für die Technischen Hochschulen und für die Industriebetriebe in der Stellungnahme deutlich hervor: Die Studierenden könnten im fortgeschrittenen Studium die praktische Tätigkeit in ihrem Spezialgebiet kennenlernen. An den Technischen Hochschulen könnte wiederum in den Vorlesungen und Übungen auf die Kenntnisse aus der Praxiszeit eingegangen und aufgebaut werden, wohingegen die Industrie in stärkerem Maße als zuvor Absolventen mit praktischen Erfahrungen bekommen und im Zuge dessen bereitwillig mehr Praktikumsplätze zur Verfügung stellen würde.[45]

Dementsprechend war die Fachpraxis vor allem für die Industrie von erheblichem Nutzen. Allerdings wäre eine explizite Abstimmung der Inhalte im Studium und im Praktikum notwendig gewesen, was jedoch den Ansichten der Professoren widersprach. Diese wollten in ihren Vorlesungen die Möglichkeit haben, die elektrotechnischen Erneuerungen und aktuelle Forschungen miteinfließen zu lassen. Dadurch wäre eine genaue Abstimmung der Inhalte mit einem hohen bürokratischen Aufwand verbunden gewesen.

Als erheblichen Kritikpunkt sahen die Industrievertreter nach wie vor die unterschiedlichen Vorgaben und Anforderungen an die Praktika. Diese Differenzierung war einerseits für die Wirtschaft und andererseits für die Studierenden eine Belastung und führte zu Unsicherheiten über die inhaltlichen Schwerpunkte der Praxis.[46] Obwohl die Industrie die unterschiedlichen Handhabungen der Praktika regelmäßig kritisierte, dauerte es noch bis zum Jahr 1970, bis die Fakultäten beziehungsweise Abteilungen für Elektrotechnik an den Technischen Hochschulen sich auf ihrem Fakultätentag auf eine Vereinheitlichung der Anforderungen verständigten. Erst dann wurde von allen Bildungseinrichtungen eine Vorpraxis von 13 Wochen bis zum Vorexamen gefordert. Davon galten weiterhin mindestens acht Wochen als Vorpraktikum und damit als Zulassungsvoraussetzung für das Studium in Elektrotechnik.[47]

45 ATIB/UA Hann., Akz. 2007/14, Bd. 3, Schreiben des Zentralverbandes der Elektrotechnischen Industrie über Praktikantenzeit, 20.11.1959, o. Pag.

46 ATIB/UA Hann., Akz. 2007/14, Bd. 3, Schreiben des ZVEI über Praktikantenzeit, 20.11.1959, o. Pag.

47 UA Darmstadt, 202/62, Protokoll über die 13. Sitzung des Fakultätentages der Elektrotechnik am 27.3.1969 in Bad Nauheim, o. Pag.; UA Darmstadt, 202/61, Protokoll über die 15. Sitzung des Fakultätentages der Elektrotechnik am 18.3.1971 in Bad Nauheim, o. Pag.

Universale Ausbildung im Hauptstudium

Nach dem erfolgreichen Abschluss des Vorexamens begann das Hauptstudium. Die Praxisvertreter der elektrotechnischen sowie Elektrizitätsindustrie und der ZVEI hatten gemeinsam ihre Erwartungen an die Fähigkeiten und Fertigkeiten der Absolventen mit den verschiedenen Studienplänen im Hauptstudium an den Technischen Hochschulen verglichen. Als Resultat hatten sie einen Vorschlag für eine Studienreform ausgearbeitet, in welchem sie sich auf die Fachrichtungen der *Starkstrom-* und *Nachrichtentechnik* konzentrierten. Denn besonders »die universelle Ausbildung der Nachrichtentechniker [hatte sich] in der Praxis als vorteilhaft erwiesen« und wurde ebenso wie die Einführung der Studienrichtung *Allgemeine Elektrotechnik* von den Praxisvertretern begrüßt.[48] Nach ihrem Vorschlag für einen Studienplan sollten die inhaltlichen Bestandteile der Physik und Mathematik zugunsten einer Einschränkung der Zeichenarbeiten erweitert werden. Weiterhin wurde eine Ausprägung der Wahlfächer im allgemeinbildenden und technischen Bereich des *Studium Generale* betont, um die individuelle Persönlichkeitsbildung der zukünftigen Elektroingenieure zu fördern.[49]

Tabelle 4: Studienplan für das Hauptstudium (5. bis 8. Semester) für Starkstrom- und Nachrichtentechnik nach den Vorschlägen der Elektroindustrie[50]

	Starkstromtechnik	Nachrichtentechnik
Theoretische Elektrotechnik	12	12
Elektrische Messtechnik II	5	6
Elektrische Maschinen und Transformatoren	18	–
Grundlagen der Nachrichtentechnik	–	6
Elektrische Anlagen	12	–
Bauelemente der Nachrichtentechnik	–	8
Hochspannungstechnik	10	–
Übertragungstechnik auf Draht- und Funkwegen	–	17
Kraftmaschinen und -anlagen	6	–
Apparate-, Signal- und Vermittlungstechnik	–	12
Nachrichtentechnik für Starkstromtechniker	9	–

48 ATIB/UA Hann., Akz. 2007/14, Bd. 2, Wünsche der Praxis, 18.11.1954, o. Pag.
49 Ebd.
50 Tabelle erstellt nach ebd.

(Fortsetzung)

	Starkstromtechnik	Nachrichtentechnik
Starkstromtechnik für Nachrichtentechniker	–	9
Stromrichter	2	–
Elektroakustik	–	4
Ausgewählte Kapitel der Physik	6	6
Betriebswirtschaftslehre	4	4
Allgemeinbildende Wahlfächer	7	7
Technische Wahlfächer	17	17
Summe	108	108

Die Praxisvertreter erstellten Studienpläne für das Hauptstudium in den Studienrichtungen *Starkstrom-* und *Nachrichtentechnik* und reicherten diese mit den von ihnen gewünschten Bestandteilen an (vgl. Tabelle 4). In diesen werden die Anforderungen an die Fachkenntnisse der Absolventen aus industrieller Perspektive ersichtlich. Wie im Grundstudium sollten die Semesterwochenstunden für das fünfte bis achte Semester knapp über 100 Stunden liegen, um die Studierenden nicht zu überlasten und ihnen genügend Zeit für das Selbststudium einzuräumen. Die gewünschten 108 SWS verteilten sich zu 27 Wochenstunden auf die einzelnen Semester und lagen damit zwei Stunden über dem Durchschnitt des Grundstudiums. Insbesondere die allgemeinbildenden und technischen Wahlfächer nahmen mit 24 Stunden fast ein Viertel der Ausbildung im Hauptstudium ein und ermöglichten den Studierenden in den sonst streng reglementierten Strukturen eine gewisse Freiheit. Zudem entsprachen diese Bestandteile den Wünschen der Industrie nach allgemein gebildeten Persönlichkeiten, die über ihre Fachkenntnisse hinaus ihr Wissensspektrum erweiterten.

Die Hauptstudienpläne für die *Starkstrom-* und *Nachrichtentechnik* sollten den Technischen Hochschulen die industriellen Anforderungen an die Absolventen verdeutlichen. Auf diese Weise legten die Praxisvertreter ihre Ansprüche an die Studieninhalte und deren Umfang dar. Sie sollten als Richtlinie für das Hauptstudium in den genannten Fachrichtungen gelten. Die Industrie wollte durch die Ausarbeitung der Studienpläne die Bedeutung einer inhaltlichen Absprache unterstreichen und eine explizite Abstimmung zwischen der Wissensvermittlung im Hochschulstudium und den geforderten Fachkenntnissen in der Berufspraxis voranbringen. Zudem wäre eine Angleichung dieses Ausbildungsabschnittes an den Hochschulstandorten für die elektrotechnischen und Elektrizitätsunternehmen eine Erleichterung gewesen, weil sie dadurch auf Absolventen mit gleichwertigen Kenntnissen hätten zugreifen können.

Die Entwicklung der Elektrotechnik brachte die Herausbildung weiterer Spezialgebiete mit sich, für welche die entsprechenden Absolventen benötigt wurden. An den meisten Technischen Hochschulen war es Anfang der 1960er Jahre üblich, eine Spezialisierung nach dem Vorexamen in den Fachrichtungen *Starkstrom-* oder *Nachrichtentechnik* zu wählen. Infolge der Wünsche von den Praxisvertretern hatte die TH Aachen in den 1950er Jahren zusätzlich die Fachrichtung *Allgemeine Elektrotechnik* eingerichtet.[51] Zudem bestand aufgrund der Forschungsschwerpunkte in Darmstadt und Braunschweig zusätzlich die Möglichkeit der Studienrichtung *Regelungstechnik*.[52] Für die Professoren der Elektrotechnik stellte die Unterteilung des Elektrotechnikstudiums in verschiedene Studienrichtungen allerdings keine Spezialisierung dar, sondern war lediglich als »Erleichterung des Ausbildungsprogrammes«[53] zu sehen. Schließlich beruhte die zu wählende Fachrichtung im Hauptstudium auf einem zwar nicht an allen Technischen Hochschulen einheitlichen, aber grundlagenorientierten Vorstudium. Aus diesem Grund erhielten Absolventen das *Diplom für Elektrotechnik*, auch wenn im Hauptstudium eine der genannten Studienrichtungen studiert worden war.[54]

Der VDE-Hochschulausschuss hatte sich bezüglich der gewünschten Absolventen mit den Praxisvertretern ausgetauscht und war unter Berücksichtigung eines Berichtes des ZVEI zu einem notwendigen Verhältnis von 55 zu 45 Prozent der Absolventen in *Starkstrom-* und *Nachrichtentechnik* gekommen. Dieser erhöhte Bedarf an Starkstromtechnikern begründete sich insbesondere im verstärkten Ausbau des Elektrizitätsnetzes durch die Elektrizitätsversorgungsunternehmen.[55] Auch wenn sich die Industrie in den Nachkriegsjahren explizit für einen »Allround-Ingenieur« ausgesprochen hatte, sorgten die ökonomischen Umstände und der Mangel an Elektroingenieuren dafür, dass die Praxisvertreter weiterhin allgemein und auf möglichst breitem Grundlagenwissen ausgebildete Absolventen der Elektrotechnik von den Technischen Hochschulen bekamen. Dennoch förderte der Ausbau eines funktionierenden und flächendeckenden Stromnetzes das Verlangen nach Spezialisten auf diesem Gebiet, um den gesellschaftlichen Bedürfnissen nach elektrischem Strom in allen Haushalten gerecht zu werden.

---

51 Ebd. 1961 konnte Allgemeine Elektrotechnik bereits an den Standorten in Aachen, Braunschweig, Darmstadt und München studiert werden. Vgl. ATIB/UA Hann., Akz. 2007/14, Bd. 4, Niederschrift über die 5. Tagung des Fakultätstages der Elektrotechnik am 20. und 21.4.1961 in Bad Nauheim, o. Pag.

52 UA Darmstadt, 202/17, Auszug aus der Niederschrift über die Sitzung des VDE-Hochschulausschusses vom 22.7.1961, o. Pag.

53 ATIB/UA Hann., Akz. 2007/14, Bd. 4, Niederschrift 5. Fakultätstag der Elektrotechnik, o. Pag.

54 Ebd.

55 UA Darmstadt, 202/17, VDE-Hochschulausschusses vom 22.7.1961, o. Pag.

Schlussbetrachtung

Nach dem Zweiten Weltkrieg hatten die westdeutschen Besatzungsmächte und die deutsche Gesellschaft das Ziel, die zerstörten Gebäude und Unternehmen schnell wiederaufzubauen. Für die Beseitigung der Kriegsschäden und um Deutschland wieder wirtschaftsfähig zu machen, wurden Ingenieure aller Fächer von Industrie und Wirtschaft benötigt. Die Professoren der Elektrotechnik, die an den Technischen Hochschulen der BRD lehrten, und die Elektroindustrie waren sich als Akteure gleichermaßen einig, dass nur eine qualitativ hochwertige technische Hochschulausbildung die Leistungsfähigkeit der elektrotechnischen Industrie im internationalen Wettbewerb gewährleisten konnte und die Schäden einer Vernachlässigung sich nicht nur auf die deutsche Wirtschaft, sondern auch auf die deutsche Gesellschaft auswirken würden. Dadurch war die gesellschaftliche Bedeutung der Diplomingenieure der Elektrotechnik gestiegen und die Hochschulausbildung in das öffentliche Interesse gerückt. In diesem Zusammenhang führten die Erinnerungen an den technologisch geführten Zweiten Weltkrieg zu einem Umdenken in Bezug auf die Verwendung der Technik. Auf dem *Internationalen Kongress für Ingenieurausbildung* im Jahr 1947 wurde die Notwendigkeit von hoch ausgebildeten Ingenieuren zum Ausdruck gebracht und die Vermittlung eines bewussten Umgangs mit den technischen Möglichkeiten bereits während der Hochschulausbildung betont. An einigen Technischen Hochschulen war dieser Anforderung zwar durch die Etablierung eines *Studium Generale*[56] nachgekommen worden, aber aufgrund der hohen Anzahl von Semesterwochenstunden wurde diese Möglichkeit der Allgemeinbildung kaum von den Studierenden genutzt.[57] Dieser Aspekt wurde ab Mitte der 1950er Jahre nicht mehr von den elektrotechnischen Verbänden aufgegriffen und im Zuge des zunehmenden Mangels an Absolventen der Elektrotechnik in den Hintergrund gedrängt. Dagegen waren der Ausbau der Studienplätze und die fachlichen Inhalte der Hochschulausbildung in den Vordergrund getreten, um die dringend benötigten Elektroingenieure bereits während der Studienjahre nach den Anforderungen der Industrie auszubilden und zu formen.

Ein wichtiger Bestandteil des Studiums blieb die Vor- und Fachpraxis. Die Industrie hatte versucht, auf diesen Aspekt Einfluss zu nehmen, indem sie beispielsweise mehr Praxisplätze zur Verfügung stellte. Dafür wollte sie in die inhaltliche Abstimmung miteinbezogen werden, um Theorie und Praxis besser

56 Im Jahr 1951 wurde das *Studium Generale* an der Technischen Universität Berlin eingeführt. Vgl. dazu Hermann-Josef Rupieper, Die Wurzeln der westdeutschen Nachkriegsdemokratie. Der amerikanische Beitrag 1947–1952, Opladen 1993, S. 147.

57 UA Darmstadt, 202/118, Schreiben des Kulturreferats des AStA an den Dekan der Fakultät für Elektrotechnik, Prof. Dr.-Ing. O. Zinke, der Technischen Hochschule Darmstadt vom 22.7.1960, o. Pag.

miteinander zu koordinieren. Obwohl die Professorenschaft dies ablehnte, stimmten sie Ende der 1960er Jahre wenigstens dem Wunsch nach einheitlichen Anforderungen für die Praktika zu und erleichterten der Elektroindustrie die praktische Ausbildung der Studierenden.

Der industriellen Forderung nach einer Vereinheitlichung des Grundstudiums war keine praktische Umsetzung gefolgt, da die Professoren für Elektrotechnik keinen Handlungsbedarf für weitere inhaltliche Abstimmungen sahen. Für die Hochschulakteure stellten die gemeinsam verfassten *Darmstädter Empfehlungen* von 1952 ein Entgegenkommen dar, auch wenn es sich dabei lediglich um Richtlinien handelte und jede einzelne Technische Hochschule entscheiden konnte, in welchem Umfang sie die Vorgaben umsetzte.

Obwohl die Elektroindustrie in den Nachkriegsjahren für einen »Allround-Ingenieur«[58] plädierte und den Wunsch nach einem Studiengang *Allgemeine Elektrotechnik* geäußert hatte, lockerten sich die Ansichten im Zuge des zunehmenden Nachwuchsmangels. Nur wenige Hochschulstandorte kamen dem industriellen Drängen nach, sodass in den 1960er Jahren lediglich an den Technischen Hochschulen in Aachen, Braunschweig, Darmstadt und München ein solcher allgemeiner Studiengang existierte.[59] Die stetig zunehmende Differenzierung innerhalb der Elektrotechnik spielte ebenfalls eine entscheidende Rolle, weil die Wissensbestände gleichermaßen zunahmen und zu weiteren Fachrichtungen sowie Spezialgebieten führten. Im Rahmen des Studiengangs *Allgemeine Elektrotechnik* sollten die Elektroingenieure die Grundlagen erhalten, um sich möglichst schnell in neue Gebiete des Faches einarbeiten zu können. Für die Elektroindustrie nahmen die Fachrichtungen *Starkstrom-* und *Nachrichtentechnik* einen höheren Stellenwert ein, sodass die Praxisakteure für eine Ausbildung in diesen Teilbereichen der Elektrotechnik plädierten. Mithilfe von eigens ausgearbeiteten Hauptstudienplänen in den genannten Teilbereichen der Elektrotechnik versuchte die Industrie zwar auf die geforderten Ausbildungsschwerpunkte aufmerksam zu machen, aber die Professoren der Elektrotechnik nahmen die vorgeschlagenen Studienfächer und deren Richtzahlen lediglich zur Kenntnis. Die Hochschulvertreter sahen weder einen Handlungsbedarf für inhaltliche Änderungen noch für eine Abstimmung des Hauptstudiums an allen Ausbildungsstätten.

Beide Akteure hatten sich mit den schriftlichen Dokumenten des anderen beschäftigt, es bestanden jedoch kaum Plattformen für eine direkte Diskussion. Der Hochschulausschuss des VDE sollte eine solche Austauschplattform sein, analysierte das Studium der Elektrotechnik und entwickelte Denkschriften, in denen er sowohl auf die Probleme in der Hochschulausbildung und auf den

58 Bauer, Allround-Ingenieur, S. 410.
59 ATIB/UA Hann., Akz. 2007/14, Bd. 4, Niederschrift 5. Fakultätstag der Elektrotechnik, o. Pag.

Mangel an Elektroingenieuren hinwies als auch den Anspruch einer Verbesserung der Ausbildung an den Technischen Hochschulen äußerte. Als Reaktion bewerteten und kritisierten die Hochschulakteure die Forderungen und Wünsche der Elektroindustrie und ihrer Verbände. Schlussendlich dominierten die Ansichten und Meinungen der Professorenschaft weiterhin die Studienpläne.

Grundsätzlich war die Einflussnahme der Elektroindustrie auf das Studium der Elektrotechnik eher gering. Sie konnte zwar ihre Anforderungen und Ansprüche an die vermittelten Wissensbestände über ihre Verbände an die Hochschulvertreter herantragen, aber letztendlich entschieden die Technischen Hochschulen im Allgemeinen und die Professoren der Elektrotechnik im Speziellen über die Studienfächer und deren Umfang in ihren Lehrveranstaltungen. Lediglich die regelmäßigen Denkschriften und Bedarfsanalysen der elektrotechnischen Verbände konnten auf die gesellschaftliche und wirtschaftliche Notwendigkeit, um beispielsweise das Strom- und Telefonnetz stetig weiter auszubauen, aufmerksam machen. Infolge der Dringlichkeit des Bedarfs an Absolventen setzten sich die Professoren für den Ausbau der Elektrotechnik an den Technischen Hochschulen ein. Dies führte insbesondere im Rahmen der Hochschulexpansion der 1960er Jahre zu einer Erweiterung der Studienplätze. Die Frage danach, ob diese Ausdehnung der Studienkapazitäten die von der Elektroindustrie benötigten Absolventen hervorgebracht und dadurch den Mangel an Elektroingenieuren beseitigt hat, lässt Raum für weitere Untersuchungen.

Elisabeth Westphal

Hochschulpolitische Entwicklungen in West- und Mitteleuropa in der zweiten Hälfte des 20. Jahrhunderts

Abstract
Higher education and higher education institutions are interesting fields of research, through which changes towards an increasing Europeanisation both in orientation and content can be exemplified. Within the second half of the twentieth century, major changes had taken place within the European context and within single European nation states. These transformations were triggered by altering societies, economies, (socio-)political circumstances and demands on human beings. The focus of this essay is on aspects such as: the Europeanisation of higher education; the relationship between nation states and their higher education systems respectively universities; the role of the European Union; the influence of economy and markets on universities; the modernization of administration and the formation of the European Higher Education Area.

Hochschulen und Hochschulbildung stellen ein interessantes Politikfeld dar, anhand dessen Veränderungen einer zunehmenden Europäisierung in Orientierung und Inhalt ersichtlich werden.[1] Sowohl im europäischen Kontext als auch in den einzelnen europäischen Nationalstaaten haben sich einige starke Veränderungen in der zweiten Hälfte des 20. Jahrhunderts zugetragen, die durch eine sich wandelnde Gesellschaft und Wirtschaft sowie durch (sozial)politische Verhältnisse und Anforderungen an die Menschen motiviert wurden. Diese Entwicklungen wurden von unterschiedlichen AkteurInnen zum Teil zu verschiedenen Zeitpunkten forciert. Der Beitrag nimmt daher die Europäisierung der Hochschulbildung, das Verhältnis der Nationalstaaten und ihrer Hochschulsysteme beziehungsweise Universitäten, die Rolle der Europäischen Union, den Einfluss der Wirtschaft und des Marktes auf die Universitäten sowie die Modernisierung der Verwaltung in den Blick und fragt schließlich nach der Entstehung eines sogenannten Europäischen Hochschulraumes.

1 Der vorliegende Beitrag basiert auf Teilergebnissen meiner Dissertation, die 2020 in Buchform erscheint. Da sie noch nicht publiziert wurde, kann es zu Textgleichheiten kommen, die nicht unbedingt ausgewiesen sind. Vgl. dazu auch Elisabeth Westphal, Die Bologna-Reform. Policy Making in Europa und Österreich, (unpubl. Diss. Wien) 2017.

Wenngleich die Veränderungen im ehemaligen Ostblock durch die Ereignisse um 1989/90 sowohl zu starken Umbrüchen innerhalb des ehemaligen sowjetischen Hochschulmodells als auch zum Aufgreifen der Idee beitrugen, einen Europäischen Hochschulraum zu forcieren, um über die Bildung zu einer europäischen Integration und zur Forcierung demokratischer Werte beizutragen, liegt der Fokus dieses Beitrags auf West- und Mitteleuropa.

1. Europäische Union

Bildung beziehungsweise Hochschulbildung waren in den ersten europarechtlichen Verträgen nicht enthalten, da die Nationalstaaten die Oberhoheit über diese und ihre teilweise sehr unterschiedlichen Systeme behalten wollten.[2] Einige Überlegungen in den 1960er Jahren sollten den Grundstein für Veränderungen im hochschulpolitischen Feld legen, die à la longue einen Einfluss auf die Zuständigkeiten hatten.

1.1. Bildung, Hochschulbildung und Berufsbildung in der Europäischen Union

Die bis dahin nicht thematisierten Bereiche Bildung und Kultur wurden Ende der 1960er Jahre als Schlüssel für die Weiterentwicklung der Europäischen Union (EU) gesehen, die sich von einer Wirtschafts- und Handelsgemeinschaft in eine politische verwandeln sollte. Diese Entwicklung wurde von nationalstaatlicher Seite mit Vorbehalten wahrgenommen. Dennoch einigten sich 1976 die Mitgliedsstaaten mit supranationalen Organen zumindest auf eine partielle Öffnung in limitierten Bildungsprogrammen, jedoch unter zwei Bedingungen: Es sollten keine Harmonisierungsbestrebungen oder Standards im Bildungsbereich existieren und eine Implementierung der Bildungsprogramme durch die Mitgliedsstaaten selbst sollte vermieden werden.[3]

Interessante Einblicke geben Elsa Hackls Forschungsergebnisse, die sich mit bildungsnahen Bereichen wie der Berufsausbildung (*vocational training*), der

2 Cornelia Racké, The Emergence of the Bologna Process. Pan-European instead of EU Governance, in: Dynamics and Obstacles of European Governance, hg. von Dirk De Bièvre und Christine Neuhold, Cheltenham/Northampton 2007, S. 29–49, hier S. 40f.

3 Anne Corbett, Universities and the Europe of Knowledge. Ideas, Institutions and Policy Entrepreneurship in European Union Higher Education Policy, 1955–2005, Basingstoke/New York 2005; Guy Neave, The Bologna Declaration. Some of the Historic Dilemmas Posed by the Reconstruction of the Community in Europe's Systems of Higher Education, in: Educational Policy 17 (2003), H. 1, S. 141–164, hier S. 148f.

gegenseitigen Anerkennung formaler Diplome und Zertifikate innerhalb der EU und in weiterer Konsequenz mit der Mobilität von Personen (etwa Studierenden) und Dienstleistungen auseinandergesetzt hat. So begannen bereits 1963 Umwälzungen mit einer Vorkehrung, die ermöglichen sollte, dass Personen eine passende Ausbildung erhalten können, unter Berücksichtigung ihrer freien Wahl der Beschäftigung sowie des Ausbildungs- und Arbeitsortes. In den Folgejahren wurden mehrere Direktiven zur Anerkennung von Diplomen beispielsweise in medizinischen und gesundheitlichen Berufen verabschiedet.[4]

1988 einigten sich die EU-Mitgliedsstaaten auf eine Richtlinie für die Anerkennung von Hochschuldiplomen nach Vollendung einer mindestens dreijährigen Berufsausbildung (*professional education and training*) an einer Universität oder Hochschule.[5] Alle Hochschuldiplome würden – gemäß den nationalen Regelungen – auch als Studienabschluss gelten. Grundvoraussetzung dafür war, dass diese Berufsausbildung im postsekundären Bereich und damit nach erfolgreichem Abschluss einer Matura oder eines Abiturs stattgefunden hatte.[6] Diese Direktive war entstanden, da die schrittweise Harmonisierung von berufsbildenden Curricula als sehr zeitaufwendig betrachtet worden war und man sich dadurch einen Einfluss auf geisteswissenschaftliche Fächer erhoffte.[7]

In drei europarechtlich interessanten Fällen (Forchieri-Fall/1983, Gravier-Fall/1985, Blaizot-Fall/1988) kam es in den 1980er Jahren zu einigen Urteilssprüchen durch den Europäischen Gerichtshof, die einerseits Hochschulbildung unter Berufsausbildung zusammenfassten, da jede Form der Bildung zum Erwerb von Kenntnissen, Fertigkeiten und somit Berufsqualifikationen in irgendeiner Art führen würde. Andererseits wurde das Recht der Studierenden auf freie Mobilität innerhalb der EU-Staaten sowie die Gleichbehandlung in puncto Zugang und Studiengebühr festgeschrieben.[8]

Insbesondere der Fall Gravier und die Auslegung des Europäischen Gerichtshofes dürften letztlich zur Etablierung des Comett- und 1987 des Erasmus-Programms und somit zu organisierter Studierendenmobilität geführt haben.[9] Die Forcierung von Mobilität als unterstützendes Momentum wissenschaftlicher

4 Elsa Hackl, Towards a European Area of Higher Education. Change and Convergence in European Higher Education. EUI Working Papers. RSC Nr. 2001/09, http://cadmus.eui.eu/handle/1814/1718 (28.5.2019), S. 6ff.

5 European Council, Council Directive of 21 December 1988 on a General System for the Recognition of Higher Education Diplomas Awarded on Completion of Professional Education and Training of at Least Three Years Duration, 89/48/EEC, http://eur-lex.europa.eu/LexUriServ/LexUriServ.do?uri=CELEX:31989L0048:EN:HTML (28.5.2019).

6 Ebd., S. 1f.

7 Hackl, European Area, S. 8.

8 Thomas Walter, Der Bologna-Prozess. Ein Wendepunkt europäischer Hochschulpolitik?, Wiesbaden 2006, S. 95f.

9 Neave, Bologna Declaration, S. 147.

Zusammenarbeit und Weiterentwicklung innerhalb der EU sollte den Zusammenhalt stärken und, wie im ersten Erasmus-Programm festgehalten wurde, durch universitäre Kooperationen die Qualität von Bildung, die Mobilität von Lehrenden und Studierenden sowie die Wettbewerbsfähigkeit der Staatengemeinschaft steigern.[10] Sämtliche Merkmale wurden später durch die *Bologna Deklaration* auf unterschiedliche Weise aufgenommen.[11]

Die von der EU den Mitgliedsstaaten und Hochschulen zur Verfügung gestellten finanziellen Mittel im Rahmen von Erasmus waren an gewisse Regeln, wie die Einführung des *European Credit Transfer System* (ECTS) gebunden.[12] Die stark zunehmende Studierendenmobilität zeigte auch die starke Diversität der Hochschulsysteme,[13] und dass ein europäisches Hochschulsystem bestenfalls eine *metaphysische Abstraktion* war, da jedes Hochschulsystem seine Besonderheiten aufwies.[14] Nationalstaatliche Bedenken wurden durch Probleme der Anerkennung international erworbener studentischer universitärer Leistungen an ihren Stammuniversitäten sichtbar, die teilweise partiell bis gar nicht stattfand. Eine auf diese Weise verlängerte Studiendauer sowie zusätzliche Kosten waren das unerwünschte Resultat. Die institutionellen Charakteristika, die ehemals die nationale Identität ausdrückten, wurden zunehmend als Behinderung der Studierendenmobilität gesehen.

Zusammenfassend leisteten die skizzierten Veränderungen allesamt einen Beitrag zu einer steigenden Europäisierung im Bildungsbereich und dem in der *Sorbonne Deklaration* und *Bologna Deklaration* angesprochenen Ziel, eine »European Area of Higher Education« zu etablieren.[15] Davon abgesehen, wurde die Idee eines Europäischen Hochschulraumes bereits 1995 im Socrates-Erasmus-Programm vorgeschlagen (»creation of an open European area for cooperation in education«).[16] Die Definitionen von *education* und *training* verschwammen im Zuge der Entwicklung und der Verabschiedung einiger EU-

10 Elsa Hackl, The Intrusion and Expansion of Community Policies in Higher Education, in: Higher Education Management. Journal of the Programme on Institutional Management in Higher Education 13 (2001), H. 3, S. 99–115, hier S. 102; Dies., European Area, S. 10ff.

11 The Bologna Declaration of 19 June 1999. Joint Declaration of the European Ministers of Education, Bologna.

12 Racké, Emergence, S. 41.

13 Jeroen Huisman und Marijk Van der Wende, The EU and Bologna. Are Supra- and International Initiatives Threatening Domestic Agendas?, in: European Journal of Education 39 (2004), H. 3, S. 349–357, hier S. 351.

14 Neave, Bologna Declaration, S. 150.

15 Sorbonne Joint Declaration. Joint Declaration on Harmonisation of the Architecture of the European Higher Education System by the Four Ministers in Charge for France, Germany, Italy and the United Kingdom (Paris, 25.5.1998), S. 3; The Bologna Declaration of 19 June 1999, S. 1.

16 Hackl, European Area, S. 20.

Verträge (beispielsweise *Vertrag von Maastricht* [1992]), womit auch eine Verwässerung von akademischer und beruflicher Bildung einherging.[17]

1.2. Rollenverteilung im europäisch-hochschulpolitischen Feld

Hinsichtlich der Rollenverteilung gab es ebenfalls Änderungen. Durch die Finanzierung der Erasmus-Programme waren nicht die Nationalstaaten, sondern die Europäische Kommission Ansprechpartner der Universitäten und ihrer Angestellten, die ihrerseits eigene Einheiten für die Abwicklung der Mobilitätsprogramme schufen. Auch die Regierungen vernetzten sich zunehmend und Erasmus wurde dadurch ein zusätzliches Thema bei MinisterInnentreffen und Verwaltungstreffen der GeneraldirektorInnen beziehungsweise der Sektionschefs für Hochschulbildung. Diese neuen Strukturen führten zu einem Ansteigen des Wissens um europäische Hochschulbildung in Ministerien und in der Europäischen Union, aber auch zu einer Ausweitung der EU-Kompetenzen im bildungspolitischen Bereich. Dadurch erhielt die EU letztlich mehr Einfluss auf die Gestaltung der Hochschulbildung auf nationaler Ebene.[18] Diese Entwicklungen bedingten zudem eine Veränderung der Macht- beziehungsweise Einflussverhältnisse der EU in hochschulpolitischen Belangen. Durch die Initiativen zur Anerkennung von Berufsausbildungen und eine dadurch steigende Personenmobilität, etwa durch das Erasmus-Programm und die Schiedssprüche des Europäischen Gerichtshofs, stieg der Einfluss der EU auf ihre Mitgliedsstaaten. So wurden die Entscheidungskompetenzen der Nationalstaaten einerseits beeinflusst beziehungsweise eingeschränkt, andererseits eröffneten diese Veränderungen den europäischen BürgerInnen Möglichkeiten, die in dieser Form zuvor nicht existiert hatten.[19] Trotz der steigenden Studierendenmobilität, die von den EU-Mitgliedsstaaten positiv aufgenommen wurde, waren sie sich ihres Kontrollverlustes bewusst und blieben EU-Kooperationen gegenüber skeptisch. Das Gros der Nationalstaaten befürchtete einen Einflussverlust sowie eine steigende Harmonisierung durch erweiterte EU-Kompetenzen.[20]

---

17 Ebd., S. 7. Vertiefende Literatur zur Annäherung des berufsbildenden und hochschulischen Bereichs findet sich in der umfangreichen Studie von Lukas Graf, The Hybridization of Vocational Training and Higher Education in Austria, Germany and Switzerland, Opladen u. a. 2013.

18 Hackl, Intrusion, S. 103f.; Dies., European Area, S. 6, 14f.

19 Dies., European Area, S. 7.

20 Racké, Bologna Process, S. 10.

1.3. *Vertrag von Maastricht* und seine Folgen

In bildungspolitischer Hinsicht ist der *Vertrag von Maastricht* (1992) sehr interessant, da die Bildung – und nicht nur Berufsbildung – hier zum ersten Mal in einem europäischen Vertrag ausführlich behandelt wurde. Durch den Vertrag wurde die EU in ihrer jetzigen Form gegründet und dadurch eine europäische politische Integration ermöglicht. Er basiert auf drei Pfeilern: den europäischen Gemeinschaften, der gemeinsamen Außen- und Sicherheitspolitik und der polizeilichen und juristischen Zusammenarbeit in Strafsachen. Die Inhalte und Konstruktionen unterscheiden sich insofern, als nur im ersten Pfeiler die Macht der EU auf weitere Politikfelder ausgedehnt wurde; im zweiten und dritten Pfeiler gelten dagegen andere, die EU-Kompetenzen einschränkende Regeln beziehungsweise besaßen die EU, der Europäische Gerichtshof und das Europäische Parlament überhaupt keinen Einfluss.[21] Das heißt, im ersten Bereich wurden Entscheidungen meist supranational, nach der sogenannten Gemeinschaftsmethode (Mehrheitsprinzip des EU-Rates und Beteiligung des Europäischen Parlaments) getroffen, in den beiden neu eingeführten Bereichen galt vorwiegend das zwischenstaatliche Prinzip. Bildung, im ersten Pfeiler angesiedelt, wurde eingehend behandelt; gleichzeitig wurden die Verantwortungsbereiche der Nationalstaaten für (hoch)schulische und berufliche Bildung ganz klar hervorgehoben.[22] Die Möglichkeiten für Aktivitäten der Kommission wurden auf jene Bereiche beschränkt, in denen die Mitgliedsstaaten keine gemeinsamen Zielsetzungen erreichen konnten und in denen die Qualität der Bildung auf europäischer Ebene betroffen war.[23] Hochschulbildung wird nicht explizit erwähnt, jedoch gibt es einen indirekten Bezug im Artikel 126 (2), in dem Mobilitätsbestrebungen von Studierenden und Lehrenden sowie die Anerkennung von Diplomen und im Ausland absolvierten Studienzeiten angeführt werden.[24]

Trotz der neuen Regelungen, durch die der Europäischen Kommission keine gestaltende Kompetenz im Bildungsbereich zukam, äußerte sie sich zwischen

21 Siehe dazu den online einsehbaren Vertrag von Maastricht über die Europäische Union, 7.10.1992, http://europa.eu/legislation_summaries/institutional_affairs/treaties/treaties_maastricht_de.htm (28.5.2019).

22 Artikel 126 (1) des Maastricht-Vertrages: »The Community shall contribute to the development of quality education by encouraging cooperation between Member States and, if necessary, by supporting and supplementing their action, while fully respecting the responsibility of the Member States for the content of teaching and the organization of education systems and their cultural and linguistic diversity.« Vgl. Treaty on European Union. Signed at Maastricht on 7 February 1992 (92/C 191/01), in: Official Journal of the European Communities 35, 29.7.1992, http://eur-lex.europa.eu/legal-content/EN/TXT/PDF/?uri=OJ:C:1992:191:FULL&from=DE (28.5.2019).

23 Neave, Bologna Declaration, S. 153.

24 Vgl. Artikel 126 (2) des Maastricht-Vertrages, abgedruckt in: Treaty on European Union.

1991 und 2000 zu vielen Bildungs- und Hochschulbildungsthemen,[25] jedoch blieb ihr nur die Möglichkeit unverbindlicher Schriften (beispielsweise Memoranden oder gewisse Farbbücher).[26] In diesen wurde die wesentliche Rolle von Bildung und Hochschulbildung in einer sich rapide verändernden Gesellschaft mit neuen Informationstechniken und Kommunikationsmedien hervorgehoben, die zu schnelleren ökonomischen Veränderungen und Herausforderungen führten. Somit waren nach Auffassung der Europäischen Kommission mehr Innovation und Mobilität innerhalb Europas vonnöten sowie politisch koordinierte Handlungen gefordert.[27] Viele der von der Kommission angesprochenen Themen (wie Vereinfachung des Hochschulzugangs, verbesserte Durchlässigkeit und Zusammenarbeit von Hochschulen und Unternehmen, stärkere Zusammenarbeit in Mobilitätsfragen, lebenslanges Lernen, Entwicklung einer Informationsgesellschaft, Globalisierung der Wirtschaft)[28] finden sich interessanterweise – direkt oder indirekt angesprochen – auch in der unverbindlich gestalteten *Bologna Deklaration* und den Folgecommuniqués wieder. Von diesem Standpunkt aus betrachtet war die Kommission, trotz ihrer fehlenden Kompetenz im Bildungsbereich, maßgeblich an der Vorgabe von (zu behandelnden) Themen beteiligt, wenn auch nicht direkt.

Den soeben beschriebenen kommissionellen Aktivitäten und Papieren wurde einiges an Kritik entgegengebracht, da sich Papiere wie das *Memorandum on*

25 Für weiterführende Literatur zu Gesetzen, verabschiedeten Papieren, Initiativen und Vorschlägen der Europäischen Kommission im Bildungsbereich siehe Thomas Walter, Der Bologna-Prozess. Ein Wendepunkt europäischer Hochschulpolitik? (Forschung Pädagogik), Wiesbaden 2006.

26 Ursprünglich wurden unter »Farbbüchern« oder »Buntbüchern« die »amtlichen Veröffentlichungen zur Regierungspolitik, besonders zur Außenpolitik (in farbigem Umschlag)«, verstanden. Den Staaten waren dabei spezielle Farben zugeschrieben: Großbritannien verwendete »Blaubücher«, Deutschland »Weißbücher« und Österreich, Spanien sowie z. T. die USA nutzten Rotbücher. Vgl. Annette Zwahr (Hg.), Der Brockhaus in fünf Bänden, Bd. 2: Eit-Isk, Leipzig [10]2004, S. 1311. Die Verwendung von »Farb- oder Buntbüchern« im EU-Kontext hat eine gänzlich andere Bedeutung als die von Regierungen verfassten Farbbücher zur Rechtfertigung ihres (außen-)politischen Handelns. »Grünbücher« wurden von der EU 1984 und »Weißbücher« 1985 eingeführt. Waldemar Hummer (Die Bunt- oder Farbbücher der EU. Fußnoten eines Europarechtlers, in: Die Wiener Zeitung vom 24. 5. 2006) beschreibt diese wie folgt: »*Grünbücher* sind von der Kommission veröffentlichte Mitteilungen, die der Initiierung einer Diskussion über einen bestimmten Politikbereich dienen. Sie sollen also einen Konsultationsprozess auf europäischer Ebene über ein spezielles Politikfeld einleiten. [...] *Weißbücher* [enthalten] konkrete Vorschläge für ein Tätigwerden der Gemeinschaft in einem bestimmten Politikbereich. Sie folgen ab 1993 regelmäßig auf Grünbücher und fassen die auf diese bezogenen Konsultationen zusammen.«

27 Walter, Bologna-Prozess, S. 102–110.

28 Vgl. dazu Memorandum on Higher Education in the European Community, COM (91) 349 final, 5. 11. 1991; Memorandum on Vocational Training in the EC in the Nineties, COM (91) 388 final, 12. 11. 1991; Europäische Kommission, Weißbuch Lehren und Lernen. Auf dem Weg zur kognitiven Gesellschaft, COM (95), Brüssel 1995.

Higher Education (1991) sehr stark an wirtschaftlichen Bedürfnissen orientierten. Die Modernisierung und die Aufgaben der Hochschulen wurden der Wirtschaft untergeordnet. Der Vorwurf von Fachvertretern wie der Association of European Universities (CRE) bezog sich auf Unverständnis der universitären Natur. Voldemar Tomusk sieht dieses häufig vernachlässigte Papier als Indikator für die wahren Interessen der EU, die seiner Meinung nach ausschließlich ökonomischer Natur sind. Das heißt, dass durch eine Neustrukturierung der europäischen Hochschulbildung die Wettbewerbsfähigkeit und der Erfolg weltweit gesteigert werden könnten.[29] Anne Corbett zeigt zwar, dass durch das Weißpapier *Growth, Competitiveness and Employment* von 1993 ein anderer Weg beschritten wurde, indem man sich in strategischen konzeptionellen Zielen nun verstärkt auf »knowledge« beziehungsweise Wissen, weniger auf die Wirtschaft konzentrierte, und somit den Grundstein für die Entwicklung der Lebenslanges-Lernen-Strategie legte.[30] Spätestens ab 1997 wurde »Wissen« allerdings wieder stärker in Verbindung mit Wirtschaft gebracht, wie entsprechende Ausführungen zur wissensbasierten Ökonomie zeigen werden.

Wie gezeigt werden konnte, war das Machtverhältnis zwischen den nationalen AkteurInnen – den Nationalstaaten und ihren Hochschulen – nachhaltig verändert worden[31] und Hochschulbildung wurde ein europapolitisches Thema, das, so Guy Neave, parallel zu nationalen Politiken betrieben wird und ebenso auf die institutionellen Ebenen direkten Einfluss hat.[32] Diese Veränderungen bedingten die nationalstaatlichen Vorbehalte und Sensibilitäten im hochschulpolitischen Bereich gegenüber einem möglichen *feindlichen* Eindringen der EU.[33]

2. Nationalstaaten und Hochschulbildung

Bildung beziehungsweise Hochschulbildung gehören zum Kompetenzbereich der Nationalstaaten und waren daher in den ursprünglichen europarechtlichen Verträgen nicht enthalten. Die Oberhoheit über Bildung und die teilweise sehr

29 Voldemar Tomusk, Melancholy and Power. Knowledge and Propaganda. Discussing the Contribution of the Bologna Process to Higher Education Research in Europe, in: The Bologna Process and the Shaping of the Future Knowledge Societies. Conference Report from the Third Conference on Knowledge and Politics. The University of Bergen May 18–20th 2005, hg. von Tor Halvorsen und Atle Nyhagen, Oslo 2005, S. 44–54, hier S. 49.

30 Anne Corbett, Ping Pong. Competing Leadership for Reform in EU Higher Education 1998–2006, in: European Journal of Education. Research. Development and Policy 46 (2011), H. 1, S. 36–53, hier S. 40.

31 Neave, Bologna Declaration, S. 142–150, 159.

32 Ebd., S. 150.

33 Ebd., S. 147.

unterschiedlichen Systeme wollten die Nationalstaaten behalten. Der hohe Stellenwert, der Bildung beigemessen wurde, lag in ihrem Beitrag für die Staatenbildung, der Formierung nationaler Identitäten, der Förderung und Entwicklung nationaler Sprachen, Kulturen und Geschichte sowie in der Formierung nationaler Eliten. Bildung oder Bildungskooperationen waren somit ursächlich kein Bestandteil der europäischen Integration.[34] Diese wenig vorteilhaften Voraussetzungen für eine Annäherung der nationalen Hochschulsysteme und die anvisierte Etablierung eines Europäischen Hochschulraumes sollten sich gegen Ende des 20. Jahrhunderts auf unterschiedlichen Ebenen und aus mannigfachen Gründen langsam verändern.

Bereits in den mittelalterlichen Universitäten entstanden einige Konfliktpotentiale, die nach wie vor – wenn auch in unterschiedlicher Weise – bestehen: Spannungen zwischen Berufsausbildung und allgemeiner Bildung, das Verständnis von Autonomie sowie die Gefahr, dass staatliche Unterstützung die intellektuelle Integrität zu beeinflussen versuche.[35] Die Verbindung von Nationalstaaten und Universitäten ist eine historische und geht auf die Entstehungszeit der europäischen Nationalstaaten zurück. Diese bedingte durch die neue Organisation der Länder eine Veränderung des mittelalterlichen Konzepts und der Institution »Universität« in jene Form, die bis heute unter dem Begriff »moderne Universität« firmiert.

Die »moderne Universität« Kontinentaleuropas orientierte sich in ihrer Entwicklung an zwei Modellen, die auf das 19. Jahrhundert zurückgehen: der napoleonischen Universität (französische Tradition) beziehungsweise der humboldtschen Universität (preußische Tradition). Das napoleonische Universitätsmodell unterschied sich vom humboldtschen in erster Linie durch seinen Fokus auf die Ausbildung von höheren Berufen (von Beamten, Offizieren, reglementierten wissenschaftlichen Berufen) und die starke staatliche Kontrolle. Das preußische, liberal orientierte Modell vertrat die Idee der Lehr- und Forschungsfreiheit sowie die Verbindung von Forschung und Lehre, obgleich die Forschung erst im Laufe der Zeit eine ebenbürtige Rolle einnahm.[36] Beide Mo-

34 Racké, Bologna Process, S. 10; Ulrike Vogel, Der historische Kontext von Standardsprachigkeit. Zu Unterschieden und Gemeinsamkeiten innerhalb Europas, in: Mehrsprachigkeit aus der Perspektive zweier EU-Projekte. DYLAN meets LINEE, hg. von Cornelia Hülmbauer, Eva Vetter und Heike Böhringer (Sprache im Kontext 34), Frankfurt a.M. 2010, S. 75–98, hier S. 77f., 83.

35 Stephen Lay, The Interpretation of the Magna Charta Universitatum and Its Principles, Bologna 2004, S. 19.

36 Christophe Charle, Grundlagen, in: Geschichte der Universität in Europa, Bd. 3: Vom 19. Jahrhundert zum Zweiten Weltkrieg 1800–1945, hg. von Walter Rüegg, München 2004, S. 43–80, hier S. 52–57; Walter Rüegg, Themen. Probleme. Erkenntnisse, in: Geschichte der Universität in Europa, Bd. 3: Vom 19. Jahrhundert zum Zweiten Weltkrieg 1800–1945, hg. von dems., München 2004, S. 17–41, hier S. 18f.; Ders., Themen. Probleme. Erkenntnisse, in:

delle unterschieden sich in ihren Machtverhältnissen gegenüber dem englischen Hochschulwesen dadurch, dass sich in Kontinentaleuropa die staatlich kontrollierte und finanzierte Universität etablierte, während in England bis zum Beginn des 20. Jahrhunderts die universitäre Selbstverwaltung vorherrschte beziehungsweise Hochschulbelange durch gewisse Körperschaften gemeinsam mit dem Staat geregelt wurden.[37] Anders als die kontinentalen Universitäten waren sie damals weitgehend selbstfinanziert. Ab der Mitte des 19. Jahrhunderts kam es mit dem Einzug der Forschung und einer Erweiterung des allgemeinen Fächerkanons (beispielsweise traten die Fachbereiche Geschichte, Naturwissenschaften und Fremdsprachen neu hinzu) sowie einer zunehmenden staatlichen Finanzierung auch in England zu Veränderungen. Von einem britischen Modell kann allerdings erst ab der Mitte des 20. Jahrhunderts gesprochen werden, da das Hochschulwesen davor sehr heterogen gewesen war.[38]

Trotz der Orientierung an den drei Modellen und gewisser grundlegender Ähnlichkeiten variierten die institutionellen Formen – durch den kulturellen Kontext bedingt – teilweise erheblich.[39] Zumeist werden die Hochschularten und -rechte, die akademischen Abschlüsse sowie die Hochschulfinanzierung auf der nationalen und nicht auf der regionalen Ebene organisiert.[40]

Immer wieder gab es in der Geschichte der Nationalstaaten und ihrer Universitäten Phasen von unterschiedlich engem Verhältnis und großen Veränderungen, wie beispielsweise im Zuge der Entstehung und Entwicklung moderner Wissenschaften im 19. Jahrhundert. Des Weiteren fallen die Verbindung von theoretischem und praxisnahem Wissen auf Forschungsbasis sowie die Entwicklung von bis heute relevanten Methoden und Theorien in diesen Bereich. Welche Auswirkungen ein immer enger werdendes Verhältnis zwischen Universitäten und Nationalstaaten beziehungsweise die Vereinnahmung der Wissenschaften haben kann, zeigen Entwicklungen ab den 1860/70er Jahren. So wurden zum Beispiel

---

Geschichte der Universität in Europa, Bd. 4: Vom Zweiten Weltkrieg bis zum Ende des zwanzigsten Jahrhunderts, hg. von dems., München 2010, S. 21–45, hier S. 28f.

37 Charle, Grundlagen, S. 52–68; Lay, Magna Charta, S. 49f.; Walter, Bologna, S. 63f. An dieser Stelle wird bewusst nur von England und nicht Großbritannien gesprochen, da die englischen Universitäten Cambridge und Oxford durch großen Grundbesitz und ein Naheverhältnis zur anglikanischen Kirche über absolute Autonomie gegenüber dem Staat verfügten. Andere, im Laufe des 19. Jahrhunderts in England gegründete Universitäten wurden in unterschiedlicher Weise finanziert. Schottland hingegen orientierte sich an den kontinentaleuropäischen Universitäten und wurde größtenteils vom Staat finanziell getragen.

38 Charle, Grundlagen, S. 59f., 68.

39 Lay, Magna Charta, S. 51.

40 Ulrich Teichler, Hochschulsysteme und Hochschulpolitik. Quantitative und strukturelle Dynamiken. Differenzierungen und der Bologna-Prozess (Studienreihe Bildungs- und Wissenschaftsmanagement 1), Münster u.a. 2005, S. 17f.

> »wissenschaftliche Leistungen, gelehrte Interessen, technische Errungenschaften mit nationalen Eigenschaften und Eigenheiten verknüpft. Wissenschaften und Wissenschaftler traten zueinander in Konkurrenz; Erfolge wissenschaftlicher Leistungen wurden gern als Ausweis nationalen Prestiges angesehen.«[41]

Die moderne Welt verstand man zunehmend als eine Welt der Wissenschaften und der staatliche Fokus wurde verstärkt auf die Wissenschaften und die jeweiligen nationalen Bildungssysteme gelegt, die zu nationalem Wohlstand und internationaler Reputation beitragen sollten. Während der beiden Weltkriege wurde in vielen Nationalstaaten die politische Konfrontation und Gegnerschaft größtenteils auf die Wissenschaft übertragen und von den Wissenschaftlern übernommen. Insbesondere im Zweiten Weltkrieg sprach man von einem sogenannten *Krieg der Wissenschaften.*[42] Dies hatte große Einschnitte in das Verhältnis der Gelehrten Deutschlands, Europas und der USA zur Folge und viele Ressentiments blieben selbst auf wissenschaftlichen Gebieten lange Zeit bestehen. Die Gräueltaten des Zweiten Weltkrieges führten zu der Ansicht, dass eine neue, weniger national geprägte Weltordnung vonnöten sei. Diese Einsicht spiegelte sich allerdings nicht in der Forderung zur Annäherung national unterschiedlicher Schul- und Hochschulsysteme oder deren Beseitigung wider.[43] Die Nationalstaaten konzentrierten sich auf den Wiederaufbau der Hochschulen und allenfalls die Einführung einzelner neuer Disziplinen.[44] Jedoch führten die Orientierung an amerikanischen universitären Vorbildern, die steigende Studienzulassung von Frauen sowie eine langsame Verringerung klassenspezifischer und sozialer Unterschiede zu Veränderungen und einer Öffnung des Hochschulbereichs. Diese Entwicklungen waren letztlich Wegbereiter hin zur Massenuniversität, die sich in der zweiten Hälfte des 20. Jahrhunderts in vielen Staaten mehr oder weniger stark etablierte.[45] Hochschulreformen per se wurden erst ab Mitte der 1950er Jahre und im folgenden Jahrzehnt begonnen.

---

41 Notker Hammerstein, Universitäten und Kriege im 20. Jahrhundert, in: Geschichte der Universität in Europa, Bd. 3: Vom 19. Jahrhundert zum zweiten Weltkrieg 1800–1945, hg. von Walter Rüegg, München 2004, S. 515–545, hier S. 517.

42 Vgl. Frank-Rutger Hausmann, »Auch im Krieg schweigen die Musen nicht«. Die Deutschen Wissenschaftlichen Institute im Zweiten Weltkrieg (Veröffentlichungen des Max-Planck-Instituts für Geschichte 169), Göttingen 2001; Sören Flachowsky, Rüdiger Hachtmann und Florian Schmaltz (Hg.), Ressourcenmobilisierung. Wissenschaftspolitik und Forschungspraxis im NS-Herrschaftssystem, Göttingen 2016; Martin Göllnitz, Der Ostseeraum als Konfliktzone eines wissenschaftlichen Geltungsstrebens. Die Deutschen Wissenschaftlichen Institute in Skandinavien (1941–1945), in: Konflikt und Kooperation. Die Ostsee als Handlungs- und Kulturraum, hg. von dems. u. a., Berlin 2019, S. 45–70.

43 Hammerstein, Universitäten, S. 518–544.

44 Rüegg, Themen, Bd. 4, S. 30f.

45 Hammerstein, Universitäten, S. 543f.

Unerwähnt bleiben in diesem Kontext häufig die Entwicklungen innerhalb des sowjetischen Hochschulsystems, deren Universitäten nicht nur in allen Bereichen »systematisiert«, sondern auch in Bezug auf Verwaltungsstrukturen, universitäre Ziele und Schwerpunkte weitgehend zentralisiert wurden. Eine enge Kooperation mit der Industrie und Wirtschaft – um nicht zu sagen Unterwerfung des sowjetischen Hochschulsystems unter die Wirtschaft – sowie die staatlich geregelte Zulassung (orientiert an einer Bedarfsplanung) stellen Aspekte dar, die in West- und Nordeuropa erst zu einem späteren Zeitpunkt wichtig wurden.[46]

2.1. Entwicklungen seit den 1960er Jahren

Die seit den 1960er Jahren neu gegründeten Hochschulen, eingeführten Studiengänge und gestiegenen Studierendenzahlen in den west- und mitteleuropäischen Nationalstaaten gingen einher mit Reformen und Gesetzen. Diese betrafen die Bereiche Organisation, Finanzierung und politische Zuständigkeit für die Hochschulen sowie die Gründung eigener Ministerien.[47] Trotz der nationalen Unterschiede kann laut Elsa Hackl von zwei einschneidenden Abschnitten in der zweiten Hälfte des 20. Jahrhunderts gesprochen werden: Diese seien einerseits in den 1960/70ern, und andererseits in den 1980/90er Jahren aufgetreten.[48]

In den 1960/70ern kam es zu einem erhöhten Bedarf an hoch qualifizierten Personen und dem Wunsch, die Bildungsmöglichkeiten einem größeren Bevölkerungsanteil zugänglich zu machen. Die zunehmenden Bemühungen, Ungleichheiten im Bildungsbereich abzubauen, führten zu einer Expansion in den 1960er Jahren, die einerseits bis dahin unterrepräsentierte Gruppen wie Frauen, Arbeiterkinder, LandbewohnerInnen, ethnische Minderheiten, und andererseits die Chancengleichheit fördern sollten. Diese Bestrebungen sollten zu einer gerechteren Gesellschaft führen, die trotz der daraus resultierenden Mehrkosten einen erheblichen Beitrag zum Wirtschaftswachstum leisten würden. Da die Bildungsausgaben extrem anstiegen und ersichtlich wurde, dass das Erreichen der Chancengleichheit schwieriger als erwartet werden würde, sank in einigen Ländern bereits Anfang der 1970er Jahre der diesbezügliche Enthusiasmus. Auch wurde befürchtet, dass die steigenden Hochschulabsolvierendenzahlen zunehmend zu Beschäftigungsproblemen führen würden.[49]

46 Guy Neave, Grundlagen, in: Geschichte der Universität in Europa, Bd. 4: Vom Zweiten Weltkrieg bis zum Ende des zwanzigsten Jahrhunderts, hg. von Walter Rüegg, München 2010, S. 47–75, hier S. 50–54.

47 Ebd., S. 50.

48 Hackl, European Area, S. 3.

49 Ebd., S. 3f.; Teichler, Quantitative und strukturelle Entwicklungen, S. 55f.

Für die Universitäten bedeutete die Expansion der 1960/70er Jahre eine Öffnung des Hochschulzugangs, eine Ausdifferenzierung der Studiengänge und Institute sowie eine Demokratisierung der Universitätsverwaltung.[50] Diskussionen und Entwicklungen um die Breite der Differenzierung zwischen den Universitäten, Hochschulen und Studienangeboten variierten im internationalen Vergleich sehr stark[51] und nationale Bildungssysteme behielten ihre nationalen Besonderheiten. Durch die Aufnahme der Hochschulbildung in internationale Überlegungen und Diskussionen wurde deren ökonomische Dimension ab den 1960ern gestärkt. Die Annahme, dass mehr Bildung wirtschaftliches Wachstum bedinge, führte zu einer rasanten Bildungsexpansion.[52] Die Budgets für Hochschulagenden stiegen und im gleichen Zug wurden Studiengebühren abgeschafft beziehungsweise Stipendien eingeführt. Die durch viele Staaten forcierte Expansion führte gleichsam zu mehr staatlicher Planung und Kontrolle.[53] 1973, im Jahr des sogenannten Öl-Schocks, stieg die Arbeitslosigkeit und die Staatsfinanzen gerieten unter Druck. In einigen OECD-Ländern veränderten sich die Quoten der Studienanfänger kaum, in manchen stiegen sie weiter oder sanken. Es wurde augenscheinlich, dass Hochschulabsolvierende durch ihre Ausbildung auch in schwierigen Wirtschaftsphasen gegenüber BerufsanfängerInnen ohne Studienabschluss am Arbeitsmarkt Vorteile hatten.[54]

In den 1980/90er Jahren setzten sich die Expansionsdynamik und der Bedarf an Hochschulbildung stetig fort und es waren keine staatlichen Anreize mehr vonnöten. Damit einher ging die zunehmend veränderte Ansicht, Hochschulbildung sei nicht mehr öffentliche Verantwortung und persönliches Recht, sondern persönliche Investition in die Zukunft und Prävention gegen Arbeitslosigkeit. Das veränderte politische Klima, das Sinken von und die somit folgende Beschränkung der finanziellen Ressourcen führten in vielen Staaten zu einem Umdenken hinsichtlich der Finanzierung und Organisation von Universitäten. Man wollte sich von der Detailsteuerung abwenden, hin zur Eigenverantwortung der Universitäten und Verantwortung gegenüber der Öffentlichkeit.[55] Die grundlegenden Reformen vieler EU-Mitgliedsstaaten ab Ende der 1980er Jahre können im Licht einer Vermarktwirtschaftlichung der Hoch-

50 Hans Pechar, Die Auswirkungen der Globalisierung auf die Hochschulen, in: Internationalisierung österreichischer Universitäten (Zeitschrift für Hochschuldidaktik. Beiträge zu Studium, Wissenschaft und Beruf 23/1), hg. von dems. und Ada Pellert, Innsbruck u. a. 2000, S. 44–78, hier S. 47.
51 Teichler, Quantitative und strukturelle Entwicklungen, S. 13f.
52 Pechar, Globalisierung, S. 73.
53 Hackl, European Area, S. 3f.
54 Teichler, Hochschulsysteme und Hochschulpolitik, S. 56f.
55 Hackl, European Area, S. 4f.; Lay, Magna Charta, S. 73–76.

schulbildung gesehen werden, nach dem Motto »mehr Markt – weniger Staat.«[56] Trotz der steigenden Studierendenzahlen, dem Entstehen von Massenuniversitäten, zunehmenden Ansprüchen an Universitäten und eingeforderten Effizienzsteigerungen (etwa in der Organisationsstruktur) sanken die staatlichen Zuwendungen, durch Krisen bedingt und durch nötige Einsparungen legitimiert.[57] Walter Rüegg zeigt andere, nicht krisenbedingte und selten in der Literatur angeführte Perspektiven auf:

> »Die Verbreitung der Massenuniversität und der Gremienherrschaft verstärkte die Bürokratisierung der akademischen wie der staatlichen Hochschulverwaltungen, wofür die sich beispiellos rasch ablösenden Universitätsgesetze ein bezeichnendes Symptom darstellten.«[58]

So kam es ab den 1980er Jahren zu Einsparungen, da die nicht berücksichtigten Folgekosten von Reformen zu erheblichen finanziellen Belastungen führten und demgemäß die für Hochschulen gedachten Budgets zunehmend reduzierten.[59]

Der Austausch und die Zusammenarbeit von Universitäten waren von jeher ein wichtiger Bestandteil wissenschaftlichen Arbeitens, wenngleich in ihrer Intensität vom historischen Kontext abhängig – das heißt, dass sie in ihrem Schaffen nicht nur national, sondern auch international agierten. Hans Pechar beschreibt die seit den 1980er Jahren rasant gestiegene Internationalisierung insofern als ein neues und nicht mit der zuvor stattgefundenen Mobilität zu vergleichendes Phänomen, als dessen Ausmaß und Qualität die Auswirkungen der Globalisierung, der Bedeutungsverlust der Nationalstaaten und das Entstehen einer globalen Gesellschaft zugeschrieben werden. Durch die Verringerung von Mobilitätshemmnissen sind internationale Unternehmen in ihrer Standortwahl flexibler und können sich gleichzeitig nationalen Auflagen leichter entziehen. Daraus folgend und durch den globalen Wettbewerb bedingt, werden nationalstaatliche Zuständigkeiten auf supranationale Akteure verlagert. Außerdem wurde die steigende Gewichtung der Regionen als Argument dafür angeführt, dass die Nationalstaaten geschwächt und in ihren Handlungsmöglichkeiten eingeschränkt worden seien.[60] Mit Blick auf das hochschulpolitische Feld spricht Guy Neave von der Regionalisierung der Hochschulbildung, die zur Fragmentierung der historisch gewachsenen zentralen Zuständigkeit der Na-

56 Neave, Bologna Declaration, S. 149. Zum Zitat siehe Emmerich Tálos und Gerda Falkner, Die Rolle des Staates in der Sozialpolitik. Ein internationaler Vergleich, in: Schriftenreihe des Bundesministeriums für Finanzen, Bd. 3: Eine neue Rolle für den Staat, hg. vom Bundesministerium für Finanzen, Wien 1993, S. 162–174, hier S. 163.

57 Lay, Magna Charta, S. 74; Hans Pechar, Bildungsökonomie und Bildungspolitik (Studienreihe Bildungs- und Wissenschaftsmanagement 2), Münster u. a. 2006, S. 13.

58 Rüegg, Themen, Bd. 4, S. 31.

59 Ebd.

60 Pechar, Globalisierung, S. 49–51.

tionalstaaten geführt hat.[61] Ein weiterer Grund, der zur finanziellen Reduzierung der Staatshaushalte beigetragen hatte, wird in diesem Zusammenhang genannt: Durch die eben skizzierten Veränderungen waren die staatlichen Einnahmen ebenfalls betroffen und erforderten Konsolidierungsmaßnahmen im Sozialstaat, die zu finanziellen Kürzungen, beispielsweise der Hochschulbudgets, führten.[62]

Trotz der unterschiedlichen Herangehensweisen der europäischen Staaten in hochschulpolitischen Belangen hat sich das Verhältnis zwischen den Universitäten und Staaten prinzipiell – wenn auch in unterschiedlichem Maße – verändert. Diese Änderungen spiegelten sich unter anderem in der Finanzierung und Steuerung wider.

2.2. Veränderungen in der Universitätssteuerung gegen Ende des 20. Jahrhunderts

Trotz anfänglicher Kritik an der veränderten Sichtweise der Europäischen Kommission auf die Hochschulbildung – durch den *Vertrag von Maastricht* wurde die Hochschulbildung in Verbindung mit wirtschaftlichen und sozialen Zusammenhängen gebracht – näherten sich die Nationalstaaten dieser Perspektive innerhalb einiger Jahre an. Dies erfolgte, indem wirtschaftliche Grundprinzipien wichtiger als politische, ausbildungstechnische oder kulturelle wurden. Insbesondere im Globalisierungskontext waren ökonomische Prinzipien sehr dominant. So begannen nationale Regierungen die ökonomische Rolle der Hochschulen insofern zu betonen, als diesen mehr Autonomie genehmigt wurde. Dies geschah unter der Prämisse, dass autonome Hochschulen besser in der Lage wären, sich zu verändern und auf unterschiedliche Ansprechpartner zu reagieren.[63] Doch in diesen neuen Sichtweisen ist nicht nur eine zunehmende Autonomie und folglich mehr Flexibilität der Universitäten zu sehen; vielmehr handelt es sich auch um Veränderungen der politischen Ökonomie.

In diesem Kontext erscheint die von Michel Albert vorgeschlagene Zweiteilung der politischen Ökonomien entwickelter Länder von besonderem Interesse. Er unterscheidet ein »Rheinmodell« und ein »angloamerikanisches Modell«, die sich in ihren Beziehungen zwischen Markt und Staat wesentlich unterscheiden. In dem seit rund hundert Jahren bestehenden »Rheinmodell« übernimmt die Wirtschaft gewisse Verpflichtungen gegenüber dem Gemeinwesen. Gewerkschaften und Management teilen die Macht. Durch den staatlichen Wohlfahrtsmechanismus gibt es ein gut organisiertes soziales Netz, das Gesund-

61 Neave, Bologna Declaration, S. 146.
62 Ebd., S. 146–149; Pechar, Globalisierung, S. 51.
63 Huisman/Van der Wende, The EU and Bologna, S. 350.

heitsvorsorge, Bildung und Renten beinhaltet. Es wurde beispielsweise von Deutschland, Frankreich, Israel, Italien, Japan, den Niederlanden sowie den skandinavischen Staaten übernommen; auch Österreich kann diesem Modell zugerechnet werden. Das »angloamerikanische Modell« folgt anderen Prinzipien, wie einer entfesselten freien Marktwirtschaft, der betonten »Unterordnung der staatlichen Bürokratie unter die Wirtschaft« und der Bereitschaft, »das vom Staat geschaffene Sicherheitsnetz zu lockern.«[64] Dieses Modell wird mit Großbritannien und den USA der 1980/90er Jahre in Verbindung gebracht und als »Neoliberalismus« bezeichnet, wohingegen das »Rheinmodell« als »Staatskapitalismus« benannt wird.[65]

Diese neoliberalen Denkweisen, die steigende Globalisierung, neue Technologien sowie Kommunikationsmittel haben Einfluss auf die nationale Souveränität, die durch zunehmenden globalen Kapitalismus und Wirtschaft abnimmt und nationale Beschränkungen aufhebt.[66] Somit kann, laut einer These Richard Sennetts, angenommen werden, dass durch diese neuen Entwicklungen die Nationalstaaten dabei sind, »ihre ökonomische Bedeutung zu verlieren«[67] und machtlose Institutionen zu werden.[68] Die *New Economy* umfasst zwar nicht den Großteil der Gesamtwirtschaft, jedoch hat sie als Maßstäbe setzende Instanz einen »beträchtlichen moralischen und normativen Einfluss, [an dem] auch die Entwicklung der übrigen Wirtschaft sich orientiert.«[69] Interessanterweise sind trotz des Endes des *New Economy* Booms in den späten 1990er Jahren »bleibende Spuren in außerökonomischen Bereichen, insbesondere in den Institutionen des Sozialsystems hinterlassen«[70] worden. Davon waren und sind auch die Hochschulbildung, Universitäten, institutionelle Regelungen und die vorherrschende Bürokratie betroffen. Diese veränderten und differenzierten Sichtweisen von Globalisierung und somit auch Internationalisierung beschrieb Marijk Van der Wende vom Standpunkt vieler europäischer Universitätsleitungen folgendermaßen:

> »Globalisation is an external macrosocio-economic process which cannot be influenced at the institutional level, whereas internationalisation is interpreted as the

64 Richard Sennett, Der flexible Mensch, Berlin 2006, S. 66.
65 Ebd., S. 66f.
66 Lay, Magna Charta, S. 72f.
67 Richard Sennett, Die Kultur des neuen Kapitalismus, Berlin 2008, S. 21.
68 Frans Van Vught, Marijk Van der Wende und Don Westerheijden, Globalisation and Internationalisation. Policy Agendas Compared, in: Higher Education in a Globalising World: International trends and mutual observations (Higher education dynamics 1), hg. von Jürgen Enders und Oliver Fulton, Dordrecht u. a. 2002, S. 103–120, hier S. 106.
69 Sennett, Kapitalismus, S. 13.
70 Ebd., S. 11.

policy-based internal response to globalisation, which certainly can be shaped and influenced at the institutional level.«[71]

Max Webers Äußerung von 1919, dass »die neueste Entwicklung des Universitätswesens auf breiten Gebieten der Wissenschaft in der Richtung des amerikanischen verläuft«[72], scheint sich in einigen Aspekten heute noch zu bestätigen. So orientieren sich nicht nur Studien- und Universitätsorganisationen, sondern auch hochschulpolitische und -ökonomische Überlegungen an amerikanischen Vorbildern und Modellen.

2.3. Universitätsmanagement, Governance und staatliche Steuerungsmodelle

Die wirtschaftlichen Veränderungen in West- und Mitteleuropa während der zweiten Hälfte des 20. Jahrhunderts nahmen Einfluss auf das Verhältnis zwischen nationalen Regierungen und Universitäten und dadurch auf die Organisation, Verwaltung und Steuerung der Hochschulen durch den Staat. Im mittlerweile etablierten Jargon wird von »Universitätsmanagement« und »Governance« gesprochen. Es gibt bereits zahlreiche Untersuchungen zum Management und zur Ökonomie von Hochschulen, zum Verhältnis von Öffentlichem und Privatem, zu Governance-Theorien beziehungsweise -Modellen sowie zur staatlichen Steuerung.[73] An dieser Stelle wird daher nur auf

71 Van Vught/Van der Wende/Westerheijden, Globalisation, S. 106.

72 Max Weber, Wissenschaft als Beruf, Stuttgart 2006 (ND München 1919), S. 6.

73 Vgl. exemplarisch Geoffrey Lockwood, Management, in: Geschichte der Universität in Europa, Bd. 4: Vom Zweiten Weltkrieg bis zum Ende des zwanzigsten Jahrhunderts, hg. von Walter Rüegg, München 2010, S. 121–152; Heike Welte, Manfred Auer und Claudia Meister-Scheytt (Hg.), Management von Universitäten. Zwischen Tradition und (Post-)Moderne (Universität und Gesellschaft. Schriftenreihe zur Universitätsentwicklung 4), München 2006; Alberto Amaral und António Magalhaes, Market Competition. Public Good and State Interference, in: Public-Private Dynamics in Higher Education. Expectations, Developments and Outcomes, hg. von Jürgen Enders und Ben Jongbloed, Bielefeld 2007, S. 89–110; Richard Münch, Akademischer Kapitalismus. Über die politische Ökonomie der Hochschulreform, Frankfurt a.M. 2011; Elsa Hackl und Werner Hauser, Wissenschaftsfreiheit im Spannungsfeld von *Öffentlich* und *Privat.* Was geschieht mit den liberalen Grundrechten an *autonomen* Hochschulen, in: Mensch. Gruppe. Gesellschaft. Von bunten Wiesen und deren Gärtnerinnen bzw. Gärtnern, hg. von Christian Brünner, Werner Hauser und Ronald Hitzler, Wien/Graz 2010, S. 689–701; Harry de Boer, Jürgen Enders und Uwe Schimank, On the Way Towards New Public Management? The Governance of University Systems in England, the Netherlands, Austria and Germany, in: New Forms of Governance in Research Organisations. Disciplinary Approaches, Interfaces and Integration, hg. von Dorothea Jansen, Dordrecht 2007, S. 137–152; Jürgen Enders, Hochschulreform als Organisationsreform, in: Hochschule im Wandel. Die Universität als Forschungsgegenstand, hg. von Barbara M. Kehm, Frankfurt a.M. 2008, S. 231–241; Roger King, Governing Universities. Varieties of National Regulations,

Grundzüge eingegangen, die zum Verständnis der west- und mitteleuropäischen Entwicklungen von Bedeutung sind.

Die Bezeichnungen »Universitätsmanagement« oder »Management« wurden nach dem Zweiten Weltkrieg für Belange der Universitätsorganisation und -verwaltung nicht verwendet, wenngleich es viele ähnliche Elemente gab. Obgleich eine Universität verwaltet und geleitet wurde, fanden unternehmerische oder privatwirtschaftliche Begriffe keine Verwendung. Begonnen hat die Bezeichnung von Entscheidungsfindungsprozessen in der universitären Verwaltung als »management« in Großbritannien, wo sie ab den 1960er Jahren in Publikationen und ab 1970 an den Universitäten selbst verwendet wurde.[74]

Die grundlegenden Veränderungen des britischen Universitätswesens in Richtung marktdominierende Steuerung und *New Public Management* begannen in den 1980er Jahren unter der konservativen und gleichzeitig neoliberalen Regierung Margret Thatchers, hatten sich allerdings schon seit 1970 abgezeichnet.[75] Die verordneten finanziellen Einsparungen der für Universitäten üblichen Gelder führten 1982 zu großen Kürzungen der universitätsinternen Budgets und Pläne. Durch den *Jarratt Report* (1985) wurden den Universitäten die Einführung von betriebswirtschaftlichen Verwaltungs(re)formen und Leistungsüberprüfungen nahegelegt. Bereits Ende der 1980er Jahre wurden sie »wie Unternehmen für ihre verschiedenen Dienstleistungen bezahlt«[76], wobei die staatliche Finanzierung nur etwas mehr als die Hälfte ihrer Budgets ausmachte.[77] Der Wettbewerb um öffentliche finanzielle Mittel, die Differenzierung der Hochschultypen sowie die sogenannte »unternehmerische Universität« wurden in Kontinentaleuropa mit großem Interesse verfolgt.[78] Schon bald folgten auch hier erste Versuche in diese Richtung, wie etwa in den Niederlanden in den späten 1980er Jahren.[79] Um das Jahr 2000 erfolgte in Österreich eine Umstellung der Universitätssteuerung im Rahmen einer Organisationsreform unter der

---

in: Public-Private Dynamics in Higher Education. Expectations, Developments and Outcomes, hg. von Jürgen Enders und Ben Jongbloed, Bielefeld 2007, S. 63–87.

74 Lockwood, Management, S. 121.

75 De Boer/Enders/Schimank, New Public Management, S. 141; Edward Palmer Thompson (Hg.), Warwick University Ltd.: Industry, Management and the Universities, Nottingham 2014 (ND Harmondsworth 1970).

76 Rüegg, Themen, Bd. 4, S. 31.

77 Die übrige Finanzierung wurde durch Studiengebühren, lokale Beiträge, Forschungsprojekte, Zuschüsse externer Financiers und aus Dienstleistungen bestritten.

78 Rüegg, Themen, Bd. 4, S. 31 ff.

79 Uwe Schimank, Market Unbound. And Everything Went Well, in: Looking Back to Look Forward. Analysis of Higher Education after the Turn of the Millennium (Werkstattberichte 67), hg. von Barbara M. Kehm, Kassel 2007, S. 61–71, hier S. 63.

damaligen ÖVP-FPÖ Regierung, die sich im Universitätsgesetz 2002 niedergeschlagen hat.[80]

Entscheidende und nach dem Zweiten Weltkrieg anstehende Neuorientierungen im Management des europäischen Hochschulwesens werden mit den veränderten Anforderungen in Verbindung gebracht, die sich in den politischen und ökonomischen Beziehungen der Universitäten mit dem jeweiligen Staat und der Gesellschaft zeigen. Laut Geoffrey Lockwood haben die Universitäten privatwirtschaftliche Managementkonzepte übernommen und überarbeitet, um ihre »Dauerhaftigkeit, Autonomie und Wirksamkeit« zu maximieren.[81] In der Deregulierung und institutionellen Autonomie erkannten viele Länder geeignete Mechanismen für eine bessere und unmittelbare Reaktion vonseiten der Universitäten auf ihre Umwelt.[82] Begründet wurden diese neuen Zugänge mit der Entwicklung der Universitäten aus »einer geschlossenen Gemeinschaft von Gelehrten zu […] Wissenschaftsunternehmen« sowie den ministeriellen Erwartungen eines professionellen Managements, mit vorhandenen ökonomischen Ressourcen auszukommen.[83] Diese Entwicklung zeichnete sich vor allem in jenen Ländern ab, in denen Universitäten traditionell enge Beziehungen zur Ministerialbürokratie besaßen, wie Frankreich, Italien, die Niederlande, Österreich und Spanien.[84] Jedoch zeigt sich im internationalen Vergleich, dass Hochschulreformen zumeist durch umfassende Reform- und Modernisierungsbestrebungen des gesamten öffentlichen Sektors sowie die Globalisierung verstärkt wurden,[85] und somit keine singulär ausgerichteten Aktivitäten waren. Es bleibt festzuhalten, dass diese Veränderungen nicht nur von den Universitäten abhängig waren und sind, sondern auch von den Handlungsspielräumen, die ihnen der Staat gewährt und die wiederum zum Teil mit gesellschaftlichen und wirtschaftlichen Erwartungen zusammenhängen.

Unter dem mittlerweile im deutschsprachigen Raum verwendeten Begriff »governance« versteht man »the act or manner of governing«[86] beziehungsweise unter »to govern«: »rule or control (a state, subject etc. with authority; conduct the policy and affairs of an organization etc.).«[87] Die Begrifflichkeiten werden also mit Regieren, Bestimmen, Regeln, Führen oder eben Steuern assoziiert. Die Weiterentwicklung des Begriffs von *government* zu *governance* spiegelt die

80 Bundesgesetz über die Organisation der Universitäten und ihre Studien. Universitätsgesetz 2002, BGBl. I 120/2002.

81 Lockwood, Management, S. 151.

82 Van Vught/Van der Wende/Westerheijden, Globalisation, S. 106.

83 Lockwood, Management, S. 126.

84 Ebd.

85 Enders, Hochschulreform, S. 231, 233.

86 Judy Pearsall und Bill Trumble, The Oxford English Reference Dictionary, Oxford/New York 1995, S. 605.

87 Ebd.

Veränderungen der staatlichen Rolle und den Übergang vom Regieren zur Steuerung wider; die im Folgenden beschriebenen Entwicklungsmöglichkeiten des Verhältnisses von Staat und Universität sind darin bereits angedeutet.[88] Bezugnehmend auf hochschulpolitische Belange hat sich der Terminus »Steuerung« in der deutschen beziehungsweise die Verwendung des Begriffs »governance« in der englischen Fachsprache etabliert.[89] Einige Studien zu *governance* zeigen, dass der Begriff bereits ab den 1990ern verwendet wurde und aufgrund seiner Popularität bald nicht mehr wegzudenken war.[90]

Ursprünglich bestand zwischen Universitäten und Nationalstaaten bis in die zweite Hälfte des 20. Jahrhunderts ein enges Verhältnis. Hochschulbildung wurde als fester Bestandteil des nationalen Sozialstaates aufgefasst und als staatliche Serviceleistung der Gesellschaft zur Verfügung gestellt und folglich finanziert.[91] Eine kritische Interpretation der Beziehung zwischen den kontinentaleuropäischen Universitäten und Regierungen respektive zuständigen Ministerien bezeichnet diese Ausgangssituation als Zwangsverhältnis zu den staatlichen Stellen, das durch hohe finanzielle Abhängigkeiten geprägt war. Dies nutzte die Politik dahingehend aus, dass »politische Gestaltungsvorstellungen mit Strukturen der Mittelverteilung« verknüpft wurden.[92]

Nachfolgend werden einige Modellvorschläge näher betrachtet, die auf der Metaebene der Governance angesiedelt sind und sich nicht mit Detailsteuerung auseinandersetzten:[93] Es gibt unterschiedliche Steuerungsmodelle, denen gemein ist, dass keines in Reinform, sondern immer in unterschiedlich starken Missverhältnissen existiert. Roger King spricht beispielsweise von drei möglichen Modellen, die bei der Regulierung oder Steuerung von Hochschulen infrage kommen, wenngleich oftmals mindestens zwei Modelle miteinander kombiniert werden. Diese erinnern an die von Burton Clark 1983 entwickelte *Triangle of Coordination*, in welcher der Staat, der Markt und das universitäre Kollektiv die

88 Elsa Hackl, Von Government zu Governance. Der Fachhochschulbereich als ein österreichischer Testfall, in: 20 Jahre Fachhochschul-Recht, hg. von Walter Berka, Christian Brünner und Christian Hauser, Wien/Graz 2013, S. 51–62, hier S. 51.

89 Vgl. Enders, Hochschulreform, S. 231–241; King, Governing Universities, S. 63–87; Sigrun Nickel, Johanna Witte und Frank Ziegele, Universitätszugang und -finanzierung. Analyse zur Weiterentwicklung der österreichischen Hochschulsteuerung, in: Hochschulzugang in Österreich (Allgemeine Wissenschaftliche Reihe 3), hg. von Christoph Badelt, Wolfhard Wegscheider und Heribert Wulz, Graz 2007, S. 259–360.

90 Hackl, Government, S. 51 f.

91 Neave, Bologna Declaration, S. 143 f.

92 Nickel, Universitätszugang, S. 259.

93 Unter Detailsteuerung sind beispielsweise der Hochschulzugang, die Profilbildung, die Rechenschaftslegung, die Schwerpunktsetzungen oder das Qualitätsmanagement zu verstehen.

drei Hauptbezugspunkte darstellen.[94] Kings Modelle umfassen folgende Steuerungs- respektive Regulierungsmethoden:

1) *Staatliche Steuerung:* Die Hochschulen werden durch staatliche und gesetzliche Regelungen in hierarchischer Manier kontrolliert und umfangreiche Formalia, externe Evaluierungen und Sanktionen werden von Regierungsseite angewandt.
2) *Selbststeuerung:* Die Hochschulen selbst und im Verbund erstellen und exekutieren Regeln beziehungsweise kontrollieren deren verinnerlichte Handhabung durch individuelle Standards. Beachtenswert erscheint, dass die Form der Selbststeuerung in Realität zu einem gewissen Maße durch staatliche Zustimmung und Involvierung gekennzeichnet ist.
3) *Marktregulierung:* Ordnung, Reaktionsfreudigkeit und Qualität der Hochschulen werden durch Wettbewerbsmechanismen, Auswahlmöglichkeiten und Konsumverhalten gesichert.[95]

Kings Analyse der drei Modelle zeigt, dass die sich verändernden Steuerungsmodelle, die Vermarktung von Hochschulbildung sowie die in unterschiedlichem Ausmaß eingeführten und an das *New Public Management* angelehnten Mechanismen zu mehr Autonomie im Hochschulwesen führen sollten. Paradoxerweise haben sie das Gegenteil bewirkt: In vielen Systemen gibt es mehr und nicht weniger Regulierung. Auch das Selbstregulierungsmodell soll nicht darüber hinwegtäuschen, dass staatliche Einmischung existiert beziehungsweise der Staat auf die Ausführung von ihm eingeführter Parameter angewiesen ist.[96] Jürgen Enders bezeichnet dies als »staatliche *Steuerung aus der Distanz* bei gleichzeitiger Stärkung der Selbststeuerungskräfte des Systems, [das] die Steuerungsprobleme staatlicher Akteure lösen und Effizienz- und Effektivitätssteigerungen ermöglichen« soll.[97] Die mit Befehls- und Kontrollmechanismen gleichgesetzte reine staatliche Steuerung wird prinzipiell negativ wahrgenommen und scheint die bloße Erfüllung von Minimalstandards zu unterstützen. In Studien hat sich eine klare Befürwortung des Selbststeuerungsmodells herausgestellt, da es einerseits innerhalb der Institutionen eher anerkannt und auf diese Weise Widerstand vermieden wird, und andererseits eine regulierte Effektivität aufweist. Verwendet wird dieser Ansatz häufig in einer Mischform.

---

94 Vgl. Zachary Maggio, Exploring Burton Clark's Triangle of Coordination in the Context of Contemporary Relationships Between States and Higher Education Systems, (unpubl. Manuskript New York) 2011, https://www.academia.edu/1539195/Exploring_Burton_Clark_s_Triangle_of_Coordination_in_the_Context_of_Contemporary_Relationships_Between_States_and_Higher_Education_Systems (28.5.2019), S. 1–5.

95 King, Governing Universities, S. 65f., 70–74.

96 Ebd., S. 63, 68.

97 Enders, Hochschulreform, S. 231.

Durch die Einführung des institutionellen Wettbewerbs in einigen Ländern wird der Marktregulierung als dritter Komponente mittlerweile eine große Bedeutung beigemessen. Trotz der Forderung nach Rückzug des Staates kommt es häufig zu gegenteiligen Effekten. Die Gründe für staatliche Interventionen sind vielfältig und reichen von Marktversagen, Kostenreduktion, medialer Beeinflussung bis hin zu Ineffektivität.[98]

Alberto Amaral und António Magalhaes kommen in ihrer Untersuchung zum veränderten Verhältnis von Universitäten und Nationalstaaten zu ähnlichen Schlussfolgerungen: Trotz der neoliberalen Forderungen einiger Länder (Rückzug staatlicher Regulierung, Wettbewerb, Marktregulierung) nahmen die staatlichen Interventionen zu. Als Gründe für das Eingreifen werden mögliche Divergenzen zwischen strategischen institutionellen und staatlichen Zielen angeführt. So wird häufig dann interveniert, wenn institutionelle Zielsetzungen dem öffentlichen Wohl oder den staatlichen Interessen und Zielsetzungen zuwiderlaufen. Das Modell der sogenannten »state supervision« wurde 1991 von Guy Neave und Frans Van Vught eingeführt. Es beschreibt die Verbindung von staatlicher Regulierung und institutioneller Autonomie und gleicht dem von King beschriebenen Modell der Selbstregulierung. Neave und Van Vught warnten bereits damals vor zu mannigfacher staatlicher Intervention, die WissenschaftlerInnen zu WissensproduzentInnen degradiere und diese à la longue indirekt dazu drängen würde, auf kurzfristige, politische, vom Staat gesetzte Vorgaben und Themen einzugehen.[99]

Die von Harry De Boer, Jürgen Enders und Uwe Schimank ausgeführte Länderanalyse zeigt die substantiellen, wenngleich unterschiedlich weit fortgeschrittenen Veränderungen in der Steuerung von deutschen, englischen, niederländischen und österreichischen Universitäten in Richtung *New Public Management* auf. Die fünf beschriebenen Steuerungsmodelle werden jedoch in einem »complex and somewhat disorderly jumble«[100] angewandt. Aus den Länderstudien Englands und der Niederlande, die zu den längst praktizierenden Staaten des *New Public Management* im Hochschulbereich gehören, geht hervor, dass die staatliche Regulierung nicht unerheblich ist. Im Falle Englands wurde sie bei traditionellen Universitäten in den Bereichen personeller, budgetärer und akademischer Aktivitäten sogar verstärkt.[101]

98 King, Governing Universities, S. 69–73.
99 Amaral/Magalhaes, Market Competition, S. 89–92.
100 De Boer/Enders/Schimank, New Public Management, S. 150.
101 Ebd., S. 141.

2.4. Sprache als Spiegel der Ökonomie

Neben den im vorherigen Kapitel angeführten Begriffen wie »Management«, »Governance« oder »Steuerung« spiegeln auch andere die zunehmende Orientierung an ökonomischen Modellen und Vorgaben wider sowie das veränderte Verhältnis zwischen Universitäten und Regierungen. Die neu eingeführten Begrifflichkeiten drücken somit einerseits eine zunehmende Reflexion der eigenen Tätigkeiten in Verbindung mit wirtschaftlichen Entwicklungen und Trends aus, die sich in der Adaption des Vokabulars widerspiegelt. Andererseits bewirkt die verwendete Sprache, dass bildungspolitische Themen durch eine ökonomisch beeinflusste Brille gesehen werden, und steuert die Aufmerksamkeit entsprechend. Das zum Teil adaptierte Vokabular wurde wie gesagt in manchen Fällen von der EU eingeführt.

Richard Münch spricht von einem »Wandel der Bildung unter dem Regime der Humankapital-Produktion« und einem »Wandel der Wissenschaft unter dem Regime des akademischen Kapitalismus«, die zu einer Umgestaltung der Lebensbereiche und des menschlichen Handelns nach ökonomischen Modellen führen.[102] Die Gesellschaftspolitik, zu der unter anderem die Bildungspolitik zu zählen ist, wird zunehmend von globalen ökonomischen Denkmodellen beherrscht, denen sich historisch gewachsene Strukturen und Verfahren unterordnen. So werden Bereiche, die ehemals als nicht ökonomische Bereiche galten, von der Ökonomie ins Blickfeld genommen und gleichsam im Erklärungsanspruch vereinnahmt. Diese Denkweise trifft auch auf den Bildungserwerb zu, der sozusagen als »Investition« – je nach Umstand – von mehr oder weniger großer Zweckdienlichkeit gesehen wird.[103] Die veränderte Wahrnehmung und Bezeichnung von Bildung lautet in einschlägigen Feldern »Humankapital-Produktion«.[104] Laut Ludwig Pongratz und Münch beansprucht dieser Ansatz eine das ökonomische Feld weit überschreitende Gültigkeit, da durch ihn alles menschliche Handeln interpretiert werden kann beziehungsweise durch ihn die Universaldefinitionsmacht beansprucht wird.[105] Nach marktliberalen Ansichten inkludiert diese Sichtweise eine Aufforderung, in das Humankapital zu investieren, die aber nicht den Staat, sondern in erster Linie SchülerInnen, Studie-

102 Richard Münch, Globale Eliten, Lokale Autoritäten. Bildung und Wissenschaft unter dem Regime von PISA, McKinsey und Co., Frankfurt a.M. 2009, S. 7.

103 Ebd., S. 8–15.

104 Ebd., S. 19. Als Felder nennt Münch etwa PISA (Programme for International Student Assessment) und McKinsey (eine Unternehmensberatung, die sich unter anderem mit der Umstrukturierung von Institutionen auseinandersetzt), denen er einen großen Einfluss auf Bildung, Wissenschaft und (Hoch-)Schulen attestiert.

105 Ludwig A. Pongratz, Bildung im Bermuda-Dreieck. Bologna, Lissabon, Berlin. Eine Kritik der Bildungsreform, Paderborn 2009, S. 13; Münch, Globale Eliten, S. 13ff.

rende, Lehrende und Bildungsinstitutionen anspricht, »in sich selbst zu investieren.«[106] Münch bezeichnet diese Entwicklungen und Phänomene als »Neue Institutionenökonomik«, durch die »die ökonomische Seite des Nichtökonomischen als auch die institutionelle Seite des Ökonomischen wieder in den Blick« gerät.[107] Diese Veränderungen in der Beziehung zwischen Markt und Staat spiegelt den Umstieg vieler Staaten von dem »Rheinmodell« auf das »angloamerikanische Modell« (häufig Neoliberalismus genannt) wider.[108]

In diesem Zusammenhang geht es häufig um »Investitionen«, die »mehr oder weniger Nutzen für die Akteure abwerfen. Im Sog dieser Expansion des ökonomischen Denkens ist [...] alles Denken über das menschliche Handeln und die Gesellschaft den eigenen Prinzipien« unterworfen.[109] Auf das bildungs- und hochschulpolitische Feld umgelegt, führt Hans Pechar an, dass die Pädagogen – insbesondere bei geplanten Einsparungstendenzen im Bildungsbereich – den Begriff »Investition« übernommen haben, um »ihre eigenen Aktivitäten in die Logik ökonomischen Handelns [zu] übersetzen und mit wirtschaftlichen Nutzenkalkülen [zu] legitimieren.«[110] Diese Metapher wird jedoch insofern als trügerisch gesehen, als nur jene Maßnahmen im Bildungsbereich als Investition bezeichnet werden können, die Erträge versprechen und in Anbetracht der knappen Ressourcen lohnend erscheinen. Das heißt auch, dass Prioritäten zu setzen sind, da »nicht jede Art von Bildung [...] eine lohnende und zukunftsträchtige Investition« ist.[111] Somit steigt, wenn man den universitären Standpunkt einnimmt, der Rechtfertigungsdruck hinsichtlich der Auswirkungen von Bildung in Gegenüberstellung der Ausgaben, da der Wert von Bildung und Wissenschaft an sich nicht mehr ausreicht.[112] Das Endprodukt beziehungsweise der Output wird zu einer wichtigen Bezugsgröße.

Ein weiterer Grund für den zunehmenden Schwenk von öffentlicher zu privater Finanzierung oder Investition im hochschulischen Bereich wird in der Öffnung respektive Liberalisierung der Bildungsmärkte gesehen, die durch unzureichende nationale oder öffentliche ökonomische Unterstützung bedingt war. Verstärkt wurden solche Trends durch die Welthandelsorganisation (WTO), insbesondere durch das generelle Handelsabkommen über Dienstleistungen (*General Agreement on Trade in Services*) sowie die *Service Directives* der EU.[113]

106 Pongratz, Bermuda-Dreieck, S. 13.
107 Münch, Globale Eliten, S. 13ff.
108 Sennett, Flexibler Mensch, S. 67.
109 Münch, Globale Eliten, S. 14.
110 Pechar, Bildungsökonomie, S. 15.
111 Ebd.
112 Ebd., S. 14f.
113 Europäisches Parlament, Directive 2006/123/EC, On Services in the International Market, 12.12.2006, http://eur-lex.europa.eu/legal-content/EN/TXT/PDF/?uri=CELEX:32006L0123&from=EN (28.5.2019).

Argumentiert wurde damit, dass Primar- und Sekundarausbildung als öffentliche Güter zu sehen sind, da sie eine wichtige Rolle für das Funktionieren und Weiterentwickeln nationaler Kulturen und Gesellschaften übernehmen. Tertiäre Bildung sei hingegen eine individuelle Investition. Folglich wurde die Hochschulbildung Marktmechanismen gegenüber stärker ausgesetzt.[114]

Der Schwenk von Input- zu Output-Variablen hängt mit der OECD-Bildungspolitik der späten 1980/90er Jahre zusammen. Obwohl zunächst aus dem schulischen Bereich heraus eine dringend notwendige Verbesserung der Bildungsqualität angedacht wurde, fand der Wechsel zur Output-Orientierung zunächst im Hochschulbereich statt. Begründet wurde dies durch die weltweite Nachfrage im Hochschulsektor und den dadurch entstandenen Handlungsdruck.[115] Pongratz fasst dies folgendermaßen zusammen:

> »Mit Hilfe der Output-Steuerung wird dieser Druck weitergereicht. Jeder Bewohner des neuen Hochschulraums wird dazu angehalten, in sich selbst zu investieren: er trägt die Risiken, er trägt die Kosten und verhält sich im Rahmen eines betriebswirtschaftlichen Kalküls. [...] Das wissenschaftliche Personal, das die Kontrollen vorzunehmen hat, ist seinerseits unter Druck gesetzt, bei Erhaltung der Kundenzufriedenheit [die der Studierenden, Anm. d. Verf.] einen möglichst raschen und möglichst großen Absolventenausstoß steigender Qualität zu gewährleisten.«[116]

Für den Wechsel zur Output-Orientierung im hochschulischen Bereich können zwei Beispiele angeführt werden: Einerseits kommt es durch die, dem *New Public Management* entnommenen Ideen zu einer Veränderung des Verhältnisses zwischen Universität und Staat, indem letzterer zunehmend seine direkte Kontrolle zugunsten einer Zielorientierung und Output-Überprüfung aufgibt.[117] Zum anderen stellt die Umstellung der Curricula auf Lernergebnisse und somit Outputs beziehungsweise Outcomes ein sichtbares Zeichen dar.[118] Da in den Papieren weder Bildung noch der Wissens- und Methodenerwerb angesprochen werden und der Fokus respektive das Ziel des Studiums nur auf den Lernergebnissen (Outcomes) liegt, gerät deren ökonomische Perspektive sowie die augenfällige Orientierung am Markt und an *employability* zunehmend in Kri-

114 Van Vught/Van der Wende/Westerheijden, Globalisation, S. 104.

115 Pongratz, Bermuda-Dreieck, S. 13f.

116 Ebd., S. 14.

117 De Boer/Enders/Schimank, New Public Management, S. 139f.

118 Im *Prag Communiqué* ist erstmals explizit von Lernergebnissen die Rede. Durch die Erarbeitung der sogenannten *Dublin Deskriptoren* (Shared Dublin Descriptors for Short Cycle, First Cycle, Second Cycle and Third Cycle Awards. A Report from a Joint Quality Initiative Informal Group, Dublin, 18. 10. 2004), die 2004 publiziert wurden, waren diese für alle vorhandenen Studienzyklen (Kurzstudien, die dem ersten Zyklus bzw. Bachelorstudium zuzuordnen sind, sowie Bachelor, Master, Doktorat) erarbeitet worden.

tik.[119] Das Fehlen von Bildung, Wissens- und Methodenerwerb in den offiziellen Bologna-Papieren wird häufig damit gerechtfertigt, dass bei den Konzeptionsphasen Bildung als gegeben angenommen worden ist.[120] Des Weiteren würden die anzuwendenden Methoden vom jeweiligen Fachbereich, etablierten Wissenschaftskulturen und weiteren Faktoren abhängen. In Hintergrundpapieren wird die Motivation für den Wechsel von der ehemaligen Lehrendenzentriertheit der Studienpläne (entspricht Input) hin zu Lernergebnissen der Studierenden (entspricht Output) mitunter damit erklärt, dass bei einer Konzentration auf die (Lern-)Ergebnisse und weniger auf den formellen beziehungsweise institutionellen Weg des Wissenserwerbs die zwischenstaatliche und -universitäre Anerkennung von Abschlüssen erleichtert werden sollte.[121]

3. Europäischer Hochschulraum

Sowohl die *Magna Charta Universitatum*, die 1988 von fast 400 Universitätsrektoren unterschrieben wurde, als auch die von Regierungsseite initiierten *Deklarationen von Sorbonne* (Mai 1998) und *Bologna* (Juni 1999) rund zehn Jahre später, sollten ein Zeichen für die Herausforderungen des 21. Jahrhunderts setzen. Beide Initiativen waren auf freiwilliger Basis entstanden und hatten die Modernisierung der Universitäten, unter Berücksichtigung ihres historischen Erbes, zum Ziel. Die *Magna Charta Universitatum* weist dezidiert auf die Universität als autonome Institution inmitten der Gesellschaft hin, in der sie agiert und auf die sie reagiert. Besonders die im Kontext der Bologna-Reform entstandenen Papiere besitzen immer noch großen Einfluss auf die west- und mitteleuropäischen Universitäten, sowohl was die Organisation und Ausgestaltung der Studien betrifft, als auch in Bezug auf die universitäre Selbstverwaltung. In den Folge-Communiqués sind im Laufe der Zeit immer mehr bildungs- und hochschulpolitische Initiativen aus der EU eingeflossen, die trotz ihres *soft-law*-Charakters von den europäischen Staaten zunehmend als »verbindlich« ausgegeben werden.[122]

119 Vgl. Van Vught/Van der Wende/Westerheijden, Globalisation, S. 103–120; Andreas Spiegl und Elisabeth Westphal, The Bologna Process. A Challenge to the Austrian Universities, in: EUA Bologna Handbook, hg. von Eric Froment, Jürgen Kohler und Lewis Purser, C 3.9–4, Berlin 2008, hier S. 14f.

120 Diese Aussage beruht auf Gesprächen der Autorin mit Personen, die an der Bologna-Reform beteiligt waren.

121 Pavel Zgaga, Bologna Process. Between Prague and Berlin. Report to the Ministers of Education of the Signatory Countries, Berlin 2003, S. 33.

122 Westphal, Bologna-Reform.

Im Rahmen des zehnjährigen Bologna-Jubiläums im Jahr 2010 wurde die Schaffung des Europäischen Hochschulraumes ausgerufen.[123] So wurde durch eine außerhalb des EU-Rahmens stattfindende Initiative auf eine Konvergenz der Hochschulsysteme abgezielt. Durch diese Initiative entwickelte sich die Hochschulbildung zu einem zentralen Diskussionsthema und trug auf diese Weise zu einem gewissen Grad auch zu einer Einigung innerhalb Europas respektive der EU bei.

123 Budapest-Vienna Declaration on the European Higher Education Area, Wien, 12.3.2012.

III. Hochschulpersonal im öffentlichen Raum

Thomas Fuchs

Die öffentliche Betätigung Bonner Hochschullehrer im 19. Jahrhundert in fachwissenschaftlichen Vereinigungen

Abstract
During the 19th century, scientific associations founded by members of the interested public were mostly amateurish. They gradually developed professional standards, encouraged by the participation of university members, mainly professors, who established academic standards and took administrative responsibility. Here, I will discuss scientific professionalization using the examples of two natural history associations located in Bonn. University members' influence in this process can mostly be attributed to editorial work for the associations' academic journals and chairing of thematic sections. As a result, associations gained better scientific reputations and developed stronger bonds with university structures and institutions.

Fachwissenschaftliche Vereinigungen im 19. Jahrhundert

Die Entwicklung fachwissenschaftlicher Vereinigungen im deutschsprachigen Raum, die nicht in einem direkten Zusammenhang mit Universitäten oder Wissenschaftsakademien stehen, lässt sich schwerpunktmäßig in der zweiten Hälfte des 19. Jahrhunderts verorten.[1] Vorangegangen war im ausgehenden 18. und frühen 19. Jahrhundert das Aufkommen von Literatur- und Lesegesellschaften, die sich von literarischen Zirkeln mit Fokussierung auf die Weiterbildung ihrer Mitglieder zu geselligen Vereinigungen entwickelten, im Laufe der Zeit jedoch meist der Erholung einen größeren Platz in ihrem Angebotsrepertoire einräumten.[2] Daneben begann die schrittweise, in Teilen durch laienhafte

1 Dies bezieht sich auf die einsetzende professionelle Vereinsarbeit. Bereits zuvor sind einige Gründungen von fachwissenschaftlichen Vereinigungen erfolgt, diese waren jedoch häufig noch sehr kurzlebig und konnten kein großes Publikum ansprechen oder eine größere Forschungsarbeit entfalten. – Der vorliegende Aufsatz stützt sich auf Erkenntnisse, die im Laufe der Arbeit an der Dissertation des Verfassers über die außeruniversitäre Betätigung Bonner Hochschullehrer im öffentlichen Raum entstanden sind.

2 Als Überblick zur Entwicklung des deutschen Vereinslebens immer noch gültig: Michael Sobania, Vereinsleben. Regeln und Formen bürgerlicher Assoziationen im 19. Jahrhundert,

Anfänge geprägte Etablierung fachwissenschaftlicher Vereine, die sich in der Regel auf ein bestimmtes Fachgebiet spezialisierten und sich vor allem dadurch auszeichneten, dass sie eine große Zahl von Interessenten anzusprechen versuchten. Dabei nahmen die historischen Vereinigungen und Geschichtsvereine vielfach eine Vorreiterrolle ein, während naturwissenschaftliche und medizinische Themenfelder erst später breitere Aufmerksamkeit in organisierter Form erfuhren.[3]

Die Bedeutung naturwissenschaftlicher Forschungsfelder war dennoch bereits zur Mitte des 19. Jahrhunderts einer breiten Masse der Bevölkerung, auch außerhalb der akademischen Welt, bewusst geworden, gleichwohl eine tiefergehende Auseinandersetzung dort noch nicht erfolgte. In Verbindung mit der Fokussierung der wissenschaftlichen Bestrebungen auf die lokalen Wirkungsbereiche der Vereinsgebiete wurde ein großes Interesse erzeugt, nähere Erkenntnisse über die eigene Heimat zu gewinnen und mit anderen zu teilen.

Charakteristisch für fachwissenschaftliche Zusammenschlüsse des 19. Jahrhunderts mit mathematisch-naturwissenschaftlichen beziehungsweise medizinischen Ausrichtungen ist die Binnendifferenzierung in verschiedene thematische Teilbereiche, die als eigenständige Sektionen die Interessen und Forschungsbemühungen der Mitglieder, nicht zuletzt durch die Einsetzung fachlich anerkannter Vorsteher der einzelnen Fachbereiche, bündelten.

Unabhängig von der fachlichen Ausrichtung ist in vielen Fällen die intensive Arbeit von Fachwissenschaftlern nachzuweisen, die durch ihre Expertise einen wesentlichen Anteil an der Durchsetzung der Ziele der jeweiligen Vereinigung leisteten und dabei halfen, langfristige und professionelle Strukturen zu schaffen. Insbesondere in Universitätsstädten ist ein erwartungsgemäß hoher Anteil der dortigen Professoren auch mehr oder weniger intensiv in Kontakt mit örtlichen Vereinigungen getreten, was anhand der hier gewählten Beispiele des Naturhistorischen Vereins der preußischen Rheinlande und Westfalens sowie der Niederrheinischen Gesellschaft für Natur- und Heilkunde exemplarisch für den Hochschulstandort Bonn aufgezeigt werden soll.

---

in: Bürgerkultur im 19. Jahrhundert. Bildung, Kunst und Lebenswelt, hg. von Dieter Hein und Andreas Schulz, München 1996, S. 170–190; Thomas Nipperdey, Verein als soziale Struktur im späten 18. und frühen 19. Jahrhundert, in: Geschichtswissenschaft und Vereinswesen im 19. Jahrhundert. Beiträge zur Geschichte historischer Forschung in Deutschland (Veröffentlichungen des Max-Planck-Instituts für Geschichte 1), Göttingen 1972, S. 1–44.

3 Näheres, auch mit direktem Bezug auf das Rheinland, findet sich bei Max Braubach, Landesgeschichtliche Bestrebungen und historische Vereine im Rheinland. Überblick über ihre Entstehung und Entwicklung (Veröffentlichungen des Historischen Vereins für den Niederrhein 8), Düsseldorf 1954; Hermann Heimpel, Geschichtsvereine einst und jetzt, in: Geschichtswissenschaft und Vereinswesen im 19. Jahrhundert. Beiträge zur Geschichte historischer Forschung in Deutschland (Veröffentlichungen des Max-Planck-Instituts für Geschichte 1), Göttingen 1972, S. 45–73.

Geschichte der Vereinigungen und deren Zielsetzung

1. Der Naturhistorische Verein der preußischen Rheinlande und Westfalens

Der Naturhistorische Verein der preußischen Rheinlande und Westfalens und die Niederrheinische Gesellschaft für Natur- und Heilkunde entwickelten sich im 19. Jahrhundert für Bonn und die nähere Umgebung, später auch deutlich über das Rheinland hinausgehend, zu den angesehensten naturwissenschaftlichen beziehungsweise medizinischen Fachvereinigungen. Ihre Mitglieder leisteten wichtige Forschungsbeiträge und die geschaffenen Strukturen ermöglichten einem großen Publikum, an den Veranstaltungen teilzunehmen, sich selbstständig einzubringen und die eigene Forschung zur Diskussion zu stellen.

Bei der Konstituierung des Naturhistorischen Vereins im Jahr 1843 wurde konkret auf eine Vorgängereinrichtung Bezug genommen, die seit den 1830er Jahren mit der Erforschung der Botanik, speziell der rheinischen Flora, begonnen hatte. Es handelte sich dabei um den *Botanischen Verein am Mittel- und Niederrheine*, der 1834 durch den Bonner Pharmakologen und Botaniker Theodor Friedrich Nees von Esenbeck mitinitiiert wurde. Die Teilnahme von Mitgliedern des Bonner Lehrkörpers beschränkte sich zu diesem Zeitpunkt noch weitgehend alleine auf den Mitbegründer Professor Nees von Esenbeck. Lediglich der Berliner Extraordinarius Theodor Vogel, der 1839 eine Privatdozentenstelle in Bonn erhielt, beteiligte sich ebenso an den Unternehmungen des Vereins wie der langjährige Garteninspektor Wilhelm Sinning, seit 1847 Honorardozent für Botanik an der Landwirtschaftlichen Akademie in Bonn-Poppelsdorf.[4] Ziel dieser Vereinigung war in erster Linie die Sammlung und Ordnung von lokalen Herbarien der Mitglieder aus den namensgebenden Regionen, um aus der Zusammenstellung der Einzelverzeichnisse eine Übersicht der rheinischen Pflanzenwelt zu gewinnen. Nachhaltigstes Ergebnis der Arbeit des Vereins stellt das immer noch bestehende *Rheinische Herbar* dar, das bereits 1835 eingerichtet wurde.[5]

4 Wolfgang Alt und Klaus Peter Sauer, Biologie an der Universität Bonn. Eine 200-jährige Ideengeschichte (Bonner Schriften zur Universitäts- und Wissenschaftsgeschichte 8), Göttingen 2016, S. 64, 156.

5 In Folge seiner Gründung in Koblenz verblieb das *Rheinische Herbar* dort bis zum generellen Umzug des nun als Naturhistorischen Vereins organisierten Zusammenschlusses nach Bonn 1846. Anschließend wurde es dort weitergeführt und gepflegt, bis es nach 1945 kriegsbedingt immer stärker in die universitären Strukturen eingegliedert wurde: Zunächst erfolgte die Betreuung durch das Museum Koenig und das Institut für Pharmazeutische Biologie, anschließend zeichnete das Botanische Institut für die Verwaltung verantwortlich, bis die räumliche Situation eine Auslagerung an das Institut für Landwirtschaftliche Botanik notwendig machte. Zukünftig soll die Betreuung des Herbars im Museum Koenig in Zusam-

Dieser Vorgängerverein war noch stark durch die Beteiligung von Pharmakologen und Botanikern geprägt und ließ die übrigen naturwissenschaftlichen Teilbereiche weitgehend außen vor. Bereits wenige Jahre nach der Etablierung entwickelte sich der Wunsch nach einer grundlegenderen Betrachtung der naturwissenschaftlichen Themengebiete, weshalb das Gründungsmitglied des Botanischen Vereins, der Berghauptmann Heinrich von Dechen, 1841 die Erweiterung des botanischen in einen allgemeinen naturforschenden Verein vorschlug. Dieser Vorschlag wurde im Rahmen der ersten Generalversammlung in Aachen im Jahr 1843 angenommen, welches fortan als Gründungsjahr des Naturhistorischen Vereins der preußischen Rheinlande gefeiert wurde.[6]

Der Zweck des Naturhistorischen Vereins war ein ganz basaler, was den Erfolg dieser Vereinigung entscheidend erhöhte: Denn in erster Linie sollten in den Gebieten, die dem Verein angehörten, die interessierten Menschen mit entsprechender Vorbildung einen Ort finden, der es ihnen ermöglichte, ihre die Region betreffenden Forschungen in den naturwissenschaftlichen Fächern zu besprechen, zu vermitteln und zu veröffentlichen. Dabei mussten die Mitglieder keineswegs über ein überdurchschnittliches Wissen verfügen, vielmehr wurde ein reges Interesse an der Thematik erwartet. Die eigentliche Forschung wurde jedoch vor allem in der Anfangszeit hauptsächlich von einigen wenigen Mitgliedern mit stärkerer akademischer Vorbildung getragen.

Kennzeichnend für die Arbeit des Naturhistorischen Vereins der preußischen Rheinlande sind darum auch die fachlich breit angelegten Themengebiete in den verschiedenen Sektionen, die zudem auch räumlich ein weites Spektrum abdeckten. Diese sind in der Folge der Ausdifferenzierung der naturwissenschaftlichen Fächer im Laufe des 19. Jahrhunderts entstanden. Zu großer Bekanntheit und Anerkennung in weiten Teilen der Bevölkerung trug die Entscheidung bei, die jährliche Generalversammlung in wechselnden Städten auszurichten, um Präsenz in den verschiedenen Vereinsgebieten zu zeigen.[7] Trotz dieser alljährlich an verschiedenen Orten stattfindenden Generalversammlung bestand doch ein großes Interesse an einem festen Vereinssitz, an dem auch die Bibliothek und die Sammlungen der Öffentlichkeit zugänglich

menarbeit mit dem Naturhistorischen Verein erfolgen und dort als eigenständiges Herbar weiterbestehen. Vgl. Alt/Sauer, Biologie, S. 161.

6 Bericht über die Generalversammlung des Vereins am 22., 23. und 24. Mai 1893 in Bonn, in: Verhandlungen des naturhistorischen Vereins der preußischen Rheinlande, Westfalens und des Regierungs-Bezirks Osnabrück (Fünfzigster Jahrgang, Fünfte Folge: 10. Jahrgang), hg. von Philipp Bertkau, Bonn 1893, S. 25–53, hier S. 27f.

7 Sendschreiben an den Naturhistorischen Verein der Preussischen Rheinlande und Westfalens von der Niederrheinischen Gesellschaft für Natur- und Heilkunde. Eine Gratulationsschrift zu der am 2. Juni 1868 stattfindenden Feier seines 25jährigen Bestehens, Bonn 1868, S. 4f. Die Tatsache der großen Mitgliederzuwächse in den Gebieten, die die Generalversammlung ausrichteten, wurde von Seiten des Vereins direkt auf diese Praxis zurückgeführt.

gemacht werden konnten. Das für den Erwerb eines eigenen Vereinslokals notwendige Kapital wurde fast ausschließlich durch freiwillige Spenden der Vereinsmitglieder aufgebracht sowie durch einige sehr große Aufwendungen von Inhabern und Gründern der Großindustrie beider Provinzen.[8] Diese Spenden waren als Anerkennung dafür gewährt worden,

> »dass der Fortschritt der Naturwissenschaften der Haupthebel für den glänzenden Aufschwung der Gewerbthätigkeit und des Handelsverkehrs in unseren Tagen geworden ist, und dass die Bestrebungen des Vereins in diesem Sinne auf die Achtung und den Dank, aber auch auf die wärmste Unterstützung der industriellen Kreise beider Provinzen rechnen könne.«[9]

Dies verdeutlicht den gehobenen Stellenwert der Naturwissenschaften in der zweiten Hälfte des 19. Jahrhunderts, der insbesondere aus der direkten Anwendbarkeit vieler naturwissenschaftlicher Erkenntnisse resultierte. Diese Entwicklung hatte auch auf das Selbstverständnis der naturwissenschaftlichen Hochschullehrer und deren gesellschaftliches Ansehen Einfluss, das sich aus der Verschiebung von fachlichen Leitdisziplinen ableitete.[10]

Da der Naturhistorische Verein bereits über einige geringe Sammlungen, eine kleine Bibliothek sowie ein Herbarium verfügte, die von dem *Botanischen Verein* übernommen wurden, wurde die Frage diskutiert, wo zukünftig diese wichtigen Säulen der Vereinsarbeit, die sich bislang noch in Koblenz befanden, untergebracht werden sollten. Die Frage drängte auch aus dem Grund, weil der Verein ein *Museum rheinischer Naturprodukte* plante, das mit entsprechenden Räumlichkeiten ausgestattet werden musste.[11]

---

8 Ebd., S. 5f.

9 Ebd., S. 6.

10 Dieses Phänomen ist vor allem für die Professoren im Fach Chemie relativ gut nachzuzeichnen. Siehe hierzu Lothar Burchardt, Naturwissenschaftliche Universitätslehrer im Kaiserreich, in: Deutsche Hochschullehrer als Elite 1815–1945 (Deutsche Führungsschichten in der Neuzeit 17), hg. von Klaus Schwabe, Boppard am Rhein 1988, S. 206–214; die allgemeine wissenschaftliche Sicht auf die Professorenschaft des ausgehenden 19. und beginnenden 20. Jahrhunderts wurde in der älteren Forschung vor allem durch Fritz Ringer, Die Gelehrten. Der Niedergang der deutschen Mandarine 1890–1933, Stuttgart 1983, geprägt. Neuere Betrachtungen – mit einem Fokus auf geisteswissenschaftliche Fachgebiete – sind zu finden bei Rüdiger vom Bruch, Prominenz und Prestige. Zur Geschichte einer geistes- und sozialwissenschaftlichen Öffentlichkeitselite, in: Deutschlands Eliten im Wandel, hg. von Herfried Münkler u. a., Frankfurt a.M. 2006, S. 77–102.

11 Bericht Generalversammlung, S. 29. Als Folge dessen wurde schon auf der zweiten Generalversammlung in Düsseldorf (1844) die Frage behandelt, wo die Sammlungen, die Bibliothek und das geplante Museum untergebracht werden sollten. Die Frage musste in einer Abstimmung entschieden werden, da sich sowohl für Bonn wie auch für Aachen Befürworter fanden. Ein erster Wahlgang mit positivem Ausgang für Bonn musste aufgrund eines Formfehlers abgebrochen werden, bei der Wiederholung sprachen sich die anwesenden Mitglieder mit 18 von 34 Stimmen für Aachen aus. Vgl. ebd.

Die Unterbringung erfolgte zunächst in den Räumlichkeiten des *Vereins für nützliche Forschungen, Künste und Wissenschaften* in Aachen. Da sich dieser Verein 1852 auflöste, beschloss die zehnte Generalversammlung in Bonn (1853) die Verlegung der Bibliothek und der Sammlungen nach Bonn. Bis zum Oktober des gleichen Jahres war die Verfrachtung abgeschlossen, sodass sich Sammlungen und Bibliothek an dem Ort befanden, den der engere Vorstand des Vereins seit 1848 als Hauptsitz bestimmt hatte.[12] Die Entscheidung, der Wohnsitz sämtlicher Vorstandsmitglieder des Vereins müsse in Bonn liegen, war gefällt worden, um die Handlungsfähigkeit des Vorstandes zu garantieren. Mit der Wahl Bonns war es den dortigen Bewohnern im Vergleich zu Mitgliedern anderer Vereinsgebiete wesentlich leichter, sich im Vorstand zu betätigen, was in gleicher Weise für die Bonner Hochschulangehörigen galt. Diese genossen nun berufsbedingt wie auch räumlich in dieser Hinsicht einen erheblichen Standortvorteil, was sich letztlich auch in ihrer Arbeit im Verein niederschlug.[13]

Die Unterbringung des Sammlungsgutes war allerdings weiterhin provisorisch und konnte ebenso wie die Bibliothek keiner breiteren Öffentlichkeit zugänglich gemacht werden. Aus diesem Grund stellte der Geheime Kommerzienrat Friedrich von Diergardt aus Viersen auf der 13. Generalversammlung (1856) den Antrag, in Bonn ein eigenes Gebäude zur Aufnahme der bestehenden Sammlung und zur Unterbringung der Bibliothek sowie des noch zu etablierenden Museums auf Aktien zu gründen.[14]

Die Förderung des wissenschaftlichen Verständnisses der Naturwissenschaften in den beiden Provinzen geschah in erster Linie durch die Berichte in der vereinseigenen Zeitschrift, den *Verhandlungen*,[15] sowie durch die Vorträge

12 Ebd., S. 29f.

13 Die explizite Bestimmung, dass Vorstandsmitglieder in Bonn wohnhaft sein mussten, wurde in späteren Versionen der Statuten dahingehend abgeändert, dass der Erste Vorsitzende auch andernorts wohnen konnte, die übrigen Vorstandsmitglieder jedoch weiterhin in Bonn oder der näheren Umgebung ansässig sein mussten.

14 Die Aufnahme von Aktienzeichnungen zu freiwilligen Beträgen war so erfolgreich, dass in kurzer Zeit ein ausreichender Betrag zusammenkam, der jedoch erst noch wegen der allgemeinen Krise des Geschäfts- und Finanzwesens einige Jahre ruhen musste, bis im Jahr 1861, nochmals durch Zinsen und weitere Beiträge vermehrt, ein Betrag von 43.703,90 Mark (14.567 Taler und 29 Sgr.) vorlag. Mit diesem Geld wurde 1861 das Grundstück Maarflachweg 4 mit dem aufstehenden Haus erworben, das auch die Möglichkeit für zukünftige Erweiterungen bot, falls die Sammlungen in entsprechendem Maße wachsen sollten. Vgl. Bericht Generalversammlung, S. 30.

15 Der Titel der Zeitschrift änderte sich einige Male, bedingt durch die räumliche Ausdehnung des Vereinsgebietes. 1844–1848: *Verhandlungen des naturhistorischen Vereins der preußischen Rheinlande*; 1849–1884: *Verhandlungen des naturhistorischen Vereins der preußischen Rheinlande und Westphalens.* Anschließend wurde auch der Regierungsbezirk Osnabrück mit in den Namen aufgenommen. Ab 1907 wurde die Zeitschrift wieder unter dem ursprünglichen Namen verlegt. Die *Verhandlungen* werden seit 1844 vom amtierenden Sekretär des Naturhistorischen Vereins der preußischen Rheinlande herausgegeben und in Bonn

auf den Generalversammlungen, aber auch durch Exkursionen.[16] Daneben wurden allerdings weitere Maßnahmen ergriffen, um die Vereinsziele der Förderung und Verbreitung der Wissenschaften langfristig zu sichern. Diese Ziele führten zu den Bestrebungen, eine naturhistorische Sammlung und eine eigene Bibliothek einzurichten.[17]

Trotz der räumlichen Nähe zur Universität sollten diese Einrichtungen nicht in Konkurrenz zu ihr treten, was auch in der folgenden Einschätzung von Seiten der Niederrheinischen Gesellschaft zum Ausdruck kommt:

> »Die Sammlung kann und will nicht mit dem Museum der Universität in Wetteifer treten, sie will nicht das Gleiche leisten, sondern ergänzend das bieten, was in der anderen Anstalt nicht füglich geschaffen werden kann. Das naturhistorische Museum erstrebt das Ziel, ein ganzes und vollständiges Bild der irdischen Schöpfung in engem Raum zu geben, es will dem Studirenden und dem Forscher alle Mineralien, Pflanzen und Thiere vorführen, welche in der Natur entdeckt und in der Literatur unterschieden und beschrieben worden sind. Der Studirende soll sie sehen und kennen lernen, der Forscher gebraucht sie zur Vergleichung, wenn er Neues von dem Bekannten unterscheiden will. – Die Sammlung des Vereins hingegen geht darauf aus, ein Bild der Naturprodukte zusammenzustellen, die in unseren beiden Nachbarprovinzen gefunden werden, um dieselben der wissenschaftlichen Untersuchung zugänglich zu machen.«[18]

Die Unterscheidung der beiden Sammlungsstätten ist somit relativ eindeutig zu belegen. Während das Naturhistorische Museum der Universität einen generellen Anspruch erhob, sämtlichen relevanten Naturobjekten einen Platz zu geben, allein schon, um diese für das Studium nutzbar zu machen, bestand das Ziel des Museums des Naturhistorischen Vereins darin, die Naturobjekte der näheren Umgebung, genauer der beiden den Verein tragenden Provinzen, auszustellen, um eine noch genauere Kenntnis derselben zu erzeugen und weitere wissenschaftliche Untersuchungen anzuregen. Da der Verein keine Konkurrenzsituation evozierte, der dieser ohnehin nicht hätte standhalten können, wurde die parallel wirkende Vereinsarbeit auch von der Universität schnell anerkannt und die Zusammenarbeit in der Folge gepflegt. Es ist daher auch in dem Ansatz, die lokalen Gegebenheiten zum Gegenstand wissenschaftlicher Forschung zu machen, ein Anreiz für Bonner Universitätsangehörige zu sehen, sich in einem Gebiet einzubringen, das eher selten durch ihre Arbeit an der Universität abgedeckt wurde. In Verbindung mit der Fokussierung der wissenschaftlichen Bestrebungen auf die regionalen Gebiete der Rheinprovinz, später

verlegt. Heute wird die Hauptpublikationsreihe des Vereins unter dem Namen *Decheniana* fortgeführt.

16 Dabei war vor allem das nahegelegene Siebengebirge wiederholt Ziel von Ausflügen.

17 Sendschreiben, S. 7.

18 Ebd.

um Westfalen erweitert, wurde ein großes Interesse erzeugt, nähere Erkenntnisse über die eigene Heimat zu gewinnen und mit anderen zu teilen.[19] Auch durch den ergänzenden Charakter des Naturhistorischen Vereins in Bezug auf das Sammlungsgut konnten gerade die Professoren Vorteile aus einer Zusammenarbeit ziehen und die gewonnenen Erkenntnisse in der Lehre sinnvoll weitervermitteln.

2. Die Niederrheinische Gesellschaft für Natur- und Heilkunde

Nur kurz nach der Einrichtung der Universität Bonn wurde die Niederrheinische Gesellschaft für Natur- und Heilkunde im November des Jahres 1818 gegründet. Als Gründungsdirektoren der beiden Sektionen[20] fungierten die Bonner Universitätsprofessoren Christian Friedrich Harless[21] (medizinische Sektion) und Johann Jakob Noeggerath (physikalische Sektion).[22] Diesem ersten Versuch einer Vereinsetablierung war jedoch kein großes Glück beschieden, da sich bald dessen Niedergang einstellte und die Versammlungen ausgesetzt wurden.[23] Die

19 Ebd., S. 4.

20 Es existierten zwei fachliche Sektionen: die naturwissenschaftliche sowie die medizinische Sektion. Eine dritte, chemische Sektion, wurde nur von 1869–1875 separat geführt. Vgl. die Ausführungen im Korrespondenzblatt des Naturhistorischen Vereins. Die einzelnen Sektionen waren wiederum in gesonderte Fachgruppen geteilt, die die speziellen Themengebiete repräsentierten. Eine Auflistung der jeweiligen Fachgruppen findet sich bei Bärbel Ruth Titius, Die medizinische Sektion der Niederrheinischen Gesellschaft für Natur- und Heilkunde zu Bonn vom Gründungsjahr 1818 bis 1855 (mit den Sitzungsprotokollen der Jahre 1839 bis 1855), Bonn 1987, S. 60; Bericht über die Allgemeine Sitzung am 2. Juli 1893. Feier des 75-jährigen Bestehens der Gesellschaft, in: Verhandlungen des naturhistorischen Vereins der preußischen Rheinlande, Westfalens und des Regierungs-Bezirks Osnabrück (Fünfzigster Jahrgang, Fünfte Folge: 10. Jahrgang), hg. von Philipp Bertkau, Bonn 1893, S. 56–73, insb. S. 69f.

21 Harless war darüber hinaus als Präsident der Wissenschaftsakademie Leopoldina ein anerkannter Wissenschaftsorganisator und brachte die Bibliothek der Akademie bei seiner Berufung mit nach Bonn. Vgl. Thomas Becker und Philip Rosin (Hg.), Die Natur- und Lebenswissenschaften (Geschichte der Universität Bonn 4), Göttingen 2018, S. 15.

22 Allgemeine Sitzung, S. 58. Die enge Verbindung zwischen Niederrheinischer Gesellschaft und Universität wird durch folgendes Zitat nochmals verdeutlicht: »Die Fremdherrschaft hatte damals die Musen von den Ufern des deutschen Rheins verscheucht; als aber eine väterliche, wohlwollende Regierung die Rheinuniversität mit einer bis dahin nicht gekannten Liberalität gegründet hatte, galt es, durch Vereinigung getrennter Kräfte mitzuwirken zur Erhebung aus der Erniedrigung, in welcher Jahre lang Wissenschaften und Künste am Rhein geschmachtet hatten.« Siehe zum Zitat o. V., Zur Geschichte der niederrheinischen Gesellschaft für Natur- und Heil-Kunde, in: Organ für die gesammte Heilkunde 1 (1840/41), H. 4, S. 625–636, hier S. 625.

23 Es ist aufgrund fehlender Quellen nicht möglich, die Gründe für den Niedergang zu ermitteln. Leider liegen keine schriftlichen Zeugnisse des Vereins aus dieser Zeit vor, sodass man lediglich die Vermutung anstellen kann, dass – wie bei anderen Vereinen in dieser Zeit auch

Ziele von 1818 überdauerten jedoch die Zwischenzeit und im Jahr 1839 wurde der Verein neu gegründet. In der ersten Sitzung am 20. Februar 1839 wurden die Professoren Carl Gustav Bischof und Carl Wilhelm Wutzer zu den Direktoren der Sektionen ernannt.

Am 2. Juli 1893 konnte die Niederrheinische Gesellschaft für Natur- und Heilkunde in der Aula der Rheinischen Friedrich-Wilhelms-Universität Bonn eine Allgemeine Sitzung zur Feier des 75-jährigen Bestehens begehen, von der ein umfassender Bericht vorliegt.[24] Der Vorsitz oblag dem Direktor der Naturwissenschaftlichen Sektion Professor Hubert Ludwig. Von Seiten der Universität nahmen der Universitätskurator Otto Gandtner und der zeitige Rektor Theodor Saemisch an den Feierlichkeiten teil.[25] Professor Ludwig, der die Feierlichkeiten mit einer kurzen Ansprache eröffnete, konnte von einer großen Anzahl von Glückwünschen berichten, die die Gesellschaft erreicht hatten. Darunter waren auch ehemalige Mitglieder, die mittlerweile in anderen Städten tätig waren, wie Professor Hugo Ribbert, der seine Glückwünsche aus Zürich schickte, oder Professor Roderich Stintzing aus Jena. Der Sekretär des Naturhistorischen Vereins Philipp Bertkau brachte auf Wunsch des Vorstandes die Glückwünsche an die dem Naturhistorischen Verein auf vielfältige Weise verbundene Gesellschaft persönlich vor.[26] Und der Rektor der Universität sprach unter Überreichung eines Blumengeschenkes einige kurze Worte, in denen er vor allem auf die enge Bindung zwischen Universität und Gesellschaft einging:

> »Es gereicht mir zur hohen Ehre und Freude, der Niederrheinischen Gesellschaft für Natur- und Heilkunde zu ihrem heutigen Jubelfeste die aufrichtigsten und wärmsten Glückwünsche der Universität aussprechen zu können, zumal in diesem Festsaale. Liegt doch hierin ein Beweis für die innigen Beziehungen zwischen der Jubilarin und der Hochschule, Beziehungen, die nicht allein darin begründet, dass wohl die größte Zahl der Mitglieder der erstern gleichzeitig der letztern angehört, sondern die in der Gemeinsamkeit der zu lösenden Aufgaben wurzeln, die der Erforschung der Wahrheit, der Förderung der Wissenschaft gelten.«[27]

---

zu beobachten ist – das allgemeine Interesse an der Vereinsarbeit stark nachgelassen hat, was nicht zuletzt auf die Konkurrenz von gleichartigen Vereinigungen zurückzuführen ist.

24 Allgemeine Sitzung, S. 56–73.

25 Ebd., S. 56. Saemisch selbst war ebenfalls Mitglied der Gesellschaft.

26 Darüber hinaus schickten eine große Anzahl von Gesellschaften und Institutionen Gratulationen, insgesamt 21 an der Zahl. Auch von ausländischen, hoch anerkannten wissenschaftlichen Vereinigungen waren Gratulationsschreiben eingegangen. Die einzelnen Gesellschaften und Institutionen sind im Bericht über die Allgemeine Sitzung am 2. Juli 1893, S. 56, aufgeführt. Es handelte sich dabei überwiegend um lokale Vereinigungen, die eine ähnliche Organisationsform wie der Naturhistorische Verein oder die Niederrheinische Gesellschaft aufwiesen, beispielsweise der naturwissenschaftliche Verein zu Bremen oder der ärztliche Verein zu München. Der Schriftentausch mit jenen Vereinigungen hat wesentlich zu engeren Kontakten beigetragen.

27 Allgemeine Sitzung, S. 57.

Die enge Verbindung zwischen Universität und Niederrheinischer Gesellschaft lag nicht allein in der Nutzung universitärer Einrichtungen für Versammlungen begründet, sondern war sehr viel tiefgehender. Denn es bestand eine grundlegende Übereinstimmung im Wunsch nach wissenschaftlicher Forschung und der Förderung der Wissenschaften, was letztlich auch zu der großen Zahl von Universitätsangehörigen in der Niederrheinischen Gesellschaft führte. Die Angehörigen der zeitgleich eingerichteten Mathematisch-Naturwissenschaftlichen Sektion der Philosophischen Fakultät in Bonn traten ausnahmslos in die Gesellschaft ein.[28] Als essentiell für die Erreichung dieser Ziele wurde die Möglichkeit angeführt, im Anschluss an die wissenschaftlichen Vorträge im Rahmen der monatlichen Sitzungen in eine angeregte Diskussion zu treten, die den gesamten Diskurs fördern sollte.[29] So konnten nicht nur neueste wissenschaftliche Erkenntnisse geteilt, sondern auch Thesen und Ansätze vor einem fachlich versierten Publikum diskutiert werden, was den ausgezeichneten wissenschaftlichen Ruf, den die Niederrheinische Gesellschaft genoss, begründete und diese auch für Universitätsangehörige so attraktiv machte. Bemerkenswert ist die Tatsache, dass in der dezidiert fachwissenschaftlich ausgerichteten Vereinigung vereinzelt auch politische Diskussionen stattfanden, wie die 1848 beschlossene Eingabe an das Parlament in Frankfurt beweist, in der die Wünsche des deutschen Ärztestandes dargelegt werden sollten.[30] Dies sind jedoch Ausnahmen, da die absolute Mehrheit der Vorträge das Wirkungsfeld des jeweiligen Referenten betraf, im Falle der medizinischen Sektion also der praktischen Medizin oder ein Lehrgebiet innerhalb der Medizinischen Fakultät. Beispielhaft lassen sich an dieser Stelle die Vorträge des als Nachfolger von Carl Wilhelm Wutzer agierenden langjährigen Direktors der Sektion, Wilhelm Busch, anführen, der in Bonn Chirurgie und Vergleichende Anatomie lehrte. Dieser hat in der Zeit von 1856 bis zu seinem Tod im Jahr 1881 etwa zwei Drittel von ungefähr 145 Arbeiten, die den Bereich der vergleichenden und pathologischen Anatomie, Ophthalmologie sowie Chirurgie behandelten, vor der fachwissenschaftlichen Veröffentlichung als Vortrag in der Sektion vorgestellt.[31] Busch dürfte damit in

28 Ebd. Vgl. ferner Alt/Sauer, Biologie, S. 154; Becker/Rosin, Natur- und Lebenswissenschaften, S. 223.

29 Allgemeine Sitzung, S. 57.

30 Ebd., S. 61. Im Naturhistorischen Verein wurde der Bezug auf politische Themen und Hintergründe von Anfang an noch stärker reguliert. Im Vorwort des ersten Jahrganges der *Verhandlungen* (1844) betonte der Vizepräsident Marquart ausdrücklich, dass »politische Marken nicht in die Schale gelegt werden«, wodurch die Arbeit des Vereins nicht durch die rheinpreußischen Grenzen behindert werden sollte und spekulierte dabei auch schon auf die mögliche Vereinigung mit weiteren Provinzen.

31 Allgemeine Sitzung, S. 66. Als besonders herausragend werden in der Schilderung von Professor Schultze jene Vorträge über Narbenkontrakturen, Brüche, Geschwülste, Schuss-

nicht geringem Maße von der wissenschaftlichen Diskussion innerhalb der Sektion profitiert und diese auf seine Arbeiten angewendet haben. Dieses Beispiel ist exemplarisch für den Nutzen, den Wissenschaftler und Forscher aus dem Austausch mit ihren Fachkollegen und interessierten Laien ziehen konnten, allerdings auch ein deutliches Zeichen für den erreichten hohen Grad der Professionalität hinsichtlich der Arbeitsweise der Gesellschaft und ihrer Mitglieder. Damit entwickelten sich die Zusammenkünfte des Vereins zumindest in der Anfangszeit durch die hohe personelle Übereinstimmung zwischen Fakultät und Gesellschaft zu informellen Kolloquien der Universität, an denen der Austausch mit Kollegen auf wissenschaftlicher Ebene gepflegt werden konnte.[32]

Dass die Gesellschaft im Jahr 1893 eine 75-Jahr-Feier beging und nicht bereits wenige Jahre zuvor, im Jahr 1889, eine 50-Jahr-Feier, ist damit zu erklären, dass sich die Mitglieder der Gesellschaft trotz der langjährigen Karenz bis zur Neugründung 1839 dennoch in der Tradition der Gründung von 1818 sahen.[33] Diese Zäsur und die geglückte Neugründung wirkten sich nachhaltig auf die weitere Entwicklung des Vereins aus, da dieser fortan die Entwicklung der Mitgliederzahlen und die Beteiligung an den Sitzungen mit größter Aufmerksamkeit verfolgte, um den Fortgang derselben zu garantieren und eventuelle Gegenmaßnahmen ergreifen zu können.

Wie diese Maßnahmen im Speziellen für die medizinische Sektion der Gesellschaft aussahen, beschrieb Professor Friedrich Schultze in seinem Bericht über die Geschichte dieser Sektion ebenfalls im Rahmen der 75-Jahr-Feier. In den ersten Jahren der Wiederbelebung der Gesellschaft waren es nur wenige Personen, die die Hauptarbeit in den Sitzungen erbrachten. Dieser Kern, der zu den Sitzungen erschien, schwankte zwischen vier und 14 Personen, wobei häufig kaum zehn Personen anwesend waren, die sich vornehmlich aus den Mitgliedern der Medizinischen Fakultät der Universität und den angesehensten praktischen Ärzten der Stadt Bonn zusammensetzten.[34] Durch den Einsatz dieser kleinen Gruppe gelang es jedoch, jeden Monat eine Sitzung abzuhalten. Darüber hinaus wurden auch Pläne diskutiert, die Arbeit des Vereins für einen weiteren Kreis attraktiver zu gestalten und neue Mitglieder zu gewinnen. Bedeutendste Überlegungen waren jene zur Herausgabe eines *Organs für die gesammte Heilkunde*, was durch die Übernahme der Redaktion durch die Bonner Professoren Moritz Naumann (Medizin), Carl Wilhelm Wutzer (Chirurgie) und Hermann Friedrich Kilian (Geburtshilfe) im Jahr 1840 mit dem Erscheinen des ersten Heftes auch realisiert wurde. In den folgenden beiden Jahren erschienen jeweils vier Hefte,

frakturen, besonders aus großer Nähe, Ausmeißelungen von Nerven und weitere Themen hervorgehoben.

32 Alt/Sauer, Biologie, S. 154.

33 Allgemeine Sitzung, S. 60.

34 Ebd.

anschließend wurde die weitere Herausgabe jedoch eingestellt, was vermutlich auf ein erneutes starkes Nachlassen hinsichtlich der Beteiligung der Mitglieder an den Sitzungen und den Mangel an wissenschaftlichen Arbeiten zurückzuführen ist. Im Ganzen erschienen somit nur zwei Bände mit insgesamt neun Heften, die die erhoffte Wirkung letztlich nicht erfüllen konnten.[35] Der Nachwelt sind die Sitzungsberichte der Gesellschaft jedoch durch die enge Bindung an den Naturhistorischen Verein erhalten geblieben, die die Berichte ab 1854 in den *Verhandlungen* abdruckte.

Der Rückgang der Beteiligung hatte auch Auswirkungen auf die Versammlungen der Sektion, die im Jahr 1843 nur noch sechsmal einberufen werden konnten. Die Gefahr einer erneuten Auflösung war durchaus real, da die wenigen Mitglieder geradezu zur Übernahme von Vorträgen überredet werden mussten. Eine Sitzung, an der nur vier Mitglieder der medizinischen Sektion teilnahmen, führte dazu, dass der Vorschlag eingebracht wurde, auch ältere Studierende zu den Sitzungen einzuladen.[36] In den folgenden Jahren bis 1846 blieb die Beteiligung weiter oftmals mangelhaft, wenn auch nicht mehr in solch kritischem Ausmaß. Seit 1846/47 stieg die Beteiligung spürbar und erlitt erst in den 1850er Jahren einen erneuten Rückgang. Anschließend stabilisierte sich sowohl die Zahl der Mitglieder als auch die Bereitschaft zur aktiven Beteiligung an den Sitzungen.[37] Als Ausnahme ist die Zeit des Deutsch-Französischen Krieges 1870/71 zu nennen, in dem die Zahl der monatlichen Sitzungen auf drei in diesem Zeitraum absank. Eine ähnliche Beobachtung ist für das Jahr 1866 und die Zeit des Deutschen Krieges nicht festzustellen.[38]

Während die Niederrheinische Gesellschaft sich bemühte, monatliche Treffen einzuhalten, versammelten sich die Mitglieder des Naturhistorischen Vereins lediglich einmal im Jahr zur Generalversammlung. Damit war den Mitgliedern der Niederrheinischen Gesellschaft durch diesen Umstand eine bessere Möglichkeit gegeben, sich untereinander auszutauschen. Die Entscheidung über die enge periodische Zusammenkunft dürfte von der erwähnten Ausrichtung auf den Austausch der Mitglieder untereinander hergerührt haben. Wenn einzelne

35 Die beiden erschienenen Bände wurden noch auf der 75-Jahr-Feier den anwesenden Mitgliedern überreicht. Vgl. Allgemeine Sitzung, S. 60. In gewisser Weise ist die 1847 bis 1851 publizierte *Rheinische Monatsschrift für praktische Aerzte* als Nachfolgerin des *Organs für die gesammte Heilkunde* anzusehen, da die maßgeblichen Hauptverantwortlichen, die Professoren Wutzer, Kilian und Nasse, erneut die Herausgabe verantworteten. Ergänzt wurde die Redaktion durch die praktischen Ärzte Dr. Ungar aus Bonn und Dr. Claessen aus Köln. Siehe Allgemeine Sitzung, S. 62.

36 Allgemeine Sitzung 1893, S. 61.

37 Vgl. Correspondesblatt des naturhistorischen Vereins der preussischen Rheinlande und Westphalens. 1858. No. 2. Bericht über die 15. General-Versammlung, abgehalten zu Dortmund am 25. und 26. Mai, S. 36.

38 Allgemeine Sitzung 1893, S. 61.

Mitglieder des Naturhistorischen Vereins unabhängig davon in keinem persönlichen Kontakt standen, bestand die Gefahr, über die Entwicklungen innerhalb des Vereins nicht informiert zu sein, falls man eine Generalversammlung versäumt haben sollte. Um einer solchen Entwicklung gegenzusteuern, wurden bereits seit dem Jahr 1844 die *Verhandlungen des Naturhistorischen Vereins* herausgegeben. Die *Verhandlungen* beinhalteten nicht nur die Sitzungsberichte der Versammlungen des Vereins, sondern auch fachwissenschaftliche Aufsätze, die zu großen Teilen von Mitgliedern des Vereins verfasst wurden und deren eigene Forschungsfortschritte dokumentierten. Durch den von Anfang an forcierten Austausch mit anderen Vereinen und Institutionen fanden die *Verhandlungen* weite Verbreitung.[39] Die allgemeine Anerkennung der Vereinspublikation resultierte auch aus den wissenschaftlichen Vorträgen, die nicht selten wichtige Beiträge zu aktuellen Forschungen leisteten.

Die Initiative für eine Zusammenarbeit hinsichtlich der Veröffentlichungen beider Vereinigungen ging nicht von einem Angehörigen der Universität aus, sondern von Heinrich von Dechen.[40] Als Vorsitzender der physikalischen Sektion der Niederrheinischen Gesellschaft und gleichzeitig amtierender Vorsitzender des Naturhistorischen Vereins gelang es ihm, den Vorschlag durchzusetzen, gegen eine Beteiligung an den Druckkosten der *Verhandlungen* die Sitzungsberichte der Gesellschaft in denselben abzudrucken.[41]

Die Veröffentlichung von Sitzungsberichten oder Forschungsergebnissen beschränkte sich seitens der Niederrheinischen Gesellschaft auf die Wiedergabe solcher Berichte in der Kölnischen Zeitung oder in medizinischen Journalen.[42] Die Verbreitung war somit relativ stark auf einen kleinen Rezipientenkreis beschränkt. Darüber hinaus konnte kein Tauschverkehr mit anderen wissenschaftlichen Institutionen aufgebaut werden, was dazu führte, dass keine Bibliothek eingerichtet werden konnte.[43]

39 Eine Auflistung der befreundeten Gesellschaften und Tauschpartner findet sich in Bericht Generalversammlung, S. 28f.; sowie in den *Correspondenzblättern* innerhalb der *Verhandlungen*. Im Jahr 1913 erfolgte ein Schriftentausch mit etwa 325 Vereinen und Akademien in der ganzen Welt. Vgl. Universitätsarchiv Bonn (UA Bonn), Akten des Königlichen Kuratoriums der Rheinischen Friedrich-Wilhelms-Universität (Kur 106), D3, Verhältniß zu anderen Universitäten und gelehrten Gesellschaften.

40 Heinrich von Dechen (1800–1889) besaß ein breites Interesse an naturwissenschaftlichen, aber auch medizinischen Themen, dem er in diversen Bonner und überregionalen Vereinigungen nachging. Dazu gehörte etwa die Gesellschaft Deutscher Naturforscher Ärzte; seit 1854 war er darüber hinaus Mitglied der Leopoldina. Dem Naturhistorischen Verein stand er über 40 Jahre als Vorsitzender vor. Des Weiteren wurden ihm zahlreiche Ehrenmitgliedschaften sowie ein Ehrendoktor der Universität Bonn verliehen.

41 Bericht Generalversammlung, S. 31f.

42 Sendschreiben, S. 3f.

43 Vgl. ebd., S. 4.

Eine Änderung der Situation erfolgte erst mit dem Angebot durch den Naturhistorischen Verein im Jahr 1854, die Sitzungsberichte der Niederrheinischen Gesellschaft in ausführlicher Weise in die *Verhandlungen* des Vereins aufzunehmen. Dieser Schritt leitete eine enge und dauerhaft anhaltende Bindung beider Vereinigungen ein, die sich positiv für beide Seiten darstellen sollte. Für die Niederrheinische Gesellschaft ergab sich so die Möglichkeit, die eigene Vereinsgeschichte in Form der Sitzungsberichte dauerhaft in einer anerkannten wissenschaftlichen Zeitung zu veröffentlichen und zu verbreiten und diese auch für Veröffentlichungen der eigenen Vereinsmitglieder zugänglich zu machen, was wiederum die Bekanntheit des Vereins vergrößerte. Gleichzeitig profitierte der Naturhistorische Verein auch davon, dass etliche Mitglieder der Niederrheinischen Gesellschaft nun auch in den Naturhistorischen Verein eintraten. Darüber hinaus wurden Geschenke, meist in Form von Büchern oder sonstigen Exponaten, die durch auswärtige Mitglieder an die Niederrheinische Gesellschaft herangetragen wurden, an den Naturhistorischen Verein weitergegeben, da dieser über eine gut ausgestattete Bibliothek und Möglichkeiten zum Aufbau einer Sammlung verfügte, sodass diese Gegenstände auch dauerhaft den Mitgliedern zur Verfügung standen und sogar der Öffentlichkeit zugänglich gemacht werden konnten.[44]

Mitgliederentwicklung

Wie bei beinahe allen fachwissenschaftlichen Vereinen jener Zeit unterlag auch die Mitgliederentwicklung des Naturhistorischen Vereins konjunkturellen Schwankungen. Im Verhältnis zu anderen fachwissenschaftlichen Vereinigungen konnte sie jedoch ein überregional anhaltendes Interesse für die fachliche Arbeit der einzelnen Sektionen aufrechterhalten. Dies hing zum einen mit der Vereinsstruktur zusammen, die durch die enge organisatorische wie auch personelle Verbindung zu der Niederrheinischen Gesellschaft für Natur- und Heilkunde geprägt war.[45] Die ergänzende Arbeit zweier Vereinigungen mit ähnlichen Interessen und Arbeitsgebieten sorgte für einen erweiterten Rezipientenkreis, der durch die in Fachkreisen anerkannten Publikationen noch vergrößert wurde. Zum anderen wählte der Verein schon bei der Gründung eine nicht zu enge regionale Begrenzung des Vereinsgebietes. Das sich in weiten Teilen der nicht-

44 Ebd., S. 4.

45 Diese Verflechtung sorgt allerdings auch dafür, dass eine separate Betrachtung der Mitgliederentwicklungen in den beiden Vereinigungen nicht vorgenommen werden kann, da man seit dem Beginn der engen Zusammenarbeit Mitte der 1840er Jahre bei Eintritt in eine der Vereinigungen automatisch auch Mitglied der Schwestervereinigung wurde und keine separaten Mitgliederlisten für die Niederrheinische Gesellschaft überliefert sind.

städtischen Bevölkerung, insbesondere in den Landesteilen in nicht unmittelbarer Nähe zu einer Universität, gerade erst entwickelnde Interesse für Naturwissenschaften konnte so konzentriert und unter der Anleitung professioneller Wissenschaftler weiter ausgebaut werden. Es war in diesem Zusammenhang ebenso entscheidend, dass die Vereinsziele zunächst bewusst allgemeinen naturwissenschaftlichen und medizinischen Themen gewidmet waren, ohne eine zu starke Spezialisierung zu forcieren.[46] Gleichzeitig ist die Einbringung von »professionellen« Wissenschaftlern in Person der Professoren hervorzuheben, die der wissenschaftlichen Arbeit die nötige Expertise und Legitimation verliehen und die Mitglieder zu wissenschaftlichen Arbeiten anleiteten.

1847 betrug die Anzahl der Mitglieder noch 290.[47] Im Laufe des Folgejahres, das durch die allgemeine unruhige Stimmung als sehr hinderlich für eine stetige Entwicklung des Vereins angesehen wurde, traten immerhin 132 neue Mitglieder ein. Ab diesem Zeitpunkt entwickelte sich die Mitgliederzahl in rasanter Weise weiter positiv: 1868 besaß der gesamte Verein über 1.500 Mitglieder. Die Entwicklung der Mitgliederzahlen der ordentlichen Mitglieder verlief bis in die 1870er Jahre sehr konstant und konnte zum Teil enorme Zuwächse bis zu dem genannten Maximum verzeichnen. Auf dieser bemerkenswert hohen und im Vergleich nahezu unerreichten Höhe hielt sich die Mitgliederzahl gleichbleibend bis etwa zum Jahr 1872, wonach zunächst ein allmählicher Rückgang einsetzte, der in den Jahren ab 1890 deutlich zunahm, bis sich die Zahl um 1900 bei etwa 500 Mitgliedern einpendelte.[48] Gründe für die abnehmende Zahl der Mitglieder können in der allgemeinen Situation des (fachwissenschaftlichen) Vereinswesens gefunden werden. Durch die Etablierung von wissenschaftlichen Vereinen, nicht mehr nur in den geistes- beziehungsweise geschichtswissenschaftlichen Disziplinen, sondern auch im naturwissenschaftlichen Bereich, traten etliche Vereine in Konkurrenz zu den bestehenden, was auch in der Größe des Vereinsgebietes begründet lag. Der Naturhistorische Verein besaß einen sehr großen Wirkungsraum, da in dieser Breite zur Mitte des 19. Jahrhunderts nur in wenigen

46 Correspondenzblatt des naturhistorischen Vereins der preussischen Rheinlande und Westphalens. 1849. No. 2. Statuten des naturhistorischen Vereins der preussischen Rheinlande und Westphalens, S. 14, § 5: »Ordentliches Mitglied kann Jeder werden, der an der Aufgabe des Vereins zu arbeiten sich bereit erklärt.«

47 Die folgende Auswertung der Mitgliederzahlen beruht auf den vereinseigenen Angaben in den *Verhandlungen* sowie dem angeschlossenen *Correspondenzblatt*, in dem die Amtsgeschäfte wiedergegeben wurden.

48 Bericht Generalversammlung, S. 31. Die Zahlen beziehen sich auf das gesamte Vereinsgebiet und schließen alle Regierungsbezirke mit ein. Schwankungen hinsichtlich der Mitgliederzahlen waren dabei in den einzelnen Bezirken sehr unterschiedlich. Der Regierungsbezirk Köln, dem auch die Mitglieder aus Bonn angehörten, zeichnete sich durch größere Kontinuitäten aus als andere Gebiete, weshalb sich der Rückgang an aktiven Vereinsmitgliedern in diesem Regierungsbezirk nicht so stark auswirkte.

Orten naturwissenschaftliche Vereinigungen vorhanden waren. Mit der Verbreitung naturwissenschaftlicher Kenntnisse und Anerkennung der Naturwissenschaften wurden vielerorts neue Vereinigungen gegründet, die nun auch auf eine genügende Anzahl von fähigen Mitgliedern zurückgreifen konnten. Die zunehmende fachliche Spezialisierung führte zu einer weiteren Aufsplitterung des Vereinswesens und letztlich zu einer Abwanderung von allgemein gehaltenen Vereinigungen wie dem Naturhistorischen Verein. Nicht zuletzt sind finanzielle Gründe bei der Wahl einer Vereinigung anzuführen, da die Mitgliedsbeiträge durch stetig steigende Kosten entsprechend erhöht wurden.

Die Anzahl der ordentlichen Mitglieder, speziell im Regierungsbezirk Köln, verblieb längere Zeit auf einem etwa gleichbleibenden Niveau von knapp über 200 Mitgliedern. Diese Zahl war bereits in den 60er Jahren des 19. Jahrhunderts erreicht worden, während die Gesamtzahl der Mitglieder noch weiter anstieg. Ähnlich verlief die Entwicklung der Zahlen der Universitätsangehörigen. Nachdem 1853 bereits 21 Mitglieder der Universität dem Verein angehörten, sank die Zahl auf 19 im Jahr 1858. Anschließend entwickelte sich ein relativ konstanter Wert zwischen etwa 25 und 30 im Zeitraum von 1863 bis 1893. In den Folgejahren ließ die Betätigung von Professoren ein wenig nach, bis im Jahr 1908 mit 43 ein absoluter Höhepunkt erreicht wurde und sich in der Folge wieder bei dem bisherigen Wert einpendelte. Anders verhielt es sich mit dem Verhältnis von Professoren beziehungsweise Privatdozenten und Assistenten. Während bei den ersten beiden Auszählungspunkten die Privatdozenten[49] noch etwa die Hälfte der Universitätsangehörigen ausmachten, beziehungsweise 1853 noch etwa ein Drittel der Universitätsangehörigen der zweiten Gruppe angehörte, sank der Anteil jener im weiteren Verlauf stark. Eine Ausnahme bildete das Jahr 1868, in dem 11 von insgesamt 30 Universitätslehrern als Privatdozenten tätig waren. Das Verhältnis von zwei Dritteln Professoren zu einem Drittel Privatdozenten ergab sich erst wieder in den Jahren nach 1883, nachdem es zuvor nur etwa ein Viertel betragen hatte. Als Grund für diese Angleichung kann jedoch in erster Linie die Abnahme der Mitgliederzahl der Ordinarien gesehen werden.[50] Auch in den Folgejahren veränderte sich das Verhältnis wieder dahingehend, dass anteilig mehr Privatdozenten dem Verein als Mitglied angehörten. In den 1890er Jahren ist ein deutlicher Zuwachs von Ordinarien in dem Verein nachzuweisen. Eine Tendenz, die nur durch das Ausnahmejahr 1908 bestätigt wurde. Insgesamt erscheint die Zahl der Bonner Universitätsangehörigen sehr gering im Verhältnis zur Gesamtzahl der Mitglieder. Jedoch muss dabei berücksichtigt werden, dass

49 Der Begriff »Privatdozenten« wird im Folgenden synonym für »Privatdozenten und Assistenten« gebraucht.

50 Auch im Jahr 1908, als ein allgemein starker Mitgliederzuwachs eintrat, blieb das Verhältnis gleich.

die Gesamtzahl der in den Fakultäten lehrenden Professoren noch nicht sehr hoch war und somit eine relativ kleine Gruppe einen Großteil der fachlichen Arbeit im Verein erledigte.[51]

Interessant erscheint ein genauerer Blick auf die Ehrenmitglieder und die Verleihung der Ehrenmitgliedschaft an Professoren: Insgesamt sank die Zahl der verliehenen Ehrenmitgliedschaften rapide von noch 52 im Jahr 1848, von denen sieben Professoren beziehungsweise ehemalige Professoren in Bonn waren, bis zum absoluten Tiefstand im Jahr 1902, in dem nur noch zwei Ehrenmitgliedschaften bestanden und kein Professor darunter war. In den ausgewerteten Jahrgängen von 1883 bis 1902 ist keine neue Ehrenmitgliedschaft verzeichnet. Ein Ausblick zeigt, dass die Verleihung von Ehrenmitgliedschaften später von Vereinsseite wieder verstärkt betrieben wurde: Bis zum Jahr 1931 stieg die Zahl der Ehrenmitgliedschaften auf acht. Das Verleihen der Ehrenmitgliedschaft wurde vor allem in der Anfangszeit von Vereinen häufiger als Mittel zum Zweck angewendet, um die Attraktivität für allgemein hochgeschätzte Persönlichkeiten zu belegen. Im Fall der Niederrheinischen Gesellschaft wurde die Ehrenmitgliedschaft unter anderem an Johann Wolfgang von Goethe und die Brüder Humboldt übertragen.[52]

Sektionen und Ämter

Während sich die Bestimmung verschiedener Vereine in ihrer Ausrichtung stark unterscheiden konnte, wiesen sie vielfach große Übereinstimmungen hinsichtlich der Organisationsstruktur auf.[53] In der Regel wurde die Leitung der Vereinsgeschäfte einem Vorstand übertragen, der aus mehreren Mitgliedern bestand, die in meist geheimer Wahl für eine befristete Zeit gewählt wurden. Die Repräsentation und die Führung der Amtsgeschäfte oblagen meist einem Vorsitzenden oder Präsidenten. Darüber hinaus existierten Sekretäre beziehungsweise Schriftführer, die neben der Korrespondenz des Vereins mit Institutionen

51 1888 besaßen 15 Ordinarien und zwei Privatdozenten der Medizinischen Fakultät und der Mathematisch-Naturwissenschaftlichen Sektion der Philosophischen Fakultät eine Mitgliedschaft im Naturhistorischen Verein, bei einer Gesamtmitgliederzahl von 1040 und 178 Mitgliedern im Regierungsbezirk Köln. 1898 gehörten 36 Ordinarien und sechs Privatdozenten dem Verein an, bei einer Mitgliederzahl von 133 Personen im Regierungsbezirk Köln. Die Gesamtmitgliederzahl war zu diesem Zeitpunkt auf 579 Personen gesunken.

52 Namentliche Liste der sämtlichen Mitglieder der Niederrheinischen Gesellschaft für Natur- und Heilkunde zu Bonn, Bonn 1820. Alexander von Humboldt war darüber hinaus auch Ehrenmitglied des Naturhistorischen Vereins, der im Vergleich häufiger die Ehrenmitgliedschaft verwendete, um ehemalige und verzogene Mitglieder weiterhin an die Vereinigung zu binden.

53 Sobania, Vereinsleben, S. 176–179.

oder externen Personen auch für die Mitgliederverwaltung und für die Führung der Protokolle der periodischen Versammlungen verantwortlich waren. Zudem ist durch die Einziehung von Mitgliedsbeiträgen auch ein Kassenwart, Rendant oder ähnlich benanntes Amt in den Vereinen zu finden, deren Amtsinhaber für die Vereinskasse zuständig war und dem Vorstand über die Kassenführung Rechenschaft ablegen musste. Diese drei Ämter waren tendenziell in sämtlichen Vereinigungen nachweisbar und bilden auch in modernen Vereinigungen den organisatorischen Hintergrund der Vereinsarbeit. Hinzu kamen Stellvertreter für die genannten Ämter, Spezialaufgaben, die ebenfalls per Wahl oder durch den Vorstand vergeben wurden, und Vorstandsmitglieder ohne spezielle Aufgabe.

Eine besonders wichtige Rolle innerhalb des Naturhistorischen Vereins nahm das Amt des Vereinssekretärs ein. Dieser war neben der Korrespondenz mit auswärtigen Personen oder Institutionen vor allem als Schriftleiter mit der Herausgabe und Redaktion der *Verhandlungen des Naturhistorischen Vereins* betraut. Durch die Redaktion der wissenschaftlichen Forschungsberichte, der Zusammenstellung der Korrespondenzblätter des Naturhistorischen Vereins sowie der Sitzungsberichte der Niederrheinischen Gesellschaft und der Aufstellung der vereinseigenen Sammlungen und Bibliotheken war dieses Amt von großer Bedeutung, da es die Außenwirkung beider Vereinigungen nachhaltig prägte.[54]

Die klare Organisationsstruktur des Vereins mit den verschiedenen Sektionen, die wiederum dem Vorstand formal unterstanden, schuf viele Möglichkeiten einer Partizipation durch die Mitglieder. Die Sektionen, in denen der Hauptteil der inhaltlichen Arbeit erfolgte, standen unter der Leitung von Sektionsdirektoren, die meist ausgewiesene Experten auf dem jeweiligen Gebiet waren und für die wissenschaftliche Förderung des zugehörigen Gebietes die Verantwortung übernahmen.[55]

Auffällig bei der Betrachtung der Abfolge der Vereinssekretäre ist, dass es nicht nur in der Anfangszeit des Vereins Universitätsprofessoren waren, die dieses Amt innehatten. Der erste Vereinssekretär war Moritz August Seubert, der dieses Amt von 1843 bis 1845 ausübte und in dessen Amtszeit somit die Einführung und erste Herausgabe der *Verhandlungen* fiel.[56] Sein Nachfolger wurde

54 Sendschreiben, S. 5. Im Fall des Naturhistorischen Vereins sind aufgrund des großen Vereinsgebietes auch acht Bezirksvorsteher ernannt worden, die für die Vertretung der Bezirksinteressen im Verein verantwortlich waren. Vgl. Correspondenzblatt des naturhistorischen Vereins der preussischen Rheinlande und Westphalens. 1849. No. 1. Protokoll der sechsten Generalversammlung zu Bonn am 29. und 30. Mai 1849.

55 Der Naturhistorische Verein unterteilte seine Arbeit in eine mineralogische, botanische und zoologische Sektion. In der Niederrheinischen Gesellschaft wurden eine medizinische und eine naturwissenschaftliche Sektion eingerichtet.

56 Moritz August Seubert (1818–1878) absolvierte ein Medizinstudium in Bonn, wo er bei Georg August Goldfuß promoviert wurde und sich 1843 für Botanik habilitierte. Er wurde später

Julius Budge, der die Herausgabe der *Verhandlungen* und die übrigen Amtsgeschäfte für elf Jahre versah.[57] Anschließend wurde Otto Weber als Vereinssekretär gewählt; er amtierte von 1858 bis 1864.[58] Die bis dahin längste Amtszeit wurde von Carl Justus Andrä bekleidet, von 1864 bis ins Jahr 1885.[59] Ihm folgte Philipp Bertkau, dessen Amtszeit durch seinen frühen Tod bereits 1894 endete.[60]

Die starke Anbindung des Naturhistorischen Vereins erfolgte dabei nicht nur in Form der Professoren als wichtige Mitglieder, sondern auch durch eine enge Verbindung der Institutionen selbst. So wurden die Sammlungen des Naturhistorischen Vereins auch für die Lehre zur Verfügung gestellt und sollten den Studierenden als Anschauungsmaterial dienen, ohne gleichzeitig in Konkurrenz zu den bestehenden universitären Einrichtungen zu treten.[61] Darüber hinaus wurde die Verbindung beider Institutionen auch in den Statuten festgeschrieben. Unabhängig von der Arbeit des Vorstandes, in dem zahlreiche Professoren durch ihre Tätigkeit als Sekretär beziehungsweise Sektionsvorsitzende saßen, wurde spätestens 1906/07 ein Kuratorium eingerichtet, das den Vorstand in seiner

Professor für Chemie und Hofrat in Karlsruhe. Vgl. Sendschreiben, S. 5; Alt/Sauer, Biologie, S. 63f.

57 Julius Budge (1811–1888) war seit 1847 außerordentlicher Professor und ab 1855 Ordinarius für Anatomie in Bonn; 1856 folgte er einem Ruf nach Greifswald. Vgl. Otto Wenig (Hg.), Verzeichnis der Professoren und Dozenten der Rheinischen Friedrich-Wilhelms-Universität zu Bonn 1818–1968 (150 Jahre Rheinische Friedrich-Wilhelms-Universität zu Bonn 1818–1968), Bonn 1968, S. 39.

58 Otto Weber (1827–1867) habilitierte sich 1853 in Bonn, anschließend war er außerordentlicher Professor für pathologische Anatomie, bevor er 1863 zum Ordinarius in Bonn ernannt wurde. Später lehrte und forschte Weber als ordentlicher Professor für Chirurgie in Heidelberg. Vgl. Sendschreiben, S. 5; Wenig, Professoren, 329.

59 Carl Justus Andrä (1817–1885) war außerordentlicher Professor für Geologie und Paläontologie. Vgl. Sendschreiben, S. 5; Wenig, Professoren, S. 4.

60 Philipp Bertkau (1849–1894) habilitierte sich 1874 in Bonn und war ab 1882 Professor für Zoologie an der Landwirtschaftlichen Akademie Poppelsdorf. Vgl. Wenig, Professoren, S. 20f.

61 Nach dem Ersten Weltkrieg wuchsen die finanziellen Belastungen und die räumliche Not so stark an, dass sich der Verein nicht mehr in der Lage sah, die Verwaltung der Sammlung und der Bibliothek eigenständig zu versehen. Im Rahmen der Verhandlungen stand der Fortbestand des Vereinsschwerpunktes in Bonn zur Debatte, da sich unter anderem die Stadt Düsseldorf intensiv um eine Übersiedlung und Unterstützung des Museums bemühte. Vgl. dazu die Niederschrift über die Sitzung des Kuratoriums des Naturhistorischen Vereins der preußischen Rheinlande und Westfalens zu Oeynhausen am 6. Juni 1914. Die naturwissenschaftlichen Professoren setzten sich vehement für eine Unterstützung des Vereins durch die Universität Bonn ein, da dieser sowie die Bibliothek und das Museum als unverzichtbar für die universitäre Lehre betrachtet wurden. Zu diesem Zweck wurden zahlreiche Gutachten angefertigt, die diese Haltung zu stützen versuchten, beispielsweise von den Professoren Steinmann, Brauns, Fitting oder Hesse. Vgl. UA Bonn, Kur 106, D3. Die Zusammenarbeit zwischen Verein und Universität wurde schließlich 1923/24 vertraglich festgelegt, wodurch das Bestehen des Vereins gesichert werden konnte.

Arbeit unterstützen sollte und dem auch ein Vertreter der Universität Bonn angehören musste.[62]

Die Universität Bonn erhielt somit die Möglichkeit, Einfluss auf Grundsatzentscheidungen des Vereins zu nehmen und ein zusätzliches Mitglied der Universität in die Vereinsarbeit einzugliedern. Der Passus über den Wohnsitz in Bonn, den Vorstandsmitglieder notwendigerweise haben mussten, blieb weiterhin bestehen, was die Einflussmöglichkeiten der Bonner Ordinarien erhöhte, die im Hochschulstandort durch ihre Arbeit vor Ort stark vertreten waren. Die Gewährung eines festen Kontingents von Mitgliedern der Universität innerhalb des Vorstandes war gleichzeitig eine bewusste Installierung universitärer Kräfte in der Führungsebene des Vereins.

Bezüglich der Übernahme von Wahlämtern im Naturhistorischen Verein ergaben sich Fluktuationen hinsichtlich der Frequenz. Zu Beginn des Untersuchungszeitraumes im Jahr 1848 waren von den 77 Mitgliedern des Vereins im Regierungsbezirk Köln elf als Dozenten an der Bonner Hochschule beschäftigt. Diese Zahl teilt sich in sieben Professoren und vier Privatdozenten beziehungsweise Assistenten.[63] Die Zahl der Universitätsangehörigen stieg 1853 auf 21, davon 13 Professoren und acht Privatdozenten. Die Gesamtzahl der Mitglieder im Regierungsbezirk Köln stieg derweil auf 167, während sich die Gesamtmitgliederzahl im Verein von 410 (1848) auf 832 verdoppelte.

Die konkrete Betätigung von Bonner Universitätsangehörigen im Verein lässt sich deutlich an der Übernahme der Sektionsleitungen beziehungsweise im Vereinsvorstand ablesen. In der Regel waren die Sektionsleitungen mit Ordinarien besetzt, während das Amt des Schriftführers, der ebenso Teil des Vorstandes war, von Extraordinarien oder auch von besonders engagierten Privatdozenten ausgefüllt wurde. Im Gegensatz zum allgemeinen Eintritt in den Verein ist diesbezüglich jedoch eine zeitliche Verschiebung zu beobachten. Während die Zahl der Professoren ungefähr ab den 1860er Jahren stieg, begann eine verstärkte Übernahme von Wahlämtern erst ab den 1890er Jahren. Dies bezieht sich insbesondere auf die Sektionsleitungen, die nun zunehmend von Ordinarien übernommen wurden, sodass sich eine konkrete institutionelle Verknüpfung be-

62 Den Hochschulen in Aachen und Münster wurde je ein Vertreter zugestanden, jedoch blieb die bewährte Organisationsstruktur hinsichtlich des engeren Vorstandes bestehen und somit der Wohnort weiterhin entscheidend. Zu Beginn des 20. Jahrhunderts vergrößerte sich der Einfluss auswärtiger Hochschullehrer, jedoch war die Universität Bonn im Regierungsbezirk Köln weiterhin prägend. Auch die Bibliothek des Vereins blieb dauerhaft am Ort der zentralen Sammlungsstätte in Bonn. Vgl. Statuten des Naturhistorischen Vereins 1906/07; Stadtarchiv Bonn (StA Bonn), Pr 42/91, Akten betr. den naturhistorischen Verein der preussischen Rheinlande, Westfalens und dessen naturkundliches Museum, 1846–1929, S. 33–35.

63 In der quantitativen Untersuchung wurden neben den Ordinarien auch die Extraordinarien berücksichtigt und gemeinsam gegenüber Privatdozenten und Assistenten abgegrenzt.

stimmter Lehrstühle mit der entsprechenden vereinsinternen Sektionsleitung feststellen lässt. Der zeitlichen Verschiebung können diverse Ursachen zugrunde liegen. Wissenschaftliche Vereinigungen, vor allem jene, deren Mitglieder sich zu großen Teilen aus nichtakademischen Berufen rekrutierten, bedurften zunächst der Anerkennung in universitären Fachkreisen, um auch für renommierte Wissenschaftler und Institutionen interessant zu werden. Da wissenschaftliche Arbeit bis zum Ende des 19. Jahrhunderts beinahe ausschließlich auf Universitäten und die dort forschenden Wissenschaftler beziehungsweise die Arbeit von Akademien bezogen wurde, war ein gewisser zeitlicher Anlauf notwendig, um sich von einer Laienvereinigung zu einer anerkannten wissenschaftlichen Institution zu entwickeln. Die einsetzende institutionelle Verflechtung einzelner Institute und Lehrstühle mit wissenschaftlichen Vereinigungen führte in der Folge dazu, dass auch Professoren stärker in die Vereinsarbeit eingebunden wurden. Es handelte sich dabei erwartungsgemäß um die Lehrstühle für Botanik, Zoologie und Geologie. Diese Dynamik ist bei der Vereinsetablierung noch nicht zu beobachten. Es ist zwar von Beginn an eine enge Verbindung zur Hochschule – insbesondere seitens des Naturhistorischen Vereins – gesucht worden, diese äußerte sich allerdings zunächst nur in Grußworten von Repräsentanten der Universität auf Versammlungen, die oftmals in der Aula abgehalten wurden, jedoch nicht in der Übertragung von Ämtern auf Professoren der Universität. In absoluten Zahlen drückt sich diese Entwicklung so aus, dass bis in die 1880er Jahre nur ein Mitglied des Vorstandes dem Lehrkörper der Universität angehörte. Dies war indes immer auf das Amt des Sekretärs beschränkt, das durchgängig von Dozenten, allerdings nicht von Ordinarien ausgeübt wurde. Bei den einzelnen Sektionen ist bis in die 1880er Jahre ein professoraler Direktor nicht nachzuweisen.[64] Erst in den letzten beiden Jahrzehnten des 19. Jahrhunderts ist ein spürbarer Anstieg der Betätigung universitärer Mitglieder zu vermerken. Als Höhepunkte dieser Entwicklung können die Jahre 1898 und 1902 angesehen werden, in denen zwei Vorstandsmitglieder und alle drei Sektionsdirektoren Universitätsangehörige waren. Es waren in diesem Fall die Bonner Professoren Fritz Noll (Botanik) und Walter Voigt (Zoologie), die sich so in besonderer Weise in die Vereinsarbeit einbrachten. Für die Jahre ab 1902 sind in den Berichten des Vereins keine Angaben über die Sektionsleitungen erhalten. Als Ausnahme bei der Ausübung gilt hier wie bereits angesprochen das Amt des Vereinssekretärs, der auch mit der Redaktion der *Verhandlungen* betraut war. Es waren jedoch gerade die Privatdozenten, die sich hierbei profilierten. Neben der Fokussierung auf das Amt des Vereinssekretärs

64 Friedrich Körnicke (1826–1908) war Professor für Botanik an der Landwirtschaftlichen Akademie und der Universität, übernahm als erster Hochschullehrer zu Beginn der 1880er Jahre das Amt des Sektionsdirektors für Botanik. Vgl. Wenig, Professoren, S. 155.

und der Sektionsdirektoren ist jedoch eine verstärkte Wahrnehmung von Vereinsgeschäften als Vereinspräsident nicht nachzuweisen.[65]

Unterschiede bezüglich der bevorzugten Ausübung bestimmter Wahlämter ergeben sich bei der Niederrheinischen Gesellschaft, vor allem im engeren Vorstand. Auffällig ist die bevorzugte Wahl von Bonner Professoren zu Direktoren der beiden fachlichen Sektionen der Niederrheinischen Gesellschaft. Während von 1839 bis 1889 mit Heinrich von Dechen immerhin noch ein Direktor der naturwissenschaftlichen Sektion[66] nicht als Dozent an der Universität lehrte, wurde in der medizinischen Sektion[67] im genannten Zeitraum ohne Unterbrechung ein Ordinarius der Medizin zum Direktor gewählt.

Durch die enge organisatorische Verbindung beider Gesellschaften ergaben sich darüber hinaus einige personelle Überschneidungen. Carl Justus Andrä und Philipp Bertkau, die jeweils das Amt des Vereinssekretärs im Naturhistorischen Verein bekleideten, waren zeitgleich in derselben Funktion in der Niederrheinischen Gesellschaft tätig. Man kann vermuten, dass dies der Einfachheit halber so gehandhabt wurde, da sie bei der Schriftleitung der *Verhandlungen* auch die Sitzungsberichte der Niederrheinischen Gesellschaft berücksichtigten. Die Erstellung der Berichte und der *Verhandlungen* lag somit in einer Hand.

Zusammenfassung und Ergebnisse

Die öffentlich zugänglichen fachwissenschaftlichen Vereinigungen des 19. Jahrhunderts entwickelten sich ab der Mitte des Jahrhunderts auch zu bevorzugten Betätigungsfeldern von Mitgliedern des etablierten Wissenschaftssystems. Die Einbringung von akademischem Wissen und wissenschaftlichen Arbeitsweisen haben dabei in großem Maße die Professionalisierung und Akademisierung dieser Vereinigungen beschleunigt.

65 Eine Ausnahme bildet dabei lediglich der außerordentliche Professor Hermann Schaaffhausen, der von 1889 bis zu seinem Tod im Jahr 1893 als Präsident fungierte.

66 In der naturwissenschaftlichen Sektion fungierten folgende Personen als Direktor: Carl Gustav Bischof (1839–1854), Heinrich von Dechen (1854–1857), Ernst Troschel (1857–1881), Eduard Schönfeld (1882–1884), Arnold von Lasaulx (1885), Johann Justus Rein (1886–1888) und Hubert Ludwig (1888–1893).

67 Als Direktoren der medizinischen Sektion fungierten: Christian Friedrich Harless ([1818]–1839), Carl Wilhelm Wutzer (1839–1842), Moritz Naumann (1843), Werner Nasse (1844–1851), Carl Wilhelm Wutzer (1851–1853), Moritz Naumann (1854–1857), Hermann Helmholtz (1858), Wilhelm Busch (1858–1872), Max Schultze (1872–1873), Eduard von Rindfleisch (1873–1874), Hugo Rühle (1874–1875), Karl Binz (1875–1876), Carl Koester (1876–1877), Franz von Leydig (1877–1879), Wilhelm Busch (1879–1881), Hugo Rühle (1882–1885), Karl Binz (1886), Friedrich Trendelenburg (1887–1889), Carl Koester (1890–1891) und Friedrich Schultze (ab 1893).

Der Antrieb zur Gründung solcher Vereinigungen konnte dabei auch auf einzelne Professoren zurückgeführt werden, die die Vereinsarbeit als Möglichkeit ansahen, die Förderung der Wissenschaft und die Bildung breiterer Gesellschaftsschichten auszubauen. Exemplarisch ist die (Wiederbe-)Gründung der Niederrheinischen Gesellschaft durch die Professoren Carl Wilhelm Wutzer und Carl Gustav Bischof, die als Gründungsdirektoren fungierten, anzusehen. Auch im Fall des Naturhistorischen Vereins baute man auf Strukturen, die durch den Botaniker Theodor Friedrich Nees von Esenbeck geprägt wurden.

Die Professionalisierung und Akademisierung in fachwissenschaftlichen Zusammenschlüssen führte zur Entwicklung der Vereine von Ergänzungseinrichtungen, die das universitäre Angebot unterstützen sollten – jedoch zum Teil anfänglich noch laienhafte Strukturen aufwiesen –, zu selbstständigen Institutionen, die einen Rang einnahmen, der sie mit den Universitäten und deren Vertretern auf Augenhöhe agieren ließ. Der wissenschaftlich-akademische Hintergrund der Universitätslehrer drückte sich auch bei der Übernahme von Ämtern in den Vereinen aus. Wie am Beispiel des Naturhistorischen Vereins und der Niederrheinischen Gesellschaft aufgezeigt werden konnte, übernahmen Dozenten zunehmend den Vorsitz der einzelnen Sektionen und übten neben der organisatorischen vor allem eine fachliche Leitungsfunktion aus. Die Vertreter der wissenschaftlichen Disziplinen konnten mit ihrer Expertise die fachliche Diskussion leiten, die einen maßgeblichen Bestandteil der Vereinsarbeit darstellte und sich auch für die Vertreter der Universitäten äußerst gewinnbringend zeigte. Die Lehrstuhlvertreter der naturwissenschaftlichen Fächer an der Universität nahmen beispielsweise in der Regel auch den Vorsitz der entsprechenden Sektion innerhalb des Naturhistorischen Vereins ein. Ähnliches ist für die Niederrheinische Gesellschaft festzuhalten, deren Ausrichtung zudem die Universitätsmediziner noch stärker ansprach.

Die Professionalität der Arbeit, Organisation und Forschung lag dabei im Interesse der Mitglieder und besonders der Professoren, die auf den periodisch stattfindenden Versammlungen ihre Forschungsergebnisse einem Publikum vorstellen konnten, dessen Niveau deutlich über das Laienhafte der Anfangszeit hinausging. Neben der Sektionsleitung war die Schriftleitung ein weiteres Tätigkeitsfeld, in dem Universitätsangehörige überproportional häufig Verantwortung übernahmen. Am Beispiel des Naturhistorischen Vereins und seines Publikationsorgans wird diese Tendenz deutlich. Gerade diese Arbeit bei der Erstellung der *Verhandlungen* entwickelte sich zum bevorzugten Betätigungsfeld bei den Hochschulangehörigen, die durch ihre Erfahrung bezüglich wissenschaftlicher Publikationen in der Schriftleitung der *Verhandlungen* wichtige Impulse geben konnten und die Etablierung wissenschaftlicher Richtlinien bei der Erstellung der Aufsätze forcierten, was sich, neben den Versammlungen und Kolloquien, langfristig positiv auf das Ansehen des gesamten Vereins auswirkte.

Auffallend ist dabei die frühe Bereitschaft, in diesem Bereich tätig zu werden, während die Übernahme von Führungspositionen wie Vorsitz oder Stellvertreter im Falle des Naturhistorischen Vereins erst später einsetzte.

Selbstverständlich sind bei diesen Beobachtungen die historischen Hintergründe der jeweiligen Vereinigung zu berücksichtigen. Durch die zeitweilige Auflösung der Niederrheinischen Gesellschaft beispielsweise, wurde ein größerer Fokus auf die regelmäßige Zusammenkunft gelegt. Der kleine Kreis, der die Vereinsarbeit leistete, wurde dabei, neben den in Bonn ansässigen praktischen Ärzten, von Bonner Professoren getragen, da diese auch den Anstoß zur Neugründung gegeben hatten.

Fachwissenschaftliche Vereine und Gesellschaften profitierten hinsichtlich der Mitgliederentwicklung von der gleichzeitig stattfindenden Professionalisierung und Spezialisierung an den Universitäten. Der allgemein zu beobachtende Rückzug von Professoren aus dem öffentlichen Leben, der vor allem im Bereich der Politik stattfand, wo die Hochschullehrer nicht mehr den Mythos des »politischen Professors« bedienten, ist dabei im fachwissenschaftlichen Gebiet nicht in dem Maße wahrzunehmen und zog vor allem keine große öffentliche Aufmerksamkeit auf sich. Gerade in naturwissenschaftlichen, medizinischen und technischen Fächern wurden große Investitionen getätigt und die Vertreter dieser Disziplinen erfuhren eine enorme Wertschätzung. Die mit Hilfe der Hochschullehrer professionalisierten Vereinigungen dienten nun auch als wichtige Plattformen zur Vernetzung und zum fachlichen Austausch. Durch den Aufbau vereinsinterner Zeitschriften wurde darüber hinaus die Publikation und die Verbreitung der eigenen Forschung sowie der Austausch mit anderen Vereinigungen ermöglicht. Anhand des Naturhistorischen Vereins der preußischen Rheinlande und der Niederrheinischen Gesellschaft wird deutlich, wie solch lokale Vereine durch die Mithilfe etablierter Wissenschaftler ein zunehmend akademisiertes Tätigkeitsfeld außerhalb der Universitäten bilden konnten.

Andreas Neumann

Vom »Unkenteiche alter Vorurtheile« zur forcierten Erfahrungskunde? Die Bedeutung praktischer Erfahrung in veröffentlichten Umfragen zum »Frauenstudium« unter Hochschullehrern aus der Schweiz, Österreich und Deutschland zwischen 1894 und 1918

Abstract

The debate over women's admission to higher education in Europe began in the second half of the nineteenth century. By the late 1870s, the struggle had been won in many European countries. Newspapers all over Europe sensationalized the occurrence of female doctors in Zürich, Paris, Edinburgh and London. Although everyone else allowed women to be admitted to universities and to most degrees, the debates in Germany and Austria went on until the end of the century. The most important and conflicting participants of this debate were professors of medicine and the humanities. For opposing professors, the »Frauenstudium« was a dangerous »experiment« for both the mind and the body of young women. According to the women's movement, this fear was driven by speculation and prejudice. But in order to sway public opinion, more experience-based data was needed. For this reason, the journalist Arthur Kirchhoff published his well-known study on The Academic Woman in 1897. Despite being the most important source of knowledge for the German professors on the subject, it is not the only one: Before and after Kirchhoffs study, several further studies emerged. This article will examine what roles these polls played in the debate and how they mobilized important voices, especially from professors with foreign experience. More and more, the conclusion was made that the »experiment« was a success in other countries. Primarily Switzerland rose to be a legitimate role model because of the structural similarities in the educational system and the overlapping career paths of the professors. For this reason, the »Swiss experience« was the most powerful factor to legitimate the requests for women's admittance to universities in Germany and in Austria.

Die lang anhaltende Debatte um das »Frauenstudium« in der zweiten Hälfte des 19. Jahrhunderts zeigt, wie sich ein an Erfahrungsdaten orientiertes empirisches Denken in bildungsbürgerlichen Kreisen allmählich etablierte.[1] Vor allem in den

1 Der Quellenbegriff des »Frauenstudiums« hat sich in der Forschung als Bezeichnung etabliert. In diesem Beitrag sollen die Anführungszeichen jedoch auf eine aus heutiger Sicht problematische Ursprungsbedeutung hinweisen: Denn die Bezeichnung implizierte eine Differenz, die anzeigte, dass es sich keineswegs allein um ein »Studium der Frauen« oder ein »Studium von Frauen« handelte – sich das Subjekt »Frau« also dem »Objekt« des Studierens widmete. Vielmehr verbarg sich hinter der Begriffskomposition »Frauenstudium« die Vorstellung einer qualitativen Veränderung des Studierens, die vermeintlich mit dem weiblichen Geschlecht

1890er Jahren genügten theoretisch-philosophische Spekulationen allein kaum mehr für eine Entscheidungsfindung in drängenden Gesellschaftsfragen: Ob zur Lebenssituation von Fabrikarbeiterinnen, zum Problem des Alkoholismus oder der Nutzung des Telefons, Enqueten erfreuten sich wachsender Beliebtheit.[2] Ein Mittel dieser amtlichen und seit den 1880er Jahren vermehrt von Vereinen und Zeitschriftenredaktionen initiierten Untersuchungen bestand darin, durch Umfragen an die gewünschten Informationen zu gelangen.[3] In Sachen »Frauenstudium« dienten zahlreiche Rundfragen unter Hochschullehrern als Vehikel einer derartig forcierten Erfahrungskunde. Die von dem Publizisten Arthur Kirchhoff 1897 herausgegebene Gutachtensammlung von 104 Professoren, 13 Schriftstellern und fünf Mädchenschullehrern unter dem Titel *Die akademische Frau* gehört zu den wichtigsten öffentlich publizierten Umfragen zum »Frauenstudium«.[4] Die Sammlung ist folglich eine breit rezipierte Basisquelle zum Thema.[5] Kaum bekannt sind allerdings Rundfragen, die vor und nach Kirch-

einhergehen würde. Der Gedanke, eine Frau könne nicht auf dieselbe Art studieren wie Männer dies bislang getan haben, war sowohl unter Gegner*innen als auch unter Befürworter*innen weit verbreitet. Auch in der Frauenbewegung, deren Vertreter*innen mehrheitlich differenztheoretisch argumentierten, gab es die Idee, mit dem »Frauenstudium« gehe eine durch das »weibliche Wesen« ausgelöste positive Kulturveränderung einher. Für eine eingehende Untersuchung der jeweiligen Diskursstrategien vgl. Andreas Neumann, Vom Eintritt der Frauen in die Universitäten des deutschen Kaiserreiches. Eine Studie zur Theorie und Praxis wissenssoziologischer Diskursanalyse in der Geschichtswissenschaft, (unpubl. Diss. Jena) 2019.

2 Zur Begriffsbedeutung »Enquete« heißt es in Meyers Konversationslexikon aus dem Jahr 1903: »[...] im allgemeinen amtliche (wohl auch private) Untersuchung, Ermittelung, gilt besonders für das von einer Behörde oder von einer Kommission geleitete öffentliche Untersuchungsverfahren zur Aufklärung und Auskunftseinziehung über bestimmte Fragen und Verhältnisse.« Siehe Art. »Enquete«, in: Meyers Großes Konversationslexikon, Bd. 5, Leipzig/Wien ^{6}1903, Sp. 826–827; eine Suche im Korpus von »Google Books« zeigt einen kontinuierlichen Anstieg im Gebrauch des Begriffs in deutschsprachigen Texten von den Anfängen seiner Verwendung am Ende der 1850er Jahre bis 1900. Engere Bezeichnungen wie »Rundfrage« oder »Interview« wurden hingegen erst im Verlauf der 1890er Jahre relevant. Vgl. Google Books, Ngram Viewer, https://books.google.com/ngrams/ (20.5.2019).

3 Zu den frühesten und bekanntesten Enqueten privatrechtlichen Ursprungs dürften die vom »Verein für Socialpolitik« unternommenen Untersuchungen gehören. Vgl. u.a. Louis Jacobi, Ueber Fabrikgesetzgebung, Schiedsgerichte und Einigungsämter: Gutachten auf Veranlassung der Eisenacher Versammlung zur Besprechung der socialen Frage (Schriften des Vereins für Socialpolitik 2), Leipzig 1873; vgl. auch o. V., Die Verhältnisse der Landarbeiter in Deutschland: geschildert auf Grund der vom Verein für Socialpolitik veranstalteten Erhebungen, 2 Bde. (Schriften des Vereins für Socialpolitik 53, 54), Leipzig 1892; Anthony Oberschall, Empirische Sozialforschung in Deutschland 1848–1914 (Alber-Reihe Kommunikation 21), Freiburg/München 1997, S. 48–57.

4 Arthur Kirchhoff (Hg.), Die akademische Frau. Gutachten hervorragender Universitätsprofessoren, Frauenlehrer und Schriftsteller über die Befähigung der Frau zum wissenschaftlichen Studium und Berufe, Berlin 1897.

5 Vgl. Kristine von Soden, Zur Geschichte des Frauenstudiums, in: 70 Jahre Frauenstudium. Frauen in der Wissenschaft, hg. von ders. und Gaby Zipfel, Köln 1979, S. 9–42, hier S. 14f.;

hoffs Publikation erschienen sind und diese inspirierten beziehungsweise von dieser inspiriert worden sind. Zwischen 1894 und 1918 entstanden zahlreiche Enqueten zur akademischen Frauenbildungsfrage, welche die ambivalenten Stimmen der Hochschullehrer in die Öffentlichkeit transportierten. Bevor diese Veröffentlichungen im Einzelnen thematisiert werden können, gilt es einleitend, die Umfragen in den breiteren Kontext der bildungspolitischen Entwicklungen einzuordnen.

Ein langer Weg bis zur Zulassung: von der theoretischen Debatte zur Praxis des »Frauenstudiums«

Zu den ersten Immatrikulationen von Frauen kam es an den beiden Universitäten des Großherzogtums Baden in Freiburg und Heidelberg im Jahr 1900. Es sollten noch viele weitere Jahre vergehen, bis Studentinnen im gesamten Deutschen Kaiserreich mit den gleichen Rechten wie ihre männlichen Kommilitonen studieren durften. Im Großstaat Preußen, in dem sich zehn der 20 Universitäten des Reiches befanden, gab Kultusminister Ludwig Holle die »Zulassung der Frauen zum Universitätsstudium« am 18. August 1908 bekannt.[6] Bereits 1905 hatte sich der preußische Ministerialdirektor und »heimliche Kultusminister« Friedrich Althoff für das »Frauenstudium« eingesetzt: Allerdings verzögerte sich dieses Vorhaben aufgrund der nur schleppend voranschreitenden Pläne zur

Karin Hausen, Warum Männer die Frauen zum Studium nicht zulassen wollten, in: Wie männlich ist die Wissenschaft?, hg. von Helga Nowotny, Frankfurt a.M. 1986, S. 31–42, hier S. 32f.; Hannes Siegrist, Bürgerliche Berufe. Professionen und das Bürgertum, in: Bürgerliche Berufe: Zur Sozialgeschichte der freien und akademischen Berufe im internationalen Vergleich (Kritische Studien zur Geschichtswissenschaft 80), hg. von dems., Göttingen 1988, S. 11–48, hier S. 202; Margit Brunner, Ursachen sexueller Belästigung von Frauen an der Universität. Eine feministisch-historische Untersuchung (Bildung, Arbeit, Gesellschaft 7), München u.a. ²1992, S. 11–13; Gunilla Budde, Auf dem Weg ins Bürgerleben: Kindheit und Erziehung in deutschen und englischen Bürgerfamilien 1840–1914 (Bürgertum: Studien zur Zivilgesellschaft 6), Göttingen 1994, S. 251; Edith Glaser, »Sind Frauen studierfähig?« Vorurteile gegen das Frauenstudium, in: Geschichte der Mädchen- und Frauenbildung, Bd. 2, hg. von Elke Kleinau und Claudia Opitz, Frankfurt a.M. 1996, S. 299–309, hier S. 305f.; Sabine Mahncke, Frauen machen Geschichte. Der Kampf von Frauen um die Zulassung zum Studium der Medizin im Deutschen Reich 1870–1910, Hamburg (Diss.) 1997, S. 69; Patricia M. Mazón, Gender and the modern research university: the admission of women to german higher education, 1865–1914, Stanford 2003, S. 113; Marco Birn, Die Anfänge des Frauenstudiums in Deutschland: das Streben nach Gleichberechtigung von 1869–1918, dargestellt anhand politischer, statistischer und biographischer Zeugnisse (Heidelberger Schriften zur Universitätsgeschichte 3), Heidelberg 2015, S. 114.

6 Ludwig Holle, Zulassung der Frauen zum Universitätsstudium, in: Centralblatt für die gesamte Unterrichtsverwaltung in Preussen, Berlin 1908, S. 819–820.

Neuordnung des höheren Mädchenschulwesens.[7] Als sich schließlich zum Wintersemester 1909/10 auch an der Rostocker Universität im Großherzogtum Mecklenburg-Schwerin die Pforten für Studentinnen öffneten, waren seit der ersten Zulassung von Frauen in Baden ganze neun Jahre ins Land gegangen. Bereits diese neun Jahre erscheinen lang für ein Begehren, das in nahezu allen anderen westeuropäischen Staaten bereits Jahrzehnte früher Anerkennung gefunden hatte. In Deutschland begann die Debatte zwar ebenso früh, nur begnügten sich die Verantwortlichen hier seit dem Ende der 1860er Jahre mit rein theoretischen Spekulationen über möglicherweise »schädliche« Folgen des »Frauenstudiums«.

Selbst der Auftakt zur Debatte fand seine Anlässe im Ausland und zeigt, wie stark die Entwicklungen in Deutschland von europäischen Ereignissen beeinflusst waren: 1864 erlaubte die Direktion des Erziehungswesens im Kanton Zürich aufgrund einer wohlwollenden Auslegung des Unterrichtsgesetzes die Zulassung von Gasthörerinnen an der dortigen Universität. Drei Jahre später stand eine der Gasthörerinnen – die aus Russland stammende Nadeschda Suslowa – kurz davor, von der Medizinischen Fakultät promoviert zu werden. Für eine Zulassung zur Doktorprüfung musste jedoch die ordentliche Immatrikulation erfolgen. Abermals entschieden die Verantwortlichen wohlwollend, sodass Suslowa mit ihrer erfolgreichen Doktorprüfung dem »Frauenstudium« an der Universität Zürich eine Bahn brechen konnte.[8] Die folgenden Promotionen der sämtlich aus dem Ausland stammenden Medizinstudentinnen Frances E. Hoggan (England), Maria von Bokowa (Russland), Susan Dimock (USA), Louise Atkins (England) und Eliza Walker Dunbar (England) in den Jahren 1870 bis 1872 sorgten im Kaiserreich für Gesprächs- und Zündstoff. Bereits 1868 lieferte der Lebensreformer Emil Weilshäuser einen Beitrag über »weibliche Ärzte für Frauen«. Eine Rede des englischen Mediziners Dr. James Edmunds zur Eröffnung der *Female Medical Society* in London zitierend, nahm Weilshäuser die erwartbare Reaktion der deutschen Frauenstudiumsgegner vorweg: »Obwohl die Erfüllung unseres Begehrens der Einsicht hochzivilisirter Nationen nur zur Ehre gereichen würde, lassen sich wie bei jeder neuen Reform aus dem Unkenteiche alter Vorurtheile die Stimmen der Widersacher vermehren.«[9] Die von

7 Dabei scheute sich Althoff nicht, die Standpunkte der bürgerlichen Frauenbewegung zu berücksichtigen. Vgl. Helene Lange, Lebenserinnerungen, Berlin 1922, S. 251f.

8 Vgl. Gotthold Kreyenberg, Weibliche Studenten. Kulturhistorische Skizze, in: Zeitschrift für weibliche Bildung 1 (1873), S. 394–404, hier S. 400; vgl. auch Franziska Rogger und Monika Bankowski, Ganz Europa blickt auf uns! Das schweizerische Frauenstudium und seine russischen Pionierinnen, Baden 2010.

9 Emil Weilshäuser, Weibliche Ärzte für Frauen, Mädchen und Kinder: ein Wort zur Beherzigung für alle wahren Freunde des socialen Fortschritts (Gesundheit, Wohlstand und Glück: eine Familien-Bibliothek für Stadt und Land 5), Berlin 1868, S. 15.

Edmunds benannten »Widersacher« sorgten dafür, dass der ersten englischen Ärztin Elisabeth Garrett Anderson ein Studienabschluss in London versagt blieb. Hierfür musste sie zeitweilig nach Paris emigrieren. Dort bestand sie 1870 das medizinische Staatsexamen und erwarb zugleich den Doktortitel, nachdem sich der Dekan der Medizinischen Fakultät Charles Adolphe Wurtz, laut späteren Darstellungen mit Unterstützung der hochkonservativen Kaiserin Eugénie, für eine Zulassung ausgesprochen hatte.[10] Schließlich gewährte die Londoner Universität 1878 den Studentinnen trotz anhaltenden Widerstandes aus den Reihen der Mediziner als erste englische Hochschule sämtliche Grade.[11]

Im Deutschen Reich hingegen polemisierten geschlechterpolitisch orthodox eingestellte Mediziner, wie der einflussreiche Münchner Anatom Theodor von Bischoff, sehr erfolgreich gegen das von ihnen empfundene »sociale Uebel« des »Frauenstudiums«. Zu Beginn der Auseinandersetzung herrschte noch eine gewisse Offenheit, die sich in einer Anfrage der Medizinischen Fakultät in Würzburg an den Senat der Züricher Universität im Jahr 1870 zeigt: Die Würzburger Mediziner wollten in Erfahrung bringen, ob sich durch die Zulassung von Studentinnen während der für das »weibliche Zartgefühl empfindlichen Vorlesungen« Probleme aus der »Gemeinschaft mit männlichen Studenten« ergeben hätten.[12] Wenig später äußerte sich Bischoff in der Beilage zur *Allgemeinen Zeitung* gegen die Vorstellung eines durch Frauen ausgeübten Medizinstudiums. Dem Vorwurf einem Vorurteil zu unterliegen – denn Zürich zeigte, wie erfolgreich Frauen im Medizinstudium sein konnten – entgegnete er mit dem Motto »*Exceptio firmat regulam*«:

> »Ich finde es durchaus unnöthig mich gegen den Vorwurf der Stabilität, des veralteten und verjährten Stillstehens [...] zu vertheidigen. Ich glaube an den Fortschritt [...]. Aber es ist thöricht ihn da zu suchen wo die Natur die Bedingungen dazu versagt hat.

10 Vgl. Karoline Schultze, Die Aerztin im XIX. Jahrhundert, Leipzig 1889, S. 14; Rosa Kerschbaumer, Ueber die ärztliche Berufsbildung und Praxis der Frauen, Wien 1889, S. 4; vgl. auch Thomas Neville Bonner, To the ends of the earth: women's search for education in medicine, Cambridge [Mass.] 1992, S. 51–54.

11 Vgl. Helene Lange, Frauenbildung, Berlin 1889, S. 29f.

12 Carl Victor Böhmert, Das Frauenstudium mit besonderer Rücksicht auf das Studium der Medicin, in: Allgemeine Zeitung Augsburg 205/207/208/264 (1872), S. 3149–3151, 3182–3183, 3198–3200, 4036, hier S. 3198; Kreyenberg, Weibliche Studenten, S. 402. Die Anfrage stand im Zusammenhang mit einem 1869 gestellten Zulassungsgesuch der Amerikanerin Laura Reusch-Formes. Vgl. Heike Hessenauer, Etappen des Frauenstudiums an der Universität Würzburg. Von den Anfängen bis zum Ausbruch des Zweiten Weltkrieges (Quellen und Beiträge zur Geschichte der Universität Würzburg: Beiheft 4), Neustadt/Aisch 1996, S. 24f. Das bayerische Staatsministerium forderte vom Senat der Würzburger Universität ein Gutachten zu der Frage. Da dessen Mitglieder selbst auf keine praktischen Erfahrungen zurückgreifen konnten, bat der Senat u. a. die Universität Zürich um eine Antwort auf die Frage, ob die Gleichstellung beider Geschlechter »entweder grundsätzlich bejaht oder wenigstens factisch anerkannt ist«. Staatsarchiv (StA) Kanton Zürich, U 94.1.12.

> Darüber können und müssen wir uns aber eine Erkenntniß verschaffen, wo die Thatsachen so großartig und so zahlreich vorliegen wie in der ungleichartigen Befähigung der beiden Geschlechter zu geistiger Arbeit. Wer sich da nicht über den Standpunkt der Erfahrung bei der Frau Erxleben, oder der Frau Dr. v. Siebold in Darmstadt, oder der Frau Garret-Anderson oder des Frln. Louise Atkins [...] zu erheben vermag, mit dem kann man nicht streiten. Man sieht den Wald vor lauter Bäumen nicht!«[13]

Anders als in der Schweiz, Frankreich, England, Schweden, Italien, Dänemark und den Niederlanden ließ man es auf »praktische Erfahrungen« nicht ankommen. Vielmehr seien »weibliche Aerzte« *a priori* »naturwidrige« und »unwürdige« Erscheinungen.[14] Angesichts derartiger Einstellungen sowie der Angst »unsittlicher« Vorgänge durch die Zulassung ausländischer Studentinnen kam es anstelle einer Öffnung an den deutschen Universitäten in den 1870er und 1880er Jahren zum völligen Ausschluss.[15] Bereits im Juni 1871 verdeutlichte der preußische Kultusminister Heinrich von Mühler, es sei beim Erlass der Statuten nicht an Frauen gedacht worden, denn die Aufnahmebestimmungen legten das Geschlecht der Studierenden nicht explizit fest. Um dieses »Versäumnis« zu korrigieren, dürfe in Zukunft »weiblichen Personen der Besuch der Vorlesungen« an der Berliner Universität nicht gestattet werden.[16] Auch ein Jahr später, als die Debatte über die Notwendigkeit von Medizinerinnen Fahrt aufnahm, sah von Mühler kein Bedürfnis »weibliche Ärzte« auszubilden.[17] 1873 sprachen sich auch die Senatsmitglieder der Heidelberger und Straßburger Universität gegen Gasthörerinnen aus. 1879 fanden sich im neuen Jenaer Universitätsgesetz zwei Paragraphen, die Frauen als Studierende und als gastweise Hörerinnen explizit ausschlossen.[18] Der konservative Kultusminister Gustav von Goßler legte

13 Theodor L. W. Bischoff, Das Studium und die Ausübung der Medicin durch Frauen, in: Allgemeine Zeitung Augsburg 233/234/303 (1872), S. 3567–3568, 3584–3585, 4622–4623, hier S. 3568.

14 Ders., Das Studium und die Ausübung der Medicin durch Frauen, München 1872, S. 2, 45.

15 Das Gerücht über sittliches und politisches Fehlverhalten von Studentinnen in Zürich kam durch die Veröffentlichung eines Zarenerlasses in zahlreichen europäischen Zeitungen im Juni 1873 auf. Der Erlass untersagte russländischen Frauen, ab dem 1. Januar 1874 weiterhin in Zürich zu studieren. Sollten sie sich nicht an dieses Verbot halten, so würden die Betroffenen im Russischen Reich zu »keinen Beschäftigungen, deren Bestätigung und Erlaubniß von der Regierung abhängt, und ebenfalls zu gar keinen Prüfungen in irgend einer russischen Lehranstalt zugelassen werden.« Petr Lavrovič Lavrov, Die Verläumdung der in Zürich studirenden russischen Frauen durch die russische Regierung, Zürich 1873, S. 6.

16 Heinrich von Mühler, Nichtzulassung von Personen weiblichen Geschlechts zu Universitäts-Vorlesungen, in: Centralblatt für die gesamte Unterrichtsverwaltung in Preussen, Berlin 1871, S. 352.

17 Ders., Nichtzulassung von Personen weiblichen Geschlechts zu den Vorlesungen der medicinischen Facultät, in: Centralblatt für die gesamte Unterrichtsverwaltung in Preussen, Berlin 1872, S. 74.

18 O. V.: Gesetze für die Studirenden der Großherzoglich und Herzoglich Sächsischen Gesamt-Universität zu Jena, Jena 1879.

schließlich für alle preußischen Universitäten per Ministerialreskript vom 9. August 1886 noch einmal ausdrücklich fest, Frauen dürften »weder als Studirende [...] noch als Hospitantinnen zugelassen werden.«[19] Liberalere Töne konnten diese Entwicklung nicht verhindern: Der zeitweilig in Zürich lehrende Nationalökonom Carl Victor Böhmert hatte bereits zu Beginn der Auseinandersetzung im Jahr 1872 eine auf Erfahrungen beruhende, sachliche Beurteilung gegen die hysterischen Stimmen vom Schlage Bischoffs eingefordert:

> »Die Professoren der Medicin hüten sich wohlweislich, das in Zürich gemachte Experiment etwa schon für ausreichend und maßgebend zur Beurtheilung des Studiums und der Ausübung der Medicin durch Frauen zu erklären. [...] Bei dieser Vorsicht und Zurückhaltung, [...] muß es tief befremden, daß man von deutschen Universitäten her, ohne noch Erfahrungen zu haben, doch ohne weiteres ein Verdammungsurtheil über das Frauenstudium und insbesondere über ihr Studium der Medicin ausspricht.«[20]

Erst die Agitationskampagnen der bürgerlichen Frauenbewegung beendeten den konservativen Stillstand in akademischen Frauenbildungsfragen: Nicht nur der seit 1865 aktive *Allgemeine deutsche Frauenverein* vermehrte unter Federführung Helene Langes seit Erscheinen ihrer *Gelben Broschüre* im Jahr 1887 zunehmend seine Anstrengungen zur wissenschaftlichen Ausbildung von Lehrerinnen sowie zur Ausbildung von Frauen- und Kinderärztinnen.[21] 1888 gründete sich eigens zur Durchsetzung des »Frauenstudiums« der *Frauenverein Reform* (nach mehrfacher Umbenennung seit 1898 unter dem Namen *Verein Frauenbildung-Frauenstudium*). Zum Gründungskomitee gehörten illustre Persönlichkeiten wie Hedwig Kettler – die sich in kämpferischer Anlehnung an die Jungfrau von Orléans »Johanna« nannte –, die Berlinerin Hedwig Dohm – deren messerscharfe Feder ihrer Zeit stets einen Schritt weit voraus war –, die Salzburgerin Irma von Troll-Borostyáni und die in Zürich lebende Schriftstellerin Juliane Engell-Günther.[22] Die daraufhin drastisch ansteigenden Publikationen zum »Frauenstudium« sorgten bis zur Mitte der 1890er Jahre für einen Meinungsumschwung in den linksliberalen Teilen der Öffentlichkeit. Bereits 1892 konstatierte der Züricher Botaniker Arnold Dodel-Port mit Blick auf die Entwicklungen im Deutschen Reich: »[Die] Unterrichtsministerien scheinen

19 Mühler, Nichtzulassung.

20 Böhmert, Frauenstudium, S. 3149. Damit reagierte Böhmert auf eine zuvor im Einzeldruck erschienene Broschüre von Bischoff (vgl. FN 14).

21 Wegweisend hierfür sind die Schriften von Helene Lange, Die höhere Mädchenschule und ihre Bestimmung: Begleitschrift zu einer Petition an das preussische Unterrichtsministerium und das preussische Abgeordnetenhaus, Berlin 1887, S. 188; Mathilde Weber, Aerztinnen für Frauenkrankheiten: eine ethische und sanitäre Notwendigkeit, Tübingen 1888; Lange, Frauenbildung.

22 Vgl. W. Grimm, Deutsche Frauen vor dem Parlament. Der Verein »Frauenbildungs-Reform« in Weimar und seine Petitionen an den deutschen Reichstag und an die Landtage der deutschen Einzelstaaten (Bibliothek der Frauenfrage), Weimar 1893, S. 9.

endlich den Ruf der Zeit in der That hören zu wollen: anderwärts gemachte Erfahrungen haben zweifelsohne in die Hochburg uralter Vorurteile – wir meinen die Burg deutscher Gelahrtheit – Bresche gelegt.«[23] Sein ebenfalls in Zürich lehrender Kollege, der Physiologieprofessor Justus Gaule, pflichtete ihm 1894 euphorisch bei:

> »Seit 6 Jahren habe ich nun Gelegenheit gehabt zu beobachten, wie sich die vollständige Gleichberechtigung des Geschlechtes gegenüber der Bildung in der Praxis ausnimmt, und ich kann heute mit voller Ueberzeugung sagen, die Probe ist gemacht, der Fortschritt ist für die Menschheit definitiv gewonnen, die Periode des Zweifels [...] liegt hinter uns und das Frauenstudium vollzieht sich heute so glatt, so selbstverständlich, dass es selbst die mit grossen Vorurtheilen aus Deutschland gekommenen Collegen bekehrt hat.«[24]

Und tatsächlich begannen sich die Restriktionen allmählich zu lockern. Seit 1891 fanden sich in Baden erstmals seit den 1870er Jahren wieder Gasthörerinnen. In Berlin durfte seit April 1894 eine erste Frau aus Frankreich an Vorlesungen teilnehmen und einen Monat später eine weitere aus Deutschland.[25] Seit dem 16. Juli 1896 entschieden die preußischen Universitäten selbst über die Aufnahme von Hörerinnen und waren unabhängig von den 1895 stark angestiegenen Einzelfallgenehmigungen des Ministeriums.[26] Diese Schritte erfolgten unter genauer Beobachtung der in der Schweiz geschehenen »Experimente«: So forderten Ministerien und Universitäten Gutachten von schweizerischen Hochschullehrern. Vor allem Zürich und Bern standen im Fokus des Interesses.[27]

War damit die »Hochburg uralter Vorurteile« geschliffen? Waren die deutschen Gelehrten bereits erfolgreich »bekehrt«? Tatsächlich herrschte große Ungewissheit über die Einstellungen der deutschen Professoren – einmal abgesehen von den ebenso unüberhör- wie unbekehrbaren Stimmen der geschlechterpolitischen Orthodoxie, wie der in Bischoffs Fußstapfen getretene und

23 Arnold Dodel-Port, Das Hochschulstudium der Frauen, in: Die Lehrerin in Schule und Haus (1892), S. 105–111, hier S. 105.

24 O.V., Brief von Erismann, Brief von J. Gaule, Brief von El. Metschnikoff über »Das medicinische Studium und die ärztliche Praxis der Frauen«, in: Jahresbericht des Vereines für Erweiterte Frauenbildung in Wien, Beilage, hg. vom Verein für Erweiterte Frauenbildung (5. Vereinsjahr 1892/93), Wien 1894, S. 27–32, hier S. 30f.

25 Vgl. Marie Heller, Acht Jahre Frauenstudium an der Berliner Universität, in: Frauenbildung 1 (1902), Nr. 2, S. 67–74, hier S. 67; vgl. auch James C. Albisetti, Mädchen- und Frauenbildung im 19. Jahrhundert, Bad Heilbrunn 2007, S. 245.

26 Vgl. Robert Bosse, Zulassung von Frauen zum gastweisen Besuche von Universitätsvorlesungen, in: Centralblatt für die gesamte Unterrichtsverwaltung in Preussen, Berlin 1896, S. 467.

27 Vgl. Huldreich Friedrich Erismann, Gemeinsames Universitätsstudium für Männer und Frauen, oder besondere Frauenhochschulen?, in: Die Frau 6 (1899), S. 537–544, 602–613; Bernhard Brons, Die Frauenfrage in Göttingen, in: Allgemeine Deutsche Universitätszeitung 14 (1900), Nr. 4, S. 36–38, hier S. 38; vgl. auch StA Zürich, U 106.14.10.

ebenso renommierte Berliner Anatom Wilhelm Waldeyer.[28] In der Masse jedoch galt noch immer, was der liberale Berliner Arzt Ludwig Schwerin bereits 1880 konstatiert hatte: »*Wie die Stimmung in diesem Lager [der Wissenschaft zustrebenden Fachmänner] im Allgemeinen ist, vermag ich in begreiflicher Ermangelung jeder statistischen Unterlage auch nicht annährungsweise anzugeben.*«[29] Um diesen Mangel auszugleichen, musste die bislang lediglich vage gefühlte Stimmung durch Rundfragen fassbar gemacht werden. Erst dadurch konnten die in der Schweiz gewonnenen praktischen Erfahrungen mit dem »Frauenstudium« öffentlich gelten, welche auch zahlreiche Professoren auf ihrem Karriereweg über die »Einstiegsuniversitäten« Zürich und Bern gesammelt hatten.[30] Es stellt sich die Frage, welchen Stellenwert der »praktischen Erfahrung« in diesen Rundfragen zum »Frauenstudium« zukam: Konnten derartige Kenntnisse zu einer Abschwächung von geschlechterpolitischen Vorurteilen unter Professoren beitragen?

Erfahrungsberichte aus Russland, Frankreich und der Schweiz im *Jahresbericht des Wiener Vereins für erweiterte Frauenbildung* (1894)

Eine erste vergleichsweise kleine Untersuchung findet sich im *Jahresbericht des Wiener Vereins für erweiterte Frauenbildung* aus dem Jahr 1894. Der Verein entstand, wie sein bereits erwähntes reichsdeutsches Pendant der *Frauenverein Reform*, ebenfalls im Jahr 1888 und auch der Wiener Verein engagierte sich in der privaten Gründung eines Mädchengymnasiums. Eine solche Einrichtung eröffnete mit 30 Schülerinnen in Wien 1892 unter Leitung des renommierten Pädagogen Emanuel Hannak.[31] In Sachen »Frauenstudium« hatte es an der Wiener Universität seit den 1870er Jahren immer wieder vereinzelte Gasthörerinnen gegeben – beispielsweise in den Sonntagsvorlesungen des Anatomieprofessors Bernhard Brühl, der gegen seinen Kollegen Bischoff und dessen Behauptung einer geringeren geistigen Leistungsfähigkeit des »weiblichen Ge-

28 Vgl. Wilhelm Waldeyer, Das Studium der Medicin und die Frauen, in: Tageblatt der 61. Versammlung Deutscher Naturforscher und Ärzte in Köln, vom 18. bis 23. September 1888: wissenschaftlicher Teil, Köln 1889, S. 31–44.

29 Ludwig Schwerin, Die Zulassung der Frauen zur Ausübung des ärztlichen Berufes, in: Deutsche Zeit- und Streitfragen 9 (1880), Nr. 131, S. 3.

30 Zu der Klassifizierung von »Einstiegsuniversitäten« vgl. Marita Baumgarten, Professoren und Universitäten im 19. Jahrhundert. Zur Sozialgeschichte deutscher Geistes- und Naturwissenschaftler (Kritische Studien zur Geschichtswissenschaft 121), Göttingen 1997, S. 182.

31 Vgl. Elise Oelsner, Die Frage des Frauenstudiums in Deutschland, in: Die Leistungen der deutschen Frau in den letzten vierhundert Jahren: auf wissenschaftlichem Gebiete, Guhrau 1894, S. 15–43, hier S. 32.

hirns« auftrat.[32] Der Philosoph Emil Reich berichtete von seinen Studienerlebnissen mit Gasthörerinnen in einem Kolleg der Philosophischen Fakultät in den 1880er Jahren.[33]

Vor dem Hintergrund dieser bislang geringen Erfahrungen gewann der Wiener Verein einen hiesigen Medizinprofessor dafür, sich bei drei seiner im Ausland tätigen Kollegen über das »Frauenstudium« in Russland, Frankreich und der Schweiz zu informieren. Bei diesen Kollegen handelte es sich um den Professor für Hygiene an der Moskauer Universität Friedrich Erismann, den in Paris an Louis Pasteurs Institut forschenden späteren Nobelpreisträger Elias Metschnikow sowie den bereits zitierten in Zürich lehrenden Physiologieprofessor Justus Gaule. Der an die drei Kollegen gerichtete Katalog aus zwölf Fragen enthielt drei bedeutsame Eckpfeiler, die sich in allen folgenden Enqueten als bedeutsam erweisen sollten: Dabei handelte es sich erstens um die Frage der notwendigen Vorbildung, welche zum Studium berechtigte. Entsprechende Vorbildungsanstalten, die Frauen eine Bildung auf gymnasialem Niveau ermöglichten, gab es in Deutschland und Österreich erst seit kurzer Zeit. Sie entstanden 1892 in Wien sowie 1893 in Berlin und Karlsruhe als private Initiativen der Frauenbewegung. Der zweite Eckpfeiler zielte auf Sittlichkeitsfragen – vor allem, ob es zu Störungen durch koedukatives Studium beider Geschlechter gekommen war und ob auch verheiratete Frauen zugelassen würden. Der dritte Fragenkreis zielte auf die Befähigung beziehungsweise die Leistungsfähigkeit von Studentinnen und Absolventinnen sowie auf die Zufriedenheit mit deren Arbeit.[34]

Erismann kam bereits früh in persönlichen Kontakt mit der akademischen Frauenbildungsfrage: Er heiratete 1867 die in Zürich promovierte Suslowa und folgte ihr nach St. Petersburg.[35] Obwohl die Ehe nicht lang währte, setzte er seine Karriere in Russland fort und konnte auf ein breites Erfahrungswissen zurückgreifen. Denn seit 1872 durften Frauen in St. Petersburg an medizinischen Kursen teilnehmen. Die Repressionen im Zuge des Attentats auf Zar Alexander II. führten zwar 1886 zur vorläufigen Einstellung der Kurse, doch konnte Erismann 1894 von den fortgeschrittenen Plänen einer Wiederaufnahme in Form

32 Vgl. Marie Spitzer, Prof. Dr. Carl Bernhard Brühl, in: Dokumente der Frauen 1 (1899), Nr. 12, S. 339–342, hier S. 338f.; zur Verteidigung gegen das Vorurteil geistiger Minderwertigkeit vgl. Carl Bernhard Brühl, Einiges über das Gehirn der Wirbelthiere mit besonderer Berücksichtigung jenes der Frau. Vortrag, gehalten am 6. und 13. März 1879, Wien 1879; Ders., Frauenhirn, Frauenseele, Frauenrecht, in: Auf der Höhe 2 (1883), Nr. 16, S. 31–80.

33 Vgl. o.V., Das gemeinsame Universitätsstudium der Geschlechter und die Erfolge des Frauenstudiums, in: Neues Frauenleben 16 (1904), Nr. 2, S. 1–12, 14–17, hier S. 11f.

34 O.V., Das medicinische Studium, S. 27–30.

35 Erismann, Gemeinsames Universitätsstudium, S. 540f.; vgl. ferner Rogger/Bankowski, Ganz Europa, S. 121–129.

einer »Medizinischen Fakultät für Frauen« berichten.[36] Studentinnen dürften dort voraussichtlich unter den gleichen Vorbildungsbedingungen wie Studenten zugelassen werden. Ein gemeinsames Studium betrachtete Erismann als eine Bereicherung, denn »die Gegenwart der Frauen übt im Allgemeinen einen sehr wohlthätigen Einfluss auf die Studenten aus.«[37] Diese Einschätzung war so alt wie die Debatte selbst und entwickelte sich zu einem wichtigen Bezugspunkt des befürwortenden Lagers. Bereits Böhmert konstatierte 1870:

> »In der That muß es auch jedem jungen Manne Achtung einflößen und sein eigenes Streben fördern, wenn er sieht, daß ein Mädchen gewissenhaft und pünktlich, in strenger Sitte und natürlicher Unbefangenheit, bei ihrer täglichen Arbeit nur an die Sache und an ihren Beruf denkt.«[38]

»Gewissenhaftigkeit«, »Sittsamkeit« und »Fleiß« fanden sich im Wertekanon des weiblichen Geschlechtscharakters und boten somit eine Möglichkeit, als »weiblich« empfundene Eigenschaften für die Universitäten nutzbar zu machen.[39] Demgemäß berichtete auch Metschnikow, die »grosse Mehrzahl der Frauen« studiere »mit viel Eifer und Erfolg«.[40] Gaule sprach sich aufgrund seiner sechsjährigen Erfahrung ebenfalls positiv aus und betrachtete die Zulassungsfrage als Bestandteil einer allgemeinen Höherentwicklung der Menschheit – diesem liberalen Fortschrittsdenken entsprach auch seine Haltung zur Vereinbarkeit von Ehe und Beruf.[41] Über die Entstehungsumstände der Rundfrage heißt es in der Einleitung des Jahresberichts:

> »Der Verein benützt die überaus dankenswerthe Begünstigung, welche ihm von einer hiesigen medicinischen Capazität hohen Ranges zugestanden wurde, […] um die Zweckmäßigkeit und den Erfolg des medicinischen Universitätsstudiums und der ärztlichen Praxis für Frauen auf Grund von sachlichen Informationen zu erläutern.«

36 1895 realisierten sich schließlich diese Pläne. Vgl. Daniela Neumann, Studentinnen aus dem Russischen Reich in der Schweiz (1867–1914), Zürich 1987, S. 47; Bonner, To the ends of the earth, S. 87–100; Carmen Scheide, Frauenbildung. Gesellschaftlicher Aufbruch und Mängel staatlicher Politik, in: Aufbruch der Gesellschaft im verordneten Staat: Rußland in der Spätphase des Zarenreiches (Menschen und Strukturen: historisch-sozialwissenschaftliche Studien 6), hg. von Heiko Haumann, Frankfurt a.M. 1994, S. 296–317, hier S. 308; Bianka Pietrow-Ennker, Rußlands »neue Menschen«. Die Entwicklung der Frauenbewegung von den Anfängen bis zur Oktoberrevolution (Geschichte und Geschlechter 27), Frankfurt a.M. 1999, S. 324.

37 O.V., Das medicinische Studium, S. 29.

38 Carl Victor Böhmert, Das Studium der Frauen an der Universität Zürich, in: Der Frauenanwalt 1 (1870), S. 16–25, hier S. 24.

39 Vgl. hierzu Karin Hausen, Die Polarisierung der »Geschlechtscharaktere« – Eine Spiegelung der Dissoziation von Erwerbs- und Familienleben, in: Sozialgeschichte der Familie in der Neuzeit Europas (Industrielle Welt 21), hg. von Werner Conze, Stuttgart 1976, S. 363–393.

40 O.V., Das medicinische Studium, S. 32.

41 Vgl. ebd., S. 31f.

Die »hiesige medicinische Capazität«, welche die Korrespondenz vermittelte, bleibt im entsprechenden Beitrag anonym. Im Rahmen einer Enquete des *Neuen Wiener Journals* gab sich der Anonymus allerdings ein Jahr später zu erkennen. Dabei handelte es sich um den Mitbegründer der »modernen Hygiene« und Wiener Professor Max von Gruber. Im Jahr 1895 sah dieser keinen Grund, »warum man den Frauen von vorneherein den Zutritt zum Studium der Medizin und zur ärztlichen Praxis verweigern sollte.«[42] Seine Meinung änderte sich in den Folgejahren jedoch grundlegend. So konstatierte er 16 Jahre später, nun Professor in München, während eines Vortrages im Rathaus, die Erwerbstätigkeit von Frauen gefährde deren »Zuchtfähigkeit«: »Die scharf gespannten Züge, das frühzeitige Welken so vieler Studentinnen lehren, wie schädlich angestrengte Hirnarbeit für den weiblichen Körper ist. Eigentlich sollten [...] die jungen Mädchen wie die jungen Kühe und Stuten geweidet werden.«[43] Mit dieser Einschätzung bewegte er sich in Richtung eugenischer Problematisierungen, welche die Gefahr eines Absinkens der Fruchtbarkeitsrate bei Studentinnen heraufbeschwor und bereits die für Frauen einschränkenden Auswirkungen der NS-Bildungs- und Bevölkerungspolitik ankündigte.[44] Damit wird eine Ambivalenz deutlich, die sich in zahlreichen Wortmeldungen der späteren Jahre nach 1900 wiederfindet: Einerseits sollte es »begabten Ausnahmen« mit geringem »Muttergefühl« formalrechtlich erlaubt sein, einen akademischen Studien- und Berufsweg einzuschlagen, andererseits sollte für die breite Masse der Frauen ihr »natürlicher Beruf« im häuslichen Bereich von Ehe und Mutterschaft weiterhin die oberste Priorität besitzen.

---

42 Vgl. o. V., Männer über das Frauenstudium. Eine Umfrage des »Neuen Wiener Journal«, in: Neues Wiener Journal vom 10. bis 15. Oktober 1895, S. 2 (11. Oktober 1895).

43 Max Gruber, Mädchenerziehung und Rassenhygiene: Vortrag, gehalten anläßlich der Generalversammlung des Verbandes zur Hebung hauswirtschaftlicher Frauenbildung am 4. Juli 1910 im alten Rathaussaale in München (Schriften des Freiland, Verein Abst. Studenten (München) 5), München 1910, S. 23.

44 Vgl. die Studie von Max Hirsch, Über das Frauenstudium: Eine soziologische und biologische Untersuchung auf Grund einer Erhebung, Leipzig u. a. 1920, S. 138; zwischen NS-Ideologie und der tatsächlichen Einschränkung von Studentinnen muss jedoch differenziert werden. Besonders nach 1937 vollzog sich eine Wende, die sich ab 1940 angesichts des Bedarfs an »Ersatzpersonal« sogar günstig für Studentinnen auswirkte. Vgl. dazu Claudia Huerkamp, Bildungsbürgerinnen: Frauen im Studium und in akademischen Berufen 1900–1945 (Bürgertum: Studien zur Zivilgesellschaft 10), Göttingen 1996, S. 88; Martin Göllnitz, Der Student als Führer? Handlungsmöglichkeiten eines jungakademischen Funktionärskorps am Beispiel der Universität Kiel (1927–1945) (Kieler Historische Studien 44), Ostfildern 2018, S. 193–199, 346–357, 380–384, 460–482.

Die Enquete des *Neuen Wiener Journals:* Der Archetyp in den Umfragen zum »Frauenstudium« (1895)

Ein Jahr nach Veröffentlichung der drei Erfahrungsberichte aus Russland, Frankreich und der Schweiz gab es in Österreich-Ungarn einigen Anlass, sich verstärkt dem Thema des »Frauenstudiums« zu widmen: In Ungarn öffneten sich unter dem Kultusminister Gyula Wlassics de Zalánkemén die Medizinischen und Philosophischen Fakultäten der Universitäten Budapest und Klausenburg, nachdem sich die Mediziner in Budapest positiv zu diesem Vorhaben geäußert hatten.[45] Zudem richtete die in Zürich promovierte Ärztin Freiin Gabriele Possanner von Ehrenthal eine Petition an das Abgeordnetenhaus des österreichischen Reichsrates, in welchem sie um die Ausübung der medizinischen Praxis bat. Dies ließ sowohl Regierung und Parlament, als auch Tages- und Fachpresse mit der Frage »weiblicher Ärzte« in Österreich beschäftigen.[46] So auch das *Neue Wiener Journal*, deren Enquete aus dem Jahr 1895 die erste veröffentlichte Rundfrage zum »Frauenstudium« im großen Stil werden sollte.[47]

In einer Serie von vier Ausgaben finden sich 27 Wortmeldungen. Dabei handelte es sich wie im Falle Grubers überwiegend um Stellungnahmen von in Wien tätigen Akademikern, mit Ausnahme von drei Personen aus Paris und einer aus St. Petersburg. Unter den Befragten befanden sich 14 Professoren und sieben Personen mit einem Doktortitel. Die Mediziner, Philologen und Historiker waren mit acht sowie je drei Vertretern am stärksten präsent. Hinzu kamen je zwei Juristen und Nationalökonomen sowie je ein Physiker und ein Geologe. Zudem fand sich mit der ersten in Frankreich promovierten Mathematikerin Dorothea Klumpke eine Astronomin unter den Befragten. In ihren Wortmeldungen äußerten sich die Befragten ausgesprochen positiv zum »Frauenstudium«, auch Metschnikow nahm abermals wohlwollend Stellung. Für Prominenz sorgte zudem der Nationalökonom und Publizist Theodor Hertzka, der mit seinem 1895 bereits in neunter Auflage erschienenen Roman »Freiland. Ein sociales Zukunftsbild« den Anstoß zur Gründung einer sozialromantischen »Freiland-Bewegung« geliefert hatte.[48] In seiner Äußerung heißt es mit Verweis auf in Zukunft zu machende praktische Erfahrungen:

> »Es ist meine Ansicht, daß die Frauen im Durchschnitt ebenso gute Aerzte, Advocaten, Lehrer, Beamte sein würden, wie die Männer, ja ich bestreite sogar, daß dies ehrlicher-

45 Vgl. Th. Petrina, Zur Frage des Frauenstudiums, in: Prager Medizinische Wochenschrift 21 (1896), S. 151–154, hier S. 151; Karl Pinn, Frauenstudium, Sittlichkeit und Sozialreform: Ein Mahnruf an Deutschlands Gesetzgeber (Cyclus akademischer Broschüren 11), Leipzig 1896, S. 16f.

46 O.V., Weibliche Aerzte, in: Wiener klinische Rundschau 9 (1895), S. 463–464, hier S. 463.

47 Vgl. o.V., Männer über das Frauenstudium.

48 Theodor Hertzka, Freiland: ein sociales Zukunftsbild, Dresden 1890.

und vernünftigerweise irgendwie in Zweifel gezogen werden kann. Strittig mag allenfalls sein, ob [...] schöpferische, bahnbrechende Leistungen auch von Frauen zu erwarten sind; hierüber könnte in der That erst die Erfahrung Aufschluß bieten [...].«

Ablehnende Töne kamen lediglich vom Juristen Josef Porzer, dem Medizinhistoriker Theodor Puschmann, dem Gynäkologen Carl Preuß sowie dem Philologen Wilhelm Ritter von Hartel. Am schärfsten lehnte der Pathologieprofessor Salomon Stricker eine Zulassung von Frauen zum Studium ab.

Was hatte das seit 1893 erscheinende und sich überwiegend gesellschaftlichen Fragen widmende *Neue Wiener Journal* zu seiner Enquete unter dem Titel *Männer über das Frauenstudium* veranlasst? Es handelte sich um eine direkte Reaktion auf die Veröffentlichung eines ausgesprochen negativen Gutachtens zur Befähigung von Frauen zum Medizinstudium des einflussreichen Wiener Chirurgieprofessors Eduard Albert. In seiner kulturpessimistischen Zeitdiagnose heißt es erbost, die Hoffnung auf eine soziale Umgestaltung stünde im Zusammenhang mit einer Zunahme der Nervosität, welche wiederum ein »Symptom der auf manchen Gebieten auftretenden inneren Amerikanisirung Europas« sei.[49] Allein »der Mann« trüge als »Culturwesen« zum Fortschritt bei, während »die Frau« als »Naturwesen« in ihrem »natürlichen Beruf« dem »ewige[n] dumme[n] Wille zum Leben« zu dienen habe:[50]

»Die bisherige Einheit, das Element der Menschheit ist das Menschenpaar: der Mann und das Weib. Ein zweiatomiges Molekül. In diesem Molekül binden sich zwei verschiedene Atome M und W. Nun soll das W ersetzt werden durch ein anderes W, durch W', durch das Weib der Zukunft.«[51]

Weil dementsprechend von Frauen kein wissenschaftlicher Beitrag erwartet werden könne, sei eine Zulassung zur Universität sowie zum Arztberuf abzulehnen. Frauenstudiumsgegner vom Schlage Alberts panzerten ihre Vorurteile mit Verweis auf vermeintlich jahrhundertealte Alltagserfahrungen, die das Resultat eines Kurzschlusses zwischen gesellschaftlichem Sein und geschlechterpolitischem Sollen waren. So heißt es einleitend bei Albert: »Alles Menschenwerk, das Du um Dich herum siehst, haben die Männer geschaffen.«[52] Frauen hätten bislang nichts zur Kulturgeschichte der Menschheit beigetragen und deshalb sollte die Gesellschaft auch keine Anstrengung unternehmen dies zu ändern.

Die Polemik Alberts sowie die daraufhin initiierte Enquete erlangten überregionale Bekanntheit. Die Berliner Frauenrechtlerin Lina Morgenstern entschloss sich deshalb in der von ihr herausgegebenen *Deutschen Hausfrauen-*

49 Eduard Albert, Die Frauen und das Studium der Medicin, Wien 1895, S. 20.
50 Ebd., S. 8f., 15.
51 Ebd., S. 8.
52 Ebd., S. 1.

Zeitung zum erneuten Abdruck von zwölf Stellungnahmen der Enquete – worunter sich lediglich eine der ablehnenden Äußerungen, die des Philologen von Hartel, befand.[53]

Die Anfänge der kirchhoffschen Gutachten im *Berliner Börsen-Courier* (1895)

Die Enquete des *Neuen Wiener Journals* besaß Modellcharakter: Sie könnte auch den in Wien geborenen und nun in Berlin tätigen Kirchhoff zu seinem Plan inspiriert haben.[54] Den konkreten Anlass, in der akademischen Frauenfrage aktiv zu werden, lieferte ihm jedoch der Hinauswurf einiger Gasthörerinnen durch die Berliner Professoren Heinrich von Treitschke und Erich Schmidt im November des Jahres 1895 aus ihrem Kolleg.[55] Im *Berliner Börsen-Courier* vom 25. Dezember 1895 veröffentlichte Kirchhoff daraufhin bereits fünf kurze Gutachten Berliner Professoren sowie des in gesellschaftlichen Fragen liberal eingestellten Schriftstellers Ernst von Wildenbruch. Diese sollten sich dazu äußern, »ob die Frau zum akademischen Studium befähigt resp. berechtigt ist.« Strikt ablehnend beantwortete diese Fragen der als Begründer der Hirnchirurgie geltende Ernst von Bergmann: »Ihre Anfrage kann ich leicht beantworten. Ich halte die Frau zum akademischen Studium und zur Ausübung der durch dieses Studium bedingten Berufszweige, für in körperlicher wie geistiger Beziehung völlig ungeeignet.«[56] Die Veröffentlichung erfolgte unter der Ankündigung, in »einigen Wochen« werde die vollständige Broschüre erscheinen. Das Erscheinen dieser Broschüre verzögerte sich allerdings bis zum Jahr 1897. Was Kirchhoff dann präsentierte, war ein 400-seitiges Buch, in dem sich neben einigen Aussagen von Schriftstellern und Mädchenschuldirektoren über 104 Gutachten deutscher Hochschullehrer befanden.

53 Vgl. o.V., Eine Enquete über das Frauenstudium, in: Deutsche Hausfrauen-Zeitung 22 (1895), Nr. 44–49, S. 537–538, 549, 561, 573–574, 586–587.

54 Kirchhoff wurde am 14. Mai 1871 in Wien geboren, verfasste sowohl naturwissenschaftliche als auch kulturgeschichtliche Aufsätze und war seit 1901 Herausgeber mehrerer Zeitschriften. Vgl. den Art. »Kirchhoff, Arthur«, in: Deutschlands, Österreich-Ungarns und der Schweiz Gelehrte, Künstler und Schriftsteller in Wort und Bild, Hannover 1908, S. 240f.

55 Vgl. Kirchhoff, Die akademische Frau, S. VII, X.

56 Ders., [Umfrage zum Frauenstudium], in: Berliner Börsen-Courier (25.12.1895).

Arthur Kirchhoff und die Möglichkeitsbedingungen der »akademischen Frauen« (1897)

Trotz der Wichtigkeit dieser Quelle ist zur Person Kirchhoffs wenig bekannt. Sein Projekt zur Veröffentlichung der Gutachten realisierte er mit dem in Berlin ansässigen *Hugo Steinitz Verlag*. Ein Teilhaber des Verlags war Samuel Fischer, der später den gleichnamigen *S. Fischer Verlag* gründete.[57] Steinitz führte eine breite Palette aus Populärwissenschaft, Ratgeberliteratur, Belletristik, Brief- und Tagebucheditionen. Vor Kirchhoffs »akademischer Frau« waren bereits zwei Schriften mit gesellschaftskritischem Meinungsbildungspotenzial erschienen: *Die Judenfrage vor dem Preussischen Landtage* im Jahr 1880 sowie 1893 Ella Haags Erwiderung auf *Max Wolfs Entartung des Weibes*, die eine Auflagenstärke von 6.000 Exemplaren erreichte – dies dürfte auch der Auflage des kirchhoffschen Gutachtenbandes entsprochen haben.[58] Es blieb beim Erstdruck ohne weitere Auflagen. Trotz dieser recht geringen Auflage verbreitete sich der Gutachtenband reichsweit, wie die Bestände der deutschen Bibliothekskataloge belegen. Zudem lässt sich der Bekanntheitsgrad zumindest in bildungsbürgerlichen Kreisen an den zahlreichen Besprechungen in Zeitungen und Zeitschriften erkennen.[59] Nach Veröffentlichung der Gutachtensammlung publizierte Kirchhoff zwei weitere Rundfragen unter Hochschullehrern: zunächst zur ersten Haager Friedenskonferenz von 1899 und nur ein Jahr später zur Flottengesetzgebung.[60] Nach diesen Publikationsprojekten blieb er sendungsbewusst. So organisierte er die Öffentlichkeitsarbeit des »Preßbureaus zur Förderung gegenseitiger Kenntnis der Kulturvölker«.[61] Ab 1913 leitete er dieses

57 Vgl. Birgit Kuhbandner, Unternehmer zwischen Markt und Moderne: Verleger und die zeitgenössische deutschsprachige Literatur an der Schwelle zum 20. Jahrhundert (Mainzer Studien zur Buchwissenschaft 17), Wiesbaden 2008, S. 100.

58 Vgl. o. V., Die Judenfrage vor dem Preussischen Landtage: wortgetreuer Abdruck der Verhandlungen im Abgeordnetenhause am 20. und 22. November 1880, Berlin 1880; Ella Haag, Die physische und sittliche Entartung des Modernen Mannes: ein Gegenstück zu Max Wolfs »Entartung des Weibes«, 3. bis 6. (a. d. Umschl.: 3., 4., 5.) Taus., Berlin 1893.

59 Vgl. [Anonym, A. v. H.], Die akademische Frau, in: Die Gegenwart 51 (1897), Nr. 2, S. 18–22; [Anonym, Y.], Das Frauenstudium und die deutschen Universitäten, in: Deutsche Rundschau 90 (1897), Nr. 2, S. 310–314; Otto Dornblüth, Die geistigen Fähigkeiten der Frau, Rostock 1897. In den beiden wichtigsten Zeitschriften der Frauenbewegung erschienen Besprechungen: Helene Lange, Die akademische Frau, in: Die Frau 4 (1897), Nr. 4, S. 193–199; Käthe Schirmacher, Die akademische Frau, in: Die Frauenbewegung 3 (1897), S. 2–4, 15–17, 27–28.

60 Arthur Kirchhoff (Hg.), Männer der Wissenschaft über die Friedenskonferenz, Berlin 1899; Ders. (Hg.), Deutsche Universitätslehrer über die Flottenvorlage: Gutachten hervorragender deutscher Universitätslehrer über die Bedeutung der Flottenvorlage, Berlin 1900.

61 Die Öffentlichkeitsarbeit des Pressebüros wurde im Anfangsjahr des Ersten Weltkrieges 1914 eingestellt – wahrscheinlich erfolgte damit auch die Schließung des Büros.

Pressebüro.[62] Seine Spur verliert sich während des Ersten Weltkrieges, nach dessen Ende er wenige Jahre später 1921 verstarb.

Trotz der wenigen Informationen zu seiner Biografie kann von einer linksliberalen Einstellung ausgegangen werden. Über seine Motive zum Engagement in der akademischen Frauenbildungsfrage gibt die von ihm verfasste Einleitung Aufschluss: Im Einklang mit den Vorstellungen der gemäßigten-bürgerlichen Frauenbewegung betrachtete er es als einen Fortschritt, den gesellschaftlichen Wirkungskreis von Frauen organisch entlang ihres »spezifischen Kulturvermögens« zu vergrößern.[63] Zum einen sei die höhere Mädchenbildung eine »allgemeine Bildung« fürs Leben und das Studium eine positive Ergänzung des »weibliche[n] Wesens«.[64] Zum anderen seien akademische Karrierewege jenseits dieser Bildungsfunktion lediglich eine Sache weniger Ausnahmefrauen: Der »natürliche Trieb des Weibes, baldmöglichst einen eigenen Haushalt zu besitzen«, werde stark genug bleiben.[65] An dem orthodox-mechanischen Weiblichkeitsideal, das etwa Theodor von Bischoff, Wilhelm Waldeyer oder Eduard Albert vertraten, übte Kirchhoff scharfe Kritik:

> »Und hier scheint mir der Kernpunkt der ganzen starrköpfigen Ablehnung zu liegen […]. [Die akademische] Frau verstösst gegen das traditionelle Frauenideal des Deutschen, des Ideals, das in der Kinderstube seinen ausschließlichen Platz und seine Lebensaufgabe findet.«[66]

Das im Gegensatz zu den sechs ersten Rundfragen im *Berliner Börsen-Courier* abgewandelte Anschreiben an die Befragten lieferte den Leitfaden für die Gutachten, der wie andere Enqueten zuvor, auf die Probleme der Vorbildung und Koedukation anspielte:

62 Vgl. Gunda Stöber, Pressepolitik als Notwendigkeit: Zum Verhältnis von Staat und Öffentlichkeit im wilhelminischen Deutschland 1890–1914 (Historische Mitteilungen 38), Stuttgart 2000, S. 81.

63 Innerhalb der Frauenbewegung gab es eine Auseinandersetzung zwischen der gemäßigten Lange und der konfessionellen Frauenrechtlerin Elisabeth Gnauck-Kühne: Während Lange eine weibliche Kultur organisch aus dem inneren Vermögen von Frauen ableiten wollte, betrachtete Gnauck-Kühne die Frauenrolle statisch und von außen durch ihre gesellschaftliche Stellung festgelegt. Vgl. Helene Lange, Intellektuelle Grenzlinien zwischen Mann und Frau, Berlin ^{2}1899; Elisabeth Gnauck-Kühne, Die deutsche Frau um die Jahrhundertwende: statistische Studie zur Frauenfrage, Berlin 1904; vgl. auch Elke Kleinau, Gleichheit oder Differenz? Theorien zur höheren Mädchenbildung, in: Geschichte der Mädchen- und Frauenbildung, Bd. 2, hg. von ders. und Claudia Opitz, Frankfurt a.M. 1996, S. 113–128, hier S. 116.

64 Arthur Kirchhoff, Vorwort, in: Die akademische Frau. Gutachten hervorragender Universitätsprofessoren, Frauenlehrer und Schriftsteller über die Befähigung der Frau zum wissenschaftlichen Studium und Berufe, hg. von dems., Berlin 1897, S. VII–XVI, hier S. XI, XVf.

65 Ebd., S. XIV.

66 Ebd., S. XIIf.

»Welche Gründe sind vom allgemeinen und vom speziellen Standpunkte Ihrer Disziplin für resp. gegen das akademische Frauenstudium vorzubringen? Welche Vorbildung [...] sollen die jungen Mädchen erhalten, und ist ein gemischtes [...] Studium beider Geschlechter auf der Universität wünschenswert [...]?«[67]

Neben der Fragestellung im Anschreiben gibt es keine Erkenntnisse darüber, auf welche Weise die Befragten ausgewählt und ob alle Rückmeldungen tatsächlich abgedruckt worden sind. Vermutlich schrieb Kirchhoff eine weitaus größere Zahl von Hochschullehrern an, als tatsächlich eine Antwort sendeten.[68] Die mit 53 Gutachten meisten Stellungnahmen erreichten Kirchhoff aus Berlin. Unter den 104 Hochschullehrern befanden sind 40 Mediziner, von denen 15 der Berliner Universität angehörten. Von den Medizinprofessoren äußerten sich fünf entschieden ablehnend und sieben bedingungslos befürwortend. Eine Mehrheit der Mediziner knüpfte hingegen an eine Zulassung von Frauen einschränkende Bedingungen: 15 Professoren taten dies mit befürwortender und zehn mit eher ablehnender Tendenz. Unter Medizinern herrschte an der Frage besonders hohes Interesse, weil sich das Thema des »Frauenstudiums« seit Beginn der Debatte in den 1860er Jahren mit dem Problem fehlender Frauen- und Kinderärztinnen verband.

Auch Professoren aus anderen Disziplinen äußerten sich in der Mehrheit ambivalent: d. h. weder entschieden befürwortend, noch entschieden ablehnend. Kirchhoff selbst bewertete das Stimmungsbild der Gutachten jedoch weitaus euphemistischer: Er behauptete, die Gegner des »Frauenstudiums« seien unter den Befragten in der Minderzahl und ignorierte damit die Vielzahl von Gutachten, die lediglich als eine Befürwortung unter einschränkenden Bedingungen gewertet werden können. Tatsächlich waren die uneingeschränkten Befürworter entgegen Kirchhoffs Einschätzung in der Minderheit: Lediglich 22 der 104 Professoren äußerten sich ohne jede Einschränkung positiv zum »Frauenstudium«, sprachen sich somit für eine uneingeschränkte Zulassung von Frauen zu allen Fakultäten an den bestehenden Universitäten mit den gleichen Rechten wie Männer aus. Unter den 19 Naturwissenschaftlern herrschte mit neun bedingungslos befürwortenden Gutachten das positivste Stimmungsbild, wenngleich dem acht Gutachten mit einer ablehnenden Tendenz gegenüberstanden.

Egal wie die Gutachten aus heutiger Perspektive gewertet werden, in der Öffentlichkeit setzte sich der Eindruck einer weitgehend positiven Stimmungslage durch. In einem Artikel des Würzburger Professors für Hygiene Karl Bernhard Lehmann heißt es in der *Allgemeinen Zeitung*:

67 Hermann Cohn, [Stellungnahme], in: Die akademische Frau, S. 99–101, hier S. 99; Heinrich Spitta, [Stellungnahme], in: Die akademische Frau, S. 173–175, hier S. 173.
68 Vgl. [Anonym, Y.], Frauenstudium, S. 310.

»In dieser Auffassung der Sachlage finde ich mich eins mit der großen Mehrzahl der 118 deutschen Gelehrten, Schulmänner und Schriftsteller, die [...] sich in überwiegender Mehrzahl für die Zulassung zu den Universitäten ausgesprochen haben. 56 stimmen unbedingt für die Zulassung, 25 sind warm, 25 kühl unter gewissen Einschränkungen und Vorbehalten dafür, und nur 12 haben aus den verschiedensten Gründen eine ablehnende Antwort gegeben. Sehr viele dieser Urtheile und fast alle ablehnenden sind theoretischen Ueberlegungen entsprungen.«[69]

In mehr als der Hälfte ihrer Gutachten äußerten die Professoren das Bedürfnis nach »Erfahrung«. Diese zu sammelnden Erfahrungen betrachteten sie als »Experiment« mit offenem Ausgang.[70] Über eigene Erfahrungen mit Studentinnen beziehungsweise akademisch gebildeten Frauen verfügten nach eigener Aussage bereits 38 Professoren. Unter diesen vertraten elf Personen dennoch eher ablehnende Einstellungen. Der Psychiater Emanuel Mendel und der Arzt für innere Medizin Georg Lewin blieben sogar bei ihrer völligen Ablehnung. Lewin berichtete von Eheschließungen zwischen Studierenden, dessen Zeuge er während seines kurzen Aufenthaltes in St. Petersburg geworden war.[71] Mendel konstruierte aus seinen Erfahrungen mit »nervösen Ärztinnen« den Typus der »nervösen Frau«, die durch ein Übermaß an Lernen ihre negative »Veranlagung« versuche zu kompensieren, damit jedoch ihr »Nervensystem« gefährde und schließlich »neurasthenisch« werde.[72]

Von besonderem Interesse sind die Rundfragen an sechs Professoren, die einen Teil ihrer Laufbahn an der Universität Zürich verbracht hatten. Doch auch diese in der Schweiz gemachten Erfahrungen verstärkten lediglich das bedingt positive Stimmungsbild der Gutachten: Denn der Anatom Eduard von Rindfleisch, der Gynäkologe Adolf Gusserow und der Augenarzt Gustav Cohn äußerten sich nur unter gewissen Bedingungen positiv;[73] der Psychologe Wilhelm Wundt und der Chemiker Victor Meyer machten hingegen uneingeschränkt positive Erfahrungen geltend.[74] Allein der Anatom Ludimar Hermann äußerte sich in der Tendenz negativ.[75]

69 Karl Bernhard Lehmann, Das Frauenstudium, in: Allgemeine Zeitung München. Beilage (1898), Nr. 141/142, S. 1–3, hier S. 2.

70 In den Gutachten der Professoren finden die Begriffe »Erfahrung« und »Experiment« 99-mal bzw. 18-mal Verwendung (bis S. 290 des Buches: Kirchhoff, Die akademische Frau).

71 Georg Lewin, [Stellungnahme], in: Die akademische Frau, S. 73.

72 Emanuel Mendel, [Stellungnahme], in: Die akademische Frau, S. 131–133, hier S. 132 f. Vgl. hierzu ferner den älteren Beitrag von Karl Pelman, Nervosität und Erziehung, Bonn [6]1888.

73 Vgl. Eduard von Rindfleisch, [Stellungnahme], in: Die akademische Frau, S. 71–72; vgl. Adolf Gusserow, [Stellungnahme], in: Die akademische Frau, S. 111–112; vgl. Gustav Cohn, [Stellungnahme], in: Die akademische Frau, S. 195.

74 Vgl. Wilhelm Wundt, [Stellungnahme], in: Die akademische Frau, S. 179–181; vgl. Victor Meyer, [Stellungnahme], in: Die akademische Frau, S. 268–269.

75 Vgl. Ludimar Hermann, [Stellungnahme], in: Die akademische Frau, S. 47–48.

Friedrich Erismann als Multiplikator der »Schweizer Erfahrung« (1899)

Zwei Jahre nach der umfangreichen Gutachtensammlung Kirchhoffs erweiterte der nun aus Moskau zurückgekehrte Erismann das öffentlich verfügbare Repertoire an Wortmeldungen von in der Schweiz tätigen Hochschullehrern. Diesmal kamen aus der schweizerischen Praxis ausschließlich positive Erfahrungen zur Geltung. Als Grundlage hierfür dienten ihm die Antworten auf eine Anfrage, welche die deutsche Reichsregierung an die Medizinische Fakultät in Zürich gerichtet hatte. Doch veröffentlichte er nicht nur die Antworten der Medizinprofessoren, sondern erweiterte das Spektrum durch eigene Rundfragen an den Züricher Biologen Arnold Dodel-Port, den Geologen Albert Heim sowie den Nationalökonomen Julius Platter.[76] Zudem bezog er zwei Kollegen aus Bern und den in Lausanne lehrenden Pathologen Édouard de Cérenville in sein durchgängig positives Stimmungsbild schweizerischer Hochschullehrer ein. Die Koedukationsfrage betreffend, berichteten Platter, der Psychiater August Forel und der Philosoph Ludwig Stein zwar von Liebesverhältnissen zwischen Studentinnen und Studenten, diese würden jedoch in den meisten Fällen zur Ehe führen und seien deshalb unproblematisch.[77] Die illustrierte Zeitschrift *Das neue Jahrhundert*, die sich der Popularisierung von Wissenschaft widmete und in einer Auflage von 10.000 Exemplaren erschien, veröffentlichte schließlich die Enquete.[78] Ein paralleler Abdruck erfolgte in der von Lange herausgegebenen Frauenbewegungszeitschrift *Die Frau.*[79]

Käthe Schirmachers Enquete unter Hochschulbürokraten (1899)

Im selben Jahr unternahm die Romanistin und Frauenrechtlerin Käthe Schirmacher eine Enquete unter Hochschulbürokraten, welche in der Zeitschrift *Die Frauenbewegung* erschien. Schirmacher sollte im Juni 1899 auf dem Internationalen Frauenkongress in London über das »Frauenstudium« in Deutschland berichten. Hierfür benötigte sie einen Überblick zu der sich rasch verändernden Sachlage, denn zahlreiche Universitäten ließen nun Gasthörerinnen zu oder ermöglichten gar eine Promotion. Weil sie jedoch formalrechtlich noch immer nicht zur Immatrikulation zugelassen waren, herrschte aufgrund der Willkür

76 Die vollständigen 13 Separatvoten der einzelnen Mitglieder der Züricher Medizinischen Fakultät, aus denen Erismann zitiert, finden sich im StA Zürich, U 106.14.10.

77 Vgl. Erismann, Frauenhochschulen, S. 543, 609f.

78 Ders., Gemeinsames Universitätsstudium für Männer und Frauen, in: Das neue Jahrhundert. Illustrierte deutsche Zeitschrift 2 (1899), Nr. 13.

79 Ebd.

von Ministerialbeamten, Rektoren und Dozenten weitgehende Unsicherheit. Eine zentrale Fragestellung lautete deshalb: »Sind bei Ihnen bereits praktische Erfahrungen mit dem Frauenstudium gemacht?« Zudem war auch hier die Frage der Disziplin angesichts eines koedukativen Studiums bedeutsam.

14 von 20 deutschen Universitäten antworteten Schirmacher: In Breslau, Freiburg, Jena, Leipzig und Tübingen lieferte das Universitätsamt oder das Universitätssektretariat die gewünschten Informationen. In Berlin, Bonn, Erlangen, Heidelberg, München, Rostock und Würzburg nahm sich der jeweilige Rektor oder Prorektor der Sache an. Lediglich inoffizielle Auskünfte erreichten Schirmacher aus Gießen und Straßburg.

Die Antworten lieferten ein knappes Lagebild, das baldige Fortschritte erwarten ließ: Zwar waren Frauen im Jahr 1899 an keiner deutschen Universität zur ordentlichen Immatrikulation zugelassen, jedoch stiegen die Zahlen der Gasthörerinnen vor allem an den großen Universitäten in Berlin und München stark an. Für diese Hörerinnen bestand ein großes Problem in der Rechtssicherheit, denn in der Bewertung ihrer Vorbildung oder der Anrechnung von Studienleistungen herrschte Willkür. Die Studienmotive bezogen sich bereits auf die ganze Bandbreite universitärer Funktionen: Neben einer allgemeinen Bildung, ging es um Berufsausbildung beziehungsweise Weiterbildung für Lehrerinnen sowie um eine wissenschaftliche Fachbildung zukünftiger Forscherinnen. Disziplinprobleme aufgrund der Koedukation waren an keiner der Universitäten bekannt geworden. Was die weitere hochschulpolitische Entwicklung anging, so nahmen die meisten Staaten zur Frage einer ordentlichen Immatrikulation eine abwartende Stellung ein. Sie betrachteten die zukünftige Haltung Preußens als wegweisend.[80]

Schirmachers Enquete ist nicht nur bedeutsam, weil sie ein Stimmungsbild kurz vor der ordentlichen Zulassung von Frauen lieferte, sondern auch weil sie als Bindeglied zum Ausland fungierte. Über den *Internationalen Frauenkongress* in London erhielt die Welt Kenntnis von den eigentümlichen deutschen Befindlichkeiten in der Frauenbildungsfrage. Dies nährte vor allem in Deutschland selbst die Angst vor einem »Zurückbleiben« hinter einer als allgemein empfundenen Kulturentwicklung, was einer Bloßstellung im zivilisierten Ausland gleichkam.[81] Diese Angst erhöhte den Druck auf die Verantwortlichen, sich von

80 Vgl. Käthe Schirmacher, Das Frauenstudium in Deutschland, in: Die Frauenbewegung 6 (1899), Nr. 2/3/5, S. 10, 19–20, 35.

81 »Dieses Zurückbleiben Deutschlands wird natürlich in allen ausländischen Berichten über das Frauenstudium betonend erwähnt, und man findet es unbegreiflich, da Deutschland sonst im Unterrichtswesen eine so achtunggebietende Stellung einnimmt.« Otto Neustätter, Das rechtliche Verhältnis zwischen Frauenstudium und Männerstudium in den wichtigeren Kulturländern, in: Zeitschrift für weibliche Bildung 26 (1898), S. 465–477, hier S. 466.

ihrer abwartenden Stellung zu lösen und eine Grundsatzentscheidung herbeizuführen.

Die Wiener Hochschullehrerschaft und das *Neue Frauenleben* (1904)

Gabriele Possanner hatte 1896 die teilweise Nostrifikation ihres ausländischen Doktordiploms erreicht, musste jedoch sämtliche Prüfungen erneut ablegen, bevor die Medizinische Fakultät der Wiener Universität sie 1897 als erste Frau zur Doktorin der Medizin promovierte. Im selben Jahr waren Studentinnen mit österreichischer Staatsbürgerschaft sowie bestandener Reifeprüfung an der Philosophischen Fakultät »ordentlich« zugelassen.[82] An der Medizinischen Fakultät erfolgte dieser Schritt drei Jahre später.[83] Zur selben Zeit sprach sich der Wiener Staatsrechtler Edmund Bernatzik für die Zulassung in der Juristischen Fakultät aus.[84] Diese sollte jedoch ebenso wie die Theologische Fakultät den Studentinnen noch viele weitere Jahre verschlossen bleiben.

Bernatziks Standpunkt fand sich auch in einer 1904 veröffentlichten Rundfrage der in Wien erscheinenden Zeitschrift *Neues Frauenleben*. Bei der Zeitschrift handelte es sich um das Organ des *Allgemeinen Österreichischen Frauenvereins*. Die dem radikalen Flügel der Frauenbewegung angehörende Auguste Fickert machte es sich als Herausgeberin zur Aufgabe, sich »in uneigennütziger Weise« »allen kämpfenden Frauen« in ihrem »Ringen nach Erkenntnis« zu widmen.[85] Dieses Suchen nach Erkenntnis galt nun den Einstellungen der Hochschullehrer. Neun Jahre nach der Enquete des *Neuen Wiener Journals* zeigte sich hier abermals, dass die Befürworter unter den Wiener Professoren mit ihrem Wohlwollen keineswegs allein standen.

Eine Rundfrage der Pariser Zeitschrift *La Revue* inspirierte die Redakteurinnen. Diese war 1903 erschienen und enthielt Stellungnahmen von Hoch-

---

82 Vgl. o. V., Frauenstudium an der Wiener Universität, in: Hochschulnachrichten 8 (1897), Nr. 85, S. 11–12.

83 Vgl. Waltraud Heindl, Die Studentinnen der Universität Wien (ab 1897), in: »Das Weib existiert nicht für sich«. Geschlechterbeziehungen in der bürgerlichen Gesellschaft (Österreichische Texte zur Gesellschaftskritik 48), hg. von Heide Dienst, Wien 1990, S. 174–188.

84 Vgl. Edmund Bernatzik, Die Zulassung der Frauen zu den juristischen Studien: Ein Gutachten, Wien 1900. Dieses Engagement sollte später seine Tochter übernehmen, vgl. Marie Hafferl-Bernatzik, Das Rechtsstudium der Frauen, in: Jahresbericht des Vereines für Erweiterte Frauenbildung in Wien (1912), S. 11–17; Dies., Das juristische Frauenstudium, in: Neue Freie Presse vom 22. 8. 1916, S. 10.

85 Auguste Fickert, An die Leser! (Editorial), in: Neues Frauenleben 1 (1902), Nr. 1, S. 2. Zum Verein und zur Person Fickerts vgl. Harriet Anderson, Vision und Leidenschaft: Die Frauenbewegung im Fin de Siècle Wiens, Wien 1994.

schullehrern aus Deutschland, der Schweiz, Russland, Italien, England, den Niederlanden und Frankreich.[86] Die Leitfragen bezogen sich wie die Umfragen zuvor auf die Koedukation und die Leistungsfähigkeit der Studentinnen: »1. Wie denken die Professoren über das gemeinsame Universitätsstudium der Geschlechter? 2. Welche Resultate hat das Frauenstudium bei den Examen und in der Praxis ergeben?« Aus den Rundfragen der *La Revue* übernahmen die Redakteurinnen 16 Aussagen in Übersetzung. Darin betonten der Anglist Baret, der Mediziner Bleuler sowie der Literatur- und Sprachwissenschaftler Booch abermals den positiven Einfluss, den Frauen auf die Disziplin der Studenten ausüben würden. Lediglich der in Berlin lehrende Althistoriker Eduard Meyer vertrat eine eher ablehnende Haltung. Zwar versicherte dieser, es habe durch die Anwesenheit von Frauen bei seinen Vorträgen »niemals Anlass zu irgend welchen Unzuträglichkeiten gegeben«, dennoch müsse dem »Frauenstudium« und der wissenschaftlichen Berufstätigkeit »gewisse Schranken« gesetzt werden.[87] Auf diesen Aussagen aufbauend schlossen die Redakteurinnen an die ältere Enquete des *Neuen Wiener Journals* an und befragten 32 in Wien tätige Hochschullehrer aller Fakultäten, darunter für das 20. Jahrhundert bedeutsame Denker wie den Physiker und Wissenschaftstheoretiker Ernst Mach und den Juristen und Sozialtheoretiker Anton Menger. Beide gehörten mit ihrer bedingungslos befürwortenden Einstellung zur Mehrheit der 23 sich positiv äußernden Professoren, während die übrigen sieben Kollegen eine zumindest in der Tendenz befürwortende Einstellung vertraten. Was diese Einstellungen der befragten Wiener Hochschullehrer angeht, so handelte es sich sehr wahrscheinlich um kein repräsentatives Bild: Das Interesse der Redakteurinnen bestand eindeutig darin, die positiven Stimmen zur Sprache zu bringen. Zumindest gibt es keinen Grund anzunehmen, weshalb ausgerechnet die in Wien tätigen Professoren so viel liberaler in dieser Frage eingestellt gewesen sein sollten, als ihre Kollegen in Berlin oder München – wenngleich katholische Hochschullehrer in allen bereits genannten Umfragen durchschnittlich etwas positiver zur Frage eingestellt waren als ihre protestantischen Kollegen.

Was sich in den Aussagen der Hochschullehrer von Berlin bis Wien unterschiedslos zeigte, war die Konstruktion zweier Typen von Studentinnen: dem »Durchschnitt« und der »Ausnahme«. Zum einen ermöglichten diese Subjektpositionen eine Relativierung bislang gemachter positiver Erfahrungen, denn diese könne auf das Wirken »begabter Ausnahmefrauen« zurückzuführen sein. Zum anderen trugen diese Identitätsschablonen zur Etablierung einer gläsernen Decke bei, die lange Zeit trotz formalrechtlicher Gleichheit dazu führte, die

86 Vgl. o. V., La coéducation des sexes et leurs résultats pour la femme, in: La Revue (1903), S. 545–570.

87 Vgl. o. V., Das gemeinsame Universitätsstudium.

Leistungen von Frauen weitaus kritischer zu beurteilen. Der Professor für Mathematik Gustav von Escherich betonte beispielsweise in seiner Stellungnahme, er habe bislang keine »ausreichenden Erfahrungen« sammeln können, um auf dieser Grundlage auf die allgemeine Befähigung des »weiblichen Geschlechts« zu schließen. Bei den bislang studierenden Frauen handele es sich vielmehr um »Mädchen«, die eine »weit über dem Durchschnitt liegende Begabung und Energie« besäßen.[88] Diese Aussage ist exemplarisch für die weit verbreitete Meinung unter Hochschullehrern, ein Studium oder eine akademische Karriere möge für »begabte Ausnahmen« zulässig sein, kaum jedoch für den Durchschnitt der Frauen. Bereits im Jahr 1900 hieß es zur Kritik derartiger Relativierungen in der vom radikalen Flügel der Wiener Frauenbewegung herausgegebenen Zeitschrift *Dokumente der Frauen:* »Noch immer spukt in den Köpfen des grossen Publikums, sogar in denen des weiblichen Geschlechtes: die Ausnahme. Es wird zugestanden, dass es vereinzelte Frauenköpfe gibt, in die aus Versehen Männerverstand gefahren ist.«[89]

Gerardus Heymans Studie zur »Psychologie der Frauen«: Ein Schritt zur Verwissenschaftlichung? (1909)

Den ersten Versuch einer wissenschaftlichen Untersuchung des Erfahrungswissens unter Hochschullehrern unternahm der niederländische Philosoph und Psychologe Gerardus Heymans an der Universität Groningen. In seiner 1909 erschienen Studie zur »Psychologie der Frauen« schloss er mit seiner Fragestellung explizit an die Gutachtensammlung Kirchhoffs an, indem er zunächst die bisherigen Enqueten zur psychischen Eignung beziehungsweise Intelligenz von Frauen untersuchte. Anschließend erweiterte er seine Abhandlung durch eine eigene Umfrage unter niederländischen Hochschullehrern. Die dabei zutage geförderten Einstellungen offenbarten abermals das im 19. Jahrhundert virulente Wissen über »Geschlechtscharaktere:«[90] Frauen seien in der Wissenschaft zwar sehr fleißig, besäßen jedoch eine geringere schöpferische Kraft. Zudem interessierten sie sich lediglich für jene wissenschaftlichen Belange, die sich mit

88 Ebd., S. 4. Es ist nicht ganz eindeutig, von welchem »Escherich« die Stellungnahme stammt, denn im *Neuen Wiener Journal* ist zwar der Name »Gustav von Escherich« genannt, jedoch als Titel »Professor für Kinderheilkunde« angegeben. Diesen Lehrstuhl hatte zu dieser Zeit jedoch Theodor Escherich inne. Da allerdings auch der Titel »Rektor« genannt ist, handelt es sich wahrscheinlich um den Mathematiker Gustav von Escherich, der zwischen 1903 und 1904 das Amt des Rektors an der Universität Wien innehatte.

89 A. v. Gottberg Rheinsberg, Die »Ausnahmen«, in: Dokumente der Frauen 3 (1900), S. 257–258, hier S. 257.

90 Vgl. Hausen, Die Polarisierung.

Gemütsfragen verbinden ließen, etwa in philosophischen, ethischen oder sozialwissenschaftlichen Themenfeldern. Heymans wertete dieses Erfahrungswissen der befragten Hochschullehrer als unverzerrtes, reales Abbild der Leistungsfähigkeit und Studienmotivation von Studentinnen. Aus heutiger Sicht müssen derlei Aussagen jedoch ähnlich beurteilt werden, wie dies Helene Lange bereits mit den von Kirchhoff veröffentlichen Gutachten getan hat: »Es wird einmal einen ganz brauchbaren Maßstab [...] für der Herren eigenen Geist abgeben.«[91] Von einer Verwissenschaftlichung nach heutigen Gütekriterien war die Untersuchung aufgrund mangelhafter Validität noch weit entfernt.

Ernst Bumm und Julius Schwalbe: Zur Mode des »Frauenstudiums« und den praktischen Erfahrungen deutscher Kliniker (1917/18)

Der Frauenheilkundler Ernst Bumm thematisierte 1917 während einer Rede zur Gedächtnisfeier der Berliner Universität die akademische Frauenbildungsfrage. Während des Krieges waren die Studentinnenzahlen angestiegen und Bumm vertrat eine prinzipiell positive Haltung zum »Frauenstudium«. So wies er die Behauptung geringerer Hirnleistungen als wissenschaftlich nicht belegt zurück. Dabei verdeutlichte er, es lasse sich durch das Urteil von Dichtern und Philosophen kein Erkenntnisgewinn erreichen: Denn vielmehr sei die »Erfahrung die beste Lehrmeisterin« und in Sachen »Frauenstudium« könne auf eine »zehnjährige Erfahrung« zurückgeblickt werden.[92] Im Hinblick auf Kirchhoffs Enquete konstatierte er, die damaligen Vorbehalte seien heute kaum mehr zu verstehen. Im Anschluss an diese wohlwollenden Worte problematisierte Bumm jedoch die akademische Berufstätigkeit von Frauen, weil die »Eigenart des weiblichen Sexuallebens« erst im Beruf in Erscheinung trete.[93]

Eine derartige Problemverschiebung von der Studien- zur Berufsbefähigung war bereits in den von Kirchhoff herausgegebenen Gutachten angelegt – denn obwohl sich dort zahlreiche Professoren tendenziell befürwortend zum »Frauenstudium« äußerten, änderte sich diese positive Einstellung bei der Frage einer späteren Berufstätigkeit deutlich zum Negativen. Derartige Vorbehalte versuchte Bumm nun mit einer Umfrage unter den Absolventinnen der Berliner Universität empirisch zu untermauern. Hierzu wurden die Adressen von Absolventinnen ermittelt und 7.000 Fragebögen versendet; 1.078 Frauen beantworteten die

91 Lange, Die akademische Frau, S. 194.

92 Ernst Bumm, Über das Frauenstudium. Rede zur Gedächtnisfeier des Stifters der Berliner Universität vom 3. Aug. 1917, Berlin 1917, S. 5, 9.

93 Ebd., S. 16.

Fragen: Unter ihnen hatten 40 Prozent ihren Beruf im Zuge einer Heirat aufgegeben. Anstatt diesen Sachverhalt jedoch mit den gesellschaftlichen Konventionen zu erklären, interpretierte Bumm die geschlechtliche Sphärentrennung zwischen Familien- und Berufsarbeit als eine durch die Natur begründete Arbeitsteilung, an welche die Frau »sexuell« gebunden sei.[94] Dass beispielsweise Lehrerinnen aufgrund eines Zölibatsgesetzes nach der Heirat zur Aufgabe ihres Berufes gezwungen waren, schien keine Rolle zu spielen. Das gesellschaftlich hergestellte Problem einer Doppel- beziehungsweise Mehrfachbelastung betrachtete Bumm als ein alleiniges Problem der Frauen, welches dazu führe, dass entweder der Beruf oder die Familie leide.[95] Zudem knüpfte er das Funktionieren des Staates an die zum Nachteil von Frauen gestaltete familiale Ordnung. Die Masse der Frauen müsse ihrem »natürlichen Beruf« nachgehen.[96] Ein zur Mode werdendes »Frauenstudium« sei deshalb gefährlich und nur Ausnahmen sollten einen akademischen Berufsweg beschreiten. Was diese Ausnahmen auszeichne, sei eine »männliche Veranlagung«, die sie für das Familienleben ohnehin ungeeignet erscheinen lasse.[97]

Angesichts dieser Töne überraschen die sich anschließenden Berichte in den Tageszeitungen kaum, die Bumm als einen Gegner des »Frauenstudiums« darstellten. In seiner als Einzeldruck sowie als Artikel in der *Deutschen Medicinischen Wochenschrift* veröffentlichten Studie bewertete der Berliner Medizinpublizist Julius Schwalbe diese Medienberichte über Bumms Rede als »unvollständig« und »irreführend«.[98] Auch Schwalbe lobte zunächst die »geistige, ethische und körperliche Mitwirkung der Frauen« zum »Durchhalten« und zur »siegreiche[n] Beendigung des Krieges«; auch er stellte die Berechtigung von Frauen zum Studium und Beruf nicht grundsätzlich infrage.[99] Seine eher graduelle Kritik an Bumm zielte auf dessen Behauptung körperlicher Gesundheitsgefahren, denen Frauen insbesondere im Bereich der Frauenheilkunde ausgesetzt seien. Dabei rekapituliert er zunächst die umfangreiche Debatte zur sogenannten »Ärztinnenfrage«. Anschließend präsentiert er die Ergebnisse einer von ihm unternommenen Umfrage unter Direktoren von Studienanstalten sowie Inhabern medizinischer Lehrstühle. Insbesondere von den Rückmeldungen der 27 Medizinprofessoren erhoffte er sich ein »Urteil über die praktische und wissenschaftliche Befähigung ihrer Medizinstudentinnen und Assis-

94 Vgl. ebd., S. 14, 18.
95 Vgl. ebd., S. 18.
96 Vgl. ebd., S. 20.
97 Ebd., S. 15.
98 Vgl. Julius Schwalbe, Über das medizinische Frauenstudium in Deutschland, Leipzig 1918, S. 4, 7.
99 Ebd., S. 3.

tenzärztinnen«.[100] Die Antworten lieferten ein eher gemischtes Stimmungsbild: Prinzipielle Ablehnungen fanden sich lediglich bei den beiden Gynäkologen Erich Opitz aus Gießen und Max Hofmeier aus Würzburg. Schwalbe resümierte ganz im Sinne der im letzten Abschnitt beschriebenen Typisierungen, zwar gäbe es entgegen Bumms Befürchtungen keine gesundheitliche Schädigung durch die Ausübung des medizinischen Berufes durch Frauen, jedoch seien diese lediglich durchschnittlich begabt.

Fazit: Die »Schweizer Erfahrung« als ein Katalysator zur Akzeptanz des »Frauenstudiums«

Die im vorliegenden Beitrag analysierten Umfragen bewirkten eine Veränderung des diskursiven Feldes zur akademischen Frauenbildungsfrage in doppelter Hinsicht: Erstens mobilisierten sie Erfahrungen von Hochschullehrern, die sich sonst nicht öffentlich zum Thema geäußert hätten. Zweitens sorgten insbesondere die prominenten Stimmen für ein gesteigertes Problembewusstsein – denn je mehr angesehene Professoren sich äußerten, umso stärker wuchs das öffentliche Interesse. Dies galt selbst für ablehnende Stimmen wie die der orthodoxen Mediziner Bischoff, Waldeyer oder Albert, welche gerade wegen ihrer Polemik starke Gegenreaktionen hervorriefen. Aus diesem Grund ist die Debatte zum »Frauenstudium« ein sehr gutes Beispiel dafür, wie eine bildungsbürgerlich-liberale Öffentlichkeit starken Einfluss auf Hochschulreformprozesse nehmen konnte und dabei Erfahrungen aus dem europäischen Ausland zur Geltung brachte. Dieses forcierte Erfahrungswissen führte immer mehr zu der Einsicht, das »Experiment« des »Frauenstudiums« sei andernorts geglückt. Insbesondere die Schweiz (hier vor allem Zürich und Basel) konnte zum erfolgreichen Modell für die Etablierung des »Frauenstudiums« in Deutschland und Österreich werden, weil sich die Universitäten der drei Länder strukturell ähnlich waren und sich noch dazu die Karrierewege der Hochschullehrer überschnitten. Die Zulassung von Frauen wirkte im Hinblick auf die Schweiz viel weniger als »Import« aus dem Ausland wie die Praxis in Frankreich, England oder den USA.

Die beschriebenen Reformprozesse ermöglichen darüber hinaus den Einblick in eine Gesellschaft, deren Geschlechterrollen im Zuge des sozialen Wandels und der Kämpfe einer bildungsbürgerlich geprägten Frauenbewegung eine graduelle Neukonfiguration erfuhren. Zumindest in weiblich konnotierten Berufsfeldern, etwa als Oberlehrerinnen, in der Sozialfürsorge, der Gewerbeaufsicht oder als Frauen- und Kinderärztinnen, konnten akademisch gebildete Frauen fortan tätig

100 Ebd., S. 28.

werden. Die Mitarbeit in Forschung und Lehre blieb ihnen allerdings aufgrund der ihnen abgesprochenen wissenschaftlichen Leistungsfähigkeit beziehungsweise »schöpferischen Kraft« weitgehend versperrt – dafür sorgte künftig eine »gläserne Decke«, die unter anderem über die neuen Vorurteilsmuster der »Durchschnitts-« und der seltenen »Ausnahmefrau« funktionierte. Zudem erlangten Frauen das formale Recht zur *Venia legendi* erst im Zuge des demokratischen Aufbruchs in der Weimarer Republik durch einen Erlass des preußischen Kultusministers vom 21. Februar 1920.[101] In einer durch den Soziologen Hans Anger unternommenen Umfrage unter Professoren in den 1960er Jahren fanden sich schließlich exakt die gleichen Vorurteile in Bezug auf die Befähigung von Frauen zur Professur, wie über 70 Jahre zuvor bei der Frage nach Studentinnen.[102] Bis es zu einem relevanten »*take off*« von Frauenkarrieren auf dem Weg zur ordentlichen Professur kam, sollte es noch bis zum Ende des 20. Jahrhunderts dauern.[103] Die deutschen Universitäten waren für Frauen bis dahin vor allem Ausbildungsstätten für ihren späteren »Brotberuf« oder Allgemeinbildungsanstalten für »höhere Töchter« aus gutem Hause auf deren Weg zur bürgerlichen Hausfrauenehe.

101 Vgl. Eva Brinkschulte, Preußische Wissenschaftsbürokratie im Zugzwang der Geschlechterfrage. Die Umfrage des Ministeriums für die geistlichen, Unterrichts- und Medizinal-Angelegenheiten von 1907, in: Der Eintritt der Frauen in die Gelehrtenrepublik. Zur Geschlechterfrage im akademischen Selbstverständnis und in der wissenschaftlichen Praxis am Anfang des 20. Jahrhunderts (Abhandlungen zur Geschichte der Medizin und der Naturwissenschaften 84), hg. von Johanna Bleker, Husum 1998, S. 51–69, hier S. 51f.

102 Vgl. Hans Anger, Probleme der deutschen Universität: Bericht über eine Erhebung unter Professoren und Dozenten, Tübingen 1960, S. 452, 489.

103 Vgl. Sylvia Paletschek, Berufung und Geschlecht. Berufungswandel an bundesrepublikanischen Universitäten im 20. Jahrhundert, in: Professorinnen und Professoren gewinnen: Zur Geschichte des Berufungswesen an den Universitäten Mitteleuropas (Veröffentlichungen der Gesellschaft für Universitäts- und Wissenschaftsgeschichte 12), hg. von Christian Hesse und Rainer Christoph Schwinges, Basel 2012, S. 307–352, hier S. 323.

Ulf Morgenstern

Zwischen Kolonialexpansion und Bildungsreform. Der öffentliche Intellektuelle Carl Heinrich Becker – eine Skizze

Abstract

The German Orientalist scholar and politician Carl Heinrich Becker (1876–1933) was one of the most influential academics of his time. He was known to his contemporaries as one of the leading authors of popular texts on the German colonial politics, educational problems in Islamic regions, and for the reorientation of the philosophical foundation of universities in the age of diversification of academic disciplines. Additionally, Becker was an active player in the field of cultural and educational policy. This essay aims to paint a portrait of Becker as a public intellectual between his early comments at the peak of the German colonial Empire around 1900 and his insights into the imperial overstretch in the interwar period after a world cruise in 1931.

I.

Im 19. Jahrhundert waren zahlreiche Wissenschaftler im vorpolitischen oder parlamentarischen Raum präsent. Nicht selten wurden sie ihren Mitbürgern dort überhaupt erst bekannt, denn fachwissenschaftliche Öffentlichkeiten waren damals wie heute bis auf Ausnahmen eigentümlich hermetisch vom Rest der Gesellschaft abgegrenzt: Selbstreferentielle Expertendiskurse im Gelehrtengehäuse hier, Gleichgültigkeit der nichtakademischen Bevölkerung da. Umso mehr Gehör konnten jene Grenzgänger finden, die den Nimbus als fachliche Größe in Forschung und Lehre mit einem offensiven politischen Stil und einer originellen Agenda verbanden. Diese »politischen Professoren« waren während der 1848er Revolution und vor allem seit dem Beginn der Ära Bismarck ein fester Bestandteil des politischen Betriebs. Manche – wie Theodor Mommsen – prägten über Jahrzehnte die Debatten.[1] In dem Maße, wie sich gegen Ende des Jahrhunderts im Reichstag und in den Länderparlamenten aus Fraktionen Parteien

1 Walter Rüegg (Hg.), Geschichte der Universität in Europa, Bd. 3: Vom 19. Jahrhundert zum Zweiten Weltkrieg (1800–1945), München 2004; Christophe Charle, Les intellectuels en Europe au XIXe siècle. Essai d'histoire comparée, Paris [2]2001.

bildeten, ordneten sich auch die meisten professoralen Mandatsträger in diese weltanschaulichen politischen Vertretungen ein. Einige wenige verblieben auch außerhalb des organisierten politischen Betriebs einer wissenschaftlich-konnotierten, individualistischen Objektivität verpflichtet, die sich nur ungefähr einer Fraktion oder einem Lager zuordnen ließ. Ihre Namen kannte das zeitungslesende Publikum. Nicht wenige wurden als Analytiker des Zeitgeschehens und Stichwortgeber in den großen Debatten in der Öffentlichkeit ebenso bekannt wie innerhalb ihres wissenschaftlichen Milieus; man denke an akademisch-publizistische »Marken« wie Hans Delbrück, Ernst Troeltsch, Hugo Preuß, Moritz Julius Bonn, Gustav Radbruch, Karl Jaspers oder um zeitgeschichtliche Signets zu verwenden: Hannah Arendt, Jürgen Habermas, Ralf Dahrendorf und Wilhelm Hennis.[2] Zu dieser noch näher zu umreißenden Kategorie gehörte Carl Heinrich Becker.

II.

Carl Heinrich Becker zählte zu den großen orientalistischen Talenten seiner Generation. Seine praxisbezogene fachliche Ausrichtung führte ihn während des Ersten Weltkrieges in die Wissenschaftsverwaltung; während der Weimarer Republik wirkte er für mehr als zehn Jahre an führender Stelle in der preußischen Kultuspolitik. Sein hohes wissenschaftliches und menschliches Ethos machte ihn dort zu einer Ausnahmegestalt. Als er knapp zwei Wochen nach der Machtübernahme Hitlers an einer Lungenentzündung starb, war sein Tod – zugespitzt – ein Sinnbild für das Ende des liberalen, großbürgerlichen Vernunftrepublikanismus.

Becker wurde als viertes von sechs Kindern einer deutschen Familie von Merchant Bankers 1876 in Amsterdam geboren. Seine wirtschaftlich sehr erfolgreichen Eltern zogen sich bereits während seiner Kindheit in ihre hessische Heimat auf ein Altenteil zurück. Die Familie blieb in enger Verbindung zu den deutschen und niederländischen Verwandten in Amsterdam, Rotterdam und Hamburg, was den Blick der Kindergeneration von vornherein weitete.

2 Vgl. einführend Hauke Brunkhorst, Die Macht der Intellektuellen, in: Aus Politik und Zeitgeschichte 40 (2010), S. 32–37; bzw. zu einzelnen Akteuren und Milieus aus der Zeit Carl Heinrich Beckers u. a. Ewald Grothe und Jens Hacke (Hg.), Liberales Denken in der Krise der Weltkriegsepoche. Moritz Julius Bonn (Staatsdiskurse 36), Stuttgart 2018; Alexander Gallus, Heimat »Weltbühne«. Eine Intellektuellengeschichte im 20. Jahrhundert (Hamburger Beiträge zur Sozial- und Zeitgeschichte 50), Göttingen 2012; Ders. und Axel Schildt (Hg.), Rückblickend in die Zukunft. Politische Öffentlichkeit und intellektuelle Positionen in Deutschland um 1950 und um 1930 (Hamburger Beiträge zur Sozial- und Zeitgeschichte 48), Göttingen 2011.

Wie prägend die Jahre als Spross einer wohlhabenden Familie zwischen den Wohnpalästen in Gelnhausen und Frankfurt[3], d.h. zwischen einer riesigen Villa als Sommerfrische-Refugium und einem kleineren städtischen Anwesen nahe dem Goethe-Gymnasium waren, offenbart ein Jahrzehnte später geschriebener Brief. Verfasst wurde er, als Becker längst Professor für Geschichte und Kultur des Vorderen Orients geworden war und im Ersten Weltkrieg eine Karriere in der preußischen Kultusbürokratie begonnen hatte, wo er als parteilose, politische Ausnahmegestalt für etliche Jahre die Geschicke des Kultusministeriums lenkte. Wer den aus religiös-ethischen und philosophisch-humanistischen Gründen dezidierten (links-)liberalen Becker als einen überzeugten Repräsentanten der prekären ersten deutschen Republik sah, deren größtem Land er seit 1919 als Staatssekretär und Minister diente, mag staunen.

> »Ich bin kein Republikaner aus Leidenschaft, sondern aus Vernunft. Die Republik war doch eine Notlösung. Make the best of it – das ist unsere Aufgabe. Man kann sich am Gedanken der Selbstverantwortung und Gemeinschaftsverantwortung begeistern und damit die Republik bejahen, aber man kann doch von uns, die wir alle früher überzeugte Monarchisten waren, weil die Monarchie uns groß gemacht hat, nicht erwarten, daß wir uns für die Notlösung nach dem Zusammenbruch begeistern.«[4]

Wenn der arrivierte Professor und politische Quereinsteiger Becker mit »groß gemacht« seine wissenschaftliche Karriere meinte, hatte er zweifellos Recht. Nach seiner Habilitation in Heidelberg 1902 hatte er im dritten Regierungsjahrzehnt Wilhelms II., zuerst in Hamburg 1908 und dann in Bonn 1913, die oberste Sprosse der akademischen Karriereleiter erklommen. Er war ordentlicher Professor und damit hamburgischer und anschließend preußischer Staatsbeamter in einer der bestangesehensten Stellungen geworden. Mit dem Wechsel in das preußische Kultusministerium und der in Aussicht gestellten Professur an der Hauptstadtuniversität war für Carl Heinrich Becker 1916 mit 40 Jahren das für deutsche Professoren fast aller Fachrichtungen Maximale erreicht.

»Groß« gewesen waren aber bereits Beckers Eltern Carl und Julie. Sie sicherten ihren sechs Kindern eine finanzielle Unabhängigkeit, die diesen als Ausgangsbasis für ein sorgenfreies, schöpferisches Leben diente.[5] Carl Heinrich

3 Zur Entwicklung des Bürgertums in Frankfurt während Beckers Jugend siehe Wilfried Forstmann, Frankfurt am Main in Wilhelminischer Zeit, in: Frankfurt am Main. Die Geschichte der Stadt in neun Beiträgen (Veröffentlichungen der Historischen Kommission der Stadt Frankfurt am Main 17), hg. von der Frankfurter Historischen Kommission, Sigmaringen 1994, S. 349–422. Zu den gleichzeitigen Entwicklungen in Gelnhausen siehe Barbara Wolbring, Bürgerliches Leben in der Kleinstadt. Das Gelnhäuser Bürgertum im 19. Jahrhundert, in: Zeitschrift des Vereins für hessische Geschichte und Landeskunde 119 (2014), S. 177–194.

4 Privatarchiv Michael Becker (Berlin), Becker an Erich Wende, 15.3.1925.

5 Zwei Schwestern Beckers heirateten Offiziere, eine einen Pfarrer, die Brüder wurden als studierte Juristen Landrat und Bankier. Vgl. die Beiträge in Kristina Michaelis und Ulf Mor-

Abb. 1: Gewinnend, seriös und zugewandt: Carl Heinrich Becker, ca. 1930 (Privatbesitz)

nutzte die materielle Absicherung für ein hauptberufliches Dasein als universitärer Intellektueller und *public intellectual.* Aber auch ohne akademische Einkünfte hätte sein finanzieller Background ein von den wirtschaftlichen Erträgen des eigenen Schaffens unabhängiges, allein eigenen Interessen folgendes Leben eines Stefan Zweig oder Aby Warburg möglich gemacht. Es verwundert deshalb nicht, dass er schon nach ersten Studienerfolgen und der Anerkennung seiner Leistungen durch seine akademischen Lehrer eine geisteswissenschaftliche Universitätslaufbahn einschlug. Dafür war noch mehr als für gehobene Einjährig-Freiwilligen-Dienstzeiten, für das Universitätsstudium an sich und erst recht für besoldungsarme Referendarjahre im Vorfeld einer Staatsanstellung die materielle Absicherung eine unverzichtbare Grundbedingung. Strebte man eine Professur an, musste man eine lange Reihe fast einkommensloser Jahre überstehen, die lediglich geringe Einkünfte aus Lehraufträgen einbrachten. Wenn dies vor der Habilitation für sparsame Gemüter noch möglich war, scheiterten viele danach an den geselligen Verpflichtungen des Privatdozenten. Diese erlauchten Inhaber einer venia legendi, einer Lehrbefugnis, gehörten zum

genstern (Hg.), Kaufleute, Kosmopoliten, Kunstmäzene: Die Gelnhäuser Großbürgerfamilien Becker und Schöffer, Hamburg 2013.

Lehrkörper einer Fakultät und mussten ganz selbstverständlich den gesellschaftlichen Comment dieser Peer Group mit Sonntagseinladungen, Kleiderordnungen, Festessen usw. wahren. Im Unterschied zu ihren verbeamteten Kollegen bezogen sie außer Hörergeldern jedoch keinerlei Renumerationen. Wer als Arzt oder Anwalt einen »praktischen« akademischen Beruf ausübte, konnte sich das standesgemäße Bewegen im universitären Elfenbeinturm leisten. Den meisten Geisteswissenschaftlern waren diese Zuverdienste jedoch nicht möglich.[6] Für sie wurden die Jahre der Privatdozentur zur »verschärften Risikopassage«[7] auf ihrem Lebensweg. Folgerichtig rekrutierte sich der (geistes-)wissenschaftliche Nachwuchs des Kaiserreichs zu großen Teilen aus dem besitzenden Bürgertum, wo die Achtung wissenschaftlicher Leistungen und das Streben nach dem gesellschaftlichen Prestige eines angesehenen Titels mit den finanziellen Möglichkeiten zum Überstehen langer Ausbildungsjahre zusammenfielen.[8] Das Beispiel Beckers ist geradezu signifikant für diese Kombination von Geld und Geist, wobei der finanzielle Background seiner Familie noch deutlich über dem Durchschnitt des mittleren und gehobenen deutschen Wirtschaftsbürgertums lag.

Neunzehnjährig immatrikulierte sich Carl Heinrich Becker nach dem Abitur 1895 zunächst in Lausanne[9] und wechselte bald nach Heidelberg. Anfangs belegte er theologische Veranstaltungen, verlegte seine Studienschwerpunkte danach auf die philologischen Angebote der Philosophischen Fakultät (ob er je das Ziel hatte, Theologe zu werden, ist den umfangreichen Nachlassunterlagen noch

6 Zu der Geschichte der Habilitation und den in den Quellen oft schwer zu fassenden Privatdozenten des 19. und 20. Jahrhunderts existiert eine breite Spezialliteratur, vornehmlich zu einzelnen Universitäten und Fakultäten. Siehe exemplarisch Alexander Busch, Die Geschichte des Privatdozenten. Eine soziologische Studie zur großbetrieblichen Entwicklung der deutschen Universitäten (Göttinger Abhandlungen zur Soziologie und ihrer Grenzgebiete 5), Stuttgart 1959; Martin Schmeiser, Akademischer Hasard. Das Berufsschicksal des Professors und das Schicksal der deutschen Universität 1870–1920. Eine verstehend soziologische Untersuchung, Stuttgart 1994; Ders., Leiter ohne Sprossen. Privatdozentur und neuhumanistische Universitätsreform, in: Forschung & Lehre 2 (1995), Nr. 8, S. 418–421.

7 Die beißend-treffende Formulierung stammt von Sylvia Paletschek, Verschärfte Risikopassage. Ein historischer Blick auf Nutzen und Nachteil der deutschen Privatdozentur, in: Forschung & Lehre 11 (2004), S. 598–600.

8 Diese sozial-empirischen Befunde liefern Studien zu einzelnen deutschen Universitäten nahezu deckungsgleich, vgl. pars pro toto Ernst Theodor Nauck, Die Privatdozenten der Universität Freiburg im Breisgau 1818–1955 (Beiträge zur Freiburger Wissenschafts- und Universitätsgeschichte 8), Freiburg i.Br. 1956; Petra Emundts-Trill, Die Privatdozenten und Extraordinarien der Universität Heidelberg 1803–1860 (Europäische Hochschulschriften 764), Frankfurt a.M. 1997.

9 Dort schrieb er sich im Sommersemester 1895 für Theologie, Hebräisch und Assyriologie ein.

zu entlocken).[10] Eine weitere Studienstation war Berlin, wo er sich für seine erste Forschungsreise rüstete. Sein Heidelberger Doktorvater und Förderer Carl Bezold (1859–1922), ordentlicher Professor für semitische Philologie, hatte den vermögenden jungen Mann zu einer raschen Promotion ermuntert und ihn schon in seinem ersten Semester ermutigt, Quellenstudien in französischen und spanischen Bibliotheken zu betreiben.

Das stärker kulturkundliche als philologisch-historische Interesse des Islamwissenschaftlers Becker kündigte sich hier bereits an. Nicht erst für den späteren Professor, sondern offenbar schon für den angehenden Privatdozenten standen Fragestellungen des Islams der Gegenwart (etwa das Phänomen des Gottesstaates des Mahdi im Sudan 1881–1898) auf Augenhöhe mit der Textexegese der Geisteswissenschaften in der Spätblüte des (deutschen) Positivismus.[11]

Zurück in Deutschland habilitierte sich Carl Heinrich Becker mit einer schon deutlich von rein philologischen Inhalten abweichenden Arbeit.[12] Seine Antrittsvorlesung machte dann vollends deutlich, dass hier ein Nachwuchswissenschaftler seine Einsichten nicht nur durch Bibliotheks- und Archivstudien erworben hatte, sondern gewissermaßen aus soziologisch- ethnologischen Feldforschungen schöpfte. Vor seinen Heidelberger Hörern sprach er über »Die Frau im Islam« und verriet dabei die Vielseitigkeit und den Gegenwartsbezug seiner islamkundlichen Ausrichtung.

Von nun an begann eine Serie von Vorträgen in den erwartbaren akademischen Zirkeln eines Universitätswissenschaftlers, etwa regelmäßig auf den großen Orientalistentagen, aber ebenso an Volkshochschulen und vor literarischen Gesellschaften, Bürgervereinen sowie anderen Zusammenkünften interessierter Laien. Flankiert wurde diese Vortragstätigkeit stets von Aufsätzen in wissenschaftlichen Zeitschriften und Artikeln in der Tagespresse.[13] Und Becker hatte seinem Lesepublikum tatsächlich etwas zu berichten, denn er wechselte als be-

10 Vgl. zu einzelnen Daten aus Beckers Studien- und Ausbildung Guido Müller, Internationale Wissenschaft und nationale Bildung. Ausgewählte Schriften von Carl Heinrich Becker (Studien und Dokumentationen zur deutschen Bildungsgeschichte 64), Köln 1997, S. 13–37. Sein Sohn Hellmut Becker bemerkte zum Verhältnis seines Vaters zur Theologie: »Er fand dieses Studium mehr oder weniger langweilig.« Hellmut Becker und Frithjof Hager, Aufklärung als Beruf. Gespräche über Politik und Bildung, München 1992, S. 53.

11 Vgl. Mark Batunsky, Carl Heinrich Becker – From old to modern Islamology – Commemorating the 70th Birthday »der Islam als Problem«, in: International Journal of Middle East Studies 13 (1981), S. 287–310; Josef von Ess, From Wellhausen to Becker. The Emergence of Kulturgeschichte in Islamic Studies, in: Islamic Studies. A Tradition and its problems (Giorgio Levi della Vida biennial Conference 7), hg. von Malcolm Kerr, Malibu 1980, S. 27–52.

12 Carl Heinrich Becker, Beiträge zur Geschichte Ägyptens unter dem Islam, 2 Bde., Straßburg 1902/03.

13 Vgl. u.a. seine in späteren Jahren selbst besorgten Gesamtausgaben: Ders., Islamstudien. Vom Werden und Wesen der islamischen Welt. 2 Bde., Leipzig 1924/1932.

gnadeter Netzwerker die Felder: Er war orientalischer Philologe, Zeithistoriker und Soziologe der islamischen Welt der Gegenwart in einem. Ab 1908 am Kolonialinstitut in Hamburg war er praktischer Ausbilder von Kolonialbeamten und damit fachwissenschaftlicher Politikberater des imperialistischen Aufsteigers Deutsches Reich. Gleichzeitig wuchs er in die Rolle des Politikberaters im Bildungsausbau Hamburgs hinein, der analog zu Bestrebungen in Köln und Frankfurt auch in der wirtschaftsbürgerlich dominierten Hansestadt durch einen Ausbau des Kolonialinstituts zur Universität das Prestige des vorhandenen Lehrkörpers erhöhen wollte.[14] Diese Absichten verfolgte er – wie andere Professorenkollegen auch – sowohl in Hinterzimmern des Senats als auch auf Soirees in seinem Haus an der Außenalster sowie in der Tagespresse. Als absehbar wurde, wie zäh der Prozess sich durch die Skepsis der Kaufmannschaft gegenüber dem Einzug der Akademia gestalten würde, nahm er 1913 einen Ruf an die Universität Bonn an und widmete sich vordergründig wieder der Wissenschaft.[15] Als Kenner der Türkei knüpfte er aber auch klandestine Bande zur großen Politik in Berlin – wohin er 1916 als Personalreferent ins Kultusministerium geholt wurde,[16] de facto war er aber auch im Auswärtigen Amt tätig, wo eifrig an der Festigung der Beziehung zum Osmanischen Reich respektive den sich dort ankündigenden jungtürkischen Tendenzen gearbeitet wurde. Beckers Expertise war gefragt, aber sie blieb auch hier kein regierungsexklusives Geheimnis, sondern er setzte sie strategisch in wissenschaftlichen Publikationen und in politischer Publizistik ein und um.[17]

Die Schwelle zwischen Wissenschaft und Politik überschritt Becker vollends, als er, politisch unbelastet und ein unzweifelhafter Fachmann und Kenner des Bildungswesens, nach dem Ende des Kaiserreichs im Kultusministerium ver-

14 Jens Ruppenthal, Kolonialismus als »Wissenschaft und Technik«. Das Hamburgische Kolonialinstitut 1908 bis 1919 (Historische Mitteilungen, Beiheft 66), Stuttgart 2007, passim, bes. Kap. 4.3.1, S. 161 ff.

15 Vgl. dazu Alexander Haridi, Das Paradigma der »islamischen Zivilisation« – oder die Begründung der deutschen Islamwissenschaft durch Carl Heinrich Becker (1876–1933) (Mitteilungen zur Sozial- und Kulturgeschichte der islamischen Welt 19), Würzburg 2005, S. 90–103.

16 Vgl. die Artikel »Professor Dr. Carl Heinrich Becker wurde zum Geheimen Regierungsrat und Vortragenden Rat im Preußischen Kultusministerium ernannt«, in: Tägliche Rundschau Nr. 544 (24.10.1916); »Der Orientalist Professor Becker erhielt einen Ruf in das preußische Kultusministerium als Personalreferent«, in: Neue Hamburger Zeitung Nr. 265 (25.5.1916).

17 Carl Heinrich Becker, Das türkische Bildungsproblem. Akademische Rede, gehalten am Geburtstag Sr. Majestät des Kaisers in der Aula der Rheinischen Friedrich-Wilhelms-Universität, Bonn 1916; Ders., Der türkische Staatsgedanke (1916), in: Islamstudien, Bd. 2, hg. von dems., Leipzig 1932, S. 333–362; Ders., Islam und Wirtschaft, in: Archiv für Wirtschaftsforschung im Orient 1 (1916), S. 66–77; Ders., Die Denkschrift des preußischen Kultusministeriums über die Förderung der Auslandsstudien, in: Internationale Monatsschrift für Wissenschaft, Kunst und Technik 11 (1917), Nr. 5, Sp. 513–532; Ders., Ursprung und Wesen der islamischen Zivilisation, in: Süddeutsche Monatshefte (Juli 1918), S. 232–235.

blieb und als Unterstaatssekretär, Staatssekretär und schließlich als Kultusminister mit DDP-naher Verortung bis 1930 amtierte. Erst die Kabinettsarithmetik des preußischen Ministerpräsidenten Braun kostete ihn das Amt. Becker kehrte an die Universität zurück, freilich als ein Fabelwesen unter seinen Kollegen, schließlich hatte er knapp 15 Jahre lang jede Berufung in Preußen beeinflussen und prägen können. Seine als Minister staatstragend gewordenen Vorträge wechselten nun wieder ins wissenschaftliche Metier seiner eigentlichen geistigen Herkunft, aber es fällt auf, dass er sich nach langer Forschungspause eher auf das Synthetisieren verlegte. So stellte er seine fachlichen Arbeiten zu zwei 500-seitigen Sammelbänden zusammen, die 1924 und 1932 als gesammelte Werke eines gerade in seinen Fünfzigern stehenden Wissenschaftlers erschienen.[18] Man kann den Eindruck gewinnen, dass der universitäre Rahmen, so sehr Becker die akademische Lehre schätzte und so sehr eine begeisterte Schülerschar geradezu zu seinem Lebenselixier gehörte, zu eng für ihn geworden war. Dankbar nahm er 1931 das Angebot an, Kopf einer aus vier weißen europäischen Männern bestehenden Kommission zu werden, die im Auftrag des Völkerbunds das Bildungswesen Chinas von der Vorschule bis zur Universität in einer großen Reise vermessen, begutachten und in einer Reformdenkschrift bearbeiten sollte.[19] Seine Vortrags- und Publikationstätigkeit nahm nach seiner Rückkehr 1932 noch einmal deutlich zu,[20] sein Tod im Februar 1933 beendete sie dann, bevor er als herausragender Repräsentant des Weimarer »Systems« kurze Zeit später von den Nationalsozialisten mit hoher Wahrscheinlichkeit ohnehin kalt gestellt worden wäre.

III.

Neben Beckers Wirken als Vortragsredner vor politischem und wissenschaftlichem Publikum und seiner breiten fachlichen und populäreren Publizistik wirkte der öffentliche Intellektuelle auch und vor allem in die Brieföffentlichkeit seiner Zeit. Wie andere Zeitgenossen war Becker ein leidenschaftlicher und in der Summe exzessiver Briefschreiber – seine Biographin Béatrice Bonniot hat anhand seines Dahlemer Nachlasses eine Mindestanzahl von 3.000 Korrespon-

18 Vgl. Ders., Islamstudien, 2 Bde.

19 Susanne Kuß (Hg.), Carl Heinrich Becker in China. Reisebriefe des ehemaligen preußischen Kultusministers 1931/32 (Berliner China-Studien 4), Münster 2004.

20 Carl Heinrich Becker, Premises and Aims in Eastern and Western Education, in: Educational Problems in the Far and Near East, London 1933, S. 5–19; Ders., The Educational Situation in Modern China, in: ebd., S. 20–31; Ders., The Europeanizing of the Mohammedan World, in: ebd., S. 32–44.

denzpartnern überschlagen.[21] Nimmt man die Überlieferungen in Teilnachlässen in Familienobhut, in Nachlässen in privaten Archiven Dritter sowie das immer auch intellektuellen Ansprüchen genügende und geistige Netzwerke pflegende dienstliche Schriftgut in den erhaltenen Beständen des preußischen Kultusministeriums hinzu, kann die Leistung der »Kanzlei Becker« noch aufgerundet werden. Andere Beispiele aus dem akademischen Milieu zeigen, dass Becker mit diesem Output kein einsamer Vielschreiber war. Der Romanist Ernst Robert Curtius[22] sowie der Philosoph und Mediziner Karl Jaspers[23], um nur zwei Geisteswissenschaftler der Epoche Beckers zu nennen, schufen wie er durch ihre stoische epistemologische Arbeit am akademischen Familiengespräch ein ganz eigenes Itinerar auf dem »intellektuellen Feld« ihrer Zeit.

Als ein Beschreibungs- und auch als ein Analyseansatz von Beckers Wirken kann die hier angesprochene, nicht mehr ganz taufrische Feldtheorie brauchbar sein.[24] Das von Fritz K. Ringer zu Beginn der 1990er Jahre umrissene »intellektuelle Feld« (*intellectual field*) baut auf einem Konzept Bourdieus auf:

> »Die Positionen der Einzelakteure oder Schulen stellen darin eine Konfiguration bzw. ein Netzwerk von Beziehungen dar. Jedes Element bringt sich mit einer spezifischen Autorität ein, um zu bestimmen, was als intellektuell etabliert und kulturell legitim gelten soll. Das Feld hat eine eigene Logik sowie eine Wechselwirkung mit der Außenwelt. Durch den relationalen Charakter intellektueller Positionen sind Argumente vor allem durch die Position im Verhältnis mit anderen so definiert, dass sie nur in den komplementären bzw. Oppositionsbeziehungen adäquat charakterisiert werden können.«[25]

---

21 Béatrice Bonniot, Homme de culture et républicain des raison. Carl Heinrich Becker, serviteur de l'Etat sous la République de Weimar (1918–1933) (Schriften zur politischen Kultur der Weimarer Republik 15), Frankfurt a.M. 2012.

22 Ernst Robert Curtius, Briefe aus einem halben Jahrhundert. Eine Auswahl (Saecvla spiritalia 49), hg. von Frank-Rutger Hausmann, Baden-Baden 2015.

23 Auf 2.292 Seiten erschließt eine erste Auswahl aus 35.000 Briefen von und an Jaspers, gewechselt mit 8.000 Korrespondenzpartnern, ein Gebirge von schriftlichen Vernetzungen: Karl Jaspers, Korrespondenzen, Bd. 1: Politik – Universität, hg. von Carsten Dutt und Eike Wolgast, Göttingen 2016; Karl Jaspers, Korrespondenzen, Bd. 2: Psychiatrie – Medizin – Naturwissenschaften, hg. von Matthias Bormuth und Dietrich von Engelhardt, Göttingen 2016; Karl Jaspers, Korrespondenzen, Bd. 3: Philosophie, hg. von Dominic Kaegi und Reiner Wiehl, Göttingen 2016.

24 Fritz K. Ringer, Fields of knowledge: French academic culture in comparative perspective 1890–1920, Cambridge 1992; ins Deutsche übersetzt von Florian Waldow: Fritz K. Ringer, Felder des Wissens. Bildung, Wissenschaft und sozialer Aufstieg in Frankreich und Deutschland um 1900 (Bibliothek für Bildungsforschung 23), Weinheim 2003.

25 Konstantin von Freytag-Loringhoven, Die Organisatoren der Utopie. Westdeutsche Bildungsexpansion 1960 bis 1990 – Akteure, Argumente und Wirkungen der westdeutschen Bildungspolitik, Manuskript masch. 2014, S. 3. Ich danke Herrn Dr. von Freytag-Loringhoven für den freundlichen Hinweis auf seinen Text und die Zitat-Genehmigung.

Ringers nicht unkritisch aufgenommenes Buch bietet sich als Referenz wegen des naheliegenden Untersuchungsbeispiels an, denn er untersucht für die Phase von 1890 bis 1920 die für den öffentlichen Intellektuellen und reflektierenden Denker Becker spannende Frage, wie die führenden Zeitgenossen im wissenschaftlichen Leben in Deutschland und Frankreich das Bildungsproblem im kulturellen Kontext reflektierten. Mit dem Feld-Ansatz kann der Versuch unternommen werden, den der Geschichte inhärenten Sinn, die Intentionen der in einer bestimmten historischen Konstellation handelnden Personen, sozialstrukturell zu verräumlichen. Ringer strebt aber noch viel mehr an:

> »Die vergleichenden Analysen zur sozialen Rekrutierung sollen ebenfalls die Verortung und die soziale Offenheit oder Exklusivität der geistigen Eliten erkennbar machen. Das Ziel ist schließlich, unter die Oberfläche des expliziten Denkens zu gelangen, ins Reich des kulturellen Vorbewussten und der stillschweigenden Überzeugungen, von denen die Menschen sich leiten ließen und von denen sie auch getrieben wurden [...].«[26]

Die historische Situation um 1900 beschreibt Ringer in etwa wie folgt: Der klassische deutsche Bildungsbegriff sei durch das Vordringen der modernen Erfahrungswissenschaften zunehmend bedroht worden. Diese hätten ihre Expansion einer Symbiose aus früher Herausbildung der professionellen Bürokratie in den deutschen Staaten und der etwas später einsetzenden, rapiden zweiten Industrialisierung im letzten Jahrhundertdrittel zu verdanken, als deren Resultat nichts Geringeres als eine Bildungsrevolution erfolgt sei. Vor dem Hintergrund dieser verschränkten Wachstumsbewegungen habe sich eine spezifische Bildungsideologie entwickelt, deren Humus die traditionell exponierte Rolle von Universitäten und Universitätsprofessoren gebildet habe. Als Schattenseite dieser Spezialisierung habe sich ab 1890 im deutschen Bildungsbürgertum eine Krise breitgemacht, die aus der Sorge vor einem Verlust des philosophischen Zusammenhangs durch stetige Erfolge der Forschungsuniversität gespeist wurde:

> »In der Geisteswelt wuchs die Befürchtung, die Spezialisierung würde eine Art intellektueller Atomisierung herbeiführen und die theoretische Einheit der Wissenschaft auflösen. Georg Simmel diagnostizierte im Jahre 1900 die Arbeitsteilung als Ursache für das Auseinandertreten der subjektiven und objektiven Kultur und sah darin das Signum der Moderne. Er artikulierte, was viele seiner Kollegen fühlten und fürchteten: dass die ›objektive‹ und in zahllose Einzelfächer aufgeteilte Wissenschaft dabei war, ihre frühere Relevanz für die Bildung zu verlieren.«[27]

26 Hartmut Titze, Rezension von Fritz K. Ringer: Felder des Wissens. Bildung, Wissenschaft und sozialer Aufstieg in Frankreich und Deutschland um 1900 (...), in: Erziehungswissenschaftliche Revue 3 (2004), Nr. 5, http://klinkhardt.de/ewr/40732049.html (22.9.2019).

27 Siehe ebd.

Abb. 2: Erholung von der Intellektuellenarbeit: Carl Heinrich Becker, Mitte der 1920er Jahre (Privatbesitz)

Auch Carl Heinrich Becker, der von der Theologie als Ganzes während des Studiums zu einzelnen Philologien geschwenkt war, sah diese Spezialisierung als Problem klar vor Augen.[28] Wenn man die Lösung dieses Dilemmas nicht in einer »Revitalisierung des philosophischen Idealismus« sehen wollte, die »der Wissenschaft ihre Rolle als Grundlage einer normativen Weltanschauung« zurückzugeben vermochte, dann konnte man einen Weg der kleinen Schritte einschlagen, wie ihn Becker meiner Einschätzung nach über drei Jahrzehnte ging, freilich ohne dies konsequent zu wissen und explizit zu formulieren: den einer ständigen populärwissenschaftlichen Zweitformulierung, Zweitverwertung oder Zweitvermittlung von genuin akademischer Forschung durch ihre Popularisierung (vulgo: Banalisierung) in weiteren Zusammenhängen.

28 Wie stark der Einfluss der älteren Heidelberger Kollegen Ernst Troeltsch, Max Weber und Eberhard Gothein auf die Professionalisierung des öffentlichen Wirkens des Privatdozenten Becker war, ist konkret schwer zu beziffern. Zweifellos wirkte die besondere Atmosphäre des frühen »Heidelberger Kreises« intensiv auf die intellektuelle Sozialisation Beckers und es kann kaum als Zufall angesehen werden, dass etwa Weber, Troeltsch und phasenverschoben auch der jüngere Becker ab 1910 zu den publizistisch einflussreichsten protestantischen *public intellectuals* wurden. Der fächerübergreifende Austausch in dem Kreis lenkte bei seinen führenden Mitgliedern das Bewusstsein der besonderen Qualität dieser interdisziplinären Samstagstreffen in eine populärwissenschaftliche, vorpolitische öffentliche Sendung. Vgl. Guido Müller, Weltpolitische Reform und akademische Bildung. Carl Heinrich Beckers Wissenschafts- und Hochschulpolitik 1908–1930 (Beiträge zur Geschichte der Kulturpolitik 2), Köln 1991, S. 36–59, bes. S. 40ff.

IV.

Die konkrete Verortung Beckers in den Räumen seiner mündlichen und schriftlichen intellektuellen Arbeit, d.h. seine wechselnde Lokalisierung im *intellectual field* seiner Zeit, wäre vor dem Hintergrund der vorangegangenen Überlegungen eine herausforderungsvolle Aufgabe, deren empirische Grundlegung allerdings den Rahmen einer ambitionierten Qualifikationsarbeit verlangt. Hier kann dem öffentlichen Intellektuellen Becker nur sporadisch mit Stichproben aus Briefen und Veröffentlichungen nachgespürt werden, die dennoch einen gewissen Anspruch auf Repräsentativität innerhalb seines Œuvres erheben. In den nahezu vollständig erhaltenen Briefen an seine Mutter Julie Becker (1839–1917) thematisierte er immer wieder sein wissenschaftliches und kulturpolitisches Wirken in der Öffentlichkeit. Bei einer systematischen Durchsicht der Korrespondenz mit der seit 1897 verwitweten, engsten brieflichen Gesprächspartnerin wird deutlich, wie der Nachwuchswissenschaftler Becker in den Jahren ab 1902 in die Rolle eines gefragten Vortragsredners hineinwuchs. Bis zu ihrem Tod unterrichtete Becker seine Mutter über anstehende Vorträge, die behandelten Themen und etwaige Drucklegungen. Nach bescheidenen Anfängen wuchs sich die Vortragstätigkeit des Professors in Heidelberg, Hamburg, Bonn und Berlin spätestens seit seinem Wechsel ins preußische Kultusministerium im Jahr 1916 zu einer Last aus. Sie trug maßgeblich zu seiner Bekanntheit bei und band ihn in mehrere intellektuelle Felder ein: das der engeren Fachkreise der Orientalistik, das der Zeitgeschichte der islamischen Welt sowie das der Bildungsreform in Preußen, Deutschland und der Welt. Um einen Eindruck dieser Verflechtungen zu gewinnen, werden im Folgenden – nach Jahren geordnet – Briefpassagen wiedergegeben, die das öffentliche Wirken Beckers dokumentieren und in ihrer Detailliertheit sicher des Öfteren über das Interesse und das Verständnis der Mutter hinausgingen. Aus der Vielzahl der in Durchschlägen erhaltenen Korrespondenzen des Staatssekretärs und Ministers Becker nach dem Ersten Weltkrieg ist abschließend unter VI. nur ein besonders treffendes Zitat mit Bezug auf sein Agieren als *public intellectual* ausgewählt.

1902

»Der Gelnh[äuser] Handel- und Gewerbeverein hat mich um einen Vortrag gebeten, der am 4. Januar stattfinden soll. Das Thema ist noch unbestimmt, da ich erst versuchen will einen Projektionsapparat zu bekommen. Davon wird das Thema abhängen.«[29]

»Nach Gelnh[ausen] gehe ich nicht zum 7ten, sondern lasse mir – das war eigentlich

29 Geheimes Staatsarchiv Preußischer Kulturbesitz (GStA PK), VI. HA, Nachlass (Nl.) Carl Heinrich Becker, Nr. 8604, Becker an seine Mutter, 14.11.1902.

mein Hauptgrund – die nötigen Platten von Halm[30] schicken. Die Dia-positive für den Vortrag werden mich viel Geld kosten: Aber ich habe sie dann für immer. Wie viel Bilder meinst Du, kann man an einem Abend zeigen, 40–50 oder mehr? Stück ca. 1 M. Die Kosten des Apparats (30 M) trägt der Verein.«[31]

1903

»Ein zweiter Punkt, den Du in Deinem Brief erwähnst, ist mein Gelnhäuser Vortrag. Der Verein hätte gewiß gern, wenn ich alljährlich dort einen Vortrag hielte. Ich tue das auch ganz gern, aber wenn ich jedesmal mit Bildern rede, wird mein Vorrat rasch erschöpft. Ich spreche deshalb diesmal über ›Die Frau im Islam‹. Mein Habilit[ations]-vortrag wird dazu ein klein wenig umgearbeitet. So habe ich keine Mühe u[nd] der Verein keine Kosten. Bilder giebts dann wieder im darauffolgenden Winter. Wenn für irgend etwas, interessiert sich der Mensch für die Weiber, auch ohne Bilder. Ein neuer Vortrag mit Herstellung von Diapositiven würde mich jetzt zu viel Zeit kosten, da ich tief in der Arbeit stecke.«[32]

1904

»Meinen Aufsatz in der ›Frankfurter Zeitung‹ (Montag, Morgenblatt)[33] hast Du jedenfalls gelesen, so daß ich ihn Dir nicht zu schicken brauche.«[34]

1906

»Davon wird Dich besonders interessieren, daß ich es angenommen habe, in der ersten Hälfte Februar in der Liberal-protestantischen Vereinigung zu Straßburg einen Vortrag zu halten über ›Islam und Christentum‹ in einem Cyklus von Vorträgen: Das Christentum und die fremden Religionen.«[35]

---

30 Name des Fotografen in Gelnhausen. Zur fotografischen Arbeit des Orientalisten Becker vgl. Ulf Morgenstern, »Scientific tourism«: colonialism in the photographs and letters of the young cosmopolitan Carl Heinrich Becker, 1900–02, in: Savage Worlds. German encounters abroad, 1798–1914, hg. von Matthew P. Fitzpatrick und Peter Monteath, Manchester 2018, S. 127–146. Zu seiner ersten Orientreise, von der die angesprochenen Fotografien stammten, siehe Ders., »Vielleicht sogar eventuell Karthum und später Sinai.« Zwei Orientreisen Carl Heinrich Beckers in den Jahren 1900–1902, in: Mit Forscherdrang und Abenteuerlust. Expeditionen und Forschungsreisen Kieler Wissenschaftlerinnen und Wissenschaftler (Kieler Werkstücke, Reihe A/49), hg. von Oliver Auge und Martin Göllnitz, Frankfurt a.M. 2017, S. 145–165.

31 GStA PK, VI. HA, Nl. Becker, Nr. 8604, Becker an seine Mutter, 31.11.1902.

32 Ebd., Becker an seine Mutter, 25.11.1903.

33 Carl Heinrich Becker, Der neuerworbene Papyrusschatz der Heidelberger Universitäts-Bibliothek, in: Frankfurter Zeitung (20.6.1904).

34 GStA PK, VI. HA, Nl. Becker, Nr. 8604, Becker an seine Mutter, 21.6.1904.

35 GStA PK, VI. HA, Nl. Becker, Nr. 8552, Becker an seine Mutter, 23.12.1906.

1908

»Ich habe mit Hochdruck einen ›Bericht‹ über 100 neuerschienene Bücher u[nd] Schriften machen müssen,[36] jetzt bin ich gottlob fertig u[nd] arbeite an dem Hamburger Vortrag. Der steigt wohl am 13ten.«[37]
»[...] das große Publikum[38] über moderne Orientpolitik war gut besucht: über 400 Karten waren ausgegeben u[nd] der große Saal ganz voll. Der erste Vortrag ist ganz nach Wunsch verlaufen; Publikum beispiellos aufmerksam; kein störendes Geräusch bis zum Ende.«[39]

1909

»Mein letzter Artikel hat ziemlich viel Aufsehen gemacht.«[40]
»Gestern fand mein 2ter Vortrag in dieser Saison statt über die Jungtürken in einem kaufmännischen Verein.«[41]
»Weiter bereite ich die Gründung eines großen deutsch-österreichischen Orientvereines vor, der den orientalischen Nachrichtendienst organisieren soll.«[42]
»Ich habe eine gr[oße] Einleitung für den Baedecker von Ägypten geschrieben,[43] vor allem aber viel mit Vorlesungen, der Gründung meiner Zeitschrift,[44] der Schaffung eines Deutsch-Österreich[ischen] Orientvereins u[nd] vor allem mit parlamentarischen Vernehmungen zu tun gehabt. Der Orientverein wird eine ganz große Sache mit

36 Carl Heinrich Becker, Islam, in: Archiv für Religionswissenschaft 8 (1905), S. 129–143. Hierbei handelt es sich um ein kritisches Sammelreferat über die islamisch-religionswissenschaftliche Literatur Beckers Zeit.

37 GStA PK, VI. HA, Nl. Becker, Nr. 8605, Becker an seine Mutter, 20. 2. 1908.

38 Becker lehrte ab 1908 als Professor für Geschichte und Kultur des Vorderen Orients am Hamburger Kolonialinstitut, dessen Vorlesungen teilweise dem allgemeinen Vorlesungswesen geöffnet waren. Vgl. Ruppenthal, Kolonialismus. Zum Vorlesungswesen in Hamburg vgl. Rainer Nicolaysen, Glanzvoll und gefährdet. Über die Hamburger Universität in der Weimarer Republik, in: Andocken. Hamburgs Kulturgeschichte 1848 bis 1933 (Beiträge zur hamburgischen Geschichte 4), hg. von Dirk Hempel und Ingrid Schröder, Hamburg 2012, S. 114–131.

39 GStA PK, VI. HA, Nl. Becker, Nr. 8605, Becker an seine Mutter, 28. 10. 1908.

40 Ebd., Becker an seine Mutter, 26. 6. 1909.

41 Ebd., Becker an seine Mutter, 22. 10. 1909.

42 Ebd., Becker an seine Mutter, 4. 12. 1909.

43 Der Baedeker-Band *Ägypten und der Sudan. Handbuch für Reisende* erschien in dieser Schaffensphase Beckers in 7. und 8. Auflage 1906 und 1913. Möglicherweise arbeitete Becker in der Einleitung Teile eines streng wissenschaftlichen Textes ein: Carl Heinrich Becker, Grundlinien der wirtschaftlichen Entwicklung Ägyptens in den ersten Jahrhunderten des Islam, in: Klio. Beiträge zur alten Geschichte 9 (1909), S. 206–217. Den Band betreute seit 1897 der Leipziger Ägyptologe Georg Steindorff, der Becker um Mitarbeit bat. Der von ihm verfasste Abschnitt »Der Islam« findet sich zuletzt in: Baedeker. Ägypten und der Sudan. Handbuch für Reisende, Leipzig 1928, S. LXXXIII–CI.

44 Gemeint ist die Zeitschrift *Der Islam*, deren erster Band 1910 erschien und bis heute mit dem Untertitel »Journal of the History and Culture of the Middle East« von den Nachfolgern auf Beckers 1919 mit dem Kolonialinstitut in der Universität Hamburg aufgegangenen Lehrstuhl herausgegeben.

Hauptsitz in Wien,[45] während ich vorerst die Leitung in Deutschland besorge. Wir werden eine Korrespondenz herausgeben u[nd] uns ev[entuell] zu einem politischen Faktor auswachsen.«[46]

»Auf diesen Diners wird Hamburg[ische] Politik gemacht und deshalb sind sie für uns so gut wie Dienst. Es wird uns allerdings leicht gemacht u[nd] über Zurückhaltung brauchen wir uns nicht zu beklagen. [...] Die großen Kaufleute u[nd] Rechtsanwälte gebrauchen das Prof[essoren]element zum Schmuck ihrer Gesellschaften. Noch sind wir zu wenige, um als eine Gefahr resp. Konkurrenz zu erscheinen.[47] Wir machen zumeist auch ruhig mit; denn durch unser Hervortreten werben wir für unsere Pläne. Menschen u[nd] Sache sind hier in echt kaufmännischer Weise nicht getrennt.«[48]

»Über den Betrieb bei mir machst Du Dir kaum eine Vorstellung. Mein Schreibmaschinenfräulein ist oft 4 Stunden täglich da u[nd] trotzdem bleibt immer so viel liegen. Dabei schreibt sie jetzt gleichzeitig eine englische u[nd] eine französische Arbeit[49] von mir ab. Dabei die Korrespondenz! Vor all dieser beruflichen Tätigkeit u[nd] dem ständigen Sichausgebenmüssen in Vorträgen ist die stille Forschertätigkeit in den letzten Wochen etwas zu kurz gekommen. Wie sehne ich mich danach.«[50]

1910

»Du hast ganz recht, daß nach unseren 3 Diners noch eine große Fête übrigbleibt. Am 28ten 40 Personen nach Tisch um $\frac{1}{2}$ 9. Es gibt Vortrag von mir, orientalische Schattenspiele, Gesang, Geige u[nd] Laute zu modernisierten Schattenperspektiven, zum Schluß einen Ulk. Danach giebts an kl[einen] Tischen belegte Brötchen und eine süße Speise. Dazu Bier u[nd] Rotwein. Diese neue Art von Geselligkeit ist ganz nett, macht aber dem Hausherrn mindestens so viel Mühe wie der Hausfrau.«[51]

»Erzähle Otto,[52] daß ich Mittwoch einen Vortrag vor den ›Liberalen Theologen‹ halte über das Thema: ›Staat und Mission in der Islamfrage‹.«[53]

45 Die Gründung scheiterte (wie andere Versuche einer europaweiten Islamforschung) an nationalen Begrenztheiten: Das Auswärtige Amt verweigerte einer in Wien ansässigen Organisation die Unterstützung. Becker veranlasste das zu der resignierten Bemerkung, »daß nur Alpenvereine international tätig sein können.« GStA PK, VI. HA, Nl. Becker, Nr. 4579, Becker an Enno Littmann, 4.7.1910.

46 GStA PK, VI. HA, Nl. Becker, Nr. 8605, Becker an seine Mutter, 22.12.1909.

47 Vgl. Ruppenthal, Kolonialismus.

48 GStA PK, VI. HA, Nl. Becker, Nr. 8605, Becker an seine Mutter, 22.12.1909.

49 Carl Heinrich Becker, Christianity and Islam, New York 1909; Ders., Le »Ghāshija« comme emblême de la royauté, in: Centenario della nascita die Michele Amari, Bd. II, Palermo 1910, S. 148–151.

50 GStA PK, VI. HA, Nl. Becker, Nr. 8605, Becker an seine Mutter, 22.12.1909.

51 Ebd., Becker an seine Mutter, 28.2.1910.

52 Beckers Schwager Otto Michaelis (1875–1949), verheiratet mit Beckers Schwester Frida (1878–1933), war gebürtiger Straßburger und lebte als Pfarrer in Metz.

53 GStA PK, VI. HA, Nl. Becker, Nr. 8605, Becker an seine Mutter, 6.5.1910. Gedruckt als Carl Heinrich Becker, Der Islam und die christliche Mission, in: Die christliche Welt 25 (1910).

»Der Kongreß ging gestern zu Ende. Ich weiß nicht, ob Du viel von meinem Vortrag[54] gelesen hast; die Kölnische Zeitung und die Hamburger waren am ausführlichsten, aber auch die Kreuzzeitung. Die Debatte war sehr interessant u[nd] wurde viel besprochen.[55] Das hohe Zentrum griff ein, Erzberger, Bachem; ihnen antwortet wieder Graf Hoensbroech.[56] Es war ein großes Ereignis u[nd] hat mich sehr bekannt gemacht. Wir einigten uns auf eine Resolution, was mir hoch angerechnet wurde. Ich habe zahllose Menschen kennen gelernt, namentlich katholische Geistliche u[nd] protestantische Missionare. Der Präsident des Kongresses, der Herzog Joh[ann] Albrecht[57] sprach mich Abends auf die Islamdebatte hin an u[nd] lud mich den nächsten Tag zum Frühstück ein. Ich konnte leider nicht gefunden werden, da ich gerade schwänzte u[nd] im Museum arbeitete.«[58]

»Carl ist all die Zeit ganz besonders wohl u[nd] arbeitsfähig, bringt eine Unmenge fertig.[59] Sonnabend hält er einen Vortrag in der Kolonialgesellschaft: Die Araber als Kolonisatoren.«[60]

---

54 Carl Heinrich Becker, Staat und Mission in der Islamfrage. Vortrag auf dem Deutschen Kolonialkongreß am 6. Oktober 1910, in: Ders., Islamstudien. Vom Werden und Wesen in der islamischen Welt, Bd. 2, Leipzig 1932, S. 211–225.

55 Der 3. Deutsche Kolonialkongress fand vom 6. bis 8. Oktober 1910 im Reichstag in Berlin statt. Becker fasste aus den 73 Vorträgen und zahllosen Diskussionen sein Thema in einem Beitrag in seiner neuen Zeitschrift zusammen: Ders., Die Islamfrage auf dem Kolonialkongreß 1910, in: Der Islam 1 (1910), S. 393ff.

56 Gemeint sind die Zentrumsabgeordneten Matthias Erzberger (1875–1921) und Karl Bachem (1858–1945) sowie der Jurist, Philosoph und Publizist Paul Graf von Hoensbroech (1852–1923).

57 Johann Albrecht Herzog zu Mecklenburg (1857–1920) hatte als wichtigster Kolonialpolitiker und -funktionär seit 1895 den Vorsitz der Deutschen Kolonialgesellschaft inne. Er präsidierte 1902, 1905 und 1910 die Deutschen Kolonialkongresse.

58 GStA PK, VI. HA, Nl. Becker, Nr. 8605, Becker an seine Mutter, 9.10.1910.

59 Diese scheinbar nebensächliche Bemerkung Hedwig Beckers verweist auf eine eminente Tatsache: In umgekehrter Perspektive war auch der öffentliche Intellektuelle Becker ein Schutz und Ruhe zum Grübeln und Schreiben benötigender Individualist, der den bei seinem Lehrer Heinrich Bezold »erlernten« Lebensstil des Gelehrten im auf ihn ausgerichteten, familiären Gehäuse pflegte. In den Briefen der Jahre bis zum Ersten Weltkrieg, als sein Fokus noch ganz auf der Wissenschaft und ihrer gelegentlichen öffentlichen Sichtbarmachung lag, füllte Becker geradezu mustergültig die Rolle der die Familie dominierenden »wissenschaftlichen persona« aus, die Lorrain Daston in anregender Weise beschrieben und analysiert hat. Vgl. Lorraine Daston, Die wissenschaftliche Persona. Arbeit und Berufung, in: Zwischen Vorderbühne und Hinterbühne. Beiträge zum Wandel der Geschlechterbeziehungen in der Wissenschaft vom 17. Jahrhundert bis zur Gegenwart (Sozialtheorie 12), hg. von Theresa Wobbe, Bielefeld 2003, S. 109–136; Dies. und H. Otto Sibum, Introduction. Scientific Personae and Their Histories, in: Science in context 16 (2003), Nr. 1/2, S. 1–8. Das änderte sich mit dem Eintritt in die Politik und dem Umzug nach Berlin. Becker öffnete sich und sein Haus und damit sein Arbeitsrefugium nun stärker für einen großen Kreis von Personen aus Kultur, Politik, Verwaltung und – nur noch nachgeordnet – aus der Wissenschaft. Vgl. Ulf Morgenstern, Der Weltbürger: Carl Heinrich Becker (1876–1933), in: Kristina Michaelis und Ulf Morgenstern, Kaufleute, Kosmopoliten, Kunstmäzene: Die Gelnhäuser Großbürgerfamilien Becker und Schöffer, Hamburg 2013, S. 62–81.

60 GStA PK, VI. HA, Nl. Becker, Nr. 8605, Hedwig Becker an ihre Schwiegermutter, 9.11.1910. Auch dieser Vortrag erschien im Druck: Carl Heinrich Becker, Der Islam und die Koloni-

»Ich werde allerdings ziemlich viel unterwegs sein im nächsten ½ Jahr. Am 25ten Januar Vortrag in Frankfurt. Dann 3 Tage in Gelnhausen. Danach die Lothringen-Vorträge und Rückreise. Nach der Heimkehr aus Ägypten werde ich noch im Mai nach London gehen, da ich dort von der Kolonialgesellschaft, Abtl. London einen Vortrag halten soll unter den gleichen Bedingungen wie voriges Jahr in Paris.«[61]

1911

»Ich freue mich Deiner heutigen Karte zu entnehmen, daß Du meinem Vortrag am 25. Januar beiwohnen willst. Derselbe findet um 7 Uhr statt und zwar im Saal der Frankfurter Loge, Eschersheimer Landstraße 27. [...] Es wird übrigens ein Lichtbildervortrag ›Auf den Spuren der Araber in Spanien‹ – also erwarte nicht zu viel.[62] [...] Ich sende Dir einliegend meinen Berliner Vortrag.«[63]
»Bei uns ist in letzter Zeit allerlei los; erst die so bedeutende Bürgerschaftssitzung, der wir alle beiwohnten, dann versch[iedene] Gesellschaften, u. a. ein Gartenfest mit Tanz von 100 Personen bei Geh[eimrat] Marcks[64]; dann versch[iedene] Feste anläßlich der Ausreise der Afrika-Expedition des Herzogs von Mecklenburg[65]; wie Du weißt, wohnt der daran teilnehmende Zoologe Dr. Schubotz bei uns, einen Abend hatten wir die Teilnehmer (ohne Herzog) u[nd] hiesige alte Afrikaner zu einem riesig interessanten Herrenessen da, den anderen Abend war Carl bis zur Abfahrt an Bord des Wöhrmann-Dampfers[66] zusammen mit dem Großherzog von Mecklenburg u[nd] anderen hohen Tieren.«[67]

1912

»Hinter uns liegen ein paar stürmische Tage. Die Tagung der Kol[onial]-Ges[ellschaft][68] war vom Glück begünstigt u[nd] es verlief alles sehr schön. Vorgestern Abend waren

sierung Afrikas, in: Internationale Wochenschrift für Wissenschaft, Kunst und Technik 4 (1910), Sp. 227–252.

61 GStA PK, VI. HA, Nl. Becker, Nr. 8605, Becker an seine Mutter, 22.12.1910.

62 Becker wies seine Mutter vorsorglich auf eine Zweitverwertung seiner Gelnhäuser Schilderungen seiner iberischen Reise aus dem Jahr 1900 hin, vgl. oben zu den Vorträgen 1902 und 1903.

63 GStA PK, VI. HA, Nl. Becker, Nr. 8605, Becker an seine Mutter, 14.11.1911.

64 Der Historiker Erich Marcks (1861–1938) war von 1907 bis 1913 ein Kollege Beckers am Kolonialinstitut.

65 Adolf Friedrich Herzog zu Mecklenburg (1873–1969) leitete 1910/11 eine umfangreiche Expedition zum Tschadseebecken und den Kongozuflüssen. Vgl. Adolf Friedrich Herzog zu Mecklenburg, Vom Kongo zum Niger und Nil. Berichte der deutschen Zentralafrika-Expedition 1910/11, Leipzig 1912; Jan Diebold, Hochadel und Kolonialismus im 20. Jahrhundert. Die imperiale Biographie des »Afrika-Herzogs« Adolf Friedrich zu Mecklenburg (Quellen und Studien aus den Landesarchiven Mecklenburg-Vorpommerns 21), Wien 2019.

66 Recte: Woermann, maßgeblich an den Kolonialrouten beteiligte Hamburger Reederei.

67 GStA PK, VI. HA, Nl. Becker, Nr. 8605, Hedwig Becker an ihre Schwiegermutter, 18.7.1911.

68 Vom 3. bis 7. Juni 1912 fanden in Hamburg die Hauptversammlung und die Vorstandssitzung der Deutschen Kolonialgesellschaft statt.

wir mit dem Herzog Adolf Friedrich u[nd] dem Prinzen Konrad von Bayern an einem Tisch geladen bei einer gr[oßen] Veranstaltung im Fährhaus, was ganz interessant war.«[69]

1914

»Ich selbst treibe etwas politische Schriftstellerei und hoffe, Dir in einiger Zeit etwas schicken zu können. Die Islamfrage wird plötzlich sehr aktuell, und ich rate Dir, auf alle Andeutungen über die Türkei und die Mohammedaner in den Zeitungen zu achten. Es scheint sich in Konstantinopel allerlei vorzubereiten. Ich habe sehr detaillierte Informationen, die ich aber lieber nicht diesem Briefe anvertraue.«[70]

»Meine Broschüre ist fertig und heute abgegangen.[71] Man muß höllisch vorsichtig sein in dieser Zeit. Namentlich beim Islam muß man immer mit der Möglichkeit einer Übersetzung ins Türkische rechnen.«[72]

»Gestern hatte ich mein Kränzchen hier, 10 Herren mit feinem Essen, das die Köchin kochte. Hedwig hinter den Kulissen. Ich sprach über das Problem der islam[ischen] Zivilisation. Am 19.ten spreche in Barmen, am 5.ten in Magdeburg, am 7.ten wieder in Bonn. Der Islam ist jetzt aktuell.«[73]

»Es freut mich ordentlich, daß Dir der veränderte Stil in dem Ägypten-Aufsatz[74] aufgefallen ist. Er war natürlich bewußt und zwar aus zwei Gründen: Erstens handelt es sich nicht um eine wissenschaftliche Arbeit im strengen Sinne des Wortes, sondern um ein schöngeistiges *Essay*, das mit Absicht etwas Schillerndes haben sollte, damit dem Leser ein bestimmter Spielraum seines Denkens und gewisses Raten und Zweifeln möglich wird, was ja gerade bei belletristischen Erzeugnissen häufig den Reiz der Sache ausmacht; daher das Lapidare und das bewußte Auslassen der Zwischengedanken und der Nebensätze. Man soll es eben zweimal lesen. Dieser Stil ist eigentlich der moderne Literaten-stil des Essays, vor allem in Zeitschriften, und zwar wird das bedingt durch den zweiten Grund, daß man sich eben sehr kurz fassen muß und doch viel sagen soll. Ich war um das Thema ›England und Ägypten‹ auf etwa 4–5 Seiten gebeten; da hat man eben gar keine Wahl. Wenn man in der üblichen Form schreiben will, kommt man auf 4–5 Seiten noch nicht über die Einleitungsgedanken hinaus. Ich sehe mit großer Freude aus Deinem Brief, mit welchem inneren Verständnis du meine Sächelchen liest und habe mich darüber gefreut. Einem der-artigen Stil wirst Du bei mir in wissenschaftlichen Produktionen nie begegnen; aber gelegentlich reizt es einen, sich mal am richtigen Orte in dem preziösen Stil des modernen Literatentums auszudrücken.«[75]

69 GStA PK, VI. HA, Nl. Becker, Nr. 8605, Becker an seine Mutter, 7.6.1912.
70 GStA PK, VI. HA, Nl. Becker, Nr. 8606, Becker an seine Mutter, 7.9.1914.
71 Carl Heinrich Becker, Deutsch-türkische Interessengemeinschaft (Bonner vaterländische Reden und Vorträge während des Krieges 2), Bonn 1914.
72 GStA PK, VI. HA, Nl. Becker, Nr. 8606, Becker an seine Mutter, 13.9.1914.
73 Ebd., Becker an seine Mutter, 5.11.1914.
74 Carl Heinrich Becker, England und Ägypten, in: Süddeutsche Monatshefte (Oktober 1914), S. 81–86.
75 GStA PK, VI. HA, Nl. Becker, Nr. 8606, Becker an seine Mutter, 11.11.1914.

In den ersten beiden Kriegsjahren kam es zu einem fachlichen Schlagabtausch zwischen Becker und dem älteren Doyen der niederländischen Orientalistik, Snouck Hungronje. Ihre kolonialpolitisch aufgeladene Fehde trugen sie über die Grenzen des Faches hinaus in die populäre Publizistik, Details führen hier zu weit und können in hervorragenden fachgeschichtlichen Studien nachgelesen werden.[76] Neben dieser wissenschaftlichen Beanspruchung blieb Becker weiter publizistisch im »Krieg der Geister« tätig, auch wenn das nicht immer reibungslos verlief. Dem Autor von *Das Problem der Europäisierung orientalischer Wirtschaft*[77] schrieb Becker Ende 1915:

> »Lieber Herr Junge! Ihrem Wunsche entsprechend hatte ich alles stehen und liegen gelassen und einen Artikel über Ihr Buch geschrieben. Nachdem ich ihren Briefwechsel mit der Frankfurter Zeitung von Ihnen erhalten hatte und mein Artikel schon fertig war, nahm ich an, daß ich ohne weitere Aufforderung meinen Artikel an die Frankfurter Zeitung schicken könnte. [...] Ich habe nun natürlich nun sofort mein Manuskript zurückgefordert und werde es der Kölnischen Zeitung anbieten, wenn Sie nicht dort vielleicht auch schon irgend ein Arrangement getroffen haben. Da ich mich nicht einer zweiten Abweisung aussetzen möchte, bitte ich Sie, die Sache zu arrangieren. Ich weiß wohl, warum ich mich trotz vielen Drängens immer wieder der Mitarbeit an der Tagespresse enthalte; man hat nur Ärger und Unannehmlichkeiten davon, wenn man nicht als berufsmäßiger Journalist in festen Beziehungen steht. Ich darf Sie vielleicht bitten, Herrn Dr. Schäfer auf seine Anfrage vom 13. Dezember zu antworten, daß ich zu der Arbeit für die Leipziger Illustrierte Zeitung bereit bin. Ich habe zwar die Absicht, die ganzen Vorträge bei Kiepenheuer drucken zu lassen; aber ein kleines Feuilleton wird vielleicht doch herausspringen.«[78]

1915

> »[...] und fahre Montag 10.ten nach Berlin weiter. Dort halte ich am 11.ten meinen 1. Vortrag, am 12.ten und 13.ten je 2; am 14. und 15. halte ich je einen Vortrag in Dresden. 16.ten und 17.ten bin ich frei. Am 18.ten wieder zwei Vorträge in Berlin, am 19.ten, 20.ten, 21.ten je einen. Dann reise ich zurück. Am 27.ten spreche ich dann hier.«[79]

76 Vgl. zusammenfassend Lisa Medrow, Moderne Tradition und Religiöse Wissenschaft: Islam, Wissenschaft und Moderne in den Arbeiten von I. Goldziher, C. Snouck Hurgronje und C. H. Becker, Paderborn 2018.

77 Siehe dazu Reinhard Junge, Studien zum Problem der Europäisierung orientalischer Wirtschaft. Dargestellt an den Verhältnissen der Sozialwirtschaft von Russisch-Turkestan, Bd. 1, Weimar 1915.

78 GStA PK, VI. HA, Nl. Becker, Rep. 92, Nr. 176, Becker an Reinhard Junge, 15.12.1915.

79 GStA PK, VI. HA, Nl. Becker, Nr. 8606, Becker an seine Mutter, 29.12.1915.

1916

»Von Dresden sah ich nichts außer Hotelzimmer, Vortragssäle und Nachsitzungsräume. Es ging aber gut, hatte ich Beifall und sprach gestern vor 1000 Männern (Frauen hatten keinen Zutritt), darunter feierlich auf einem Sessel der Bruder des Königs von Sachsen,[80] dem ich nachher auch vorgestellt wurde.«[81]

»Ich bin auch von der Berliner Fahrt und Arbeit doch etwas müde u[nd] muß unbedingt etwas Ruhe haben. Nach meiner Heimkehr hatte ich sofort die Kaiserrede zu vollenden. Das ist heute geschehen. Morgen habe ich nun gleich 5 Stunden Colleg. Dann kommt der Kaisertag u[nd] am 29.ten früh habe ich wieder 2 wichtige Collegs, die ich auch noch schreiben muß. Außerdem muß einer der Berliner Vorträge bis zum 1. Febr[uar] druckfertig sein, da eine neue Zeitschrift damit eröffnet werden soll.[82] Es ist, wie Du siehst, etwas viel, das sich für mich in die letzten Januartage zusammendrängt.«[83]

»Uns geht es nach wie vor gut. Ich bin noch immer nicht eingezogen, habe aber neulich in den Sprachen, die ich verdolmetschen soll, auf dem Bezirkskommando eine Klausur schreiben müssen. Inzwischen schreibe ich unzählige kleinere und größere Artikel und halte Vorträge, z.Zt. aber genieße ich die Ruhe der Ferien, um mal bei einer ernsten wissenschaftlichen Arbeit zu bleiben.«[84]

V.

Mit dem Eintritt Beckers in die Politik wird es ab 1916 schwierig, ihn als *public intellectual* allein über Vorträge und Zeitungs- beziehungsweise Zeitschriftenbeiträge im bisherigen Sinne zu fassen. Denn noch stärker als bei dem Professor mit Sendungsbewusstsein gehörte der öffentliche Auftritt des Kultuspolitikers zum Kern seiner Tätigkeit. Die Zahl und die thematische Vielfalt der Grußworte, Ansprachen und Reden – zuletzt auch im Rundfunk – stellte die wissenschaftliche Produktion Beckers bis zu seinem Ausscheiden aus dem preußischen Kabinett 1930 weit in den Schatten. Auch änderte sich die Breite seines Blickes gegenüber dem ersten Jahrzehnt seiner im Wesentlichen orientalistisch geprägten Publizistik. Statt eines Querschnitts durch seine Korrespondenz soll abschließend anhand von Aufsatztiteln auf die Wandlungen des Sounds von Beckers öffentlichem Wirken verwiesen werden. Die Auswahl erfolgt willkürlich, jedoch mit der Absicht, das Œuvre fair und ausgewogen zu umreißen:

80 Es kommen zwei Prinzen infrage: Johann Georg (1869–1938) und Maximilian von Sachsen (1870–1951).

81 GStA PK, VI. HA, Nl. Becker, Nr. 8606, Becker an seine Mutter, 16.1.1916.

82 Carl Heinrich Becker, Islam und Wirtschaft, in: Archiv für Wirtschaftsforschung im Orient 1 (1916), S. 66–77.

83 GStA PK, VI. HA, Nl. Becker, Nr. 8606, Becker an seine Mutter, 25.1.1916.

84 GStA PK, VI. HA, Nl. Becker, Nr. 6290, Becker an seinen Neffen Harry Becker, 16.3.1916.

Panislamismus (1904)[85], *Die Stellung der Frau im islamischen Orient* (1904), *Der heutige Orient als politisches und Kultur-Problem* (1906)[86], *Christentum und Islam* (1907)[87], *Ist der Islam eine Gefahr für unsere Kolonien?* (1909)[88], *Der Islam und die Kolonisierung Afrikas* (1910)[89], *Die jüngste Phase der englischen Politik in Ägypten* (1911)[90], *Warum Universität, warum nicht Überseehochschule* (1913)[91], *Deutschland und der Heilige Krieg* (1915)[92], *Die Europäisierung orientalischer Wirtschaft* (1915)[93], *Unser türkischer Bundesgenosse* (1916)[94], *Die Türken und wir* (1916)[95], *Das türkische Bildungsproblem* (1916)[96], *Islam und Wirtschaft* (1916)[97], *Über die Förderung der Auslandsstudien* (1917)[98], *Ursprung und Wesen der islamischen Zivilisation* (1918)[99], *Gedanken zur Hochschulreform* (1919)[100], *Kulturpolitische Aufgaben des Reiches* (1919)[101], *Neubau deutscher Kulturpolitik* (1919)[102], *Eine Forderung an die neue Erziehung* (1921)[103], *Glossen*

85 Carl Heinrich Becker, Panislamismus, in: Archiv für Religionswissenschaft 7 (1904), S. 169–192.
86 Ders., Der heutige Orient als politisches und Kultur-Problem, in: Heidelberger Zeitung (28.11.1906).
87 Ders., Christentum und Islam (Religionsgeschichtliche Volksbücher Reihe III/8), Heidelberg 1907.
88 Ders., Ist der Islam eine Gefahr für unsere Kolonien?, in: Koloniale Rundschau 1 (1909), S. 266–293.
89 Ders., Der Islam und die Kolonisierung Afrikas, in: Internationale Wochenschrift für Wissenschaft, Kunst und Technik 4 (1910), Sp. 227–252.
90 Ders., Die jüngste Phase der englischen Politik in Ägypten, in: Hamburgischer Korrespondent (30.5.1911).
91 Ders., Warum Universität, warum nicht Überseehochschule, in: Hamburger Nachrichten Nr. 55 (2.2.1913).
92 Ders., Deutschland und der Heilige Krieg, in: Internationale Monatsschrift für Wissenschaft, Kunst und Technik 9 (1915), Nr. 7, Sp. 631–662.
93 Ders., Die Europäisierung orientalischer Wirtschaft, in: Kölnische Zeitung (30.12.1915), Morgenausgabe.
94 Ders., Unser türkischer Bundesgenosse, in: Zum geschichtlichen Verständnis des großen Krieges. Vorträge veranstaltet durch das Victoria-Studienhaus in Berlin, hg. von Arnold Oskar Meyer et al., Berlin 1916, S. 68–85.
95 Ders., Die Türken und wir, in: Ostergruß der Rheinischen Friedrich-Wilhelms-Universität zu Bonn an ihre Angehörigen im Felde, Bonn 1916, S. 38–42.
96 Ders., Bildungsproblem.
97 Ders., Islam und Wirtschaft, in: Archiv für Wirtschaftsforschung im Orient 1 (1916), S. 66–77.
98 Ders., Über die Förderung der Auslandsstudien. Denkschrift, in: Drucksachen des Preußischen Abgeordnetenhauses 1916/18, Nr. 388 vom 24. Januar 1917, Sp. 3114–3119.
99 Ders., Ursprung und Wesen der islamischen Zivilisation, in: Süddeutsche Monatshefte (Juli 1918), S. 232–235.
100 Ders., Gedanken zur Hochschulreform, Leipzig 1919.
101 Ders., Kulturpolitische Aufgaben des Reiches, Leipzig 1919.
102 Ders., Neubau deutscher Kulturpolitik, in: Vossische Zeitung (4.2.1919), Beiblatt, Morgenausgabe.

zum Führerproblem (1921)[104], *Spenglers Magische Kultur* (1923)[105], *Vom Wesen der deutschen Universität* (1924)[106], *Humanität und Hochschule* (1925)[107], *Preußisch-deutsche Kulturpolitik nach dem Kriege* (1926)[108], *Der Wandel im geschichtlichen Bewußtsein* (1926)[109], *Internationaler Gedanke und nationale Erziehung* (1928)[110], *Probleme der Wissenschaftspflege* (1928)[111], *Der akademische Mensch* (1929)[112], *Das Problem der Bildung in der Kulturkrise der Gegenwart* (1930)[113], *Die Rolle der Jugend in den deutsch-britischen Beziehungen* (1930)[114], *Das Erbe der Antike im Orient und Okzident* (1932)[115], *New World and Old: A European View* (1933)[116], *China auf der Schulbank* (1933).[117]

VI.

Die Drucklegung der letzten Titel erfolgte schon nach seinem Tod Anfang Februar 1933. Noch im November des Vorjahres hatte der rüstige 57-jährige einem alten Studienfreund einen Einblick in seine Schreibstube und damit auch in sein dann jäh abgebrochenes Arbeitsprogramm der näheren Zukunft gegeben:

103 Ders., Eine Forderung an die neue Erziehung, in: Pädagogisches Zentralblatt für Erziehung und Unterricht 1 (1919/1920), S. 1–5.
104 Ders., Glossen zum Führerproblem, in: Vossische Zeitung (22.12.1922).
105 Ders., Spenglers Magische Kultur, in: Zeitschrift der deutschen morgenländischen Gesellschaft 77 (1923), S. 255–271.
106 Ders., Vom Wesen der deutschen Universität, in: Die Universitätsideale der Kulturvölker (Schriftenreihe des Weltstudentenwerkes des Christlichen Studentenweltbundes 1), hg. von Reinhold Schairer und Conrad Hoffmann, Leipzig 1925, S. 1–30.
107 Ders., Humanität und Hochschule, in: Vossische Zeitung (31.7.1925).
108 Ders., Preußisch-deutsche Kulturpolitik nach dem Kriege, in: Pester Lloyd (29.5.1926).
109 Ders., Der Wandel im geschichtlichen Bewußtsein, in: Die neue Rundschau (28.8.1927), S. 113–121.
110 Ders., Internationaler Gedanke und nationale Erziehung, in: Nord und Süd. Eine deutsche Monatsschrift 51 (1928), S. 290–294.
111 Ders., Probleme der Wissenschaftspflege, in: Recht und Staat im Neuen Deutschland. Vorlesungen gehalten in der Deutschen Vereinigung für Staatswissenschaftliche Fortbildung, Bd. 1, hg. von Bernhard Harms, Berlin 1929, S. 437–462.
112 Ders., Der akademische Mensch, in: Verwaltungsprobleme der Gegenwart. Festschrift zum zehnjährigen Bestehen der Verwaltungs-Akademie Berlin, hg. von Walter Pietsch, Mannheim 1929, S. 3–4.
113 Ders., Das Problem der Bildung in der Kulturkrise der Gegenwart, Leipzig 1930.
114 Ders., Die Rolle der Jugend in den deutsch-britischen Beziehungen, in: Hochschule und Ausland (März 1931), H. 3, S. 12–16.
115 Ders., Das Erbe der Antike im Orient und Okzident, Leipzig 1931.
116 Ders., New World and Old: A European View, in: New York Times (8.1.1933), Sec. 6, Magazine, S. 4, 18.
117 Ders., China auf der Schulbank, in: Vossische Zeitung (1.3.1933).

»Mich beschäftigt eines der wichtigsten zeitgeschichtlichen Probleme, das des Zusammen-stoßes zwischen Asien und Europa/Amerika. Drei Vorträge von mir werden demnächst in Englisch erscheinen, ich habe sie in London gehalten.[118] Zur Zeit lese ich ein Publikum über das Thema, um später einmal ein Buch darüber herauszubringen. Inzwischen ist der zweite Band meiner Islamstudien erschienen. Ich habe ihn Dir nicht geschickt, da Du jetzt andere Dinge zu tun hast,[119] und ich auch gar nicht einmal weiß, ob Du den ersten besitzt. Dafür schicke ich Dir mit gleicher Post die französische Ausgabe meines China-Berichts, der namentlich wegen des von mir geschriebenen Kapitels ›Traditions nationales et influences étrangères‹ die Öffentlichkeit in Amerika sehr beschäftigt. Ich bin gerade dabei, einen großen Artikel für die New York Times zu schreiben, die mich darum ersucht hat. Neben meiner hiesigen sehr intensiven akademischen Tätigkeit brauche ich jeden Tag mehrere Stunden, um Bitt- und Vermittlungsgesuche aller Art zu erledigen, und dann halte ich Vorträge wie kürzlich in Hamburg oder im Februar in Kopenhagen und im März vielleicht in Madrid. Ich will versuchen, mit dieser Spanien-Reise, wenn sie wirklich zustande kommt, einen Besuch in Marokko zu verbinden, um mein Bild von der Europäisierung der orientalischen Welt auch nach dem äußersten Westen hin abzurunden.«[120]

Der hier in groben Strichen skizzierte öffentliche Intellektuelle Becker war mindestens auf zwei intellektuellen Feldern fest etabliert: In der kulturwissenschaftlich-zeitgeschichtlich fundierten Islamwissenschaft im kolonialen Kontext 1900–1918 und der demokratischen Bildungs- und Gesellschaftsreform als Minister und Hochschullehrer in der Weimarer Republik. Sein einnehmendes Wesen, seine Weltläufigkeit, sein überbordendes Interesse an frischen Ideen aus einem fast George-gleichen Kreis von Schülern und Freunden und seine geistige Spannkraft von Kant bis Horkheimer und Adorno haben Becker zu einem öffentlichen Intellektuellen gemacht, dessen Wirken verdeutlicht, wie sehr die theoretisch geschiedenen intellektuellen Felder des universitär-wissenschaftlichen Diskurses und des gegenwartsbezogenen öffentlichen Redens und Publizierens in eins gehen können. Die völlige Synthese ist die China-/Orientreise 1931/32, bei deren anschließender Bearbeitung – von Analyse kann man bei den bis zu seinem Tod vollendeten Texten kaum sprechen – Wissenschaft, Populärwissenschaft und politisch-polemische Publizistik verschwimmen. Worin die Besonderheiten der *scientific persona* Beckers im Vergleich mit anderen öffentlichen Intellektuellen des Kolonialzeitalters liegen, wird die Kontextualisierung in einem eigentümlichen, noch zu erkundenden intellektuellen Feld zwischen Kolonialexpansion und *imperial overstretch* sowie zwischen Bildungs-,

118 Ders., Premises and Aims; Ders., The Educational Situation; Ders., The Europeanizing.
119 Ernst Eisenlohr (1882–1958) trat nach einem Jurastudium in Heidelberg und Berlin 1911 in den Auswärtigen Dienst ein und war zum Zeitpunkt des hier zitierten Briefs Gesandter in Athen.
120 GStA PK, VI. HA, Nl. Becker, Nr. 327, Becker an Ernst Eisenlohr, 12.11.1932.

Lebens- und Gesellschaftsreform zwischen 1900 und 1930 zeigen.[121] Die technischen und kulturellen Expansionen führten in diesem Zeitraum zu einem ungeheuren Anschwellen des medialen Grundrauschens, wodurch auch die öffentliche Wirksamkeit von Intellektuellen begünstigt wurde.[122] Carl Heinrich Becker beherrschte die Klaviatur der sich ausdifferenzierenden Presselandschaft mit Bravour. In den drei Jahrzehnten wissenschaftlichen und populärwissenschaftlichen Wirkens blieb er stets à jour, wenn sich auch bei konstant bleibendem Sendungsbewusstsein seine politischen Standpunkte und die behandelten Themen veränderten – so wie es schon zwei Generationen vor ihm bei Theodor Mommsen und anderen öffentlichen Intellektuellen des 19. Jahrhunderts der Fall gewesen war.

121 Eine Projektvorstellung der in Arbeit befindlichen Studie findet sich unter: https://www.visual-history.de/author/ulf-morgenstern/ (15.9.2019).

122 Vgl. zu dieser Tendenz Frank Bösch, Öffentliche Geheimnisse. Skandale, Politik und Medien in Deutschland und Großbritannien 1880–1914 (Veröffentlichungen des Deutschen Historischen Instituts London 65), München 2009; Frank-Lothar Kroll, Geburt der Moderne. Politik, Gesellschaft und Kultur vor dem Ersten Weltkrieg, Berlin 2013.

Tommy Stöckel

Von Organisatoren und Nichtorganisatoren. Zur Rolle lokaler Experten beim Engagement der *Rockefeller Foundation* in Frankreich (1920er–1930er Jahre)

Abstract
The Rockefeller Foundation played an important role in the promotion of the European social sciences during the interwar years. However, it could not have realized its financial and institutional support of the European social sciences without the help of local scientific organizers and experts. This paper focuses on these local organizers and experts by considering their role in France between the 1920s and 1930s. Their activities have been analyzed throughout a micro-historical and praxeological perspective. The results suggest that implicit expectations of the American representatives towards the French organizers as well as the novelty of project-based research for the French social scientists initially prevented the success of the Rockefeller Foundation in France. Thus, it offers a new point of view in terms of intermediate actors in the social sciences and tries to contribute to a historicization of project-based research.

An ein zielgerichtetes Verhandeln war so nicht zu denken: »Much of the discussion was very confused, due largely to Mauss's interventions«, resümierte Tracy B. Kittredge.[1] Am 16. Dezember 1931 hatten sich die französischen Ethnologen Marcel Mauss und Paul Rivet mit den Verantwortlichen des europäischen Sozialwissenschaftsprogramms der *Rockefeller Foundation* John Van Sickle und seinem Stellvertreter Kittredge getroffen. Gegenstand des Gesprächs war eine Anfrage um Subventionierung des in Paris ansässigen *Institut d'éthnologie.* Doch an jenem 16. Dezember war nicht mehr mit einem Verhandlungserfolg zu rechnen. Angesichts der vorangegangenen, offenbar wenig konstruktiven, Diskussionen der vier Männer notierte Kittredge: »Mauss's intellectual attainments and ability as a scholar are not combined with any organizing or administrative talent.«[2] Ganz offensichtlich konnte Mauss die in ihn gesetzten Erwartungen als Organisator nicht erfüllen. Jene Erwartungen aber existierten,

1 Rockefeller Archive Center (RAC), Nr. Rockefeller Foundation records, projects: FA386, RG 1.1, Series 500, Subseries 500.S, Box 24, Folder 238, Tracy B. Kittredge, Institute of Ethnology, Paris. Conversation with Prof. Mauss and Prof. Rivet, 16.12.1931, S. 3.
2 Ebd.

die Schilderungen Kittredges verweisen auf eine bestimmte Art der Gesprächsführung, auf ein nicht näher ausgeführtes Talent im Organisieren.

Diese Beobachtung, dass die Verantwortlichen der *Rockefeller Foundation* einerseits auf eine organisatorische Expertise angewiesen waren, um eine finanzielle Unterstützung leisten zu können, andererseits konkrete Erwartungen an Organisatoren richteten, ist Ausgangspunkt für die folgende Betrachtung des Zusammenspiels US-amerikanischer Philanthropie und französischer Sozialwissenschaft in der Zwischenkriegszeit. Zwar ist bereits vereinzelt auf die Wichtigkeit lokaler Akteure beim finanziellen Engagement der *Rockefeller Foundation* im Bereich der Sozialwissenschaften hingewiesen worden,[3] doch sind jene Organisatoren noch nicht ausführlich betrachtet worden. Für die Stiftungsverantwortlichen selbst stand deren Wichtigkeit unbestreitbar fest. Als Vertreter der *Rockefeller Foundation* im März 1931 intern das Scheitern ihrer Bemühungen in Frankreich während der 1920er Jahre resümierten, damals noch unter dem Dach des *Laura Spelman Rockefeller Memorial*, führten sie dies auch auf »the absence of any local leadership« zurück.[4] In diesem Sinne wird zu fragen sein, welche Rolle genau jene lokalen Organisatoren im Rahmen des Stiftungsengagements spielten, welche Erwartungen an sie formuliert wurden. Zugleich aber wird zu untersuchen sein, welche neuen Einflussmöglichkeiten sich für diese Organisatoren im Zuge der Rockefeller-Präsenz sowie im Zuge einer entstehenden französischen Wissenschaftspolitik ergaben.[5]

Wissenschaftsorganisatoren haben ebenfalls noch wenig Aufmerksamkeit in der Forschung erfahren.[6] Die Figur des Organisators ist das Resultat von Arbeitsteilungsprozessen in der Entstehungsphase der modernen Wissenschafts-

3 Siehe exemplarisch Ludovic Tournès, Penser global, agir local. La Fondation Rockefeller en France (1914–1960), in: Les relations culturelles internationales au XXe siècle. De la diplomatie culturelle à l'acculturation (Enjeux international 10), hg. von Anne Dulphy u. a., Brüssel 2010, S. 375–382, hier S. 377–379; Helke Rausch, Expertenkämpfe. Die Rockefeller Foundation im Interessendickicht europäischer Anthropologie, 1925/26–1940, in: American Foundations and the Coproduction of World Order in the Twentieth Century (Schriftenreihe der FRIAS School of History 4), hg. von John Krige und Helke Rausch, Göttingen 2012, S. 85–113, hier S. 86.

4 RAC, Nr. Rockefeller Foundation records, projects: FA386, RG 1.1, Series 500, Subseries 500.S, Box 21, Folder 220, The RF, Institute of Economic Research at Paris, 27.3.1931, S. 2.

5 Vincent Duclert datiert den Beginn der französischen Wissenschaftspolitik auf den Zeitraum zwischen den Weltkriegen. Vgl. Vincent Duclert, La France et la politique de recherche au XXe siècle. L'enjeu historique de l'institutionnalisation, in: Le gouvernement de la recherche. Histoire d'un engagement politique, de Pierre Mendès France au général de Gaule (1953–1969) (Recherches), hg. von Alain Chatriot und Vincent Duclert, Paris 2006, S. 19–31, hier S. 20.

6 Eine Ausnahme stellt bspw. der Band zu Clemens Heller dar. Vgl. Hinnerk Bruhns, Joachim Nettelbeck und Maurice Aymard (Hg.), Clemens Heller, imprésario des sciences humaines (Collection 54. Histoire), Paris 2017.

landschaft während des 19. Jahrhunderts.[7] Der Organisator fungierte dabei »als Bindeglied zwischen Wissenschaft, Wirtschaft und Politik«.[8] Anhand des Chemikers Fritz Haber theoretisiert Margit Szöllösi-Janze die Funktion des Organisators unter Zuhilfenahme soziologischer Reflexionen über den Experten:

> »Der Terminus des Organisators benennt die Funktion des wissenschaftlichen Experten, über die bloße Herstellung der Kommunikation zwischen Staat/Militär, Wirtschaft und Wissenschaft hinaus das Kooperationsverhältnis aufrechtzuerhalten, zu institutionalisieren und dauerhaft für Forschung bzw. Forschungsförderung zu nutzen.«[9]

Im Rahmen der vorliegenden Untersuchung soll an diese Überlegungen angeschlossen werden, wobei der Organisator nicht allein, wie bei Mitchell G. Ash oder Szöllösi-Janze, als Akteur der wissenschaftlichen Großforschung verstanden wird. Stattdessen befanden sich die hier betrachteten Organisatoren an der Schnittstelle zwischen Wissenschaft und Philanthropie. Zwischen beiden Sphären galt es für jene Organisatoren Kommunikation aufzubauen und zu verstetigen.

Vergegenwärtigen wir uns noch einmal den Ausgangspunkt: Kittredge kritisierte an Mauss eine bestimmte Art der Diskussionsführung. Sein Auftreten disqualifizierte ihn gewissermaßen als Organisator.[10] Ausgehend von diesem Quellenbefund soll der Organisator hier praxeologisch beleuchtet werden. Damit schreibt sich die Untersuchung in die »Wende zur Praxis« der Wissenschaftsgeschichte ein.[11] Angewandt auf das hier gewählte Fallbeispiel meint die praxeologische Perspektive unter anderem, dass auch das Schreiben, sei es von Anträgen, sei es von Memoranden oder von Situationseinschätzungen als spezifische Praxis verstanden werden soll.[12]

---

7 Mitchell G. Ash, Die Wissenschaften in der Geschichte der Moderne. Antrittsvorlesung, Wien, 2. April 1998, in: Österreichische Zeitschrift für Geschichtswissenschaften 10 (1999), Nr. 1, S. 104–129, hier S. 109.

8 Ebd.

9 Margit Szöllösi-Janze, Der Wissenschaftler als Experte. Kooperationsverhältnisse von Staat, Militär, Wirtschaft und Wissenschaft, 1914–1933, in: Geschichte der Kaiser-Wilhelm-Gesellschaft im Nationalsozialismus. Bestandsaufnahme und Perspektiven der Forschung, Bd. 1 (Geschichte der Kaiser-Wilhelm-Gesellschaft im Nationalsozialismus 1/1), hg. von Doris Kaufmann, Göttingen 2000, S. 46–64, hier S. 53.

10 Auf die Wichtigkeit der Performanz des Wissenschaftlers verweist etwa: Thomas Etzemüller, Ins »Wahre« rücken. Selbstdarstellung im Wissenschaftsbetrieb, 13.10.2015, http://www.eurozine.com/articles/2015-10-13-etzemueller-de.html (12.12.2018).

11 Ute Daniel, Kompendium Kulturgeschichte. Theorien, Praxis, Schlüsselwörter, Frankfurt a.M. 2006, S. 374–378. Für eine Übertragung der Praxeologie auf die Geschichtswissenschaft vgl. Sven Reichardt, Praxeologische Geschichtswissenschaft. Eine Diskussionsanregung, in: Sozial.Geschichte 22 (2007), Nr. 3, S. 43–65.

12 Andreas Reckwitz, Grundelemente einer Theorie sozialer Praktiken. Eine sozialtheoretische Perspektive, in: Zeitschrift für Soziologie 32 (2003), Nr. 4, S. 282–301, hier S. 290.

Damit soll an aktuelle Forschungen zur Philanthropiegeschichte angeschlossen werden.[13] Für das Frankreich der Zwischenkriegszeit sind besonders die Arbeiten von Brigitte Mazon und Ludovic Tournès zu nennen.[14] Da sowohl Mazon als auch Tournès sich vornehmlich auf die Ergebnisse, auf die intellektuellen Resultate des philanthropischen Engagements konzentrieren, versteht sich diese Untersuchung als komplementär, da sie stärker nach dem *Wie*, nach dem Aufbau der Kontakte, nach den Verhandlungen fragt.[15] Zudem möchte die Untersuchung zu einer Historisierung der Projektforschung beitragen, die zumeist noch soziologisch dominiert ist.[16]

Die Analyse untergliedert sich in vier Teile: Zunächst gilt es die Erwartungen der Rockefeller-Philanthropie herauszuarbeiten. Dann in einem zweiten Schritt ist das Scheitern der Bemühungen des *Laura Spelman Rockefeller Memorial* in den 1920er Jahren zu beleuchten. In einem dritten Schritt werden die erfolgreichen Verhandlungen, die Anfang der 1930er Jahre zur Unterstützung des

13 Einen Überblick über Perspektiven und Forschungshorizonte bietet: Helke Rausch, US-amerikanische »Scientific Philanthropy« in Frankreich, Deutschland und Großbritannien zwischen den Weltkriegen, in: Geschichte und Gesellschaft 33 (2007), Nr. 1, S. 73–98.

14 Siehe dazu Brigitte Mazon, La Fondation Rockefeller et les sciences sociales en France, 1925–1940, in: Revue française de sociologie 26 (1985), Nr. 311–342; Dies., Aux origines de l'EHESS. Le rôle du mécénat américain, Paris 1988; Ludovic Tournès, La fondation Rockefeller et la construction d'une politique des sciences sociales en France (1918–1940), in: Annales. Histoire, Sciences Sociales 63 (2006), Nr. 8, S. 1371–1402; Ders., La fondation Rockefeller et la naissance de l'universalisme philanthropique américain, in: Critique internationale 35 (2007), Nr. 2, S. 173–197; Ders., La fondation Rockefeller et les économistes lyonnais (1925–1935), in: Le renouvellement des sciences sociales et juridiques sous la IIIe République. La Faculté de droit de Lyon (Recueil d'etudes 2), hg. von David Deroussin, Paris 2007, S. 263–278. Für die Zeit nach 1945 siehe Anne Kwaschik, Transatlantic Exchanges. Fernand Braudel, the Rockefeller Foundation and the Cold War Origins of the Center for Area Studies in Paris, in: La guerre froide et l'internationalisation des sciences. Acteurs, réseaux et institutions, hg. von Corine Defrance und Anne Kwaschik, Paris 2016, S. 71–90; Dies., »Planification souple«. Clemens Heller et le management de projets à la VIe section, in: Clemens Heller, imprésario des sciences humaines (Collection 54. Histoire), hg. von Hinnerk Bruhns, Joachim Nettelbeck und Maurice Aymard, Paris 2017, S. 127–139; Dies., Der Griff nach dem Weltwissen. Zur Genealogie von Area Studies im 19. und 20. Jahrhundert (Kritische Studien zur Geschichtswissenschaft 229), Göttingen 2018, S. 233–332.

15 Die Wichtigkeit lokaler Ansprechpartner für die *Rockefeller Foundation* thematisiert Judith Syga-Dubois, Wissenschaftliche Philanthropie und transatlantischer Austausch in der Zwischenkriegszeit. Die sozialwissenschaftlichen Förderprogramme der Rockefeller Stiftungen in Deutschland (unpubl. Diss. Bielefeld/Paris 2016), S. 618–622. Ich möchte mich an dieser Stelle bei Judith Syga-Dubois für die freundliche Zurverfügungstellung ihrer noch unveröffentlichten Dissertation bedanken.

16 Siehe Cristina Besio, Forschungsprojekte. Zum Organisationswandel in der Wissenschaft (Science Studies), Bielefeld 2009; Marc Torka, Die Projektförmigkeit der Forschung (Wissenschafts- und Technikforschung 3), Baden-Baden 2009. Wichtige Impulse zu einer Historisierung finden sich bei Torsten Kahlert, »Unternehmungen großen Stils«. Wissenschaftsorganisation, Objektivität und Historismus im 19. Jahrhundert, Berlin 2017; Kwaschik, Griff.

Centre de documentation sociale, des *Institut d'éthnologie* sowie des *Institut de droit comparé* führten, betrachtet. Schließlich sollen anhand des 1935 gegründeten *Conseil universitaire de la recherche sociale* neu entstandene Machtpositionen kurz angerissen werden.

Gescheiterte Verhandlungen in den 1920er Jahren

Das *Laura Spelman Rockefeller Memorial* hatte John D. Rockefeller 1918 zum Gedenken an seine 1915 verstorbene Frau ins Leben gerufen.[17] In den ersten Jahren seines Bestehens führte das *Memorial* das wohltätige Engagement Spelman Rockefellers fort, unterstützte so hauptsächlich Frauen und Kinder, nur in sehr geringem Maße wissenschaftliche Tätigkeiten.[18] Die ersten drei Jahre, so betonen Joan und Martin Bulmer, waren durch einen Mangel an klaren Zielsetzungen charakterisiert.[19] Mit Dienstantritt Beardsley Rumls sollte sich dies ändern.

Ruml, 1894 geboren, hatte Psychologie an der Universität von Chicago studiert und entstammte damit, wie so viele Verantwortliche der philanthropischen Stiftungen in der Zwischen- und Nachkriegszeit, aus dem Umkreis renommierter sozialwissenschaftlicher Universitäten, wo sich für eine anwendungsorientierte und empirische Sozialwissenschaft ausgesprochen wurde.[20] Im Jahre 1922 wurde Ruml zum Direktor des *Memorial* ernannt, nachdem er zuvor seit 1920 als Assistent des Präsidenten der *Carnegie Corporation* James R. Angell tätig gewesen war.[21] Unter der Führung Rumls leitete das *Memorial* einen Politikwechsel ein, die Unterstützung für religiöse Organisationen wurde eingestellt, Zuwendungen für soziale Wohlfahrt reduziert, der Fokus auf die Sozialwissenschaften gelenkt.[22] In einem Memorandum vom Oktober 1922 begründete Rumls diesen Politikwechsel. Anstatt die Bekämpfung bestimmter sozialer Miseren als Ziel zu benennen, erkannte Ruml einen grundlegenden Bedarf an gesicherten

17 Martin Bulmer und Joan Bulmer, Philanthropy and Social Science in the 1920s. Beardsley Ruml and the Laura Spelman Rockefeller Memorial, 1922–29, in: Minerva 19 (1981), Nr. 3, S. 347–407, hier S. 351.

18 Ebd., S. 352f.

19 Ebd., S. 353.

20 Siehe Martin Bulmer, Support for the Sociology in the 1920s. The Laura Spelman Rockefeller Memorial and the Beginnings of Modern Large-Scale, Sociological Research in the University, in: The American Sociologist 17 (1982), S. 185–192, hier S. 186; Helke Rausch, Verordnetes Wissen? Amerikanische Forschungsförderung in Deutschland und Frankreich nach 1945 als Moment einer transatlantisch vergleichenden Wissen(schaft)sgeschichte, in: Archiv für Sozialgeschichte 49 (2009), S. 185–214, hier S. 199.

21 Bulmer/Bulmer, Philanthropy, S. 354f.

22 Bulmer, Support, S. 186.

sozialwissenschaftlichen Erkenntnissen.[23] Diese Entscheidung spiegelte den grundsätzlichen Wandel von Wohltätigkeit zur Philanthropie wider: Angesichts der Fülle an sozialen Entzündungsherden konnte Leid nur noch gemindert, nicht aber beseitigt werden. Mithilfe wissenschaftlicher Erkenntnisse galt es, die Ursachen jener Entzündungsherde zu identifizieren und zu beseitigen.[24] In diesem Sinne veränderte sich philanthropisches Engagement, das kein Akt christlicher Güte mehr war, sondern ein kapitalistisches Projekt sozialer Verbesserung.[25]

Doch zurück zu Rumls Memorandum. Unter Sozialwissenschaften verstand er die Anthropologie, die Psychologie und die Soziologie sowie einige Aspekte der Biologie, der Geschichtswissenschaft, der Politik- und der Wirtschaftswissenschaften.[26] Damit rekurrierte er auf ein in den USA der Zwischenkriegszeit etabliertes Verständnis der Sozialwissenschaften als einer »disziplinäre[n] Familie«, deren Grenzen jedoch fließend waren.[27] Folgende Aspekte umfasste das sozialwissenschaftliche Programm: Erstens galt es, zusammenhängende Phänomene im Feld der Sozialwissenschaften zu identifizieren, zweitens sollten Möglichkeiten für empirische Forschungen bereitgestellt werden. Die Nachwuchsförderung sollte drittens intensiviert werden. Viertens waren die gewonnenen wissenschaftlichen Erkenntnisse über unterschiedliche Kanäle zu verbreiten.[28] Hinsichtlich des zweiten Punkts, der auf die Forschung zielte, traf Ruml die Grundsatzentscheidung, dass Forschungen nicht vom *Memorial* selbst, sondern von den Universitäten durchzuführen seien.[29]

Hier nannte Ruml auch bereits konkrete Maßnahmen und Schritte. Es gelte Universitäten zu unterstützen, in denen es bereits ein gewisses Interesse an sozialwissenschaftlicher Forschung gebe; Ruml führte unter anderem die Universität Chicago an.[30] Wichtiger schien aber zunächst eine umfassende Be-

23 RAC, Nr. Laura Spelman Rockefeller Memorial records: FA061, Series 3, Subseries 3–6, Box 63, Folder 677, The LSRM, Memorial Policy in Social Science. Extracts from various memoranda and dockets. From a General Memorandum, Oktober 1922, S. 1f.

24 Christian Fleck, Transatlantische Bereicherungen. Zur Erfindung der empirischen Sozialforschung, Frankfurt a.M. 2007, S. 53.

25 Olivier Zunz, Philanthropy in America. A History (Politics and Society in Twentieth-Century America), Princeton (N.J.) 2014, S. 2, 8.

26 The LSRM, Policy, Oktober 1922, S. 2.

27 Roberto Sala, Die Karriere eines erfolgreichen Konstrukts. Die Genese der »Sozialwissenschaften« in Deutschland und den USA, in: Das Soziale ordnen. Sozialwissenschaften und gesellschaftliche Ungleichheit im 20. Jahrhundert (Eigene und fremde Welten 27), hg. von Christiane Reinecke und Thomas Mergel, Frankfurt a.M. u.a. 2012, S. 253–280, hier S. 271. Dieses Verständnis wird beispielsweise in der *Encyclopaedia of the Social Sciences* offenbar: Redaktion der Encyclopaedia of the Social Sciences, War and Reorientation, in: Encyclopaedia of the Social Sciences, Vol. 1: Aaronson-Allegiance, hg. von Edwin R. A. Seligman und Alvin Johnson, New York 1930, S. 189–228, hier S. 226–228.

28 The LSRM, Policy, Oktober 1922, S. 4f.

29 Ebd., S. 5. Siehe ferner Bulmer/Bulmer, Philanthropy, S. 364f.

30 The LSRM, Policy, Oktober 1922, S. 8.

standsaufnahme der sozialwissenschaftlichen Situation in den USA zu sein. Analysiert werden sollte etwa der Bedarf an Stipendien, die Publikationsmöglichkeiten sozialwissenschaftlicher Forschung oder die Existenz nichtstaatlicher Forschungsinstitutionen.[31] Daher gab Ruml im März 1923 einen umfassenden Bericht über die Situation der US-amerikanischen Sozialwissenschaften in Auftrag, welchen der 32-jährige studierte Wirtschaftswissenschaftler Lawrence K. Frank verfasste.[32] Frank kann dabei ohne Zweifel als Experte gelten. Denn mithilfe seines Berichts sollte er einen komplexitätsreduzierten Überblick über die Sozialwissenschaften liefern, der es Ruml als Direktor des *Memorial* ermöglichte, Entscheidungen zu treffen. Dazu musste Frank in seinem Bericht einerseits die sozialwissenschaftliche Situation definieren, dabei andererseits Prioritäten setzen.[33]

Der tatsächliche Inhalt des Berichts ist für das Weitere nur bedingt relevant.[34] Weitaus wichtiger für die hier zugrundeliegende Fragestellung ist dessen Aufbau und Funktion, denn er diente als Blaupause für das europäische Vorgehen des *Memorial.* Der Bericht gliederte sich in zwei Hauptteile: In einem ersten Abschnitt legte Frank die Stellung der Sozialwissenschaften an 15 ausgewählten Universitäten sowie insgesamt 21 nichtstaatlichen Institutionen dar.[35] Er stellte unter anderem einen Mangel an empirischer Forschung fest, was er auf eine unzureichende Ausstattung der Universitäten zurückführte.[36] In einem zweiten Abschnitt formulierte Frank Handlungsempfehlungen.[37] Er betonte, dass es durchaus eine große Anzahl an Sozialwissenschaftlern in den USA gebe, die eine empirische Sozialforschung befürworteten. Aber eingedenk der unzureichenden Ressourcen seien solche Forschungen nicht umsetzbar.[38] Die Zustandsbeschreibung und die daraus resultierenden Handlungsempfehlungen bauten aufeinander auf. Nachdem Frank also die US-amerikanischen Sozialwissenschaften aufgrund unzureichender Ressourcen als deduktiv und philosophisch charakterisiert hatte, schlug er mehrere Maßnahmen vor, darunter die Schaffung

31 Ebd., S. 9.

32 Bulmer/Bulmer, Philanthropy, S. 371. Siehe zu Frank: RAC, Nr. Laura Spelman Rockefeller Memorial records: FA061, Series 2, Box 2, Folder 22, o.V., Lawrence K. Frank (Age 32), [1923].

33 Nico Stehr und Reiner Grundmann charakterisieren den Experten als einen Akteur, der Situationen definiert, Prioritäten setzt und so Entscheidungen ermöglicht: Nico Stehr und Reiner Grundmann, Expertenwissen. Die Kultur und die Macht von Experten, Beratern und Ratgebern, Weilerswist [2]2015, S. 45, 48–50.

34 RAC, Nr. Laura Spelman Rockefeller Memorial records: FA061, Series 3, Subseries 3–6, Box 63, Folder 679, Lawrence K. Frank, The Status of Social Science in the United States, [1923]. Eine inhaltliche Zusammenfassung bieten: Bulmer/Bulmer, Philanthropy, S. 371–377.

35 Frank, Status, [1923], S. 1–17.

36 Bulmer/Bulmer, Philanthropy, S. 372, 374.

37 Frank, Status, [1923], S. 17–33.

38 Ebd., S. 28.

von Stipendienprogrammen.[39] Dieses Ineinandergreifen von Analyse und Empfehlung stellte das Muster für die folgenden von Ruml in Auftrag gegebenen Berichte dar. Auf Grundlage des Berichts konkretisierte Ruml das sozialwissenschaftliche Programm und formulierte vier Fördergrundsätze: (1) die Entwicklung von Forschungszentren, (2) die Unterstützung von isolierten Projekten, (3) die Koordination und Verknüpfung sozialwissenschaftlicher Forschung durch den *Social Science Research Council* und (4) die Etablierung eines Stipendienprogramms, welches einen internationalen Rahmen besitzen sollte.[40] Dass das *Memorial* nicht nur hinsichtlich des Stipendienprogramms einen internationalen Aktionsradius beanspruchte, belegen die seit 1923 mit der *London School of Economics* unterhaltenen Beziehungen.[41]

Nachdem die Grundsatzentscheidung gefallen war, sich auch in Europa zu engagieren, folgten die Herausforderungen, ja die Probleme.[42] Denn die Verantwortlichen des *Memorial* mussten sich 1923/24 eingestehen, dass ihre Kenntnisse über die europäischen Sozialwissenschaften gering waren: »The situation with respect to other foreign universities in social science is practically unknown to us.«[43] Um einen besseren Überblick zu erlangen, wurden verschiedene Wissenschaftler nach Europa entsandt – zunächst zum Aufbau des Stipendienprogramms. Im Frühjahr 1924 bereisten daher der Präsident des *Swarthmore College* Frank Aydelotte, der Philosoph John J. Coss und der Historiker Guy Stanton Ford Europa. In ihrem Abschlussbericht empfahlen die drei Emissäre, pro Land jeweils einen lokalen Verantwortlichen zu ernennen, der Kandidaten für das Stipendienprogramm auswählen sollte. Die Letztentscheidung über die Kandidaten oblag dem *Memorial.* Für Frankreich wurde der Wirtschaftswissenschaftler Charles Rist vorgeschlagen.[44]

Rist schien für diese Position prädestiniert. 1874 geboren, studierte er in Paris, erhielt 1898 sein *doctorat en droit*, im Folgejahr absolvierte er seine *agrégation d'économie politique.* Von 1899 bis 1913 war er an der *Faculté de Droit* in Montpellier tätig, 1913 wurde er nach Paris berufen.[45] Als Pariser Lehrstuhl-

39 Ebd., S. 20.

40 RAC, Nr. Laura Spelman Rockefeller Memorial records: FA061, Series 3, Subseries 3–6, Box 63, Folder 677, The LSRM, Memorial Policy in Social Science. Extracts from various memoranda and dockets. From the Docket of the Board of Trustees Meeting, 26.2.1924, S. 17f.

41 Bulmer/Bulmer, Philanthropy, S. 394.

42 Zum internationalen Engagement der *Rockefeller Foundation* vgl. allgemein auch Tournès, Naissance.

43 Zit. n. Syga-Dubois, Philanthropie, S. 66.

44 RAC, Nr. Laura Spelman Rockefeller Memorial records: FA061, Series 3, Subseries 3–6, Box 63, Folder 678, Guy Stanton Ford, J. John Coss und Frank Aydelotte, Memorandum. Fellowships in the Social Sciences, 15.4.1924, S. 2, 5.

45 Siehe o.V., Charles Rist, https://www.asmp.fr/fiches_academiciens/decede/RIST.htm (8.4.2019).

inhaber verfügte er über Reputation und Strahlkraft. Zudem besaß er als Herausgeber der *Revue d'économie politique* einen profunden Überblick über wirtschafts- und sozialwissenschaftliche Forschungen.[46] Neben seiner wissenschaftlichen Tätigkeit war Rist auch wissenschaftspolitisch hervorgetreten, als er 1923 für die Schaffung universitärer Institute in den Sozialwissenschaften eingetreten war.[47] Infolge seiner Ernennung zum französischen Verantwortlichen des Stipendienprogramms avancierte Rist zum privilegierten Ansprechpartner des *Memorial* in den 1920er Jahren, er war ganz ohne Zweifel für die Rolle des lokalen Experten und Organisators auserkoren. Die mit dem Jahr 1925 einsetzenden Verhandlungen zwischen Rist und verschiedenen Vertretern des *Memorial* über ein Engagement in Frankreich offenbaren dabei nicht nur die Notwendigkeit eines lokalen Experten, sondern zugleich die an ihn gestellten Erwartungen.

1925 folgte Rist der Einladung Rumls in die USA.[48] Während seiner Reise traf Rist auf Ford, mit dem er ausführlich über die Idee eines wirtschaftswissenschaftlichen Instituts in Paris sprach.[49] Ford setzte davon am 9. Juni 1925 Lingelbach, der im Auftrag Rumls 1925 Europa bereiste, in Kenntnis und betonte ferner, Rist sei »one of the man who can be very helpful to you during your stay abroad.«[50] Rist spielte bereits seit längerem mit dem Gedanken, ein solches Institut zu gründen. Anlass dafür, so erinnerte er sich 1955, sei seine ausführliche Beschäftigung mit statistischen Methoden in den Jahren 1912/13 gewesen.[51] 1923 hatte er diesen Gedanken wieder aufgegriffen.[52] Diese Überlegungen folgten dem stetig wachsenden Bedarf an ökonomischen, auf quantitativen Erhebungen basierendem, Expertenwissen in der Zwischenkriegszeit.[53] Durch die Kontakte mit dem *Memorial* schöpfte Rist Hoffnungen, seine Idee realisieren zu können.

---

46 Ebd. Bei der Entscheidung, Luigi Einaudi zum Verantwortlichen des Stipendienprogramms in Italien zu ernennen, spielte seine Tätigkeit als Herausgeber der *La Reforma Sociale* eine gewichtige Rolle: »His editorship of the Review gives him contacts with scholars all over Italy [...].« RAC, Nr. Laura Spelman Rockefeller Memorial records: FA061, Series III, Subseries III 6, Box 51, Folder 541, William E. Lingelbach, Brief an Guy Stanton Ford, Rom, 5.7.1925, S. 3.

47 Tournès, Fondation, S. 1374f.

48 Ebd., S. 1375.

49 RAC, Nr. Laura Spelman Rockefeller Memorial records: FA061, Series III, Subseries III 6, Box 51, Folder 541, Guy Stanton Ford, Brief an William E. Lingelbach, 9.6.1925.

50 Ebd.

51 Charles Rist, Notice biographique, in: Revue d'économie politique 65 (1955), Nr. 6, S. 977–1045, hier S. 985f.

52 Tournès, Fondation, S. 1374.

53 Ders., L'Institut scientifique de recherches économiques et sociales et les débuts de l'expertise économique en France (1933–1940), in: Genèses 65 (2006), Nr. 4, S. 49–70, hier S. 50. Siehe auch Mary S. Morgan, Economics, in: The Cambridge History of Science, Vol. 7: The Modern Social Sciences, hg. von Theodore M. Porter und Dorothy Ross, Cambridge 2003, S. 275–305, hier S. 277.

Im September 1925 traf Lingelbach in Paris ein und wandte sich unmittelbar den Plänen Rists zu. Dabei befürchtete Lingelbach, wie er am 14. September an Ruml berichtete, dass dem *Memorial* eine gewisse Verpflichtung zur Unterstützung erwachse, sofern man sich an der Organisation des geplanten Instituts beteilige. Er plädierte daher für Zurückhaltung. Sobald aber das Institut gegründet sei, könne man sich engagieren und über das Institut eine Koordinierung der französischen Sozialwissenschaften verfolgen. Zunächst aber, und so schloss Lingelbach seinen Brief, wolle er sich einen Überblick über die Sozialwissenschaften in Paris verschaffen.[54] Dabei stellte sich rasch heraus, dass er Unterstützung benötigte, Unterstützung eines Experten und Organisators, der sich vertraut zeigte mit der Pariser Situation:

> »[…] I began to look into the situation here in Paris somewhat more in detail. The more I did so the more I became convinced that the best method to pursue would be to see Professor Rist and talk matters over with him as frankly as possible.«[55]

Rist sollte Lingelbach also in der komplexen Situation Orientierung verschaffen, wie es einst Frank für Ruml getan hatte.

Doch die anvisierten Gespräche zwischen Lingelbach und Rist erwiesen sich als problematisch – aufgrund impliziter Erwartungen vonseiten Lingelbachs sowie aufgrund der Unvertrautheit Rists mit der US-amerikanischen Förderpraxis. Am 21. September 1925 hatte Rist Lingelbach eingeladen,[56] jedoch konnten keine zielführenden Verhandlungen bezüglich des Instituts geführt werden, da Rist keine konkreten Vorschläge ausgearbeitet hatte. Rist steckte mitten in den Vorbereitungen für eine Mission des Völkerbundes in Österreich.[57] Lingelbach musste auch ganz allgemein feststellen, dass die Konzeption Rists vage blieb, denn das Institut solle einerseits Forschung koordinieren, andererseits auch selbst durchführen.[58] Die Unvertrautheit Rists offenbarte sich, als er Lingelbach fragte, ob das *Memorial* sich bereits an den während der Organisation anfallenden Sekretariatskosten beteiligen könne, Lingelbach aber erwidern musste, dass eine Subventionsentscheidung nicht auf Basis einer losen Idee, sondern nur auf Grundlage einer tatsächlichen Projektierung erfolgen könne.[59]

54 RAC, Nr. Laura Spelman Rockefeller Memorial records: FA061, Series III, Subseries III 6, Box 51, Folder 542, William E. Lingelbach, Brief an Beardsley Ruml, Paris, 14.9.1925, S. 2.

55 RAC, Nr. Laura Spelman Rockefeller Memorial records: FA061, Series III, Subseries III 6, Box 51, Folder 542, William E. Lingelbach, Brief an Beardsley Ruml, Paris, 21.9.1925, S. 1.

56 American Philosophical Society, Nr. William E. Lingelbach papers: Mss. B. L635, Charles Rist, Brief an William E. Lingelbach, [21.9.1925].

57 Lingelbach, Brief, 21.9.1925, S. 1f. Im Auftrag des Völkerbundes sollte Rist in Zusammenarbeit mit Walter Layton einen Bericht über die finanzielle Situation Österreichs verfassen. Rist, Notice, S. 1020f.

58 Lingelbach, Brief, 21.9.1925, S. 2.

59 Ebd., S. 3.

Damit das *Memorial* also entscheiden konnte, benötigten dessen Vertreter die Angabe der Ziele, die Schritte zu deren Realisierung sowie die dafür benötigten Mittel.

Infolge dieses Gesprächs verfasste Rist zwischen September und Oktober 1925 einen grundlegenden Bericht, überschrieben mit *Organisation actuelle de l'enseignement et des recherches sociales et économiques en France et ameliorations dont elles sont susceptibles.*[60] Bereits der Titel legt nahe, dass das Memorandum Rists dem von Frank in Aufbau und Funktion glich: Aus einer adäquaten Situationsbeschreibung sollten Handlungsempfehlungen abgeleitet werden. Rist befand sich damit als Experte in einem relationalen Verhältnis zu den Entscheidungsträgern des *Memorial.*[61] In seinem Bericht konzentrierte er sich auf die Politik- und Wirtschaftswissenschaften sowie die Soziologie. Disziplinen wie die Ethnologie, die Geschichtswissenschaft oder die Psychologie blendete er aus.[62] Damit aber stellte der Bericht eine Engführung dar und konnte keine adäquate Beschreibung liefern. Rist identifizierte mehrere Schwierigkeiten, unter denen die drei im Fokus stehenden Disziplinen litten: Sowohl deren Institutionalisierung als auch deren Forschungskapazitäten seien radikal eingeschränkt durch einen Mangel an Koordination und materiellen Ressourcen.[63] Beide Phänomene hingen eng miteinander zusammen: Da in Frankreich eine Wissenschaftspolitik in den 1920er Jahren erst im Entstehen begriffen war, wurden vorhandene Gelder ineffizient verteilt, woraus auch die finanzielle Knappheit resultierte.[64] Rist nannte mit dem individuellen Charakter der sozialwissenschaftlichen Forschung einen weiteren essentiellen Kritikpunkt, wobei er zugleich unterstrich, dass sich mehr und mehr das Bewusstsein für kollektive Forschungen schärfe.[65] In den Vorgesprächen zwischen Rist und Lingelbach hatte letzterer betont, dass Reformvorschläge hinreichend präzise sein mussten, damit die Verantwortlichen des *Memorial* über eine Entscheidungsgrundlage verfügten. Doch Rist begnügte sich mit der Feststellung des Bedarfs eines un-

60 Archives Nationales (AN), Nr. Rectorat de l'Académie de Paris: 20010498/111, Charles Rist, Organisation actuelle de l'enseignement et des recherches sociales et économiques en France et ameliorations dont elles sont susceptibles. Note de M. Rist remise à la Fondation Rockefeller en 1925, [1930].

61 Dieses relationale Verhältnis vom Experten zum Entscheidungsträger benennt Ronald Hitzler als ein wichtiges Kennzeichen von Experten. Vgl. Ronald Hitzler, Wissen und Wesen des Experten. Ein Annäherungsversuch - zur Einleitung, in: Expertenwissen. Die institutionalisierte Kompetenz zur Konstruktion von Wirklichkeit, hg. von Ronald Hitzler, Anne Honer und Christoph Maeder, Opladen 1994, S. 13–30, hier S. 19.

62 Rist, Organisation, [1930], S. 1f.

63 Ebd., S. 2f., 12.

64 Siehe Duclert, France, S. 20; Jean-François Picard, La république des savants. La recherche française et le CNRS, Paris 1990, S. 24.

65 Rist, Organisation, [1930], S. 10.

abhängigen statistischen und wirtschaftswissenschaftlichen Instituts, ohne jedoch Ausrichtung und Ziel zu präzisieren.[66]

Damit war Rist erneut den Erwartungen des *Memorial* nicht gerecht geworden: Weder lieferte er eine adäquate Lagebeschreibung noch konnte er konkrete Schritte aufzeigen, wie an der Situation etwas zu ändern war. Der Bericht wurde folglich negativ aufgenommen, Ruml schrieb im November 1925 an Lingelbach:

> »I must say that I have the feeling that Rist has looked at the situation largely from the standpoint of his own scientific interests, and that even so his judgements have been hurried and not in terms of any comprehensive picture of the situation.«[67]

Besonders der Vorwurf, dass Rist nur seine eigenen wissenschaftlichen Interessen verfolgte, wog schwer, war doch ein Experte auf Vertrauen angewiesen.[68] Der Vertrauensverlust in Rist artikulierte sich auf zwei Ebenen: Zum einen forderte Ruml bei Lingelbach einen weiteren Bericht über die Lage der französischen Sozialwissenschaften an,[69] zum anderen versuchte Ruml mit Marcel Mauss einen weiteren lokalen Experten und Organisatoren zu gewinnen. Auch Mauss wurde in die USA eingeladen, doch riss der Kontakt nach der Reise, aus unbekannten Gründen, wieder ab.[70]

Trotz dieser Fehlschläge intensivierte Ruml im Sommer 1926 noch einmal die Verhandlungen mit Rist. Nachdem dieser bereits mit Ford, Lingelbach und Ruml gesprochen hatte, folgte im Juni mit Arthur Woods, seit 1922 als *Trustee* und als *Acting President* für das *Memorial* tätig,[71] ein vierter Verhandlungspartner. Rist konkretisierte seine Pläne dahingehend, dass er beabsichtigte, ein Komitee von Ökonomen, ausgestattet mit einem Sekretariat, zu schaffen, welches Forschungen initiierte und koordinierte und das nach einer Übergangsphase in die Pariser Universität integriert werden sollte.[72] Ruml zeigte sich zufrieden und steckte mit Rist im Juli 1926 bereits den finanziellen Rahmen ab: Im Raum stand eine Förderung in Höhe von jährlich 10.000 Dollar, befristet auf drei Jahre.[73]

66 Ebd., S. 17–19, 22.

67 RAC, Nr. Laura Spelman Rockefeller Memorial records: FA061, Series III, Subseries III 6, Box 51, Folder 542, Beardsley Ruml, Brief an William E. Lingelbach, 27.11.1925.

68 Stehr/Grundmann, Expertenwissen, S. 46.

69 Ruml, Brief, 27.11.1925. In der bisherigen Forschung wird zumeist der Eindruck vermittelt, es sei von Anfang an die Aufgabe Lingelbachs gewesen, einen solchen Bericht zu verfassen. Tatsächlich, wie gezeigt werden konnte, erfolgte der Auftrag erst, nachdem Rist kein adäquates Memorandum verfasst hatte. Siehe Tournès, Fondation, S. 1376.

70 Ebd.

71 RAC, Nr. Rockefeller Foundation records, Biographical File: FA485, Box 8, Folder 349, o.V., Biography File. Woods, Arthur, [undatiert].

72 RAC, Nr. Laura Spelman Rockefeller Memorial records: FA061, Series 2, Box 4, Folder 47, Arthur Woods, Brief an Beardsley Ruml, 24.6.1926, S. 2.

73 RAC, Nr. Laura Spelman Rockefeller Memorial records: FA061, Series III, Subseries III 6, Box 63, Folder 680, Beardsley Ruml, Brief an Charles Rist, 20.7.1926, S. 1.

Damit der Vorschlag aber umgesetzt werden könne, bat Ruml Rist um eine Überführung der Idee in einen konkreten Projektantrag:

> »Consequently I would be very glad to receive from you a definite proposal indicating how you propose to organize the matter, the field you intend to cover and financial figures indicating the character of expenditure and the amount which you are able to anticipate.«[74]

Dieser Antrag sollte dann als Entscheidungsgrundlage dienen. Doch Rist konkretisierte seine Vorschläge erneut nicht, auch eine Erinnerung durch Ruml vom 19. Oktober 1926 blieb folgenlos.[75] Die angedachte Unterstützung verlief so im Sande. Möglicherweise spielte die Ernennung Rists zum *sousgouverneur* der *Banque de France* am 23. Juni 1926 eine entscheidende Rolle, die eine Ausarbeitung aus Zeitgründen verunmöglichte.[76] Auch ein dritter Versuch scheiterte: 1928 nahm Gunn, seit 1927 stellvertretender Präsident der *Rockefeller Foundation* in Europa, den Gesprächsfaden erneut auf.[77] Doch nach Ankündigungen Rists, einen Antrag zu verfassen,[78] folgte erneut – nichts.

Im Rückblick führte 1931 ein internes Dokument der *Rockefeller Foundation* zwei Gründe für das Scheitern an: »The complexity of the institutional situation in Paris and the absence of any effective local leadership have been the chief deterrent factors [für ein Engagement].«[79] In der bisherigen Forschung ist besonders die komplexe institutionelle Situation hervorgehoben worden.[80] Ferner aber konnte gezeigt werden, dass Rist als lokaler Experte und Organisator den Anforderungen nicht gerecht wurde. Zugleich aber muss der Blick auf das *Memorial* selbst gelenkt werden: Insgesamt fünf verschiedene Personen verhandelten mit Rist, dies war ohne Zweifel nicht vertrauensfördernd. Zugleich betonte Ruml allgemein auf das *Memorial* bezogen, dass Zuständigkeiten nicht eindeutig definiert waren.[81] Nachdem jene ersten Versuche, sich in Frankreich zu

74 Ebd., S. 2.

75 RAC, Nr. Laura Spelman Rockefeller Memorial records: FA061, Series III, Subseries III 6, Box 63, Folder 680, Beardsley Ruml, Brief an Charles Rist, 19.10.1926.

76 Rist, Notice, S. 998f. Rist war dort mit der Stabilisierung des *Francs* befasst. Vgl. Jacques Rueff, La stabilisation du Franc, in: Revue d'économie politique 65 (1955), Nr. 6, S. 923–926.

77 RAC, Nr. Rockefeller Foundation records, officers' diaries: FA392, RG 12, F-L, Box 187, Selskar M. Gunn, Diary. 2.6.1928–28.12.1928, S. 214.

78 Ebd., S. 214f.

79 RAC, Nr. Rockefeller Foundation records, projects: FA386, RG 1.1, Series 500, Subseries 500.S, Box 21, Folder 220, The RF, Staff Conference. Present: MM, HAS, EED, AG, FFR, TBA, 27.3.1931, S. 2.

80 Tournès, Fondation, S. 1375–1377.

81 »We have been running along for about five years without any objectives, and the result, I think, last year was pretty clearly shown in a good deal of confusion as to who was doing what and why.« RAC, Nr. Laura Spelman Rockefeller Memorial records: FA061, Series 2, Box 3, Folder 41, The LSRM, Staff Meetings of the Laura Spelman Rockefeller Memorial, Hanover, New Hampshire, 24.-27.8.1927, S. 2.

engagieren, gescheitert waren, entfachte die Reise Charles E. Merriams 1929 nach Paris eine neue Dynamik.[82]

Erste Subventionen in den 1930er Jahren

Die Reise Merriams diente hauptsächlich zwei Zielen. Einerseits galt es den Mitarbeitern des Pariser Büros der *Rockefeller Foundation* die anstehenden Umstrukturierungen zu vermitteln.[83] Die Reformen zielten auf eine effiziente und geordnete Arbeitsteilung der unterschiedlichen Zweige der Rockefeller Philanthropie. Dazu wurden die verschiedenen Abteilungen unter dem gemeinsamen Dach der *Rockefeller Foundation* versammelt. Das *Memorial* wurde im Zuge dessen aufgelöst und als sozialwissenschaftliche Abteilung unter der Leitung Edmund E. Days in die *Foundation* integriert.[84] Für die europäischen Angelegenheiten der sozialwissenschaftlichen Abteilung wurde zudem, auch um unklare Zuständigkeiten zu vermeiden, 1929 bis 1930 mit John Van Sickle ein ständiger Vertreter angestellt, 1931 wurde als dessen Stellvertreter Tracy B. Kittredge ernannt.[85] Andererseits galt die Reise Merriams der Identifizierung lokaler französischer Experten und Organisatoren, um so endlich in Frankreich Fuß zu fassen.[86] Dazu führte er in Paris Gespräche mit Lucien Lévy-Bruhl und Mauss aus der Ethnologie, mit dem Soziologen Célestin Bouglé sowie mit Vertretern der Geschichts-, Politik- und Wirtschaftswissenschaften.[87] Da für das Weitere besonders Bouglé und Mauss Relevanz besitzen, wird das Folgende auf diese beiden Akteure beschränkt bleiben.

---

82 Zur Reise Merriams siehe ausführlich Pierre-Yves Saunier, Paris in the Springtime. Un voyage de sciences sociales en 1929, in: Revue d'histoire des sciences humaines 11 (2004), Nr. 2, S. 127–145.

83 Ebd., S. 134. Zu den Umstrukturierungen siehe Robert E. Kohler, A Policy for the Advancement of Science. The Rockefeller Foundation, 1924–29, in: Minerva 16 (1978), Nr. 4, S. 480–515, hier S. 497–513.

84 Siehe Raymond B. Fosdick, The Story of the Rockefeller Foundation, New Brunswick (N.J.) 1989, S. 199; Kohler, Policy, S. 502, 508f. Zu Day siehe RAC, Nr. Rockefeller Foundation records, Biographical File: FA485, Box 2, Folder 67, o. V., Edmund E. Day, [undatiert].

85 Siehe RAC, Nr. Rockefeller Foundation records, Biographical File: FA485, Box 8, Folder 322, o. V., Van Sickle, Dr. John V., [undatiert]; RAC, Nr. Rockefeller Foundation records, Biographical File: FA485, Box 4, Folder 172, o. V., Kittredge, Tracy B., [undatiert].

86 Saunier, Paris, S. 136–139.

87 Charles E. Merriam, Report of Charles E. Merriam on social science in Paris and related subjects. July, 1929, in: Revue d'histoire des sciences humaines 11 (2004), Nr. 2, S. 146–156, hier S. 148.

Ein Gespräch mit Mauss hatte Merriam unmittelbar ins Auge gefasst.[88] Mauss nun sparte nicht mit Vorschlägen für ein Rockefeller Engagement, kritisierte – analog zu Rist – die individuell orientierte Forschung wie auch die schlechten Arbeitsbedingungen, brachte ein Stipendienprogramm, zusätzliche Forschungsposten am *Collège de France* sowie eine Reorganisation des *Institut d'éthnologie* ins Spiel, blieb dabei aber, wie Merriam betonte, reichlich unpräzise.[89] Und obwohl von seinen intellektuellen Fähigkeiten angetan, blieb Merriam ob einer Führungsrolle von Mauss innerhalb der französischen Sozialwissenschaften skeptisch.[90] Der Eindruck sollte Merriam nicht trügen. In einem weiteren Gespräch jedenfalls kündigte Mauss umfangreiche Ideen zur Veränderung der Pariser Forschungsorganisation an.[91]

Bouglé avancierte, so Tournès, Ende der 1920er Jahre zu einem der wichtigsten Ansprechpartner der Stiftung.[92] Damit Bouglé diese Rolle einnehmen konnte, musste er über bestimmte Eigenschaften verfügen. Merriam charakterisierte ihn als »a man of force and practical ability.«[93] Auch andere Zeitgenossen hoben diese Eigenschaften hervor, bezeichneten ihn als »administrateur«,[94] als »organizer of social research in France«.[95] Dies kam nicht von ungefähr: Bereits vor dem Ersten Weltkrieg hatte sich Bouglé als Mittler zwischen der deutschen und der französischen Soziologie hervorgetan,[96] trug in der Zwischenkriegszeit als Leiter des *Centre de documentation* sowie als stellvertretender Direktor, später als Direktor der *Ecole normale supérieure* hohe administrative Verant-

88 RAC, Nr. Rockefeller Foundation records, projects: FA386, RG 1.1, Series 700, Subseries 700.S, Box 22 A, Folder 164, Ders., Brief an Edmund E. Day, Paris, 13.5.1929, S. 3.

89 RAC, Nr. Rockefeller Foundation records, projects: FA386, RG 1.1, Series 700, Subseries 700.S, Box 22 A, Folder 164, Charles E. Merriam, Brief an Edmund E. Day, Paris, 22.5.1929, S. 4f.

90 Ebd., S. 5.

91 RAC, Nr. Rockefeller Foundation records, projects: FA386, RG 1.1, Series 700, Subseries 700.S, Box 22 A, Folder 164, Charles E. Merriam, Brief an Edmund E. Day, 27.5.1929, S. 6; RAC, Nr. Rockefeller Foundation records, projects: FA386, RG 1.1, Series 700, Subseries 700.S, Box 22 A, Folder 164, Charles E. Merriam, [Gedächtnisprotokolle diverser Gespräche mit französischen Professoren für Edmund E. Day], 5.7.1929, S. 3.

92 Tournès, Fondation, S. 1382.

93 RAC, Nr. Rockefeller Foundation records, projects: FA386, RG 1.1, Series 700, Subseries 700.S, Box 22 A, Folder 164, Charles E. Merriam, Brief an Edmund E. Day, Paris, 4.6.1929, S. 2.

94 Siehe dazu Lucien Febvre, Célestin Bouglé, in: Marianne (7.2.1940), S. 7; Victor Basch, Bouglé. Citoyen, in: L'Œuvre (14.2.1940), S. 2.

95 O.V., Célestin Charles Alfred Bouglé. 1870–1940, in: American Journal of Sociology 45 (1940), Nr. 5, S. 770.

96 Siehe Christian Gülich, Georg Simmel und seine französische Korrespondenz. Historische Rekonstruktion eines wissenschaftlichen Netzwerks um die Jahrhundertwende, in: Critique and Humanism Journal 3 (1992), Nr. 2, S. 7–29, hier S. 11; Laurent Mucchielli, La guerre n'a pas eu lieu. Les sociologues français et l'Allemagne (1870–1940), in: Espaces Temps 19 (1993), Nr. 53/54, S. 5–18, hier S. 9.

wortung.[97] Merriam jedenfalls war sich sicher: »[…] if he were not overwhelmed by administrative duties, I think might accomplish some very important results either directly or through the organization of work.«[98] Und auch dieser Eindruck sollte ihn nicht trügen. Die Reise Merriams konnte als voller Erfolg gelten, da er mit Mauss und Bouglé essentielle Ansprechpartner identifiziert hatte und da infolge der Reise eine neue Dynamik in den Beziehungen zwischen den französischen Sozialwissenschaftlern und den Stiftungsvertretern entstand, in deren Folge auch erste Subventionen gezahlt worden sind.

Im Dezember 1929 ließ Mauss seiner Ankündigung Taten folgen und reichte mehrere Projekte bei Day ein: ein Projekt bezüglich des *Institut d'Ethnologie*, eines bezüglich des *Institut de psychologie* sowie den im weiteren Verlauf vor allem diskutierten Vorschlag eines sozialwissenschaftlichen Instituts.[99] Bezogen auf das *Institut d'éthnologie* unterbreitete Mauss zwei Vorschläge: ein »Projet maximum« mit einem Umfang von 1.000.000 bis 1.200.000 Dollar, welches zum einen eine Zusammenlegung des Instituts mit dem *Musée de Trocadéro* vorsah, zum anderen die Unterstützung von Forschungsmissionen sowie ein »Projet minimum« in Höhe von 300.000 Dollar zur Erweiterung der ethnologischen Sammlung und der Subvention von Forschungen.[100] Doch wie Rist Mitte der 1920er Jahre präzisierte Mauss die zu unterstützenden Forschungen nicht, gab weder Ziele, Schritte noch die genau dafür benötigten Mittel an. Allgemeiner auf die Sozialwissenschaften bezogen erkannte Mauss deren Kernproblem nicht in einer unzureichenden Institutionalisierung, wie Rist in seinem Bericht aus dem Jahr 1925, sondern allein in der mangelnden Koordination.[101] Diese Koordination sei aufgrund historischer Pfadabhängigkeiten innerhalb des bestehenden Systems jedoch nur schwer umzusetzen, weswegen es eines Impulses durch das neu zu schaffende Institut bedürfe.[102] Dieses Institut sollte sich hauptsächlich auf die Nachwuchsförderung im Sinne der Forschungsinitiation konzentrieren.[103] Hinsichtlich der genauen Ausgestaltung, etwaiger inhaltlicher Schwerpunkt-

97 Zum akademischen Karriereverlauf Bouglés siehe Christophe Charle, Les professeurs de la faculté des lettres de Paris. Dictionnaire biographique 1909–1939, Vol. 2, Paris 1986, S. 36.

98 Merriam, Gedächtnisprotokolle, 5.7.1929, S. 2f.

99 RAC, Nr. Rockefeller Foundation records, projects: FA386, RG 1.1, Series 500, Subseries 500.S, Box 20, Folder 202, Marcel Mauss, Brief an Edmund E. Day, Paris, 1.12.1929; AN, Nr. Rectorat de l'Académie de Paris: 20010498/111, Marcel Mauss, Projet concernant Les sciences anthropologiques et ethnologiques, [1929]; AN, Nr. Rectorat de l'Académie de Paris: 20010498/111, Marcel Mauss, Projet de subvention de la Rockefeller Foundation à l'Institut de psychologie de l'Université de Paris, [1929]; AN, Nr. Rectorat de l'Académie de Paris: 20010498/111, Marcel Mauss, Projet d'un Institut de recherches des sciences sociales à l'Université de Paris, [1929].

100 Mauss, Projet, S. 7–9.

101 Ders., Institut, S. 2–5.

102 Ebd., S. 5.

103 Ebd., S. 8f.

setzung und Forschungsziele, blieb Mauss erneut abstrakt. Konkret aber konnte er das benötigte Budget benennen, wobei er insgesamt vier Vorschläge unterbreitete: ein »Projet minimum«, ein »Programme maximum«, ein »Programme maximum avec construction« sowie ein »Projet d'un bâtiment maximum groupant l'ensemble des sciences sociales et humaines«. Die zwei erstgenannten Projekte würden entweder 805.000 Francs (Material-, Personal- und Publikationskosten) oder 1.145.000 Francs (inklusive einer kleinen Bibliothek) jährlich betragen.[104] Die beiden umfangreicheren Projekte erforderten durch den Neubau größere Summen: Zwischen 6.000.000 und 10.000.000 Francs veranschlagte Mauss für den dritten Vorschlag. Das vierte Projekt zielte auf den Bau eines Gebäudes, welches das zu schaffende Institut, das ethnologische Institut, das *Musée d'éthnographie*, das psychologische Institut sowie das anthropologische Labor beherbergen sollte. Kostenpunkt: 25.000.000 Francs.[105] Angesichts dieser Dimensionen ein vollkommen utopisches Unterfangen.[106]

Die Reaktionen vonseiten der Stiftung fielen dementsprechend verhalten aus. In einer internen Sitzung vom 20. Januar 1930 stellte Day bezüglich des Memorandums von Mauss fest: »Neither project in form for final action.«[107] Auch der um Rat gebetene Gunn bestätigte diesen Eindruck:

> »Mauss's presentation seems to me to be inadequate. I cannot quite make out whether he considers this as a statement of general ideas or a definite proposal. [...] Much work would have to be done here by some competent person before a real program could be elaborated.«[108]

Es zeigt sich also auf einer Mikroebene, dass Mauss aufgrund seines Mangels an implizitem Wissen nicht die erwartete Praxis des Antrags beherrschte. Die Vertreter der Stiftung, anders gewendet, hatten eindeutige Erwartungen an einen lokalen Experten und Organisator, die aber zumeist implizit blieben. Aufgrund des unklaren Status des Memorandums von Mauss entschieden Day und Gunn, den Rektor der Pariser Universität Sébastien Charléty sowie Rist hinzuzuziehen.[109]

104 Ebd., S. 11–14.

105 Ebd., S. 14–17.

106 Marcel Fournier, Marcel Mauss, Paris 1994, S. 550.

107 RAC, Nr. Rockefeller Foundation records, administration, program and policy: (FA112), RG 3, Series 904, Box 3, Folder 18, The RF, Staff Conference. Present: MM, TBA, RMP, EC, EED, TA, NST, 20.1.1930, S. 31.

108 RAC, Nr. Rockefeller Foundation records, projects: FA386, RG 1.1, Series 500, Subseries 500.S, Box 20, Folder 202, Selskar M. Gunn, Brief an Edmund E. Day, 27.2.1930, S. 1.

109 Siehe The RF, Staff, 20.1.1930, S. 31; Gunn, Brief, 27.2.1930, S. 1; RAC, Nr. Rockefeller Foundation records, projects: FA386, RG 1.1, Series 500, Subseries 500.S, Box 20, Folder 202, Selskar M. Gunn, Brief an Max Mason, 27.2.1930, S. 2.

Die Entscheidung, Charléty zu konsultieren, deutete auf ein besseres Verständnis des *enseignement supérieur* durch die Stiftungsverantwortlichen hin, denn als Rektor war Charléty eine unumgängliche Figur: Seit der Wiedereinführung der Universitäten 1896 und den folgenden gesetzlichen Präzisierungen war der Rektor als Vorsitzender des *conseil d'université* ein einflussreicher Akteur, da im *conseil*, besonders relevant im Kontext philanthropischer Aktionen, über die Annahme von finanziellen Zuwendungen zu entscheiden war.[110] Charléty, 1867 geboren, war studierter Historiker und schlug nach verschiedenen Posten an der *Faculté de lettre* in Lyon eine administrative Karriere ein, bekleidete zunächst Verwaltungsposten in Tunis, wurde 1919 Rektor in Straßburg, ab 1927 in Paris.[111]

Auch Charléty zeigte sich skeptisch hinsichtlich der Vorschläge von Mauss, in einem Gespräch mit Gunn am 26. Februar 1930 deutete er an, dass die Situationsbeschreibung keine adäquate sei:

> »Charléty appears to think that the program was probably too much along the lines of M's [Mauss] own interests and failed to emphasize certain important branches in the social sciences, particularly in the economic and financial fields.«[112]

Diese Feststellung schwächte ohne Zweifel das Vertrauen in Mauss und verschlechterte seine Verhandlungsposition enorm. Die Kritik von Charléty bezog sich möglicherweise darauf, dass Mauss die Situation der Wirtschaftswissenschaften als zu optimistisch einschätzte,[113] als er deren Institutionalisierung positiv hervorhob, ihre materielle Situation jedoch vollständig ausblendete. Dazu ein Beispiel: Als Van Sickle zusammen mit Rist im Januar 1931 die *Faculté de droit* besuchte, notierte der Offizier der *Rockefeller Foundation* angesichts der Ausstattung in sein Tagebuch: »Serious research impossible.«[114]

Die Einschätzung Rists bezüglich der Vorschläge von Mauss schwächten dessen Position weiter. Rist brachte drei Einwände vor: Erstens sei der Vorschlag des Instituts voreingenommen, er spiegele die Konkurrenz der verschiedenen

110 Jean-François Condette, Les recteurs d'académie en France de 1808 à 1940. Tome III. Le recteur, l'École, la nation. Entre réalités scolaires locales et politiques éducatives nationales (Histoire biographique de l'enseignement 12), Paris 2006, S. 642.

111 Ders., Charléty, Sébastien Camille, in: Jean-François Condette, Les recteurs d'académie en France de 1808 à 1940. Tome II. Dictionnaire biographique (Histoire biographique de l'enseignement 12), Paris 2006, S. 110–111, hier S. 110.

112 RAC, Nr. Rockefeller Foundation records, projects: FA386, RG 1.1, Series 500, Subseries 500.S, Box 20, Folder 202, Selskar M. Gunn, Interview between SMG and M. Charléty, 26.2. 1930, S. 2.

113 Mauss, Institut, S. 3.

114 RAC, Nr. Rockefeller Foundation records, officers' diaries: FA394, RG 12, S-Z, Box 482, John Van Sickle, Diary. 1931, S. 31–12.

Hochschulinstitutionen wider.[115] Zweitens erachtete Rist die Kooperation verschiedener Disziplinvertreter unter dem Dach eines Instituts als unrealistisch: »R. [Rist] considers that it would be impossible to bring together effectively French scholars who have disagreed violently all their lives.«[116] Drittens schließlich stellte Rist die wissenschaftliche Integrität von Mauss infrage: »He [Rist] states that M. [Mauss] is not a representative figure in the SS [Sozialwissenschaften], is unobjective and deeply involved in politics.«[117] Zwar war Mauss als Sozialist politisch engagiert,[118] trat aber selbst für eine Trennung von Politik und Wissenschaft ein,[119] auch scheinen seine politischen Überzeugungen für die *Rockefeller Foundation* keine essentielle Rolle gespielt zu haben.[120] Schwerer wog der Vorwurf, Mauss sei nicht objektiv. Eingedenk des in den US-amerikanischen Sozialwissenschaften dominierenden Objektivitätsideals wurde das Vertrauen in Mauss weiter erschüttert, da er eine falsche, weil subjektive Sicht auf die Pariser Sozialwissenschaften in seinem Bericht vertreten habe.[121] Diese Kritik ist auch vor dem Hintergrund zu sehen, dass Rist erneut gegenüber den Repräsentanten der Stiftung für seine Idee eines wirtschaftswissenschaftlichen Forschungsinstituts warb.[122] Angesichts der nicht erfüllten Antragspraxis sowie der Vorwürfe, kein adäquates Bild der sozialwissenschaftlichen Situation gezeichnet zu haben und nicht objektiv zu sein, war das Vertrauen in Mauss gestört, um nicht zu sagen: zerstört. Als sich Mauss im November 1931 nach seinen Vorschlägen erkundigte, erhielt er eine Absage – Van Sickle dazu an Day: »Needless to say

115 RAC, Nr. Rockefeller Foundation records, officers' diaries: FA392, RG 12, F-L, Box 187, Selskar M. Gunn, Diary. 1930, S. 44.

116 RAC, Nr. Rockefeller Foundation records, officers' diaries: FA394, RG 12, S-Z, Box 482, John Van Sickle, Diary. 1929–1930, S. 57.

117 Ebd.

118 Stephan Moebius, Intellektuelle Kritik und Soziologie. Die politischen Schriften und Aktivitäten von Marcel Mauss, in: Soziologie als Gesellschaftskritik. Wider den Verlust einer aktuellen Tradition. Festschrift für Lothar Peter, hg. von Stephan Moebius und Gerhard Schäfer, Hamburg 2006, S. 142–160.

119 »La Politique n'est pas une partie de la Sociologie. Les deux genres de recherches sont trop mêlés encore aujourd'hui. Nous insistons sur leur séparation.« Marcel Mauss, Divisions et proportions des divisions de la sociologie, in: L'Année sociologique. Nouvelle Série 2 (1927), S. 98–176, hier S. 159.

120 Tournès, Fondation, S. 1382, Anm. 48. Helke Rausch hingegen betont, dass die Stiftungsvertreter Mauss aufgrund seiner politischen Aktivitäten reserviert gegenübertraten. Vgl. Rausch, Expertenkämpfe, S. 101.

121 Zum Ideal der Objektivität in den US-amerikanischen Sozialwissenschaften siehe Robert C. Bannister, Sociology and Scientism. The American Quest for Objectivity, 1880–1940, Chapel Hill 1987, S. 3. Zu den moralischen Implikationen des Objektivitätsideals siehe dagegen Lorraine Daston, Die moralisierten Objektivitäten der Wissenschaft, in: Moral, Wissenschaft und Wahrheit, hg. von Julian Nida-Rümelin und Jan-Christoph Heilinger, Berlin u. a. 2016, S. 79–110.

122 Van Sickle, Diary, 1929–1930, S. 57.

TBK [Tracy B. Kittredge] gave Mauss no encouragement. Like me he has little confidence in Mauss as a leader.«[123]

Aufgrund der negativen Einschätzungen des Mauss'schen Memorandums stockten die Verhandlungen 1930 zwischen der *Rockefeller Foundation* und den französischen Sozialwissenschaftlern.[124] Zu verworren war die Situation: Mauss und Rist hatten konkurrierende Vorschläge eingebracht, Charléty befürwortete zwar perspektivisch ein umfassendes sozialwissenschaftliches Programm, jedoch nicht auf Basis des Memorandums von Mauss.[125] Ein Durchbruch konnte erst 1931 erzielt werden, als Bouglé zu den Verhandlungen hinzugezogen wurde, wie Tournès argumentierte.[126] Seit 1929 hatte Bouglé weitere Kontakte zu den Verantwortlichen der Stiftung geknüpft, nicht nur, dass er von Merriam zur Eröffnung des *Social Science Research Building* in Chicago eingeladen worden war,[127] sondern Bouglé nahm auch Kontakt zu Day auf.[128] Darüber hinaus war Bouglé sowohl mit den Vorschlägen von Mauss als auch mit denen von Rist bestens vertraut. Hinzu kam, dass er – im Gegensatz zu Mauss – ein gutes Verhältnis zu Rist pflegte und mit Charléty befreundet war.[129] Wie sah nun der gefundene Kompromiss aus?

Charléty erhob keine Einwände gegen den Vorschlag Rists, ein wirtschaftswissenschaftliches Institut zu gründen, auch die Stiftungsverantwortlichen befürworteten jenen Vorschlag,[130] sodass 1933 das *Institut scientifique de recherches économiques et scientifiques* gegründet werden konnte.[131] Den Vorschlag eines sozialwissenschaftlichen Instituts von Mauss, es wurde darauf verwiesen, lehnten die Stiftungsverantwortlichen ab.[132] Charléty seinerseits sprach sich für kleinere Unterstützungen diverser Institute aus, darunter das *Institut d'Ethno-*

123 RAC, Nr. Rockefeller Foundation records, projects: FA386, RG 1.1, Series 500, Subseries 500.S, Box 20, Folder 202, Van Sickle, Brief an Edmund E. Day, 25.11.1931.

124 Tournès, Fondation, S. 1381.

125 Gunn, Interview, 26.2.1930, S. 2f.

126 Tournès, Fondation, S. 1381f.

127 University of Chicago Library. Special Collections Research Center, Nr. Charles E. Merriam Papers: Box 26, Folder 5, Charles E. Merriam, Brief an Célestin Bouglé, 11.7.1929. Bouglé verlas während der Eröffnung eine Grußadresse der Pariser Universität. Siehe dazu Célestin Bouglé, Une »adresse« à l'Université de Chicago, in: Annales de l'Université de Paris 5 (1930), Nr. 3, S. 280–281.

128 RAC, Nr. Rockefeller Foundation records, projects: FA386, RG 1.1, Series 500, Subseries 500.S, Box 20, Folder 202, Célestin Bouglé, Brief an Edmund E. Day, 26.12.1929.

129 Siehe Tournès, Fondation, S. 1382; Sébastien Charléty, Bouglé, in: Bouglé. 1870–1940, Paris 1940, S. 44–46, hier S. 44.

130 Siehe RAC, Nr. Rockefeller Foundation records, projects: FA386, RG 1.1, Series 500, Subseries 500.S, Box 21, Folder 220, Edmund E. Day, Selskar M. Gunn und John Van Sickle, Interview with M. Charléty, 19.2.1931, S. 2; Van Sickle, Diary, 1931, S. 31–38.

131 Zum Institut siehe Tournès, ISRES.

132 RAC, Nr. Rockefeller Foundation records, projects: FA386, RG 1.1, Series 500, Subseries 500.S, Box 20, Folder 202, Selskar M. Gunn, Brief an Edmund E. Day, 7.12.1931, S. 1f.

logie sowie das *Institut de droit comparé*; ein umfassendes sozialwissenschaftliches Programm wurde zunächst aufgeschoben.[133] Zudem wurde eine weitere Grundsatzentscheidung getroffen: Da weder der Bericht Rists noch der von Mauss ein adäquates Bild der Sozialwissenschaften in Frankreich zeichnete, entschied sich Gunn, Kittredge einen weiteren Bericht anfertigen zu lassen.[134] Von der angekündigten Unterstützung kleinerer Institute profitierten das durch Bouglé geleitete *Centre de documentation sociale*, das *Institut d'Ethnologie* sowie das *Institut de droit comparé*, geleitet durch Henry Lévy-Ullmann, die ab Frühjahr 1932 jeweils mit 3.000 Dollar subventioniert worden sind.[135]

Insbesondere jene Verhandlungen, die hinsichtlich der Subventionierung der beiden letztgenannten Institute geführt wurden, verdeutlichen noch einmal die Erwartungen sowie die zugrundeliegende Projektlogik. Mit Beginn des Jahres 1931 planten Lévy-Ullmann, René Capitant und Gilbert Gidel ein Institut zu gründen, welches alle Aktivitäten der *Faculté de droit* in Fragen des internationalen Rechts koordinieren sollte.[136] Bereits in der Phase der Konzeptualisierung nahm Lévy-Ullmann, vermittelt über Rist, Kontakt zur *Rockefeller Foundation* auf, um für das *Institut de droit comparé* eine Subvention zu beantragen.[137] Zunächst hatte sich Van Sickle skeptisch gezeigt.[138] Am 23. Juli 1931

133 Siehe Day u. a., Interview, 19.2.1931, S. 1; RAC, Nr. Rockefeller Foundation records, projects: FA386, RG 1.1, Series 500, Subseries 500.S, Box 20, Folder 202, Selskar M. Gunn, Memorandum of Interview between SMG and M. Charléty, 25.11.1931.

134 RAC, Nr. Rockefeller Foundation records, projects: FA386, RG 1.1, Series 500, Subseries 500.S, Box 20, Folder 202, Selskar M. Gunn, Brief an Edmund E. Day, 27.11.1931, S. 1. Zum Bericht Kittredges siehe RAC, Nr. Rockefeller Foundation records, general correspondence: FA308, RG 2, Series 1932/500, Subseries 1932/500.S, Box 557, Folder 3771, Tracy B. Kittredge, Social Sciences in France, 1932.

135 Siehe dazu RAC, Nr. Rockefeller Foundation records, projects: FA386, RG 1.1, Series 500, Subseries 500.S, Box 24, Folder 237, The RF, Centre de documentation sociale (University of Paris), [1934], S. 1; RAC, Nr. Rockefeller Foundation records, projects: FA386, RG 1.1, Series 500, Subseries 500.S, Box 21 Folder 216, The RF, Institut de droit comparé, [Juni 1935], S. 2; RAC, Nr. Rockefeller Foundation records, projects: FA386, RG 1.1, Series 500, Subseries 500.S, Box 24, Folder 238, The RF, Institut d'Ethnologie, [1935], S. 2.

136 Siehe zum Ursprung insb. Léon Julliot de La Morandière, Henri Lévy-Ullmann, in: L'œuvre juridique de Lévy-Ullmann. Contribution à la doctrine moderne sur la science du Droit et le Droit comparé (Travaux et recherches de l'Institut de droit comparé de l'Université de Paris 12), hg. von dems. und Marc Ancel, Paris 1955, S. 11–15, hier S. 14; Henry Berthélemy, Séance solennelle de rentrée, in: Annales de l'Université de Paris 7 (1932), Nr. 2, S. 97–114, hier S. 109.

137 Siehe RAC, Nr. Rockefeller Foundation records, projects: FA386, RG 1.1, Series 500, Subseries 500.S, Box 21 Folder 216, John Van Sickle, Memorandum. Institut de droit comparé de l'Université de Paris, 1.7.1931; RAC, Nr. Rockefeller Foundation records, projects: FA386, RG 1.1, Series 500, Subseries 500.S, Box 21 Folder 216, John Van Sickle, Institut de droit comparé de l'Université de Paris, 1.7.1931.

138 Siehe dazu RAC, Nr. Rockefeller Foundation records, projects: FA386, RG 1.1, Series 500, Subseries 500.S, Box 21 Folder 216, John Van Sickle, Institut de droit comparé de l'Université de Paris, 30.6.1931; Van Sickle, Institut, 1.7.1931.

gelang es Lévy-Ullmann, ihn aber zu überzeugen. Mehrere Gründe waren dafür ausschlaggebend: So könne über das Institut der Nachwuchs gefördert werden, zudem werde mit einer internationalen Ausrichtung die französische Selbstbezogenheit überwunden.[139] Ferner spielte noch eine Rolle, dass das Institut bereits am 21. Juli offiziell gegründet worden war, daher auch ohne die Unterstützung der Stiftung seine Tätigkeiten aufnehmen könne.[140] Damit war für die Stiftungsverantwortlichen sichergestellt, dass mithilfe der Subvention nicht das Institut an sich finanziert, sondern die Ausbildungs- und Forschungskapazitäten erhöht werden sollten. Lévy-Ullmann bat nun um eine Unterstützung in Höhe von 250.000 Francs, ohne aber über deren genauen Zweck Auskunft zu geben, lediglich allgemein von Ausweitung der Forschungen und Tätigkeiten war die Rede.[141] Nun insistierte Gunn bei Charléty, dass nur bei einer präzisen Aufstellung darüber, wie die Subvention eingesetzt werden sollten, über eine Unterstützung entschieden werden könne.[142] Daraufhin präzisierte Lévy-Ullmann sein Memorandum hinsichtlich des Verwendungszwecks der angefragten 250.000 Francs: 60.000 Francs sollten jährlich für den Ankauf neuer Bücher eingesetzt werden, 180.000 Francs für die Planung, Durchführung und Veröffentlichung von Forschungen, 10.000 Francs waren für Sonderausgaben vorgesehen. Zusätzlich bat Lévy-Ullmann um eine einmalige Zahlung von 50.000 Francs, um sofort mit den Forschungen beginnen zu können.[143] Eine ähnliche Schwierigkeit trat auch bei den Verhandlungen über eine Subvention für das *Institut d'Ethnologie* auf.[144]

Das Institut war 1925 auf Initiative von Lévy-Bruhl und Mauss sowie durch die Unterstützung des Kolonialministers Édouard Daladier gegründet worden.[145] Das Interesse vonseiten der Rockefeller Stiftung resultierte, so Helke Rausch,

139 RAC, Nr. Rockefeller Foundation records, projects: FA386, RG 1.1, Series 500, Subseries 500.S, Box 21, Folder 216, John Van Sickle, Brief an Edmund E. Day. Übersetztes Memorandum von Henri Lévy-Ullmann im Anhang, 23.7.1931, S. 1f.

140 Siehe dazu Henry Berthélemy, Rapport annuel du Doyen, in: Annales de l'Université de Paris 7 (1932), Nr. 2, S. 114–124, hier S. 115; Van Sickle, Brief, 23.7.1931, S. 1f.

141 RAC, Nr. Rockefeller Foundation records, projects: FA386, RG 1.1, Series 500, Subseries 500.S, Box 21, Folder 216, Henri Lévy-Ullmann, Translation of Memorandum submitted by Professor Levy-Ullmann July 19, 1931, in connection with request for aid to L'Institut de Droit Comparé, S. 10.

142 RAC, Nr. Rockefeller Foundation records, projects: FA386, RG 1.1, Series 500, Subseries 500.S, Box 21 Folder 216, Selskar M. Gunn, Memorandum of Interview between SMG and M. Charléty, 25.11.1931.

143 RAC, Nr. Rockefeller Foundation records, projects: FA386, RG 1.1, Series 500, Subseries 500.S, Box 21, Folder 216, Henri Lévy-Ullmann, Brief an John Van Sickle, 7.12.1931, S. 3.

144 Siehe allgemein zum Kontext der Unterstützung der britischen und französischen Ethnologie in der Zwischenkriegszeit durch die Rockefeller Stiftung insb. Rausch, Expertenkämpfe.

145 Zur Gründung siehe Fournier, Mauss, S. 502–512.

wesentlich aus drei Gründen: Erstens anerkannten die Stiftungsvertreter den Versuch, die Ethnologie von einer stark theoretisch ausgerichteten in eine empirisch orientierte Disziplin umzuwandeln. Zweitens stellte das Institut die »erste akademisch zertifizierte und staatlich anerkannte Ausbildungsstätte für Ethnologen im französischen Bildungssystem« dar. Die Nähe zum Kolonialministerium garantierte drittens, dass sich das Institut »an der Schnittstelle von akademischer und kolonialpolitischer Berufswelt« befand.[146] In einem Memorandum, das Rivet nach dem ersten Gespräch eingereicht hatte, betonte er die Notwendigkeit finanzieller Unterstützung, da aufgrund der derzeitigen Finanzlage des *Institut d'Ethnologie* weder alle angedachten Missionen durchgeführt noch alle Arbeiten publiziert werden könnten.[147] Auf Basis dieses Memorandums wurden im Dezember 1931 die Verhandlungen fortgesetzt, die erneut die formalen Probleme eines Projektvorschlags illustrierten. Anwesend waren neben Kittredge sowie Van Sickle noch Rivet und Mauss.

Mauss schlug dabei vor, die Stiftung möge doch einfach die Summe nennen, die sie für einen bestimmten Zeitraum zur Verfügung stellen könne, woraufhin dann ein entsprechendes Memorandum erstellt werden könne. Dies war für Van Sickle vollkommen ausgeschlossen: »JVS [John Van Sickle] pointed out that this was not the usual procedure [...].«[148] Der Vorschlag von Mauss zeigte die Unvertrautheit mit den bei der Stiftung etablierten Praktiken auf. Kittredge und Van Sickle führten weiter aus, dass das Memorandum von Rivet bestimmte Elemente vermissen lasse, die für die Entscheidungsfindung der Stiftung jedoch zentral waren. So fehlten beispielsweise Ausführungen darüber, welche Ziele das Forschungsprogramm verfolge, wie es in Zusammenarbeit mit der Regierung und weiteren Institutionen operationalisiert werden könne, welche Maßnahmen zur Nachwuchsrekrutierung ergriffen werden sollten und wie genau die eventuellen Stiftungsgelder eingeplant seien.[149] Tatsächlich enthielt das von Rivet eingereichte Memorandum keinen dieser Punkte, sondern betonte lediglich, das jährliche Budget müsse auf 500.000 Francs verdoppelt werden, »to increase the number of ethnological investigations while there is still time, viz., before native civilizations are too much influenced by the ever-increasing action of colonizing peoples.«[150] Doch die impliziten Erwartungen vonseiten der Stiftungsoffiziere beschränkten sich nicht allein auf formale Erfordernisse, sondern auch auf eine bestimmte Art der Gesprächsführung. Anders gesagt: »Experten weisen sich als

146 Rausch, Expertenkämpfe, S. 100–102.

147 RAC, Nr. Rockefeller Foundation records, projects: FA386, RG 1.1, Series 500, Subseries 500.S, Box 24, Folder 238, Paul Rivet, [Übersetztes Memorandum über das Institut d'ethnologie], 31.8.1931, S. 7f.

148 Kittredge, IE, S. 1.

149 Ebd., S. 2.

150 Rivet, IE, S. 7.

Experten […] aus über besondere Sprachen.«[151] Relevanz besitze daher, einerseits *was* gesagt wird, andererseits *wie* es gesagt wird.[152] Mauss beherrschte diese Praxis nicht:

> »In subsequent discussion, no definite conclusion was reached. […] Mauss repeatedly intervened in the discussion with general remarks as to the excellence of the work already done, the admirable qualities of the men already trained, and the part he had personally played in the work of the Institute.«[153]

Daher hieß es im Gesprächsfazit auch:

> »Much of the discussion was very confused, due largely to Mauss's interventions. It was difficult for Rivet, JVS [John Van Sickle] or TBK [Tracy B. Kittredge] to complete their sentences or to reach any practical conclusion. Mauss's intellectual attainments and ability as a scholar are not combined with any organizing or administrative talent.«[154]

Kittredge und Van Sickle beschlossen daher, sich in den folgenden Verhandlungen auf Rivet zu besinnen, dem sie – im Gegensatz zu Mauss – administrative und praktische Eigenschaften bescheinigten.[155]

Die Verhandlungen mit Bouglé verliefen weitaus unproblematischer. Das *Centre de documentation sociale* war 1920 auf Initiative des Bankiers Alberts Kahns gegründet und unter der Leitung Bouglés an die *Ecole normale supérieure* angegliedert worden. Nachdem Kahn, der das *Centre* jährlich mit 20.000 Francs finanzierte, Ende der 1920er Jahre im Zuge der Weltwirtschaftskrise ruiniert worden war, wandte sich Bouglé am 19. April 1932 an die *Rockefeller Foundation.*[156] Wie Bouglé gegenüber dem Rektor Charléty betonte, habe er die Stiftung über die Arbeit des *Centre* stets auf dem Laufenden gehalten.[157] Mit Van Sickle hatte er im Juli 1931 das *Centre* besichtigt, wobei Bouglé auf den Rockefeller-Offizier einen starken Eindruck hinterlassen hatte: »B. [Bouglé] most attractive person.«[158] Angesichts dieser Gespräche war Bouglé bestens vertraut mit den Zielen und den Erwartungen der Stiftung, sodass sein Ansinnen rasch von Erfolg gekrönt war: Bereits am 28. April des Jahres signalisierten die Stiftungsverantwortlichen Zustimmung für eine Subvention.[159]

151 Hitzler, Wissen, S. 14.
152 Ebd., S. 15.
153 Kittredge, IE, S. 2f.
154 Ebd., S. 3.
155 Ebd.
156 Jean-Christophe Marcel, Le durkheimisme dans l'entre-deux-guerres (Sociologie d'aujourd'hui), Paris 2001, S. 223f.
157 AN, Nr. Rectorat de l'Académie de Paris: 20010498/111, Célestin Bouglé, Brief an den Recteur de l'Académie de Paris, 19.4.1932; The RF, CDS, S. 1.
158 Van Sickle, Diary, 1931, S. 31–53.
159 The RF, CDS, S. 1.

Mithilfe der hinzugewonnenen finanziellen Mittel konnten die Institute ihre Tätigkeiten ausbauen oder, wie im Falle des *Institut d'Ethnologie*, stabilisieren.[160] Auch die Stiftung zeigte sich zufrieden, sodass die Subventionen am 4. April 1933 für ein weiteres Jahr verlängert worden sind.[161] Im Frühjahr 1934 wurde dann entschieden, die Hilfen um weitere sechs Monate zu verlängern,[162] sie dann aber in einen sogenannten *fluid research fund* zu überführen.[163] Bei einem *fluid research fund* handelte es sich um eine pauschale Subvention an eine Universität, die dann über das Geld selbstständig verfügen konnte.[164] Im September 1934 beschlossen die Verantwortlichen der *Rockefeller Foundation*, der Pariser Universität, zunächst befristet auf ein Jahr, 300.000 Francs zur Verfügung zu stellen.[165] Im Frühjahr wurde dann entschieden, der Universität beginnend ab dem 1. Oktober 1935 bis zum 30. September 1940 jährlich maximal 25.000 Dollar zur Verfügung zu stellen.[166] Zur Verwaltung wurde der *Conseil universitaire de la recherche sociale* unter dem Vorsitz Charlétys ins Leben gerufen.[167] An dessen Konstituierung war Bouglé erneut maßgeblich beteiligt.[168] Nach einer ersten Sitzung im Februar 1935 – Bouglé hatte dazu »à tout hasard«, wie er gegenüber Charléty bekannte, Lucien Lévy-Bruhl und Lévy-Ullmann, Albert Demangeon, Henri Hauser Paris sowie François Simiand einberufen[169] – erfolgte die tatsächliche Konstituierung am 6. Juni 1935.[170] Dieser *Conseil* verschaffte den lo-

160 Siehe dazu RAC, Nr. Rockefeller Foundation records, projects: FA386, RG 1.1, Series 500, Subseries 500.S, Box 21, Folder 216, Henri Lévy-Ullmann, Brief an John Van Sickle, 13.3. 1933, S. 1f.; RAC, Nr. Rockefeller Foundation records, projects: FA386, RG 1.1, Series 500, Subseries 500.S, Box 21 Folder 216, Institut de droit comparé, [Tätigkeitsbericht für das akademische Jahr 1933–34], [Juni 1934]; Lucien Lévy-Bruhl, Institut d'Ethnologie. Année scolaire 1932–1933, in: Annales de l'Université de Paris 9 (1934), Nr. 2, S. 163–168, hier S. 167. Zum *Centre de documentation sociale* vgl. Johan Heilbron, French Sociology, Ithaca (N.Y.) 2015, S. 118.

161 Siehe The RF, CDS, S. 2; Dies., IE, S. 2; Dies., IDC, S. 2.

162 Die Unterstützung für das *Centre de documentation* lief bis zum 30. September 1934, die Subventionen für das *Institut d'éthnologie* sowie das *Institut de droit comparé* wurden bis zum 30. September 1934 verlängert. Siehe dazu The RF, CDS, S. 2; Dies., IE, S. 3; Dies., IDC, S. 3.

163 Tournès, Fondation, S. 1387f.

164 Fosdick, Story, S. 203.

165 RAC, Nr. Rockefeller Foundation records, projects: FA386, RG 1.1, Series 500, Subseries 500.S, Box 24, Folder 240, The RF, University of Paris – Fluid research fund, 28.9.1934.

166 RAC, Nr. Rockefeller Foundation records, projects: FA386, RG 1.1, Series 500, Subseries 500.S, Box 24, Folder 240, The RF, University of Paris – Social Sciences, 17.4.1935.

167 Paul Vaucher, Le Conseil universitaire de la Recherche sociale, in: Annales de l'Université de Paris 12 (1937), Nr. 1, S. 58–65.

168 Tournès, Fondation, S. 1387.

169 AN, Nr. École normale supérieure. Papiers des directeurs. Administration générale, gestion C. Bouglé: 61AJ/92, Célestin Bouglé, Brief an den Recteur de l'Académie de Paris Sébastien Charléty, 21.2.1935.

170 AN, Nr. Rectorat de l'Académie de Paris: 20010498/111, CURS, Séance du 6 Juin 1935.

kalen Organisatoren, besonders Bouglé und Charléty eine einflussreiche Position im Feld der französischen Sozialwissenschaften.

Neue Machtpositionen

Der wachsende Einfluss bestimmter Sozialwissenschaftler blieb bereits zeitgenössisch nicht unbemerkt, was folgende Anekdote zumindest anzudeuten vermag. Die österreichische Historikerin Lucie Varga, die nach einem Studium in Wien 1933/34 nach Paris übersiedelte und dort in Kontakt mit Lucien Febvre kam,[171] bewarb sich 1935 auf ein Stipendium der *Rockefeller Foundation*, eine Bewerbung, die jedoch erfolglos blieb.[172] In einem Brief vom 12. August 1935 an Marc Bloch erwähnte Febvre diese Ablehnung und konnte sich einen Seitenhieb auf die neue Förderstruktur durch den *Conseil* nicht verkneifen:

> »[E]lle [Varga] est très aplatie par un refus brutal et catégorique de l'Homme de Rockefeller, Kittredge. Sous de prétextes administratifs qui déguisent mal la paresse d'esprit d'un homme qui aime mieux remettre une grosse somme à des crétins de Sorbonne (lesquels la gaspillent) qui de choisir lui-même.«[173]

Mit den »Kretins von der Sorbonne« spielte Febvre ganz ohne Zweifel auf die Mitglieder des *Conseil* an, der sich im Juni 1935 offiziell konstituiert hatte. In diesem waren mit Charléty als Rektor der Universität, mit den *doyens* der *Faculté de Droit* und der *Faculté de lettres* sowie mit Bouglé als Direktor der *Ecole normale* die Autoritäten der Pariser Hochschullandschaft vertreten. Indem die *Rockefeller Foundation* die Verfügungsgewalt über die finanziellen Mittel in die Hände der Wissenschaftler selbst legte, konnten die Gremienvertreter Einfluss auf die sozialwissenschaftliche Forschung und Forschungspolitik ausüben.[174] Dieser Ausbau wissenschaftsorganisatorischer Machtpositionen ist auch vor dem Hintergrund der sich institutionalisierenden Wissenschaftspolitik in Frankreich zu sehen.

---

171 Einen biographischen Abriss Vargas bietet Peter Schöttler, Die »Annales«-Historiker und die deutsche Geschichtswissenschaft, Tübingen 2015, S. 150–167.

172 Ebd., S. 159.

173 Lucien Febvre, CCCXI. Brief an Marc Bloch, [12.8.1935], in: Marc Bloch/Lucien Febvre, in: Correspondance. Tome deuxième. 1934–1937, Paris 2003, S. 276–278, hier S. 278. Bloch hatte Varga ein Empfehlungsschreiben verfasst, worauf Febvre Bezug nahm. Vgl. dazu Schöttler, Annales, S. 159.

174 Ein ähnliches Vorgehen praktizierte die Stiftung auch in den USA, wo der *Social Science Research Council* Fördergelder verteilte. Vgl. Roger L. Geiger, To Advance Knowledge. The Growth of American Research Universities, 1900–1940 (Transaction Series in Higher Education), New Brunswick (N.J.) 2004, S. 169. Zum *Social Science Research Council* siehe allgemein Donald Fisher, Fundamental Development of the Social Sciences. Rockefeller Philanthropy and the United States Social Science Research Council, Ann Arbor 1993.

Angefangen mit der 1901 gegründeten *Caisse des recherches scientifiques* und der 1930 ins Leben gerufenen *Caisse nationale des sciences*, wurden erste institutionelle Grundsteine für eine französische Wissenschaftspolitik, auch im Bereich der Sozialwissenschaften, gelegt.[175] Die *Caisse nationale* etwa vergab dreijährige Stipendien für Doktoranden sowie finanzierte Forschungsstellen.[176] Die Initiativen, die französische Forschungspolitik zu koordinieren, ja zu rationalisieren, mündeten 1933 in die Gründung des *Conseil supérieur de la recherche scientifique*,[177] in dem auch die uns bereits bekannten Bouglé, Charléty, Mauss und Rist vertreten waren.[178] Nach diversen weiteren Institutionsgründungen und Zusammenlegungen wurde 1939 das *Centre national de la recherche scientifique* gegründet. Dieses *Centre* fasste die bisherigen Initiativen zusammen und vereinigte sie in einer Institution.[179] Das neu geschaffene *Centre* rückte rasch in das Blickfeld der Verantwortlichen des *Conseil universitaire de la recherche sociale*.

Als beginnend ab 1939 über die Fortsetzung der Rockefeller Subvention beraten wurde, plante Charléty den *Conseil* nicht nur unabhängig von der Pariser Universität zu machen, sondern ihn zugleich auf die nationale Ebene auszuweiten,[180] um so nicht nur die sozialwissenschaftliche Forschung in Paris, sondern in ganz Frankreich koordinierend beeinflussen zu können.[181] Charléty beabsichtigte, dass dieser nationale Forschungsrat zum einen durch die *Rockefeller Foundation*, zum anderen durch das *Centre national de la recherche scientifique* finanziert werden sollte. Und damit nicht genug: Charléty zielte mit diesem nationalen Forschungsrat auch auf die Beeinflussung der Förderpolitik des *Centre national de la recherche scientifique*.[182] Große Ziele, denen jedoch der Ausbruch des Zweiten Weltkriegs ein jähes Ende setzte.[183]

175 Olivier Dumoulin, Les sciences humaines et la préhistoire du CNRS, in: Revue française de sociologie 26 (1985), Nr. 2, S. 353–374, hier S. 357–366.
176 Ebd., S. 362f.
177 Zur Gründungsgeschichte des *Conseil* siehe Picard, République, S. 34–42.
178 Tournès, Fondation, S. 1386.
179 Duclert, France, S. 24f.
180 RAC, Nr. Rockefeller Foundation records, administration, program and policy: FA112, RG 3, Series 910, Box 3, Folder 16, Joseph H. Willits, Notes on Europe, Juni 1939, S. 14.
181 RAC, Nr. Rockefeller Foundation records, projects: FA386, RG 1.1, Series 500, Subseries 500.S, Box 24, Folder 242, Tracy B. Kittredge, Present Position of Research in the Social Sciences in France, 22.6.1939, S. 4.
182 Willits, Notes, S. 14.
183 Tournès, Fondation, S. 1401.

Fazit

Abschließend ist festzuhalten, dass die Verantwortlichen der Stiftung in vielfältiger Weise auf lokale Organisatoren angewiesen waren. Aufgrund von Unkenntnis über lokale Situationen bedurfte es Experten, die komplexitätsreduziert einen Überblick verschaffen halfen. Zugleich aber oblag es den lokalen Experten, konkrete Handlungsempfehlungen für die Entscheidungsträger der Stiftung auszusprechen. Es konnte gezeigt werden, dass Akteure wie Rist oder Mauss zunächst an diesen Anforderungen scheiterten, da sie sich nicht vertraut zeigten mit den impliziten Erwartungen der Stiftung sowie der projektförmigen Forschung. Wichtig ist zu betonen, dass aufgrund dieser Unvertrautheit in den 1920er Jahren, jenseits des Stipendienprogramms, das *Memorial* nicht in Frankreich Fuß fassen konnte. Doch es stellten sich Lerneffekte ein: In den 1930er Jahren avancierten zunächst vor allem Bouglé, später Charléty zu zentralen Ansprechpartnern der Stiftung. Beiden gelang es so, wissenschaftsorganisatorische Machtpositionen im entstehenden Feld der französischen Wissenschaftspolitik zu besetzen.

Abgesehen davon hat die Untersuchung die Wichtigkeit von Experten am Schnittpunkt zwischen Wissenschaft und Philanthropie aufgezeigt. Gerade diese Bedeutung wissenschaftlicher Experten in der Zwischenkriegszeit vermag Impulse für eine Geschichte von Wissenschaftsorganisatoren zu liefern.[184] Zugleich kann so ein Beitrag zur Historisierung der Wissensgesellschaft geleistet werden.[185]

184 Dabei kann an die Forschungen von Anne Kwaschik über die Rockefeller Stiftung und die Rolle von Wissenschaftsmanagern angeschlossen werden. Siehe dazu Kwaschik, Exchanges; Dies., Planification.

185 Vgl. dazu Margit Szöllösi-Janze, Wissensgesellschaft in Deutschland. Überlegungen zur Neubestimmung der deutschen Zeitgeschichte über Verwissenschaftlichungsprozesse, in: Geschichte und Gesellschaft 30 (2004), S. 275–311; Jakob Vogel, Von der Wissenschafts- zur Wissensgeschichte. Für eine Historisierung der »Wissensgesellschaft«, in: Geschichte und Gesellschaft 30 (2004), Nr. 4, S. 639–660.

Catrin Dingler / Elena Tertel

»Eine solche Zeitschrift brauchen wir«. Karl Jaspers' Universitätsidee und die Gründung der Zeitschrift *Studium Generale*

Abstract

Based on the discussions about the reconstruction of German universities after 1945, this essay reflects on the importance of Karl Jaspers' university writings for the founding of the journal Studium Generale. Zeitschrift für die Einheit der Wissenschaften im Zusammenhang ihrer Begriffsbildung und Forschungsmethoden (1947–1971). The journal was intended to spark and promote both public scientific discussion and the interdisciplinary exchange of faculties. This intention is indicated from 1968 onwards, as can be seen in the English subtitle of Studium Generale. Journal for the Interdisciplinary Relations of Science, their Philosophical Foundations and their Consequences. This essay explores the journal's founding phase on the basis of the correspondence contained in the Jaspers manuscript archive, the revised version of his Idee der Universität (1946) and his university policy interventions, mainly published in the first post-war cultural journal Die Wandlung (1945/46–1949). The conceptual historical analysis of the essay shows that, from the beginning, the Studium Generale acted as a living »small archive« which was a catalyst for discussions on »revival« and »renewal« of the »unity of sciences« that caused significant shifts in the inner circle of the representatives of the traditional idea of university.

Die Begeisterung, mit der Karl Jaspers im Dezember 1945 auf den Vorschlag seines Verlegers Ferdinand Springer reagierte, gemeinsam eine Zeitschrift für die Einheit der Wissenschaften zu gründen, scheint sich dahingehend auf die Wissenschaft übertragen zu haben, dass Zeitschriften fächerübergreifend zunehmend zum Gegenstand der Forschung werden. Aus der Literaturwissenschaft stammt der jüngste Vorschlag, in Anlehnung an Studien von Michel Foucault, Zeitschriften als »kleine Archive« zu erforschen.[1] Während die verschiedenen disziplinenspezifischen Herangehensweisen sich darin gleichen würden, Zeitschriften nur als Container für Informationen zu betrachten, gelte es, sie als eigenständige, genuine Forschungsobjekte in den Blick zu nehmen.[2]

1 Vgl. das Themenheft »Zeitschrift als Archiv« der Zeitschrift Sprache und Literatur 45 (2014), Nr. 2.

2 Vgl. Gustav Frank, Prolegomena zu einer integralen Zeitschriftenforschung, in: Jahrbuch für Internationale Germanistik 48 (2016), Nr. 2, S. 101–121, hier S. 105.

Mit dem Konzept der Zeitschriften als »kleine Archive« soll der Modus der Wissenskonstitution, der Wissensaufbewahrung und der Wissenszirkulation erfasst werden. Zeitschriften werden also explizit nicht als bloßes Sammelsurium oder statisches Repositorium von Wissensbeständen verstanden, sondern in ihrer eigenen archivalischen Funktion ernst genommen. Sie genügen dieser Funktion, indem sie die dynamischen Prozesse der »Kommunikation, Transformation und ›Wiedereinspeisung‹ von Wissen« sichtbar machen, mithin durch die periodische Zusammenstellung von Wissen selbst neue Entdeckungen liefern und Debatten anstoßen.[3] In Anlehnung an diese Konzeption soll im Folgenden das fachwissenschaftliche Medium *Studium Generale. Zeitschrift für die Einheit der Wissenschaften im Zusammenhang ihrer Begriffsbildung und Forschungsmethoden* (1947–1971) für eine bildungshistorische Reflexion als »kleines Archiv« in den Blick genommen werden.

Allein der Zeitschriftentitel mag bereits eine archivalische Funktion evozieren, insofern im Mittelalter das *studium generale* für eine Bildungsstätte stand, an der im Unterschied zum *studium particulare* ein allumfassendes Fächerangebot vermittelt wurde. Auch der historische Moment, als im Oktober 1947 das erste Heft von *Studium Generale* erschien, lässt an archivarische Motive für die Zeitschriftengründung denken, galt es doch die Stimmen derer zu (ver)sammeln, die noch da waren, überlebt hatten und die nach Jahren des Schreib- und Publikationsverbots wieder öffentlich auftreten konnten. Zeitschriften wirken oft als »Kristallisationspunkte und Verständigungsforen«, wodurch sie zu einem Ort der Verhandlung von Kontinuität, Tradition und Veränderung werden.[4] Die Zeitschrift in ihrer archivalischen Funktion konstituiert einen eigenen intellektuellen Raum, wird selbst zu einem historischen Akteur. Zugleich rückt die Betrachtung der Zeitschrift als Archiv Zugangsfragen in den Blick, denn jedem Archiv ist ein Begriff von Öffnung und Beschränkung eingeschrieben, insofern einerseits in jedem Archiv Spuren zu weiteren Archiven führen, andererseits der Blick ins Archiv oft fokussiert ist und auf eine Auswahl des Bestandes beschränkt bleiben muss.

Das gilt auch für die hier vorgenommene Reflexion zur Bedeutung von Karl Jaspers und seiner Idee von Universität für die Gründung der Zeitschrift *Studium Generale.* Im Zentrum der Analyse steht nicht der Bestand der Zeitschrift *Studium Generale,*[5] sondern eine im Deutschen Literaturarchiv Marbach befindli-

3 Vgl. Susanne Düwell und Nicolas Pethes, Editorial: Zeitschrift als Archiv, in: Sprache und Literatur 45 (2014), Nr. 2, S. 1–3, hier S. 1.

4 Friedrich Kießling, Die undeutschen Deutschen. Eine ideengeschichtliche Archäologie der alten Bundesrepublik 1945–1972, Paderborn 2012, S. 38.

5 Die Zeitschrift *Studium Generale* erschien von 1947 bis 1971, umfasst also insgesamt 24 Jahrgänge. Bis zum Dezember 1948 wurden die Hefte im Zweimonatsrhythmus, ab 1949 nahezu monatlich, mindestens aber 10 Hefte pro Jahrgang, ab den späten 1950er Jahren bis zu

che Handschriftenmappe[6] von Jaspers, in der die Gründungsphase der Zeitschrift, vom ersten Vorschlag im Dezember 1945 bis zum Erscheinen des ersten Heftes im Oktober 1947 (und einige sporadische Korrespondenzen darüber hinaus), dokumentiert ist.[7]

Der Beitrag wird zunächst den historischen Kontext, das heißt die Situation des Heidelberger Philosophen Karl Jaspers in der unmittelbaren Nachkriegszeit und seine Funktion beim Wiederaufbau der Universität in Erinnerung rufen (1). Anhand des in der Handschriftenmappe enthaltenen Briefwechsels zwischen Jaspers und seinem Verleger, dessen Mitarbeiter und den späteren Mitherausgebern der Zeitschrift wird anschließend die Gründungsphase von *Studium Generale* nachgezeichnet (2). Während der mehrmonatigen Vorbereitungen trat Jaspers bereits als Mitherausgeber und Autor der Zeitschrift *Die Wandlung* (1945–1949) in Erscheinung. Ein Blick in diese erste von der US-amerikanischen Besatzungsbehörde lizensierten Zeitschrift lässt Jaspers' doppelte Vermittlerrolle für zwei gleichermaßen an ein akademisch-universitäres Publikum adressierte Zeitschriften erkennen. Seine in der *Wandlung* publizierten Gedanken zur Universität prägten zunächst auch das Selbstverständnis der Zeitschrift *Studium Generale* (3). In der begriffsgeschichtlich angelegten Analyse der Briefe aus der Handschriftenmappe, Jaspers' Neuausgabe der *Idee der Universität* (1946) und seinen bildungs- und universitätspolitischen Interventionen in der *Wandlung* zeigt sich die archivalische Funktion der in Planung befindlichen neuen Zeitschrift: *Studium Generale* fungierte schon während ihres

---

der Einstellung der Zeitschrift 1971 regelmäßig 12 Hefte pro Jahr publiziert. Das Layout blieb von 1947 bis 1967 unverändert, 1968 erfolgte ein Relaunch, der auch einen Wechsel zu einem zweisprachigen Untertitel beinhaltete. Dieser lautete fortan: *Zeitschrift für die Einheit der Wissenschaften, ihre philosophischen Grundlagen und ihre Konsequenz. Journal for the Interdisciplinary Relations of Science, their Philosophical Foundations and their Consequences.* In Bibliotheksverzeichnissen wird die Zeitschrift in Anlehnung an den englischen Untertitel unter dem Titel *Studium Generale. Zeitschrift für interdisziplinäre Studien* geführt.

6 Deutsches Literaturarchiv (DLA) Marbach, A: Jaspers/Gründung »Studium Generale« 1946.

7 Die Erforschung der Gründungsphase der Zeitschrift *Studium Generale* vollzieht sich im Rahmen des von der DFG geförderten Forschungsprojekts »Studium Generale in der BRD nach 1945« unter der Leitung von Prof. Dr. Rita Casale (Professur für Allgemeine Erziehungswissenschaft und Theorie der Bildung) und Prof. Dr. Gabriele Molzberger (Professur für Erziehungswissenschaft mit dem Schwerpunkt Berufs- und Weiterbildung) an der Bergischen Universität Wuppertal. Ziel des gemeinsamen Forschungsvorhabens ist es, den Wandel des Studium Generale nach 1945 in Zusammenhang mit der sich transformierenden Idee und gesellschaftlichen Funktion der Universität wissens- und bildungsgeschichtlich zu erforschen. Vgl. Rita Casale und Gabriele Molzberger, Studium Generale in der BRD nach 1945. Zu Konstitution und Wandel universitärer Bildungsformate, in: Erziehungswissenschaft 29 (2018), Nr. 56, S. 121–132; sowie die URL: www.studiumgeneralenach1945.de (28.8.2019). Wir danken Rita Casale, Gabriele Molzberger und Eliza Grezicki, dass sie uns das aus umfangreichen Vorstudien zum Projekt vorhandene Quellenmaterial zur Verfügung gestellt haben.

Entstehungsprozesses nicht als bloßes Speichermedium, sondern als Aushandlungsort für den Umgang mit der Tradition (4). Wie die Diskussion um die Möglichkeit und Notwendigkeit einer Zeitschrift zur »Wiederbelebung« und »Erneuerung« der »Einheit der Wissenschaften« bereits am Ende der 1940er Jahre Verschiebungen im Deutungsmuster der alten Idee von Universität bewirkte und sich innerhalb und außerhalb der Zeitschrift neue intellektuelle Räume herausbildeten, wird abschließend im Fazit skizziert.

(1)

Zwei Tage nach dem Einmarsch der amerikanischen Truppen in Heidelberg am 30. März 1945 veranlasste die amerikanische Militärbehörde die Schließung einer der traditionsreichsten Institutionen der Stadt – der Universität. Die Schließung der Universität Heidelberg bedeutete nicht nur die Unterbrechung des akademischen Lehrbetriebs, den Stillstand von Forschung und Lehre, sie kann auch als eine Reaktion der amerikanischen Militärbehörde auf eine Institution gedeutet werden, »die sich nicht ohne eigenes Zutun den Ruf der radikalsten Universität im Nationalsozialismus erworben hatte«.[8] In den ersten Nachkriegsmonaten, die von Fragen der Denazifizierung, der Festsetzung von Erziehungszielen und der politischen Neuverortung der wiederzueröffnenden Universität bestimmt waren, wurde Karl Jaspers (1883–1969), »der für die amerikanische Militärbehörde bekannteste unter allen Heidelberger Professoren«[9], zu einem zentralen Ansprechpartner. Als Mitglied der wichtigsten Gesprächs- und Verhandlungskreise war er an allen belangvollen Fragen zur Wiedereröffnung der Universität beteiligt. Jaspers hatte bereits in Heidelberg studiert und nach dem Studium zunächst als Mitarbeiter der psychiatrischen Universitätsklinik Heidelberg gearbeitet. 1913 habilitierte er sich mit einer Studie zur *Allgemeinen Psychopathologie* allerdings nicht an der Medizinischen, sondern an der Philosophischen Fakultät. 1921 wurde er Ordinarius für Philosophie. Nachdem er bereits 1933 aus der Universitätsverwaltung ausgeschlossen worden war, erfolgte 1937 mit Verweis auf das *Gesetz zur Wiederherstellung des Berufsbeamtentums*, das jüdische und politisch unerwünschte Beamte aus dem öffentlichen Dienst entfernte, seine Zwangspensionierung. Bis zum Kriegsende

8 Die Schließung der Universität und die Beschlagnahmung eines Großteils der Gebäude erfolgte auf der Grundlage der *Proklamation Nr. 1* von General Eisenhower. Um die medizinische Versorgung gewährleisten zu können, blieben allein die Kliniken geöffnet, ansonsten stand der gesamte akademische Betrieb still. Vgl. Joachim-Felix Leonhard (Hg.), Karl Jaspers in seiner Heidelberger Zeit (Heidelberger Bibliotheksschriften 8), Heidelberg 1983, S. 125.
9 Ebd., S. 127.

lebte er zusammen mit seiner jüdischen Frau zurückgezogen und unter zunehmend schlechteren Arbeits- und Lebensbedingungen in Heidelberg.[10]

Die US-amerikanische Militärbehörde suchte die Verantwortung des organisatorischen und geistigen Neubeginns der Universität der deutschen Professorenschaft selbst zu übertragen[11] und stellte zu diesem Zweck für den Wiederaufbau der Universität Heidelberg einen Arbeitskreis von Personen zusammen, »die keine politische Vergangenheit besaßen oder zumindest während der NS-Zeit kein Amt der akademischen Selbstverwaltung bekleidet hatten«.[12] Schon am 5. April 1945 konstituierte sich, initiiert durch den *Counter Intelligene Corps* (CIC), der sogenannte Dreizehnerausschuss.[13] Das Gros der Mitglieder hatte gemein, dass sie ihre prägenden Jahre als Studenten und Professoren während der Kaiserzeit und der Weimarer Republik durchlebt hatten und eine »exklusive, aristokratische Kultur der Hochschule«[14] vertraten. Sie unterschieden sich jedoch in ihrer Haltung gegenüber den liberaldemokratischen Werten der US-Amerikaner – lediglich drei der Mitglieder waren aktive Befürworter der Weimarer Republik gewesen – und im Hinblick auf ihre persönliche und berufliche Situation während des NS-Regimes. Zwar war keines der Ausschussmitglieder je in die NSDAP eingetreten, doch hatten sich einige in unterschiedlicher Intensität mit den neuen Machthabern arrangiert und während der Jahre der NS-Herrschaft auch gelehrt.[15] Über die inhaltliche Ausrichtung der Konzeption einer neuen Universitätsverfassung hinaus war der Dreizehnerausschuss auch auf institutioneller Ebene das entscheidende Gremium bis zur Wahl des neuen

10 Jaspers selbst berichtet, nach dem Krieg erfahren zu haben, dass für ihn und seine Frau der Abtransport in die nationalsozialistischen Vernichtungslager bereits terminiert war und nur durch die Befreiung Heidelbergs vereitelt wurde. Vgl. Karl Jaspers, Philosophische Autobiographie, München 1977, S. 74.

11 Vgl. Steven P. Remy, Geistesaristokratie und Entnazifizierung. Die gescheiterte »Amerikanisierung« der Universität Heidelberg nach 1945, in: America on my mind. Zur Amerikanisierung der deutschen Kultur seit 1945, hg. von Alexander Stephan und Jochen Vogt, München 2006, S. 75–92, hier S. 79.

12 Leonhard (Hg.), Jaspers, S. 127.

13 Zu den Mitgliedern des Gremiums, das tatsächlich nicht nur dreizehn, sondern vierzehn Mitglieder umfasste, zählten Martin Dibelius (Vorsitzender), Karl-Heinrich Bauer, Karl Jaspers, Gustav Radbruch, Alfred Weber, Otto Regenbogen, Karl Freudenberg, Renatus Hupfeld, Fritz Ernst, Ernst Engelking, Curt Oehme, Walter Jellinek, Wolfgang Gentner, Alexander Mitscherlich und Emil Henk. Vgl. Remy, Geistesaristokratie und Entnazifizierung, S. 80.

14 Ebd.

15 Dies gilt insbesondere für die Naturwissenschaftler Karl Freudenberg, Curt Oehme und Wolfgang Gentner, aber auch für Karl Heinrich Bauer, der auch mit einer Jüdin verheiratet war, aber anders als Jaspers während der NS-Zeit nicht mit Lehr- und Publikationsverbot belegt worden war, sondern in der Heidelberger Universitätsklinik eine leitende Stellung innegehabt hatte.

Rektors und zur Zusammenkunft des Senats.[16] Jaspers' Bestreben nach einer geistigen Neugründung der Universität, die mehr sein sollte als eine bloße Wiederherstellung des Alten, kam in der Neufassung seiner Schrift *Die Idee der Universität* (1946) zum Ausdruck.[17] Die in ihr entwickelten Gedanken prägten die vom Dreizehnerausschuss ausgearbeitete neue Verfassung zur Wiedereröffnung der Universität Heidelberg.[18] Am 8. August 1945 wurde Karl Heinrich Bauer zum ersten Rektor nach dem Krieg gewählt, wenige Tage später hielt Jaspers die Festrede zur Wiedereröffnung der Medizinischen Fakultät. Im Herbst nahm er selbst als Philosophieprofessor den Universitätsdienst wieder auf und wurde noch im selben Jahr zum Senator der wiedereröffneten Universität Heidelberg ernannt.

(2)

Am Ende des Jahres 1945, Jaspers wartete noch ungeduldig auf das Erscheinen seiner Neufassung der *Idee der Universität*, wandte sich sein Verleger Ferdinand Springer (1881–1965) mit einem Anliegen anderer Art an ihn. »Halten Sie mich nicht für einen Phantasten«, schreibt Springer an Jaspers, »wenn ich zu einer Zeit, in der das Nächstliegende von dem zu seiner Ausführung Berechtigten und Befähigten kaum getan werden kann, mit ganz neuen Plänen komme.«[19] Springer beabsichtigte, eine Zeitschrift zu gründen und wollte Jaspers als Herausgeber gewinnen. Er begründete sein Vorhaben damit, dass es einer »Arena« methodischer und begrifflicher Auseinandersetzung der Vertreter verschiedener Fächer »zwecks Erkennung und Förderung der Wahrheit« bedürfe.[20] Jaspers nahm den Vorschlag mit Begeisterung auf, er hielt den Plan für »ausgezeichnet«.[21] Die Zeit sei reif für eine Zeitschrift, die einen »Kampfplatz der besten wissenschaftlichen Geister« eröffne und eine fächerübergreifende Diskussion ermögliche, um »dem Uebel der fortschreitenden Spezialisierung« und der »Blindheit

16 Vgl. Leonhard (Hg.), Jaspers, S. 128.

17 Im Vorwort hebt Jaspers hervor, dass die Neuausgabe weder eine zweite Auflage seiner bereits 1923 unter gleichlautendem Titel erschienenen Universitätsschrift sei noch eine einfache Umarbeitung derselben, »sondern auf Grund der Erfahrung der beiden letzten schlimmen Jahrzehnte ein neuer Entwurf«. Jaspers widmet die Neuausgabe Karl Heinrich Bauer, dem »Rektor des Wiederaufbaus«. Vgl. Karl Jaspers, Die Idee der Universität (1946), in: Karl Jaspers. Schriften zur Universitätsidee (Karl Jaspers Gesamtausgabe I/21), hg. von Oliver Immel, Basel 2015, S. 103–202, hier S. 105.

18 Vgl. Leonhard (Hg.), Jaspers, S. 128.

19 DLA Marbach, A: Jaspers, Springer an Jaspers, 10.12.1945.

20 Ebd.

21 DLA Marbach, A: Jaspers, Jaspers an Springer, 25.12.1945.

für die wissenschaftliche Umwelt« entgegenzuwirken.[22] Die Gründung der neuen Zeitschrift war damit beschlossen. Mit Jaspers' Zusage begann die sich über viele Monate hinziehende Konstitutionsphase der zukünftigen Zeitschrift *Studium Generale*. Gerade in der unmittelbaren Nachkriegszeit, die Jaspers als eine »Lähmung«[23] erlebte, erfüllte ihn das Vorhaben mit Zuversicht. Er hoffte, dass die neue Zeitschrift zum Austausch ermuntern und herauslocken würde: »Ein Erfolg wäre ein Segen für das Neuentstehen eines öffentlichen wissenschaftlichen Lebens in Deutschland.«[24]

Bereits in den ersten Briefen hob Springer die Bedeutung hervor, die der Heidelberger Philosoph für die Zeitschrift haben sollte, er adressierte Jaspers von Beginn an als »zentrale Persönlichkeit«.[25] Auch bezüglich der Frage des Herausgeberkreises hatte Springer klare Vorstellungen, die Zeitschrift sollte »unter philosophischer Oberleitung stehen«, wobei er voraussetzte, dass es hierfür keiner weiteren Begründung bedurfte.[26] Er betonte stattdessen, dass der »leitende Philosoph« ein Herausgeberkollegium aus Vertretern verschiedener Wissenszweige vorschlagen solle. Springer dachte an einen Kreis von »hierzu Berufenen«,[27] ließ allerdings offen, wer damit - neben Jaspers - gemeint sein könnte. Unmittelbar nach Kriegsende sei der Austausch innerhalb der und zwischen den Besatzungszonen beschwerlich, man wisse zu wenig voneinander, klagte Jaspers in Bezug auf die Aufgabe, einen erweiterten Herausgeberkreis zusammenzustellen. Er sah die wichtigste Frage und Hauptschwierigkeit für die Realisierung des Zeitschriftenprojekts in der Auswahl der Autoren.[28] In der Annahme, dass Jaspers »die Führung« der eigentlichen Redaktion der Zeitschrift »lästig sein würde«, schlug Springer früh »die Einsetzung eines die eigentlichen Geschäfte führenden Redakteurs« vor und empfahl hierfür den in Berlin tätigen Rechtswissenschaftler Hans Peters (1896–1966) als »hervorragend geeignet«.[29] Trotz oder gerade wegen seines Vorschlags, die Redaktion der Zeitschrift nicht an Jaspers zu übergeben, hielt Springer jedoch mit Nachdruck fest:

> »Grundsätzlich möchte ich im vollen Einverständnis mit Herrn Professor Peters aber nochmals betonen, dass Sie selber die zentrale Persönlichkeit sein müssen, und das Herr Professor Peters nur unter der Voraussetzung seine Dienste als geschäftsführender Redakteur anbietet, dass sich volle Übereinstimmung zwischen Ihnen Beiden ergibt,

22 Ebd.
23 Ebd.
24 Ebd.
25 DLA Marbach, A: Jaspers, Springer an Jaspers, 11. 1. 1946.
26 DLA Marbach, A: Jaspers, Springer an Jaspers, 10. 12. 1945.
27 Ebd.
28 Vgl. DLA Marbach, A: Jaspers, Jaspers an Springer, 25. 12. 1945.
29 DLA Marbach, A: Jaspers, Springer an Jaspers, 10. 12. 1945.

und dass Sie nicht eine andere Persönlichkeit etwa in Heidelberg wissen, dessen Geschäftsführung für Sie eine grössere Erleichterung bedeuten würde.«[30]

Nachdem man sich auf den neuen leitenden Redakteur geeinigt hatte, ging es fortan um die Frage, welche Fächer durch welche Professoren in der Zeitschrift repräsentiert werden könnten, war man sich doch einig, dass das Gelingen des Vorhabens vornehmlich von der Auswahl der »richtigen«[31] Mitarbeiter abhängig sein würde. Nach welchen Maßstäben die richtigen von den weniger richtigen Mitarbeitern der Zeitschrift unterschieden werden konnten, erfährt man aus den Briefwechseln nicht. Die Rede ist von einem undefinierten »Wir«, beschworen wird die Einheit der »deutschen« Wissenschaftler, der »echten Forscher«, der »Kundigen«, in deren Händen das »Wesentliche« liege.[32] Konsens herrschte zwischen dem anfänglichen Dreier-Gremium bezüglich der Bedeutung der Philosophie. Deren Primat steht im gesamten Briefwechsel zwischen Jaspers, Peters und Springer außer Diskussion und wird später auch vom erweiterten Mitherausgeberkreis nicht hinterfragt.[33] Technik und Wirtschaft bestimmte Springer von vornherein als nachranging,[34] die Pädagogik wurde erst nach einigen Diskussionen in das Fächerspektrum integriert.

Aus den Briefen von Peters wird deutlich, dass dieser das Verbindende der Wissenschaften nicht auf der Ebene von Universitätsreformen oder »in organisatorischen Mitteln« verortete,[35] vielmehr sollten die Bedingungen des Austauschs über das Gemeinsame in den Wissenschaften erörtert werden. Die große Ambition, die »geistig noch zerstreuten Kräfte zu sammeln«[36] und in ein gemeinsames Gespräch zu bringen, spiegelte sich auch in den ersten formalen Überlegungen: Aus einer Monatsschrift von größerem Umfang sollte sich eine 14-tägige Zeitschrift mit geringerer Seitenzahl, schließlich eine Wochenzeitschrift etablieren. Perspektivisch war das Projekt als generationenübergreifendes, die Nachwuchswissenschaftler einbeziehendes und förderndes Vorhaben angelegt.[37] Den Schwerpunkt der Zeitschrift sollten Originalaufsätze zu Themen bilden, die wissenschaftliche Methodik und Begriffsbildung betrafen. Geplant

30 DLA Marbach, A: Jaspers, Springer an Jaspers, 11. 1. 1946.

31 DLA Marbach, A: Jaspers, Peters an Jaspers, 15. 1. 1946.

32 DLA Marbach, A: Jaspers, Springer/Jaspers/Peters an die Herausgeber, März 1946.

33 Dagegen sollten »pseudowissenschaftliche [...], populäre Weltbilder« in jedem Fall vermieden werden. Vgl. ebd.

34 Vgl. DLA Marbach, A: Jaspers, Springer an Jaspers, 18. 1. 1946. Für Jaspers wurde die Frage der Technik im Hinblick auf einen »kommenden Humanismus« in den ersten Nachkriegsjahren jedoch bedeutsam. Vgl. Karl Jaspers, Über Bedingungen und Möglichkeiten eines neuen Humanismus, in: Die Wandlung 4 (1949), S. 710–734.

35 DLA Marbach, A: Jaspers, Springer an Jaspers, 18. 1. 1946.

36 DLA Marbach, A: Jaspers, Anschreiben von Springer/Jaspers/Peters an die Herausgeber, März 1946.

37 Vgl. DLA Marbach, A: Jaspers, Peters an Jaspers, 15. 1. 1946.

waren darüber hinaus Diskussionen zu übergreifenden Themen verschiedener Fachvertreter und Berichte aus verschiedenen Fachgebieten, sofern diese sich mit fächerübergreifenden Themen und Problemen befassten.

Im März 1946 wurde schließlich ein vierseitiges Anschreiben an eine Reihe möglicher Mitherausgeber der Zeitschrift, die noch unter dem Arbeitstitel *Universitas literarum* geführt wurde, versandt.[38] Ausgehend von der Tradition »deutschen Denkens«, wonach »alle Wissenschaften zusammengehören in einem Kosmos des Wissens, an dem teilzuhaben die wissenschaftliche Bildung ausmacht«, gelte es die »geistigen Kräfte« in gegenseitiger Ermutigung in Beziehung zu bringen.[39] Motiviert werde das Zeitungsprojekt als Reaktion auf die Spaltung der Natur- und Geisteswissenschaften in Forschung und »Bildungsbewusstsein«, allgemein als Reaktion auf die Zerstreuung der Wissenschaften durch die Spezialisierung.[40] Die Zeitschrift wollte einen Kontrapunkt zu diesen Entwicklungen setzen, sie wollte »den Raum herstellen« für Diskussionen »durch alle Wissenschaften hindurch« und eine Möglichkeit schaffen zu der »Förderung der Teilhabe aller am Ganzen«.[41] Über die Fächergrenzen hinaus sollten »die Kundigen aus ihren Wissenschaften für alle mitteilen, was sie an Grundformen methodischen Erkennens entwickelt [...] haben.«[42] Gefordert wurde eine Haltung der »Aufgeschlossenheit«, »den echten Forschern soll Gehör« verschafft werden, sie sollten sagen, was »uns das Wichtigste ist«.[43] Durch das gemeinschaftliche »Wir« und »Uns« wurden die angefragten Personen in einem voraussetzungsvollen Gestus auf die impliziten theoretischen Überlegungen und schließlich die faktische Umsetzung der Zeitschrift eingeschworen. Auf der einen Seite trafen Springer, Jaspers und Peters mit der Anfrage an ausgewählte Personen eine Vorentscheidung hinsichtlich der Frage, wer zur Mitherausgeberschaft berufen sein könnte.[44] Auf der anderen Seite wurden die von Springer, Jaspers und Peters angefragten potentiellen Mitherausgeber bereits als Auserwählte adressiert, einen Beitrag zu diesem spezifischen Projekt leisten zu »dürfen«. So appellierten Springer, Jaspers und Peters, sich zu besinnen: »Wissen als das hellste Bewusstsein, als Grundlage aller Wahrhaftigkeit, als Träger tiefster Gehalte, als Bildungsfaktor, als Ethos kann nur aus dem Ganzen der Wissenschaften wirken.«[45] Wie die im Anschreiben verwandten

38 Diskutiert wurden als Namen für die Zeitschrift neben *Universitas literarum* noch *Die Wissenschaft* und *Eidos*. Vgl. DLA Marbach, A: Jaspers, Springer/Jaspers/Peters an die Herausgeber, März 1946.

39 Ebd.

40 Ebd.

41 Ebd.

42 Ebd.

43 Ebd.

44 Vgl. DLA Marbach, A: Jaspers, Springer an Jaspers, 10.12.1945.

45 DLA Marbach, A: Jaspers, Springer/Jaspers/Peters an die Herausgeber, März 1946.

Begriffe Wissen, Bildung, Wissenschaft, Einheit und Ganzheit in erkenntnistheoretischer Hinsicht zu verstehen beziehungsweise zueinander ins Verhältnis zu setzen wären, blieb unausgesprochen.

In ihren Rückmeldungen griffen die zur Mitwirkung Eingeladenen auf die im Anschreiben verwendeten Begriffe zurück, verzichteten jedoch ihrerseits ebenfalls auf die Explikation etwaiger theoretischer Bezugnahmen. Der Ökonom Walter Eucken (1891–1950) freute sich, an einer »Zeitschrift in der Richtung eines Neuaufbaus eines umfassenden wissenschaftlichen Kosmos« mitwirken zu können, er hielt den Gründungszeitpunkt für günstig, insofern »wissenschaftliche Arbeit sich in dem Stadium befindet, das diesem Unternehmen Erfolg verspricht«.[46] Auch der Theologe Helmut Thielicke (1908–1986) versprach spontan sein Mitwirken an dem »verheissungsvollen« Zeitschriftenprojekt.[47] Jaspers' Heidelberger Kollege Karl Heinrich Bauer (1890–1978) fand die Idee »faszinierend«.[48] Der Physiologe Friedrich Hermann Rein (1898–1953) teilte die Überzeugung der Initiatoren des Projekts, »dass die geistige Isolierung des Wissenschaftlers in seinem Spezialfach eine verhängnisvolle Erscheinung der letzten Jahrzehnte« sei.[49] Der Botaniker Friedrich Oehlkers (1890–1971) wollte die Ganzheit der Wissenschaften nicht verlieren, deshalb unterstützte auch er den Plan einer neuen Zeitschrift, in der sich alle Wissenschaften treffen würden.[50] Was in Deutschland noch zur Verfügung stünde, sei die geistige Arbeit an der Besinnung auf das Ganze, schrieb der Philosoph und Philologe Ernst Hoffmann (1880–1953), und sagte seine Mitarbeit zu.[51] In die

---

46 DLA Marbach, A: Jaspers, Eucken an Jaspers, 28.3.1946. Walter Eucken war zunächst Privatdozent an der Universität Tübingen, ehe er 1927 einen Ruf an die Universität Freiburg erhielt, wo er einer der Gründer der Freiburger Schule des Ordoliberalismus wurde. Eucken zählte zu denjenigen Professoren, die offen Stellung gegen die nationalsozialistische Universitätsverfassung bezogen hatten und gehörte nach dem Krieg zum Beraterkreis der französischen und amerikanischen Militärregierungen.

47 DLA Marbach, A: Jaspers, Thielicke an Jaspers, 26.3.1946. Helmut Thielicke war ein evangelischer Theologe und Mitglied der Bekennenden Kirche. Er erhielt 1936 eine Professur an der Universität Heidelberg, wurde 1940 jedoch abgesetzt.

48 DLA Marbach, A: Jaspers, Bauer an Jaspers, 31.3.1946.

49 DLA Marbach, A: Jaspers, Rein an Jaspers, 10.4.1946. Friedrich Hermann Rein war Professor der Physiologie an den Universitäten Freiburg und Göttingen und einer der Unterzeichner des *Bekenntnisses der Professoren an den deutschen Hochschulen und Universitäten zu Adolf Hitler.*

50 DLA Marbach, A: Jaspers, Oehlkers an Jaspers, 2.4.1946. Friedrich Oehlkers war Privatdozent der Universität Tübingen und Ordinarius an der Technischen Hochschule Darmstadt. 1932 folgte er dem Ruf auf den Lehrstuhl der Botanik an der Universität Freiburg. Seine Frau war jüdischer Herkunft, weshalb auch Oehlkers den Schikanen der Nationalsozialisten ausgesetzt war. 1945 war er Mitglied des sogenannten Bereinigungsausschusses der Universität Freiburg.

51 Vgl. DLA Marbach, A: Jaspers, Hoffmann an Jaspers, 17.3.1946. Den Vorschlag von Hoffmann, die Zeitschrift *Episteme* zu nennen, im Glauben, das würde am besten beschreiben,

Euphorie stimmten außerdem der Physiker Carl Friedrich von Weizsäcker (1912–2007) sowie der Historiker Fritz Ernst (1905–1963) mit ein.[52] Die Auseinandersetzung mit allgemeinen wissenschaftstheoretischen Problemen wollten auch der Theologe Paul Simon (1882–1946) und der Pädagoge Eduard Spranger (1882–1963) diskutieren.[53] Mit den Zusagen der Mitherausgeber konstituierte sich schließlich der Kreis der mitherausgebenden Fachvertreter.[54] Dabei wurde weder in den Anschreiben noch in den Briefwechseln die unterschiedliche Stellung und persönliche Lebenssituation der Einzelnen während der NS-Zeit angesprochen, so als ob diese Unterschiede für das gemeinsame Vorhaben keine Relevanz gehabt hätten. In den Diskussionen zwischen dem Initiator der Zeitschrift Springer, dem philosophischen Leiter Jaspers und des ersten (vorübergehenden) leitenden Redakteurs Peters mit dem erweiterten Herausgeberkreis ging es allein um die Zeitschrift und deren Ziel: die Förderung der Einheit der Wissenschaften. Die Folgen einer verlorenen Einheit – Spaltung von Natur- und Geisteswissenschaften, Spezialisierung und Zerstreuung der Wissenschaften – wurden zwar von allen beklagt, doch überschreiten die Briefe den Modus der wiederholenden Aufzählung dieser Topoi nicht.

Unabhängig davon, ob tatsächlich alle Herausgeber das Gleiche unter dem Konzept der gemeinsamen allgemeinwissenschaftlichen Zeitschrift in fächer-

---

was Jaspers mit der Zeitschrift meinte, lehnte Springer ab. Vgl. DLA Marbach, A: Jaspers, Springer an Jaspers, 20.4.1946.

52 Vgl. DLA Marbach, A: Jaspers, Weizsäcker an Jaspers, 31.5.1946; DLA Marbach, A: Jaspers, Ernst an Jaspers/Peters/Springer, 19.4.1946.

53 DLA Marbach, A: Jaspers, Simon an Jaspers, 1.4.1946; DLA Marbach, A: Jaspers, Spranger an Jaspers, 9.4.1946. Spranger schickte auch einen Titelvorschlag: *Wissenschaft und Ethos*, »um anzudeuten, dass das Angestrebte nicht nur Verstandessache, sondern Gesinnungssache ist«.

54 Die Philosophie wurde durch Karl Jaspers und Ernst Hoffmann, beide aus Heidelberg, vertreten. Für die katholische Theologie hatte Paul Simon (Paderborn), für die protestantische Theologie Helmut Thielicke (Freiburg) zugesagt. Das Fach Mathematik wurde durch Kurt Reidemeister (Marburg) repräsentiert, das Fach Physik durch Carl Friedrich von Weizsäcker (Göttingen). Friedrich Oehlkers (Freiburg) vertrat die Biologie, Friedrich Hermann Rein (Göttingen) die Physiologie, Karl Heinrich Bauer (Heidelberg) die Medizin. Ernst Robert Curtius (Bonn) sagte für die Philologie zu, die Altertumswissenschaften blieben zunächst unbesetzt – angefragt wurde Ludwig Curtius (Rom). Für das Fach Geschichte sagte Fritz Ernst (Heidelberg) zu. Eine Fachvertretung für die Rechtswissenschaften stand noch aus. Die Wirtschaftswissenschaften waren durch Eucken (Freiburg) vertreten, die Soziologie blieb zunächst ebenfalls unbesetzt. Das Fach Pädagogik wurde durch Eduard Spranger repräsentiert, nachdem Ernst Robert Curtius die Pädagogik zuvor hatte »glatt streichen« wollen, gehöre es doch »zum Wesen dieser Pseudo-Wissenschaft, daß sie nie auf die Sache selbst sieht, sondern auf die Anwendbarkeit und Übertragbarkeit eines vorgegebenen Wissens.« Ausdrücklich heißt es in einem Brief an Jaspers: »Sprangers Vorhandensein ist kein Grund, die Pädagogik in den Kreis der Wissenschaften aufzunehmen.« Vgl. DLA Marbach, A: Jaspers, Curtius an Jaspers, 27.3.1946 und 22.4.1946.

übergreifender Perspektive verstanden, begann im August 1946 die eigentliche redaktionelle Arbeit und im Oktober 1947 erschien das erste Heft der *Studium Generale. Zeitschrift für die Einheit der Wissenschaften im Zusammenhang ihrer Begriffsbildungen und Forschungsmethoden.*

(3)

Als Jaspers zum Jahresende 1945 Springer die Mitarbeit an der zukünftigen Zeitschrift *Studium Generale* zusagte, war er bereits Mitherausgeber der im Vormonat in Heidelberg erstmals erschienenen Zeitschrift *Die Wandlung* (1945–1949). Im Brief an Springer schmälerte er nicht nur den Umfang seiner Mitwirkung auf »ein Minimum an Arbeit«, er relativierte auch die inhaltliche Stoßrichtung und publizistische Wirkkraft dieser ersten von der US-amerikanischen Militärbehörde lizenzierten Zeitschrift: »Es ist ein bescheidenes Unternehmen nicht wissenschaftlichen Charakters und überschneidet sich garnicht mit Ihrem Plan, den ich für wichtiger halte.«[55]

Die Gründung der *Wandlung* ging zurück auf eine Initiative Dolf Sternbergers (1907–1989), der bis zum Verbot der *Frankfurter Zeitung* 1943 als deren Redakteur im Ressort Bildung und Wissenschaft tätig gewesen war. Unmittelbar nach Kriegsende hatte er gehofft, mit einer Tageszeitung die liberale Tradition der *Frankfurter Zeitung* wieder aufleben lassen zu können. Dieses Vorhaben ließ sich jedoch nicht realisieren, gleichwohl entstammte der Autorenkreis der *Wandlung* vornehmlich dem politischen und kulturellen Umfeld der ehemaligen Tageszeitung.[56] Die Zusammensetzung des engeren Herausgeberkreises war dagegen auffallend heterogen: Nachdem Heidelberg als Verlagsstandort für die *Wandlung* festgelegt worden war, hatte Sternberger sich an seinen ehemaligen Philosophieprofessor Karl Jaspers und den Sozial- und Wirtschaftswissenschaftler Alfred Weber[57] gewandt, die beide aufgrund ihrer Zugehörigkeit zum Dreizehnerausschuss bereits am kulturellen Wiederaufbau der Stadt beteiligt waren. Als viertes Mitglied des Herausgeberkreises wirkte der in Marburg leh-

55 DLA Marbach, A: Jaspers, Jaspers an Springer, 31. 12. 1945.

56 Vgl. Monika Waldmüller, Die Wandlung. Eine Monatsschrift. Herausgegeben von Dolf Sternberger unter Mitwirkung von Karl Jaspers, Werner Krauss und Alfred Weber 1945–1949. Ein Bericht (Verzeichnisse, Berichte, Informationen 13), Marbach a.N. 1988, S. 25f.

57 Alfred Weber (1868–1948) hatte 1933 öffentlich gegen die nationalsozialistische Gleichschaltung der Universität protestiert und war daraufhin emeritiert worden. Nach dem Krieg trat er der SPD bei und plädierte bis zu seinem Tod für einen »freien Sozialismus« in Abgrenzung zum Staatssozialismus der Sowjetunion. Vgl. Alfred Weber und Alexander Mitscherlich, Freier Sozialismus, Heidelberg 1946; außerdem Waldmüller, Wandlung, S. 33–35.

rende Romanist Werner Krauss.[58] Die politisch-weltanschaulichen Gegensätze der vier Männer traten schon vor Erscheinen des ersten Heftes zutage. Für Weber und Krauss, die für einen demokratischen Sozialismus beziehungsweise eine kommunistische Nachkriegsordnung eintraten, war Jaspers' national-religiöses Pathos schwer zu ertragen.

Anlässlich des von Jaspers zur ersten Ausgabe der *Wandlung* verfassten Geleitworts[59] klagte Weber in einem Brief an Sternberger über dessen befremdliche »Art, unsere Aufgabe auszudrücken«: »Das gesamte erste Heft mit seiner überbordenden traditionellen Christlichkeit atmet nichts aus meinem Geist. Ich stecke darin wie ein Fremdkörper.«[60] Sternberger versuchte nur insofern ausgleichend zu wirken, dass er die Differenzen für unvermeidlich erklärte. Die Zeitschrift könne kein »für alle verbindliches Programm« verfolgen, ihre Aufgabe sei es vielmehr, die Gegensätze zur Darstellung zu bringen und die im Titel aufgerufene Wandlung im politischen und kulturellen Leben anzustoßen.[61] Auch Jaspers betonte im Geleitwort, dass es »kein Programm« gebe, niemand es wagen könne, »einen Plan des Ganzen« zu entwerfen, hoffte aber zugleich, die Zeitschrift könnte ein Ort sein, »wo wir wieder einen Grund legen werden«, »in öffentlicher Diskussion uns der Bindungen bewußt werden, aus denen wir leben«.[62] Voraussetzung für die Möglichkeit zu einem neuen humanistischen Fundament war für Jaspers das Bewusstsein der »unverlierbaren« Verortung deutscher Geschichte in der christlich-abendländischen Geschichte, der Grund selbst aber fand sich in letzter Instanz allein im Gehorsam gegenüber Gott.[63]

Auch Sternberger hoffte, dass in der *Wandlung* die »philosophisch-moralischen Grundfragen« für einen neuen »Katechismus des Humanismus« diskutiert würden,[64] doch seine Vorstellung eines neuen Humanismus gründete nicht in einer christlichen, sondern in einer liberalen Tradition. Sternberger reflektierte nicht auf einen jenseitigen Grund, sondern auf das diesseitige materielle und

58 Werner Krauss (1900–1976) war wegen seiner Kontakte zur Widerstandsgruppe *Rote Kapelle* 1942 von der Gestapo verhaftet worden. Das gegen ihn verhängte Todesurteil wurde 1943 in eine langjährige Zuchthausstrafe umgewandelt. Nach dem Krieg trat er in die KPD ein, kehrte zunächst auf seine Professur nach Marburg zurück, ehe er 1947 einen Ruf nach Leipzig annahm und in die sowjetische Besatzungszone übersiedelte. Als er 1948 die Redaktion der *Wandlung* verließ, übernahm die Schriftstellerin Marie Luise Kaschnitz die vakant gewordene Stelle im Herausgeberkreis. Vgl. Waldmüller, Wandlung, S. 35–38.

59 Das Geleitwort erschien mit der Unterzeichnungsformel »Karl Jaspers, im Auftrag der Herausgeber und des Verlegers«. Vgl. Karl Jaspers, Geleitwort, in: Die Wandlung 1 (1945/46), Nr. 1, S. 3–6, hier S. 6. Zur Diskussion von Jaspers' Formulierungen im Geleitwort vgl. außerdem Waldmüller, Wandlung, S. 38 f.

60 Zit. n. Waldmüller, Wandlung, S. 38, 39.

61 Ebd.

62 Jaspers, Geleitwort, S. 4.

63 Vgl. ebd., S. 5.

64 Zit. n. Waldmüller, Wandlung, S 14.

geistige Elend. Die *Wandlung* sah sich von Beginn an der Aufklärung über die nationalsozialistischen Verbrechen verpflichtet[65] und diskutierte die Schuldfrage über mehrere Ausgaben hinweg auch in Bezug auf die Verantwortung der Kirchen.[66]

Mehr als die »überbordende« Religiosität irritierte die Mitherausgeber – wie der Brief Webers verdeutlicht – Jaspers' Sprachduktus. Es ist der Jargon der konservativen und deutschnationalen Gelehrten, die in den Jahren der Weimarer Republik in den Debatten zur Universitätsreform eine klassische Bildungs- und Universitätstradition zu verteidigen suchten, die aufgrund der gesellschafts- und wirtschaftspolitischen Verhältnisse obsolet zu werden drohte.[67] Sie argumentierten nostalgisch und restaurativ, in ihrem elitären Selbstverständnis standen sie der Weimarer Demokratie skeptisch bis feindlich gegenüber. Nicht wenige hegten Hoffnungen in Bezug auf den völkischen »Aufbruch« und wussten sich nach 1933 mit dem NS-Regime zu arrangieren.[68] Auch Jaspers suchte noch bis Anfang der 1930er Jahre die »Kampfgemeinschaft« mit Martin Heidegger und mühte sich, das geistesaristokratische Prinzip seiner Idee von Universität mit dem Führerprinzip zu verbinden.[69] Seine Sprache war geprägt vom schweren Pathos einer geistigen Gelehrtentradition, deren reaktionären Sprachgebrauch Sternberger im *Wörterbuch des Unmenschen* (1945) kritisierte, dessen Lemmata als fortlaufende Serie in der *Wandlung* erschienen.[70]

Andererseits war Jaspers' Vorstellung von akademischer Freiheit mit der Gleichschaltungspolitik des NS-Regimes grundsätzlich unvereinbar. Auch auf-

65 Vgl. hierzu die »Dokumente zu den Geisteskranken-Morden«, in: Die Wandlung 1 (1945/46), Nr. 2, S. 160–174, und Nr. 3, S. 251–267; sowie die Auszüge aus einem SS-Bericht über »Die Vernichtung des Warschauer Ghettos im April und Mai 1943« in Nr. 6, S. 524–553.

66 Vgl. hierzu insbesondere die Beiträge von Erwin Gross, die dieser in der Zeitschrift *Die Wandlung* [Bd. 2 (1947), Nr. 2, S. 133–145; Bd. 2 (1947), Nr. 3, S. 28–39; Bd. 3 (1948), Nr. 8, S. 699–712] publizierte.

67 Vgl. hierzu die kommentierte Dokumentation von Dieter Thomä (Hg.), Gibt es noch eine Universität? Zwist am Abgrund – eine Debatte in der Frankfurter Zeitung 1931–32, Konstanz 2012.

68 Einer der Protagonisten dieses geistigen Milieus war Eduard Spranger, späterer Mitherausgeber der *Studium Generale.* Vgl. zu Sprangers universitätspolitischen Beiträgen in den 1920er und 1930er Jahren insb. Thomä (Hg.), Universität, S. 56–58, 164–167.

69 Vgl. zu den Gesprächen über die Idee der Universität zwischen Karl Jaspers und Martin Heidegger vor allem Bernd Weidmann, »Liebender Kampf« und »deutsche Universität«. Die gescheiterte Freundschaft zwischen Karl Jaspers und Martin Heidegger, in: Prekäre Freundschaften. Über geistige Nähe und Distanz, hg. von Thomas Jung und Stefan Müller-Dohm, München 2011, S. 121–143; Rita Casale, Heideggers Nietzsche. Geschichte einer Obsession, Bielefeld 2010, S. 102, 144f.

70 Zum Wortschatz der Zeitschrift *Studium Generale* gehören neben den von Sternberger inkriminierten Wörtern wie »Anliegen«, »Gestaltung«, »Echtheit«, auch die Signalwörter »Auftrag«, »Bindung«, »Begegnung«, »Gespräch«. Vgl. zur Kritik dieses Sprachgebrauchs auch Theodor W. Adorno, Jargon der Eigentlichkeit, Frankfurt a.M. 1964.

grund seiner Ehe mit einer Jüdin blieb er auf Distanz zu den nationalsozialistischen Machthabern, die ihm schließlich 1937 die Professur entzogen und ihn nur ein Jahr später sogar mit einem Publikationsverbot belegten.[71] Die Erfahrung der antisemitischen Verfolgungs- und Vernichtungspolitik prägte Jaspers' öffentliches Wirken nach dem Krieg. In seiner Rede zur Wiedereröffnung der Medizinischen Fakultät in Heidelberg im August 1945, die im ersten Heft der *Wandlung* abgedruckt wurde, benannte er die »Plünderungen, Deportationen und Ermordungen unserer jüdischen Freunde und Mitbürger« als eine »untilgbare Schmach und Schande« und drängte auf eine radikale Zäsur.[72] Gemäß dem Namen der neugegründeten Zeitschrift hob Jaspers die Notwendigkeit zur Veränderung jedes einzelnen hervor, ein »einfaches Anknüpfen an den Zustand vor 1933« konnte und durfte es für ihn nicht geben: »Daß wir leben, ist unsere Schuld.«[73] Wichtigste Aufgabe der *Wandlung* sollte es sein, jede Chance zu nutzen, die Schuld zu reflektieren, »öffentlich miteinander zu reden«, »in öffentlicher Diskussion uns der Bedingungen bewußt werden, aus denen wir leben«.[74]

Sternberger suchte der Aufgabe nachzukommen, indem er in Anlehnung an das berühmte Feuilleton der *Frankfurter Zeitung* eine kulturpolitische Zeitschrift von intellektuellem Format entwarf, die sich auch darum bemühte, mit überlebenden deutschen Juden und emigrierten Autoren wieder in einen Austausch zu treten.[75] Neben literarischen, essayistischen und politischen Texten erschienen Artikel aus unterschiedlichen Wissenschaftsbereichen sowie allgemeine, häufig von Jaspers verfasste, universitätstheoretische und universitätspolitische Reflexionen zum Wiederaufbau der deutschen Universitäten. Allerdings handelte es sich zumeist nicht um Originalbeiträge, sondern um die Druckfassungen von Vorträgen und Radiobeiträgen, die Jaspers in den ersten

71 Zu Jaspers' ambivalenter Positionierung im deutschnationalen Universitätsmilieu der 1930er Jahre vgl. Thomä (Hg.), Universität, S. 167–174.

72 Karl Jaspers, Erneuerung der Universität, in: Die Wandlung 1 (1945/46), Nr. 1, S. 66–74, hier S. 67.

73 Ebd. Nachdem im Dezember 1945 auch die Philosophische Fakultät der Universität Heidelberg den Lehrbetrieb wiederaufnehmen konnte, hielt Jaspers seine erste Vorlesung zur Frage der nationalen und individuellen Schuld. Dieser Thematik ist auch seine erste Nachkriegspublikation gewidmet. Vgl. Ders., Die Schuldfrage, Heidelberg 1946.

74 Jaspers, Geleitwort, S. 5.

75 Sternberger wusste sich in diesem Vorhaben einig mit dem Verleger der *Wandlung*, Lambert Schneider (1900–1970). Als Leiter des Berliner Schocken Verlages hatte Schneider vor dem Krieg die Werke deutsch-jüdischer Intellektueller publiziert. Mit der Wiederaufnahme seiner Verlegertätigkeit nach 1945 wollte er diese Zusammenarbeit erneuern. Vgl. Waldmüller, Wandlung, S. 23f. Auch Jaspers unterstützte dieses Vorhaben, indem er sehr darum bemüht war, dass Texte von Hannah Arendt in der *Wandlung* erschienen. Vgl. Lotte Köhler und Hans Saner (Hg.), Hannah Arendt – Karl Jaspers. Briefwechsel 1926–1969, München 1985, S. 62 (Jaspers an Arendt, 2.12.1945).

Nachkriegsjahren zu verschiedenen Anlässen verfasste. Mit diesen öffentlichen, teilweise auch an ein außeruniversitäres Publikum gerichteten Ansprachen konnte Jaspers zentrale Elemente seiner Neufassung der *Idee der Universität* vorstellen und in der sich rasch wandelnden politischen Situation zur Diskussion stellen.[76]

In den Artikeln der *Wandlung* finden sich jene Gedanken zur Universität dargelegt, die die Herausgabe der Zeitschrift *Studium Generale* motivierten und den Bezugsrahmen bildeten für die in ihr ausgetragene Diskussion zur Idee und Aufgabe der (Nachkriegs-)Universität. Nach der Übernahme der Redaktionsleitung versicherte Peters in seinem ersten Brief an Jaspers, dass auch ohne dessen aktive Mitarbeit ein Weg gefunden werde, »der Zeitschrift das von Ihnen [Jaspers] bestimmte Gesicht zu geben«.[77] Obwohl Jaspers selbst nie in dem Organ zu Universitätsfragen publizierte[78] und in den einzelnen Beiträgen seine *Idee der Universität* nur selten offen zur Sprache kam, basierte das Selbstverständnis der Zeitschrift und der in ihr diskutierte Legitimationsanspruch der Universität jedoch durchgehend auf impliziten Bezugnahmen und Umdeutungen. Welche Begriffe, Themen- und Problemfelder wie aufgegriffen wurden, soll nachfolgend durch eine begriffsgeschichtlich angelegte parallele Lektüre des Briefwechsels aus der sich eineinhalb Jahre hinziehenden Konstituierungsphase der *Studium Generale* (Dezember 1945 bis Oktober 1947) und Jaspers' Neupublikation der *Idee der Universität* sowie seiner im selben Zeitraum veröffentlichten bildungs- und universitätspolitischen Stellungnahmen in der *Wandlung* herausgearbeitet werden. Die Analyse beschränkt sich auf die herausragenden Topoi: Die Frage

76 Als die Neufassung im Juni 1946 erschien, haderte Jaspers in einem Brief an Hannah Arendt mit den Umständen, die die Publikation über Monate verzögert hatten: »Diese Schrift wurde im April/Mai 1945 geschrieben, als die Amerikaner da waren, ich noch nicht reaktiviert war, aber brannte auf Wiederherstellung der Universität. Die Schrift wirkt auf mich fast altmodisch. Sie vergegenwärtigt nur das Vergangene, auf dem wir stehen. Das Manuskript hat ein Jahr lang gelegen und kommt jetzt zu spät – die Lizenzen und die bürokratischen Schwierigkeiten!« Vgl. Köhler/Saner (Hg.), Briefwechsel, S. 80 (Jaspers an Arendt, 9.6.1946).

77 DLA Marbach, A: Jaspers, Peters an Jaspers, 15.1.1946. Das Einladungsschreiben an die zukünftigen Herausgeber enthält zahlreiche Wendungen, die für die Angeschriebenen als Paraphrasen aus Jaspers Universitätsschrift erkennbar gewesen sein dürften. Exemplarisch für Beiträge mit Jaspers'schem Profil sind die Artikel des langjährigen leitenden Redakteurs Manfred Thiel und die Beiträge von Kurt Rossmann, Mitautor der dritten Fassung von Jaspers' *Idee der Universität*. Siehe dazu Karl Jaspers und Kurt Rossmann, Die Idee der Universität. Für die gegenwärtige Situation entworfen, Berlin 1961.

78 In den Briefen an Springer wehrt Jaspers von Beginn an jede aktive Mitarbeit ab: »Mein Rat steht zur Verfügung und mein Name, leider aber nicht eine Arbeitskraft von Belang.« Die Begründung für die Zurückhaltung fiel unterschiedlich aus, neben seinem fragilen Gesundheitszustand nannte Jaspers auch die Arbeitsbelastung als Universitätsprofessor. Vgl. DLA Marbach, A: Jaspers, Jaspers an Springer, 1.2.1946. Tatsächlich publizierte er nur einen Artikel in der Zeitschrift: Karl Jaspers, Arzt und Patient, in: Studium Generale 6 (1953), Nr. 8, S. 435–443.

nach dem Verhältnis zur Vergangenheit, nach dem Umgang mit der Bildungstradition und der Suche nach Möglichkeiten, dem beklagten Verlust der Einheit entgegenzuwirken.

(4)

Jaspers wollte seine *Idee der Universität* kantisch als »regulative Idee« verstanden wissen: Sie soll Forschung und Lehre eine Richtung geben, nicht auf ein vorgegebenes Ziel, sondern auf ein Unbedingtes, das als Ausgangspunkt wirkt, ohne je als Endpunkt gegeben zu sein: »Die Idee der Universität zu entwerfen, heißt Orientierung in einem Ideal, dem die Realität sich nur annähert.«[79] In diesem Sinne formulieren auch die Herausgeber der *Studium Generale* kein Programm, das sie an den wiedereröffneten Universitäten zu etablieren hoffen. Im Geleit heißt es, das Ziel der Zeitschrift sei »notwendig nur Ideal«, das allein »in der Arbeit daran seine eigentliche Wirksamkeit besitzt«.[80]

Die Fokussierung auf den transzendentalen Charakter der Idee von Universität erlaubte es den Herausgebern, die historischen Bedingungen der gegenwärtigen Möglichkeit von Universität, insbesondere ihre eigenen sehr unterschiedlichen Erfahrungen und Verstrickungen mit dem NS-Regime weitgehend zu beschweigen. Während Jaspers in der *Wandlung* die Verbrechen des NS-Regimes offen benannte und anmahnte, dass die Universität »1933 ihre Würde verloren hat«,[81] ist im Geleit zur *Studium Generale* nur raunend von einem »Gang der Ereignisse« zu lesen, der der Universität zum »Verhängnis« geworden sei.[82] Ohne das divergierende Verhältnis zur unmittelbaren Vergangenheit zu thematisieren, richtete sich der Blick auf die Aufgabe in der Gegenwart, das heißt auf den Wiederaufbau der Universität als geistige Einheit. In der bereits zitierten Rede zur Wiedereröffnung der Medizinischen Fakultät der Heidelberger Universität deutete Jaspers mit der Formulierung, die Idee der Universität sei »*noch nicht* wieder wirklich lebendig«, an, dass auf die materielle auch die geistige »Erneuerung« der Universität folgen könnte.[83] Jaspers' Hoffnung gründet in der Überzeugung, dass der »Kern der Universität« standgehalten habe, dass »der wissenschaftliche Geist tatsächlich noch nicht zerstört werden konnte«.[84] In einem Rundfunkbeitrag zur Situation der Universität rief Jaspers dazu auf, »etwas zu erhalten und in neue Gestalt zu bringen, das Deutschland noch nicht

79 Jaspers, Die Idee der Universität (1946), S. 110.
80 Zum Geleit, in: Studium Generale 1 (1947/48), Nr. 1, S. 1–2, hier S. 2.
81 Karl Jaspers, Volk und Universität, in: Die Wandlung 2 (1947), Nr. 1, S. 54–64, hier S. 60.
82 Zum Geleit, in: Studium Generale 1 (1947/48), Nr. 1, S. 1–2, hier S. 1.
83 Jaspers, Erneuerung, S. 69. Hervorhebung durch die Autorinnen des vorliegenden Beitrages.
84 Ebd., S. 66.

verloren hat«.[85] Einerseits zielte die »Erneuerung« also eindeutig nicht auf die bloße Wiederherstellung eines Vorgängigen, andererseits sollte die Neugestaltung gleichwohl im Blick zurück erfolgen. Indem Jaspers darüber hinaus jede Hoffnung auf einen zukunftszugewandten »Aufbruch« mit Verweis auf die Illusionen der Jahre 1918 und 1933 zurückwies, setzte er die Hochschulreformpläne der Weimarer Republik mit jenen des NS-Regimes rhetorisch gleich.[86] Seine Rede zeigt dadurch eine offene Flanke zu konservativen, demokratieskeptischen Kreisen, die mit Nostalgie nach ihren Privilegien der Welt von Vorgestern schielten.

In Wirklichkeit datierte Jaspers die Krise der Universität und ihrer Idee jedoch weder auf die Zeit der Weimarer Reformdebatten noch auf das Jahr der nationalsozialistischen Machtübernahme. Das »Unheil« begann für ihn schon in der zweiten Hälfte des 19. Jahrhunderts, seither konstatierte er eine unaufhaltsame Entwicklung von der »Zerstreuung der Wissenschaften« über den »Einbruch der Unwissenschaftlichkeit« bis zur »Zersetzung« der Wissenschaften in den rassistischen Wahnvorstellungen der Nationalsozialisten.[87] Im Geleit zur *Studium Generale* wird die Krise unter dem Titel »Verlust des Ganzheits- und Zusammenhangsbewußtseins« der Wissenschaften gefasst. Wie bereits in den Briefwechseln zur Gründungsphase der Zeitschrift, spielte auch im Geleit als Gegenbild zur verlorenen Ganzheit die Kritik an der »Spezialisierung und Vereinzelung« eine prominente Rolle. Erst infolge der »totalen Spezialisierung« der Wissenschaften sei der »Leerraum« entstanden, der den »Einbruch einer nihilistischen Politisierung des gesamten Daseins« ermöglicht habe.[88]

Ausgehend von dieser, auf die »Spezialisierung« der Wissenschaften abhebenden Krisendiagnose wollte die Zeitschrift kein Fachorgan sein. Erklärtes Ziel war es vielmehr, »das teilnehmende Interesse an der Gesamtheit des Wissens wach zu halten und als Organ solchen Interesses diese Teilnahme zu ermöglichen«.[89] Fast wortgleich schrieb Jaspers in der Neufassung seiner Universitätsschrift, der Sinn der Universität sei es, »ihren Schüler mit der Idee des Ganzen

---

85 Ders., Volk und Universität, S. 63.

86 Ders., Erneuerung, S. 74. Heinrich Behnke, ein mit Jaspers befreundeter Mathematiker mit Professur in Münster, schloss in einem frühen *Studium Generale*-Heft an diese Zeitrechnung an: »Die vielen Stürme von 1914 bis 1945, insbesondere aber 1933, haben an der Intelligenz Deutschlands ungeheuer gezehrt.« Vgl. Heinrich Behnke, Deutsche Universitäten im Wiederaufbau. Bericht aus Münster, in: Studium Generale 1 (1947/48), Nr. 5, S. 313–318, hier S. 318.

87 Jaspers, Erneuerung, S. 69, 73.

88 Zum Geleit, in: Studium Generale 1 (1947/48), Nr. 1, S. 1–2, hier S. 1. Die in der Formulierung anklingende philosophierende Verharmlosung des NS-Regimes ist neben naturalistischen Metaphern exemplarisch für die fehlende Auseinandersetzung der Zeitschrift *Studium Generale* mit der Gleichschaltung der Universitäten und ihrer Mitverantwortung für die nationalsozialistischen Verbrechen.

89 Zum Geleit, in: Studium Generale 1 (1947/48), Nr. 1, S. 1–2, hier S. 1.

seiner besonderen Wissenschaft und der Idee des Ganzen des Erkennens zu erfüllen«.[90] Die Idee des Ganzen trage die Universität in ihrem Namen: Sofern sie sich auf das Ganze des Erkennbaren bezieht, sei sie *universitas.* Springer nahm hierauf in seinem ersten Brief, in dem er Jaspers den Vorschlag zur Gründung einer neuen Zeitung unterbreitet, direkt Bezug. »Die Zeitschrift könnte, wenn sie ihrer umfassenden Aufgabe gerecht wird, geradezu auf den Titel ›Universitas literarum‹ (sic) Anspruch erheben, um so mehr als sie auch dem Uebel der fortschreitenden Spezialisierung und Blindheit für die wissenschaftliche Umwelt entgegenwirken würde«.[91] Im März 1946 wurde der Name dann auch tatsächlich den zur Herausgeberschaft Eingeladenen als Titel der Zeitschrift vorgeschlagen. Der in Bonn lehrende Romanist Ernst Robert Curtius, der sich grundsätzlich zur Mitarbeit bereit erklärte, erhob in seiner Rückmeldung jedoch umgehend Einspruch:

> »›Universitas literarum‹ (sic) würde ich die Zeitschrift nicht nennen. Diese Wortverbindung kommt zwar in modernen Erörterungen über die Universität oft vor. Sie gehört aber auch zu den Baconschen Idolen. ›Universitas‹ bedeutet im lateinischen M.A. [Mittelalter, Anm. d. Verf.] jede Art von Genossenschaft oder Körperschaft. Die m.a. Universität war die Körperschaft der Lehrenden und der Schüler. Das Wort ›universitas‹ wird in diesem Sinne schon zu Beginn des 13. Jahrh. erläutert durch die Umschreibung: ›societas magistrorum et discipolorum‹. Das Wort ›universitas‹ hat also keinerlei wissenschaftssystematische Bedeutung. Als Wissensanstalt heißt die Universität ›studium generale‹. Der moderne Ausdruck ›Universitas literarum‹ ist ein typisches Symptom terminologischer Verwirrung und Unkenntnis.«[92]

Freilich verwendete Jaspers den lateinischen Begriff der *universitas* weder aus »Verwirrung« noch aus »Unkenntnis« in dem von Springer angedeuteten Sinn. Die Neufassung seiner Universitätsschrift beginnt mit der programmatischen Feststellung: »Die Universität hat die Aufgabe, die Wahrheit in der Gemeinschaft von Forschern und Schülern zu suchen«.[93] In ihr klingt der von Curtius angesprochene hochmittelalterliche Begriff der *universitas magistrorum et scholarium* als korporative Schutzgemeinschaft von Lehrenden und Lernenden mit

---

90 Jaspers, Die Idee der Universität (1946), S. 136.

91 DLA Marbach, A: Jaspers, Springer an Jaspers, 10.12.1945.

92 DLA Marbach, A: Jaspers, Curtius an Jaspers, 27.3.1946. Mit noch größerer Vehemenz wiederholte Curtius weniger als einen Monat später seine Ablehnung des geplanten Namens: »›Universitas litterarum‹ ist mir aus der dt. Klassik nicht bekannt. Es ist m. E. ein Schlagwort und Feuilletonwort des 20. Jhs. […]. Auch die MA.-Forscher aus der Schule von Gilson in Paris & Ottawa wissen, was universitas bedeutet. Wir würden uns in Paris, Harvard, Oxford lächerlich machen, wenn wir an universitas litterarum festhielten. Der Punkt scheint mir wesentlich.« Vgl. DLA Marbach, A: Jaspers, Curtius an Jaspers, 22.4.1946. Hervorhebung im Original.

93 Jaspers, Die Idee der Universität (1946), S. 109.

besonderen Freiheitsrechten an.[94] Später im Text betont Jaspers noch einmal: »Die Universität bringt Menschen zusammen, die wissenschaftlich erkennen und geistig leben. Der ursprüngliche Sinn der *universitas* als Gemeinschaft der Lehrer und Schüler ist ebenso wichtig wie der Sinn der Einheit der Wissenschaften.«[95] Die Umdeutung, genauer die Erweiterung der Bedeutung des lateinischen Begriffs *universitas* erfolgte bei Jaspers also ganz bewusst: »Die Universität verfällt, wenn sie ein Aggregat von Fachschulen wird [...]. Wissenschaftliche Lebendigkeit besteht in *Beziehung auf ein Ganzes*«.[96] Im Geleit zur *Studium Generale* wurde daraus das Diktum, dass »die Wissenschaften eigentlich lebendig sind erst in einem Kosmos des Wissens«.[97] In seiner ersten öffentlichen Rede an der Universität Heidelberg hatte Jaspers beide Bedeutungen in dem Satz zusammengebracht, dass die Einzelwissenschaft, »wie alles Wissen und Können, im Raum der einen umfassenden Wahrheit leben [muss], die sich darstellt im Kosmos der Wissenschaften und in der lebendigen Kommunikation der forschenden Menschen«.[98]

Aus zwei Briefen der Handschriftensammlung geht hervor, dass Curtius' Anmerkungen ausschlaggebend waren für die Entscheidung, die neue Zeitschrift letztlich nicht *Universitas litterarum*[99] zu nennen, sondern *Studium Generale.*[100]

---

94 Jacques Verger, Grundlagen, in: Geschichte der Universität in Europa, Bd. 1: Mittelalter, hg. von Walter Rüegg, München 1993, S. 49–80, hier S. 50f.

95 Jaspers, Die Idee der Universität (1946), S. 146.

96 Ebd., S. 136. Hervorhebung im Original.

97 Zum Geleit, in: Studium Generale 1 (1947/48), Nr. 1, S. 1–2, hier S. 1.

98 Jaspers, Erneuerung, S. 72.

99 Bereits im April 1946 war das erste Heft einer neuen interdisziplinären Zeitschrift unter dem von Curtius so entschieden zurückgewiesenen Titel *Universitas. Zeitschrift für Wissenschaft, Kunst und Literatur* in Tübingen erschienen. Serge Maiwald, der Begründer der *Universitas*, schreibt im Vorwort zum zweiten Jahrgang, die Zeitschrift sei in der Absicht entstanden, »einen Überblick über die Entwicklung des gesamten wissenschaftlichen Weltbildes [zu] bieten und Abhandlungen und Berichte von Gelehrten verschiedener Länder gleichermaßen zu Wort kommen [zu] lassen.« Und er ergänzt ganz im Sinne des von Jaspers betonten Verständnisses des lateinischen Begriffs: »Der Name *Universitas*, den wir an die Spitze stellten, umfaßt dieses Wollen mit ungewöhnlicher Prägnanz«. Vgl. Serge Maiwald, Zum zweiten Jahrgang, in: Universitas 2 (1947), Nr. 1, S. 2. Für eine kurze vergleichende Skizze zur Gründung der beiden Zeitschriften *Universitas* und *Studium Generale* vgl. Barbara Wolbring, Trümmerfeld der bürgerlichen Welt. Universität in den gesellschaftlichen Reformdiskursen der westlichen Besatzungszonen (1945–1949) (Schriftenreihe der Historischen Kommission bei der Bayerischen Akademie der Wissenschaften 87), Göttingen 2014, S. 332–334.

100 Anfang August 1946 berichtete Springer in einem Brief an Jaspers mit Frederick Norman, Germanistikprofessor an der London University School, »über den von Ernst Robert Curtius vorgeschlagenen Titel ›Studium generale‹« gesprochen zu haben. Der Gast aus England habe beides, »Idee an sich und Titel«, mit Begeisterung aufgenommen. Vgl. DLA Marbach, A: Jaspers, Springer an Jaspers, 2.8.1946. Knapp drei Wochen später heißt es in einem von Peters und Springer unterzeichneten Brief an den erweiterten Herausgeberkreis: »Als Name der Zeitschrift ist entsprechend einem Vorschlag von Herrn Professor E.R.

Philologisch war Curtius' Hinweis auf die hochmittelalterliche Bedeutung von *universitas* nachvollziehbar, aber auch die mittelalterliche Bedeutung von *studium generale* trifft nicht, was Jaspers' Idee von Universität ausmachte und zur Gründung der neuen Zeitschrift motivierte. Als Name für eine Wissensanstalt steht das mittelalterliche *studium generale* in Abgrenzung zu den *studia* in anderen höheren Schulen und für die Möglichkeit, die Studien mit einem offiziellen, allgemein anerkannten akademischen Grad abzuschließen.[101] Allerdings garantiert das *studium generale* als allgemeines, nicht bloß partikulares Aggregat von Fächern nicht notwendig die von Jaspers intendierte fächerübergreifende »Kommunikation«. Wird diese ernst genommen, verbindet sich in Jaspers' Universitätsidee »die Forderung allseitiger Offenheit mit der Aufgabe grenzenlosen Sichinbeziehungsetzens«[102]. Im Geleit zum ersten Heft der *Studium Generale* erklären die Herausgeber, sich eben dieser Aufgabe stellen zu wollen. Die Zeitschrift wird als Versuch präsentiert, »alle Einzelwissenschaft zu vertreten mit grundsätzlicher Problematik, in der sich die Wissenschaften berühren, ergänzen und miteinander ins Gespräch kommen – sei es in gegenständiger Konvergenz, sei es durch Diskussion der Methodik, sei es im Anliegen der Grenzproblematik.«[103]

Sowohl in den Briefwechseln zur Konstitution des Herausgeberkreises als auch im Geleit zur ersten Ausgabe bleibt die Unterscheidung zwischen »Einheit« und »Ganzheit« vage. Während in den Vorkriegsdebatten zur Universität die Forderung nach »Einheit« vornehmlich als Einspruch gegen Überlegungen zur institutionellen Trennung von Forschung und Lehre, zur Abspaltung von Fachhochschulen von der humanistischen Universität erhoben wurde,[104] betonte *Studium Generale* im Untertitel explizit das Ziel der erkenntnistheoretisch motivierten »Einheit der Wissenschaften im Zusammenhang ihrer Begriffsbildung und Forschungsmethoden«. Zugleich aber heißt es in einem Dokument der Handschriftenmappe, »wenn wir redlich sind, müssen wir zugeben, dass niemand von uns weiss, was die Einheit der Wissenschaften ist«.[105] Worum es in

Curtius vorgesehen: ›Studium Generale‹«. Vgl. DLA Marbach, A: Jaspers, Peters/Springer an die Herausgeber, 24.8.1946.

101 Verger, Grundlagen, S. 49f.

102 Jaspers, Die Idee der Universität (1946), S. 146.

103 Zum Geleit, in: Studium Generale 1 (1947/48), Nr. 1, S. 1–2, hier S. 1. Anlässlich des Erscheinens des ersten Heftes schrieb Springer an Jaspers: »Dass das erste Heft als Diskussionsthema das ›Experiment‹ behandelt ist Zufall, hat aber symbolische Bedeutung: Das Experiment allein wird lehren, ob die Zeitschrift ihren Zweck erfüllen kann, eine Brücke zwischen den speziellen Gebieten der Wissenschaft zu sein. Schriftleitung und Verlag werden mit Ernst an der Erreichung dieses Ziels arbeiten.« Vgl. DLA Marbach, A: Jaspers, Springer an Jaspers, 24.11.1947.

104 Vgl. Thomä (Hg.), Universität, S. 56–62.

105 DLA Marbach, A: Jaspers, »Probleme der Durchführung des studium generale«, undatiertes und nicht firmiertes Schreibmaschinenmanuskript.

Studium Generale also einzig gehen konnte, war die Diskussion darüber, wie eine Teilnahme aller am »Ganzen«, verstanden als ein Bewusstsein für fächerübergreifende Zusammenhänge, bewahrt oder geschaffen werden konnte. In den ersten Monaten der Gründungsphase stand die Frage im Vordergrund, welche Fächer und welche Autoren zu dem wissenschaftlichen Austausch eingeladen werden sollten. Erst mit der Konzeption der ersten Hefte rückten Fragen der konkreten »Einheit«, den Möglichkeiten des Bezugs auf ein gemeinsames »Ganzes« in den Mittelpunkt. Das Geleit betont die für die späteren Hefte maßgebliche Problematik des Verhältnisses von Geistes- und Naturwissenschaften, allgemeiner die Frage nach der Fächerhierarchie, genauer nach der Bedeutung der Philosophie.

Die Herausgeber waren sich einig, dass der Philosophie im Hinblick auf die formulierte Aufgabe historisch eine herausragende Rolle zugekommen sei, es aber für die Erneuerung der Universität nach 1945 verfehlt wäre, »wollte *die* Philosophie oder gar *eine* Philosophie versuchen, solche Gesamtheit des Wissens mit dem Anspruch höheren Rechtes zu entfalten oder gleichsam ex cathedra zu diktieren«.[106] Und doch blieb die deutlich an Jaspers' Idee von Universität angelehnte Intention, die Einzelwissenschaften miteinander ins Gespräch bringen zu wollen, auf die Philosophie verwiesen, denn dass »alle Wissenschaft zusammengehört, ist eine philosophische Idee«.[107] Das Verhältnis von Philosophie und Wissenschaft blieb daher eines der zentralen Themen in den universitätstheoretischen Beiträgen in den ersten Jahrgängen von *Studium Generale.* Jaspers publizierte 1948 einen Artikel zum Verhältnis von Philosophie und Wissenschaft, der jedoch nicht in der neugegründeten *Studium Generale*, sondern einmal mehr in der *Wandlung* erschien.[108]

Für Jaspers fiel die Krise der Universität, verstanden als Verlust ihres Bezugs auf ein Ganzes, zusammen mit dem Legitimationsverlust der Philosophie. Die Entwicklung der Wissenschaften habe sich seit dem 19. Jahrhundert in Opposition, schließlich in Gleichgültigkeit zur Philosophie vollzogen. Diese habe auf den Angriff auf zwei unterschiedliche Weisen reagiert: Zum einen habe die Philosophie versucht, sich der Entwicklung durch eine Selbstbeschränkung auf Geschichte anzupassen, oder selbst in der Logik, in der Erkenntnistheorie als strenge Wissenschaft zu begründen. Zum anderen aber sei der Anspruch, Wissenschaft sein zu müssen, grundsätzlich zurückgewiesen und die Philosophie in den Bereich der Dichtung aufgehoben worden. Jaspers lehnte beide Reaktionsweisen ab, insofern beide das Ende der Philosophie besiegeln würden:

106 Zum Geleit, in: Studium Generale 1 (1947/48), Nr. 1, S. 1–2, hier S. 1. Hervorhebung im Original.

107 Jaspers, Die Idee der Universität (1946), S. 158.

108 Es handelt sich bei dem Beitrag um Jaspers' verschriftlichte Antrittsvorlesung, die er im Oktober 1948 an der Universität Basel gehalten hat.

»Ob sie preisgegeben an Wissenschaft ist oder ob sie alle Wissenschaft verleugnet, in keinem Falle ist sie noch Philosophie«.[109] Jaspers' Idee von Universität dividiert Wissenschaft und Philosophie nicht auseinander: Philosophie verfahre selbst nach wissenschaftlicher Methode, fungiere in diesem Sinne auch als Garant von Wissenschaftlichkeit gegen »Wissenschaftsaberglauben« und »Wissenschaftsverachtung«.[110] Zugleich aber bleibe Philosophie von Wissenschaft unterschieden durch ihren Bezug zur Transzendenz, denn die Wahrheit, der sich Forschung und Lehre an der Universität verpflichten, sei immer umfassender als jede (einzel-)wissenschaftliche Wahrheit, die nur auf die für den Verstand nachvollziehbare, allgemeingültige Richtigkeit ziele.[111] Jaspers wendet sich in diesem Aufsatz sowohl gegen eine szientistische Abkehr von der Philosophie als auch gegen Martin Heideggers Aufhebung der Trennung von Philosophie und Dichtung[112], lässt aber durch seinen Begriff von Transzendenz das Verhältnis der Philosophie zur Religion offen. Dadurch konnten im Rahmen der zeitgenössischen Debatten um die Zukunft der humanistischen Bildungstradition sowohl Vertreter des existentialistischen als auch des christlichen Humanismus an seine Rede anknüpfen.

Wie aber war ein solches an die Transzendenz gebundenes philosophisches Wissenschaftsverständnis an der Universität zu verwirklichen? Als mit dem sogenannten *Blauen Gutachten* des Hamburger Studienausschusses für Hochschulreform 1948 der erste umfassende Plan zur institutionellen Veränderung des Hochschulwesens vorgelegt wurde, lehnte Jaspers in einem in der *Wandlung* veröffentlichten Kommentar die Idee »zur Wiederherstellung des Ganzheitscharakters der Universität« ein *studium generale* einzurichten, brüsk als einen »heillose[n] Vorschlag« ab.[113] Jaspers kritisierte die Vorstellung, Studierende

109 Karl Jaspers, Philosophie und Wissenschaft, in: Die Wandlung 3 (1948), Nr. 8, S. 721–733, hier S. 723.

110 Ebd., S. 729.

111 Ebd., S. 731.

112 Diese Argumentationslinie wird in der *Studium Generale* bis in die Mitte der 1950er Jahre in verschiedenen Beiträgen wiederholt aufgegriffen, vgl. exemplarisch die Beiträge der beiden Jaspers-Vertrauten Manfred Thiel, Was kann Philosophie heute leisten und was darf man von ihr erwarten, in: Studium Generale 7 (1954), Nr. 2, S. 106–121; Kurt Rossmann, Bemerkungen zum Problem der philosophischen Interpretation in bezug auf das Verhältnis von Philosophie und Wissenschaft, in: Studium Generale 7 (1954), Nr. 6, S. 323–340; sowie die Artikel von Friedrich Schneider, Philosophie und Fachwissenschaft, in: Studium Generale 8 (1955), Nr. 7, S. 432–435; und Viktor Kraft, Die Einheit der Wissenschaften, in: Studium Generale 9 (1956), Nr. 7, S. 333–339. Thiel und Rossmann nehmen in ihren Artikeln namentlich Bezug auf Jaspers' und Heideggers Denken, stellen dabei jedoch die Differenz in den Vordergrund und lassen deren bis 1933 als »Kampfgemeinschaft« imaginierte Freundschaft unerwähnt.

113 Karl Jaspers, Das Gutachten des Hamburger Studienausschusses für Hochschulreform, in: Die Wandlung 4 (1949), S. 340–348, hier S. 345. Vgl. außerdem Studienausschuß für Hochschulreform (Hg.), Gutachten zur Hochschulreform, Hamburg 1948, S. 77.

könnten durch die Vermittlung von humanistisch-philosophischen und sozialwissenschaftlich-historischen Grundwissenschaften in eigens eingerichteten Programmangeboten zu sozial verantwortlichen Staatsbürgern gebildet werden.[114] Weder auf Seiten der Studierenden noch auf Seiten der Lehrenden lasse sich der verlorene Bezug auf das Ganze durch eine curriculare Vorgabe ausgleichen:

> »Man kann nicht, was geistige Leistung aller Forscher in ihren Wissenschaften sein soll, bei Versagen ersetzen durch besondere Vorlesungen des allgemein Bildenden. […] Die Absonderung der Bildung in den Grundwissenschaften würde diese selber partikular und abseitig machen«.[115]

Die »Einheit der Wissenschaften«, verstanden als ein Bewusstsein für das »Ganze«, war für Jaspers nur im lebendigen Austausch, im Gespräch der Wissenschaftler miteinander möglich. Was durch die Spezialisierung und Vereinzelung verlorenging, ließ sich nicht durch ein besonderes Wahl- oder Pflichtprogramm wiederherstellen. Entscheidend war für Jaspers vielmehr, Bedingungen zu schaffen, in denen Forschende und Lehrende ein Bewusstsein für das »Ganze« bewahren und tradieren konnten. In der Neufassung seiner Universitätsschrift betonte Jaspers, dass eine Wiederbelebung der Universität nur gelingen kann, »wenn ein neuer Aufschwung der alten Universitätsidee in den Forschern die Größe der Aufgabe fühlbar macht«.[116] Ähnlich lautete auch seine Antwort auf Springers Vorschlag zur Gründung der Zeitschrift: Das Vorhaben hänge wesentlich davon ab, welche Autoren gewonnen werden könnten, ob sie sich, getragen von einer einheitlichen Bildungsidee zur gemeinsamen Aufgabe zusammenfänden.[117] Entsprechend heißt es auch im Geleit, *Studium Generale* stehe nicht für die Aufnahme eines Aggregats von Abhandlungen, vielmehr könne sich nur »in gemeinsamer Arbeit mehrerer Forscher an übergreifenden Problemen der verschiedenen Disziplinen […] verwirklichen, was als Ziel gemeint ist«.[118] In dem Fachorgan wurden die universitären Versuche der Etablierung eines gleichnamigen Studienangebots in der Folge deshalb auch kaum diskutiert.[119] In ihrer redaktionellen Arbeit stieß die Zeitschrift allerdings

114 Vgl. Studienausschuß für Hochschulreform, Gutachten, S. 79, 83.

115 Jaspers, Gutachten, S. 345f.

116 Ders., Die Idee der Universität (1946), S. 167.

117 Vgl. DLA Marbach, A: Jaspers, Jaspers an Springer, 25.12.1945.

118 Zum Geleit, in: Studium Generale 1 (1947/48), Nr. 1, S. 1–2, hier S. 2.

119 In den ersten Jahrgängen der Zeitschrift wurde in der Rubrik »Berichte von Universitäten« über die Einrichtung von Studienangeboten unter dem Titel »studium generale« oder »Für Hörer aller Fakultäten« bisweilen in kurzen Absätzen berichtet. Vgl. Behnke, Wiederaufbau, S. 316; Herbert Singer, Bericht der Universität Köln, in: Studium Generale 2 (1949), Nr. 2, S. 130–134. Reflexionen zur organisationalen oder didaktischen Umsetzung finden sich selten. Vgl. Friedrich Becker, Die Idee der Universität am Beispiel naturwissenschaftlicher

durchaus auf jene Schwierigkeiten, die sich auch auf institutioneller Ebene zeigten. Die einzelnen Hefte wurden als Themenhefte konzipiert, in denen verschiedene Fächer auf einen Gegenstand reflektierten, doch beschränkte sich die Reflexion zumeist auf ein disziplinäres Nebeneinander – transdisziplinäre Argumentationen oder interdisziplinäre Bezugnahmen, die eine alle Wissenschaften betreffende Dringlichkeit bezeugt hätten, blieben selten. Ebenso wie an der Universität war es auch für die Zeitschrift schwierig, das angestrebte »Gespräch« zwischen Forschenden anzuregen und in den Artikeln zum Ausdruck zu bringen. Abschließend zeigt ein Blick auf den Herausgeberkreis, dass schon Ende der 1940er Jahre das Vorhaben der Forschenden, sich in rückhaltloser Offenheit der übergreifenden Probleme zu widmen, in bildungstheoretischen und universitätspolitischen Auseinandersetzungen verloren zu gehen drohte.

Fazit

Mit der Gründung der Zeitschrift hatte Jaspers die Hoffnung verbunden, ein Publikationsorgan zu schaffen, das innerhalb und außerhalb der Universität die Idee von Universität lebendig halten und die öffentliche wissenschaftliche Diskussion prägen sollte. Mehr noch als die kulturpolitische *Wandlung* war *Studium Generale* im akademischen Milieu verankert: Nicht nur die Autorenschaft entstammte der Universität, Umfang und Niveau der Beiträge ließen erkennen, dass die Zeitschrift auch eindeutig an ein akademisch gebildetes, wissenschaftlich interessiertes Publikum adressiert war. In den Briefen aus der Gründungsphase verrät der Gebrauch eines emphatischen »Wir« das Selbstverständnis der Herausgeber als elitärer Kreis von »Kundigen«, als Trägerschicht einer geistigen Tradition wirken zu wollen. Jaspers' *Idee der Universität* basiert seit jeher auf einem geistesaristokratischen Prinzip, das er – wie der Name hervorhebt – ausdrücklich nicht soziologisch verstanden wissen wollte. Schon in der ersten Fassung von 1923 stellte Jaspers klar: »Die Geltung der geistigen Aristokratie bedeutet für den Einzelnen nur Anspruch gegen sich selbst, nur Verpflichtung, nicht Überlegenheit und Anspruch gegen andere«.[120] In der Neufassung von 1946

Erkenntnis, in: Studium Generale 1 (1948), Nr. 2, S. 111–117, hier S. 113; Schneider, Philosophie und Fachwissenschaft, S. 434. Einzig Wilhelm Josef Revers, seinerzeit noch Privatdozent für Psychologie, setzte sich mit den universitätspolitischen Bestrebungen zur Einrichtung eines *studium generale* auseinander. Vgl. Wilhelm Josef Revers, Sind die Studenten am Studium Generale interessiert? Bericht über eine Meinungserhebung bei Studenten der Universität Würzburg im Wintersemester 1952/53, in: Studium Generale 8 (1955), Nr. 7, S. 459–468.

120 Karl Jaspers, Die Idee der Universität (1923), in: Karl Jaspers. Schriften zur Universitätsidee (Karl Jaspers Gesamtausgabe I/21), hg. von Oliver Immel, Basel 2015, S. 1–67, hier S. 44.

hält er weiterhin an der Idee einer geistigen Aristokratie fest, akzentuiert nun aber, dass die geistesaristokratische Elite allenfalls eine Minorität sein kann: »Ein gemeinsamer Geist solcher Art, der die gesamte Universität verbände, ist unmöglich. Er gehört kleineren Gruppen, und die Universität hat das höchste Leben, wenn solche Gruppen wieder in Wechselwirkung treten.«[121] Mit dem »Wir«, auf das die Initiatoren in ihrem Anschreiben an den zukünftigen Herausgeberkreis rekurrieren, sollten solche Gruppen gebildet und über die verschiedenen Universitätsstandorte miteinander im geistigen Austausch stehen. Tatsächlich aber richtete sich das »Wir« an eine Gemeinschaft, die es in der beschworenen Homogenität nicht gab und von Jaspers weder als Person noch als bloßer Name garantiert werden konnte.

Während die in Jaspers' Handschriftenmappe vorliegenden Briefwechsel darauf hindeuten, dass in der Gründungsphase die politischen und biographischen Differenzen innerhalb des Herausgeberkreises nicht thematisiert wurden und der Bezug auf *Die Idee der Universität* sich auf vage Schlagworte beschränkte, traten im Laufe der späten 1940er Jahre die Unterschiede im Hinblick auf den Umgang mit der Bildungstradition deutlich in Erscheinung. Nachdem Jaspers 1948 den Ruf an die Universität Basel angenommen und Heidelberg verlassen hatte,[122] zeigten sich in dem selbsternannten Kreis der »Berufenen« zur »Erneuerung« der traditionellen Universitätsidee Brüche. Zwischen Jaspers und Curtius entwickelte sich das angestrebte »Gespräch« zu einer öffentlich ausgetragenen Kontroverse. Anlass bot die Publikation der Rede, die Jaspers zur Verleihung des Goethe-Preises der Stadt Frankfurt am Main 1947 gehalten hatte.[123] Während Curtius Goethe als unangefochtenes Ideal des Humanismus verehrt sehen mochte, erteilte Jaspers dem ungebrochenen Goethe-Kult eine Absage. Die Kluft zwischen den beiden alten Herren des nationalkonservativen Mandarinentums[124] zeigte sich ausgerechnet in den Herbstausgaben der beiden

121 Jaspers, Die Idee der Universität (1946), S. 149f.

122 Schon im Laufe des Jahres 1946 fühlte sich Jaspers doppelt unverstanden. In einem Brief an Hannah Arendt klagt er über die Feindseligkeit, die ihm im Hörsaal begegnete: »Öffentlich läßt man mich noch in Ruhe. Aber unter der Hand werde ich beschimpft: Von Kommunisten als Schrittmacher des Nationalsozialismus, – von den Trotzigen als Landesverräter.« Vgl. Köhler/Saner (Hg.), Briefwechsel, S. 95 (Jaspers an Arendt, 18.9.1946).

123 Jaspers hielt die Rede am 28. August 1947, abgedruckt wurde sie unter: Karl Jaspers, Unsere Zukunft und Goethe, in: Die Wandlung 2 (1947), Nr. 7, S. 559–578. Curtius' Polemik gegen die Rede erfolgte jedoch erst 1949, als die zuvor in der Schweiz verlegte Buchausgabe auch in Deutschland erschien. Vgl. zur Kontroverse zwischen Jaspers und Curtius auch Waldmüller, Wandlung, S. 74–77; Kießling, Undeutsche Deutsche, S. 120.

124 Kießling konstatiert in seiner Studie zur westdeutschen Ideenwelt zwischen 1945 und 1949 unterschiedliche Entwicklungen der »intellektuellen Selbstbilder«, Curtius charakterisiert er als »typischen Vertreter des konservativen, vermeintlich ›unpolitischen‹ Gelehrten«, während er für Jaspers und andere Autoren aus dem liberalen Umfeld der *Wandlung* nicht nur eine Neukonzeption der Haltung zur Tradition, sondern auch eine »teilweise Neube-

Zeitschriften, auf die Jaspers nach 1945 seine Hoffnung auf die »Erneuerung« der Universität und allgemein des öffentlichen, geistigen Lebens in Deutschland gesetzt hatte. *Studium Generale* veröffentlichte eine Doppelnummer, die Goethe als dem unvergänglichen Dichteridol gewidmet war.[125] Im Herbstheft der *Wandlung*, mit dem die Zeitschrift ihr Erscheinen nach vier Jahrgängen einstellen musste[126], erschien dagegen Jaspers' im September 1949 bei den *Rencontres Internationales* in Genf gehaltene Referat »Über Bedingungen und Möglichkeiten eines neuen Humanismus«. In diesem Vortrag verortete sich Jaspers zwar auch in der Tradition des christlichen Abendlandes, doch anders als Curtius beschwört Jaspers nicht deren Bewahrung, im Gegenteil, sie ist ihm nicht mehr als Gehalt eines »gemeinschaftlichen Grundwissens« gegeben, das als Bildungsideal eingefordert und tradiert werden kann: »Gilt das Wissen von der Antike, die Kenntnis ihrer Sprachen und die Beherrschung der philologischen Methoden schon als Humanismus, so wird er hochmütig und inhuman, schätzenswert nur noch durch seine philologischen Leistungen«.[127] Jaspers lehnte diesen »kulturkonservativen Humanismus« als einen »Humanismus der Literaten« ab; werde Humanismus nicht als Medium begriffen, sondern als »Endziel« missverstanden, entfalte sich eine »abgesonderte Pflege von Vergangenem« ohne realen Bezug auf die gegenwärtige Lage.[128] Für Jaspers konnte es Humanismus nur noch in der Form eines »kommenden Humanismus« geben, der sich die historischen Bedingungen, unter denen er sich zu entfalten sucht, »aneignet« und zugleich »aufgeschlossen« bleibt gegenüber der weiterhin christlich-religiös begründeten, nämlich in der Gottesebenbildlichkeit gründenden Unermesslichkeit: »Niemand übersieht die Möglichkeiten des Menschseins, immer ist dem Menschen noch mehr und anderes möglich, als irgendjemand erwartet hatte«.[129] Die Aufgeschlossenheit des »kommenden Humanismus« steht in engem Zusammenhang zu Jaspers' Neufassung der Universitätsidee aus dem Jahr 1946, denn ebenso wie diese basiert auch jener auf dem Bewusstsein, das Ganze weder wissen noch aufgeben zu können. Ebenso wie die Idee der Universität sich nur

---

stimmung der intellektuellen Rolle« glaubt ausmachen zu können. Laut Kießling hätten die »Mandarine« ihren angestammten, rein akademischen Raum verlassen und sich zu einem Typus des »Gelehrten-Intellektuellen« entwickelt. Vgl. Kießling, Undeutsche Deutsche, S. 67, 71, 82.

125 Vgl. Eduard Spranger, Goethes Bild vom Menschen, in: Studium Generale 2 (1949), Nr. 7/8, S. 345–354; Paul Kluckhohn, Goethes Bild vom Menschen, in: Studium Generale 2 (1949), Nr. 7/8, S. 354–361; Gerhard Fricke, Goethes Ideal der Humanität, in: Studium Generale 2 (1949), Nr. 7/8, S. 362–369.

126 Siehe dazu Dolf Sternberger, Versuch zu einem Fazit, in: Die Wandlung 4 (1949), S. 699–710.

127 Karl Jaspers, Über Bedingungen und Möglichkeiten eines neuen Humanismus, in: Die Wandlung 4 (1949), S. 710–734, hier S. 726.

128 Ebd.

129 Ebd., S. 715.

im Prozess, im offenen Miteinander der Lehrenden und Lernenden verwirklichen lässt, kann auch der »neue Humanismus« nur allmählich »zusammenwachsen aus Schauen, Denken, Sprechen der Zeitgenossen«.[130] In diesem Sinne war die Zeitschrift *Studium Generale* gegründet worden: Nicht zur Wahrung und Verteidigung eines traditionellen Bildungsideals, sondern als lebendiges »kleines Archiv«, in dem in einem offenen Miteinander um die »Erneuerung« der Tradition gerungen werden sollte.

130 Ebd., S. 722.

Verzeichnis der Autorinnen und Autoren

Dr. Catrin Dingler, Wissenschaftliche Mitarbeiterin im DFG-Forschungsprojekt »Studium Generale in der BRD nach 1945« an der Bergischen Universität Wuppertal. Forschungsschwerpunkte: Historische Bildungsforschung und Geschlechterforschung.

Thomas Fuchs, Doktorand am Institut für Geschichtswissenschaft der Rheinischen Friedrich-Wilhelms-Universität Bonn und Promotionsstipendiat der Konrad-Adenauer-Stiftung. Forschungsschwerpunkte: Universitäts- und Wissenschaftsgeschichte, Rheinische Landesgeschichte des 19. und 20. Jahrhunderts.

Dr. Christian George, Leiter des Universitätsarchivs der Johannes Gutenberg-Universität Mainz. Forschungsschwerpunkte: Universitäts- und Studentengeschichte des 19. und 20. Jahrhunderts.

Dr. Martin Göllnitz, Wissenschaftlicher Assistent an der Professur für Hessische Landesgeschichte der Philipps-Universität Marburg. Forschungsschwerpunkte: Gewalt-, Terrorismus-, Polizei-, Universitäts- und Wissenschaftsgeschichte des 19. und 20. Jahrhunderts sowie regionale Zeitgeschichte des Ostseeraumes und Hessens.

Dr. Anton F. Guhl, Akademischer Mitarbeiter am Institut für Geschichte des Karlsruher Instituts für Technologie. Forschungsschwerpunkte: Universitäts-, Hochschul- und Historiographiegeschichte, Biographik sowie die Geschichte von Zukunftsvorstellungen.

Andreas Huber, Mitarbeiter am Institut für Höhere Studien Wien. Forschungsschwerpunkte: Universitätsgeschichte des 20. Jahrhunderts, Historische Sozialforschung, Vereinswesen und Antisemitismus in der Zwischenkriegszeit.

Frank Hüther, Mitarbeiter des Universitätsarchivs Mainz im Projekt *Gutenberg Biographics*. Forschungsschwerpunkte: Militär- und Universitätsgeschichte des 20. Jahrhunderts, digitale Prosopographie.

Dr. Andreas Hütig, Wissenschaftlicher Mitarbeiter des Studium generale an der Johannes Gutenberg-Universität Mainz. Forschungsschwerpunkte: Kulturphilosophie, Ethik und Wissenschaftsreflexion.

Tomke Jordan (B.A.), Wissenschaftliche Hilfskraft an der Abteilung für Regionalgeschichte der Christian-Albrechts-Universität zu Kiel. Forschungsschwerpunkte: Universitäts- und Wissenschaftsgeschichte im 19. und 20. Jahrhundert.

Kim Krämer (M.A.), Online-Redakteurin einer öffentlich-rechtlichen Medienanstalt und Historikerin. Forschungsschwerpunkte: Universitätsgeschichte und Geschichte des Studium generale an der Universität Mainz.

Diana Morgenroth, Doktorandin der Mittleren und Neueren Geschichte an der Universität Hamburg sowie Leiterin der Dokumentation und Digitalisierung der Kunstsammlungen Chemnitz. Forschungsschwerpunkte: Universitätsgeschichte, Geschlechtergeschichte, Bildungsgeschichte und Zeitgeschichte.

Dr. Ulf Morgenstern, Wissenschaftlicher Mitarbeiter der Otto-von-Bismarck-Stiftung und Lehrbeauftragter an der Universität Hamburg. Forschungsschwerpunkte: Wissenschafts-, Universitäts- und Kolonialgeschichte des 19. und 20. Jahrhunderts.

Andreas Neumann, Wissenschaftlicher Mitarbeiter an der Universitätsgeschichtlichen Forschungsstelle im Universitätsarchiv der Friedrich-Schiller-Universität Jena. Forschungsschwerpunkte: Universitäts-, Wissenschafts- und Geschlechtergeschichte des 19. und 20. Jahrhunderts, Wissenschaftstheorie, Diskursanalyse und Wissenssoziologie.

Tommy Stöckel, Doktorand am Lehrstuhl für die Geschichte Westeuropas und der transatlantischen Beziehungen an der Humboldt-Universität zu Berlin. Forschungsschwerpunkte: Wissenschaftsgeschichte, besonders Geschichte der Sozialwissenschaften und der Wissenschaftsorganisation, transnationale Geschichte.

Elena Tertel (M.A.), Wissenschaftliche Mitarbeiterin im DFG-Forschungsprojekt »Studium Generale in der BRD nach 1945« an der Bergischen Universität Wuppertal. Forschungsschwerpunkte: Historische Bildungsforschung.

Caroline Elisabeth Weber (M.A.), Wissenschaftliche Mitarbeiterin an der Abteilung für Regionalgeschichte der Christian-Albrechts-Universität zu Kiel. Forschungsschwerpunkte: Regionalgeschichte mit Schwerpunkt Schleswig-Holstein und Dänemark in der Moderne sowie deutsch-skandinavische Wechselbeziehungen vom 19. bis 21. Jahrhundert.

Dr. Elisabeth Westphal, Wissenschaftliche Mitarbeiterin bzw. Referentin für Studium, Lehre und Hochschulbildung in Europa bei der Österreichischen Universitätenkonferenz. Forschungsschwerpunkte: Bologna-Reform in Europa/Österreich, hochschulpolitische Entwicklungen, employability, Doktoratsstudien, Europäischer/Nationaler Qualifikationsrahmen, Universitätsgeschichte.